建筑环境与能源应用工程
气象数据手册

Meteorological Data Handbook for Building Environment and
Energy Application Engineering

[日] 张晴原
杨洪兴 常 开 著

中国建筑工业出版社

图书在版编目（CIP）数据

建筑环境与能源应用工程气象数据手册 =
Meteorological Data Handbook for Building
Environment and Energy Application Engineering /
（日）张晴原，杨洪兴，常开著 . — 北京：中国建筑工
业出版社，2023.6
ISBN 978-7-112-28763-5

Ⅰ.①建⋯　Ⅱ.①张⋯②杨⋯③常⋯　Ⅲ.①建筑 —
气象数据 — 手册　Ⅳ.① TU119-62

中国国家版本馆 CIP 数据核字（2023）第 099176 号

责任编辑：张文胜
责任校对：王　烨

建筑环境与能源应用工程气象数据手册

Meteorological Data Handbook for Building Environment and Energy Application Engineering

[日] 张晴原

杨洪兴　常　开　　著

*

中国建筑工业出版社出版、发行（北京海淀三里河路 9 号）
各地新华书店、建筑书店经销
北京点击世代文化传媒有限公司制版
北京中科印刷有限公司印刷

*

开本：787 毫米 ×1092 毫米　1/16　印张：19　字数：461 千字
2023 年 6 月第一版　2023 年 6 月第一次印刷
定价：**73.00** 元
ISBN 978-7-112-28763-5
（40977）

前言 PREFACE

作为建筑物热模拟、建筑节能设计、建筑设备设计以及可再生能源利用系统设计的工具，气象数据是必不可少的。

作者在长期的建筑节能和可再生能源利用的科研过程中，深感气象数据的不足。比如说，对于不冷不热的年份来说，位于北京的一个住宅单元的全年冷热负荷大致是多少？住宅的冷热负荷怎样随着住宅的方位而变化？位于上海的一个处于设计阶段的办公楼的全年能耗将有多大？气候变暖会如何影响建筑热冷负荷及暖通设备的容量？要较为准确地回答这些问题，建筑物的热模拟将是有力的工具，而热模拟的结果很大程度上取决于输入气象数据的准确与否。从 1999 年起，作者吸取了国内外的经验，并根据我国的具体情况，开始从事我国建筑环境和设备用标准气象数据库的研究，经过不懈的努力，现已完成355 个地点的建筑环境模拟及能源利用工程气象数据。

本书介绍了建筑环境与能源应用工程气象数据的三个组成部分：①标准年气象数据；②标准日气象数据；③不保证率气象数据。为了帮助读者理解和使用这些数据，本书介绍了各种数据的构成，以及开发过程的基本思路。标准年气象数据是不冷不热年份的逐时数据，它是根据观测气象数据找出 12 个标准月，或称为代表月，然后经过逐时内插，月份间的平滑处理而得到的。标准年气象数据的主要用途是建筑物以及能源利用系统等的逐时模拟。标准日气象数据是标准年气象数据的简化版，具有直观和简单明了的特点。不保证率气象数据是指一定的累计出现率条件下计算出的温湿度及太阳辐射。本书给出的我国主要城市的不保证率气象数据可以作为科学研究、专业教学以及制定规范时的参考和依据。

由于作者工作掣肘，时间仓促，书中难免存在缺点和不足，欢迎读者批评指正。

目录 / CONTENTS

第 1 章

概　述

　　从热工学的角度来考虑，建筑物本身可认为是一个传热传湿系统。要想预测室内温度、湿度的变化，以及建筑物能量消耗，除了要掌握建筑物的热性能、内部的热量以及水蒸气的发生情况以外，作为此系统的边界条件，气象数据是必不可少的。随着计算机科学和技术的发展，建筑热模拟学逐步趋于成熟。目前人们已经能够比较准确地计算出室内的温度、湿度以及气流的分布和随时间的变化，也可以进行详细的建筑物能耗研究。建筑物的热模拟除需要能够精确描述建筑物传热传湿过程的计算机程序外，还需要建筑物所在地的逐时气象数据。

　　建筑物的热模拟计算机程序是随着计算机技术的进步而发展起来的。从 20 世纪 70 年代起，国内外具有实用价值的计算机程序先后问世。虽然目前的主要计算机程序在传湿以及气流分布方面还有待于新的发展，但计算机模拟已经作为一种数字实验方法逐步得到认可。建筑物热模拟用气象数据是和计算机程序同时问世并发展起来的，因为如果没有相应的气象数据，建筑物的传热过程变成了空中楼阁。

　　计算机模拟用气象数据不外乎两种，一种是实测加工数据，由实测数据加工而成；另一种是推测数据，即从实测数据中找出一些规律，利用这些规律推出一套数据来。美国的典型气象年数据（Typical Meteorological Year）和日本的标准年气象数据都属于实测加工数据。实测加工数据和推测数据各有长短。实测加工数据的最大优点是真实性，因为它是从实测中得到的，所以它能给人一种"身临其境"的感觉；其缺点是开发的过程中需要大量（一般需要 10 年以上）的、连续的、系统的观测数据，不少研究人员因为得不到这些数据而不得不放弃这种方法。推测数据的优点是可以利用较少的、不连续的观测数据来得到；其最大的缺点一是信赖性，二是气象要素间的一致性和协调性。所谓信赖性，是指推测数据的结果依赖于开发者的思路和方法，不同开发者会得到完全不同的结果。所谓气象要素间的一致性和协调性是说温度、湿度、太阳辐射、云量等气象要素之间有相关关系，如方法不妥，会造成不切实际的气象要素的组合。

　　从 20 世纪 70 年代起，欧美国家以及日本都相继建立了实测加工气象数据库，使得建筑物模拟学进入了相对成熟的阶段。长期以来，由于我国气象观测数据的计算机化应用较迟，以及观测数据的价格等问题，使得实测加工气象数据的开发研究相对落后。可喜的是模拟用气象数据的重要性在我国已得到高度重视，气象数据的研究成果正在逐步积累。

笔者从 1999 年起开始从事这方面的研究，克服了缺乏太阳辐射量、观测间隔较长、数据缺失较多等困难，2004 年完成了 57 处的实测加工气象数据，称之为标准年气象数据（ChinaTMY1）。继而又于 2011 年完成了 300 余处的标准年气象数据（ChinaTMY2）。此后又根据作者最近的关于太阳辐射模型和大气辐射模型，以及最近的气象观测数据完成了 355 处的标准年气象数据（ChinaTMY3）、标准日气象数据和不保证率气象数据。本书主要介绍 ChinaTMY3 的基本思路及数据内容。

标准年气象数据不仅是建筑物的热模拟所必需的数据，而且在能源工程、可再生能源利用设计、空调负荷计算以及建筑能源分析等方面也有极其广泛的应用。比如太阳能光伏系统的模拟就离不开水平面和倾斜面的太阳辐射数据；建筑物全年的详细能耗分析则需要逐时的温度、湿度、太阳辐射量、大气辐射量、风向及风速等数据。

由于标准年气象数据包括全年 8760h 的逐时数据，所以其篇幅较长。这里笔者又提出一个标准日气象数据的概念，此数据可以与标准年气象数据互相弥补和补充。如果不需要全年的而只需要短期的模拟计算，就可以通过重复使用标准日气象数据的方法来实现。

因为空调设备必须在大多数气象条件下能够实现其室内设计温湿度，所以在设计空调系统的时候，一般采用对象地区的设计气象参数，而不是平均气象参数。但是为了避免设备容量过大，从而造成初投资过大，设备利用率过低，一般不可能苛求空调设备在任何情况下都必须实现设计温湿度，因此，本书对空调设计用气象参数的选择进行了探讨，并用统计学的方法求出了 355 个地点的冬季和夏季不保证率分别为 2.5% 和 5.0% 情况下的温度和太阳辐射量。上述的标准年气象数据、标准日气象数据以及不保证率气象数据合起来构成本手册内容。

本书包括 6 章。第 1 章为概述，介绍本手册的编写背景及意义；第 2 章介绍原始数据的构成以及确定标准年气象数据的主要方法；第 3 章论述了标准日气象数据和不保证率气象数据，并给出了主要城市的 1 月、3 月、5 月、7 月、9 月和 11 月的标准日气象数据，以及不保证率为 2.5% 和 5.0% 的逐时温度，太阳辐射量以及逐时平均相对湿度；第 4 章详尽地论述了太阳辐射的各种推定模型，以及水平面太阳总辐射量的直散分离模型；第 5 章介绍了作者提出的大气辐射模型，并对大气辐射模型和辐射冷却潜能即有效辐射的地区分布作了探讨；第 6 章为本书的结语，总结了标准气象数据的研究进展，今后的课题以及本书附表。笔者将 111 个气象台站的概况（地理位置和标高、月平均干球温度、相对湿度、太阳辐射、采暖度日）、奇数月份的标准日气象数据以及不保证率气象数据汇入附表，以便读者查阅。

本书的读者对象为大专院校土木建筑类、建筑环境类、热物理类和气象类本科生及研究生，工程技术人员，科学研究人员，同时还可以作为制定规范时的参考和依据。

笔者由衷地希望，这本手册的问世能够促进建筑物模拟学的发展，对改善建筑环境、促进建筑节能以及可再生能源的有效利用做出微薄的贡献。

第 2 章

标准年气象数据[1, 2]

在本书的建筑环境模拟及能源利用工程气象数据中，标准年气象数据是最为重要的部分，因为它是建筑物热模拟必不可少的条件。本章将介绍标准年气象数据的研究背景、意义及其基本思路与数据的构成。

2.1 建筑物热模拟和标准年气象数据

在计算机技术还没得到广泛应用之前，人们只能采用试验的方法来验证某种条件下的室内环境。实验不仅耗费大量的资金，而且有的实验是在实验室所无法实现的。计算机模拟技术给建筑环境与能源应用工程学的发展开辟了广阔的前景。建筑热模拟学应运而生，并得到迅速发展。目前，人们已经能够比较准确地预测室内的温度、湿度以及气流分布。建筑模拟学的发展使得建筑环境与能源应用工程学的研究方法发生了很大变化，以前必须在实验室进行的实验，现在则可以通过计算机模拟（或称数字实验）来进行，并且这种计算机模拟方法逐渐得到认可。

从 20 世纪 70 年代起，具有实用价值的计算机程序先后问世，包括美国的DOE-2[3]，日本的 HASP[4] 等。尽管程序的开发者不同，但它们都包括下面几个部分：

（1）建筑物参数的输入，包括建筑物平面、门窗的位置、遮阳方法、内外墙的结构和物性参数、室内以及有关室内的发热量、水蒸气发生量的情况、家具及书籍等室内物品的热容量等；

（2）气象数据的输入，一般需要逐时的气象数据，包括温度、湿度、太阳辐射（直射和散射）、风向及风速以及大气辐射量（或云量）等；

（3）太阳位置及太阳辐射得热量的计算；

（4）构成建筑物的各个不同房间的通风换气计算；

（5）建筑物的热平衡和湿平衡，包括结构的传热及传湿计算、室内温度、湿度计算、供暖和空调负荷计算，以及根据需要还会有模拟空调、供暖、通风、太阳能利用等设备的子程序等。

不难看出，以上的模拟过程离不开气象数据。从很大程度上来说，模拟的结果取决于输入的气象数据的质量。因此，长期以来，人们对采用什么样的气象数据进行了一系列的探讨。1971 年，日本空气调和卫生工学会开发了名为 HASP/ACLD-7101 的空调动负荷计算程序[5]。为了配合该程序的运作，该学会组成了一个"标准气象数据委员会"，负责 HASP/ACLD-7101 用气象数据的开发研究。该委员会提出了三种气象数据，一是"代表年"气象数据，就是将空调负荷接近平均值的那一年的观测气象数据作为代表年气象数据，该委员会把东京的代表年定为 1964 年。第二种气象数据是所谓的"平均年"气象数据，就是把空调负荷接近平均的 12 个月的实测数据人为的平滑连接起来，做成 8760h 的气象数据。第三种气象数据叫作"极端季"，就是找出特别冷的冬季和特别热的夏季，为空调设备设计人员提供参考。实际被普遍采用的气象数据只有第二种，也就是平均年气象数据。后来，人们又把平均年气象数据改称为标准年气象数据。自从日本的标准年气象数据问世以来，该数据覆盖的城市越来越多，成为日本建筑物热模拟的必不可少的工具。

标准年气象数据包括 12 个标准月的实测数据，这就带来两个问题：一是如何选择标准月，二是怎样将不同年份的相邻月份平滑地连接起来。标准月是通过空调负荷计算，将最接近平均负荷的月份作为标准月。相邻月份间的平滑连接是通过上个月的最后一天和下一个月的最初一天的平滑处理来实现的。

1978 年，美国的国家可再生能源实验室（National Renewable Energy Laboratory）发表了 26 个地区的典型气象年数据（Typical Meteorological Year）（以下简称为 TMY）[6]。TMY 的基本想法和上述的日本的标准气象年数据类似。它也是由 12 个标准月的观测数据连接而成，不同的是他们采用了较长时期的观测数据（1952—1975 年），同时标准月的选择方法也和日本的标准气象数据略有不同。TMY 的标准月不是通过空调负荷计算来选择的，而是将各气象要素的月平均值乘上加权系数然后相加，最后通过 FS Statistic 来确定的。1994 年，National Renewable Energy Laboratory 又利用 1961—1990 年的观测气象数据，研究成功了 TMY2[7]。日本空气调和卫生工学会和美国的 National Renewable Energy Laboratory 之所以采用不同的方法来选择标准月是因为两者的着眼点略有不同：前者偏重于建筑物的负荷计算，后者偏重于太阳能利用。很明显，从不同的角度考虑会造成选择结果略有不同，即便是标准月，我们也不能期待它们的温度、湿度、太阳辐射量以及风速都等于历年平均值。

1999 年，笔者开始从事我国标准年气象数据方面的研究，2004 年完成了标准年气象数据（ChinaTMY1），涵盖了 57 个城市[8]。之后又经过几年的努力，于 2012 年完成了标准年气象数据（ChinaTMY2），该版涵盖了 300 多个地点。此后又根据笔者最近提出的关于太阳辐射模型和大气辐射模型，以及 2006—2021 年的气象观测数据，完成了包括港澳台地区的 355 处的标准年气象数据（ChinaTMY3）。本章主要介绍 ChinaTMY3 的基本思路及数据内容。ChinaTMY3 基本继承了 ChinaTMY2 的方法，但使用了更新的数据，同时在大气辐射量的推定方法上做了改进。在标准年气象数据的开发过程中，参照了美国 TMY 和日本标准气象数据的方法。但由于我国的原始数据不同于美国和日本，所以建立了适用于我国的太阳辐射量推定模型、水平面总辐射的直散分离模型、气温和湿度等气象要素的内插方法。以下将详细介绍这些模型和方法。

2.2　原始数据及对象城市

在开发标准年气象数据（ChinaTMY3）的过程中，本书使用的是 2006—2021 年的气象观测数据。这些数据来源于国际地面气象观测数据库（International Surface Weather Observations）[9]，但香港、澳门，以及台湾的台北和高雄的气象数据则是来源于当地气象台网站。表 2-1 是作为研究对象的 355 个气象台站的地理位置和气象台站的海拔高度。从省份上来看，内蒙古（32 处）、新疆（27 处）、云南（23 处）、四川（21 处）和黑龙江（20 处）的对象城市较多。使用的气象数据包括：干球温度、露点温度、风向、风速、云量。露点温度又根据需要变换成了含湿量或相对湿度。有些地点原始数据中还包括大气压数据，但有的地点没有，所以本书没有将大气压数据加进 ChinaTMY3。这些数据中不包括太阳辐射，而太阳辐射又正是建筑物热模拟以及太阳能利用系统所必需的气象要素。所以如何推定太阳辐射量便成了开发标准年气象数据的最为重要的问题。另外，本书使用的观测数据的时间间隔为 3h，而标准年需要 1h 间隔的数据。因此如何将 3h 间隔的数据内插成 1h 间隔的数据，便成为亟待解决的问题。下面将分节论述温度、湿度、风向风速以及云量的内插法，标准月的选择以及标准月间各气象参数的平滑连接等问题。太阳辐射量的模型及其推定结果，以及水平面太阳辐射量的直射和散射的分离等问题，将在第 4 章详细探讨。

标准年气象数据已完成的地点及其地理位置　　　　　表 2-1

省（区、市）	地名	纬度（北纬，°）	经度（东经，°）	标高（m）	是否编入附录
北京	北京	39.93	116.28	55	√
天津	天津	39.1	117.17	5	√
河北（13 处）	保定	38.85	115.57	19	√
	承德	40.98	117.95	386	√
	张家口	40.78	114.88	726	√
	围场	41.93	117.75	844	
	邢台	37.07	114.5	78	√
	石家庄	38.03	114.42	81	√
	唐山	39.67	118.15	29	√
	乐亭	39.43	118.9	12	
	泊头	38.08	116.55	13	
	丰宁	41.22	116.63	661	
	青龙	40.4	118.95	228	
	怀来	40.4	115.5	538	
	蔚县	39.83	114.57	910	

续表

省（区、市）	地名	纬度（北纬，°）	经度（东经，°）	标高（m）	是否编入附录
山西（10处）	五台山	38.95	113.52	2210	
	太原	37.78	112.55	779	√
	运城	35.05	111.05	365	√
	阳城	35.48	112.4	659	
	介休	37.03	111.92	745	
	离石	37.5	111.1	951	√
	原平	38.75	112.7	838	
	河曲	39.38	111.15	861	
	大同	40.1	113.33	1069	
	榆社	37.07	112.98	1042	
内蒙古（32处）	阿巴嘎旗	44.02	114.95	1128	
	阿尔山	47.17	119.93	997	
	百灵庙	41.7	110.43	1377	
	小二沟	49.2	123.72	288	
	巴音毛道	40.75	104.5	1329	
	博克图	48.77	121.92	739	
	赤峰	42.27	118.97	572	√
	东胜	39.83	109.98	1459	√
	多伦	42.18	116.47	1247	
	额济纳旗	41.95	101.07	941	√
	二连浩特	43.65	112	966	√
	拐子湖	41.37	102.37	960	
	海拉尔	49.22	119.75	611	√
	乌拉特后旗	41.45	106.38	1510	
	乌拉特中旗	41.57	108.52	1290	
	呼和浩特	40.82	111.68	1065	√
	化德	41.9	114	1484	
	吉兰泰	39.78	105.75	1143	
	扎鲁特旗	44.57	120.9	266	
	集宁	41.03	113.07	1416	√
	朱日和	42.4	112.9	1152	
	巴林左旗	43.98	119.4	485	
	临河	40.77	107.4	1041	
	林西	43.6	118.07	800	
	那仁宝力格	44.62	114.15	1183	
	鄂托克旗	39.1	107.98	1381	

续表

省（区、市）	地名	纬度（北纬，°）	经度（东经，°）	标高（m）	是否编入附录
内蒙古（32处）	通辽	43.6	122.27	180	√
	图里河	50.45	121.7	733	
	乌里雅斯太镇	45.52	116.97	840	
	西乌珠穆沁旗	44.58	117.6	997	
	锡林浩特	43.95	116.12	1004	
	新巴尔虎右旗	48.67	116.82	556	
辽宁（9处）	本溪	41.32	123.78	185	√
	朝阳	41.55	120.45	176	√
	大连	38.9	121.63	97	√
	丹东	40.05	124.33	14	√
	营口	40.67	122.2	4	√
	锦州	41.13	121.12	70	√
	沈阳	41.77	123.43	43	√
	障武	42.42	122.53	84	
	清原	42.1	124.95	235	
吉林（10处）	长白	41.35	128.17	1018	
	长春	43.9	125.22	238	√
	长岭	44.25	123.97	190	√
	延吉	42.88	129.47	178	√
	宽甸	40.72	124.78	261	
	四平	43.18	124.33	167	√
	前郭尔洛斯	45.08	124.87	136	
	敦化	43.37	128.2	525	
	桦甸	42.98	126.75	264	
	临江	41.72	126.92	333	
黑龙江（20处）	爱辉	50.25	127.45	166	√
	安达	46.38	125.32	150	√
	宝清	46.32	132.18	83	
	伊春	47.72	128.9	232	
	哈尔滨	45.75	126.77	143	√
	虎林	45.77	132.97	103	
	呼玛	51.72	126.65	179	
	克山	48.05	125.88	237	
	鸡西	45.28	130.95	234	
	漠河	52.13	122.52	433	√
	牡丹江	44.57	129.6	242	√

续表

省（区、市）	地名	纬度（北纬，°）	经度（东经，°）	标高（m）	是否编入附录
黑龙江（20处）	嫩江	49.17	125.23	243	
	齐齐哈尔	47.38	123.92	148	√
	尚志	45.22	127.97	191	
	孙吴	49.43	127.35	235	
	泰来	46.4	123.42	150	
	海伦	47.43	126.97	240	
	福锦	47.23	131.98	65	
	通河	45.97	128.73	110	
	绥芬河	44.38	131.15	498	
上海	上海	31.4	121.47	4	√
江苏（7处）	徐州	34.28	117.15	42	√
	南京	32	118.8	7	√
	赣榆	34.83	119.13	10	
	射阳	33.77	120.25	7	
	东台	32.85	120.28	5	
	吕四	32.07	121.6	10	
	溧阳	31.43	119.48	8	
浙江（8处）	大陈岛	28.45	121.88	84	
	杭州	30.23	120.17	43	√
	定海	30.03	122.12	37	
	嵊泗	30.73	122.45	81	
	石浦	29.2	121.95	127	
	嵊州	29.6	120.82	108	√
	丽水	28.45	119.92	60	√
	衢县	28.97	118.87	71	
安徽（8处）	安庆	30.53	117.05	20	√
	蚌埠	32.95	117.37	22	√
	亳州	33.88	115.77	42	
	黄山	30.13	118.15	1836	
	合肥	31.87	117.23	36	√
	霍山	31.4	116.33	68	
	阜阳	32.87	115.73	33	
	芜湖	31.33	118.35	16	
福建（11处）	长汀	25.85	116.37	311	
	厦门	24.48	118.08	139	√
	浦城	27.92	118.53	275	

续表

省（区、市）	地名	纬度（北纬，°）	经度（东经，°）	标高（m）	是否编入附录
福建（11处）	福鼎	27.33	120.2	38	
	邵武	27.33	117.47	219	
	南平	26.63	118	128	√
	福州	26.08	119.28	85	√
	平潭	25.52	119.78	31	
	永安	25.97	117.35	204	
	漳平	25.3	117.4	203	
	九仙山	25.72	118.1	1651	
江西（10处）	宜春	27.8	114.38	129	
	庐山	29.58	115.98	1165	
	南昌	28.6	115.92	50	√
	景德镇	29.3	117.2	60	√
	寻乌	24.95	115.65	299	
	赣州	25.87	115	138	√
	广昌	26.85	116.33	142	
	吉安	27.12	114.97	78	
	修水	29.03	114.58	147	
	南城	27.58	116.65	82	
山东（16处）	长岛	37.93	120.72	40	
	成山头	37.4	122.68	47	
	潍坊	36.77	119.18	22	√
	泰山	36.25	117.1	1536	
	青岛	36.07	120.33	77	√
	惠民	37.5	117.53	12	
	陵县	37.33	116.57	19	
	龙口	37.62	120.32	5	
	海阳	36.77	121.17	64	
	沂源	36.18	118.15	302	
	济南	36.6	117.05	169	√
	莘县	36.23	115.67	38	
	兖州	35.57	116.85	53	
	定陶	35.07	115.57	49	
	费县	35.25	117.95	120	
	日照	35.43	119.53	37	
河南（9处）	安阳	36.05	114.4	64	√
	郑州	34.72	113.65	111	√

续表

省（区、市）	地名	纬度（北纬，°）	经度（东经，°）	标高（m）	是否编入附录
河南（9处）	西华	33.78	114.52	53	
	驻马店	33	114.02	83	
	孟津	34.82	112.43	333	
	南阳	33.03	112.58	131	√
	信阳	32.13	114.05	115	
	固始	32.17	115.67	58	
	卢氏	34.05	111.03	570	
湖北（9处）	武汉	30.62	114.13	23	√
	宜昌	30.7	111.3	134	√
	枣阳	32.15	112.67	127	
	老河口	32.38	111.67	91	
	房县	32.03	110.77	435	
	钟祥	31.17	112.57	66	
	江陵	30.33	112.18	33	
	麻城	31.18	114.97	59	
	恩施	30.28	109.47	458	
湖南（12处）	常德	29.05	111.68	35	
	长沙	28.23	112.87	68	√
	郴州	25.8	113.03	185	√
	岳阳	29.38	113.08	52	√
	南岳	27.3	112.7	1268	
	沅陵	28.47	110.4	143	
	芷江	27.45	109.68	273	
	武冈	26.73	110.63	340	
	永州	26.23	111.62	174	
	通道	26.17	109.78	397	
	邵阳	27.23	111.47	248	
	桑植	29.40	110.17	322.0	
广东（15处）	湛江	21.22	110.4	28	√
	深圳	22.55	114.1	18	
	上川岛	21.73	112.77	18	
	汕头	23.4	116.68	3	√
	汕尾	22.78	115.37	5	
	韶关	24.8	113.58	68	√
	连平	24.37	114.48	214	
	河源	23.73	114.68	41	
	梅州	24.3	116.12	84	

续表

省（区、市）	地名	纬度（北纬，°）	经度（东经，°）	标高（m）	是否编入附录
广东（15处）	高要	23.05	112.47	12	
	阳江	21.87	111.97	22	
	信宜	22.35	110.93	84	
	佛冈	23.87	113.53	68	
	连州	24.78	112.38	98	
	广州	23.17	113.33	42	√
海南（5处）	儋州	19.52	109.58	169	
	三亚	18.23	109.52	7	
	琼海	19.23	110.47	25	
	海口	20.03	110.35	24	√
	东方	19.1	108.62	8	√
广西（12处）	百色	23.9	106.6	177	
	北海	21.48	109.1	16	
	柳州	24.35	109.4	97	√
	南宁	22.63	108.22	126	√
	桂林	25.33	110.3	166	√
	桂平	23.4	110.08	44	
	蒙山	24.2	110.52	145	
	梧州	23.48	111.3	120	
	河池	24.7	108.05	214	
	那坡	23.3	105.95	794	
	龙州	22.37	106.75	129	
	钦州	21.95	108.62	6	
四川（21处）	马尔康	31.9	102.23	2666	
	巴塘	30	99.1	2589	
	成都	30.67	104.02	508	√
	达州	31.2	107.5	344	√
	峨眉山	29.52	103.33	3049	
	宜宾	28.8	104.6	342	√
	理塘	30	100.27	3950	
	绵阳	31.45	104.73	522	√
	南充	30.8	106.08	310	
	九龙	29	101.5	2994	
	雅安	29.98	103	629	
	西昌	27.9	102.27	1599	√
	稻城	29.05	100.3	3729	

续表

省（区、市）	地名	纬度（北纬，°）	经度（东经，°）	标高（m）	是否编入附录
四川（21处）	甘孜	31.62	100	3394	
	色达	32.28	100.33	3896	
	德格	31.8	98.57	3185	
	若尔盖	33.58	102.97	3441	
	阆中	31.58	105.97	385	
	会理	26.65	102.25	1788	
	康定	30.05	101.97	2617	
	道孚	30.98	101.12	2959.0	
重庆（5处）	重庆	29.58	106.47	260	√
	万源	32.07	108.03	674	
	梁平	30.68	107.8	455	
	酉阳	28.83	108.77	665	
	奉节	31.02	109.53	303	
贵州（9处）	毕节	27.3	105.23	1511	√
	贵阳	26.58	106.73	1223	√
	榕江	25.97	108.53	287	
	独山	25.83	107.55	971	
	罗甸	25.43	106.77	441	
	兴仁	25.43	105.18	1379	
	威宁	26.87	104.28	2236	
	思南	27.95	108.25	418	
	三穗	26.97	108.67	631	
云南（23处）	保山	25.12	99.18	1649	
	楚雄	25.02	101.52	1820	
	大理	25.7	100.18	1992	
	腾冲	25.12	98.48	1649	√
	元谋	25.73	101.87	1120	
	昆明	25.02	102.68	1892	√
	澜沧	22.57	99.93	1054	
	丽江	26.83	100.47	2394	√
	临仓	23.95	100.22	1503	√
	勐腊	21.5	101.58	633	
	德钦	28.45	98.88	3320	
	蒙自	23.38	103.38	1302	
	景洪	22	100.78	579	
	瑞丽	24.02	97.83	776	
	耿马	23.55	99.4	1104	

续表

省（区、市）	地名	纬度（北纬，°）	经度（东经，°）	标高（m）	是否编入附录
云南（23处）	思茅	22.77	100.98	1303	
	江城	22.62	101.82	1121	
	芦西	24.53	103.77	1708	
	广南	24.07	105.07	1251	
	沾益	25.58	103.83	1900	
	会泽	26.42	103.28	2110	
	元江	23.6	101.98	398	
	昭通	27.33	103.75	1950	
西藏（12处）	班戈	31.37	90.02	4701	
	狮泉河	32.5	80.08	4280	√
	日喀则	29.25	88.88	3837	√
	拉萨	29.67	91.13	3650	√
	林芝	29.57	94.47	3001	√
	帕里	27.73	89.08	4300	
	昌都	31.15	97.17	3307	
	丁青	31.42	95.6	3874	
	索县	31.88	93.78	4024	
	那曲	31.48	92.07	4508	
	定日	28.63	87.08	4300	
	隆子	28.42	92.47	3861	
陕西（5处）	安康	32.72	109.03	291	√
	汉中	33.07	107.03	509	√
	华山	34.48	110.08	2063	
	延安	36.6	109.5	959	√
	榆林	38.23	109.7	1058	√
甘肃（11处）	西峰	35.73	107.63	1423	
	张掖	38.93	100.43	1483	√
	玉门	40.27	97.03	1527	
	酒泉	39.77	98.48	1478	√
	敦煌	40.15	94.68	1140	√
	平凉	35.55	106.67	1348	
	武都	33.4	104.92	1079	
	合作	35	102.9	2910	
	乌鞘岭	37.2	102.87	3044	

续表

省（区、市）	地名	纬度（北纬，°）	经度（东经，°）	标高（m）	是否编入附录
甘肃（11处）	民勤	38.63	103.08	1367	
	马鬃山	41.8	97.03	1770	
青海（16处）	西宁	36.62	101.77	2296	√
	冷湖	38.83	93.38	2771	
	刚察	37.33	100.13	3302	
	德令哈	37.37	97.37	2982	
	都兰	36.3	98.1	3192	
	大柴旦	37.85	95.37	3174	
	格尔木	36.42	94.9	2809	√
	茫崖	38.25	90.85	2945	
	五道梁	35.22	93.08	4613	
	沱沱河	34.22	92.43	4535	
	曲麻莱	34.13	95.78	4176	
	杂多	32.9	95.3	4068	
	玉树	33.02	97.02	3682	
	玛多	34.92	98.22	4273	
	达日	33.75	99.65	3968	
	河南	34.73	101.6	3501	
宁夏（3处）	银川	38.47	106.2	1112	√
	中宁	37.48	105.68	1193	√
	盐池	37.8	107.38	1356	√
新疆（27处）	阿合奇	40.93	78.45	1986	
	阿勒泰	47.73	88.08	737	
	北塔山	45.37	90.53	1651	
	乌鲁木齐	43.8	87.65	947	√
	塔中	39	83.67	1099	√
	巴楚	39.8	78.57	1117	
	阿拉尔	40.5	81.05	1013	
	巴仑台	42.67	86.33	1753	
	巴音布鲁克	43.03	84.15	2459	
	和田	37.13	79.93	1375	√
	喀什	39.47	75.98	1291	√
	库尔勒	41.75	86.13	933	√
	库车	41.72	82.95	1100	
	皮山	37.62	78.28	1376	
	吐鲁番	42.93	89.2	37	√

续表

省（区、市）	地名	纬度（北纬，°）	经度（东经，°）	标高（m）	是否编入附录
新疆（27处）	伊宁	43.95	81.33	664	
	哈密	42.82	93.52	739	√
	铁干里克	40.63	87.7	847	
	克拉玛依	45.6	84.85	428	√
	若羌	39.03	88.17	889	
	塔城	46.73	83	535	
	莎车	38.43	77.27	1232	
	和布克塞尔	46.78	85.72	1294	
	哈巴河	48.05	86.35	534	
	奇台	44.02	89.57	794	
	富蕴	46.98	89.52	827	
	精河	44.62	82.9	321	
香港（1处）	香港	22.19	114.10	65	√
澳门（1处）	澳门	22.16	113.57	114	√
台湾（2处）	台北	25.04	121.52	9	√
	高雄	22.58	120.35	9	√

2.3 温度、湿度、风向、风速以及云量的内插方法

如前所述，我们使用的气象观测数据的间隔是 3h，而目前大多数的建筑物热模拟计算机程序的差分间隔都是 1h，因此这些计算机程序均需要 1h 间隔的气象数据。在开发标准年气象数据的过程中，需要采取某种方法对 3h 间隔的数据进行内插和补充。内插方法有许多，最简单的是直线内插。但是直线内插的缺点是推测误差较大，内插结果和实际情况相差较大。较常用的方法还有调和分析内插，仿样函数内插等。对于像干球温度、湿球温度一样有周期性变化的量来说，调和分析的内插效果较好。因此，对原始数据内插时，采用了调和分析的方法[10]。

我们知道，当函数 $f(x)$ 的定义域为 $[-l, l]$ 时，傅里叶级数用下式表示：

$$f(x) = \sum_{n=1}^{\infty} a_n \sin\frac{n\pi}{l}x + b_0 + \sum_{n=1}^{\infty} b_n \cos\frac{n\pi}{l}x \tag{2-1}$$

式中　$a_n = \frac{1}{l}\int_{-l}^{l} f(\xi)\sin\frac{n\pi}{l}\xi \, \mathrm{d}\xi;$ (2-1a)

$b_n = \frac{1}{l}\int_{-l}^{l} f(\xi)\cos\frac{n\pi}{l}\xi \, \mathrm{d}\xi;$ (2-1b)

$b_0 = \frac{1}{2l}\int_{-l}^{l} f(\xi) \, \mathrm{d}\xi_{\circ}$ (2-1c)

　　调和分析就是近似地将离散的观测数据用傅里叶级数形式的连续函数来描述。在这里，所谓离散的数据是指干球温度等观测值。气温的变动周期为24h，设 $\dfrac{2\pi}{24}=\dfrac{\pi}{12}=\omega$，观测时间间隔为 Δt，式（2-1）可近似改写为：

$$f(t)=\sum_{n=1}^{\infty}a_n\sin(n\omega t)+b_0+\sum_{n=1}^{\infty}b_n\cos(n\omega t) \tag{2-2}$$

式中　　$a_n=\dfrac{\Delta t}{12}\sum_{k=0}^{N-1}f(k)\sin(n\omega k\Delta t);$ $\tag{2-2a}$

$$b_n=\dfrac{\Delta t}{12}\sum_{k=0}^{N-1}f(k)\cos(n\omega k\Delta t); \tag{2-2b}$$

$$b_0=\dfrac{\Delta t}{24}\sum_{k=0}^{N-1}f(k)_{\circ} \tag{2-2c}$$

式中 $N=\dfrac{24}{\Delta t}$。当时间间隔为3h的时候，式（2-2）应变形为：

$$f(t)=\sum_{n=1}^{M}a_n\sin(n\omega t)+b_0+\sum_{n=1}^{M}b_n\cos(n\omega t) \tag{2-3}$$

式中　　$a_n=\dfrac{1}{4}\sum_{k=0}^{7}f(k)\sin\dfrac{n\pi k}{4};$ $\tag{2-3a}$

$$b_n=\dfrac{1}{4}\sum_{k=0}^{7}f(k)\cos\dfrac{n\pi k}{4}; \tag{2-3b}$$

$$b_0=\dfrac{1}{8}\sum_{k=0}^{7}f(k)_{\circ} \tag{2-3c}$$

　　采用以上方法对气温等离散数据进行内插的时候，首先应注意到式（2-3）中的 M 的取值受到时间间隔 Δt 的制约，当 $\Delta t=3$ 时，M 的取值不得大于4。从图2-1中可以发现，当 M 值为1时，调和分析曲线不过是一条正弦（余弦）曲线，和真值相差很远。当 $M=5$ 时，傅里叶曲线出现振动。当 M 取值3和4时，曲线分别围绕真值上下微动，且 M 为3和4时曲线分别大于或小于真值。基于以上理由，将 $M=3$ 和 $M=4$ 时的傅里叶级数的平均值作为内插值。

　　在利用调和分析对气温等进行内插的时候，傅里叶级数是以24h的周期函数为前提进行近似的，也就是说1：00的气温必须和同一天24：00的气温相等或接近，否则相邻日的温度就会发生跳动而不能平滑连接。而现实中我们不能保证每天1：00的温度等于或近似于同一天24：00的温度，因此单靠式（2-3）还不能较好地达到内插的目的。为了解决以上问题，采取了以下方法，即用从前一天14：00到当天11：00的8次气温观测值再进行一次调和分析，这样就得到了另一个温度变化曲线，然后将两次调和分析的结果进行加权平均，这样就可以克服相邻日间的跳动而实现平滑连接。把仅作一次调和分析的内插法叫作单波调和分析，而把每日做两次调和分析的内插法叫作双波调和分析。图 2-2 是单波调和分析、双波调和分析和真值的比较。不难发现单波调和分析所造成的温度跳动,同时也会发现双波调和分析的结果和真值吻合很好。

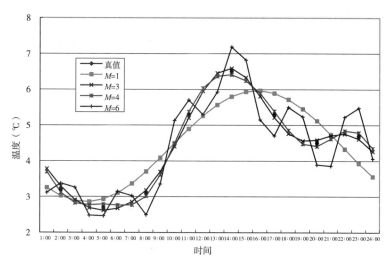

图 2-1 取项数 M 和内插结果的关系

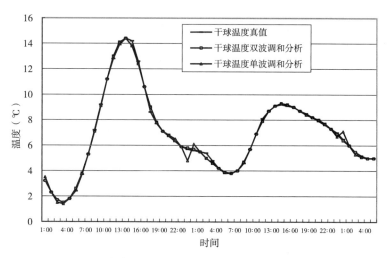

图 2-2 单波调和分析、双波调和分析和真值的比较

露点温度的内插方法和干球温度相同。风向采用了 3h 不变的假设,而风速则采用了直线内插。云量也采用了直线内插,然后将内插结果四舍五入化为整数。

2.4 标准月的选择

在第 1 章曾经论述过,标准年是由 12 个接近平均的标准月平滑连接而成的。所以必须从所拥有的观测数据（1995—2005 年）中选出 12 个接近平均的标准月。什么是标准月？笔者认为，标准月应该是各主要气象要素及其构成都接近平均值的月份。主要气象要素应包括气温、湿度、太阳辐射量。至于是否应该把风向和风速包括在内，则应考虑开发标准年气象数据的目的，如果开发目的为风力发电，则风向风速便成了选择标准月的主要基准。不难想象，标准月的基准不同会带来不同的结果。这里首先介绍美国国家可再生能源实验室（National Renewable Energy Laboratory，NREL）的 TMY 数据和日本空调卫生工学会标准气象数据中标准月的选择基准，然后再介绍笔者在开发我国标准年气象数据时所采用的基准。

美国 NREL 在选择标准月的过程中采用了干球温度、露点温度、风速和水平面总辐射量的四个气象参数。他们分别算出了对象地区的 23 年中各个月份的干球温度、露点温度、风速以及水平面总辐射量的日最高、日最低、月平均值以及这些值的 FS 值（Finkelstein-Schafer Statistics），然后采用加权系数法将上述四个参数汇总成一个参数，再把每年的对象月份按这个汇总参数的大小排列起来。汇总参数最小的年份其对象月被取为标准月。

上述的 Finkelstein-Schafer Statistics 是统计学概念，可用下式表述：

$$FS = \frac{1}{n}\sum_{i=1}^{n} \delta_i \tag{2-4}$$

式中，δ_i 为长期累积分布函数（cumulative distribution function）和各年对象月的该值的差，n 为对象月的天数，如 1 月应为 31。FS 值越小，则该月离长期统计值的偏差就越小。

剩下的问题是如何把干球温度、露点温度、风速和水平面总辐射量的四个气象参数的 FS 值按一定的加权系数 w_i 汇总成一个参数 WS。

$$WS = \sum w_i FS_i \tag{2-5}$$

美国 NREL 在开发 TMY 以及后来的改良版 TMY2 的时候采用的加权系数如表 2-2 所示。这些加权系数的取值是根据各气象参数的重要程度而定的，而重要程度又是依开发者的意志而定的。不论是 TMY，还是 TMY2，美国 NREL 都把太阳辐射量的加权系数作为 50%，可见开发者把太阳能利用放在最重要的位置上。

干球温度、露点温度、风速和水平面总辐射量的 FS 的加权系数 w_i 值　　表 2-2

气象要素	TMY	TMY2
干球温度的日最高值	1/24	1/20
干球温度的日最低值	1/24	1/20
干球温度的平均值	2/24	2/20

续表

气象要素	TMY	TMY2
露点温度的日最高值	1/24	1/20
露点温度的日最低值	1/24	1/20
露点温度的平均值	2/24	2/20
风速的日最高值	2/24	1/20
风速的平均值	2/24	1/20
水平面总辐射量的平均值	12/24	5/20
直射辐射量的平均值	不用	5/20

日本空气调和卫生工学会在选择标准月时则以空调负荷为基准。首先假设一个建筑物，然后计算该建筑物的每月供暖和空调负荷，最后把供暖和空调负荷最接近长期平均值的年份的对象月作为标准月。这种方法的优点是基准比较客观，即把供暖空调负荷作为准绳；其缺点是作为对象的建筑物的选择又难免有其局限性。

在开发我国主要城市标准年气象数据时，我们结合了美国 NREL、日本空气调和卫生工学会以及日本建筑学会赤坂裕等人[11]的做法，采取以下步骤来确定标准月：

（1）选出气温、水平面太阳总辐射量、露点温度、风速的月平均值均在 0.6 倍标准偏差以内的月份。如果只有一个候补，那么这个候补便是标准月；如果没有任何候补，进入步骤（2）；如果候补的个数超过 1 个，进入步骤（4）。

（2）选出气温、水平面太阳总辐射量、露点温度、风速的月平均值均在 0.8 倍标准偏差以内的月份。这时如果只有一个候补，那么这个候补便是标准月；如果没有任何候补，进入步骤（3）；如果候补的个数超过 1 个，进入步骤（4）。

（3）选出气温、水平面太阳总辐射量、露点温度、风速的月平均值均在 1.0 倍标准偏差以内的月份。这时如果只有一个候补，那么这个候补便是标准月；如果候补的个数超过 1 个，进入步骤（4）。

（4）从以上步骤选出的月份当中，选出 WS 值最小的月份，作为标准月。WS 值可根据式（2-4）计算，其中的加权系数如表 2-2 所示。

用这种方法确定标准月，既保证了所选月份的各气象元素接近平均值，又保证了各气象元素的构成比例接近长期值。采用这种方法确定的标准月的选出年份如表 2-3 所示。

标准月的选出年份（年）　　表 2-3

地名	1 月	2 月	3 月	4 月	5 月	6 月	7 月	8 月	9 月	10 月	11 月	12 月
漠河	2011	2012	2011	2019	2014	2013	2013	2009	2015	2017	2018	2016
呼玛	2010	2019	2014	2015	2016	2013	2018	2009	2014	2019	2018	2016
图里河	2010	2011	2014	2011	2012	2015	2010	2018	2014	2013	2015	2014

续表

地名	1月	2月	3月	4月	5月	6月	7月	8月	9月	10月	11月	12月
爱辉	2010	2012	2011	2015	2012	2011	2014	2018	2010	2013	2011	2011
海拉尔	2017	2016	2011	2011	2014	2014	2011	2014	2012	2012	2012	2014
小二沟	2016	2016	2014	2016	2016	2015	2018	2014	2013	2017	2014	2009
嫩江	2010	2009	2011	2011	2012	2013	2013	2013	2017	2017	2011	2016
孙吴	2018	2012	2018	2016	2016	2012	2010	2018	2014	2010	2017	2015
新巴尔虎右旗	2011	2009	2011	2016	2012	2016	2009	2009	2010	2009	2015	2009
博克图	2017	2018	2012	2011	2016	2018	2010	2013	2014	2019	2009	2014
克山	2016	2009	2012	2012	2016	2015	2010	2013	2015	2014	2009	2016
阿尔山	2010	2014	2014	2012	2016	2018	2013	2009	2014	2014	2009	2009
齐齐哈尔	2016	2014	2015	2016	2012	2018	2010	2017	2009	2010	2015	2014
海伦	2010	2012	2011	2018	2011	2011	2010	2018	2013	2010	2010	2014
伊春	2010	2014	2009	2018	2018	2013	2012	2014	2015	2014	2014	2019
福锦	2016	2009	2011	2017	2010	2015	2014	2010	2017	2014	2011	2011
泰来	2016	2014	2015	2016	2018	2015	2010	2010	2015	2015	2015	2016
安达	2010	2016	2015	2011	2016	2015	2016	2017	2015	2015	2015	2016
宝清	2016	2009	2009	2018	2019	2015	2016	2009	2015	2015	2018	2011
乌里雅斯太镇	2018	2009	2011	2015	2016	2018	2015	2012	2013	2009	2010	2009
前郭尔洛斯	2014	2014	2011	2012	2015	2013	2016	2010	2014	2019	2019	2009
哈尔滨*	2008	2015	2012	2011	2007	2011	2012	2009	2015	2012	2015	2011
通河	2014	2009	2012	2015	2011	2011	2010	2009	2013	2015	2014	2016
尚志	2016	2009	2009	2017	2016	2016	2016	2009	2015	2009	2009	2014
鸡西	2014	2009	2011	2017	2016	2011	2019	2014	2010	2014	2011	2011
虎林	2018	2016	2018	2016	2016	2015	2014	2013	2015	2015	2017	2019
哈巴河	2017	2009	2009	2013	2010	2019	2014	2012	2014	2009	2009	2010
阿勒泰	2016	2018	2015	2013	2014	2015	2010	2010	2010	2015	2014	2014
富蕴	2014	2018	2009	2009	2009	2010	2010	2015	2010	2010	2010	2009
塔城	2016	2019	2017	2013	2016	2012	2019	2015	2017	2018	2009	2009
和布克塞尔	2017	2009	2017	2013	2009	2010	2010	2011	2010	2012	2014	2019
克拉玛依	2017	2010	2012	2013	2010	2015	2018	2012	2009	2014	2014	2009
北塔山	2016	2019	2015	2018	2011	2012	2018	2009	2009	2010	2009	2009
精河	2013	2017	2014	2018	2013	2015	2010	2016	2010	2014	2014	2017
奇台	2014	2019	2015	2011	2013	2019	2012	2013	2014	2009	2019	2015
伊宁	2010	2019	2015	2013	2013	2011	2012	2011	2010	2011	2009	2015
乌鲁木齐*	2014	2009	2007	2006	2013	2010	2010	2011	2008	2011	2008	2008
巴仑台	2014	2015	2015	2011	2018	2017	2012	2015	2014	2011	2009	2011
巴音布鲁克	2018	2018	2017	2017	2010	2010	2012	2015	2010	2014	2019	2018

续表

地名	1月	2月	3月	4月	5月	6月	7月	8月	9月	10月	11月	12月
吐鲁番	2014	2015	2012	2009	2009	2010	2013	2013	2013	2014	2014	2019
库车	2019	2018	2014	2018	2012	2011	2010	2010	2010	2015	2016	2011
库尔勒	2017	2012	2009	2013	2013	2015	2012	2009	2009	2011	2019	2017
喀什	2019	2015	2009	2018	2009	2018	2018	2018	2014	2015	2013	2019
阿合奇	2014	2013	2009	2018	2016	2017	2018	2015	2009	2015	2019	2015
巴楚	2018	2009	2014	2012	2018	2017	2018	2011	2009	2017	2016	2015
阿拉尔	2018	2016	2009	2018	2018	2017	2018	2018	2014	2016	2018	2009
塔中	2010	2016	2017	2009	2013	2017	2010	2011	2014	2015	2014	2012
铁干里克	2010	2016	2017	2009	2013	2017	2010	2011	2014	2015	2014	2012
若羌	2013	2009	2009	2009	2012	2012	2016	2014	2014	2011	2013	2019
莎车	2013	2019	2015	2012	2010	2012	2018	2015	2009	2017	2014	2017
皮山	2016	2015	2009	2012	2010	2012	2014	2015	2014	2014	2014	2017
和田	2010	2019	2015	2009	2019	2012	2010	2018	2011	2017	2014	2009
茫崖	2015	2009	2009	2015	2015	2012	2016	2012	2011	2016	2016	2017
哈密	2019	2018	2015	2018	2013	2010	2018	2014	2014	2014	2014	2017
额济纳旗	2016	2013	2015	2012	2018	2012	2012	2012	2014	2009	2016	2017
马鬃山	2013	2013	2009	2009	2013	2019	2014	2013	2009	2015	2013	2012
拐子湖	2012	2014	2012	2016	2011	2017	2009	2009	2009	2011	2014	2009
敦煌	2013	2013	2009	2018	2009	2015	2012	2011	2014	2011	2014	2017
玉门	2016	2013	2017	2011	2019	2019	2009	2010	2014	2015	2017	2012
巴音毛道	2019	2019	2015	2017	2009	2017	2013	2009	2014	2011	2013	2017
酒泉	2016	2015	2009	2011	2018	2018	2017	2009	2014	2015	2014	2017
冷湖	2012	2013	2015	2013	2017	2012	2014	2013	2014	2017	2017	2015
张掖	2016	2013	2017	2011	2015	2017	2017	2013	2011	2011	2014	2011
民勤	2013	2019	2015	2009	2009	2010	2016	2011	2013	2011	2017	2009
大柴旦	2017	2010	2015	2015	2010	2012	2009	2011	2014	2009	2016	2009
德令哈	2010	2010	2009	2017	2010	2012	2013	2014	2014	2010	2009	2012
刚察	2018	2010	2019	2011	2011	2011	2016	2019	2011	2010	2014	2015
乌鞘岭	2017	2015	2015	2011	2015	2010	2009	2009	2019	2017	2018	2009
格尔木	2013	2010	2014	2018	2010	2017	2009	2010	2016	2017	2016	2012
都兰	2017	2015	2014	2018	2010	2011	2018	2010	2016	2011	2013	2015
西宁*	2007	2010	2016	2016	2013	2009	2007	2013	2008	2008	2016	2009
五道梁	2015	2009	2009	2018	2016	2017	2012	2009	2014	2014	2009	2012
二连浩特	2016	2014	2019	2015	2012	2016	2015	2015	2014	2017	2018	2019
那仁宝力格	2010	2014	2009	2012	2012	2019	2014	2015	2014	2015	2018	2010
阿巴嘎旗	2010	2010	2011	2011	2012	2011	2016	2013	2013	2010	2018	2014

续表

地名	1月	2月	3月	4月	5月	6月	7月	8月	9月	10月	11月	12月
乌拉特后旗	2012	2013	2009	2011	2009	2017	2014	2009	2009	2015	2019	2017
朱日和	2016	2013	2009	2013	2013	2014	2014	2014	2009	2012	2012	2009
乌拉特中旗	2010	2010	2016	2018	2009	2017	2014	2009	2014	2016	2014	2017
百灵庙	2016	2013	2009	2013	2013	2014	2014	2014	2009	2012	2012	2009
化德	2010	2010	2019	2019	2009	2019	2011	2010	2014	2012	2016	2019
呼和浩特	2018	2015	2016	2017	2014	2019	2016	2016	2016	2010	2013	2009
集宁	2010	2015	2009	2011	2016	2014	2011	2017	2016	2009	2016	2010
大同	2010	2017	2016	2017	2015	2019	2012	2010	2013	2010	2014	2017
吉兰泰	2019	2015	2009	2016	2017	2017	2019	2012	2014	2015	2018	2009
临河	2019	2019	2012	2012	2015	2018	2012	2017	2019	2019	2014	2017
鄂托克旗	2019	2019	2012	2012	2015	2018	2012	2017	2019	2019	2014	2017
东胜	2012	2011	2016	2017	2019	2014	2012	2009	2010	2015	2016	2009
河曲	2010	2015	2009	2017	2014	2019	2011	2010	2009	2011	2014	2019
五台山	2013	2015	2009	2017	2010	2011	2011	2011	2013	2011	2013	2009
蔚县	2012	2010	2009	2019	2015	2016	2019	2013	2013	2009	2019	2014
银川*	2016	2011	2012	2012	2009	2016	2008	2010	2015	2010	2014	2006
榆林	2017	2017	2016	2015	2015	2014	2009	2012	2013	2010	2014	2017
原平	2016	2013	2009	2019	2016	2017	2009	2010	2016	2015	2016	2010
石家庄	2019	2019	2013	2012	2013	2014	2017	2015	2015	2019	2018	2009
中宁	2017	2019	2010	2017	2010	2016	2014	2019	2015	2019	2018	2017
盐池	2019	2011	2015	2009	2015	2010	2014	2019	2009	2015	2014	2009
离石	2010	2015	2009	2017	2015	2018	2019	2019	2015	2019	2016	2017
太原*	2013	2006	2006	2006	2008	2006	2008	2008	2006	2008	2006	2013
榆社	2010	2015	2009	2019	2010	2010	2009	2009	2015	2015	2013	2009
邢台	2010	2015	2009	2009	2009	2010	2011	2009	2009	2010	2014	2019
延安	2019	2019	2015	2017	2013	2017	2019	2019	2019	2013	2018	2017
介休	2019	2019	2009	2017	2015	2015	2016	2017	2015	2015	2018	2017
安阳	2018	2011	2013	2019	2018	2016	2017	2016	2015	2009	2016	2018
平凉	2013	2011	2016	2012	2011	2012	2009	2011	2015	2010	2013	2009
西峰	2019	2011	2009	2017	2011	2017	2016	2012	2013	2019	2014	2009
运城	2010	2019	2009	2018	2018	2014	2012	2012	2009	2010	2018	2009
阳城	2019	2015	2017	2017	2010	2018	2009	2017	2019	2015	2014	2017
西乌珠穆沁旗	2018	2011	2009	2017	2012	2019	2013	2013	2013	2019	2016	2017
扎鲁特旗	2018	2011	2009	2017	2012	2019	2013	2013	2013	2019	2016	2017
巴林左旗	2017	2009	2011	2016	2018	2015	2016	2013	2014	2018	2018	2010
长岭	2010	2009	2018	2012	2018	2016	2016	2010	2017	2015	2010	2010

续表

地名	1月	2月	3月	4月	5月	6月	7月	8月	9月	10月	11月	12月
牡丹江	2014	2009	2009	2009	2018	2015	2016	2015	2015	2018	2018	2011
绥芬河	2016	2009	2014	2012	2016	2012	2019	2009	2013	2010	2010	2010
锡林浩特	2018	2014	2019	2011	2012	2019	2014	2014	2014	2012	2011	2009
林西	2010	2014	2009	2012	2013	2009	2014	2015	2014	2019	2009	2010
通辽	2014	2009	2009	2018	2016	2013	2011	2011	2017	2014	2011	2014
四平	2010	2009	2015	2012	2018	2016	2014	2015	2017	2014	2010	2014
长春*	2006	2011	2007	2012	2007	2011	2006	2008	2015	2009	2008	2013
敦化	2010	2010	2009	2012	2016	2016	2016	2015	2013	2009	2010	2014
多伦	2010	2010	2019	2018	2016	2011	2013	2015	2013	2019	2013	2017
赤峰	2010	2019	2016	2012	2018	2019	2013	2012	2013	2017	2018	2019
障武	2011	2009	2018	2011	2015	2016	2013	2015	2017	2012	2019	2014
清原	2010	2016	2015	2012	2017	2015	2016	2015	2017	2009	2016	2010
桦甸	2018	2015	2014	2016	2015	2015	2016	2015	2014	2014	2016	2014
延吉	2016	2009	2012	2009	2010	2014	2012	2013	2015	2009	2013	2010
丰宁	2010	2019	2009	2012	2010	2017	2012	2013	2014	2014	2018	2017
围场	2018	2019	2017	2016	2016	2014	2016	2012	2013	2011	2014	2014
朝阳	2016	2013	2015	2016	2015	2010	2013	2016	2013	2019	2018	2010
锦州	2018	2009	2009	2016	2013	2016	2013	2016	2009	2012	2016	2010
沈阳*	2008	2014	2009	2007	2016	2006	2012	2015	2013	2007	2007	2013
本溪	2010	2017	2015	2012	2011	2013	2016	2016	2009	2009	2016	2010
临江	2010	2014	2011	2012	2017	2016	2013	2013	2015	2013	2009	2010
长白	2012	2016	2014	2016	2017	2015	2015	2019	2015	2009	2018	2018
张家口	2012	2015	2019	2015	2012	2019	2019	2013	2016	2014	2016	2011
怀来	2016	2013	2009	2019	2015	2016	2011	2015	2013	2009	2010	2017
承德	2012	2011	2009	2015	2012	2011	2013	2016	2013	2009	2010	2011
青龙	2012	2010	2012	2011	2013	2014	2016	2013	2014	2016	2010	2009
营口	2017	2009	2009	2018	2016	2015	2016	2015	2015	2009	2019	2014
宽甸	2014	2019	2015	2017	2017	2016	2016	2013	2013	2016	2016	2017
丹东	2015	2015	2009	2011	2011	2015	2016	2017	2009	2012	2013	2009
北京*	2009	2006	2009	2007	2010	2012	2007	2012	2010	2007	2012	2008
天津*	2008	2011	2015	2007	2013	2016	2013	2015	2008	2008	2006	2013
唐山	2010	2010	2012	2011	2010	2010	2009	2014	2013	2016	2012	2009
乐亭	2010	2014	2009	2019	2015	2016	2010	2009	2015	2012	2012	2009
保定	2018	2011	2015	2012	2012	2016	2011	2015	2015	2015	2011	2017
泊头	2016	2011	2017	2009	2009	2012	2012	2015	2015	2013	2016	2013
大连	2017	2009	2009	2018	2017	2018	2016	2017	2016	2016	2016	2018

续表

地名	1月	2月	3月	4月	5月	6月	7月	8月	9月	10月	11月	12月
陵县	2018	2010	2013	2017	2010	2018	2010	2019	2015	2019	2016	2017
惠民	2016	2010	2017	2019	2010	2012	2011	2015	2013	2015	2016	2009
长岛	2010	2014	2015	2019	2016	2018	2016	2016	2014	2019	2016	2011
龙口	2016	2011	2009	2015	2009	2018	2010	2016	2014	2011	2016	2011
成山头	2012	2014	2009	2009	2014	2015	2010	2017	2009	2012	2013	2018
莘县	2019	2010	2017	2019	2013	2016	2012	2012	2013	2019	2013	2018
济南 *	2007	2014	2008	2009	2010	2016	2011	2008	2008	2008	2007	2006
泰山	2018	2011	2015	2009	2010	2018	2012	2009	2009	2011	2012	2017
沂源	2010	2019	2013	2017	2015	2011	2012	2016	2009	2019	2014	2017
潍坊	2018	2011	2013	2015	2009	2011	2016	2016	2009	2012	2012	2009
青岛	2018	2014	2009	2015	2009	2010	2010	2013	2013	2019	2014	2018
海阳	2012	2014	2015	2018	2015	2016	2016	2019	2015	2010	2013	2011
定陶	2019	2015	2015	2019	2015	2011	2010	2015	2015	2012	2013	2018
兖州	2010	2014	2015	2012	2015	2016	2014	2009	2009	2010	2010	2009
费县	2010	2010	2013	2012	2015	2016	2012	2012	2017	2010	2016	2018
日照	2010	2019	2009	2016	2010	2014	2016	2015	2009	2010	2016	2015
狮泉河	2015	2015	2014	2015	2014	2014	2014	2017	2017	2011	2017	2018
班戈	2012	2018	2009	2016	2015	2018	2018	2016	2011	2014	2017	2015
那曲	2012	2009	2012	2017	2015	2013	2013	2019	2014	2014	2017	2012
日喀则	2016	2012	2014	2013	2018	2018	2017	2016	2014	2009	2014	2016
拉萨 *	2012	2009	2012	2008	2011	2013	2007	2007	2007	2010	2013	2007
定日	2016	2012	2015	2013	2014	2014	2014	2014	2012	2015	2011	2014
隆子	2017	2012	2014	2017	2019	2014	2013	2009	2012	2009	2014	2012
帕里	2013	2009	2009	2012	2012	2009	2010	2009	2010	2014	2012	2010
沱沱河	2014	2011	2014	2011	2019	2010	2014	2010	2011	2010	2009	2009
杂多	2010	2010	2009	2010	2010	2015	2018	2011	2016	2019	2009	2011
曲麻莱	2018	2016	2009	2012	2016	2017	2015	2009	2009	2009	2016	2012
玉树	2016	2018	2013	2010	2017	2010	2012	2013	2013	2012	2012	2012
玛多	2016	2018	2013	2010	2017	2010	2012	2013	2013	2012	2012	2012
达日	2019	2013	2016	2011	2009	2015	2011	2019	2017	2011	2009	2009
河南	2018	2010	2009	2018	2016	2018	2009	2009	2019	2015	2017	2015
若尔盖	2015	2010	2010	2015	2014	2014	2016	2013	2011	2009	2013	2009
合作	2018	2015	2019	2018	2015	2010	2009	2012	2019	2009	2014	2015
武都	2019	2015	2014	2012	2011	2012	2012	2012	2019	2011	2013	2009
索县	2010	2009	2016	2013	2014	2010	2014	2019	2017	2012	2009	2012
丁青	2012	2012	2012	2017	2011	2014	2018	2009	2017	2016	2017	2012

续表

地名	1月	2月	3月	4月	5月	6月	7月	8月	9月	10月	11月	12月
昌都	2012	2017	2009	2011	2011	2015	2011	2019	2011	2015	2017	2009
德格	2013	2009	2009	2017	2018	2018	2014	2009	2011	2014	2010	2014
甘孜	2011	2014	2017	2013	2011	2010	2016	2009	2011	2010	2011	2015
色达	2012	2013	2009	2017	2011	2018	2016	2010	2019	2019	2011	2018
道孚	2011	2010	2017	2010	2015	2009	2016	2019	2019	2015	2015	2009
马尔康	2013	2009	2010	2010	2010	2010	2016	2016	2012	2012	2014	2010
绵阳	2016	2019	2019	2017	2016	2018	2013	2019	2017	2010	2014	2009
巴塘	2012	2009	2012	2017	2015	2009	2012	2019	2017	2015	2015	2010
理塘	2015	2017	2012	2018	2009	2011	2011	2019	2016	2015	2015	2011
雅安	2010	2017	2014	2011	2013	2015	2014	2019	2019	2009	2010	2009
成都	2013	2011	2011	2012	2012	2012	2010	2009	2010	2010	2011	2011
林芝	2014	2012	2018	2017	2016	2014	2017	2009	2014	2011	2015	2009
稻城	2011	2018	2009	2017	2014	2009	2009	2009	2016	2015	2009	2009
康定	2014	2019	2009	2009	2010	2017	2014	2019	2011	2019	2010	2018
峨眉山	2018	2011	2010	2009	2013	2018	2009	2016	2011	2019	2016	2018
德钦	2019	2014	2018	2017	2013	2011	2016	2009	2019	2015	2017	2012
九龙	2014	2014	2009	2011	2009	2013	2016	2012	2010	2012	2009	2010
宜宾	2016	2010	2009	2017	2013	2010	2009	2012	2014	2009	2016	2017
西昌	2016	2012	2009	2011	2009	2016	2016	2010	2010	2012	2013	2015
昭通	2014	2014	2014	2009	2010	2014	2009	2009	2010	2009	2010	2009
丽江	2018	2018	2012	2011	2009	2014	2014	2010	2010	2015	2015	2010
会理	2011	2019	2010	2010	2010	2017	2016	2009	2019	2009	2015	2017
会泽	2016	2012	2009	2010	2016	2014	2018	2018	2014	2009	2016	2015
威宁	2016	2011	2014	2013	2013	2014	2014	2012	2010	2019	2009	2015
腾冲	2013	2011	2014	2009	2013	2012	2009	2009	2015	2015	2013	2009
保山	2012	2014	2012	2010	2014	2017	2019	2017	2010	2009	2017	2010
大理	2014	2018	2009	2012	2009	2017	2009	2014	2015	2014	2014	2014
元谋	2011	2014	2012	2010	2009	2017	2019	2009	2014	2017	2009	2017
楚雄	2011	2014	2012	2012	2010	2017	2013	2014	2016	2010	2013	2017
昆明*	2012	2011	2012	2006	2011	2009	2014	2006	2006	2011	2013	2010
沾益	2015	2011	2009	2011	2013	2009	2016	2013	2011	2015	2013	2014
瑞丽	2012	2014	2018	2018	2017	2010	2016	2018	2014	2009	2009	2011
芦西	2014	2012	2009	2009	2013	2014	2016	2014	2015	2014	2013	2014
耿马	2011	2014	2012	2010	2017	2009	2009	2012	2010	2009	2009	2010
临仓	2011	2017	2012	2012	2010	2010	2010	2018	2016	2011	2010	2010
澜沧	2012	2011	2009	2012	2015	2016	2018	2009	2016	2014	2014	2010

续表

地名	1月	2月	3月	4月	5月	6月	7月	8月	9月	10月	11月	12月
景洪	2012	2015	2012	2009	2014	2015	2014	2009	2014	2014	2013	2014
思茅	2010	2011	2018	2013	2012	2012	2009	2009	2016	2015	2010	2017
元江	2012	2011	2014	2009	2009	2014	2013	2013	2010	2014	2014	2014
勐腊	2013	2011	2014	2009	2013	2012	2009	2009	2015	2015	2013	2009
江城	2012	2014	2017	2013	2014	2019	2010	2010	2013	2010	2010	2017
蒙自	2013	2012	2014	2009	2013	2014	2012	2013	2011	2011	2013	2010
华山	2016	2011	2009	2017	2015	2018	2016	2019	2019	2011	2016	2012
卢氏	2010	2010	2009	2017	2014	2014	2016	2019	2019	2011	2013	2015
孟津	2019	2010	2010	2010	2010	2015	2009	2009	2017	2015	2009	2018
郑州 *	2010	2015	2009	2007	2010	2006	2009	2008	2008	2011	2008	2013
汉中	2016	2011	2014	2014	2015	2014	2012	2013	2014	2011	2013	2010
南阳	2013	2013	2017	2017	2014	2014	2012	2015	2015	2010	2014	2014
西华	2016	2010	2015	2012	2015	2017	2012	2017	2009	2010	2011	2015
万源	2016	2018	2016	2018	2019	2019	2009	2019	2019	2010	2016	2009
安康	2016	2010	2016	2012	2015	2011	2009	2010	2009	2012	2013	2009
房县	2010	2015	2009	2017	2015	2016	2009	2017	2014	2019	2014	2015
老河口	2013	2013	2009	2017	2013	2014	2018	2012	2013	2014	2018	2015
枣阳	2010	2010	2015	2019	2014	2017	2016	2016	2009	2010	2014	2009
驻马店	2010	2010	2009	2018	2018	2019	2018	2015	2009	2019	2018	2019
信阳	2010	2015	2015	2017	2013	2011	2016	2010	2013	2015	2014	2009
阆中	2014	2017	2016	2018	2016	2018	2018	2017	2017	2009	2014	2009
达州	2014	2011	2009	2017	2015	2009	2017	2010	2019	2009	2014	2009
奉节	2012	2018	2014	2017	2017	2009	2017	2016	2011	2009	2016	2009
钟祥	2010	2017	2009	2009	2013	2011	2012	2009	2013	2010	2014	2009
麻城	2013	2010	2017	2017	2014	2019	2013	2016	2015	2015	2013	2017
南充	2014	2010	2010	2011	2013	2010	2010	2015	2013	2011	2013	2017
梁平	2010	2015	2009	2017	2015	2016	2014	2016	2016	2011	2014	2014
恩施	2013	2010	2009	2015	2013	2012	2016	2012	2010	2011	2014	2009
宜昌	2012	2010	2016	2019	2009	2019	2009	2016	2015	2010	2018	2009
江陵	2010	2017	2015	2017	2014	2011	2019	2016	2010	2015	2014	2009
武汉 *	2010	2013	2015	2007	2014	2014	2011	2010	2008	2012	2010	2015
重庆	2019	2017	2016	2012	2015	2017	2014	2010	2010	2013	2016	2015
桑植	2010	2017	2014	2017	2016	2011	2014	2009	2009	2016	2014	2009
岳阳	2010	2017	2014	2019	2014	2014	2017	2015	2015	2019	2014	2017
酉阳	2018	2017	2016	2017	2013	2018	2016	2019	2016	2019	2019	2017
沅陵	2010	2010	2009	2012	2013	2009	2014	2009	2015	2016	2014	2009

续表

地名	1月	2月	3月	4月	5月	6月	7月	8月	9月	10月	11月	12月
常德	2012	2015	2019	2017	2014	2012	2017	2015	2015	2019	2017	2009
长沙*	2007	2010	2009	2009	2009	2008	2012	2006	2015	2008	2013	2006
毕节	2019	2017	2014	2009	2016	2018	2009	2013	2016	2017	2013	2018
思南	2010	2015	2015	2011	2016	2009	2009	2009	2013	2016	2010	2010
芷江	2010	2010	2014	2012	2013	2009	2010	2009	2014	2011	2014	2010
邵阳	2013	2015	2016	2017	2014	2013	2018	2013	2015	2015	2013	2009
南岳	2018	2011	2009	2009	2009	2019	2009	2016	2015	2015	2017	2017
宜春	2010	2010	2009	2010	2014	2010	2009	2009	2010	2010	2012	2009
吉安	2018	2015	2014	2009	2010	2019	2009	2016	2013	2015	2017	2009
贵阳	2013	2011	2009	2011	2009	2012	2010	2009	2010	2011	2010	2010
三穗	2018	2010	2009	2009	2016	2011	2012	2013	2009	2019	2018	2009
通道	2016	2017	2009	2012	2009	2013	2012	2016	2009	2015	2017	2017
武冈	2010	2010	2014	2009	2014	2018	2017	2009	2016	2019	2019	2009
零陵	2010	2017	2009	2017	2010	2018	2009	2009	2009	2019	2013	2009
兴仁	2015	2015	2009	2017	2014	2017	2009	2014	2011	2019	2016	2017
罗甸	2010	2010	2009	2009	2009	2009	2009	2010	2010	2009	2010	2009
独山	2013	2017	2019	2009	2009	2014	2013	2013	2009	2009	2010	2010
榕江	2010	2010	2009	2013	2009	2019	2009	2018	2010	2009	2018	2010
桂林	2018	2017	2009	2009	2009	2014	2012	2012	2016	2012	2014	2017
郴州	2013	2010	2014	2015	2010	2011	2012	2009	2015	2012	2014	2009
赣州	2018	2010	2016	2013	2016	2013	2016	2012	2016	2015	2013	2009
徐州	2010	2010	2015	2009	2009	2010	2010	2012	2009	2010	2010	2015
赣榆	2010	2016	2015	2018	2016	2016	2016	2015	2013	2015	2016	2018
亳州	2010	2013	2017	2009	2009	2017	2009	2010	2015	2015	2013	2015
射阳	2013	2010	2009	2015	2013	2010	2010	2010	2009	2013	2015	2009
阜阳	2013	2013	2016	2012	2014	2009	2012	2010	2010	2019	2013	2009
固始	2010	2010	2017	2017	2013	2013	2016	2009	2013	2011	2018	2009
蚌埠	2013	2013	2009	2010	2015	2017	2016	2012	2009	2014	2014	2009
南京*	2013	2011	2013	2015	2012	2014	2009	2008	2013	2008	2013	2009
东台	2016	2011	2016	2015	2009	2015	2016	2010	2009	2015	2014	2011
吕四	2016	2013	2009	2009	2012	2013	2012	2019	2009	2013	2016	2009
霍山	2010	2011	2017	2015	2013	2017	2009	2017	2013	2011	2014	2017
合肥*	2010	2015	2009	2017	2010	2017	2009	2009	2013	2011	2014	2009
芜湖	2010	2010	2009	2017	2010	2014	2009	2009	2015	2011	2014	2017
溧阳	2010	2013	2017	2009	2012	2012	2019	2017	2013	2015	2017	2009
上海*	2016	2013	2013	2007	2010	2011	2012	2008	2014	2008	2007	2008

续表

地名	1月	2月	3月	4月	5月	6月	7月	8月	9月	10月	11月	12月
安庆	2013	2015	2016	2017	2013	2014	2019	2012	2013	2015	2013	2017
黄山	2013	2015	2015	2012	2014	2011	2009	2011	2009	2015	2017	2009
杭州*	2010	2015	2015	2011	2015	2007	2008	2007	2015	2007	2008	2008
嵊泗	2013	2013	2016	2012	2014	2013	2009	2009	2009	2014	2017	2010
定海	2013	2013	2013	2015	2014	2012	2010	2009	2016	2009	2017	2015
庐山	2018	2010	2015	2013	2014	2014	2016	2009	2016	2019	2019	2017
景德镇	2010	2015	2009	2014	2012	2019	2011	2010	2016	2014	2017	2017
嵊州	2015	2010	2013	2011	2014	2019	2012	2019	2009	2019	2017	2009
石浦	2013	2015	2016	2009	2014	2015	2014	2011	2014	2019	2018	2017
南昌*	2007	2014	2006	2015	2006	2006	2008	2007	2013	2008	2008	2006
衢县	2010	2015	2014	2011	2014	2012	2018	2011	2010	2009	2017	2010
丽水	2010	2015	2012	2014	2011	2019	2018	2011	2010	2017	2018	2009
大陈岛	2013	2016	2016	2009	2012	2012	2009	2009	2017	2019	2016	2015
南城	2010	2015	2015	2012	2013	2018	2009	2012	2010	2012	2014	2009
邵武	2015	2015	2014	2015	2013	2019	2016	2018	2011	2011	2017	2010
浦城	2018	2014	2015	2017	2013	2013	2018	2015	2016	2015	2017	2015
福鼎	2013	2014	2014	2017	2013	2012	2011	2009	2010	2011	2017	2017
广昌	2018	2017	2015	2017	2014	2019	2018	2016	2017	2017	2014	2009
南平	2013	2015	2012	2014	2012	2013	2010	2016	2010	2011	2014	2017
福州*	2013	2011	2006	2008	2010	2007	2006	2012	2010	2007	2012	2006
长汀	2015	2014	2017	2012	2012	2013	2017	2009	2010	2011	2017	2019
永安	2018	2015	2014	2017	2010	2012	2018	2009	2013	2012	2012	2009
漳平	2015	2015	2010	2012	2013	2012	2018	2010	2011	2012	2017	2012
九仙山	2018	2014	2012	2017	2010	2019	2018	2013	2015	2015	2017	2011
平潭	2013	2014	2014	2012	2013	2012	2018	2009	2009	2009	2014	2010
广南	2010	2010	2010	2010	2013	2015	2019	2019	2019	2009	2009	2012
河池	2018	2017	2016	2018	2016	2013	2018	2018	2014	2019	2018	2009
柳州	2010	2017	2009	2011	2013	2014	2017	2014	2016	2009	2016	2017
蒙山	2015	2010	2016	2018	2016	2017	2016	2016	2016	2014	2014	2017
连州	2018	2010	2014	2018	2013	2014	2012	2015	2010	2017	2016	2009
韶关	2015	2013	2014	2018	2016	2009	2009	2015	2011	2012	2013	2009
佛冈	2015	2015	2009	2017	2017	2018	2015	2014	2019	2009	2014	2009
连平	2013	2015	2009	2017	2010	2012	2009	2014	2016	2017	2012	2009
寻乌	2018	2010	2009	2009	2017	2009	2017	2014	2013	2017	2013	2017
梅州	2018	2017	2009	2017	2017	2018	2011	2014	2010	2010	2014	2017
厦门	2015	2014	2017	2012	2012	2013	2017	2009	2010	2011	2017	2019

续表

地名	1 月	2 月	3 月	4 月	5 月	6 月	7 月	8 月	9 月	10 月	11 月	12 月
那坡	2016	2017	2014	2018	2016	2014	2018	2013	2009	2015	2013	2019
百色	2018	2017	2009	2013	2013	2018	2012	2016	2010	2009	2017	2017
桂平	2015	2015	2009	2018	2016	2015	2018	2018	2013	2012	2013	2017
梧州	2013	2011	2014	2017	2013	2009	2014	2016	2016	2017	2013	2010
高要	2013	2017	2009	2012	2013	2009	2015	2014	2016	2010	2014	2012
广州 *	2013	2015	2016	2014	2013	2012	2013	2008	2008	2015	2014	2006
河源	2015	2013	2012	2012	2012	2014	2009	2014	2010	2017	2012	2009
汕头	2015	2015	2010	2014	2019	2017	2009	2012	2009	2014	2017	2011
龙州	2018	2017	2009	2013	2016	2009	2009	2013	2016	2017	2016	2019
南宁 *	2007	2011	2009	2009	2013	2009	2012	2012	2008	2009	2013	2009
信宜	2018	2015	2009	2014	2014	2017	2016	2012	2016	2011	2018	2017
深圳	2016	2016	2015	2017	2010	2011	2011	2016	2010	2015	2016	2015
汕尾	2016	2012	2012	2010	2011	2010	2011	2012	2010	2018	2017	2009
钦州	2018	2010	2009	2009	2014	2010	2009	2013	2011	2015	2018	2012
北海	2013	2015	2016	2017	2012	2018	2014	2009	2010	2009	2014	2010
湛江	2015	2017	2009	2017	2010	2010	2009	2014	2009	2009	2012	2009
阳江	2013	2015	2012	2014	2016	2013	2015	2012	2010	2012	2014	2010
上川岛	2010	2010	2012	2014	2014	2009	2013	2009	2010	2018	2014	2009
海口 *	2007	2015	2012	2015	2016	2013	2009	2013	2010	2011	2012	2007
东方	2012	2011	2016	2011	2009	2012	2012	2009	2016	2009	2012	2009
儋州	2013	2015	2009	2017	2016	2016	2012	2009	2014	2009	2014	2017
琼海	2013	2015	2009	2010	2013	2010	2009	2010	2014	2011	2011	2017
三亚	2013	2011	2017	2013	2013	2010	2009	2019	2016	2014	2011	2009
香港	2015	2015	2012	2014	2016	2019	2017	2020	2014	2014	2017	2020
澳门	2013	2015	2013	2014	2016	2019	2021	2019	2015	2012	2018	2017
台北	2013	2015	2015	2018	2016	2013	2014	2016	2018	2014	2016	2015
高雄	2018	2015	2017	2014	2015	2017	2015	2014	2015	2019	2014	2015

注：本表中带星号（＊）地点的太阳辐射推定采用模型 B，其他地点采用模型 A。模型 A 与模型 B 的说明详见本书第 4 章。

　　采用上述方法选择 2 月的标准月时，如果被选中的是闰年 2 月，则人为地删去 29 日的数据，以保证其一般性。

2.5　标准月间各气象参数的平滑连接

　　由表 2-3 可知，一般来说，标准月选自于不同的年份。例如说北京的 1 月、2 月、3 月分别是 2004 年的 1 月、1997 年的 2 月、1995 年的 3 月。因此 2004 年 1 月 31 日

24：00 和 1997 年 2 月 1 日的 1：00 未必能够平滑连接，就是说有可能出现温度、湿度的突变。因为标准月间的连接发生在夜间，所以太阳辐射量不存在突变的问题。自然界中风速的突变并不稀有，所以风速的连接也不成为问题。这里主要讨论气温和湿度的连接问题。

在相邻标准月的连接方法上，TMY 和日本的标准气象数据做法也不尽相同。TMY 采用的方法是将相邻月间的每一方多取出 6h 的干球温度、露点温度等数据，也就是说前后花 12h 进行平滑连接。具体计算式如下：

$$\theta_i = \frac{(12-i)}{12}\theta_i' + \frac{i}{12}\theta_i''$$

（2-6）

式中　θ_i——平滑连接处理后的干球温度（或露点温度），℃；

　　　θ_i'——相邻的前一个月的干球温度（或露点温度），℃；

　　　θ_i''——相邻的后一个月的干球温度（或露点温度），℃；18：00 i 取 0，第二天 6：00 i 取 12。

日本空气调和卫生工学会的标准气象数据则采用了在相邻的标准月的月始、月末找平滑衔接点的方法。这种方法的问题点在于很大程度上依赖于开发者的经验，并且很难同时找到干球温度、露点温度等的衔接点。基于以上原因，在干球温度、露点温度的平滑连接时采用美国 TMY 的做法。

2.6　标准年气象数据的构成

标准年气象数据应包括建筑物热负荷计算以及可再生能源利用系统的模拟所需要的气象要素。但是由于受原始数据的限制，我们未能收集到大气辐射量的数据。标准年气象数据编入的气象要素包括以下项目。

2.6.1　干球温度

虽然 SI 单位制中温度的单位是绝对温度，但为了使用方便，标准年气象数据中的干球温度的单位取为℃，精度为 0.1℃。在一日 24h 的数据中，2：00、5：00、8：00、11：00、14：00、17：00、20：00、23：00 时的温度为观测值，其他时间带的数据为调和分析内插数据。利用东京的观测气象数据进行温度内插的结果证明，内插引起的年平均绝对误差为 0.1℃。

2.6.2　相对湿度和含湿量

虽然原始数据中反映湿度的气象要素是露点温度，但科研和工程中使用相对湿度和含湿量较多，所以我们把露点温度转换成相对湿度和含湿量。含湿量 x 可以用下式求出。

$$x = \frac{0.622f}{P-f} \tag{2-7}$$

式中　P——大气压力，hPa；

　　　f——水蒸气分压，hPa。

　　在收集到的原始数据中，有的观测站有大气压，有的观测站则没有。在有大气压的观测值的情况下，可将观测值代入式（2-7），如果没有大气压观测值，可用下式近似计算[12]。

$$P = P_0 \left(1 - \frac{0.0065H}{\theta + 0.0065H + 273.15}\right)^{5.257} \tag{2-8}$$

式中　P_0——海面高度的大气压力，hPa；

　　　H——气象观测站的海拔高度，m；

　　　θ——干球温度，℃。

　　式（2-7）中的水蒸气分压 f（hPa）可用下式求出。

$$f = \frac{1013.25}{760} \times 10^{8.10765 - \frac{1750.29}{235.0 + \theta''}} \tag{2-9}$$

　　式（2-9）中的 θ'' 表示露点温度（℃）。相对湿度 ϕ 可由下式计算：

$$\phi = \frac{f}{f_s} \times 100 \ (\%) \tag{2-10}$$

式中　f_s——饱和水蒸气压，hPa；如把式（2-9）中的露点温度改为干球温度，所求出来的水蒸气分压力即为饱和水蒸气压。

2.6.3　直射辐射和散射辐射

　　如前所述，所使用的观测气象数据中不包括太阳辐射量。因此建立了太阳辐射量模型，用来推算瞬时太阳辐射量。然后又建立了另一个模型，把水平面总辐射量分离成直射和散射。关于太阳辐射量的内容，将在第 4 章详细讨论。

　　标准年气象数据中直射辐射和散射辐射的单位都是 W/m²，可以认为是小时平均值。

2.6.4　风向和风速

　　风向和风速不但影响建筑物外侧的换热系数继而影响到空调负荷，还影响非空调房间的室内温度、湿度以及换气量。在探讨风力发电时，风向和风速更是至关重要的气象要素。如前所述，风向和风速都是经过内插近似的。2：00、5：00、8：00、11：00、14：00、17：00、20：00 和 23：00 的风向和风速为观测值，其他时间带为内插值。风向的内插方法是维持 3h 不变。风速则采用了直线内插，经四舍五入化为整数。风向是以 16 方位表示的。1：00、5：00、9：00、13：00 分别表示北风、东风、南风和西风。

2.6.5　大气辐射量及云量

在进行建筑物热模拟时，大气辐射量是不可缺少的。根据我国的情况，大气辐射量的观测还不普遍，所以需要利用一些相关的量间接求出。根据 Philipps 等人[13]的研究，大气辐射和云量、水蒸气分压、大气温度等参数有关。笔者根据实验数据，建立了不使用云量的大气辐射模型，并将使用该模型推定的大气辐射量编入新版标准年气象数据（ChinaTMY3）。作为参考，云量也被列入新版标准年气象数据。关于大气辐射量的内容，将在第 5 章详细讨论。

2.6.6　北京时间和地方标准时间

标准年气象数据文件中使用的时间为北京时间（东经 120° 时间）。文件中还记述了每时的太阳高度角和太阳方位角，以便读者使用。严格说来，由于地球公转一周所需的时间大于 365 天，每年的同一天的同一时刻的太阳位置虽不相同，却相差甚微。关于太阳位置的计算方法，很多书中都有介绍，这里不再叙述。

2.6.7　文件的格式

标准年气象数据的格式为 TEXT 格式，可以用 Windows 的记事本（Notepad）软件打开。除月日时以外，每时的数据依次为：当地太阳时、干球温度（℃）、相对湿度（%）、含湿量（0.1g/kg）、水平面总辐射（W/m²）、法线方向直射（W/m²）、水平方向散射（W/m²）、风向（1～16）、风速（m/s）、总云量（0～10）、方位角（°）、太阳高度角（°）。采用 FORTRAN 语言输入计算机时的格式（Format）应为：

Format（3I3，2F6.1，I4，F6.1，4I6，F6.1，5I6）

各项数据的注释附在文件末尾，如下所示：

M D H L TEM RH X TH NR DF WD WS CC DLR AZ HT

M→月

D→日

H→北京时间

L→地方时间

TEM→干球温度，℃

RH→相对湿度，%

X→含湿量，0.1g/kg（干空气）

TH→水平面太阳总辐射，W/m²

NR→法线面太阳辐射，W/m²

DF →水平面散射辐射，W/m^2

WD →风向，16 方位

WS →风速，0.1m/s

CC →总云量，用 0 至 10 表示

DLR →水平面大气辐射，W/m^2

AZ →太阳方位角，999 表示日出之前

HT →太阳高度角，0 表示日出之前

说明：此处的示例为本书网络配套资源中的数据格式，详细解释参见"本书网络配套资源使用说明"。

本章参考文献

[1]　张晴原，浅野贤二. Development of the typical weather data for the main Chinese cities [J]. Journal of Architectural Planning and Engineering，2001，543：65-69.

[2]　Zhang Q Y，Huang J，Lang S. Development of typical year weather data for Chinese locations [J]. ASHRAE Transactions，2002，108（2）：1063-1075.

[3]　Winkelmann F C，Birdsall B E，Buhl W F，et al. DOE-2 Supplement，Version 2.1E，LBL-234949[Z]. Lawrence Berkeley Laboratory，Berkeley CA，USA，1993.

[4]　松尾阳，横山浩一，石野久弥，等. 空调设备的动负荷计算入门 [M]. 日本建筑设备师协会，1980.

[5]　空調設備基準委員会第 2 小委員会標準気象データ分科会. 標準気象データに関する研究 [J]. 空気調和・衛生工学，1974：48（7）.

[6]　Hall I，Prairie R，Anderson H，et al. Generation of Typical Meteorological Years for 26 SOLMET Stations. SAND78-1601[M]. Albuquerque，NM：Sandia National Laboratories，1978.

[7]　Marion W，Urban K.User's Manual for TMY2s [Z]. National Renewable Energy Laboratory，1995.

[8]　张晴原，Huang J. 中国建筑用标准气象数据库 [M]. 北京：机械工业出版社，2004.

[9]　National Climatic Data Center（NCDC）. International surface weather observations 1982-1997[C]// Jointly produced by NCDC，National Oceanic and Atmospheric Administration，US Dept. of Commerce，Asheville NC，1998.

[10]　木村建一. 建筑设备基础理论演习 [M]. 7 版. 东京：学献社，1984.

[11]　赤坂裕. 拡張アメダス気象データ [Z]. 日本建筑学会，2000.

[12]　国立天文台. 理科年表 [M]. 东京：丸善株式会社.2002

[13]　Philipps H. Zur Theorie der Warmestrahlung im Bodennahe[Z]. Grerl Beitr. Z. Geophys，1940：229.

第 3 章

标准日气象数据和不保证率气象数据[1]

第 1 章曾经提到过,本书数据库包括三种数据:标准年气象数据、标准日气象数据和不保证率气象数据。标准年气象数据及其应用例已经在第 2 章作了详细的论述,本章将讨论标准日气象数据和不保证率气象数据。

3.1 标准日气象数据

3.1.1 标准日气象数据的概念

第 2 章介绍的标准年气象数据是通过对被选为标准月的观测数据进行内插和平滑处理而得到的。标准年气象数据的优点是它可以真实地反映某一地方的气候特点,其不足之处是数据量庞大,而且缺乏直观性。所谓缺乏直观性是说很难直观地看出该地方各个季节的寒暑与干湿情况。标准年气象数据的另一个问题是,虽然构成标准年的每个标准月是从历年同月份的观测数据中选出的最接近平均值的月,但是其温度、湿度、太阳辐射、风速都不可能正好等于历年的平均值,也就是说标准月的平均值与历年平均值之间存在着一定的偏差。

为了克服这些不足,有必要寻求一种简单明了,而且能较正确地反映该地气候特点数据的方法。如能在每月中找出一个代表日来代表该月,则标准年气象数据的数据量可减至 1/30 左右。能否在每月的观测数据中找出有代表性的一天呢?这里所说的代表性的一天必须满足两个条件:其一,日平均温度、湿度、太阳辐射等均等于月平均值;其二,在进行建筑物模拟的时候,需要将代表日的数据重复使用,这就要求各种气象要素首尾相接,就是说代表日 1:00 的温度、湿度应接近该日 24:00 的温、湿度。观测数据中同时满足这两个条件的日子极为少见。如果将每个月的各气象要素按 24h 进行平均,求出每时的温度、湿度、太阳辐射、风速、云量平均值,从而做成虚构的一天 24h 的气象数据,则用该虚构气象数据求出的冷热负荷应接近历年平均值。为了证明这种方法的可用性,对图 3-1 所示的住宅模型的供暖及空调负荷进行了热模拟。

图 3-1 模拟用住宅模型

图 3-1 所示模拟用住宅的室内面积约为 $87m^2$，位于楼房的中间层，且不是东西两端的住户。住宅为砖结构，外墙厚度为 37cm，内墙厚度为 25cm，双层玻璃窗，换气次数为 $0.5h^{-1}$。

对图 3-1 的模型进行了两种模拟：

第一种模拟是采用历年的逐时气象数据进行，这样就求出这种住宅模型分别建在各主要城市时的逐时空调或供暖负荷，从而求出月累计负荷，并求出其平均值。

第二种模拟是首先求出各主要城市历年的 1：00 至 24：00 的各气象要素的月平均值，这样每个月都得到了 24h 的气象数据。将这 24h 的气象数据重复使用，输入建筑物热模拟程序，即可对图 3-1 所示的住宅进行模拟计算。考虑到建筑物的热容量，一般不能仅做 24h 的模拟，往往要做一周甚至更长。因为输入的气象数据是以 24h 为周期的重复数据，所以计算开始数日后空调负荷的模拟结果（也就是计算机的输出数据）就会出现有规律的重复。如果某日的输出数据和前一天完全相同，则认为模拟过程达到了周期稳定状态，这时候就可以把计算停下来，将周期稳定状态的日累计负荷乘以该月的天数，就可得到该月的累计空调负荷。

图 3-2 和图 3-3 分别为 1 月份和 7 月份的第一种模拟和第二种模拟求出的热、冷负荷的相关图和回归直线。可见第二种模拟中用每时各气象要素的月平均值所求出的热、冷负荷和第一种模拟求出的历年逐时的该月负荷的平均值几乎完全相等。所以，如果仅仅关心月累计负荷或日平均负荷的话，则完全可以用逐时的各气象要素的月平均值构成的虚构的一天的数据来代替历年的逐时数据。因此，把这种每时各气象要素的月平均值构成的 24h 的数据称作该地该月的标准日气象数据。

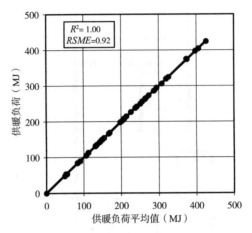

图 3-2　1 月份的历年气象数据和每时的气象要素月平均值得出的供暖负荷的相关图

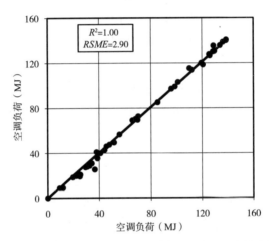

图 3-3　7 月份的历年气象数据和每时的气象要素月平均值得出的空调负荷的相关图

3.1.2　标准日气象数据的构成

为了求出我国主要城市的标准日气象数据，首先将 2006—2019 年的 3h 间隔的观测气象数据按第 2 章介绍的双波调和分析的方法进行内插，同时按将在第 4 章阐述的太阳辐射量的推定方法求出每时辐射量。然后求出 1：00 至 24：00 的各气象要素的月平均值，这样每个月就得到了 24h 的气象数据，这就是该城市该月的标准日气象数据。

在进行建筑物热模拟时，不同的程序所需要的气象要素也有所不同。这里选择了干球温度、相对湿度、水平面直射、水平面散射、风速、向下长波辐射六个要素。表 3-1 给出了北京市 1 月和 7 月的标准日气象数据。除了表 3-1 所示的北京市标准日气象数据外，在本手册附表中还给出其他地点的标准日气象数据，以供读者选用。

如上节所述，标准日气象数据的优点之一是直观，一眼可以看出某地的不同季节的温湿度和太阳辐射的强弱。图 3-4～图 3-6 是根据表 3-1 做成的北京奇数月份的干球温度、相对湿度和水平面总辐射量的日变动曲线。从图 3-4 可知，北京 5 月份和 9 月份的气温的日变动曲线几乎相同，而 9 月份的相对湿度（图 3-5）却比 5 月份高出 10 多个百分点。从图 3-6 可知，太阳辐射则是 5 月份为最强，其次是 3 月份和 7 月份。

北京市 1 月和 7 月的标准日气象数据　　　　表 3-1

时间	温度 （℃）	相对湿度 （%）	水平面直射 （W/m²）	水平面散射 （W/m²）	风速 （m/s）	向下大气辐射 （W/m²）
1 月						
1：00	-4.8	49	0	0	2.0	201
2：00	-5.1	49	0	0	2.1	200
3：00	-5.3	49	0	0	2.0	199
4：00	-5.5	49	0	0	2.0	198
5：00	-5.8	50	0	0	2.0	197
6：00	-6.1	50	0	0	2.0	196
7：00	-6.2	50	0	0	2.0	196
8：00	-5.8	49	1	7	2.0	197
9：00	-4.7	45	58	74	2.3	198
10：00	-3.2	40	149	110	2.5	201
11：00	-1.5	35	229	129	2.8	204
12：00	-0.2	31	281	134	2.8	206
13：00	0.7	29	269	138	2.9	207
14：00	1.1	29	206	134	2.9	208
15：00	1	28	138	106	2.7	207
16：00	0.7	29	57	64	2.6	207
17：00	0.1	31	1	4	2.5	206
18：00	-0.7	34	0	0	2.3	205
19：00	-1.6	37	0	0	2.1	205
20：00	-2.4	40	0	0	2.0	204
21：00	-3	43	0	0	2.0	204
22：00	-3.5	44	0	0	1.9	203
23：00	-3.9	46	0	0	1.9	202
24：00	-4.4	47	0	0	2.0	202
7 月						
1：00	25.6	76	0	0	1.7	412
2：00	25.1	78	0	0	1.7	410
3：00	24.5	81	0	0	1.6	408
4：00	24.1	82	0	0	1.5	407

续表

时间	温度 （℃）	相对湿度 （%）	水平面直射 （W/m²）	水平面散射 （W/m²）	风速 （m/s）	向下大气辐射 （W/m²）
5：00	24	82	0	0	1.5	406
6：00	24.4	81	4	28	1.6	407
7：00	25.1	78	30	112	1.8	410
8：00	26	74	75	197	1.9	412
9：00	27.1	69	134	268	2	415
10：00	28	65	186	324	2.1	418
11：00	28.9	62	214	365	2.2	421
12：00	29.7	59	235	387	2.3	423
13：00	30.3	57	234	387	2.4	425
14：00	30.8	55	214	364	2.5	427
15：00	31.1	54	184	319	2.5	428
16：00	31.1	55	139	256	2.6	428
17：00	30.7	56	87	181	2.6	427
18：00	30.2	58	38	101	2.4	426
19：00	29.4	61	3	20	2.2	423
20：00	28.5	64	0	0	2	421
21：00	27.7	67	0	0	1.9	419
22：00	27.1	70	0	0	1.9	417
23：00	26.6	72	0	0	1.9	415
24：00	26.1	74	0	0	1.8	414

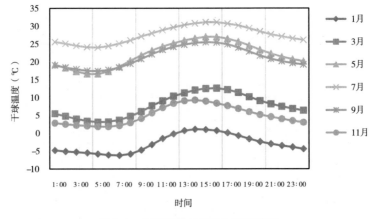

图 3-4　北京奇数月份的气温日变化

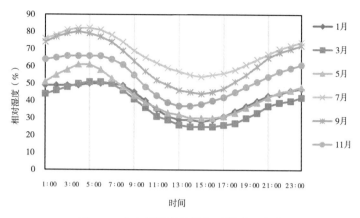

图 3-5　北京奇数月份的相对湿度日变化

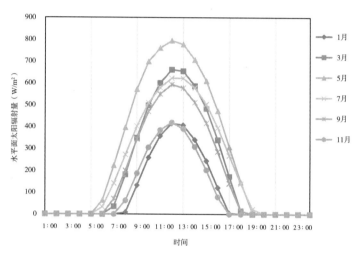

图 3-6　北京奇数月份的水平面总辐射量日变化

3.2　不保证率气象数据

3.2.1　不保证率的概念

在供暖与空调工程中，为了保证建筑设备能够在绝大多数气象条件下达到室内设计温度和湿度，不能以"平均的"温度和湿度作为设计气象参数，也就是说不能采用第 2 章的标准年气象数据和本章 3.1 节所描述的标准日气象数据来进行建筑设备设计。但如果采用该地历史上最高或最低温湿度作为设计气象参数，则必然导致设备容量过大，不仅耗费大量的初投资，而且会使设备运行效率降低。为了避免这种情况，需要选择合适的设计气象参数。一般进行空调或供暖设备设计时，只保证大多数气象条件下能达到室内设计温度和湿度，而不保证极端气象条件下的室内环境，这就涉及不保证率的问题。所谓不保证率，是指在历年记录的室外温湿度中，空调或供暖设备不予保证室内温热环境的时间百分率。

3.2.2　冬季和夏季不保证率气象数据

有关温湿度的不保证率，美国供暖制冷与空调工程师学会（American Society of Heating, Refrigerating and Air Conditioning Engineers，ASHRAE）曾给出了美国及加拿大主要城市的不保证率为 1% 和 2% 的温度和湿度[2]，国家标准《民用建筑供暖通风与空气调节设计规范》GB 50736—2012 给出了主要城市不保证时数为 50h 和不保证天数为 5d 的温度和湿度[3]。这些都不是按时间带来计算的，所以每地的冬季和夏季分别只有一个数据。如果需要逐时的温湿度，则需要用变动系数的方法来推定[3, 4]。若能求出逐时的在不同不保证率情况下的温湿度，对工程和科研方面都是十分有用的。基于这种想法，笔者首先将 2006—2019 年的 3h 间隔观测气象数据内插为 1h 间隔数据。内插方法采用了双波傅里叶级数内插（见第 2 章），其干球和湿球的平均推定误差均小于 0.1℃。然后求出了每时不保证率为 2.5% 和 5% 的温度。在计算不保证率时，取 12 月至 2 月为冬季，6 月至 8 月为夏季。应该指出，这里考虑的冬季或夏季的长短会影响不保证率的数值。考虑到各地的最冷和最热月份，并参考国外的做法，对冬季和夏季分别取上述 3 个月。附表给出了 360 个地点冬季的不保证率为 2.5% 及 5% 的温度和相对湿度，以及夏季的不保证率为 2.5% 及 5% 时的温度和太阳辐射量。夏季的相对湿度则取逐时平均值，也就是说逐时不保证率为 50% 的数值。夏季相对湿度没有采用 2.5% 和 5% 的原因在于如果采用这两个百分比，算出的结果必然是雨天的相对湿度，也就是说接近 100%。没有采用 2.5% 和 5% 的另一个原因是高相对湿度一般不和高温与强辐射同步发生。北京市的冬季不保证率为 2.5% 和 5% 的干球温度见图 3-7。不保证率为 2.5% 的干球温度比 5% 的干球温度低 0.6 ～ 0.9℃。最低温度出现在清晨 6：00 至 7：00 而不是深夜。图 3-8 表示北京市的夏季不保证率为 2.5% 和 5% 的干球温度，和冬季相似，两者相差 0.5 ～ 0.9℃。夏季的最高温度一般出现在 15：00 至 16：00 之间。

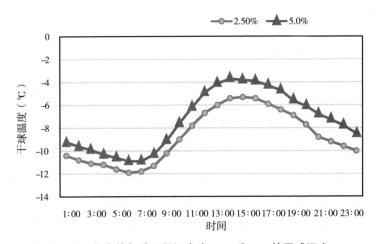

图 3-7　北京的冬季不保证率为 2.5% 和 5% 的干球温度

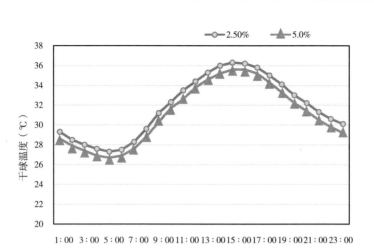

图 3-8　北京的夏季不保证率为 2.5% 和 5% 的干球温度

空调、供热和通风设备的设计用气象参数不仅仅是技术问题，还牵涉经济发展水平、居民生活水准以及节约能源与环境保护的需要。因此建筑设备的室内外设计温湿度应符合有关规范，这里给出的一些城市的不保证率温湿度并不具备规范的约束力，但可以作为科学研究、专业教学以及制定规范时的参考和依据。

3.3　小结

本章讨论了本手册数据库的第二和第三部分：标准日气象数据和不保证率气象数据。

3.3.1　关于标准日气象数据

首先通过分析标准年气象数据的优缺点，提出了标准日气象数据的概念。通过对 2006—2019 年的观测气象数据进行内插处理和统计处理，求出了全国主要城市的标准日气象数据。关于标准日气象数据的主要结论如下：

（1）用逐时各气象要素的月平均所求出的热、冷负荷和采用历年逐时气象数据求出的该月负荷的平均值几乎完全相等，因此把逐时各气象要素的月平均值构成的 24h 的数据称作该地该月的标准日气象数据；

（2）标准日气象数据包括气温、相对湿度、水平面直射和散射、风速以及向下长波辐射；

（3）这里所提倡的标准日气象数据具有直观性以及简单明了等优点，但并不是说它可以代替标准年气象数据，因为它毕竟不是直接的观测数据，而是从观测数据中抽象出来的。标准日气象数据可以和标准年气象数据互相补充。

3.3.2　关于不保证率气象数据

通过统计学的方法，求出了 352 个地点的夏季不保证率为 2.5% 和 5% 的逐时温度及太阳辐射，以及相对湿度的逐时平均值，同时还求出了冬季不保证率为 2.5% 和 5% 的逐时温湿度。这些数据不具备规范一样的约束力，但可以作为科学研究、专业教学以及制定规范时的参考和依据。

本章参考文献

[1]　Zhang Q，Asano K，Hayashi T. Study on the typical weather day and the weather data for building thermal design in China [J]. Journal of Architectural Planning and Environmental Design of AIJ，2002，555：51-68.

[2]　ASHRAE. 2013 ASHRAE Handbooks Fundamentals[M]. Atlant：ASHRAE，2013.

[3]　中华人民共和国住房和城乡建设部 . 民用建筑供暖通风与空气调节设计规范：GB 50736—2012[S]. 北京：中国建筑工业出版社，2012.

[4]　日本空气调和卫生工学会 . 空气调和卫生工学便览第二卷 [M]. 东京：丸善株式会社，1996.

第 4 章

太阳辐射模型[1-3]

在用于建筑物模拟、建筑设备设计以及太阳能利用的气象数据中，太阳辐射数据无疑是至关重要的一部分。特别是太阳房以及太阳光伏系统的设计和研究方面，太阳辐射量的有关数据更是必不可少的。由于我国的太阳辐射观测数据的电子化较迟，太阳辐射数据或者难以得到，或者价格昂贵。虽然这种情况正在逐步改善，但由于现有的太阳辐射观测站的数目仍远远不能满足科研和工程上的需要，在今后相当一段时间里，太阳辐射模型的研究和太阳辐射量的推定将仍是必要的。本章将分节讨论太阳辐射的瞬时模型、月累计模型，以及水平面太阳辐射的直散分离模型。

4.1 瞬时太阳辐射模型

第 2 章已有叙述，在开发标准年气象数据时，我们曾把主要精力放在推定太阳辐射量上，这里介绍笔者提出的三个瞬时太阳辐射模型，即用来推算逐时太阳辐射量的模型。

4.1.1 模型 A

崔立农与松尾[4] 曾提出采用 6h 间隔的气温、相对湿度、风速等气象要素的观测值推测瞬时太阳辐射量的模型。由于采用的观测值的时间间隔太长，推定精度成为此方法的主要问题。

笔者采用主要城市的观测气象数据建立了一套模型来推定水平面总辐射量，同时讨论了这套模型的推定误差。在建立太阳辐射模型时，采用了 2 个气象观测值数据库：一是国际地面气象观测数据库（NOAA Integrated Surface Database，ISD[5]），含 3h 间隔的气温、湿度、风速、云量等数据，但不包含太阳辐射数据；另一个是太阳辐射数据库，含 24 个省会城市的逐时水平面总辐射，以及部分城市的直射和散射。为了建立太阳辐射模型，有必要同时使用上述两个数据库的数据。

在建立太阳辐射模型时，为了选择适当的参数，笔者检验了云量、干球温度、相对湿度等变量于太阳辐射量的关系。很明显，云量是影响太阳辐射的主要因素之一。实际上除了云量以外，云和太阳的相对位置同样影响到太阳辐射（特别是直射）。但由于气象台站通常并不观测云的位置，所以无法把云的位置考虑进模型。日照百分率也和水平面总辐射量有很强的相关关系[6]，但因建模所使用的国际地面气象观测数据库中不包含日照百分率，所以也无法将此作为模型 A 中的参数。

图 4-1 为水平面总辐射和云量的关系。水平面总辐射显然可以用云量的二次函数而不是一次函数来近似，水平面总辐射的最大值出现在云量为 3 ～ 4 之间，而不是出现在云量为 0 时。这是因为在太阳不被云遮盖的情况下，最强的总辐射出现在辐射同时来自太阳和云的时候，而不是仅来自太阳的时候。

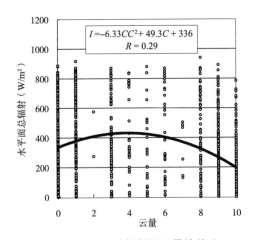

图 4-1　水平面总辐射和云量的关系

不难理解，室外气温升高的主要原因是太阳辐射，因此太阳辐射和气温的上升值之间应该存在某种关系。图 4-2 显示了水平面总辐射和该时刻与 3h 前的气温差的相关关系。两者之间的相关系数为 0.64，可见有充分的理由把温度上升值作为描述太阳辐射的参数之一。

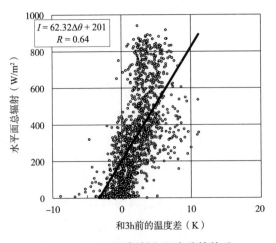

图 4-2　水平面总辐射和温度差的关系

水平面总辐射和相对湿度的关系如图 4-3 所示。相对湿度和太阳辐射之间显示负相关关系，说明辐射量的增加常常导致相对湿度的降低。在进行多变量解析的时候，常常要求各自变量之间要相互独立，也就是说必须没有相关关系。那么是否可以肯定干球温度和相对湿度没有相关关系呢？回答是未必没有。所以严格来说，干球温度和相对湿度不可以同时作为描述太阳辐射的独立变量。但经过反复尝试，证明同时采用干球温度和相对湿度求出的回归式比仅用其中一种参数得出的回归式更能精确地推定水平面总辐射量，所以我们同时采用了两者，而没有仅取其中之一。

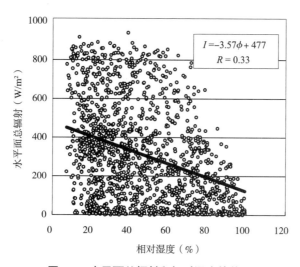

图 4-3　水平面总辐射和相对湿度的关系

根据以上分析，选定云量、温度上升值（某时刻和 3h 以前的气温差）、相对湿度作为描述水平面太阳辐射的变量。采用最小二乘法，可以得到以下的回归式：

$$I_h = \left\{ I_0 \cdot \sin h \cdot \left[C_0 + C_1 \cdot \frac{CC}{10} + C_2 \cdot \left(\frac{CC}{10} \right)^2 + C_3 \cdot (\theta_n - \theta_{n-3}) + C_4 \varphi \right] - C_5 \right\}/k \qquad (4\text{-}1)$$

式中　　　　I_h ——水平面总辐射量，W/m^2；

　　　　　　I_0 ——太阳常数，W/m^2；

　　　　　　h ——太阳高度角；

　　　　　CC ——云量，取值 0，1，…，10；

　θ_n，θ_{n-3} ——某时刻和 3h 前的气温，℃；

　　　　　　φ ——相对湿度，%；

$C_0 \cdots C_5$ 以及 k ——常数，见表 4-1。

式（4-1）中的各城市的常数及相关系数 R 及误差 $RMSE$　　表 4-1

城市	C_0	C_1	C_2	C_3	C_4	C_5	k	R	$RMSE$
北京	0.6584	0.4864	−0.6647	0.0203	−0.0039	36.6114	0.9300	0.97	80
长春	0.8412	0.4406	−0.6853	0.0021	−0.0047	40.2260	0.9373	0.94	116
长沙	0.7085	0.7065	−0.9413	0.0230	−0.0038	42.2020	1.0321	0.94	84
成都	0.3645	0.4800	−0.6335	0.0495	−0.0011	40.5660	0.9900	0.92	103
福州	0.7960	0.7279	−0.9365	0.0200	−0.0052	35.7491	1.0934	0.94	96
广州	0.6050	0.5755	−0.7893	0.0278	−0.0030	36.8362	1.0726	0.95	87
贵阳	0.4688	0.4750	−0.7223	0.0321	−0.0008	38.3084	0.9792	0.93	96
杭州	0.4378	0.8395	−1.1174	0.0408	−0.0001	41.3412	1.0007	0.91	115
哈尔滨	1.0235	0.5162	−0.6877	−0.0056	−0.0063	35.0285	1.1423	0.93	136
合肥	0.8084	0.6724	−0.8846	0.0189	−0.0051	35.6732	1.1000	0.96	88
济南	0.6497	0.4679	−0.6317	0.0242	−0.0038	27.2746	0.9729	0.96	88
昆明	0.4817	0.2936	−0.5768	0.0403	0.0003	43.9962	0.9340	0.93	137
拉萨	0.6996	−0.0929	−0.2399	0.0162	0.0026	56.6359	0.9780	0.94	165
兰州	0.3545	0.6723	−0.8564	0.0430	0.0007	40.8254	1.0118	0.95	110
南昌	0.7638	0.8086	−1.0198	0.0348	−0.0048	35.5071	1.0405	0.96	90
南宁	0.4989	0.7322	−0.9156	0.0402	−0.0020	42.7619	0.9729	0.93	114
南京	0.7586	0.5914	−0.7919	0.0181	−0.0050	31.8024	0.9804	0.97	76
沈阳	0.8199	0.6304	−0.8533	0.0035	−0.0051	39.2128	0.9047	0.96	98
天津	0.7297	0.5113	−0.7432	0.0118	−0.0036	38.6689	0.9930	0.97	106
武汉	0.7395	0.7426	−0.9817	0.0276	−0.0043	37.0186	1.0948	0.96	90
西安	0.5283	0.6062	−0.7861	0.0353	−0.0024	36.6207	1.0068	0.96	91
西宁	0.3856	0.6237	−0.8658	0.0376	0.0015	41.7887	1.0068	0.94	122
银川	0.5831	0.4261	−0.7089	0.0282	−0.0006	37.4911	1.0031	0.96	105
郑州	0.7085	0.5092	−0.7069	0.0165	−0.0037	37.0826	1.0360	0.97	86

从表 4-1 可以看出，上述的 24 个城市的水平面辐射量观测值和式（4-1）推定值的相关系数在 0.91 ~ 0.97 之间。拉萨的推定误差最大，为 165W/m²。虽然拉萨的绝对误差较大，但因为拉萨的总辐射量最大，所以相对误差接近平均水平。表 4-1 中的 $RMSE$ 为 Root Mean Square Error 的缩语，称为均方根误差。其定义如下：

$$RMSE = \sqrt{\frac{\sum_i^n (I_{hi} - I_{hi}')^2}{n}} \tag{4-2}$$

式中　I_{hi}——第 i 个总辐射量推定值；

　　　I_{hi}'——第 i 个总辐射量观测值；

　　　n——取样数。

图 4-4 为北京市水平面辐射量的观测值和式（4-1）推定值的相关图。两者的相关系数为 0.97，式（4-1）的误差 $RMSE$ 为 80W/m²，可见式（4-1）可以较为准确地推定每小时水平面辐射量。作为式（4-1）的另一个推定例子，图 4-5 给出了广州的观测值与推定值的相关图。

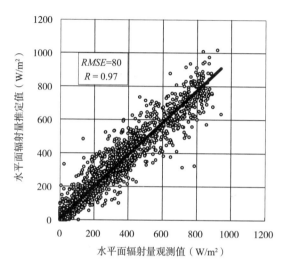

图 4-4　北京市水平面辐射量的观测值和推定值的相关图

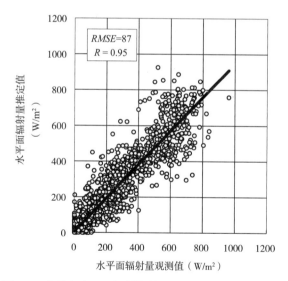

图 4-5　广州市水平面辐射量的观测值和推定值的相关图

4.1.2　模型 B[7]

不难发现，如果能够得到本手册第 2 章表 2-1 所示地点的日累计太阳辐射量，就可以对模型 A 的逐时辐射量进行校正，以提高模型 A 的推定精度。利用中国气象局公共气象服务中心[8] 提供的日累计太阳辐射量，对 17 个地点的逐时太阳辐射量进行了校正，方法如下：

（1）利用模型 A 推算出逐时太阳辐射量 I_h，然后算出该天的逐时太阳辐射量总和 I_d；

$$I_d = \sum_1^{24} I_h \tag{4-3}$$

（2）用下式求出逐时的太阳辐射量校正值 I_h'，其中的 I_{do} 是日累计太阳辐射量观测值。

$$I_h' = I_{do} \cdot \frac{I_h}{I_d} \tag{4-4}$$

由于模型 B 是以日累计太阳辐射量观测值将模型 A 的逐时辐射量推定结果进行了校正，所以比模型 A 更精准。

4.1.3　模型 C[9]

因为太阳辐射中，直射成分比散射成分要强数倍到数十倍，所以逐时的日照百分率应该和对应时间的太阳辐射有很强的相关关系。因此，用逐时日照百分率来取代模型 A 中的云量，有可能提高太阳辐射量的推定精度。以北京为例，如用逐时日照百分率 SD_n、温度差（$T_n - T_{n-3}$）和相对湿度 φ 为变量进行多变量回归分析，可以得到以下推定式。

$$I_h = I_{sc} \cdot \sin(h) \cdot [0.5360 + 0.3483 \cdot SD_n + 0.0027 \cdot (T_n - T_{n-3}) - 0.0041 \cdot \varphi] - 23.8598 \tag{4-5}$$

图 4-6 是北京市水平面辐射量的观测值和推定值的相关图。可以看出，式（4-5）以较高的精度推定水平面太阳辐射量。式（4-5）的另一个优势是在没有云量观测值的情况下，可用日照百分率来推定太阳辐射量。

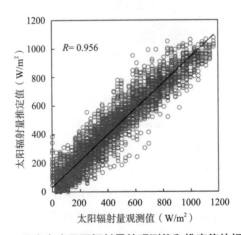

图 4-6　北京市水平面辐射量的观测值和推定值的相关图

需要说明的是，由于目前还没有验证北京以外地点的模型 C 的推定精度，因此本手册所提供的标准年气象数据以及标准日气象数据没能采用该模型。本手册第 2 章表 2-3 中带星号的 17 个地点的太阳辐射量的推定采用了模型 B，其余地点则因日累计辐射量数据不足而采用模型 A 来推定太阳辐射量。

4.2　月累计太阳辐射模型

在一些工程计算中需要用到月累计太阳辐射量，本节将探讨它的求法。月累计太阳辐射量的求法之一是将式（4-1）求出的逐时辐射量按月份累加起来，然后将单位转换成 MJ/m^2。图 4-7 为由式（4-1）求出的北京市水平面辐射量与观测值的比较，不难看出两者吻合度很好。

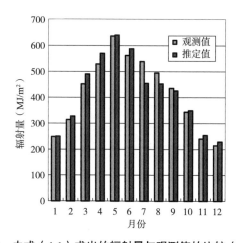

图 4-7　由式（4-1）求出的辐射量与观测值的比较（北京）

式（4-1）不仅可以用来推定逐时辐射量，而且可以用来推定月累计辐射量。但如果不知道逐时的气温、相对湿度和云量，就无法使用式（4-1）。因此我们提出了另一种方法推定月累计辐射量。式（4-6）是采用海拔高度、纬度和云量及风速的月平均值来推定月累计辐射量的简易公式，由最小二乘法求出。

$$I_m = D_0 + D_1 \cdot H + D_2 \cdot \psi + D_3 \cdot CC_m + D_4 \cdot v \tag{4-6}$$

式中　I_m——月累计辐射量，MJ/m^2；

　　　H——海拔高度，m；

　　　ψ——该地的纬度；

　　CC_m——月平均云量；

　　　v——月平均风速，m/s；

$D_0 \cdots D_4$——因月份而取值不同的常数（表 4-2）。

推定值和观测值的相关系数和推定误差 $RMSE$ 也在该表中给出。可以看出式（4-6）的推定精度因季节不同而不同，夏季精度较差，其他季节精度较高。图 4-8 为式（4-6）求出的 1 月份推定值和观测值的相关图。

式（4-6）中的不同月份的 $D_0 \cdots D_4$ 的数值　　　　表 4-2

月份	D_0	D_1	D_2	D_3	D_4	R^2	$RMSE$
1	790.5	0.0292	−12.359	−41.15	11.96	0.96	14
2	714.5	0.0378	−7.921	−41.60	2.56	0.94	18
3	664.1	0.0572	−1.494	−47.26	−0.90	0.94	23
4	641.0	0.0610	1.788	−48.10	−0.69	0.95	23
5	646.6	0.0662	5.027	−51.95	−0.38	0.92	29
6	785.1	0.0656	1.931	−62.26	14.73	0.88	35
7	936.8	0.0576	−1.974	−65.84	24.79	0.70	36
8	845.6	0.0619	−3.392	−52.08	23.83	0.67	30
9	862.5	0.0600	−6.691	−54.72	18.58	0.78	24
10	897.3	0.0364	−10.384	−50.01	8.62	0.96	15
11	782.5	0.0249	−11.643	−40.66	13.88	0.95	15
12	710.4	0.0283	−11.776	−34.78	15.93	0.93	18

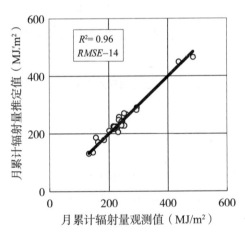

图 4-8　由式（4-6）求出的 1 月份推定值和观测值的相关图

4.3　水平面总辐射量的直散分离

建筑物的热模拟以及太阳光伏系统的研究及工程中，常常需要倾斜面的太阳辐射量。我们知道，倾斜面的辐射量可以由水平面的直射和散射间接地求出，因此倾斜面辐射可以归结为水平面直射和散射的问题。可是大多数的太阳辐射观测站仅观测水平面总辐射，所以有必要将总辐射分离成直射和散射，即直散分离。本章 4.1 节中只推出了瞬时水平面总辐射，有必要进一步进行直散分离。直散分离的问题实际上有几个层次，不但有瞬时辐射量的分离问题，还有月累计辐射量和年累计辐射量的分离问题。这里着重讨论瞬时辐射量的分离问题，至于月累计辐射量和年累计辐射量的分离问题有待于进一步探讨。

至今已经有过很多直散分离方面的研究，比如 Erbs[10]、宇田川[11] 以及渡边[12] 的研究等。在这些研究中，大部分为采用晴天指数（即水平面总辐射量与大气圈外水平面辐射量的比）的分离模型。这类模型通常在自变量晴天指数的定义域 [0, 1] 的范围内采用两个或更多的函数分段进行直散分离，这样不仅造成分离过程繁杂，而且使得不同函数之间的衔接不够自然。

鉴于上述问题，笔者提出了采用 Gompertz 函数进行直散分离的方法。首先将我国 6 个城市和日本的高层气象台（筑波市）的观测数据根据太阳高度角进行分组，然后将 Gompertz 函数的系数、底数和指数表示为太阳高度角的函数，最后检验笔者开发的 Gompertz 函数型直散分离模型的精度。

本节使用的主要符号：

$a_1 \cdots a_4$：Gompertz 函数中的系数、底数和指数（均为常数，无量纲）；

$A_1 \cdots A_4$：以太阳高度角的正弦 $\sinh$ 的函数表示的 Gompertz 函数的系数、底数和指数，（无量纲）；

h：太阳高度角（°）；

I_0：太阳常数 W/m^2；

I_d：水平面散射量（W/m^2）；

I_h：水平面太阳总辐射量（W/m^2）；

I_n：法线面直射辐射量（W/m^2）；

K_{ds}：文献 [10] 中的无量纲化的直射辐射量，$K_{ds} = \dfrac{I_n \cdot \sinh}{I_0 \cdot \sinh - I_d}$；

K_t：晴天指数（即用 $I_0 \cdot \sinh$ 无量纲化的水平面太阳总辐射量），$K_t = \dfrac{I_n \cdot \sinh + I_d}{I_0 \cdot \sinh} = \dfrac{I_H}{I_0 \cdot \sinh}$；

K_n：用 $I_0 \cdot \sinh$ 无量纲化的直射辐射量，$K_t = \dfrac{I_n \cdot \sinh}{I_0 \cdot \sinh} = \dfrac{I_n}{I_0}$。

4.3.1 太阳辐射量观测数据

在建立直散分离模型时，采用了北京、成都、兰州、拉萨、上海、乌鲁木齐以及位于日本筑波市的高层气象台的 2001 年观测数据。在选定我国的观测点时，考虑了这些城市的地理分布和海拔高度。这是因为只有在地理上分布较为均匀才有可能有代表性，而海拔高度和晴天指数之间有着较强的相关关系，所以要使所建立的模型有代表性，还必须选择不同高度的观测点。选择位于日本筑波市的高层气象台作为研究对象，是为了确认所建立的模型不仅仅可以应用于我国。我国的 6 个观测站的观测数据为法线面直射和水平面散射，而高层气象台的数据则为水平面直射和水平面散射。此外，我国观测站的直接日射表的视张角为 10°，而高层气象台的直接日射表的视张角为 5°。视张角的不同会如何影响观测结果尚有待探讨，为简便起见这里忽略视张角的影响。

图 4-9 ~图 4-15 为各地水平面直射和水平面散射的月累计值。在这 7 个城市中，图 4-10 所示的成都的直射辐射量最小，9 月的直射几乎为零。位于青藏高原的拉萨不仅直射辐射强，而且直射在总辐射中占的比例也大。乌鲁木齐辐射量的年变化较大，辐射量最小的 12 月是 5 月的 1/7 以下。

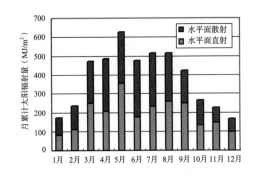

图 4-9　北京 2001 年每月水平面直射和散射累计值

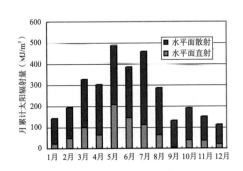

图 4-10　成都 2001 年每月水平面直射和散射累计值

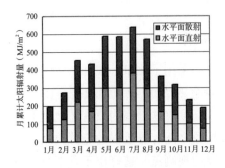

图 4-11　兰州 2001 年每月水平面直射和散射累计值

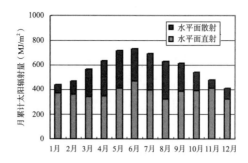

图 4-12　拉萨 2001 年每月水平面直射和散射累计值

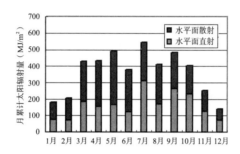

图 4-13　上海 2001 年每月水平面直射和散射累计值

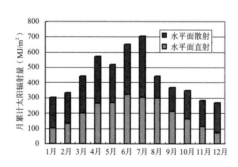

图 4-14　筑波 2001 年每月水平面直射和散射累计值

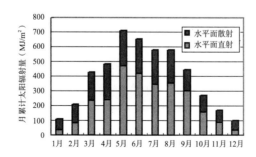

图 4-15　乌鲁木齐 2001 年每月水平面直射和散射累计值

4.3.2 直散分离模型的建立

在建立直散分离模型时，如果把直射和散射表示在用 $I_o\sin h$ 无量纲化的直射辐射 K_n 和无量纲化的水平面太阳总辐射即晴天指数 K_t 的坐标系中，则直散分离就会变得很方便。图 4-16 就是将 7 个城市的 2001 年观测数据表示在 K_t–K_n 坐标上的例子。当 K_t 小于 0.2 时，太阳辐射的直射成分 K_n 很小，随着 K_t 的增加，太阳辐射的直射成分 K_n 不断增大，最终 K_n 将增加到 K_t，这时 K_t=1.0，这就是大气圈外的情景。如果把 K_t 作为自变量，把 K_n 作为 K_t 的函数的话，K_n 的这种变化过程和被称为成长函数的 Gompertz 函数的特征一致。因此我们假定 K_n 和 K_t 的关系可以用下述 Gompertz 函数来描述：

$$K_n = a_1 a_2^{-a_3 a_2^{-a_4 K_t}} \tag{4-7}$$

式中，a_1、a_2、a_3、a_4 为常数。为了确定 a_1 至 a_4 的值，将上述 7 个城市 2001 年的逐时观测值按太阳高度角分成 $\sin h$=0.3 ~ 0.5、0.5 ~ 0.7、0.7 ~ 0.9、0.9 ~ 1.0 的四组。然后分组将无量纲化的直射和总辐射表示在 K_t–K_n 坐标系上，$\sin h$ 小于 0.3 的时候，由于各种不确定因素的存在使得观测值不太稳定，所以在建立模型的时候除去了 $\sin h$ 小于 0.3 的观测数据。用最小二乘法求出式（4-7）中的 a_1 至 a_4 值，从而得到了各组数据的 Gompertz 型回归曲线（图 4-17 ~ 图 4-20）。可见各组数据的回归曲线和观测值非常吻合，证明 Gompertz 函数可以用来表述 K_t 和 K_n 的关系，因此可以用于水平面总辐射量的直散分离。各组数据的 a_1 至 a_4 值见表 4-3。其中 a_1 随着 $\sin h$ 的增大而减小，而 a_2 和 a_3 则随 $\sin h$ 的增大而增大，a_4 几乎不随着 $\sin h$ 发生变化。取各组数据的 $\sin h$ 的中值，即 0.4、0.6、0.8、0.95 来代表各组数据的 $\sin h$，a_1、a_2、a_3 和 $\sin h$ 的关系如图 4-21 ~ 图 4-23 所示，图中和拟合曲线上用 A_1、A_2、A_3 表示，以示区别。

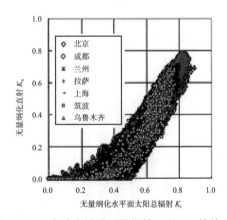

图 4-16　7 个城市的观测数据的 K_t 和 K_n 的关系

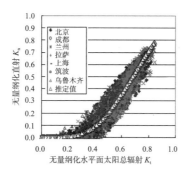

图 4-17　7 个城市的观测数据的 K_t 和 K_n 的关系（ 0.3<$\sin h$<0.5 ）

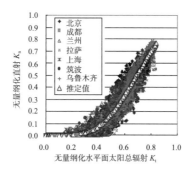

图 4-18　7 个城市的观测数据的 K_t 和 K_n 的关系（ 0.5 ≤ $\sin h$<0.7 ）

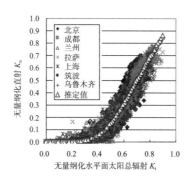

图 4-19　7 个城市的观测数据的 K_t 和 K_n 的关系（ 0.7 ≤ $\sin h$<0.9 ）

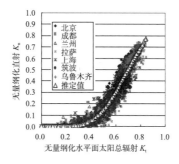

图 4-20　7 个城市的观测数据的 K_t 和 K_n 的关系（ 0.9 ≤ $\sin h$<1.0 ）

				表 4-3
	a_1、a_2、a_3、a_4 值			
sin$h$	a_1	a_2	a_3	a_4
0.3 ~ 0.5	1.3910	3.2232	9.4301	2.9904
0.5 ~ 0.7	1.3804	3.4118	10.4102	2.9941
0.7 ~ 0.9	1.3574	3.6668	11.5724	2.9893
0.9 ~ 1.0	1.3320	3.8976	12.3945	2.9861

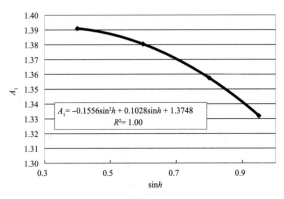

图 4-21　A_1 和 sin$h$ 的关系

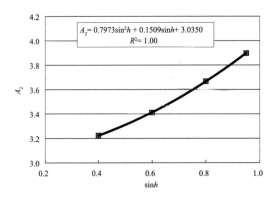

图 4-22　A_2 和 sin$h$ 的关系

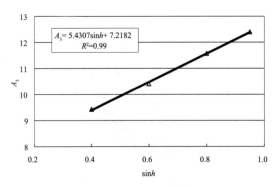

图 4-23　A_3 和 sin$h$ 的关系

采用最小二乘法，可以得到以下回归式：

$$A_1 = -0.1556\sin^2 h + 0.1028\sin h + 1.3748 \qquad (4\text{-}8)$$

$$A_2 = 0.7973\sin^2 h + 0.1509\sin h + 3.035 \qquad (4\text{-}9)$$

$$A_3 = 5.4307\sin h + 7.2182 \qquad (4\text{-}10)$$

因为 a_4 几乎不随 $\sin h$ 变化，所以这里采用各组数据中的 a_4 的平均值 2.990 作为 A_4，这样对于任何的太阳高度角，都可以用式（4-11）求出 K_n，从而实现直散分离。

$$K_n = A_1 A_2^{-A_3 A_2^{-A_4 K_t}} \qquad (4\text{-}11)$$

$\sin h$ 为 0.1 ～ 1.0 时的 K_t-K_n 曲线如图 4-24 所示。不论 $\sin h$ 为何值，$K_t=0$ 时，K_n 亦为 0；$K_t=1$ 时，K_n 亦近似等于 1。对某一个 K_t 值来说，$\sin h$ 的增大会引起直射量的减小，也就是说会引起散射的增加，这种倾向同文献 [9] 与文献 [10] 的结论一致。

不难理解，a_1、a_2、a_3、a_4 是将 $\sin h$ 分为四个不同小组时的常数值，而 A_1、A_2、A_3、A_4 则是以 $\sin h$ 的函数形式表达的 Gompertz 函数中的参数。

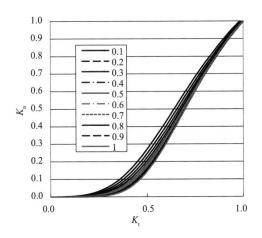

图 4-24　由式（4-11）求出的不同太阳高度的 K_n-K_t 曲线

在建立模型时，我们曾经去除了 $\sin h$ 为 0.3 以下的数据，而采用式（4-11）进行直散分离的时候，对 $\sin h$ 的取值并没有限制。对此可以解释为 $\sin h$ 的定义域的合理扩张。

图 4-25 为式（4-11）的推定值和观测值的比较，可见笔者建立的 Gompertz 型直散分离模型和观测值非常吻合。

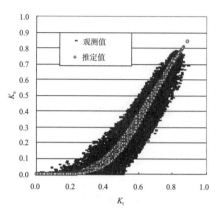

图 4-25　式（4-11）的推定值和观测值的比较（$RMSE=0.057$）

4.3.3　和其他模型的分离结果的比较

至今已经有过不少关于水平面辐射量的直散分离的研究，有必要将笔者建立的直散分离模型和其他模型（如 Erbs 模型[9]、宇田川模型[10]和渡边模型[11]等）进行比较。作为比较平台，这里采用了日本高层气象台（筑波市）的 2002 年观测数据。Erbs 提出的直散分离模型可以用式（4-12）表示：

$$I_d/I_H = 1.0-0.09K_t \qquad (K_t \leqslant 0.22)$$
$$I_d/I_H = 0.9511-0.1604K_t + 4.388K_t^2 - 16.638K_t^3 + 12.336K_t^4 \qquad (0.22 < K_t \leqslant 0.80)$$
$$I_d/I_H = 0.165 \qquad (K_t > 0.80) \tag{4-12}$$

根据 Erbs 模型，当 $K_t=1$ 即到达大气圈外时，散射仍然不为零，这显然不符合实际情况。宇田川模型可由式（4-13）表示：

$$K_n = -0.43+1.43K_t \qquad (K_t \geqslant K_{tc})$$
$$K_n = (2.277-1.258\sin h + 0.2396\sin^2 h)K_t^3 \qquad (K_t < K_{tc}) \tag{4-13}$$

式中，$K_{tc} = 0.5163 + 0.333\sin h + 0.00803\sin^2 h$。

渡边模型是使用日本福冈市的观测数据建立的，渡边模型可以由式（4-14）表示：

$$K_{ds} = K_t - (1.107 + 0.03569\sin h + 1.681\sin^2 h) \cdot (1-K_t)^3 \qquad (K_t \geqslant K_{tc}')$$
$$K_{ds} = (3.996-3.862\sin h + 1.540\sin^2 h)K_t^3 \qquad (K_t < K_{tc}') \tag{4-14}$$

式中，$K_{tc}' = 0.4268 + 0.1934\sin h$。

上述 Gompertz 型分离模型（式（4-11））和其他三个模型推定的法线面直射值和观测值的相关图如图 4-26 ~ 图 4-29 所示。笔者所建立的模型（式（4-11））和 Erbs

模型、宇田川模型和渡边模型的推定误差 *RMSE* 分别为 62W/m²、67W/m²、71W/m²、79W/m²，式（4-11）的 Gompertz 型分离模型的推定误差最小。和其他三个模型相比，Gompertz 型分离模型的另一个优点是仅用一个函数就能在 0 ~ 1 的定义域上进行直散分离，降低了繁杂性以及不同函数之间的不自然连接。

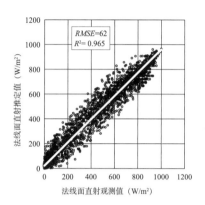

图 4-26　法线面直射推定值和观测值的相关图（筑波）

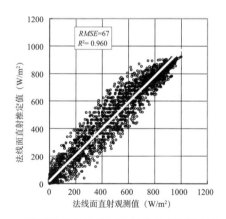

图 4-27　由 Erbs 模型推定的法线面直射值和观测值的相关图（筑波）

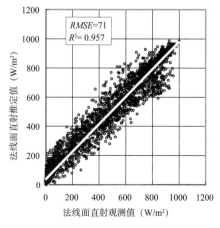

图 4-28　由宇田川模型推定的法线面直射值和观测值的相关图（筑波）

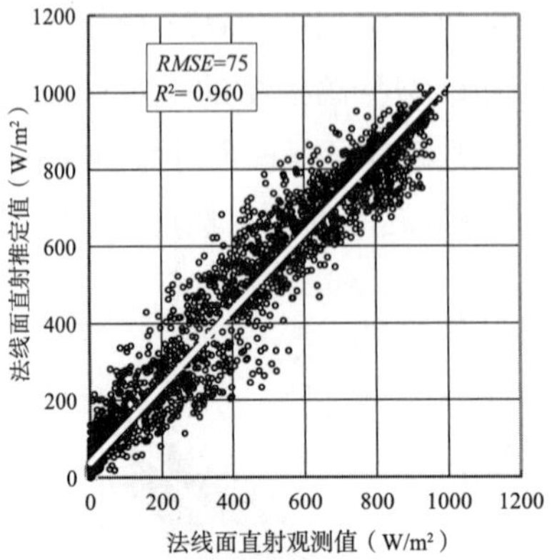

图 4-29　由渡边模型推定的法线面直射值和观测值的相关图（筑波）

4.4　小结

本章介绍了太阳辐射的瞬时模型 A、模型 B 和模型 C，月累计模型，以及 Gomperzt 函数型直散分离模型。本章的主要结论如下：

（1）瞬时水平面总辐射可以分别由模型 A、模型 B 或模型 C 推定。模型 A 需要干球温度、相对湿度和云量作为参数，而模型 B 则需要日累计太阳辐射观测值对模型 A 的推定结果进行校正。模型 C 需要干球温度、相对湿度和日照百分率作为参数。模型 C 虽然用于北京的时候推定精度较好，但有待于在北京以外地区的检验。

（2）月累计水平面总辐射可以由式（4-6）推定。

（3）作为水平面总辐射量的直散分离模型，本章介绍了 Gomperzt 函数型直散分离模型，并将分离结果和其他模型进行了比较。此模型具有精度高、适应地区广、采用单一函数而不是分段函数等优点，建议我国的直散分离时采用此模型。具体方法是：先根据 $\sin h$ 值用下式求出 A_1 至 A_4：

$$A_1 = -0.1556\sin^2 h + 0.1028\sin h + 1.3748$$

$$A_2 = 0.7973\sin^2 h + 0.1509\sin h + 3.035$$

$$A_3 = 5.4307\sin h + 7.2182$$

$$A_4 = 2.990$$

然后将 A_1 至 A_4 代入下式，求得 K_n：

$$K_n = A_1 A_2^{-A_3 A_2^{-A_4 K_t}}$$

法线面直射可由下式求出：

$$I_n = K_n \cdot I_0$$

最后，用下式求出水平面散射：

$$I_d = I_t - I_n \cdot \sin h$$

当然，整个过程可以用计算机语言程序或 Excel 进行。

本章参考文献

[1]　张晴原 .Regional characteristics of solar radiation in China（in Japanese）[J]. Journal of Environmental Engineering（Transactions of AIJ），2023：574.

[2]　张晴原 .Seperation of horizontal solar radiation into direct and defuse components with Gomperts Function（in Japanese）[J]. Journal of Environmental Engineering（Transactions of AIJ），2004：580.

[3]　Zhang Q Y，Huang J，Yang H，et al.Development of models to estimate solar radiation for Chinese locations [J]. JAABE，2003，2（2）.

[4]　Cui L，Matsuo Y，Sakamoto Y，et al. The prediction of solar radiation and its application（in Japanese）[C]. Summaries of Technical Papers of Annual Meeting. Architectural Institute of Japan，1996.

[5]　NOAA Integrated Surface Database（ISD）[DB/DL]. 2022-11-08 [2022-11-08] https：//registry.opendata.aws/noaa-isd/.

[6]　二宮秀興・赤坂裕・須貝高・黒木荘一郎 .AMeDAS のデータを用いた時刻別日射量の推定法 [C]// 空気調和・衛生工学会論文集，1989.

[7]　Chang K，Zhang Q Y. Improvement of the hourly global solar model and solar radiation for air-conditioning design in China [J]. Renewable Energy，2019：1232 ~ 1238.

[8]　Chang K，Zhang Q Y. Development of a solar radiation model considering the hourly sunshine duration for all-sky conditions - A case study for Beijing，China [J]. Atmospheric Environment，2020：234.

[9]　Erbs D G，Klein S A，Duffie J A. Estimation of the diffuse radiation fraction for hourly，daily and monthly-average global radiation[J]. Solar Energy，1982，28（4）.

[10]　宇田川光弘，木村建一 . 水平面全天日射量観測値よりの直達日射量の推定 [C]// 日本建築学会計画系論文報告集，1978.

[11]　渡邊俊行，浦野良美，林徹夫 . 水平面全天日射量の直散分離と傾斜面日射量の推定 [C]// 日本建築学会計画系論文報告集，1983.

第 5 章

大气辐射模型及辐射冷却潜能

　　本章着重讨论另一个气象参数，即大气辐射量的推定，同时探讨地表以及建筑物表面发射出的长波辐射量与大气辐射量的差而带来的辐射冷却问题。

　　大气辐射量是地表能量平衡以及建筑物热收支平衡的重要影响因素，也是进行建筑辐射冷却系统设计所必需的气象要素。由于大气本身的温度较低，放射的辐射能的波长较长，所以大气辐射也称为大气长波辐射。目前，大气长波辐射量在常规气象站点没有观测数据，而其他气象参数如温度、相对湿度等在常规气象站点都有记录，因此，可以利用干球温度、相对湿度等气象参数与大气辐射量的相关关系，通过建立经验模型来推定大气辐射量。

5.1　大气辐射模型

　　大气长波辐射来自大气中的各种组成气体，如水蒸气、二氧化碳和臭氧等，其中水蒸气占有比重较大。此外，到达地面 90% 左右的大气长波辐射来自地表上方 800 ~ 1600m，因此大气长波辐射量与水汽压以及空气温度密切相关，而且也会受到云量与相对湿度的影响。

　　目前，主要有三种方法来估算大气长波辐射量：经验模型、物理模型和遥感参数化模型。经验模型是基于大气长波辐射量与近地面温度、湿度之间的相关关系，利用气象站点观测到的常规气象参数（如干球温度和水汽压等）来估算大气长波辐射量。物理模型是基于大气辐射传输过程，通过大气辐射传输模式如 LOWTRAN[1] 和 MODTRAN[2] 来模拟得到大气长波辐射量。此类模型物理意义明确，但需要输入大气垂直分布特性参数如大气温湿度廓线等，模型计算过程较为复杂。遥感参数化模型是建立大气长波辐射量与遥感数据反演的地表温度、水汽含量等的统计关系，此方法的长处在于可以大范围地获得地表温度，缺点是遥感反演参数本身存在着较大的不确定性，对估算结果的准确性带来一定的影响。

　　经验模型因具有参数容易获得、计算简单等特点，在世界范围内被广泛用来估算大气长波辐射量。Brunt[3] 利用美国加利福尼亚州大气水汽压等数据，提出了针对晴天条件下的大气长波辐射量估算模型。随后，很多研究基于气温和水汽压等参数，建立了针对世界不同地点的大气长波辐射量估算模型，还有些模型利用了露点温度和相对湿度等气象参数。这些经验模型都是针对晴天大气条件下建立的，但在阴天时，云量的存在会增加大气长波辐射量。由此可见，有必要开发适用于我国的不同天气条件的经验模型。

由于大气长波辐射量的实测数据很少，针对我国特定大气环境的大气长波辐射量的估算研究也比较少。Wang 等[4]利用 MODIS（Moderate resolution imaging spectroradiometer）数据和遥感方法对我国青藏高原地区的大气长波辐射量进行了估算；Zhang 等[5]估算了我国不同地点的大气长波辐射量，以获得我国的辐射冷却潜能分布。然而由于缺乏实测的大气辐射数据，计算结果未得到精度验证。因此，开发针对我国特定地理和气象条件的大气长波辐射量估算模型是非常有意义的。

笔者基于我国各地气象站点的常规气象参数，提出了新的大气辐射量推定经验模型。首先根据长白山、海北、青海和禹城等地的观测数据验证了干球温度、水汽压以及相对湿度等气象要素和大气辐射量的关系，然后选定了大气辐射量推定式的参数，最后采用多变量回归，确定了推定式中的常数。作为本章介绍的模型的应用，推算出355 个地点的逐时项下大气辐射量，用于本手册标准年及标准日气象数据的研发，同时还探讨了大气长波辐射量和辐射冷却潜能的地区分布问题。

5.1.1 实测数据

由于常规气象站点不提供大气长波辐射数据，利用亚洲通量网（AsiaFlux）所提供的长白山、海北、青海和禹城四个站点的大气长波辐射量（W/m²）、太阳辐射量（W/m²）、水汽压（hPa）、气温（K）、相对湿度（%）等实测参数建立模型，数据的时间间隔为 1h。实测数据根据需要分为两部分：一部分用于大气辐射量估算模型的开发，另一部分用于模型的精度验证，见表 5-1。

大气长波辐射观测站点相关信息　　　　　　　　　　　　　　　表 5-1

地点	纬度（°N）	经度（°E）	海拔高度（m）	建模用期间（公元年）	验证用期间（公元年）
长白山	41.40	128.10	736	2003，2004	2005
海北	37.48	101.20	3200	2004	2003
青海	37.61	101.33	3250	2002，2003	2004
禹城	36.50	116.34	28	2003，2004	2005

5.1.2 大气辐射新模型的建立

由于大气辐射主要来自大气中水蒸气分子，所以空气中水蒸气的量应该和大气辐射量有关。根据理想气体状态方程，水汽压与干球温度之比可以代表大气水蒸气密度，随着水汽压增大和空气绝对温度的降低，大气长波辐射量也会增加。以禹城为例，大气长波辐射量与 $\ln(e_a/T_a)$ 的相关性如图 5-1 所示，可见两者具有很强的相关关系。

Data Handbook for Building Environment and Energy Application Engineering

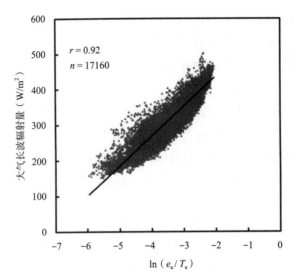

图 5-1　大气长波辐射量与 $\ln(e_a/T_a)$ 的相关图（禹城，2003—2004 年；n 为样本数）

此外，数据证明，大气长波辐射量也与相对湿度具有一定相关性。图 5-2 为禹城大气长波辐射量与相对湿度的相关图，两者的相关系数为 0.38。

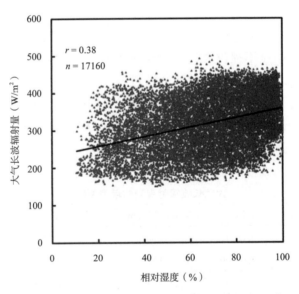

图 5-2　大气长波辐射量与相对湿度的相关图（禹城，2003—2004 年；n 为样本数）

和固体表面的辐射一样，大气辐射也受到斯特藩－玻尔兹曼定律的约束，所以上面提到的参数可以用来修正大气辐射率，如式（5-1）所示。

$$R_{\downarrow} = \sigma \cdot (T_a)^4 \cdot \left[a \cdot \ln\left(\frac{e_a}{T_a}\right) + b \cdot \varphi + c \right] \tag{5-1}$$

式中　　$R_\downarrow$——大气向下长波辐射量，W/m^2；

T_a——空气的绝对温度，K；

e_a——水汽压，hPa；

φ——相对湿度，%；

σ——斯蒂芬 - 玻尔兹曼常数，$5.67 \times 10^{-8}[W/(m^2 \cdot K)^4]$；

a、b、c——模型经验系数。

根据湿空气的焓湿图，相对湿度取决于其他状态量如水汽压、干球温度等，所以它未必能成为一个独立变量。但根据反复试算，相对湿度确实能提高式（5-1）的精度，减小误差，所以式（5-1）中我们还是把它选作一个参数。

白天的大气长波辐射量数据对于地表能量平衡的分析是必需的，而夜间的大气长波辐射量则常常被用于建筑被动冷却系统的设计和研究。因此式（5-1）中的经验系数通过回归分析方法分别计算了全天、白天和夜间数值。云量会增加大气长波辐射量，所以在经验模型中也需要考虑云量。Crawford 和 Duchon 提出了用云量系数的概念，云量系数可以用实测太阳辐射量与晴空太阳辐射量的比值来近似（式（5-2）），晴空太阳辐射量的计算方法见参考文献 [6]。

如果没有云量数据，可以用晴空指数（Clearness index）来代替云量。晴空指数可以用实测太阳辐射量与地球大气层外太阳辐射量比值来表示（式（5-3））。所以白天的大气辐射量可以用式（5-4）推定。

$$clf' = 1 - S \tag{5-2}$$

$$clf = 1 - K_t \tag{5-3}$$

式中　clf'——Crawford 和 Duchon 模型中的云量系数；

clf——本研究云修正因子；

S——太阳辐射量与晴空太阳辐射量的比值；

K_t——晴空指数（实测太阳辐射量与地球大气层外太阳辐射量的比值）。

$$R_\downarrow = \sigma \cdot (T_a)^4 \cdot \left\{ clf + (1 - clf) \cdot \left[a \cdot \ln\left(\frac{e_a}{T_a}\right) + b \cdot \varphi + c \right] \right\} \tag{5-4}$$

5.1.3　经验系数

根据大气辐射量等实测数据，采用多变量回归，可以确定式（5-1）和式（5-4）中的各常数项，如表 5-2 所示。大气长波辐射量实测值与计算值之间的相关系数（r）与误差（$RMSE$）见图 5-3。

应用条件	推定式	
全天	$R_{\downarrow} = \sigma \cdot (T_a)^4 \cdot \left[0.08 \cdot \ln\left(\dfrac{e_a}{T_a}\right) + 0.0011 \cdot \varphi + 1.029 \right]$	（5-5）
白天	$R_{\downarrow} = \sigma \cdot (T_a)^4 \cdot \left[0.086 \cdot \ln\left(\dfrac{e_a}{T_a}\right) + 0.0014 \cdot \varphi + 1.044 \right]$	（5-6）
白天且考虑云量	$R_{\downarrow} = \sigma \cdot (T_a)^4 \cdot \left\{ clf + (1-clf) \cdot \left[0.118 \cdot \ln\left(\dfrac{e_a}{T_a}\right) + 1.033 \right] \right\}$	（5-7）
夜间	$R_{\downarrow} = \sigma \cdot (T_a)^4 \cdot \left[0.08 \cdot \ln\left(\dfrac{e_a}{T_a}\right) + 0.0014 \cdot \varphi + 1.026 \right]$	（5-8）

不同条件下的大气长波辐射量推定式　　　　表 5-2

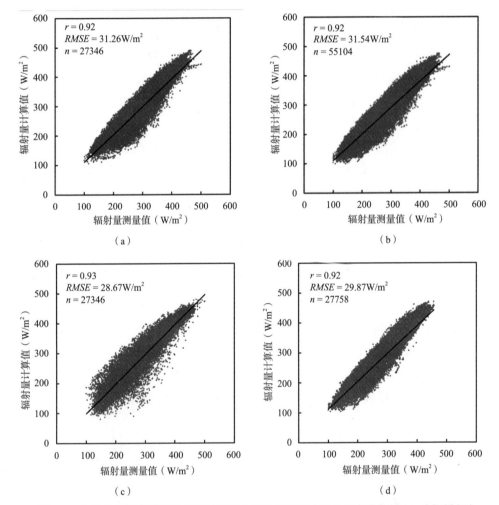

图 5-3　大气长波辐射量测量值与计算值之间的相关图（四个站点全数据，n 为取样数）
（a）全天（式（5-5））；（b）白天（式（5-6））；（c）白天考虑云量系数（式（5-7））；（d）夜间（式（5-8））

因为式（5-5）可以用来推定全天的大气辐射量，且不必区分白天和夜晚，所以使用方便，被用于本书 355 个地点的逐时大气辐射量。

必须说明的是，本书所说的大气辐射量是向下的大气辐射量，而不是其他方向的大气辐射量。其他方向的大气辐射因为超出本书的范围所以不予讨论。

5.1.4　模型精度验证

前文提到，实测数据的一部分用来进行模型开发，另一部分用于模型精度验证。本研究中，首先把每个站点数据分别进行验证，然后用四个站点总的数据进行精度验证。虽然本章提出的方法有待于更多地点的实测数据的验证，但我们认为在缺乏观测数据的情况下，上述模型可以应用于我国大多数地区的大气辐射量的推定。

全天模型 [式（5-5）] 及其精度等　　　　　　　表 5-3

地点	R_2	均方根误差（W/m²）	取样数
长白山	0.86	31.33	7320
海北	0.77	35.04	4968
青海	0.76	30.52	8352
禹城	0.90	25.39	7968
全站点数据	0.86	30.26	28608

为了更好地讨论所提出的大气长波辐射模型的估算性能，将所提出模型与已有的一些模型作了比较。结果证明，和 Sridhar 模型[7] 等模型相比，上述式（5-5）的表现更好，并且更适合我国地区。

5.2　辐射冷却潜能

辐射冷却是热量从高温物体以电磁波辐射方式传递到低温物体的过程。当向下大气辐射量低于地面发出的向上辐射量的时候（尤其是夜间），两者之差引起的辐射冷却能降低地表温度，引起地面结露或结霜。对于建筑物来说，辐射冷却是一种被动冷却技术，利用建筑物与大气的温度差，建筑围护结构可以通过辐射热传递来降温。辐射冷却虽然不分昼夜，但太阳辐射不存在的夜间更为有效。辐射冷却方法能够减少夏季建筑空调冷负荷，因此，弄清楚不同地区夏季辐射冷却潜能是很有意义的。

在本章中，将辐射冷却潜能（又称有效辐射）定义为当地面温度等于空气的干球温度的时候，地面发出的向上长波辐射与大气的向下长波辐射的差值（式（5-9））。

$$R_{\text{cooling}} = R_\uparrow - R_\downarrow \qquad (5\text{-}9)$$

$$R_\uparrow = \sigma \cdot (T_s)^4 \qquad (5\text{-}10)$$

式中　　$R_{cooling}$——辐射冷却潜能，W/m^2；

　　　　$R_\uparrow$——地面向上长波辐射量，W/m^2；

　　　　$R_\downarrow$——大气向下长波辐射量，W/m^2；

　　　　T_s——地面温度，K。

5.3　大气辐射模型及辐射冷却潜能的地区分布

虽然逐时大气长波辐射量数据对建筑能耗模拟是必不可少的，但由于缺乏观测数据，至今为止的 TMY 数据中，常常被代之以云量。本书采用式（5-5）计算了我国 355 个地点的逐时大气长波辐射量，是对 TMY 数据库的重要补充。

从建筑的被动冷却的角度来看，夏季的辐射冷却潜能具有实用的意义。在我国大部分地区，最热月份是 7 月，因此，计算了 7 月的辐射冷却潜能。为了描述大气长波辐射量和辐射冷却潜能的空间分布，应用克里金法对 355 个地点辐射数据进行空间插值，然后得到了我国大气长波辐射量和辐射冷却潜能的分布。

夏季的大气辐射呈东南高、西北低的趋势，和气温分布一致。这是因为大气辐射大多来源于大气中的水蒸气，所以发生在高温多湿的东南部。

辐射冷却潜能的地域分布特点是西北高、东南低，和大气辐射的地区分布几乎相反。其主要原因是位于东南部的夏热冬暖地区、夏热冬冷地区夏季湿度高、云量多，向下大气辐射量较强，从而降低了辐射冷却潜能。因此，建筑物的夏季被动冷却更应该应用于海拔较高、湿度较低的地区。

5.4　小结

在本章中，利用实测气象数据，建立了大气长波辐射量估算模型，模型分为四种情况：全天、白天、白天考虑云量系数以及夜间。通过精度验证，本研究模型比其他现存模型具有更好的表现，并且更适合我国特定的地理与大气环境。用式（5-5）推算出 355 个地点的逐时大气长波辐射量数据，对 TMY 数据库做了补充。同时本章还探讨了辐射冷却潜能的地区分布问题，供读者参考。

本章参考文献

[1] Kneizys F X, Shettle E P, Abreu L W, et al. Users guide to LOWTRAN 7（AFGL-TR-88-0177）[R]. Hanscom AFB，MA：Air Force Geophysics Lab，1988.

[2] Snell H E，Anderson G P，Wang J，et al. Validation of FASE（FASCODE for the environment）and MODTRAN3：Updates and comparisons with clear-sky measurements[C]//Passive Infrared Remote Sensing of Clouds and the Atmosphere Ⅲ. Vol. 2578. International Society for Optics and Photonics，

1995.

[3] Brunt D. Notes on radiation in the atmosphere[J]. Quarterly Journal of the Royal Meteorological Society, 1932, 58（247）: 389-420.

[4] Crawford T M, Claude E D. An improved parameterization for estimating effective atmospheric emissivity for use in calculating daytime downwelling longwave radiation [J]. Journal of Applied Meteorology, 1999, 38（4）: 474-480.

[5] Zhang Q Y, Liu Y. Potentials of passive cooling for passive design of residential buildings in China [J]. Energy Procedia, 2014, 1726-1732.

[6] Chang K, Zhang Q Y. Modeling of downward longwave radiation and radiative cooling potential in China [J]. Journal of Renewable and Sustainable Energy, 2019, 11: 066501.

[7] Sridhar V, Elliott R L. On the development of a simple downwelling longwave radiation scheme [J]. Agricultural and Forest Meteorology, 2002, 112（3-4）: 237-243.

第6章

结束语

6.1　建筑环境与能源应用工程用气象数据的研究进展

本书总结了近年建筑环境与能源应用工程用气象数据的研究进展，主要介绍了三种数据：标准年气象数据、标准日气象数据和不保证率气象数据。

第2章介绍了标准年气象数据的构成以及各气象要素的数据处理方法。标准年气象数据是根据2009—2021年的观测数据，通过双波调和分析内插、标准月的选择、标准月间的平滑连接处理等步骤而得到的实测加工数据。笔者通过不懈的努力，开发并更新了包括香港、澳门、台湾在内的355个地点的标准年气象数据，为我国主要地点的建筑热模拟及再生能源利用奠定了基础。标准年气象数据可以用于建筑物的热冷负荷分析、建筑物能耗分析、太阳能热利用、太阳能光伏利用以及风能利用等领域的工程实践和科学研究。

标准日气象数据是根据观测数据而得出的一套推测数据。其优点是简单明了，用少量的数据可以反映各地的"平均"气象状态。如果说标准年气象数据中包括了时时刻刻的、不计其数的偶然现象的话，标准日气象数据则是从无数偶然现象中抽象出来的必然现象。标准日气象数据是由太阳和作为研究对象的地点的相对位置以及海拔高度等稳定因素决定的。标准日气象数据和标准年气象数据是同一层次的数据，它们之间可以互相弥补和补充。

如果说标准年气象数据和标准日气象数据是描述一个地区的一般的或平均的气象环境的物理量的话，不保证率气象数据则是极端气象条件的物理量。第3章介绍了冬季和夏季的不保证率温度、湿度和太阳辐射的概念。和现有的不保证率数据不同的是，本书明确地给出了1：00至24：00的冬夏季不保证率气象数据。这些数据并不具有空调、采暖和通风设备的设计气象参数的约束力，因为设计气象参数不仅是技术问题，而且是政策性问题。第3章给出的不保证率气象数据可以作为专业教学、科学研究的工具，同时也可以作为制定规范时的参考和依据。

第4章用较大的篇幅讨论了太阳辐射的瞬时模型和月累计模型，同时还介绍了笔者建立的水平面总辐射量的直散分离模型。

第5章介绍了大气辐射模型，同时还探讨了辐射冷却潜能的地区分布问题。

　　虽然笔者建立了较为系统的建筑环境及能源应用工程用气象数据，但这并不意味着这项研究的终结，而是建立更全面、更详细的气象数据库的艰巨工作的开端。我们由衷地希望本手册的问世，能够促进我国建筑物模拟学的发展，对改善建筑环境、建筑节能以及可再生能源的有效利用做出一定的贡献。

6.2　附录 1 内容

　　我们将 355 个地点中 111 个气象台站的气象数据汇成表格作为本书的附录。每个地点占用两页，分为三个部分。第一部分是该地点基本情况（地理位置、标高、月平均温湿度、太阳辐射量、供暖度日数）。第二部分为奇数月标准日气象数据。这里仅载出奇数月标准日气象数据的原因有两个：一是最冷和最热月份一般为 1 月和 7 月，是奇数月；二是为了节省篇幅。第三部分为不保证率气象数据。夏季不保证率气象数据为 2.5% 和 5.0% 的干球温度和水平面太阳总辐射，以及逐时平均相对湿度。没有给出 2.5% 和 5.0% 的相对湿度的理由详见第 3 章 3.2 节。考虑到太阳辐射一般作为安全因素在供暖设计中不予考虑，冬季不保证率气象数据为 2.5% 和 5.0% 的干球温度和相对湿度。

附录 1

111 个气象台站的概况，标准日气象数据及不保证率气象数据

省（区、市）	地名	纬度（北纬，°）	经度（东经，°）	标高（m）	页码
北京	北京	39.93	116.28	55	076
天津	天津	39.1	117.17	5	078
河北	保定	38.85	115.57	19	080
	承德	40.98	117.95	386	082
	张家口	40.78	114.88	726	084
	邢台	37.07	114.5	78	086
	石家庄	38.03	114.42	81	088
	唐山	39.67	118.15	29	090
山西	太原	37.78	112.55	779	092
	运城	35.05	111.05	365	094
	离石	37.5	111.1	951	096
内蒙古	赤峰	42.27	118.97	572	098
	东胜	39.83	109.98	1459	100
	额济纳旗	41.95	101.07	941	102
	二连浩特	43.65	112	966	104
	海拉尔	49.22	119.75	611	106
	呼和浩特	40.82	111.68	1065	108
	集宁	41.03	113.07	1416	110
	通辽	43.6	122.27	180	112
辽宁	本溪	41.32	123.78	185	114
	朝阳	41.55	120.45	176	116
	大连	38.9	121.63	97	118
	丹东	40.05	124.33	14	120
	营口	40.67	122.2	4	122
	锦州	41.13	121.12	70	124
	沈阳	41.77	123.43	43	126
吉林	长春	43.9	125.22	238	128
	长岭	44.25	123.97	190	130
	延吉	42.88	129.47	178	132
	四平	43.18	124.33	167	134
黑龙江	爱辉	50.25	127.45	166	136

续表

省（区、市）	地名	纬度（北纬，°）	经度（东经，°）	标高（m）	页码
黑龙江	安达	46.38	125.32	150	138
	哈尔滨	45.75	126.77	143	140
	漠河	52.13	122.52	433	142
	牡丹江	44.57	129.6	242	144
	齐齐哈尔	47.38	123.92	148	146
上海	上海	31.4	121.47	4	148
江苏	徐州	34.28	117.15	42	150
	南京	32	118.8	7	152
浙江	杭州	30.23	120.17	43	154
	嵊州	29.6	120.82	108	156
	丽水	28.45	119.92	60	158
安徽	安庆	30.53	117.05	20	160
	蚌埠	32.95	117.37	22	162
	合肥	31.87	117.23	36	164
福建	厦门	24.48	118.08	139	166
	南平	26.63	118	128	168
	福州	26.08	119.28	85	170
江西	南昌	28.6	115.92	50	172
	景德镇	29.3	117.2	60	174
	赣州	25.87	115	138	176
山东	济南	36.6	117.05	169	178
	潍坊	36.77	119.18	22	180
	青岛	36.07	120.33	77	182
河南	郑州	34.72	113.65	111	184
	安阳	36.05	114.4	64	186
	南阳	33.03	112.58	131	188
湖北	武汉	30.62	114.13	23	190
	宜昌	30.7	111.3	134	192
湖南	长沙	28.23	112.87	68	194
	郴州	25.8	113.03	185	196
	岳阳	29.38	113.08	52	198
广东	湛江	21.22	110.4	28	200
	汕头	23.4	116.68	3	202
	韶关	24.8	113.58	68	204
	广州	23.17	113.33	42	206
海南	海口	20.03	110.35	24	208
	东方	19.1	108.62	8	210
广西	柳州	24.35	109.4	97	212
	南宁	22.63	108.22	126	214
	桂林	25.33	110.3	166	216

续表

省（区、市）	地名	纬度（北纬，°）	经度（东经，°）	标高（m）	页码
四川	成都	30.67	104.02	508	218
	达州	31.2	107.5	344	220
	绵阳	31.45	104.73	522	222
	西昌	27.9	102.27	1599	224
	宜宾	28.8	104.6	342	226
重庆	重庆	29.58	106.47	260	228
贵州	毕节	27.3	105.23	1511	230
	贵阳	26.58	106.73	1223	232
云南	腾冲	25.12	98.48	1649	234
	昆明	25.02	102.68	1892	236
	丽江	26.83	100.47	2394	238
	临仓	23.95	100.22	1503	240
西藏	狮泉河	32.5	80.08	4280	242
	日喀则	29.25	88.88	3837	244
	拉萨	29.67	91.13	3650	246
	林芝	29.57	94.47	3001	248
陕西	安康	32.72	109.03	291	250
	汉中	33.07	107.03	509	252
	延安	36.6	109.5	959	254
	榆林	38.23	109.7	1058	256
甘肃	张掖	38.93	100.43	1483	258
	酒泉	39.77	98.48	1478	260
	敦煌	40.15	94.68	1140	262
青海	西宁	36.62	101.77	2296	264
	格尔木	36.42	94.9	2809	266
宁夏	银川	38.47	106.2	1112	268
	中宁	37.48	105.68	1193	270
	盐池	37.8	107.38	1356	272
新疆	乌鲁木齐	43.8	87.65	947	274
	和田	37.13	79.93	1375	276
	喀什	39.47	75.98	1291	278
	库尔勒	41.75	86.13	933	280
	吐鲁番	42.93	89.2	37	282
	哈密	42.82	93.52	739	284
	克拉玛依	45.6	84.85	428	286
	塔中	39	83.67	1099	288
香港	香港	22.19	114.10	65	290
澳门	澳门	22.16	113.57	114	292
台湾	台北	25.04	121.52	9	294
	高雄	22.58	120.35	9	296

气象数据表格使用说明

为了使读者更方便地使用本书附录部分中的气象台站的概况，标准日气象数据及不保证率气象数据的表格，现将表格中的内容说明如下：

"注1"：本列中的"年平均或累计"是指"DB_m 和 RH_m 为平均值，I_m 和 HDD_m 为累计值"。

"注2"：本列中的"年平均或合计"是指"水平面直达日射 I_d 和散射日射 I_s 为合计值（单位：Wh/m^2），其他项目为平均值"。

表格中各符号的物理意义如下：

DB_m——月平均气温（℃）；

RH_m——月平均露点（℃）；

I_m——月累计太阳辐射（MJ/m^2）；

HDD_m——月累计供暖度日值；

DB——逐时干球温度（℃）；

RH——逐时相对湿度（%）；

I_d——水平面直达日射（W/m^2）；

I_s——水平面散射日射（W/m^2）；

WV——风速（m/s）；

CC——云量；

DB_{25}——夏季不保证率为2.5%的干球温度（℃）；

DB_{50}——夏季不保证率为5.0%的干球温度（℃）；

I_{25}——夏季不保证率为2.5%的太阳辐射（℃）；

I_{50}——夏季不保证率为5.0%的太阳辐射（℃）；

RH_s——夏季平均湿度（%）；

DB_{975}——冬季不保证率为2.5%的干球温度（℃）；

DB_{950}——冬季不保证率为5.0%的干球温度（℃）；

RH_{975}——冬季不保证率为2.5%的相对湿度（%）；

RH_{950}——冬季不保证率为5.0%的相对湿度（%）；

DLR——向下大气辐射量（W/m^2）。

111 个气象台站的概况、标准日气象数据及不保证率气象数据

北京市

地名	北京	区站号	545110	经度	116.28E	纬度	39.93N	海拔	55m

	1月	2月	3月	4月	5月	6月	7月	8月	9月	10月	11月	12月	年平均或累计[注1]
DB_m	-2.9	0.3	7.8	15.4	22.1	25.4	27.6	26.6	21.3	14.0	5.0	-1.1	13.4
RH_m	41.0	42.0	37.0	41.0	43.0	56.0	68.0	67.0	62.0	59.0	53.0	43.0	51.0
I_m	256	321	510	615	729	658	568	538	451	356	252	223	5469
HDD_m	649	497	317	79	0	0	0	0	0	125	390	591	2647

一月标准日

	1时	2时	3时	4时	5时	6时	7时	8时	9时	10时	11时	12时	13时	14时	15时	16时	17时	18时	19时	20时	21时	22时	23时	24时	平均或合计[注2]
DB	-4.8	-5.1	-5.3	-5.5	-5.8	-6.1	-6.2	-5.8	-4.7	-3.2	-1.5	-0.2	0.7	1.1	1.0	0.7	0.1	-0.7	-1.6	-2.4	-3.0	-3.5	-3.9	-4.4	-2.9
RH	49	49	49	49	50	50	50	49	45	40	35	31	29	29	28	29	31	34	37	40	43	44	46	47	41
I_d	0	0	0	0	0	0	0	0	1	58	149	229	281	269	206	138	57	1	0	0	0	0	0	0	1389
I_s	0	0	0	0	0	0	0	0	7	74	110	129	134	134	106	64	4	0	0	0	0	0	0	0	902
WV	2.0	2.1	2.0	2.0	2.0	2.0	2.0	2.0	2.0	2.3	2.8	2.8	2.9	2.9	2.7	2.6	2.5	2.3	2.1	2.0	2.0	1.9	1.9	2.0	2.3
DLR	201	200	199	198	197	196	196	197	198	201	204	206	207	208	207	207	206	205	204	204	203	202	202	202	202

三月标准日

	1时	2时	3时	4时	5时	6时	7时	8时	9时	10时	11时	12时	13时	14时	15时	16时	17时	18时	19时	20时	21时	22时	23时	24时	平均或合计[注2]
DB	5.5	4.8	4.0	3.4	3.1	3.2	3.7	4.8	6.1	7.7	9.1	10.4	11.3	12.1	12.5	12.6	12.2	11.4	10.2	9.1	8.2	7.5	6.9	6.4	7.8
RH	44	46	48	50	51	51	50	46	41	36	31	29	26	25	25	25	26	27	30	33	37	39	40	42	37
I_d	0	0	0	0	0	0	0	11	83	196	314	394	452	445	383	311	207	90	3	0	0	0	0	0	2889
I_s	0	0	0	0	0	0	0	24	99	153	184	206	209	203	172	132	82	12	0	0	0	0	0	0	1685
WV	2.2	2.1	2.1	2.0	1.9	2.0	2.1	2.2	2.5	2.7	2.9	3.1	3.3	3.4	3.4	3.4	3.3	3.0	2.7	2.4	2.4	2.4	2.4	2.3	2.6
DLR	248	247	245	243	243	243	245	245	246	248	250	255	257	259	260	260	259	257	255	254	253	252	252	251	252

五月标准日

	1时	2时	3时	4时	5时	6时	7时	8时	9时	10时	11时	12时	13时	14时	15时	16时	17时	18时	19时	20时	21时	22时	23时	24时	平均或合计[注2]
DB	19.2	18.3	17.3	16.6	16.6	17.3	18.6	20.3	21.8	23.2	24.3	25.2	26.0	26.6	27.0	27.0	26.5	25.7	24.6	23.4	22.3	21.4	20.7	20.1	22.1
RH	51	55	58	61	61	58	53	48	43	39	36	33	32	30	30	30	31	33	36	39	42	45	46	48	43
I_d	0	0	0	0	0	16	102	215	351	445	470	494	477	420	363	269	159	63	1	0	0	0	0	0	3843
I_s	0	0	0	0	0	47	121	182	221	253	290	300	299	286	247	203	148	83	7	0	0	0	0	0	2688
WV	2.0	1.9	1.8	1.8	1.7	1.9	2.2	2.5	2.7	2.9	3.1	3.3	3.5	3.7	3.7	3.7	3.8	3.3	2.9	2.5	2.4	2.4	2.4	2.2	2.7
DLR	339	337	334	333	332	334	337	341	345	349	352	354	356	358	359	359	358	356	353	350	348	345	343	342	346

续表

月/季	项目	1时	2时	3时	4时	5时	6时	7时	8时	9时	10时	11时	12时	13时	14时	15时	16时	17时	18时	19时	20时	21时	22时	23时	24时	平均或合计[注2]
七月标准日	DB	25.6	25.1	24.5	24.1	24.0	24.4	25.1	26.0	27.1	28.0	28.9	29.7	30.3	30.8	31.1	31.1	30.7	30.2	29.4	28.5	27.7	27.1	26.6	26.1	27.6
	RH	76	78	81	82	82	81	78	74	69	65	62	59	57	55	54	55	56	58	61	64	67	70	72	74	68
	I_d	0	0	0	0	0	4	30	75	134	186	214	235	234	214	184	139	87	38	3	0	0	0	0	0	1776
	I_s	0	0	0	0	0	28	112	197	268	324	365	387	387	364	319	256	181	101	20	0	0	0	0	0	3310
	WV	1.7	1.7	1.6	1.5	1.5	1.6	1.8	1.9	2.0	2.1	2.2	2.3	2.4	2.5	2.5	2.6	2.6	2.4	2.2	2.0	1.9	1.9	1.9	1.8	2.0
	DLR	412	410	408	407	406	407	410	412	415	418	421	423	425	427	428	428	427	426	423	421	419	417	415	414	418
九月标准日	DB	19.0	18.4	17.9	17.5	17.4	17.7	18.4	19.5	20.8	22.1	23.3	24.2	24.8	25.3	25.5	25.4	24.9	24.0	22.9	21.7	20.8	20.1	19.6	19.2	21.3
	RH	74	77	79	80	79	77	74	69	63	57	52	49	46	45	44	45	47	51	55	60	65	68	70	72	62
	I_d	0	0	0	0	0	0	17	67	143	221	269	302	291	245	194	124	49	2	0	0	0	0	0	0	1925
	I_s	0	0	0	0	0	0	53	133	201	248	281	291	286	266	222	162	91	12	0	0	0	0	0	0	2247
	WV	1.4	1.4	1.4	1.4	1.5	1.6	1.8	1.9	2.1	2.2	2.4	2.5	2.6	2.7	2.6	2.6	2.5	2.3	2.0	1.7	1.6	1.5	1.4	1.4	1.9
	DLR	362	361	359	357	356	356	357	360	363	366	368	370	371	372	373	373	373	371	369	367	365	364	363	362	365
十一月标准日	DB	2.8	2.5	2.2	2.0	1.8	1.8	2.1	2.9	4.1	5.7	7.2	8.4	9.1	9.3	9.0	8.4	7.7	6.9	6.0	5.2	4.6	4.0	3.5	3.0	5.0
	RH	64	65	66	66	66	66	64	61	55	48	43	39	37	37	38	40	42	45	48	51	54	57	59	61	53
	I_d	0	0	0	0	0	0	0	17	82	167	232	266	238	168	98	27	0	0	0	0	0	0	0	0	1294
	I_s	0	0	0	0	0	0	0	45	105	138	152	153	152	140	104	51	0	0	0	0	0	0	0	0	1040
	WV	1.7	1.6	1.7	1.7	1.7	1.8	1.9	2.0	2.2	2.4	2.7	2.7	2.6	2.7	2.5	2.3	2.1	2.0	1.9	1.8	1.8	1.8	1.8	1.7	2.0
	DLR	253	252	251	250	249	248	249	250	251	254	256	258	260	260	260	259	258	257	255	254	253	253	252	251	254
夏季	DB_{25}	29.3	28.5	28	27.6	27.3	27.5	28.3	29.6	31.2	32.3	33.5	34.4	35.3	36	36.3	36.2	35.8	35	34.1	33	32.2	31.3	30.6	30.1	31.8
	I_{25}	0	0	0	0	0	115	318	510	709	844	909	951	952	879	773	614	422	235.7	61.8	0	0	0	0	0	8294
T	DB_{50}	28.6	27.9	27.4	26.9	26.7	26.9	27.6	28.8	30.3	31.7	32.6	33.8	34.6	35.2	35.6	35.6	35.2	34.3	33.3	32.2	31.4	30.5	29.8	29.2	31.1
A	I_{50}	0	0	0	0	0	101.3	291.5	484	675	807	872	912.3	902.3	842	742	588.7	401.5	221.5	56.4	0	0	0	0	0	7898
C	RH_s	75.5	78.3	80.6	82.4	82.7	81	77.3	72.4	66.9	61.9	57.2	53.1	51.1	49.5	48.9	49.4	50.7	53.5	57.4	61.5	65.4	69	71.3	73.4	65.4
冬季	DB_{975}	−10.4	−10.8	−11.1	−11.2	−11.6	−11.9	−11.8	−11.3	−10.2	−9.0	−7.8	−6.7	−6.0	−5.4	−5.3	−5.4	−5.9	−6.4	−6.9	−7.7	−8.8	−9.2	−9.6	−10.0	−8.8
	RH_{975}	15	16	15	16	18	18	18	17	16	14	12	11	10	10	11	10	10	11	12	13	13	14	14	14	13.6
T	DB_{950}	−9.2	−9.6	−9.9	−10.3	−10.6	−10.9	−10.9	−10.3	−9.1	−7.6	−6.2	−4.9	−4.1	−3.7	−3.8	−3.9	−4.3	−4.7	−5.6	−6.1	−6.8	−7.3	−7.8	−8.5	−7.3
A C	RH_{950}	18	18	18	18	20	20	20	19	17	15	14	12	11	11	11	11	12	13	14	15	15	15	17	17	15.4

天津市

地名	天津	区站号	545270	经度	117.17E	纬度	39.1N	海拔	5m

	1月	2月	3月	4月	5月	6月	7月	8月	9月	10月	11月	12月	年平均或累计[1]
DB_m	-3.3	0.1	7.5	15.1	21.9	25.4	27.6	26.5	21.5	14.3	5.3	-1.3	13.4
RH_m	51.0	50.0	44.0	45.0	47.0	59.0	71.0	72.0	66.0	61.0	59.0	52.0	56.0
I_m	252	316	503	605	719	673	598	550	469	371	252	222	5521
HDD_m	659	502	325	86	0	0	0	0	0	113	381	597	2664

		1时	2时	3时	4时	5时	6时	7时	8时	9时	10时	11时	12时	13时	14时	15时	16时	17时	18时	19时	20时	21时	22时	23时	24时	平均或合计[2]
一月标准日	DB	-5.1	-5.4	-5.6	-5.8	-6.1	-6.6	-6.6	-6.8	-6.3	-5.0	-3.2	-1.4	0.0	1.0	0.9	0.4	-0.3	-1.3	-2.4	-3.3	-3.8	-4.0	-4.3	-4.7	-3.3
	RH	58	59	60	60	61	61	61	62	60	55	49	44	39	36	35	37	40	44	48	52	54	55	55	56	51
	I_d	0	0	0	0	0	0	0	0	3	60	139	201	248	189	134	57	1	0	0	0	0	0	0	0	1272
	I_s	0	0	0	0	0	0	0	0	15	81	122	146	153	152	141	108	63	3	0	0	0	0	0	0	984
	WV	3.1	3.1	2.9	2.6	2.4	2.3	2.3	2.3	2.3	2.7	3.2	3.6	3.6	3.5	3.2	2.9	2.7	2.7	2.8	2.4	2.9	3.0	3.0	3.1	2.9
	DLR	208	207	207	206	205	203	203	203	204	206	209	213	215	216	215	214	213	212	212	211	211	210	209	209	210
三月标准日	DB	5.0	4.4	3.8	3.4	3.2	3.3	3.3	3.7	4.8	6.3	8.0	9.6	10.8	11.6	12.1	12.5	12.5	11.8	10.6	9.1	7.8	7.0	6.5	5.9	7.5
	RH	53	56	57	58	59	59	59	58	55	48	41	36	32	30	28	27	29	33	39	44	48	49	51	51	44
	I_d	0	0	0	0	0	0	0	14	79	179	287	357	415	408	349	300	207	88	2	0	0	0	0	0	2686
	I_s	0	0	0	0	0	0	0	31	109	169	206	230	232	230	220	178	131	79	9	0	0	0	0	0	1823
	WV	3.2	3.2	3.1	2.9	2.8	2.9	3.0	3.1	3.5	3.9	4.2	4.3	4.4	4.3	4.3	4.0	4.1	3.7	3.4	3.0	3.1	3.1	3.2	3.2	3.5
	DLR	256	255	254	252	251	251	252	253	255	258	260	262	264	265	265	265	264	264	264	262	262	261	259	259	259
五月标准日	DB	19.0	18.1	17.3	16.8	16.8	17.5	18.8	20.4	22.0	23.5	24.7	25.6	26.3	26.8	27.0	26.8	26.1	25.0	23.6	22.3	21.4	20.7	20.3	19.8	21.9
	RH	57	60	64	66	66	64	59	54	48	42	38	34	32	31	30	31	33	36	40	44	48	50	51	53	47
	I_d	0	0	0	0	0	21	104	182	298	395	437	477	468	413	364	272	160	66	4	0	0	0	0	0	3656
	I_s	0	0	0	0	0	55	129	201	249	281	309	311	304	287	244	197	142	76	0	0	0	0	0	0	2786
	WV	3.2	2.9	2.8	2.6	2.3	2.3	2.7	3.1	3.5	3.7	3.9	4.2	4.3	4.5	4.7	4.6	4.6	4.3	4.0	3.5	3.5	3.4	3.3	3.3	3.7
	DLR	344	342	340	339	340	342	346	350	354	356	358	359	359	360	360	359	358	355	353	351	349	347	346	345	351

续表

		1时	2时	3时	4时	5时	6时	7时	8时	9时	10时	11时	12时	13时	14时	15时	16时	17时	18时	19时	20时	21时	22时	23时	24时	平均或合计[注2]
七月标准日	DB	25.1	25.0	24.6	24.3	24.3	24.6	25.5	26.5	27.6	28.6	29.6	30.2	30.6	30.9	30.6	30.9	30.4	29.6	28.6	27.7	27.1	26.7	26.4	26.1	27.6
	RH	79	81	83	84	84	83	80	76	71	67	63	60	58	57	56	57	59	62	65	69	72	74	75	77	71
	I_d	0	0	0	0	0	8	47	83	145	203	231	265	265	236	212	165	101	47	3	0	0	0	0	0	2011
	I_s	0	0	0	0	0	42	125	209	284	338	376	388	381	355	310	249	176	98	17	0	0	0	0	0	3347
	WV	2.9	2.4	2.4	2.2	2.0	2.1	2.3	2.5	2.6	2.7	2.9	3.0	3.1	3.2	3.3	3.4	3.5	3.5	3.5	2.8	3.3	3.2	3.1	3.0	2.9
	DLR	414	413	412	411	411	412	415	418	422	425	428	429	430	431	429	430	428	426	423	421	420	418	417	417	421
九月标准日	DB	19.3	18.7	18.2	17.9	17.8	18.0	18.7	19.8	21.2	22.7	24.0	24.9	25.4	25.8	25.9	25.7	25.0	23.8	22.4	21.1	20.3	20.0	19.8	19.5	21.5
	RH	77	80	81	82	82	82	80	75	67	60	54	50	47	46	45	46	49	54	61	67	71	73	73	74	66
	I_d	0	0	0	0	0	0	22	66	142	229	285	326	313	261	217	145	59	2	0	0	0	0	0	0	2067
	I_s	0	0	0	0	0	0	65	145	216	259	285	290	284	263	215	155	86	11	0	0	0	0	0	0	2274
	WV	2.1	1.9	2.0	1.9	1.8	1.9	2.1	2.2	2.4	2.7	3.0	3.0	3.1	3.2	3.1	2.9	2.8	2.7	2.6	2.2	2.4	2.3	2.3	2.2	2.5
	DLR	368	366	364	362	362	363	365	368	371	373	375	376	377	378	378	377	376	375	373	371	369	368	367	367	370
十一月标准日	DB	3.4	3.0	2.8	2.5	2.3	2.1	2.3	3.0	4.3	6.0	7.7	9.0	9.7	9.8	9.4	8.7	7.7	6.7	5.8	5.1	4.6	4.2	3.9	3.5	5.3
	RH	67	69	70	71	72	73	72	69	63	56	49	44	41	41	41	44	47	51	55	59	61	62	63	65	59
	I_d	0	0	0	0	0	0	0	19	76	147	200	236	221	165	105	31	0	0	0	0	0	0	0	0	1200
	I_s	0	0	0	0	0	0	0	53	115	154	173	174	166	145	104	51	0	0	0	0	0	0	0	0	1135
	WV	3.4	3.1	3.0	2.5	2.1	2.2	2.3	2.3	2.7	3.1	3.4	3.4	3.4	3.4	3.0	2.7	2.4	2.7	3.0	2.7	3.4	3.4	3.4	3.4	2.9
	DLR	259	258	258	257	257	256	257	258	260	263	266	268	269	268	267	266	265	263	262	262	261	260	259	258	262
夏季 T A C	DB_{25}	29.5	28.8	28.3	28.1	27.7	28	29	30.4	31.8	33	34.1	35.1	35.8	36.2	36.6	36.5	35.7	34.6	33.3	32.1	31.4	30.8	30.3	30	32.0
	I_{25}	0	0	0	0	0	131.7	319	489	669	810.5	896	944	930	869	768.5	611	416	229.3	52.3	0	0	0	0	0	8135
	DB_{50}	28.5	27.8	27.5	27.2	26.9	27.4	28.2	29.5	31	32.4	33.4	34.2	34.9	35.5	35.9	35.9	35.1	33.9	32.4	31.2	30.4	29.9	29.4	29.1	31.2
	I_{50}	0	0	0	0	0	119.3	300	468	646	784.3	860.3	909	904	828	738	586	400.5	219.3	47.5	0	0	0	0	0	7810
	RH_s	79	81.9	83.9	84.8	84.8	82.7	79.4	74.7	69.4	63.7	59.5	55.9	53.6	51.7	51.1	52	54.5	58.4	63.2	68.5	71.6	73.7	75.1	76.8	69
冬季 T A C	DB_{975}	-10.9	-11.3	-11.4	-11.4	-11.9	-12.4	-12.8	-12.0	-10.5	-9.0	-7.1	-6.0	-5.6	-5.2	-5.3	-5.7	-6.1	-6.9	-8.0	-8.9	-9.5	-9.8	-9.7	-10.4	-9.1
	RH_{975}	20	21	20	20	22	23	22	22	19	17	14	12	12	12	11	11	12	14	16	18	17	18	20	20	17.2
	DB_{950}	-9.4	-9.7	-10.0	-10.3	-10.6	-11.1	-11.4	-10.8	-9.1	-7.2	-5.8	-4.6	-3.9	-3.7	-4.0	-4.4	-4.8	-5.8	-6.5	-7.4	-7.8	-8.2	-8.4	-8.8	-7.7
	RH_{950}	23	23	23	23	25	25	25	24	22	19	16	14	13	13	12	12	14	16	18	20	20	21	23	23	19.3

河北省

地名	保定	区站号	546020	经度	115.57E	纬度	38.85N	海拔	19m

	1月	2月	3月	4月	5月	6月	7月	8月	9月	10月	11月	12月	年平均或累计[注1]
DB_m	-3.5	0.2	7.8	14.9	21.2	25.5	27.4	25.7	20.4	13.7	4.6	-1.5	13.0
RH_m	52.0	50.0	45.0	51.0	55.0	58.0	73.0	77.0	73.0	67.0	66.0	55.0	60.0
I_m	237	294	471	553	648	616	496	456	401	328	224	205	4924
HDD_m	667	498	317	92	0	0	0	0	0	133	402	603	2713

		1时	2时	3时	4时	5时	6时	7时	8时	9时	10时	11时	12时	13时	14时	15时	16时	17时	18时	19时	20时	21时	22时	23时	24时	平均或合计[注2]
一月标准日	DB	-5.7	-6.0	-6.2	-6.4	-6.8	-6.8	-7.5	-7.9	-7.4	-6.0	-3.8	0.1	1.1	1.4	1.5	1.2	0.4	-0.8	-2.2	-3.4	-4.1	-4.4	-4.7	-5.2	-3.5
	RH	59	61	62	62	63	63	65	67	66	60	53	41	38	36	35	36	39	42	46	50	52	54	55	57	52
	I_d	0	0	0	0	0	0	0	0	0	35	120	258	240	173	112	47	1	0	0	0	0	0	0	0	1192
	I_s	0	0	0	0	0	0	0	0	3	68	110	130	138	147	146	117	68	6	0	0	0	0	0	0	933
	WV	4.1	3.3	3.7	2.7	1.7	1.7	1.7	1.7	1.7	1.9	2.2	2.4	2.5	2.5	2.3	2.1	1.9	2.9	3.9	3.7	4.3	4.3	4.3	4.3	2.9
	DLR	205	205	205	204	203	203	202	201	202	205	209	214	217	217	217	216	215	213	211	209	208	207	207	206	209
三月标准日	DB	4.9	4.1	3.5	3.2	2.9	2.8	2.8	3.2	4.2	5.9	7.9	9.9	11.3	12.2	12.9	13.4	13.6	13.0	11.8	10.2	8.6	7.7	7.1	6.5	7.8
	RH	53	55	57	58	60	61	61	58	51	43	37	33	31	29	28	28	29	32	36	41	44	46	47	49	45
	I_d	0	0	0	0	0	0	8	47	138	259	342	402	379	303	250	170	73	3	0	0	0	0	0	0	2371
	I_s	0	0	0	0	0	0	16	91	159	196	223	230	240	241	202	150	89	12	0	0	0	0	0	0	1850
	WV	3.7	3.9	3.9	3.2	2.9	2.0	2.1	2.2	2.3	2.5	2.8	3.0	3.1	3.2	3.4	3.2	3.1	3.0	3.4	2.3	3.6	3.8	4.0	4.2	3.1
	DLR	255	253	252	251	251	250	251	253	256	258	262	265	269	271	272	272	272	269	266	263	262	261	259	258	261
五月标准日	DB	17.7	16.9	16.2	15.5	15.6	16.3	17.8	19.7	21.4	22.9	24.1	24.8	25.7	26.4	26.8	26.7	26.1	24.9	23.4	21.9	20.8	20.0	19.4	18.8	21.2
	RH	65	69	72	74	73	70	66	60	55	50	46	43	40	39	38	38	40	43	47	52	56	58	60	62	55
	I_d	0	0	0	0	0	8	70	155	265	343	357	375	358	311	284	213	119	42	5	0	0	0	0	0	2901
	I_s	0	0	0	0	0	35	114	184	237	281	323	338	340	323	273	217	154	82	5	0	0	0	0	0	2906
	WV	3.7	2.9	3.2	2.5	1.9	2.1	2.1	2.4	2.7	2.9	3.3	3.4	3.5	3.5	3.4	3.3	3.2	3.3	3.4	2.4	3.2	3.3	3.4	3.5	3.1
	DLR	345	343	341	338	338	340	346	353	358	362	365	366	369	371	372	372	370	367	363	359	355	353	351	349	356

续表

项目		1时	2时	3时	4时	5时	6时	7时	8时	9时	10时	11时	12时	13时	14时	15时	16时	17时	18时	19时	20时	21时	22时	23时	24时	平均或合计注2
七月标准日	DB	25.2	24.6	24.0	23.7	23.8	24.2	24.9	25.9	27.0	28.2	29.2	29.9	30.5	31.0	31.3	31.3	30.9	30.0	29.0	27.9	27.2	26.7	26.3	25.8	27.4
	RH	81	84	85	86	86	85	83	80	75	70	66	63	60	58	57	57	59	62	66	71	74	76	77	79	73
	I_d	0	0	0	0	0	2	20	44	84	127	152	176	178	163	146	112	67	27	2	0	0	0	0	0	1300
	I_s	0	0	0	0	0	18	92	173	253	316	357	379	377	353	308	245	169	90	13	0	0	0	0	0	3145
	WV	4.8	3.7	4.0	2.8	1.7	1.8	2.0	2.1	2.2	2.3	2.4	2.4	2.5	2.5	2.5	2.5	2.5	2.9	3.3	2.7	3.9	4.2	4.4	4.7	3.0
	DLR	414	411	409	408	408	410	413	418	422	425	428	430	431	432	433	433	432	429	427	424	422	420	418	416	421
九月标准日	DB	17.6	17.0	16.2	15.9	16.2	16.5	17.3	18.5	20.1	21.8	23.2	24.2	24.9	25.4	25.7	25.6	24.8	23.1	21.4	20.0	18.9	18.5	18.4	18.0	20.4
	RH	85	88	89	89	90	89	88	83	76	67	61	56	53	51	50	51	54	60	68	76	81	82	82	82	73
	I_d	0	0	0	0	0	0	6	34	97	176	222	249	229	186	152	98	36	1	0	0	0	0	0	0	1486
	I_s	0	0	0	0	0	0	37	114	190	242	280	298	300	279	230	164	88	10	0	0	0	0	0	0	2231
	WV	6.3	5.8	4.7	3.1	1.4	1.5	1.6	1.7	1.8	2.0	2.2	2.2	2.3	2.4	2.3	2.2	2.0	3.4	4.8	4.0	5.4	5.6	6.0	6.3	3.4
	DLR	363	361	358	356	357	359	363	367	371	375	377	379	380	381	382	382	381	377	374	372	368	366	366	363	370
十一月标准日	DB	2.6	2.2	1.9	1.8	1.4	1.0	1.0	1.8	2.9	4.9	7.1	8.6	9.4	9.6	9.2	8.6	7.8	6.7	5.3	4.2	3.4	3.0	3.2	2.9	4.6
	RH	74	76	76	77	78	79	80	77	71	62	55	50	47	46	47	50	54	58	64	68	70	70	71	72	66
	I_d	0	0	0	0	0	0	0	7	48	123	185	223	198	134	75	21	0	1	0	0	0	0	0	0	1013
	I_s	0	0	0	0	0	0	0	31	96	136	158	164	164	150	109	51	0	0	0	0	0	0	0	0	1060
	WV	6.2	5.7	5.0	3.3	1.6	1.6	1.7	1.7	1.9	2.2	2.4	2.4	2.5	2.6	2.3	2.0	1.7	3.8	5.9	6.9	7.2	7.0	6.8	6.4	3.8
	DLR	260	259	258	258	256	255	256	258	260	264	268	271	273	273	273	272	271	269	266	264	262	260	261	260	264
夏季TAC	DB_{25}	29.4	28.7	28.2	27.9	27.4	27.5	28.3	29.4	30.9	32.6	33.9	34.8	35.7	36.4	36.9	36.9	36.2	35.2	33.9	32.6	31.6	31	30.3	30.1	31.9
	I_{25}	0	0	0	0	0	101	305	515	747	872	934	973	951	884	777	616	425	231.7	59.5	0	0	0	0	0	8391
	DB_{50}	28.5	27.7	27.2	27	26.6	26.9	27.6	28.7	30.4	31.9	33.1	34.1	34.9	35.6	36.2	36.4	35.7	34.4	33	31.7	31	30.2	29.5	29	31.1
	I_{50}	0	0	0	0	0	88	272	457	658	820	895	935	919	847	746	596	409	222	52	0	0	0	0	0	7914
	RH_s	83	86	88	89	89	87	84	80	74	68	63	59	56	54	52	52	54	59	65	72	76	78	79	81	72
冬季TAC	DB_{975}	-12.0	-12.4	-12.5	-12.2	-12.9	-13.9	-14.7	-14.1	-12.1	-9.0	-6.8	-5.4	-4.8	-4.5	-4.3	-4.8	-5.4	-6.2	-7.4	-8.8	-9.4	-9.7	-9.8	-11.0	-9.3
	RH_{975}	21	22	21	22	24	24	26	25	22	17	13	11	11	11	10	11	11	12	15	17	18	18	20	20	17.4
	DB_{950}	-10.0	-10.6	-11.0	-11.2	-11.9	-12.9	-13.7	-12.8	-10.5	-7.9	-5.7	-4.4	-3.5	-3.3	-3.3	-3.4	-3.9	-4.9	-6.3	-7.6	-8.5	-8.8	-8.9	-9.4	-8.1
	RH_{950}	23	24	25	26	28	29	30	29	25	20	16	13	12	11	11	12	13	14	17	19	20	22	23	24	20.2

地名	承德	区站号	544230	经度	117.95E	纬度	40.98N	海拔	386m

	1月	2月	3月	4月	5月	6月	7月	8月	9月	10月	11月	12月	年平均或累计注1
DB_m	-9.0	-4.6	3.7	11.8	18.5	21.7	24.6	23.2	17.1	9.4	-0.1	-7.3	9.1
RH_m	48.0	43.0	38.0	41.0	47.0	63.0	72.0	72.0	68.0	61.0	56.0	50.0	55.0
I_m	255	328	527	643	756	669	600	562	463	369	251	217	5633
HDD_m	839	633	443	185	0	0	0	0	0	27	268	786	3724

		1时	2时	3时	4时	5时	6时	7时	8时	9时	10时	11时	12时	13时	14时	15时	16时	17时	18时	19时	20时	21时	22时	23时	24时	平均或合计注2
一月标准日	DB	-11.5	-11.9	-12.3	-12.8	-13.4	-14.1	-14.5	-14.0	-12.6	-10.4	-7.7	-5.5	-3.8	-3.0	-2.8	-3.3	-4.3	-5.5	-6.8	-7.9	-8.7	-9.4	-10.1	-10.7	-9.0
	RH	55	57	58	59	60	63	64	63	57	49	42	36	32	31	30	31	33	37	41	45	48	50	52	53	48
	I_d	0	0	0	0	0	0	0	1	41	132	236	315	312	236	142	44	0	0	0	0	0	0	0	0	1458
	I_s	0	0	0	0	0	0	0	7	81	119	126	116	112	112	93	56	0	0	0	0	0	0	0	0	823
	WV	1.5	1.5	1.5	1.4	1.4	1.4	1.4	1.3	1.6	1.8	2.1	2.2	2.4	2.6	2.5	2.4	2.3	2.1	2.0	1.9	1.8	1.8	1.7	1.6	1.8
	DLR	177	176	175	174	173	171	170	171	174	178	183	188	192	194	194	193	191	189	187	185	184	182	181	179	182
三月标准日	DB	0.3	-0.5	-1.2	-1.8	-2.4	-2.6	-2.3	-1.1	0.9	3.5	6.0	8.0	9.3	10.0	10.4	10.3	9.6	8.4	6.9	5.4	4.2	3.3	2.4	1.6	3.7
	RH	46	49	51	52	54	55	54	50	43	36	31	27	25	23	23	23	24	26	29	33	36	39	41	44	38
	I_d	0	0	0	0	0	0	11	71	197	367	501	566	530	421	315	197	77	1	0	0	0	0	0	0	3253
	I_s	0	0	0	0	0	0	31	110	159	164	157	152	162	175	159	124	74	5	0	0	0	0	0	0	1472
	WV	1.5	1.4	1.5	1.5	1.5	1.5	1.5	1.5	1.9	2.3	2.7	2.9	3.1	3.4	3.4	3.4	3.4	3.0	2.6	2.2	2.0	1.8	1.6	1.6	2.2
	DLR	225	224	222	220	219	218	219	221	225	231	237	242	245	246	246	245	244	241	238	236	234	233	231	229	232
五月标准日	DB	14.4	13.4	12.3	11.5	11.4	12.0	13.5	15.6	18.0	20.2	22.1	23.4	24.4	24.9	25.1	24.8	24.1	23.0	21.6	20.0	18.5	17.3	16.3	15.4	18.5
	RH	59	62	66	69	70	67	62	55	48	41	36	32	30	28	28	28	30	32	35	40	44	48	52	55	47
	I_d	0	0	0	0	0	14	89	200	377	535	611	640	590	485	391	275	154	57	0	0	0	0	0	0	4418
	I_s	0	0	0	0	0	56	134	194	212	211	221	227	238	245	223	186	136	75	3	0	0	0	0	0	2360
	WV	1.4	1.3	1.3	1.3	1.3	1.4	1.5	1.5	1.6	2.0	2.9	3.2	3.5	3.8	3.9	3.9	3.9	3.4	2.9	2.4	2.2	1.9	1.6	1.5	2.4
	DLR	317	314	311	308	308	310	315	321	328	333	338	341	341	343	342	341	339	336	332	328	325	323	321	320	327

续表

		1时	2时	3时	4时	5时	6时	7时	8时	9时	10时	11时	12时	13时	14时	15时	16时	17时	18时	19时	20时	21时	22时	23时	24时	平均或合计[注2]
七月标准日	DB	21.6	20.9	20.4	19.9	19.9	20.3	21.2	22.5	24.1	25.8	27.2	28.3	29.0	29.5	29.6	29.4	28.8	27.9	26.6	25.4	24.3	23.4	22.8	22.2	24.6
	RH	85	87	89	91	91	89	86	81	74	68	62	58	56	54	53	54	55	59	63	68	73	77	80	83	72
	I_d	0	0	0	0	0	3	27	72	150	240	301	337	326	281	229	165	96	38	2	0	0	0	0	0	2265
	I_s	0	0	0	0	0	35	119	204	275	318	343	352	347	326	289	233	164	91	14	0	0	0	0	0	3108
	WV	1.1	1.1	1.1	1.1	1.1	1.1	1.2	1.2	1.4	1.6	1.8	2.1	2.3	2.5	2.6	2.6	2.7	2.4	2.1	1.8	1.7	1.5	1.3	1.2	1.7
	DLR	391	388	386	384	384	385	389	394	399	405	409	412	414	415	415	414	412	409	405	402	399	396	395	393	400
九月标准日	DB	13.7	13.2	12.6	12.1	11.8	11.9	12.5	13.8	15.7	17.9	19.9	21.5	22.6	23.2	23.5	23.2	22.4	21.1	19.4	17.7	16.3	15.3	14.6	14.1	17.1
	RH	83	85	87	88	89	89	86	81	72	63	56	51	47	45	44	44	46	50	57	65	72	77	79	81	68
	I_d	0	0	0	0	0	0	8	40	121	243	341	396	374	299	224	134	46	1	0	0	0	0	0	0	2228
	I_s	0	0	0	0	0	0	0	140	214	245	253	247	243	232	198	147	81	7	0	0	0	0	0	0	2061
	WV	1.1	1.1	1.1	1.1	1.1	1.1	1.1	1.1	1.3	1.6	1.9	2.1	2.2	2.3	2.4	2.5	2.5	2.1	1.7	1.4	1.3	1.2	1.1	1.1	1.6
	DLR	335	333	331	329	328	328	330	334	339	345	350	355	358	359	358	357	354	351	348	345	342	340	338	335	343
十一月标准日	DB	-2.5	-3.0	-3.4	-3.8	-4.3	-4.7	-4.7	-4.0	-2.5	-0.4	1.9	3.9	5.3	5.9	5.7	4.9	3.8	2.6	1.4	0.4	-0.4	-1.1	-1.7	-2.3	-0.1
	RH	66	68	69	70	72	74	74	71	64	55	47	41	37	36	36	37	41	44	49	54	57	60	62	64	56
	I_d	0	0	0	0	0	0	0	9	58	151	247	307	285	199	105	19	0	0	0	0	0	0	0	0	1379
	I_s	0	0	0	0	0	0	0	45	112	143	142	130	124	118	91	42	0	0	0	0	0	0	0	0	947
	WV	1.3	1.3	1.3	1.2	1.2	1.2	1.2	1.3	1.5	1.7	2.0	2.1	2.3	2.4	2.3	2.1	2.0	1.8	1.7	1.6	1.5	1.5	1.4	1.4	1.6
	DLR	228	226	225	224	223	222	222	223	226	229	233	238	241	242	241	239	237	235	234	232	231	230	228	227	231
夏季TAC	DB_{25}	25.6	25.0	24.6	24.3	24.1	24.3	24.8	26.1	27.9	29.8	31.7	33.3	34.4	35.1	35.4	35.0	34.3	33.0	31.1	29.6	28.3	27.3	26.7	26.2	29.1
	I_{25}	0	0	0	0	0	116	310	509	744	913	1003	1028	974	874	755	598	407	219	47	0	0	0	0	0	8496
	DB_{50}	24.5	24.0	23.5	23.2	22.9	23.0	24.0	25.2	27.0	29.0	30.7	32.2	33.1	33.6	34.1	34.2	33.3	32.0	30.4	28.7	27.5	26.6	25.9	25.2	28.1
	I_{50}	0	0	0	0	0	102	281	475	695	864	954	994	948	848	735	580	397	208	43	0	0	0	0	0	8124
	RH_s	85	88	91	92	92	90	85	80	73	65	59	54	50	47	46	47	49	53	59	66	71	76	79	82	70
冬季TAC	DB_{975}	-17.6	-18.0	-18.5	-19.0	-19.4	-20.1	-20.6	-20.0	-18.6	-16.4	-13.9	-12.1	-11.0	-10.4	-10.6	-10.8	-11.6	-12.7	-13.6	-14.4	-15.7	-16.3	-16.5	-17.1	-15.6
	RH_{975}	26	26	26	26	28	30	30	29	27	22	19	15	14	13	12	12	13	15	17	19	20	22	24	25	21.2
	DB_{950}	-16.3	-16.9	-17.5	-17.9	-18.6	-19.3	-19.8	-19.2	-17.5	-15.1	-12.8	-11.0	-9.4	-8.9	-9.1	-9.5	-10.2	-11.2	-12.3	-13.1	-14.0	-14.6	-15.1	-15.8	-14.4
	RH_{950}	28	30	30	30	32	33	33	32	29	25	21	18	16	15	14	14	15	17	20	22	23	24	26	27	23.9

地名	张家口	区站号	544010	经度	114.88E	纬度	40.78N	海拔	726m

	1月	2月	3月	4月	5月	6月	7月	8月	9月	10月	11月	12月	年平均或累计[1]
DB_m	-8.7	-4.6	3.3	11.3	18.3	22.0	24.4	22.9	17.0	9.6	0.2	-6.8	9.1
RH_m	42.0	39.0	34.0	34.0	37.0	50.0	61.0	59.0	57.0	52.0	49.0	43.0	46.0
I_m	256	331	535	655	783	731	658	615	492	380	254	222	5901
HDD_m	828	634	455	200	0	0	0	0	29	260	535	768	3709

月	要素	1时	2时	3时	4时	5时	6时	7时	8时	9时	10时	11时	12时	13时	14时	15时	16时	17时	18时	19时	20时	21时	22时	23时	24时	平均或累计[2]
一月标准日	DB	-10.6	-11.1	-11.4	-11.7	-12.2	-12.8	-13.1	-12.8	-11.7	-9.9	-7.8	-6.0	-4.7	-4.0	-3.8	-4.0	-4.7	-5.6	-6.7	-7.6	-8.3	-8.9	-9.4	-10.0	-8.7
	RH	47	49	49	50	51	52	53	53	49	44	39	34	32	30	30	31	33	35	38	40	42	43	44	46	42
	I_d	0	0	0	0	0	0	0	0	39	128	220	293	293	229	154	64	1	0	0	0	0	0	0	0	1421
	I_s	0	0	0	0	0	0	0	1	72	113	128	126	126	126	104	67	6	0	0	0	0	0	0	0	869
	WV	2.7	2.6	2.6	2.6	2.6	2.7	2.7	2.7	2.7	2.8	2.8	3.0	3.2	3.4	3.3	3.2	3.1	3.1	3.1	3.1	3.0	2.9	2.8	2.7	2.9
	DLR	176	175	174	173	172	170	170	170	172	176	181	184	187	189	190	190	189	187	185	183	182	180	179	177	180
三月标准日	DB	0.6	-0.1	-0.8	-1.5	-2.0	-2.2	-2.0	-1.1	0.6	2.7	4.8	6.5	7.7	8.5	9.1	9.2	8.8	7.8	6.5	5.1	4.1	3.2	2.5	1.7	3.3
	RH	39	41	43	44	46	46	46	44	40	35	30	27	25	23	22	22	22	24	26	29	32	34	35	37	34
	I_d	0	0	0	0	0	0	7	71	193	345	466	545	529	440	351	236	109	8	0	0	0	0	0	0	3298
	I_s	0	0	0	0	0	0	20	95	145	162	168	163	170	180	161	128	84	19	0	0	0	0	0	0	1496
	WV	2.6	2.4	2.4	2.3	2.3	2.3	2.3	2.4	2.5	2.7	2.9	3.1	3.3	3.6	3.9	4.0	4.1	3.9	3.6	3.4	3.2	3.0	2.8	2.7	3.0
	DLR	219	218	216	216	213	213	214	216	220	225	230	233	236	237	238	238	237	234	231	229	228	226	224	223	226
五月标准日	DB	15.4	14.5	13.5	12.8	12.5	13.0	14.1	15.7	17.5	19.2	20.6	21.8	22.8	23.5	23.9	23.8	23.3	22.3	21.0	19.6	18.5	17.6	16.9	16.2	18.3
	RH	43	46	49	51	51	50	47	43	38	34	31	28	26	25	24	24	25	27	30	34	37	39	40	41	37
	I_d	0	0	0	0	0	16	110	223	384	517	577	627	607	529	449	330	197	86	4	0	0	0	0	0	4655
	I_s	0	0	0	0	0	47	117	176	201	215	236	235	238	240	216	186	145	88	17	0	0	0	0	0	2356
	WV	2.7	2.6	2.6	2.5	2.4	2.5	2.7	2.8	3.1	3.4	3.6	3.8	4.0	4.2	4.3	4.4	4.4	4.1	3.8	3.5	3.3	3.1	2.9	2.8	3.3
	DLR	305	303	300	298	298	299	303	307	312	316	319	322	324	325	325	324	323	321	318	316	314	311	309	308	312

续表

		1时	2时	3时	4时	5时	6时	7时	8时	9时	10时	11时	12时	13时	14时	15时	16时	17时	18时	19时	20时	21时	22时	23时	24时	平均或合计注2
七月标准日	DB	22.1	21.5	20.8	20.2	20.1	20.4	21.2	22.3	23.6	24.9	26.1	27.1	28.0	28.6	29.0	28.9	28.4	27.5	26.3	25.1	24.2	23.5	23.0	22.6	24.4
	RH	69	71	73	75	75	74	72	69	64	60	56	53	50	47	46	46	47	50	55	59	63	65	67	68	61
	I_d	0	0	0	0	0	5	43	100	185	266	316	363	376	346	303	227	137	62	8	0	0	0	0	0	2736
	I_s	0	0	0	0	0	32	119	203	267	313	346	353	344	325	289	241	181	111	34	0	0	0	0	0	3157
	WV	2.1	2.1	2.0	1.9	1.8	1.9	2.0	2.0	2.2	2.4	2.7	2.8	2.9	3.0	3.2	3.3	3.5	3.2	3.0	2.7	2.6	2.4	2.3	2.2	2.5
	DLR	379	377	374	372	371	372	376	380	385	389	393	396	398	399	399	399	397	394	392	389	387	385	383	381	386
九月标准日	DB	14.6	13.8	13.1	12.6	12.3	12.3	12.9	14.0	15.5	17.3	19.0	20.4	21.4	22.1	22.5	22.4	21.8	20.6	19.1	17.6	16.6	16.0	15.6	15.0	17.0
	RH	64	67	70	72	72	72	70	66	61	56	51	47	43	40	39	39	41	45	49	54	58	60	61	62	57
	I_d	0	0	0	0	0	0	14	61	152	262	344	399	390	335	269	176	76	5	0	0	0	0	0	0	2484
	I_s	0	0	0	0	0	0	52	134	197	231	248	251	250	238	202	152	93	19	0	0	0	0	0	0	2068
	WV	2.1	1.9	1.9	1.9	1.9	1.9	2.0	2.1	2.3	2.5	2.6	2.7	2.8	2.9	2.9	3.0	3.0	2.9	2.8	2.7	2.6	2.5	2.4	2.2	2.4
	DLR	324	321	319	318	317	316	318	322	327	333	338	341	344	344	344	344	342	339	336	333	330	328	326	325	330
十一月标准日	DB	-1.6	-2.0	-2.3	-2.6	-3.1	-3.5	-3.6	-3.1	-1.9	-0.1	1.8	3.3	4.3	4.7	4.6	4.1	3.3	2.4	1.5	0.7	0.1	-0.5	-0.9	-1.5	0.2
	RH	55	56	57	57	59	60	60	59	54	49	43	39	37	36	36	38	40	42	45	47	49	51	52	54	49
	I_d	0	0	0	0	0	0	0	9	64	152	236	289	269	194	114	33	0	0	0	0	0	0	0	0	1361
	I_s	0	0	0	0	0	0	0	38	103	136	145	140	139	132	103	56	0	0	0	0	0	0	0	0	992
	WV	2.3	2.3	2.3	2.3	2.3	2.3	2.4	2.4	2.5	2.6	2.6	2.8	2.9	3.0	2.9	2.7	2.6	2.6	2.6	2.6	2.6	2.5	2.4	2.4	2.5
	DLR	224	223	222	221	219	218	218	219	222	226	230	233	236	237	236	235	234	232	230	228	227	226	225	223	227
夏季TAC	DB_{25}	26.6	25.9	25.4	24.7	24.3	24.3	24.7	25.8	27.3	29.0	30.7	32.4	33.5	34.5	35.3	35.3	34.5	33.1	31.5	30.0	29.1	28.2	27.4	27.1	29.2
	I_{25}	0	0	0	0	0	112	305	499	720	877	973	1024	1005	928	814	654	467	269	88	0	0	0	0	0	8735
	DB_{50}	25.8	24.8	24.2	23.7	23.4	23.2	23.8	24.9	26.4	28.2	29.9	31.3	32.4	33.5	33.9	34.0	33.5	32.3	30.9	29.4	28.3	27.5	26.9	26.4	28.3
	I_{50}	0	0	0	0	0	102	285	476	681	852	944	995	974	907	796	641	450	259	82	0	0	0	0	0	8443
	RH_s	67	69	72	73	74	73	70	66	61	56	51	46	42	39	38	38	40	43	48	54	59	62	63	65	57
冬季TAC	DB_{975}	-17.5	-18.2	-18.6	-19.1	-19.3	-19.7	-20.0	-19.6	-18.4	-16.9	-15.3	-14.0	-12.9	-12.0	-11.8	-12.3	-13.0	-13.5	-14.0	-14.8	-15.3	-15.8	-16.3	-17.1	-16.1
	RH_{975}	22	23	23	23	25	25	26	27	24	20	18	15	13	12	12	11	12	13	15	17	17	18	19	20	18.7
	DB_{950}	-16.1	-16.5	-16.9	-17.2	-17.6	-18.0	-18.4	-18.0	-16.9	-15.4	-13.7	-12.3	-11.1	-10.5	-10.4	-10.8	-11.4	-11.9	-12.6	-13.4	-14.4	-15.0	-15.1	-15.7	-14.6
	RH_{950}	25	27	27	27	28	30	31	30	28	24	20	17	15	14	13	13	14	15	17	19	20	21	23	24	21.6

| 地名 | 邢台 | 区站号 | 537980 | 经度 | 114.5E | 纬度 | 37.07N | 海拔 | 78m |

	1月	2月	3月	4月	5月	6月	7月	8月	9月	10月	11月	12月	年平均或累计[1]
DB_m	-1.0	2.4	9.9	16.3	22.5	26.5	27.7	26.1	21.3	15.5	6.8	1.0	14.6
RH_m	48.0	47.0	41.0	49.0	50.0	53.0	70.0	73.0	68.0	61.0	60.0	51.0	56.0
I_m	257	313	512	580	678	665	556	492	421	371	259	232	5329
HDD_m	589	436	252	51	0	0	0	0	0	77	335	527	2267

一月标准日

	1时	2时	3时	4时	5时	6时	7时	8时	9时	10时	11时	12时	13时	14时	15时	16时	17时	18时	19时	20时	21时	22时	23时	24时	平均或合计[2]
DB	-2.5	-2.7	-2.9	-3.1	-3.5	-4.0	-4.2	-3.9	-2.9	-1.4	0.1	1.4	2.1	2.4	2.4	2.1	1.6	1.0	0.2	-0.4	-0.9	-1.3	-1.7	-2.1	-1.0
RH	52	53	53	53	55	56	56	56	52	48	44	41	39	38	38	39	41	43	45	47	49	50	51	52	48
I_d	0	0	0	0	0	0	0	1	48	128	201	252	242	184	126	60	4	0	0	0	0	0	0	0	1244
I_s	0	0	0	0	0	0	0	7	77	122	147	157	164	161	130	82	15	0	0	0	0	0	0	0	1061
WV	1.9	1.9	1.9	1.9	2.0	1.9	1.9	1.9	2.0	2.2	2.4	2.5	2.6	2.6	2.4	2.2	2.0	2.0	1.9	1.9	1.9	2.0	2.0	2.0	2.1
DLR	215	215	214	213	212	211	210	211	213	216	220	222	224	224	224	224	224	223	222	221	220	219	218	217	218

三月标准日

	1时	2时	3时	4时	5时	6时	7时	8时	9时	10时	11时	12时	13时	14时	15时	16时	17时	18时	19时	20时	21时	22时	23时	24时	平均或合计[2]
DB	7.7	7.2	6.8	6.3	6.0	5.8	5.9	6.7	8.0	9.8	11.5	12.7	13.5	13.9	14.1	14.0	13.6	12.8	11.8	10.9	10.2	9.6	9.1	8.6	9.9
RH	47	48	49	49	50	50	50	47	43	38	35	32	30	30	29	30	31	33	36	40	42	44	45	46	41
I_d	0	0	0	0	0	0	6	66	169	296	395	451	425	344	268	178	82	5	0	0	0	0	0	0	2685
I_s	0	0	0	0	0	0	17	97	161	197	217	226	239	244	215	166	102	21	0	0	0	0	0	0	1903
WV	2.3	2.2	2.3	2.4	2.5	2.5	2.5	2.5	2.7	3.0	3.3	3.4	3.4	3.5	3.5	3.5	3.4	3.2	2.9	2.6	2.5	2.5	2.4	2.4	2.8
DLR	265	263	261	259	257	257	257	258	261	265	270	273	275	277	278	278	278	277	276	275	274	272	271	269	269

五月标准日

	1时	2时	3时	4时	5时	6时	7时	8时	9时	10时	11时	12时	13时	14时	15时	16时	17时	18时	19时	20时	21时	22时	23时	24时	平均或合计[2]
DB	20.0	19.3	18.5	18.0	17.9	18.4	19.5	21.0	22.5	24.0	25.1	25.9	26.4	26.7	26.8	26.6	26.0	25.2	24.1	23.0	22.1	21.4	21.0	20.6	22.5
RH	59	61	63	64	63	61	58	53	49	44	41	39	37	37	37	38	40	43	46	50	53	56	57	58	50
I_d	0	0	0	0	0	8	75	162	283	382	420	441	405	332	277	200	114	46	1	0	0	0	0	0	3143
I_s	0	0	0	0	0	30	111	186	237	275	312	327	337	332	292	236	167	89	6	0	0	0	0	0	2937
WV	2.3	2.3	2.3	2.2	2.2	2.2	2.3	2.3	2.6	2.8	3.0	3.2	3.5	3.7	3.6	3.5	3.4	3.1	2.9	2.6	2.6	2.5	2.4	2.4	2.8
DLR	353	350	347	344	343	344	348	353	357	361	365	367	368	369	370	371	370	368	366	363	361	359	358	356	359

续表

		1时	2时	3时	4时	5时	6时	7时	8时	9时	10时	11时	12时	13时	14时	15时	16时	17时	18时	19时	20时	21时	22时	23时	24时	平均或合计[注2]
七月标准日	DB	25.7	25.3	24.8	24.5	24.4	24.6	25.2	26.1	27.3	28.5	29.5	30.3	30.8	31.2	31.2	31.1	30.6	29.9	29.0	28.2	27.5	26.9	26.5	26.1	27.7
	RH	77	79	80	82	82	82	80	76	72	68	64	61	58	57	56	57	58	61	64	68	71	73	75	76	70
	I_d	0	0	0	0	0	2	24	58	112	172	215	244	233	194	160	118	73	32	2	0	0	0	0	0	1639
	I_s	0	0	0	0	0	15	97	187	269	332	374	393	397	379	333	264	183	100	18	0	0	0	0	0	3341
	WV	2.0	1.9	1.9	1.9	1.9	1.9	1.8	1.8	2.0	2.2	2.4	2.5	2.6	2.7	2.6	2.6	2.6	2.4	2.3	2.1	2.1	2.1	2.1	2.0	2.2
	DLR	414	412	410	409	408	410	412	416	420	424	428	430	431	432	432	431	430	427	425	422	420	418	417	416	421
九月标准日	DB	19.3	18.9	18.5	18.2	18.0	18.0	18.4	19.3	20.6	22.1	23.5	24.4	25.0	25.3	25.3	25.0	24.4	23.5	22.5	21.5	20.7	20.2	19.9	19.5	21.3
	RH	77	79	80	81	81	81	80	77	71	66	60	56	54	53	52	53	56	59	64	68	71	73	74	75	68
	I_d	0	0	0	0	0	0	7	38	95	173	236	271	249	195	145	92	38	2	0	0	0	0	0	0	1541
	I_s	0	0	0	0	0	0	38	124	204	259	292	305	308	292	246	178	98	15	0	0	0	0	0	0	2357
	WV	2.0	2.0	2.0	2.0	2.0	1.9	1.9	1.9	2.0	2.1	2.2	2.3	2.4	2.6	2.5	2.3	2.2	2.1	2.0	2.0	2.0	2.0	2.0	2.0	2.1
	DLR	367	366	364	363	362	362	364	367	371	375	379	381	382	382	382	381	380	378	376	373	371	370	368	367	372
十一月标准日	DB	5.1	4.8	4.6	4.4	4.0	3.6	3.6	4.2	5.5	7.3	9.1	10.4	11.0	11.0	10.6	10.0	9.2	8.4	7.6	6.9	6.3	5.9	5.6	5.2	6.8
	RH	68	68	68	69	70	71	72	69	63	56	51	47	45	45	47	49	52	56	59	62	64	65	66	67	60
	I_d	0	0	0	0	0	0	0	11	64	151	229	270	235	155	89	30	0	0	0	0	0	0	0	0	1234
	I_s	0	0	0	0	0	0	38	43	110	147	163	167	173	167	128	67	0	0	0	0	0	0	0	0	1164
	WV	1.9	2.0	2.0	2.0	1.9	1.9	1.8	1.8	2.0	2.2	2.4	2.4	2.5	2.6	2.4	2.2	2.0	2.0	2.0	2.0	2.0	1.9	1.9	1.9	2.1
	DLR	269	268	266	265	264	263	263	265	267	271	275	278	280	280	279	278	278	276	275	274	273	271	270	269	272
夏季TAC	DB_{25}	29.7	29.3	28.9	28.5	28.1	27.9	28.7	30.0	31.7	33.6	35.5	36.4	37.1	37.5	37.6	37.4	36.9	35.9	34.8	33.4	32.7	31.8	31.0	30.4	32.7
	I_{25}	0	0	0	0	0	90	286	458	665	830	921	984	951	857	765	609	412	241	62	0	0	0	0	0	8128
	DB_{50}	29.0	28.4	28.0	27.7	27.3	27.3	27.8	29.2	30.8	32.5	34.0	35.2	35.8	36.3	36.7	36.8	36.2	35.0	33.8	32.6	31.6	30.9	30.2	29.6	31.8
	I_{50}	0	0	0	0	0	78	257	430	628	784	870	938	923	820	736	590	396	225	56	0	0	0	0	0	7731
	RH_s	77	79	81	82	83	82	79	75	70	65	61	57	54	52	51	52	54	57	61	65	69	72	74	75	68
冬季TAC	DB_{975}	-7.3	-7.6	-8.0	-8.2	-8.6	-9.0	-9.3	-8.8	-7.6	-6.3	-5.4	-4.6	-4.1	-3.8	-3.8	-3.9	-4.2	-4.6	-5.0	-5.6	-5.8	-6.3	-6.6	-7.2	-6.3
	RH_{975}	16	16	16	16	17	18	18	18	15	13	11	9	9	9	9	9	10	11	12	14	15	14	15	15	13.4
	DB_{950}	-6.2	-6.4	-6.4	-6.8	-7.3	-7.9	-8.1	-7.8	-6.7	-5.1	-3.9	-3.3	-2.8	-2.6	-2.6	-2.8	-3.0	-3.3	-3.7	-4.3	-4.9	-5.1	-5.3	-5.8	-5.1
	RH_{950}	20	20	20	20	21	22	22	22	19	16	13	11	11	10	10	11	12	14	16	17	18	19	20	20	16.8

地名 石家庄	区站号 536980	经度 114.42E	纬度 38.03N	海拔 81m

	1月	2月	3月	4月	5月	6月	7月	8月	9月	10月	11月	12月	年平均或累计[1]
DB_m	-1.5	1.9	9.6	16.3	22.6	26.7	28.2	26.5	21.6	15.3	6.4	0.7	14.5
RH_m	47.0	47.0	40.0	47.0	49.0	53.0	68.0	71.0	68.0	62.0	59.0	49.0	55.0
I_m	258	317	514	593	689	671	568	505	425	356	252	231	5374
HDD_m	606	450	261	52	0	0	0	0	0	83	349	538	2340

一月标准日

	DB	RH	I_d	I_s	WV	DLR
1时	-3.3	52	0	0	4.1	212
2时	-3.6	54	0	0	4.1	211
3时	-3.8	54	0	0	3.4	211
4时	-3.9	55	0	0	2.4	210
5时	-4.2	56	0	0	1.3	209
6时	-4.7	57	0	0	1.4	208
7时	-4.9	58	0	0	1.4	208
8时	-4.6	57	0	4	1.4	208
9时	-3.6	53	48	72	1.6	210
10时	-2	48	131	114	1.7	213
11时	-0.3	43	210	137	1.8	216
12时	1	39	267	145	2	219
13时	1.9	37	262	150	2.1	220
14时	2.3	36	207	146	2.2	221
15时	2.4	35	142	120	2.1	221
16时	2.1	36	66	76	1.9	220
17时	1.5	38	3	13	1.8	220
18时	0.6	41	0	0	2.8	219
19时	-0.3	44	0	0	3.8	218
20时	-1.1	47	0	0	2.7	216
21时	-1.6	48	0	0	4.4	216
22时	-1.9	49	0	0	4.3	215
23时	-2.3	50	0	0	4.3	214
24时	-2.8	51	0	0	4.2	213
平均或累计[2]	-1.5	47	1337	976	2.6	215

三月标准日

	DB	RH	I_d	I_s	WV	DLR
1时	7.2	45	0	0	3.8	260
2时	6.6	47	0	0	3.6	258
3时	6.1	48	0	0	3.2	256
4时	5.8	49	0	0	2.3	255
5时	5.6	49	0	0	1.4	254
6时	5.5	50	0	0	1.5	254
7时	5.7	50	6	16	1.6	255
8时	6.4	48	65	94	1.7	257
9时	7.8	43	168	157	1.9	260
10时	9.5	38	298	192	2.1	263
11时	11.1	34	405	208	2.3	267
12时	12.3	31	468	214	2.4	270
13时	13.2	29	445	226	2.5	272
14时	13.7	29	362	232	2.7	274
15时	14	28	285	204	2.7	276
16时	14.1	29	192	157	2.7	276
17时	13.7	30	90	97	2.7	276
18时	12.8	32	6	21	3	275
19时	11.7	35	0	0	3.3	273
20时	10.6	38	0	0	2	270
21时	9.9	40	0	0	3.5	269
22时	9.4	41	0	0	3.6	268
23时	8.8	42	0	0	3.7	265
24时	8.2	43	0	0	3.7	264
平均或累计[2]	9.6	40	2790	1817	2.7	265

五月标准日

	DB	RH	I_d	I_s	WV	DLR
1时	19.7	58	0	0	4.9	350
2时	19.2	60	0	0	4	348
3时	18.4	62	0	0	4	345
4时	18.1	62	0	0	2.9	343
5时	18.2	61	0	0	1.7	342
6时	18.7	59	11	33	1.8	343
7时	19.7	55	85	110	1.9	346
8时	21.2	51	173	182	2	351
9时	22.6	48	289	231	2.2	356
10时	23.9	44	386	266	2.3	360
11时	25.1	41	432	298	2.5	364
12时	25.7	39	459	311	2.7	366
13时	26.6	37	438	318	2.9	368
14时	27	37	372	314	3.1	370
15时	27.1	37	303	281	3.1	371
16时	26.8	38	213	231	3.1	371
17时	26.2	40	122	165	3.1	370
18时	25.3	43	50	90	3.3	368
19时	24.3	45	1	9	3.5	365
20时	23.3	48	0	0	2.4	363
21时	22.5	50	0	0	3.9	360
22时	21.9	52	0	0	4.1	357
23时	21.3	53	0	0	4.3	355
24时	20.7	55	0	0	4.5	353
平均或累计[2]	22.6	49	3332	2840	3.1	358

续表

		1时	2时	3时	4时	5时	6时	7时	8时	9时	10时	11时	12时	13时	14时	15时	16时	17时	18时	19时	20时	21时	22时	23时	24时	平均或合计注2
七月标准日	DB	26.2	25.6	25.1	24.9	24.9	25.2	25.7	26.6	27.5	28.6	29.6	30.4	31	31.4	31.6	31.5	31.1	30.4	29.6	28.9	28.2	27.7	27.2	26.7	28.2
	RH	75	78	79	80	79	78	76	74	70	66	63	60	58	56	55	56	57	59	62	64	67	69	71	73	68
	I_d	0	0	0	0	0	3	30	67	119	177	223	256	258	233	199	149	92	41	4	0	0	0	0	0	1853
	I_s	0	0	0	0	0	19	99	186	265	324	362	379	378	356	313	252	179	102	24	0	0	0	0	0	3239
	WV	5.1	4.2	4.1	2.7	1.3	1.5	1.5	1.6	1.7	1.8	1.9	2	2.2	2.3	2.3	2.3	2.3	3	3.6	2.7	4	4.3	4.6	5	2.8
	DLR	415	413	411	410	410	411	413	416	420	424	427	430	432	433	433	432	430	428	426	424	422	420	419	417	421
九月标准日	DB	19.5	19.1	18.7	18.5	18.5	18.5	18.9	19.7	20.9	22.2	23.5	24.4	25	25.4	25.5	25.4	24.8	23.9	22.7	21.6	21	20.6	20.3	19.9	21.6
	RH	77	79	80	80	80	79	78	75	71	65	61	57	55	53	52	52	54	58	63	68	71	72	73	74	68
	I_d	0	0	0	0	0	0	9	43	100	177	239	273	257	212	170	113	48	3	0	0	0	0	0	0	1644
	I_s	0	0	0	0	0	0	40	122	198	251	282	297	300	283	236	172	98	17	0	0	0	0	0	0	2295
	WV	4.6	4.3	3.7	2.5	1.3	1.4	1.4	1.4	1.6	1.7	1.8	1.9	2	2.1	2.1	2	1.8	3.8	5.5	3.2	6	5.6	5.3	5	3
	DLR	369	367	366	364	364	364	365	368	371	375	379	381	382	383	383	382	381	379	377	374	373	371	370	369	373
十一月标准日	DB	4.5	4.2	4	3.9	3.6	3.3	3.3	3.9	5.2	6.9	8.6	9.8	10.4	10.5	10.2	9.7	8.9	8	7	6.1	5.6	5.3	5	4.6	6.4
	RH	67	68	69	69	69	70	71	68	62	55	49	45	43	43	44	46	50	54	59	62	64	64	64	65	59
	I_d	0	0	0	0	0	0	0	11	65	150	225	260	228	159	94	32	0	0	0	0	0	0	0	0	1224
	I_s	0	0	0	0	0	0	0	39	104	142	158	163	168	157	120	63	0	0	0	0	0	0	0	0	1114
	WV	4.5	4.1	3.8	2.6	1.4	1.5	1.5	1.5	1.7	1.9	2.1	2.1	2.2	2.2	2.1	1.9	1.8	3.3	4.8	3.4	5	4.9	4.7	4.7	2.9
	DLR	265	264	263	262	261	260	261	262	264	267	271	273	274	275	275	274	273	272	271	270	268	267	265	264	267
夏季TAC	DB_{25}	29.9	29.2	28.7	28.6	28.3	28.4	29.1	30.4	31.9	33.6	35.0	36.0	37.0	37.7	38.2	38.3	37.5	36.4	35.1	33.9	32.9	32.2	31.3	30.6	32.9
	I_{25}	0	0	0	0	0	95	289	490	685	833	915	970	961	896	795	635	444	253	71	0	0	0	0	0	8331
	DB_{50}	29.2	28.5	28.1	27.9	27.6	27.9	28.4	29.6	31.2	32.6	34.1	35.2	36.0	36.8	37.0	37.1	36.5	35.4	34.1	33.0	32.2	31.5	30.6	29.9	32.1
	I_{50}	0	0	0	0	0	86	272	455	647	798	884	931	925	860	765	614	426	241	66	0	0	0	0	0	7969
	RH_s	76	78	81	81	81	79	76	72	68	64	59	55	52	51	50	50	52	55	58	62	65	67	70	73	66
冬季TAC	DB_{975}	-8.2	-8.6	-8.8	-8.8	-9.3	-9.7	-9.9	-9.5	-8.4	-7.1	-5.8	-4.8	-4.2	-3.8	-3.8	-3.9	-4.2	-4.7	-5.4	-5.9	-6.4	-6.8	-7.1	-7.6	-6.8
	RH_{975}	15	15	15	15	16	16	17	17	15	13	11	10	9	9	9	9	10	11	12	13	13	14	16	15	13.0
	DB_{950}	-6.8	-7.1	-7.3	-7.6	-8.1	-8.5	-8.9	-8.4	-7.4	-5.7	-4.5	-3.4	-2.8	-2.5	-2.6	-2.8	-3.2	-3.5	-4.0	-4.6	-5.1	-5.4	-5.7	-6.3	-5.5
	RH_{950}	19	19	17	18	19	19	20	20	17	15	13	11	10	10	10	10	12	13	14	16	16	17	18	18	15.5

地名	唐山	区站号	545340	经度	118.15E	纬度	39.67N	海拔	29m

	1月	2月	3月	4月	5月	6月	7月	8月	9月	10月	11月	12月	年平均或累计[注1]
DB_m	-5.5	-1.7	5.9	13.6	20.5	24	26.6	25.4	20.3	12.7	3.5	-3.4	11.8
RH_m	57	55	49	50	52	64	76	77	72	67	64	58	62
I_m	249	311	497	593	708	627	548	510	445	361	246	211	5297
HDD_m	729	551	376	133	0	0	0	0	0	163	434	663	3049

一月标准日

	1时	2时	3时	4时	5时	6时	7时	8时	9时	10时	11时	12时	13时	14时	15时	16时	17时	18时	19时	20时	21时	22时	23时	24时	平均或合计[注2]
DB	-8.3	-8.7	-8.8	-9.1	-9.5	-10.2	-10.4	-9.6	-7.6	-4.8	-2.2	-0.4	0.3	0.3	-0.1	-0.7	-1.7	-3	-4.4	-5.6	-6.3	-6.7	-7.1	-7.7	-5.5
RH	67	68	68	68	70	73	74	71	63	53	46	41	38	38	38	39	43	48	53	58	61	62	63	64	57
I_d	0	0	0	0	0	0	0	1	47	158	261	308	262	170	97	32	0	0	0	0	0	0	0	0	1337
I_s	0	0	0	0	0	0	0	10	83	113	119	122	137	142	112	59	1	0	0	0	0	0	0	0	897
WV	5.1	4	4.2	3	1.9	1.9	1.9	1.9	2.2	2.6	3	3.1	3.3	3.5	3.2	2.9	2.6	2.8	3	3	3.6	4	4.4	4.7	3.1
DLR	200	199	198	197	196	195	195	196	200	205	211	215	216	215	214	212	211	209	208	206	204	203	202	201	204

三月标准日

	1时	2时	3时	4时	5时	6时	7时	8时	9时	10时	11时	12时	13时	14时	15时	16时	17时	18时	19时	20时	21时	22时	23时	24时	平均或合计[注2]
DB	2.7	2	1.3	0.8	0.7	1.1	2.1	3.5	5.3	7.2	8.8	10.1	10.9	11.5	11.7	11.4	10.5	9.1	7.4	5.9	4.9	4.4	4.1	3.7	5.9
RH	61	64	66	67	68	67	64	58	50	41	35	32	30	29	29	30	33	37	43	49	54	55	55	57	49
I_d	0	0	0	0	0	0	12	77	191	321	404	441	407	331	264	164	55	0	0	0	0	0	0	0	2668
I_s	0	0	0	0	0	0	33	110	166	192	210	218	226	222	185	138	79	3	0	0	0	0	0	0	1781
WV	3.4	2.8	3	2.6	2.2	2.3	2.4	2.6	2.9	3.3	3.6	3.8	3.9	4	4	4	3.9	3.7	3.4	3	3.2	3.2	3.3	3.3	3.2
DLR	251	249	247	245	245	246	249	252	254	256	258	259	261	263	264	264	263	261	260	258	257	255	254	253	255

五月标准日

	1时	2时	3时	4时	5时	6时	7时	8时	9时	10时	11时	12时	13时	14时	15时	16时	17时	18时	19时	20时	21时	22时	23时	24时	平均或合计[注2]
DB	17	16	15.1	14.4	14.6	15.7	17.4	19.5	21.3	22.4	23.9	24.7	25.5	26	26.3	26	25.1	23.7	22.1	20.6	19.5	18.8	18.3	17.5	20.5
RH	63	68	72	74	74	69	63	56	49	44	40	37	35	34	33	33	36	39	44	49	53	56	57	60	52
I_d	0	0	0	0	0	17	106	213	349	437	455	473	448	384	326	224	113	34	0	0	0	0	0	0	3579
I_s	0	0	0	0	0	57	131	192	228	260	299	309	308	296	253	206	147	74	0	0	0	0	0	0	2762
WV	3	2.7	2.5	2.2	1.9	2.2	2.6	2.9	3.2	3.6	3.9	4.1	4.3	4.4	4.5	4.5	4.5	4.1	3.6	3	3.3	3.3	3.4	3.3	3.4
DLR	338	336	333	331	332	335	341	346	351	353	356	357	359	360	360	359	356	353	349	346	344	342	341	339	347

续表

		1时	2时	3时	4时	5时	6时	7时	8时	9时	10时	11时	12时	13时	14时	15时	16时	17时	18时	19时	20时	21时	22时	23时	24时	平均或合计[注2]
七月标准日	DB	24.2	23.6	23.1	22.8	23	23.6	24.5	25.7	26.9	28	28.9	29.5	30	30.3	30.4	30.1	29.5	28.5	27.4	26.4	25.8	25.3	25.1	24.7	26.6
	RH	85	88	90	91	90	88	84	79	74	69	65	63	61	60	60	61	64	67	72	76	79	81	82	83	76
	I_d	0	0	0	0	0	4	34	78	136	184	203	217	207	176	150	106	55	18	5	0	0	0	0	0	1568
	I_s	0	0	0	0	0	36	121	204	279	339	383	400	393	366	314	246	167	84	0	0	0	0	0	0	3338
	WV	4	3.8	3.3	2.5	1.6	1.8	2	2.1	2.2	2.3	2.4	2.6	2.7	2.9	3	3.1	3.2	3.1	3.1	2.6	3.3	3.5	3.7	3.9	2.9
	DLR	411	409	407	405	406	408	411	416	420	423	425	427	429	430	431	430	428	425	422	419	416	415	414	413	418
九月标准日	DB	17.4	16.8	16.1	15.8	15.8	16.4	17.4	19	20.7	22.4	23.7	24.6	25.1	25.5	25.5	25.2	24.1	22.6	20.8	19.3	18.4	18	17.9	17.8	20.3
	RH	86	89	90	91	91	91	88	82	73	63	56	51	48	48	48	50	54	60	69	77	82	83	83	84	72
	I_d	0	0	0	0	0	0	14	52	135	233	291	313	278	217	165	97	29	0	0	0	0	0	0	0	1824
	I_s	0	0	0	0	0	0	61	146	218	257	283	293	294	274	223	157	79	4	0	0	0	0	0	0	2291
	WV	5.2	5	4.7	2.8	1.3	1.5	1.6	1.7	2	2.3	2.5	2.7	2.8	2.9	2.8	2.7	2.7	3.5	4.2	3	4.4	4.6	4.7	5	3.2
	DLR	363	360	357	355	356	359	364	370	373	375	375	376	377	378	379	379	377	374	370	368	365	364	363	363	368
十一月标准日	DB	0.9	0.6	0.3	0	-0.2	-0.4	-0.1	0.9	2.7	5	7.1	8.6	9.2	9.1	8.5	7.6	6.4	5.1	3.8	2.8	2.2	1.8	1.5	1.1	3.5
	RH	75	76	77	77	79	80	80	77	68	58	50	45	42	42	43	47	51	57	62	67	69	70	71	72	64
	I_d	0	0	0	0	0	0	0	11	65	160	241	277	233	145	73	13	0	0	0	0	0	0	0	0	1219
	I_s	0	0	0	0	0	0	0	49	116	146	153	150	152	143	103	41	0	0	0	0	0	0	0	0	1054
	WV	5.4	5.2	4.7	3.3	1.9	1.9	2	2	2.4	2.8	3.1	3.3	3.4	3.5	3.1	2.8	2.4	3.2	4.1	3.9	4.5	4.7	4.9	5.1	3.5
	DLR	252	251	250	249	248	249	250	253	256	260	264	266	267	266	265	263	261	259	257	255	254	253	252	251	256
夏季TAC	DB_{25}	27.8	27.2	26.7	26.6	26.5	26.8	27.8	29.4	30.9	32.3	33.4	34.2	34.9	35.2	35.6	35.4	34.6	33.2	31.7	30.6	29.7	29.0	28.5	28.2	30.7
	I_{25}	0	0	0	0	0	126	326	514	704	834	894	921	901	827	722	567	375	185	27	0	0	0	0	0	7922
	DB_{50}	27.1	26.5	26.1	25.8	25.8	26.3	27.2	28.6	30.2	31.4	32.4	33.3	34.0	34.5	34.7	34.4	33.6	32.3	30.8	29.6	28.9	28.3	27.9	27.6	29.9
	I_{50}	0	0	0	0	0	114	301	485	676	802	850	885	869	788	691	545	356	177	24	0	0	0	0	0	7562
	RH_s	86	89	92	92	92	89	85	80	73	67	62	59	57	56	55	56	60	64	70	77	80	81	82	84	74
冬季TAC	DB_{975}	-14.9	-15.2	-15.6	-16.0	-16.7	-17.8	-18.1	-17.2	-14.2	-10.6	-8.2	-7.1	-6.4	-6.3	-6.3	-7.0	-7.7	-8.8	-10.4	-12.1	-13.6	-13.9	-13.6	-14.3	-12.2
	RH_{975}	27	28	27	27	30	31	32	30	26	21	17	14	13	12	12	12	14	16	19	22	22	24	26	27	22.1
	DB_{950}	-13.8	-14.4	-14.6	-14.9	-15.3	-16.1	-16.5	-15.5	-12.8	-9.4	-6.8	-5.4	-4.9	-4.9	-5.1	-5.5	-6.3	-7.7	-9.4	-10.8	-11.6	-12.0	-12.2	-12.9	-10.8
	RH_{950}	31	32	32	32	34	36	36	35	30	23	18	15	14	14	14	14	16	18	22	25	26	27	29	31	25.1

山西省

地名	太原	区站号	537720	经度	112.55E	纬度	37.78N	海拔	779m

	1月	2月	3月	4月	5月	6月	7月	8月	9月	10月	11月	12月	年平均或累计[注1]
DB_m	-4.2	-0.5	6.6	13.6	19.6	23	24.6	23	17.7	11.5	3.5	-2.9	11.3
RH_m	44	47	41	43	43	53	68	70	70	64	58	48	54
I_m	285	324	516	615	729	692	600	549	440	374	264	241	5619
HDD_m	687	517	352	132	0	0	0	0	10	200	435	648	2981

		1时	2时	3时	4时	5时	6时	7时	8时	9时	10时	11时	12时	13时	14时	15时	16时	17时	18时	19时	20时	21时	22时	23时	24时	平均或合计[注2]
一月标准日	DB	-6.6	-7.1	-7.5	-7.8	-8.4	-9.1	-9.5	-9	-7.4	-5.1	-2.6	-0.7	0.5	1.3	1.7	1.7	1	-0.3	-1.9	-3.3	-4.2	-4.7	-5.1	-5.8	-4.2
	RH	50	52	54	55	56	58	60	58	53	46	39	34	31	29	28	29	31	33	38	42	44	45	46	48	44
	I_d	0	0	0	0	0	0	0	0	38	138	246	319	310	243	176	91	10	0	0	0	0	0	0	0	1569
	I_s	0	0	0	0	0	0	0	0	74	117	131	134	144	148	124	84	25	0	0	0	0	0	0	0	981
	WV	1.7	1.6	1.6	1.6	1.6	1.6	1.5	1.5	1.7	1.9	2.1	2.2	2.3	2.5	2.3	2.1	1.9	1.9	1.9	1.9	1.9	1.9	1.8	1.8	1.9
	DLR	196	195	194	193	192	190	189	191	194	199	204	208	210	212	212	212	211	209	206	203	201	200	198	197	201
三月标准日	DB	3.7	3	2.4	1.9	1.4	1.1	1.3	2.2	4	6.2	8.3	10	11.2	12.1	12.8	13.1	12.7	11.5	9.8	8.1	6.9	6.1	5.4	4.8	6.6
	RH	48	50	52	54	56	58	57	54	48	41	36	32	29	28	26	26	26	28	31	35	39	41	43	45	41
	I_d	0	0	0	0	0	0	0	2	41	139	280	394	473	389	328	232	114	14	0	0	0	0	0	0	2868
	I_s	0	0	0	0	0	0	0	10	88	157	188	202	204	220	191	150	101	34	0	0	0	0	0	0	1757
	WV	2.1	2	2	1.9	1.9	1.9	1.9	1.9	2	2.1	2.3	2.5	2.7	2.9	3.1	3.1	3	2.8	2.5	2.3	2.3	2.3	2.3	2.2	2.4
	DLR	244	242	241	240	239	239	240	242	245	250	255	259	262	264	265	265	264	260	256	253	251	249	248	247	251
五月标准日	DB	16.3	15.2	14.2	13.5	13.3	13.9	15.1	16.8	18.7	20.4	22	23.2	24.3	25.1	25.6	25.7	25.2	24.1	22.7	21.1	19.8	18.8	18	17.2	19.6
	RH	52	56	59	62	62	61	57	52	46	41	36	33	30	28	26	26	27	29	33	37	41	44	47	50	43
	I_d	0	0	0	0	0	3	65	155	295	419	481	537	532	477	414	308	183	81	5	0	0	0	0	0	3955
	I_s	0	0	0	0	0	23	107	177	219	245	271	276	275	270	240	204	157	95	20	0	0	0	0	0	2579
	WV	1.8	1.7	1.6	1.6	1.5	1.7	1.9	2.1	2.3	2.5	2.7	2.8	3	3.2	3.2	3.2	3.2	2.9	2.6	2.3	2.3	2.2	2.2	2	2.4
	DLR	321	319	316	314	313	315	320	325	330	334	337	339	340	341	342	341	340	337	334	331	329	327	326	324	329

续表

		1时	2时	3时	4时	5时	6时	7时	8时	9时	10时	11时	12时	13时	14时	15时	16时	17时	18时	19时	20时	21时	22时	23时	24时	平均或合计注2
七月标准日	DB	21.8	21.2	20.7	20.3	20.2	20.6	21.4	22.5	23.9	25.2	26.4	27.4	28.2	28.9	29.3	29.4	29	28	26.7	25.3	24.2	23.4	22.8	22.4	24.6
	RH	78	80	82	84	84	83	80	76	71	65	61	57	55	52	50	50	51	54	59	65	69	72	74	76	68
	I_d	0	0	0	0	0	1	24	63	131	203	243	286	294	272	250	193	116	52	6	0	0	0	0	0	2135
	I_s	0	0	0	0	0	11	94	180	259	318	360	375	373	353	312	259	193	118	34	0	0	0	0	0	3238
	WV	1.5	1.4	1.4	1.4	1.3	1.4	1.5	1.5	1.6	1.7	1.8	2	2.1	2.2	2.2	2.2	2.2	2.1	1.9	1.8	1.8	1.8	1.7	1.6	1.8
	DLR	386	384	382	380	380	381	384	389	394	398	402	405	407	409	409	409	408	405	401	398	394	391	389	388	395
九月标准日	DB	15	14.4	13.9	13.6	13.4	13.5	14	15	16.6	18.4	20	21.2	22	22.7	23.2	23.2	22.5	21.2	19.4	17.7	16.6	16.1	15.8	15.4	17.7
	RH	82	85	86	87	87	87	86	82	75	66	60	55	52	49	47	47	50	55	62	71	76	78	78	79	70
	I_d	0	0	0	0	0	0	3	25	81	173	251	307	300	253	214	146	62	6	0	0	0	0	0	0	1822
	I_s	0	0	0	0	0	0	30	113	200	254	280	287	287	272	229	173	106	26	0	0	0	0	0	0	2256
	WV	1.3	1.2	1.2	1.2	1.1	1.2	1.2	1.2	1.4	1.7	1.9	2	2.2	2.1	2	1.9	2	1.8	1.6	1.4	1.4	1.4	1.4	1.3	1.5
	DLR	342	340	339	337	336	337	339	343	347	351	354	357	359	360	361	361	359	357	353	351	348	346	344	342	348
十一月标准日	DB	1.1	0.7	0.4	0.1	-0.3	-0.8	-0.9	-0.3	1.3	3.4	5.6	7.3	8.4	8.9	9	8.6	7.8	6.5	5.1	3.7	2.8	2.3	1.8	1.3	3.5
	RH	67	68	69	70	72	74	75	72	65	57	49	44	40	39	39	40	43	47	51	56	59	61	63	64	58
	I_d	0	0	0	0	0	0	0	4	46	132	222	281	263	191	123	50	4	0	0	0	0	0	0	0	1312
	I_s	0	0	0	0	0	0	0	29	105	150	164	164	164	158	125	74	0	0	0	0	0	0	0	0	1136
	WV	1.5	1.5	1.5	1.5	1.5	1.5	1.5	1.5	1.7	1.9	2.1	2.2	2.2	2.3	2.1	1.9	1.7	1.8	1.6	1.6	1.6	1.6	1.6	1.6	1.7
	DLR	246	245	245	244	243	242	242	243	246	251	255	259	261	261	262	261	260	257	254	251	249	248	247	246	251
夏季TAC	DB_{25}	25.7	25.0	24.5	24.2	23.8	24.0	24.7	26.1	27.8	29.2	30.5	31.9	33.3	34.4	35.2	35.2	34.7	33.5	31.8	30.0	28.7	27.5	26.8	26.2	28.9
	I_{25}	0	0	0	0	0	69	251	454	664	819	907	971	979	915	822	663	466	267	87	0	0	0	0	0	8331
	DB_{50}	25.0	24.4	23.9	23.6	23.2	23.3	24.0	25.4	26.9	28.5	30.0	31.2	32.5	33.5	34.1	34.4	33.9	32.6	31.0	29.2	27.9	27.0	26.0	25.5	28.2
	I_{50}	0	0	0	0	0	62	235	424	623	784	867	938	941	888	793	647	456	258	80	0	0	0	0	0	7994
	RH_8	77	80	83	84	84	82	79	74	68	62	57	53	49	46	44	43	45	49	55	62	68	71	73	74	65
冬季TAC	DB_{975}	-12.6	-13.1	-13.5	-13.9	-14.6	-15.4	-16.0	-15.6	-13.6	-10.9	-8.6	-7.4	-6.3	-5.7	-5.5	-5.7	-6.4	-7.2	-8.4	-9.6	-10.4	-10.6	-10.9	-11.7	-10.6
	RH_{975}	21	23	22	23	24	25	26	25	23	20	17	15	14	13	12	12	12	13	15	15	16	18	20	20	18.5
	DB_{950}	-11.3	-12.0	-12.5	-13.1	-13.5	-14.4	-15.0	-14.5	-12.3	-9.7	-7.6	-6.0	-5.0	-4.3	-4.2	-4.2	-4.6	-5.5	-6.7	-8.0	-9.1	-9.6	-9.9	-10.6	-9.3
	RH_{950}	25	26	26	27	29	30	30	29	26	23	20	17	15	14	13	13	14	15	17	19	20	21	23	24	21.4

地名	运城	区站号	539590	经度	111.05E	纬度	35.05N	海拔	365m

项目	1月	2月	3月	4月	5月	6月	7月	8月	9月	10月	11月	12月	年平均或累计[1]
DB_m	-0.6	3.6	10.4	16.8	21.4	26.2	28	26.4	21	15.2	7.1	0.9	14.7
RH_m	49	52	46	50	53	51	62	64	68	65	66	52	57
I_m	284	307	464	543	607	626	575	523	401	354	256	246	5177
HDD_m	577	403	237	37	0	0	0	0	0	88	326	531	2198

一月标准日

项目	1时	2时	3时	4时	5时	6时	7时	8时	9时	10时	11时	12时	13时	14时	15时	16时	17时	18时	19时	20时	21时	22时	23时	24时	平均或合计[2]
DB	-2.9	-3.3	-3.5	-3.8	-4.3	-5	-5	-5.4	-4.9	-3.4	-1.2	1.1	2.8	3.9	4.5	4.8	4.8	4.1	2.9	1.3	-0.1	-1	-1.5	-1.9	-0.6
RH	57	59	60	61	62	65	65	66	65	59	51	44	38	34	32	31	33	37	41	46	50	52	53	55	49
I_d	0	0	0	0	0	0	0	0	0	29	128	238	308	279	191	127	63	9	0	0	0	0	0	0	1372
I_s	0	0	0	0	0	0	0	0	0	75	125	145	155	176	189	161	110	38	0	0	0	0	0	0	1173
WV	1.7	1.7	1.7	1.7	1.7	1.7	1.7	1.7	1.6	1.8	1.9	2.1	2.2	2.4	2.4	2.2	2.1	2.1	2	2	2	2	1.9	1.8	2
DLR	218	217	217	217	216	215	214	213	214	217	222	226	229	230	230	229	229	227	225	223	221	221	220	219	222

三月标准日

项目	1时	2时	3时	4时	5时	6时	7时	8时	9时	10时	11时	12时	13时	14时	15时	16时	17时	18时	19时	20时	21时	22时	23时	24时	平均或合计[2]
DB	7.7	7.2	6.7	6.3	5.9	5.6	5.7	6.5	8.1	10.1	12.1	13.5	14.5	15.2	15.6	15.8	15.4	14.4	12.9	11.5	10.5	9.8	9.2	8.7	10.4
RH	54	56	57	59	60	62	62	59	53	46	40	36	34	32	30	30	31	33	37	42	46	48	49	51	46
I_d	0	0	0	0	0	0	0	0	22	100	238	348	354	259	198	131	56	6	0	0	0	0	0	0	2115
I_s	0	0	0	0	0	0	0	4	77	159	197	219	236	266	281	251	195	122	35	0	0	0	0	0	2041
WV	2.3	2.2	2.2	2.2	2.1	2.1	2.1	2.1	2.1	2.4	2.6	3	3.1	3.2	3.2	3.1	3.1	2.9	2.8	2.6	2.6	2.6	2.5	2.4	2.6
DLR	271	270	269	269	268	267	267	268	269	273	277	281	285	286	287	287	287	285	282	280	279	277	275	274	277

五月标准日

项目	1时	2时	3时	4时	5时	6时	7时	8时	9时	10时	11时	12时	13时	14时	15时	16时	17时	18时	19时	20时	21时	22时	23时	24时	平均或合计[2]
DB	18.6	17.9	17.2	16.7	16.6	17	18	19.4	20.9	22.4	23.6	24.6	25.4	26	26.4	26.4	26	25.1	23.8	22.4	21.2	20.3	19.7	19.2	21.4
RH	63	65	67	69	70	69	66	61	55	49	45	42	39	38	37	36	37	40	44	49	54	57	60	61	53
I_d	0	0	0	0	0	5	37	108	220	314	339	357	326	269	225	158	81	27	1	0	0	0	0	0	2460
I_s	0	0	0	0	0	5	87	167	228	273	319	344	357	349	310	253	182	98	10	0	0	0	0	0	2981
WV	2	2	2	1.9	1.9	1.7	1.7	2	2.1	2.4	2.6	2.8	2.9	3.1	3.2	3.2	3.2	2.9	2.7	2.5	2.3	2.2	2.1	2.1	2.5
DLR	348	346	343	342	342	342	344	347	351	355	358	360	362	364	365	365	363	361	359	357	355	353	351	350	354

续表

		1时	2时	3时	4时	5时	6时	7时	8时	9时	10时	11时	12时	13时	14时	15时	16时	17时	18时	19时	20时	21时	22时	23时	24时	平均或合计[注2]
七月标准日	DB	25.9	25.3	24.8	24.4	24.2	24.5	25.2	26.3	27.5	28.7	29.8	30.6	31.2	31.7	32.1	32.1	31.7	30.9	29.8	28.6	27.7	27	26.6	26.3	28
	RH	70	71	73	74	75	75	74	70	65	60	55	52	50	49	47	47	48	50	54	59	63	65	67	68	62
	I_d	0	0	0	0	0	0	25	65	143	219	251	270	247	200	173	128	71	29	3	0	0	0	0	0	1823
	I_s	0	0	0	0	0	3	83	171	251	309	357	385	398	388	347	283	204	118	29	0	0	0	0	0	3326
	WV	2.2	2.1	2.1	2	2	2	2	2.1	2.3	2.5	2.7	2.8	2.9	3	3	3	3	2.8	2.7	2.6	2.4	2.3	2.2	2.2	2.5
	DLR	407	405	403	401	401	403	406	411	415	418	420	422	424	426	426	426	425	422	419	416	413	411	410	409	414
九月标准日	DB	19	18.7	18.3	18	17.8	17.7	18	18.8	20.1	21.6	23	24	24.6	24.9	25.1	25.1	24.5	23.6	22.3	21.1	20.3	19.8	19.5	19.2	21
	RH	76	77	78	79	80	81	82	79	73	66	61	57	55	53	52	52	54	57	62	68	71	73	73	74	68
	I_d	0	0	0	0	0	0	3	26	83	168	225	246	206	146	115	75	30	3	0	0	0	0	0	0	1327
	I_s	0	0	0	0	0	0	21	106	191	248	286	311	325	310	260	193	112	26	0	0	0	0	0	0	2388
	WV	2	2	1.9	1.8	1.8	1.8	1.8	1.8	1.8	2	2.2	2.5	2.6	2.6	2.6	2.6	2.6	2.4	2.3	2.1	2.1	2	2	2	2.2
	DLR	364	363	361	360	359	360	362	365	369	373	376	379	380	381	380	379	378	376	373	370	368	366	365	364	370
十一月标准日	DB	5.1	4.7	4.5	4.3	3.8	3.3	3.2	3.8	5.3	7.3	9.3	10.7	11.6	11.9	11.9	11.6	10.9	9.7	8.3	7.1	6.3	5.9	5.6	5.2	7.1
	RH	75	77	77	78	79	81	82	79	73	65	57	52	48	46	46	47	50	55	61	66	70	71	72	73	66
	I_d	0	0	0	0	0	0	0	3	38	126	212	260	216	131	74	29	1	0	0	0	0	0	0	0	1090
	I_s	0	0	0	0	0	0	0	26	107	155	173	181	195	192	151	87	10	0	0	0	0	0	0	0	1277
	WV	1.7	1.6	1.6	1.6	1.6	1.6	1.6	1.7	1.8	2	2.2	2.3	2.4	2.5	2.3	2.1	1.9	1.9	1.9	1.8	1.8	1.8	1.8	1.7	1.9
	DLR	275	274	274	273	271	270	270	271	275	279	284	287	287	287	287	286	285	284	282	280	278	277	276	274	279
夏季 TAC	DB_{25}	31.0	30.4	30.1	29.7	29.2	29.2	29.7	31.1	32.5	33.8	35.0	36.2	37.1	37.6	37.8	38.1	37.8	36.6	35.2	33.6	32.8	32.1	31.5	31.3	33.3
	I_{25}	0	0	0	0	0	33	218	417	641	803	902	942	912	833	749	613	419	226	63	0	0	0	0	0	7770
	DB_{50}	30.2	29.7	29.1	28.7	28.3	28.2	29.0	30.0	31.3	32.9	34.3	35.4	36.3	36.9	37.4	37.5	36.9	35.7	34.2	32.9	31.9	31.2	30.8	30.5	32.5
	I_{50}	0	0	0	0	0	29	202	393	611	764	867	906	884	801	724	592	400	216	60	0	0	0	0	0	7446
	RH_s	65	68	71	73	74	73	71	67	61	56	51	47	45	42	41	41	42	46	50	55	59	61	63	64	58
冬季 TAC	DB_{975}	-8.8	-9.2	-9.7	-10.0	-10.8	-11.8	-12.2	-11.5	-9.1	-6.1	-3.8	-2.6	-2.0	-1.5	-1.6	-1.7	-2.1	-2.8	-3.7	-5.1	-6.4	-7.0	-7.5	-8.2	-6.5
	RH_{975}	21	22	21	22	23	24	25	25	22	19	15	13	12	11	11	10	11	12	15	16	17	18	20	20	17.6
	DB_{950}	-7.8	-8.1	-8.5	-8.8	-9.6	-10.3	-11.0	-10.2	-8.0	-5.2	-3.0	-1.7	-1.1	-0.6	-0.3	-0.6	-0.9	-1.6	-2.8	-4.2	-5.2	-5.9	-6.3	-7.1	-5.4
	RH_{950}	27	27	26	26	27	29	30	29	26	22	18	15	13	12	12	12	13	14	18	20	21	24	24	25	21.0

地名	离石	区站号	537640	经度	111.1E	纬度	37.5N	海拔	951m

	1月	2月	3月	4月	5月	6月	7月	8月	9月	10月	11月	12月	年平均或累计[注1]
DB_m	-5.4	-1	6.1	12.9	18.5	22.7	24.3	22.6	17.2	10.9	3.1	-4	10.7
RH_m	47	48	40	39	42	49	64	67	70	63	59	51	53
I_m	286	332	536	637	736	730	628	560	436	374	266	237	5749
HDD_m	725	532	368	152	0	0	0	0	25	219	447	682	3151

		1时	2时	3时	4时	5时	6时	7时	8时	9时	10时	11时	12时	13时	14时	15时	16时	17时	18时	19时	20时	21时	22时	23时	24时	平均或合计[注2]
一月标准日	DB	-7.4	-8.1	-8.4	-8.8	-9.3	-10	-10.4	-10.3	-9.3	-7.5	-5.3	-3.2	-1.3	0	0.7	0.7	-0.1	-1.3	-2.8	-4.1	-4.9	-5.5	-6	-6.6	-5.4
	RH	53	56	57	58	59	61	62	62	58	51	45	38	34	31	29	29	31	34	39	43	46	47	48	51	47
	I_d	0	0	0	0	0	0	0	0	23	97	195	293	325	285	216	113	15	0	0	0	0	0	0	0	1562
	I_s	0	0	0	0	0	0	0	0	68	126	150	147	141	136	116	86	35	0	0	0	0	0	0	0	1003
	WV	2.8	2.2	2.5	2.5	2.2	1.9	1.9	1.9	1.9	1.8	1.7	1.6	1.9	2.3	2.6	2.6	2.5	2.5	2.5	1.6	2.4	2.5	2.6	2.8	2.2
	DLR	195	193	193	191	190	188	187	187	187	189	197	201	205	208	209	209	207	205	203	201	200	199	197	196	198
三月标准日	DB	3.4	2.6	2	1.5	0.9	0.4	0.3	1	2.7	5.1	7.5	9.4	10.7	11.5	12.1	12.3	11.9	10.9	9.5	8.1	7.1	6.3	5.5	4.6	6.1
	RH	46	49	51	53	55	57	58	56	49	42	36	31	28	26	25	24	25	27	30	33	37	38	40	43	40
	I_d	0	0	0	0	0	0	0	31	125	284	435	536	529	444	359	250	126	22	0	0	0	0	0	0	3142
	I_s	0	0	0	0	0	0	6	80	152	179	181	188	177	202	187	155	108	42	0	0	0	0	0	0	1658
	WV	2.7	2.4	2.3	2.1	1.9	1.9	1.9	1.9	2	2	2.1	2.5	2.9	3.3	3.3	3.2	3.2	3.3	3.3	2	3.3	3.1	2.9	2.7	2.6
	DLR	241	239	239	238	237	236	236	237	241	245	251	254	257	258	258	258	257	255	253	249	249	247	245	244	247
五月标准日	DB	15.3	14.2	13.4	12.7	12.3	12.3	12.9	14.4	16.4	18.8	20.9	22.3	23.2	23.7	24	24.1	23.9	23.1	22	20.8	19.6	18.6	17.5	16.5	18.5
	RH	49	53	57	59	60	60	58	54	47	41	36	33	30	28	27	27	27	29	32	35	38	40	42	46	42
	I_d	0	0	0	0	0	1	46	109	257	435	555	624	584	477	403	309	197	98	10	0	0	0	0	0	4106
	I_s	0	0	0	0	0	13	98	179	225	230	233	233	253	273	252	211	159	98	29	0	0	0	0	0	2486
	WV	2.9	2.5	2.4	2	1.6	1.6	1.6	1.6	1.9	2.1	2.4	2.7	3	3.3	3.3	3.2	3.2	3.3	3.4	2.5	3.3	3.2	3.1	3	2.6
	DLR	312	310	308	307	307	305	306	307	312	317	324	333	333	333	332	331	331	329	327	325	323	320	317	315	320

续表

		1时	2时	3时	4时	5时	6时	7时	8时	9时	10时	11时	12时	13时	14时	15时	16时	17时	18时	19时	20时	21时	22时	23时	24时	平均或合计注2
七月标准日	DB	21.8	21	20.5	20.1	19.9	20	20.4	21.4	22.9	24.6	26.2	27.4	28.2	28.7	28.9	28.9	28.5	27.7	26.7	25.6	24.7	24	23.4	22.6	24.3
	RH	72	75	77	79	80	79	77	73	68	63	58	54	51	49	48	48	49	52	55	59	62	64	66	69	64
	I_d	0	0	0	0	0	0	23	53	130	236	321	388	388	338	289	217	133	65	12	0	0	0	0	0	2594
	I_s	0	0	0	0	0	6	87	175	252	296	320	328	333	328	300	254	192	122	43	0	0	0	0	0	3036
	WV	4.6	4	3.5	2.5	1.5	1.5	1.5	1.5	1.5	1.6	1.6	1.9	2.2	2.5	2.5	2.6	2.7	3.3	4	2.9	4.5	4.5	4.5	4.6	2.8
	DLR	380	377	376	374	374	373	375	378	384	390	396	400	402	402	402	402	400	398	395	392	390	387	385	383	388
九月标准日	DB	14.9	14.3	13.9	13.6	13.3	13.1	13.2	14	15.4	17.2	19	20.3	21.2	21.8	22.2	22.1	21.5	20.4	19	17.7	16.8	16.3	15.9	15.4	17.2
	RH	79	82	84	85	86	86	85	82	75	68	62	58	54	52	50	50	52	56	62	68	72	74	75	76	70
	I_d	0	0	0	0	0	0	1	16	64	155	248	321	317	258	208	139	61	8	0	0	0	0	0	0	1796
	I_s	0	0	0	0	0	0	19	104	194	250	274	276	281	275	239	184	114	32	0	0	0	0	0	0	2242
	WV	4.6	4.7	3.9	2.7	1.4	1.5	1.5	1.5	1.5	1.5	1.5	1.9	2.2	2.5	2.4	2.3	2.2	2.7	3.2	2.2	3.6	3.8	4	4.3	2.7
	DLR	340	338	337	336	335	333	333	335	339	345	350	355	357	357	357	357	355	353	350	348	346	344	342	340	345
十一月标准日	DB	1.1	0.6	0.3	0	-0.4	-0.9	-1.2	-0.8	0.3	2.1	4.2	5.9	7.3	8.2	8.4	8.2	7.3	6.1	4.8	3.7	2.9	2.5	2	1.5	3.1
	RH	67	70	71	72	73	75	76	75	69	61	53	47	43	41	40	40	43	47	52	56	59	61	62	64	59
	I_d	0	0	0	0	0	0	0	2	31	103	193	275	284	226	153	65	1	0	0	0	0	0	0	0	1332
	I_s	0	0	0	0	0	0	0	21	101	155	174	167	159	150	121	78	9	0	0	0	0	0	0	0	1134
	WV	3.9	3.8	3.1	2.4	1.6	1.6	1.7	1.8	1.8	1.8	1.7	2.1	2.4	2.7	2.5	2.3	2.1	2.6	3	2.2	3.6	3.6	3.6	3.7	2.6
	DLR	248	247	246	245	244	243	242	243	245	248	252	255	258	259	260	259	258	256	254	252	251	249	248	247	250
夏季 TAC	DB_{25}	25.9	25.0	24.5	24.1	23.7	23.6	24.1	25.3	26.8	29.1	31.1	32.6	34.0	34.7	34.7	34.8	34.5	33.5	32.1	30.7	29.5	28.6	27.5	26.7	29.0
	I_{25}	0	0	0	0	0	50	219	408	633	846	981	1075	1066	961	843	695	505	298	107	0	0	0	0	0	8687
	DB_{50}	24.8	24.0	23.7	23.3	23.0	22.9	23.2	24.4	26.2	28.2	30.4	32.0	33.1	33.5	33.9	34.1	33.6	32.6	31.2	29.7	28.9	27.7	26.7	25.7	28.2
	I_{50}	0	0	0	0	0	45	209	382	604	807	945	1030	1026	935	824	674	489	288	101	0	0	0	0	0	8359
	RH_s	70	74	77	79	79	78	75	70	65	58	52	48	44	42	40	40	42	45	51	56	60	62	64	67	60
冬季 TAC	DB_{975}	-14.7	-15.3	-15.8	-16.3	-16.6	-17.0	-17.5	-17.2	-16.1	-14.0	-12.0	-10.3	-9.4	-8.8	-8.4	-8.4	-8.8	-9.7	-10.6	-11.8	-12.9	-13.3	-13.6	-14.0	-13.0
	RH_{975}	27	28	28	28	31	34	35	34	31	26	22	18	16	13	12	12	14	14	18	20	21	23	25	26	23.1
	DB_{950}	-13.3	-13.8	-14.3	-14.6	-15.0	-15.6	-16.2	-16.0	-14.8	-13.1	-10.7	-9.0	-7.7	-7.1	-6.8	-6.6	-6.9	-7.9	-8.9	-10.1	-11.1	-11.6	-12.0	-12.5	-11.5
	RH_{950}	29	31	32	33	35	37	39	39	35	30	25	21	17	15	13	13	14	16	19	23	24	25	27	28	25.8

内蒙古自治区

| 地名 | 赤峰 | | 区站号 | 542180 | | 经度 | 118.97E | | 纬度 | 42.27N | | 海拔 | 572m |

	1月	2月	3月	4月	5月	6月	7月	8月	9月	10月	11月	12月	年平均或累计[注1]
DB_m	-10.7	-7	1	9.6	17.5	21.1	23.8	22.3	16.3	8.5	-1.6	-8.6	7.7
RH_m	43	39	35	37	37	54	63	62	56	48	47	44	47
I_m	256	349	571	709	874	809	746	680	546	415	269	221	6434
HDD_m	890	700	527	252	16	0	0	0	51	295	588	824	4144

		1时	2时	3时	4时	5时	6时	7时	8时	9时	10时	11时	12时	13时	14时	15时	16时	17时	18时	19时	20时	21时	22时	23时	24时	平均或合计[注2]
一月标准日	DB	-13.1	-13.4	-13.6	-13.9	-14.4	-14.9	-15.1	-14.5	-13	-10.8	-8.4	-6.5	-5.4	-5.1	-5.4	-6.2	-7.3	-8.4	-9.5	-10.4	-11.1	-11.7	-12.2	-12.7	-10.7
	RH	48	49	50	51	52	54	55	53	49	43	38	34	31	31	31	33	35	37	40	42	43	45	46	47	43
	I_d	0	0	0	0	0	0	0	3	78	169	238	299	301	244	168	57	0	0	0	0	0	0	0	0	1557
	I_s	0	0	0	0	0	0	0	15	73	103	120	114	106	95	71	42	0	0	0	0	0	0	0	0	739
	WV	2.2	2.1	2	2	1.9	1.9	1.9	1.9	2.3	2.7	3.1	3.3	3.6	3.8	3.6	3.3	3.1	2.9	2.7	2.6	2.5	2.4	2.2	2.2	2.6
	DLR	166	165	165	164	163	162	162	164	167	172	177	181	184	184	183	181	179	176	174	172	170	169	168	166	171
三月标准日	DB	-2.2	-2.9	-3.5	-3.9	-4.2	-4.1	-3.4	-2.1	-0.2	1.8	3.7	5.1	6	6.5	6.7	6.5	5.8	4.7	3.2	1.8	0.7	-0.1	-0.8	-1.3	1
	RH	42	44	45	46	47	47	46	43	38	32	28	25	24	23	23	23	25	27	30	33	36	38	40	41	35
	I_d	0	0	0	0	0	0	0	40	144	285	421	512	578	506	425	292	127	2	0	0	0	0	0	0	3914
	I_s	0	0	0	0	0	0	38	96	129	145	153	142	135	130	103	76	49	5	0	0	0	0	0	0	1201
	WV	2.4	2.3	2.3	2.3	2.3	2.4	2.5	2.6	3.1	3.5	4	4.2	4.5	4.7	4.7	4.6	4.6	4	3.5	2.9	2.8	2.7	2.6	2.5	3.3
	DLR	209	208	206	205	204	205	207	211	215	219	223	225	227	228	228	228	227	224	221	219	217	215	214	212	217
五月标准日	DB	14.1	13.3	12.4	11.8	11.8	12.6	14.1	16	17.8	19.3	20.4	21.3	22	22.5	22.7	22.5	21.9	21	19.7	18.4	17.2	16.2	15.5	14.9	17.5
	RH	46	48	51	53	53	51	47	42	37	33	30	28	26	25	25	25	26	28	30	34	37	40	42	43	37
	I_d	0	0	0	0	0	67	208	317	481	613	682	753	751	679	595	459	294	140	3	0	0	0	0	0	6041
	I_s	0	0	0	2	68	112	165	179	186	194	177	165	158	133	110	83	48	8	0	0	0	0	0	0	1789
	WV	2.5	2.3	2.4	2.3	2.3	2.6	2.9	3.3	3.6	4	4.4	4.6	4.7	4.9	4.8	4.7	4.6	4	3.4	2.8	2.7	2.6	2.6	2.5	3.4
	DLR	300	298	296	294	295	298	303	308	312	315	316	317	318	319	320	319	318	315	312	309	306	304	303	302	308

续表

		1时	2时	3时	4时	5时	6时	7时	8时	9时	10时	11时	12时	13时	14时	15时	16时	17时	18时	19时	20时	21时	22时	23时	24时	平均或合计[注2]
七月标准日	DB	20.8	20.2	19.5	19.1	19.2	20.0	21.2	22.8	24.3	25.6	26.7	27.5	28.0	28.3	28.3	27.9	27.3	26.4	25.4	24.3	23.3	22.5	21.8	21.3	23.8
	RH	75	78	80	81	81	79	74	69	63	57	53	50	48	47	47	48	50	53	56	60	65	68	71	73	63
	I_d	0	0	0	0	0	20	85	153	261	367	436	502	513	471	413	318	207	108	11	0	0	0	0	0	3866
	I_s	0	0	0	0	0	66	147	222	270	294	307	297	283	264	231	190	140	83	25	0	0	0	0	0	2820
	WV	1.5	1.5	1.5	1.5	1.5	1.7	1.9	2.1	2.3	2.6	2.8	2.9	3.0	3.1	3.1	3.1	3.0	2.7	2.4	2.1	1.9	1.8	1.6	1.6	2.2
	DLR	376	374	371	369	370	373	379	384	389	392	394	395	396	397	397	395	393	391	388	385	383	380	379	378	385
九月标准日	DB	13.1	12.5	11.8	11.3	11.1	11.5	12.6	14.2	16.1	18.1	19.7	20.8	21.5	21.9	21.9	21.5	20.7	19.5	18.0	16.5	15.2	14.4	13.9	13.4	16.3
	RH	69	71	72	74	75	74	70	64	56	49	43	39	37	37	37	38	40	44	49	54	59	63	65	67	56
	I_d	0	0	0	0	0	0	47	115	231	349	422	494	496	434	355	237	100	3	0	0	0	0	0	0	3283
	I_s	0	0	0	0	0	2	77	151	197	217	227	211	195	178	144	105	63	9	0	0	0	0	0	0	1775
	WV	1.7	1.7	1.7	1.7	1.6	1.8	1.9	2.0	2.3	2.6	2.8	3.0	3.2	3.3	3.1	3.0	2.8	2.5	2.3	2.0	1.9	1.9	1.8	1.8	2.3
	DLR	318	316	314	312	311	313	316	321	326	330	333	335	337	337	337	337	335	332	328	325	323	321	320	319	325
十一月标准日	DB	-3.8	-4.1	-4.3	-4.6	-5.0	-5.3	-5.2	-4.4	-3.0	-1.1	0.9	2.5	3.4	3.5	3.0	2.1	1.1	0.1	-0.9	-1.6	-2.3	-2.8	-3.3	-3.7	-1.6
	RH	54	55	55	56	57	58	58	56	51	45	40	36	34	34	35	37	39	42	44	46	48	50	51	53	47
	I_d	0	0	0	0	0	0	0	37	122	205	262	311	301	235	147	31	0	0	0	0	0	0	0	0	1650
	I_s	0	0	0	0	0	0	0	54	99	125	136	125	111	94	66	33	0	0	0	0	0	0	0	0	844
	WV	2.1	2.0	2.0	2.0	2.0	2.1	2.1	2.1	2.5	2.9	3.3	3.4	3.6	3.8	3.4	3.1	2.8	2.7	2.6	2.5	2.4	2.3	2.2	2.2	2.6
	DLR	212	211	210	209	209	208	208	210	214	218	222	225	227	227	226	224	222	219	217	216	214	213	212	211	216
夏季TAC	DB_{25}	25.3	24.9	24.2	23.5	23.3	23.8	25.0	26.7	28.6	30.2	31.9	33.0	34.0	34.3	34.3	34.1	33.4	32.1	30.8	29.3	28.1	27.0	26.1	25.6	28.7
	I_{25}	0	0	0	0	25	201	405	587	790	940	1028	1079	1056	982	858	693	493	282	77	0	0	0	0	0	9494
	DB_{50}	24.2	23.6	23.0	22.6	22.4	23.0	24.2	25.9	27.8	29.5	30.8	32.1	33.1	33.7	33.6	33.4	32.6	31.4	30.0	28.5	27.2	26.3	25.4	24.8	27.9
	I_{50}	0	0	0	0	19	184	386	563	750	910	996	1048	1028	950	836	676	479	272	71	0	0	0	0	0	9167
	RH_s	74	76	79	80	80	78	72	65	59	52	47	43	40	39	39	40	43	47	51	56	62	66	69	72	59
冬季TAC	DB_{975}	-20.9	-21.0	-21.4	-21.9	-22.0	-22.4	-22.5	-21.9	-20.4	-18.4	-16.2	-14.7	-13.8	-13.7	-14.0	-14.7	-15.6	-16.6	-17.7	-18.3	-19.0	-19.3	-19.8	-20.4	-18.6
	RH_{975}	23	24	24	24	26	27	27	26	23	19	16	13	12	12	12	12	14	15	17	19	20	21	22	22	19.7
	DB_{950}	-19.4	-19.8	-20.0	-20.1	-20.6	-21.2	-21.3	-20.6	-18.9	-17.1	-14.8	-13.3	-12.4	-12.2	-12.6	-13.2	-14.3	-15.3	-16.0	-17.0	-17.7	-18.1	-18.3	-18.8	-17.2
	RH_{950}	26	27	27	28	29	30	31	29	26	23	19	16	14	14	13	14	16	17	19	21	22	23	24	26	22.2

地名	区站号	经度	纬度	海拔
东胜	535430	109.98E	39.83N	1459m

	1月	2月	3月	4月	5月	6月	7月	8月	9月	10月	11月	12月	年平均或累计[注1]
DB_m	-8.8	-4.7	2.3	9.9	15.8	20.1	22.3	20.4	14.7	8.5	-0.3	-7.2	7.8
RH_m	43	41	33	32	33	44	55	58	58	50	49	46	45
I_m	254	321	522	651	769	740	682	602	471	375	253	212	5842
HDD_m	830	636	486	243	67	0	0	0	98	296	548	782	3986

标准日		1时	2时	3时	4时	5时	6时	7时	8时	9时	10时	11时	12时	13时	14时	15时	16时	17时	18时	19时	20时	21时	22时	23时	24时	平均或累计[注2]
一月标准日	DB	-10.3	-10.6	-10.8	-11.1	-11.4	-11.9	-12.2	-12	-11.2	-9.7	-8.1	-6.7	-5.6	-4.8	-4.5	-4.6	-5.2	-6.2	-7.3	-8.3	-8.9	-9.3	-9.6	-9.9	-8.8
	RH	47	48	49	50	51	52	53	53	53	50	46	42	38	35	33	32	33	36	39	42	43	44	45	46	43
	I_d	0	0	0	0	0	0	0	0	23	96	172	240	256	221	172	94	13	0	0	0	0	0	0	0	1288
	I_s	0	0	0	0	0	0	0	0	55	108	140	150	152	147	121	84	30	0	0	0	0	0	0	0	988
	WV	2.2	2.2	2.1	2.1	2.1	2.1	2.1	2.1	2.4	2.6	2.8	2.9	3	3.1	3	2.9	2.7	2.5	2.5	2.3	2.3	2.3	2.3	2.3	2.5
	DLR	177	176	176	176	176	175	174	173	174	176	179	182	185	186	187	187	186	184	182	181	180	179	178	177	180
三月标准日	DB	0.1	-0.3	-0.8	-1.1	-1.5	-1.8	-1.7	-1.1	0.2	1.8	3.4	4.8	5.7	6.4	6.8	6.9	6.6	5.7	4.6	3.5	2.7	2.1	1.6	1.0	2.3
	RH	37	38	39	40	41	42	42	41	38	34	31	28	26	25	24	24	24	25	27	30	32	33	34	35	33
	I_d	0	0	0	0	0	0	0	1	53	164	293	393	472	473	411	343	248	136	30	0	0	0	0	0	3016
	I_s	0	0	0	0	0	5	5	71	129	164	188	193	202	210	189	153	106	46	0	0	0	0	0	0	1657
	WV	2.3	2.3	2.3	2.3	2.3	2.4	2.4	2.5	2.8	3.1	3.4	3.5	3.6	3.7	3.7	3.6	3.5	3.2	2.8	2.5	2.4	2.4	2.4	2.4	2.8
	DLR	214	213	212	211	210	210	210	212	215	219	222	225	227	228	229	229	228	226	223	221	220	218	217	216	219
五月标准日	DB	13.3	12.6	12.1	11.6	11.4	11.7	12.4	13.6	15.0	16.4	17.7	18.7	19.3	19.7	19.9	20.0	19.7	19.1	18.3	17.3	16.3	15.4	14.6	14.0	15.8
	RH	39	40	41	42	43	43	42	40	36	33	30	27	26	25	24	24	25	25	27	29	31	34	35	37	33
	I_d	0	0	0	0	5	20	91	182	318	451	535	590	570	494	428	337	228	128	25	0	0	0	0	0	4382
	I_s	0	0	0	0	20	43	89	159	202	226	247	254	266	274	251	212	163	104	43	0	0	0	0	0	2511
	WV	2.3	2.3	2.4	2.4	2.4	2.4	2.8	3.0	3.2	3.4	3.6	3.7	3.8	3.9	3.8	3.7	3.6	3.2	2.8	2.5	2.4	2.4	2.3	2.3	3.0
	DLR	286	284	282	281	280	280	282	285	289	293	296	299	301	302	302	301	300	298	296	294	292	290	289	288	292

续表

		1时	2时	3时	4时	5时	6时	7时	8时	9时	10时	11时	12时	13时	14时	15时	16时	17时	18时	19时	20时	21时	22时	23时	24时	平均或合计注2
七月标准日	DB	20.1	19.6	19.1	18.7	18.5	18.7	19.2	20.2	21.3	22.5	23.7	24.6	25.3	25.8	26.1	26.1	25.8	25.3	24.5	23.5	22.6	21.8	21.1	20.6	22.3
	RH	62	64	66	68	69	69	68	65	61	57	52	49	45	43	41	41	42	43	46	49	52	56	58	61	55
	I_d	0	0	0	0	0	1	38	88	172	263	327	395	411	378	336	266	179	101	28	0	0	0	0	0	2984
	I_s	0	0	0	0	0	11	93	177	247	295	329	338	341	335	306	260	203	134	62	0	0	0	0	0	3130
	WV	2.2	2.2	2.2	2.2	2.2	2.4	2.5	2.6	2.7	2.8	3.0	3.0	3.0	3.0	3.0	3.0	2.9	2.8	2.6	2.3	2.2	2.2	2.1	2.1	2.5
	DLR	357	356	355	354	354	355	358	361	365	368	371	372	373	373	373	372	371	369	367	365	363	361	360	359	364
九月标准日	DB	12.9	12.5	12.1	11.7	11.5	11.4	11.7	12.5	13.6	14.9	16.2	17.2	17.9	18.4	18.7	18.6	18.2	17.4	16.3	15.3	14.4	13.8	13.4	13.0	14.7
	RH	65	67	68	69	70	71	70	68	64	59	54	49	46	44	43	43	44	46	50	54	57	60	62	64	58
	I_d	0	0	0	0	0	0	5	45	112	198	268	330	337	299	250	177	93	19	0	0	0	0	0	0	2133
	I_s	0	0	0	0	0	0	23	104	182	237	271	281	282	269	232	181	117	45	0	0	0	0	0	0	2226
	WV	2.1	2.1	2.1	2.0	2.0	2.1	2.2	2.3	2.5	2.7	2.9	2.9	3.0	3.0	3.0	2.9	2.9	2.7	2.4	2.2	2.2	2.2	2.2	2.1	2.4
	DLR	313	312	311	310	309	309	311	313	316	319	322	324	324	325	324	324	322	321	318	316	315	314	313	313	317
十一月标准日	DB	-1.6	-1.9	-2.2	-2.4	-2.8	-3.2	-3.4	-3.0	-2.1	-0.8	0.7	2.0	2.9	3.3	3.4	3.1	2.6	1.7	0.9	0.1	-0.5	-0.9	-1.2	-1.5	-0.3
	RH	54	55	56	56	57	58	59	58	55	50	46	42	40	39	38	39	41	43	45	48	50	51	52	52	49
	I_d	0	0	0	0	0	0	0	3	49	121	188	243	243	195	136	62	2	0	0	0	0	0	0	0	1242
	I_s	0	0	0	0	0	0	0	17	89	137	163	168	166	155	123	77	9	0	0	0	0	0	0	0	1102
	WV	2.4	2.4	2.4	2.4	2.3	2.3	2.3	2.3	2.6	2.9	3.2	3.3	3.4	3.6	3.3	3.1	2.9	2.7	2.5	2.3	2.3	2.3	2.3	2.3	2.7
	DLR	222	221	221	220	219	218	218	218	220	223	227	229	231	232	231	231	230	228	227	225	224	223	223	222	224
夏季TAC	DB_{25}	24.4	23.7	23.2	22.7	22.3	22.2	22.7	23.8	25.6	27.2	28.5	29.6	30.6	31.0	31.2	31.4	31.2	30.4	29.5	28.4	27.4	26.5	25.6	24.9	26.8
	I_{25}	0	0	0	0	0	67	253	444	644	814	918	1000	1005	938	836	693	513	329	142	0	0	0	0	0	8596
	DB_{50}	23.4	22.9	22.5	22.0	21.5	21.5	22.0	23.0	24.7	26.3	27.7	28.8	29.7	30.3	30.6	30.8	30.5	29.6	28.6	27.6	26.6	25.8	24.8	24.0	26.1
	I_{50}	0	0	0	0	0	61	243	419	612	779	883	962	973	911	820	676	502	318	137	0	0	0	0	0	8294
	RH_s	60	63	65	67	68	68	66	63	58	52	47	42	38	35	34	34	34	36	40	44	47	51	55	57	51
冬季TAC	DB_{975}	-19.0	-19.1	-19.5	-19.7	-20.0	-20.4	-21.0	-21.0	-20.0	-18.4	-17.0	-15.5	-14.6	-13.9	-13.9	-13.8	-14.3	-15.3	-16.1	-17.1	-18.0	-18.4	-18.6	-18.7	-17.6
	RH_{975}	20	21	20	21	24	25	25	25	23	20	18	16	14	13	11	11	12	13	15	18	18	18	19	19	18.3
	DB_{950}	-17.7	-17.9	-18.1	-18.3	-18.5	-18.8	-18.9	-18.9	-18.0	-16.5	-14.9	-13.6	-12.9	-12.6	-12.4	-12.6	-13.0	-13.8	-14.7	-15.6	-16.3	-16.8	-17.0	-17.3	-16.0
	RH_{950}	23	24	24	25	27	28	29	29	26	23	20	18	16	14	13	13	14	15	17	19	20	21	22	22	20.9

地名	额济纳旗	区站号	522670	经度	101.07E	纬度	41.95N	海拔	941m

	1月	2月	3月	4月	5月	6月	7月	8月	9月	10月	11月	12月	年平均或累计[注1]
DB_m	-10.2	-4.5	4.7	13.7	20.0	25.7	28.5	26.0	18.7	10.4	0.0	-8.1	10.4
RH_m	45.0	33.0	23.0	19.0	18.0	24.0	28.0	29.0	29.0	29.0	38.0	45.0	30.0
I_m	262	346	538	669	803	820	828	736	590	451	284	226	6538
HDD_m	873	629	413	130	0	0	0	0	0	236	541	808	3629

		1时	2时	3时	4时	5时	6时	7时	8时	9时	10时	11时	12时	13时	14时	15时	16时	17时	18时	19时	20时	21时	22时	23时	24时	平均或合计[注2]
一月标准日	DB	-11.6	-12.2	-12.8	-13.3	-13.9	-14.6	-15.1	-15.1	-14.5	-13.2	-11.5	-9.6	-7.7	-6.0	-4.8	-4.1	-4.3	-5.2	-6.6	-8.0	-9.0	-9.7	-10.3	-10.9	-10.2
	RH	48	51	52	54	55	56	57	58	56	53	49	44	39	35	32	30	30	32	35	39	41	43	45	46	45
	I_d	0	0	0	0	0	0	0	0	0	68	166	268	320	307	264	168	53	0	0	0	0	0	0	0	1614
	I_s	0	0	0	0	0	0	0	3	67	96	104	106	110	99	86	59	1	0	0	0	0	0	0	0	731
	WV	2.3	2.4	2.4	2.4	2.4	2.3	2.3	2.3	2.3	2.5	2.9	3.0	3.1	3.2	3.0	2.8	2.7	2.4	2.1	1.9	2.0	2.1	2.2	2.2	2.5
	DLR	172	171	170	169	167	165	164	164	166	169	173	177	181	185	187	188	187	185	182	180	178	176	175	173	175
三月标准日	DB	2.4	1.7	1.1	0.4	-0.5	-1.5	-2.2	-1.8	-0.3	2.1	4.7	6.8	8.4	9.6	10.5	11.1	11.2	10.6	9.5	8.1	6.9	5.7	4.6	3.6	4.7
	RH	25	27	28	29	31	33	34	34	31	27	23	20	18	16	14	14	14	14	15	17	18	20	22	23	23
	I_d	0	0	0	0	0	0	0	8	104	276	440	559	562	473	400	302	182	75	2	0	0	0	0	0	3381
	I_s	0	0	0	0	0	0	0	26	95	118	125	128	153	191	191	173	141	87	11	0	0	0	0	0	1439
	WV	2.6	2.7	2.7	2.7	2.8	2.8	2.8	2.8	2.8	3.1	3.5	3.8	3.8	3.8	3.8	3.7	3.6	3.2	2.7	2.3	2.3	2.4	2.6	2.6	3.0
	DLR	211	210	209	207	205	203	202	203	206	212	219	225	228	230	232	233	231	228	224	221	219	216	214	214	218
五月标准日	DB	16.9	16.1	15.3	14.4	13.6	13.2	13.6	14.8	16.8	19.2	21.4	23.0	24.1	24.8	25.3	25.7	26.0	25.9	25.2	24.0	22.4	20.7	19.1	18.0	20.0
	RH	20	21	23	24	26	27	27	26	23	20	17	14	13	12	11	10	10	10	11	12	14	16	18	19	18
	I_d	0	0	0	0	0	0	35	136	314	512	643	717	668	530	433	339	243	167	71	13	2	0	0	0	4811
	I_s	0	0	0	0	0	61	126	154	157	168	182	223	279	287	267	222	156	91	13	2	0	0	0	0	2384
	WV	2.8	2.8	2.8	2.8	2.9	2.9	3.0	3.1	3.4	3.6	3.8	3.9	3.9	4.0	4.0	4.0	4.0	3.6	3.3	3.0	2.8	2.7	2.5	2.6	3.3
	DLR	278	276	273	271	270	270	273	277	283	290	295	299	301	302	302	302	302	302	300	298	294	290	286	283	288

续表

	1时	2时	3时	4时	5时	6时	7时	8时	9时	10时	11时	12时	13时	14时	15时	16时	17时	18时	19时	20时	21时	22时	23时	24时	平均或合计[注2]
七月标准日 DB	25.8	25.1	24.4	23.6	22.8	22.3	22.5	23.6	25.3	27.4	29.5	31.1	32.3	33.0	33.5	33.9	34.1	33.9	33.3	32.2	30.7	29.1	27.7	26.6	28.5
RH	31	32	34	37	39	41	42	40	37	32	27	24	21	19	18	18	17	17	18	20	22	25	27	29	28
I_d	0	0	0	0	0	0	31	123	286	472	606	709	690	570	476	379	280	197	96	12	0	0	0	0	4927
I_s	0	0	0	0	0	0	60	128	163	172	185	188	220	272	285	269	229	171	109	40	0	0	0	0	2491
WV	2.5	2.6	2.6	2.6	2.6	2.7	2.7	2.8	3.0	3.1	3.3	3.4	3.6	3.7	3.6	3.5	3.4	3.2	3.0	2.9	2.7	2.5	2.4	2.4	2.9
DLR	354	352	350	348	346	347	350	354	361	367	373	377	379	379	380	380	380	380	378	374	370	364	360	356	365
九月标准日 DB	16.4	15.8	15.2	14.5	13.6	12.6	12.3	13.0	14.8	17.3	19.8	21.8	23.1	24.0	24.8	25.2	25.1	24.3	22.8	21.0	19.5	18.4	17.5	16.7	18.7
RH	33	34	36	37	40	42	44	42	38	33	28	24	21	19	17	17	17	18	21	24	27	29	30	31	29
I_d	0	0	0	0	0	0	0	37	175	371	536	638	613	503	410	305	185	76	4	0	0	0	0	0	3852
I_s	0	0	0	0	0	0	0	69	120	129	130	133	164	206	209	188	150	93	17	0	0	0	0	0	1607
WV	2.2	2.3	2.3	2.3	2.4	2.4	2.4	2.4	2.7	2.9	3.1	3.2	3.2	3.3	3.2	3.2	3.2	2.7	2.3	1.9	1.9	2.0	2.1	2.1	2.6
DLR	298	296	295	293	291	289	288	291	296	304	312	317	319	320	320	320	321	319	316	312	308	304	301	298	305
十一月标准日 DB	-1.5	-2.1	-2.6	-3.1	-3.8	-4.6	-5.1	-5.0	-3.9	-2.2	-0.2	1.6	3.2	4.5	5.4	5.8	5.5	4.5	2.9	1.5	0.4	-0.2	-0.7	-1.2	0.0
RH	41	43	45	46	48	50	52	52	48	44	39	34	31	28	26	25	25	27	30	34	36	38	39	40	38
I_d	0	0	0	0	0	0	0	0	28	138	247	335	349	296	235	138	32	0	0	0	0	0	0	0	1797
I_s	0	0	0	0	0	0	0	0	48	86	104	108	117	125	111	87	49	0	0	0	0	0	0	0	834
WV	2.4	2.5	2.5	2.5	2.4	2.5	2.5	2.6	2.8	3.0	3.3	3.3	3.3	3.4	3.2	3.0	2.8	2.6	2.3	2.0	2.1	2.2	2.3	2.4	2.7
DLR	212	211	210	209	207	205	204	204	207	211	216	220	224	226	228	229	228	225	222	219	217	215	214	212	216
夏季 TAC DB_{25}	31.1	30.3	29.7	29.0	28.1	27.3	27.1	28.1	29.5	32.1	34.6	36.5	37.8	38.7	39.2	39.4	39.6	39.4	38.5	37.2	35.7	34.2	32.9	32.0	33.7
I_{25}	0	0	0	0	0	0	156	347	582	817	990	1082	1066	992	896	769	608	439	258	81	0	0	0	0	9083
DB_{50}	29.8	29.4	28.8	27.8	26.8	26.2	26.1	27.0	28.7	31.1	33.5	35.6	36.8	37.6	38.3	38.6	38.7	38.5	37.8	36.5	34.9	33.3	31.7	30.6	32.7
I_{50}	0	0	0	0	0	0	149	336	563	794	964	1060	1048	971	875	747	596	431	250	77	0	0	0	0	8859
RH_s	25	27	28	30	33	35	36	34	30	26	22	18	16	15	14	13	13	13	14	15	17	19	22	23	22
冬季 TAC DB_{975}	-19.4	-20.0	-20.5	-21.1	-21.8	-22.3	-22.7	-22.6	-21.6	-20.3	-18.1	-16.3	-15.0	-13.6	-12.7	-12.4	-12.9	-13.5	-14.6	-15.9	-16.8	-17.5	-18.0	-18.8	-17.9
RH_{975}	18	18	19	20	22	24	25	24	22	20	17	15	13	12	11	10	10	10	12	13	13	14	16	17	16.4
DB_{950}	-17.7	-18.4	-18.8	-19.3	-20.0	-20.9	-21.6	-21.6	-20.6	-19.0	-17.3	-15.3	-13.5	-12.1	-11.1	-10.8	-10.8	-11.9	-13.2	-14.3	-15.4	-16.3	-16.8	-17.2	-16.4
RH_{950}	21	22	22	24	26	28	29	29	27	23	20	17	15	13	12	11	11	12	13	15	16	17	19	19	19.1

地名	区站号	经度	纬度	海拔
二连浩特	530680	112E	43.65N	966m

项目	1月	2月	3月	4月	5月	6月	7月	8月	9月	10月	11月	12月	年平均或累计注1
DB_m	-17.3	-11.4	-1.6	8.1	16.1	21.6	25.1	23.0	15.2	6.2	-5.7	-14.2	5.4
RH_m	62.0	50.0	35.0	30.0	30.0	38.0	42.0	40.0	43.0	44.0	56.0	59.0	44.0
I_m	210	316	551	711	872	862	852	757	568	413	241	182	6520
HDD_m	1094	824	606	298	60	0	0	0	84	364	710	997	5038

月	项目	1时	2时	3时	4时	5时	6时	7时	8时	9时	10时	11时	12时	13时	14时	15时	16时	17时	18时	19时	20时	21时	22时	23时	24时	平均或累计注2
一月标准日	DB	-19.8	-20.1	-20.3	-20.6	-21.1	-21.8	-22.2	-21.9	-20.6	-18.5	-16.1	-14.0	-12.4	-11.4	-11.0	-11.3	-12.1	-13.5	-15.1	-16.6	-17.6	-18.2	-18.8	-19.3	-17.3
	RH	67	67	68	68	69	69	70	69	67	64	60	55	52	50	49	50	52	55	59	62	64	65	65	66	62
	I_d	0	0	0	0	0	0	0	11	75	155	225	234	186	122	47	1	0	0	0	0	0	0	0	0	1055
	I_s	0	0	0	0	0	0	0	44	99	124	127	129	126	105	66	6	0	0	0	0	0	0	0	0	826
	WV	3.0	2.9	2.9	2.9	3.0	3.0	2.9	2.9	2.9	3.3	3.7	4.1	4.3	4.5	4.7	4.3	4.0	3.6	3.4	3.2	3.0	3.0	3.0	3.0	3.4
	DLR	151	150	149	148	147	145	143	144	148	154	161	167	171	174	175	174	172	168	164	160	158	156	154	152	158
三月标准日	DB	-5.2	-5.8	-6.4	-6.9	-7.5	-8.0	-8.0	-6.9	-4.7	-1.9	0.8	2.8	4.0	4.8	5.4	5.5	5.1	3.9	2.1	0.3	-1.2	-2.3	-3.2	-4.0	-1.6
	RH	41	43	44	46	47	49	50	48	43	37	32	28	25	23	22	21	22	24	27	30	34	36	37	39	35
	I_d	0	0	0	0	0	0	3	59	198	385	531	619	602	503	406	283	140	20	0	0	0	0	0	0	3749
	I_s	0	0	0	0	0	0	9	75	117	121	118	113	125	145	137	115	84	32	0	0	0	0	0	0	1191
	WV	3.5	3.5	3.5	3.4	3.4	3.5	3.6	3.7	4.1	4.6	5.0	5.4	5.7	6.1	6.0	5.9	5.7	5.1	4.4	3.6	3.6	3.6	3.6	3.6	4.3
	DLR	193	192	191	190	188	188	189	192	198	204	211	216	218	219	219	219	218	215	211	207	203	201	198	197	203
五月标准日	DB	12.3	11.4	10.4	9.6	9.4	9.9	11.2	13.1	15.3	17.3	18.9	20.1	20.9	21.5	21.8	21.9	21.7	21.0	19.9	18.4	16.8	15.3	14.1	13.3	16.1
	RH	36	39	41	43	44	43	40	36	32	28	25	22	21	20	19	18	19	19	21	24	27	30	32	34	30
	I_d	0	0	0	0	0	21	142	293	495	655	734	787	756	656	563	437	291	161	32	0	0	0	0	0	6022
	I_s	0	0	0	0	0	42	95	133	137	139	152	154	167	185	176	157	129	87	42	0	0	0	0	0	1793
	WV	4.2	4.3	4.3	4.3	4.3	4.7	5.2	5.6	5.8	6.0	6.1	6.3	6.4	6.6	6.6	6.7	6.8	6.0	5.2	4.3	4.2	4.1	4.2	4.2	5.3
	DLR	277	274	271	269	269	271	276	282	288	293	297	299	301	301	301	301	300	297	294	291	287	284	281	279	287

续表

		1时	2时	3时	4时	5时	6时	7时	8时	9时	10时	11时	12时	13时	14时	15时	16时	17时	18时	19时	20时	21时	22时	23时	24时	平均或合计[注2]
七月标准日	DB	22.0	21.1	20.3	19.5	19.3	19.7	20.8	22.4	24.2	25.9	27.3	28.4	29.2	29.8	30.1	30.2	30.0	29.4	28.5	27.3	26.0	24.7	23.6	22.8	25.1
	RH	50	53	56	59	60	60	57	52	46	41	36	33	30	28	27	27	28	29	31	34	37	41	44	47	42
	I_d	0	0	0	0	0	11	95	215	384	538	630	705	699	626	545	430	296	176	56	0	0	0	0	0	5404
	I_s	0	0	0	0	0	39	109	161	184	193	206	202	207	218	207	186	154	108	60	0	0	0	0	0	2235
	WV	3.1	2.9	2.9	2.8	2.8	3.1	3.3	3.6	3.8	3.9	4.1	4.2	4.4	4.5	4.5	4.5	4.5	4.2	4.0	3.7	3.6	3.5	3.4	3.2	3.7
	DLR	356	354	352	350	350	352	356	362	367	371	374	376	377	378	378	378	377	375	372	369	366	362	360	358	365
九月标准日	DB	12.1	11.4	10.7	10.2	9.8	9.8	10.4	11.8	13.7	15.9	17.9	19.3	20.2	20.8	21.1	21.2	20.6	19.5	17.9	16.2	14.9	13.9	13.2	12.6	15.2
	RH	50	53	56	57	59	59	58	55	49	43	38	34	31	29	27	27	27	29	33	37	41	44	46	48	43
	I_d	0	0	0	0	0	0	15	96	240	408	524	587	559	475	390	277	142	25	0	0	0	0	0	0	3737
	I_s	0	0	0	0	0	0	42	113	150	155	157	157	167	176	157	127	89	36	0	0	0	0	0	0	1526
	WV	3.1	3.1	3.1	3.1	3.1	3.3	3.5	3.7	3.9	4.2	4.4	4.6	4.9	5.1	5.0	5.0	4.9	4.4	3.8	3.2	3.2	3.2	3.2	3.2	3.8
	DLR	294	293	291	290	289	290	292	297	303	309	314	317	318	317	317	315	313	310	306	303	299	297	295	294	303
十一月标准日	DB	-7.9	-8.3	-8.5	-8.8	-9.3	-9.8	-10.1	-9.5	-8.1	-6.0	-3.7	-1.9	-0.6	0.0	-0.1	-0.6	-1.6	-2.9	-4.3	-5.6	-6.5	-7.0	-7.4	-7.8	-5.7
	RH	62	63	64	65	66	67	68	67	62	57	51	46	43	41	41	42	44	47	51	54	57	58	60	61	56
	I_d	0	0	0	0	0	0	0	2	47	139	233	298	285	210	127	40	0	0	0	0	0	0	0	0	1382
	I_s	0	0	0	0	0	0	0	13	82	117	126	121	121	120	97	56	0	0	0	0	0	0	0	0	854
	WV	3.4	3.2	3.3	3.4	3.5	3.5	3.5	3.5	4.0	4.4	4.9	5.1	5.3	5.5	5.0	4.5	4.0	3.9	3.8	3.3	3.7	3.7	3.6	3.5	4.0
	DLR	199	198	198	197	196	194	193	195	198	204	210	214	217	218	218	216	214	210	206	203	202	200	199	198	204
夏季TAC	DB_{25}	27.2	26.3	25.8	25.2	24.6	24.5	25.5	27.2	29.1	31.2	33.3	34.7	35.6	36.0	36.2	36.3	36.0	35.4	34.4	33.1	32.0	30.5	29.2	28.2	30.7
	I_{25}	0	0	0	0	0	115	328	554	790	954	1054	1105	1077	995	887	740	549	355	160	0	0	0	0	0	9664
	DB_{50}	26.2	25.5	24.7	24.1	23.5	23.4	24.4	26.0	28.1	30.1	32.0	33.4	34.4	35.0	35.3	35.5	35.3	34.5	33.5	32.2	30.8	29.4	27.9	27.0	29.7
	I_{50}	0	0	0	0	0	108	307	525	745	921	1022	1074	1060	977	870	721	542	348	154	0	0	0	0	0	9372
	RH_s	45	48	51	54	56	57	54	49	42	35	30	27	25	23	22	21	22	23	24	27	30	34	38	42	36
冬季TAC	DB_{975}	-28.2	-29.0	-29.0	-29.1	-29.5	-30.0	-30.7	-30.3	-28.6	-26.3	-24.1	-22.3	-21.0	-20.6	-20.5	-21.1	-22.0	-23.0	-24.4	-25.6	-26.4	-26.9	-27.0	-27.5	-26.0
	RH_{975}	28	30	29	31	33	36	37	37	36	31	26	21	18	17	15	15	16	18	20	23	24	25	26	27	25.8
	DB_{950}	-26.6	-26.8	-27.3	-27.5	-27.9	-28.5	-29.0	-28.5	-27.1	-24.9	-22.7	-20.9	-19.6	-18.8	-18.7	-19.2	-20.3	-21.4	-22.8	-23.9	-24.6	-25.0	-25.6	-26.2	-24.3
	RH_{950}	34	36	37	38	40	43	44	43	39	34	29	25	22	20	18	18	19	21	24	27	29	31	32	33	30.6

建筑环境与能源应用工程气象数据手册　Meteorological Data Handbook for Building Environment and Energy Application Engineering

| 地名 海拉尔 | 区站号 505270 | 经度 119.75E | 纬度 49.22N | 海拔 611m |

	1月	2月	3月	4月	5月	6月	7月	8月	9月	10月	11月	12月	年平均或累计[注1]
DB_m	-27.2	-22.0	-11.5	2.6	12.0	18.1	20.7	18.4	11.3	1.0	-12.6	-23.2	-1.0
RH_m	71.0	72.0	69.0	51.0	47.0	59.0	65.0	66.0	60.0	58.0	73.0	74.0	64.0
I_m	131	201	380	657	850	822	771	657	497	341	156	105	5552
HDD_m	1402	1121	914	462	187	0	0	0	201	527	919	1277	7010

		1时	2时	3时	4时	5时	6时	7时	8时	9时	10时	11时	12时	13时	14时	15时	16时	17时	18时	19时	20时	21时	22时	23时	24时	平均或合计[注2]
一月标准日	DB	-28.7	-28.8	-28.9	-29.0	-29.3	-29.6	-29.8	-29.7	-28.9	-27.7	-26.1	-24.7	-23.7	-23.5	-23.9	-24.7	-25.5	-26.2	-26.6	-26.9	-27.1	-27.5	-27.9	-28.3	-27.2
	RH	71	71	71	71	71	71	70	70	70	71	71	70	70	69	69	70	71	72	72	72	72	72	72	71	71
	I_d	0	0	0	0	0	0	0	0	29	66	78	90	90	73	45	5	0	0	0	0	0	0	0	0	475
	I_s	0	0	0	0	0	0	0	0	51	91	121	132	125	102	65	15	0	0	0	0	0	0	0	0	703
	WV	3.1	3.1	3.1	3.1	3.1	3.1	3.1	3.1	3.1	3.0	3.0	3.0	3.1	3.1	3.1	3.1	3.1	3.1	3.1	3.1	3.1	3.2	3.2	3.2	3.1
	DLR	121	120	120	119	118	117	117	118	120	124	129	134	138	138	137	134	132	130	129	128	127	125	124	122	126
三月标准日	DB	-14.1	-14.6	-15.3	-15.8	-16.2	-16.2	-15.8	-14.7	-13.1	-11.2	-9.5	-8.1	-7.2	-6.6	-6.3	-6.4	-7.0	-8.0	-9.4	-10.6	-11.5	-12.1	-12.6	-13.0	-11.5
	RH	73	74	75	75	76	75	74	72	69	67	65	63	61	61	60	61	62	65	68	71	72	73	73	73	69
	I_d	0	0	0	0	0	0	0	19	71	128	170	189	225	239	224	198	139	57	1	0	0	0	0	0	1660
	I_s	0	0	0	0	0	0	0	37	103	159	206	239	244	230	202	157	107	55	3	0	0	0	0	0	1742
	WV	3.7	3.6	3.5	3.4	3.4	3.5	3.5	3.6	3.7	3.9	4.1	4.5	4.7	4.9	4.8	4.6	4.4	4.4	4.3	4.2	4.1	3.9	3.8	3.7	4.0
	DLR	179	177	175	173	172	172	171	176	181	187	194	199	202	204	205	205	204	200	196	193	190	187	185	183	188
五月标准日	DB	8.4	7.7	6.8	6.2	6.2	7.2	8.9	10.9	12.7	14.2	15.2	15.9	16.4	16.9	17.1	17.1	16.6	15.7	14.3	12.8	11.4	10.3	9.6	9.1	12.0
	RH	57	60	64	66	67	64	58	52	46	41	37	35	33	32	31	31	32	35	38	43	48	52	54	56	47
	I_d	0	0	0	0	10	80	177	282	417	543	629	696	706	659	586	471	328	181	29	0	0	0	0	0	5794
	I_s	0	0	0	0	21	82	134	179	196	198	194	175	158	144	119	94	69	42	20	0	0	0	0	0	1825
	WV	3.9	3.9	4.0	4.0	4.1	4.1	4.3	4.6	4.9	5.0	5.2	5.4	5.5	5.6	5.7	5.6	5.6	5.6	5.1	4.5	4.0	4.0	3.9	3.9	4.7
	DLR	279	277	275	274	274	275	278	283	288	292	295	296	297	298	297	298	296	294	292	289	287	284	283	282	288

续表

		1时	2时	3时	4时	5时	6时	7时	8时	9时	10时	11时	12时	13时	14时	15时	16时	17时	18时	19时	20时	21时	22时	23时	24时	平均或合计注2
七月标准日	DB	17.5	16.9	16.2	15.8	15.9	16.6	18.0	19.7	21.4	22.8	23.7	24.3	24.6	24.9	25.1	25.0	24.6	23.8	22.7	21.4	20.3	19.3	18.7	18.2	20.7
	RH	78	80	83	84	84	81	76	69	64	58	55	52	50	49	48	48	50	53	58	63	67	71	73	75	65
	I_d	0	0	0	0	4	38	96	166	260	356	432	506	534	511	467	383	274	163	48	0	0	0	0	0	4238
	I_s	0	0	0	0	20	93	163	224	265	285	291	273	250	227	192	157	118	76	39	0	0	0	0	0	2674
	WV	3.0	2.9	3.0	3.0	3.0	3.2	3.3	3.5	3.6	3.8	4.0	4.1	4.2	4.3	4.2	4.0	3.9	3.6	3.3	3.1	3.1	3.0	3.0	3.0	3.5
	DLR	356	353	351	349	350	352	357	363	368	372	374	375	375	375	375	375	374	373	370	367	364	361	359	358	365
九月标准日	DB	8.3	7.7	7.0	6.5	6.3	6.6	7.6	9.2	11.1	13.0	14.5	15.5	16.2	16.6	16.7	16.6	15.9	14.6	13.0	11.3	10.1	9.3	8.9	8.5	11.3
	RH	71	74	76	78	78	77	74	68	61	55	50	46	43	42	41	41	43	47	53	59	64	66	68	69	60
	I_d	0	0	0	0	0	1	49	111	195	285	358	427	450	420	357	251	117	8	0	0	0	0	0	0	3030
	I_s	0	0	0	0	0	8	76	138	184	208	213	194	169	142	108	76	45	10	0	0	0	0	0	0	1573
	WV	3.6	3.6	3.6	3.6	3.6	3.8	3.9	4.0	4.2	4.5	4.7	4.8	4.9	5.0	4.8	4.5	4.3	4.1	3.8	3.5	3.5	3.5	3.6	3.6	4.0
	DLR	292	290	288	286	285	286	290	295	300	305	308	310	311	311	310	310	308	305	302	299	295	293	292	291	298
十一月标准日	DB	-13.9	-14.1	-14.2	-14.5	-14.9	-15.3	-15.3	-14.9	-13.8	-12.4	-10.8	-9.5	-8.9	-8.9	-9.5	-10.3	-11.2	-11.8	-12.2	-12.6	-13.0	-13.3	-13.7	-14.1	-12.6
	RH	76	77	77	77	78	78	78	77	75	73	69	66	64	64	65	67	70	72	73	74	74	74	75	76	73
	I_d	0	0	0	0	0	0	0	10	50	84	105	126	127	101	55	4	0	0	0	0	0	0	0	0	663
	I_s	0	0	0	0	0	0	0	30	81	117	138	138	121	93	55	7	0	0	0	0	0	0	0	0	781
	WV	3.6	3.5	3.6	3.6	3.6	3.6	3.6	3.5	3.6	3.8	3.9	4.0	4.0	4.1	4.0	3.9	3.7	3.7	3.7	3.7	3.7	3.7	3.7	3.6	3.7
	DLR	182	181	181	180	178	177	177	178	182	186	191	195	196	196	194	192	190	188	187	186	184	183	182	180	185
夏季TAC	DB_{25}	23.3	22.3	21.7	21.0	20.7	21.3	23.1	25.4	27.8	29.7	31.0	31.7	32.3	32.8	33.4	33.6	32.9	31.8	30.2	28.6	26.7	25.4	24.5	23.8	27.3
	I_{25}	0	0	0	0	85	225	391	556	726	867	962	1017	1020	947	855	705	528	340	150	0	0	0	0	0	9370
	DB_{50}	21.7	20.9	20.2	19.7	19.7	20.5	22.1	24.2	26.6	28.4	29.5	30.1	30.7	31.1	31.4	31.4	30.9	30.0	28.4	26.6	25.1	23.7	22.7	22.3	25.7
	I_{50}	0	0	0	0	76	209	367	527	692	841	939	996	995	930	834	691	515	333	142	0	0	0	0	0	9088
	RH_s	77	81	83	85	85	81	76	68	62	55	51	47	44	42	41	42	44	48	54	61	66	70	73	75	63
冬季TAC	DB_{975}	-37.4	-37.7	-38.4	-38.6	-38.8	-39.1	-39.4	-39.3	-38.5	-37.3	-35.7	-34.3	-33.4	-32.7	-32.8	-33.7	-34.6	-35.2	-35.6	-35.9	-36.1	-36.6	-37.0	-37.5	-36.5
	RH_{975}	59	59	58	59	59	58	58	58	57	55	54	52	52	52	53	54	56	58	59	59	58	58	59	59	56.8
	DB_{950}	-36.1	-36.2	-36.5	-36.6	-37.1	-37.8	-38.1	-37.9	-36.9	-35.3	-33.6	-32.3	-31.5	-31.5	-31.8	-32.6	-33.5	-34.1	-34.5	-34.8	-34.8	-35.0	-35.2	-35.7	-35.0
	RH_{950}	62	62	62	61	62	62	61	61	61	59	58	56	55	55	56	58	60	61	62	62	62	62	62	62	60.2

地名	呼和浩特	区站号	534630	经度	111.68E	纬度	40.82N	海拔	1065m

	1月	2月	3月	4月	5月	6月	7月	8月	9月	10月	11月	12月	年平均或累计[注1]
DB_m	-10.5	-5.5	1.9	10.1	16.5	20.9	23.2	21.5	15.3	8.2	-1.4	-8.7	7.6
RH_m	47.0	40.0	34.0	32.0	33.0	43.0	55.0	54.0	55.0	51.0	52.0	49.0	45.0
I_m	246	321	520	655	782	753	689	625	483	380	245	205	5893
HDD_m	882	657	498	238	46	0	0	0	81	304	583	828	4118

		1时	2时	3时	4时	5时	6时	7时	8时	9时	10时	11时	12时	13时	14时	15时	16时	17时	18时	19时	20时	21时	22时	23时	24时	平均或累计[注2]
一月标准日	DB	-12.4	-12.7	-12.9	-13.2	-13.7	-14.4	-14.8	-14.4	-13.0	-11.0	-8.9	-7.3	-6.4	-5.9	-5.8	-5.9	-6.6	-7.6	-8.9	-10.1	-10.8	-11.2	-11.5	-11.9	-10.5
	RH	51	52	53	53	55	57	59	57	53	47	41	37	35	35	34	35	37	40	43	46	48	49	49	50	47
	I_d	0	0	0	0	0	0	0	0	25	112	202	269	261	197	138	67	5	0	0	0	0	0	0	0	1276
	I_s	0	0	0	0	0	0	0	0	58	105	127	133	143	147	122	80	17	0	0	0	0	0	0	0	931
	WV	2.8	2.8	2.8	2.7	2.7	2.6	2.5	2.4	2.3	2.3	2.2	2.3	2.5	2.7	2.6	2.5	2.3	2.5	2.7	2.9	2.9	3.0	3.0	2.9	2.6
	DLR	171	171	170	169	168	167	166	167	170	174	179	182	184	185	185	185	184	182	179	177	175	174	174	173	176
三月标准日	DB	-0.8	-1.4	-2.0	-2.5	-2.8	-2.9	-2.5	-1.6	0.0	1.8	3.6	4.9	5.9	6.7	7.4	7.7	7.2	6.1	4.6	3.1	1.9	1.3	0.7	0.2	1.9
	RH	39	41	43	44	45	45	44	42	38	33	30	27	26	25	24	24	24	26	29	32	35	36	36	37	34
	I_d	0	0	0	0	0	0	3	61	176	311	414	492	482	408	349	250	125	20	0	0	0	0	0	0	3089
	I_s	0	0	0	0	0	0	10	77	132	161	178	180	191	199	173	139	97	37	0	0	0	0	0	0	1573
	WV	2.7	2.6	2.6	2.6	2.5	2.4	2.4	2.3	2.5	2.8	3.0	3.4	3.8	4.2	4.2	4.1	4.0	3.7	3.4	3.1	3.0	2.9	2.9	2.8	3.1
	DLR	213	212	210	209	208	208	210	212	215	219	223	226	229	231	233	233	232	229	225	222	220	218	217	216	220
五月标准日	DB	13.2	12.3	11.2	10.4	10.3	11.2	12.7	14.5	16.1	17.4	18.5	19.6	20.6	21.6	22.2	22.3	21.9	21.0	19.8	18.4	17.0	15.8	14.8	14.1	16.5
	RH	39	42	45	48	48	45	42	38	35	32	30	27	26	24	23	22	22	23	25	28	31	34	36	37	33
	I_d	0	0	0	0	10	112	235	383	483	517	566	579	543	486	369	228	115	16	0	0	0	0	0	0	4642
	I_s	0	0	0	0	32	94	146	179	213	253	261	254	241	214	188	154	99	36	0	0	0	0	0	0	2365
	WV	2.7	2.7	2.7	2.7	2.7	2.6	2.5	2.4	2.8	3.1	3.4	3.8	4.2	4.5	4.5	4.4	4.3	3.9	3.5	3.1	3.0	2.9	2.8	2.8	3.3
	DLR	287	285	282	280	280	283	288	293	298	302	305	307	310	311	312	311	310	307	303	300	296	293	291	290	297

续表

	参数	1时	2时	3时	4时	5时	6时	7时	8时	9时	10时	11时	12时	13时	14时	15时	16时	17时	18时	19时	20时	21时	22时	23时	24时	平均或合计[注2]
七月标准日	DB	20.4	19.7	18.9	18.3	18.4	19.1	20.3	21.8	23.1	24.2	25.1	25.9	26.6	27.3	27.8	27.9	27.5	26.8	25.7	24.4	23.2	22.3	21.6	21.0	23.2
	RH	62	65	68	70	70	67	63	59	55	51	49	46	45	43	41	41	42	44	47	51	55	57	59	61	55
	I_d	0	0	0	0	0	4	62	144	249	320	337	365	373	355	329	264	174	91	21	0	0	0	0	0	3088
	I_s	0	0	0	0	0	23	101	169	223	275	327	354	356	339	300	249	190	125	52	0	0	0	0	0	3083
	WV	2.2	2.2	2.2	2.2	2.3	2.1	1.9	1.7	2.0	2.2	2.5	2.8	3.0	3.3	3.2	3.1	3.0	2.8	2.5	2.3	2.3	2.3	2.3	2.3	2.4
	DLR	360	358	355	353	353	356	361	366	370	374	376	379	382	384	385	385	383	381	377	374	370	366	364	362	370
九月标准日	DB	12.6	11.9	11.3	10.9	10.8	11.2	12.0	13.3	14.7	16.2	17.5	18.5	19.3	20.0	20.4	20.5	19.9	18.7	17.2	15.7	14.6	13.9	13.4	13.0	15.3
	RH	63	66	68	69	69	68	66	62	57	52	48	45	43	41	40	40	41	43	48	53	57	59	60	61	55
	I_d	0	0	0	0	0	0	11	70	165	260	316	354	345	303	263	188	92	14	0	0	0	0	0	0	2381
	I_s	0	0	0	0	0	0	36	112	175	218	252	263	265	251	212	162	105	35	0	0	0	0	0	0	2087
	WV	2.4	2.3	2.5	2.4	2.5	2.2	2.0	1.7	2.0	2.3	2.5	2.8	3.1	3.0	2.8	2.6	2.5	2.6	2.7	2.7	2.6	2.6	2.5	2.4	2.5
	DLR	310	308	306	305	305	306	309	313	317	321	324	327	329	331	332	331	329	326	322	318	315	313	312	310	318
十一月标准日	DB	-3.2	-3.5	-3.7	-4.0	-4.4	-4.9	-5.1	-4.6	-3.2	-1.4	0.5	1.9	2.7	2.9	2.8	2.4	1.6	0.6	-0.5	-1.4	-2.0	-2.4	-2.7	-3.1	-1.4
	RH	58	59	60	60	61	63	63	62	57	51	46	42	40	40	40	41	43	46	49	52	54	55	56	56	52
	I_d	0	0	0	0	0	0	0	3	51	136	214	261	238	170	110	42	0	0	0	0	0	0	0	0	1226
	I_s	0	0	0	0	0	0	0	21	92	132	149	153	158	151	118	68	2	0	0	0	0	0	0	0	1043
	WV	2.6	2.6	2.5	2.5	2.4	2.4	2.3	2.2	2.2	2.2	2.3	2.5	2.8	3.0	2.8	2.6	2.5	2.6	2.7	2.8	2.7	2.7	2.6	2.6	2.6
	DLR	218	218	217	216	215	214	213	214	217	222	226	230	231	232	232	231	229	227	224	222	221	220	219	218	222
夏季 TAC	DB_{25}	25.4	24.7	23.8	23.4	23.0	23.0	23.9	25.8	27.5	28.6	29.7	30.7	31.5	32.5	33.1	33.5	33.2	32.3	31.2	29.9	28.6	27.6	26.8	26.3	28.2
	I_{25}	0	0	0	0	0	90	291	510	710	845	916	974	979	928	846	694	509	311	127	0	0	0	0	0	8728
	DB_{50}	24.2	23.4	22.9	22.3	21.9	22.0	23.1	24.9	26.7	28.0	28.9	29.7	30.7	31.7	32.4	32.7	32.4	31.4	30.4	29.0	27.8	26.9	25.9	25.0	27.3
	I_{50}	0	0	0	0	0	84	280	486	684	823	889	942	950	903	818	676	492	305	121	0	0	0	0	0	8451
	RH_s	58	61	64	66	65	63	59	53	49	45	42	39	37	35	33	33	33	36	40	44	49	52	54	56	48
冬季 TAC	DB_{975}	-20.0	-20.4	-20.8	-20.8	-20.9	-21.7	-22.3	-22.3	-20.9	-18.5	-16.9	-15.3	-14.2	-13.6	-13.8	-14.4	-15.3	-16.2	-17.2	-18.0	-18.8	-19.3	-19.7	-19.9	-18.4
	RH_{975}	24	24	24	26	26	27	28	27	24	21	18	15	13	13	12	12	13	14	16	18	19	20	22	23	20.0
	DB_{850}	-17.6	-18.0	-18.3	-18.7	-19.0	-19.8	-20.2	-19.9	-18.4	-16.7	-14.9	-13.5	-12.3	-11.7	-11.9	-12.3	-12.9	-13.9	-14.7	-15.6	-16.4	-16.6	-16.8	-17.1	-16.1
	RH_{950}	27	28	29	30	31	31	31	30	28	23	21	18	16	15	15	14	15	16	19	22	23	24	25	26	23.2

地名 集宁	区站号 534800	经度 113.07E	纬度 41.03N	海拔 1416m

	1月	2月	3月	4月	5月	6月	7月	8月	9月	10月	11月	12月	年平均或累计[1]
DB_m	-12.5	-8.1	-1.1	7.0	13.7	18.0	20.8	19.1	12.9	6.4	-3.6	-10.6	5.2
RH_m	49.0	43.0	34.0	32.0	36.0	48.0	56.0	55.0	57.0	52.0	56.0	53.0	48.0
I_m	249	324	532	653	771	738	698	636	488	383	244	205	5908
HDD_m	946	730	593	329	133	0	0	0	152	361	647	886	4778

月		1时	2时	3时	4时	5时	6时	7时	8时	9时	10时	11时	12时	13时	14时	15时	16时	17时	18时	19时	20时	21时	22时	23时	24时	平均或合计[2]
一月标准日	DB	-14.7	-15.1	-15.4	-15.7	-16.3	-17.1	-17.5	-17.1	-15.5	-13.0	-10.5	-8.5	-7.4	-7.0	-7.0	-7.5	-8.4	-9.7	-11.1	-12.2	-12.9	-13.3	-13.6	-14.1	-12.5
	RH	54	56	56	57	58	60	62	61	56	49	43	38	35	34	34	35	38	41	45	48	50	51	51	52	49
	I_d	0	0	0	0	0	0	0	0	27	120	221	296	283	205	130	54	2	0	0	0	0	0	0	0	1340
	I_s	0	0	0	0	0	0	0	0	64	107	122	123	132	139	118	75	10	0	0	0	0	0	0	0	890
	WV	3.4	3.3	2.9	2.2	1.4	1.4	1.4	1.4	1.7	2.1	2.4	2.8	3.2	3.5	3.3	3.1	2.9	3.0	3.1	2.2	3.1	3.2	3.3	3.4	2.7
	DLR	163	163	162	161	160	158	157	158	161	167	172	177	179	179	179	178	177	174	172	169	168	167	166	165	168
三月标准日	DB	-4.3	-5.1	-5.7	-6.1	-6.4	-6.4	-6.4	-5.9	-4.7	-2.8	-0.5	1.6	3.1	3.9	4.4	4.7	4.6	3.9	2.7	1.1	-0.3	-1.3	-1.9	-2.5	-1.1
	RH	41	43	45	46	46	46	46	43	37	31	27	25	23	22	22	23	24	26	29	33	35	36	37	39	34
	I_d	0	0	0	0	0	0	0	5	73	206	364	474	537	502	402	322	221	106	12	0	0	0	0	0	3225
	I_s	0	0	0	0	0	0	0	14	84	131	148	167	186	203	182	144	95	28	0	0	0	0	0	0	1543
	WV	3.2	3.1	2.7	2.2	1.6	1.7	1.9	2.0	2.6	3.2	3.8	4.1	4.4	4.7	4.6	4.4	4.3	3.7	3.1	2.3	2.6	2.7	2.8	3.1	3.1
	DLR	198	196	195	194	193	194	195	197	201	205	209	212	214	215	215	215	214	212	209	206	205	203	202	201	204
五月标准日	DB	10.3	9.6	8.8	8.0	8.0	8.7	10.2	12.2	13.9	15.4	16.6	17.1	17.6	18.4	18.7	18.6	18.1	17.3	16.1	14.9	13.8	13.0	12.3	11.2	13.7
	RH	43	46	48	50	49	47	44	40	36	32	29	28	27	26	25	25	26	27	29	32	35	37	38	41	36
	I_d	0	0	0	0	0	16	123	246	401	517	557	584	556	485	420	318	197	97	10	0	0	0	0	0	4526
	I_s	0	0	0	0	0	40	99	150	179	204	236	248	257	260	234	200	155	96	29	0	0	0	0	0	2385
	WV	3.7	3.5	3.2	2.6	1.9	2.2	2.5	2.8	3.3	3.7	4.1	4.2	4.2	4.3	4.3	4.2	4.2	3.8	3.3	2.7	3.1	3.3	3.4	3.7	3.4
	DLR	275	273	271	268	268	270	275	281	285	288	290	291	292	294	294	293	292	289	287	284	282	280	278	277	282

续表

		1时	2时	3时	4时	5时	6时	7时	8时	9时	10时	11时	12时	13时	14时	15时	16时	17时	18时	19时	20时	21时	22时	23时	24时	平均或合计[注2]
七月标准日	DB	17.8	16.9	16.1	15.6	15.8	16.5	17.7	19.3	20.8	22.2	23.3	24.0	24.6	25.0	25.3	25.2	24.8	24.0	22.9	21.9	20.9	20.1	19.4	18.7	20.8
	RH	66	70	73	75	75	72	68	63	57	52	48	44	42	41	40	41	42	44	48	51	55	57	60	63	56
	I_d	0	0	0	0	0	6	60	131	246	346	391	424	409	361	318	247	159	82	17	0	0	0	0	0	3197
	I_s	0	0	0	0	0	30	112	187	238	274	310	328	336	329	296	251	192	123	48	0	0	0	0	0	3054
	WV	3.7	3.2	3.1	2.1	1.1	1.3	1.4	1.5	1.8	2.1	2.4	2.5	2.7	2.9	2.8	2.8	2.8	2.9	3.0	2.3	2.8	3.0	3.3	3.6	2.6
	DLR	346	344	341	340	340	343	348	353	358	360	362	363	364	365	366	365	364	362	359	356	354	351	350	349	354
九月标准日	DB	10.0	9.3	8.6	8.2	8.0	8.3	9.2	10.6	12.3	14.2	15.8	16.9	17.6	18.0	18.2	17.9	17.3	16.1	14.7	13.3	12.3	11.7	11.2	10.6	12.9
	RH	66	70	72	74	75	74	72	67	60	53	48	44	41	39	38	39	41	45	50	55	59	61	61	63	57
	I_d	0	0	0	0	0	0	11	64	164	282	357	401	375	309	246	166	75	8	0	0	0	0	0	0	2457
	I_s	0	0	0	0	0	0	42	122	184	216	237	246	255	251	216	163	101	27	0	0	0	0	0	0	2059
	WV	3.6	3.2	3.2	2.2	1.2	1.2	1.3	1.3	1.7	2.1	2.5	2.6	2.7	2.9	2.8	2.8	2.8	3.0	3.0	2.2	2.8	3.1	3.3	3.3	2.5
	DLR	297	296	294	293	293	294	297	301	306	310	313	315	316	316	315	314	313	312	309	306	304	302	300	298	305
十一月标准日	DB	-5.5	-5.8	-5.9	-6.2	-6.6	-7.2	-7.4	-6.8	-5.3	-3.2	-1.0	0.5	1.2	1.2	0.8	0.1	-0.8	-1.9	-2.9	-3.8	-4.3	-4.6	-4.9	-5.3	-3.6
	RH	63	64	65	65	66	68	69	66	60	53	47	43	41	41	42	44	47	50	54	57	58	59	60	61	56
	I_d	0	0	0	0	0	0	0	4	52	142	224	272	240	160	92	29	0	0	0	0	0	0	0	0	1215
	I_s	0	0	0	0	0	0	0	25	97	134	148	149	155	151	117	62	0	0	0	0	0	0	0	0	1039
	WV	4.2	3.9	3.7	2.7	1.7	1.7	1.7	1.7	2.1	2.5	2.9	3.2	3.5	3.8	3.4	3.1	2.7	3.0	3.3	2.6	3.2	3.6	4.0	3.9	3.0
	DLR	211	210	210	209	208	206	206	207	210	214	219	222	224	224	223	221	220	218	216	214	213	212	211	210	214
夏季TAC	DB_{25}	22.6	21.8	21.1	21.0	20.5	21.0	21.5	23.3	25.2	27.1	28.7	29.9	30.5	30.6	31.1	31.0	30.5	29.3	28.2	27.1	25.9	25.0	24.0	23.4	25.8
	I_{25}	0	0	0	0	0	105	306	516	730	869	953	992	976	907	805	653	472	285	108	0	0	0	0	0	8673
	DB_{50}	21.6	20.6	20.2	19.6	19.5	19.7	20.8	22.4	24.2	26.2	27.6	28.5	29.4	30.0	29.9	30.0	29.6	28.7	27.4	26.0	25.0	24.1	23.0	22.4	24.9
	I_{50}	0	0	0	0	0	95	288	490	696	848	920	966	951	880	784	638	461	276	103	0	0	0	0	0	8397
	RH_s	64	68	72	74	75	72	67	60	54	48	42	38	35	33	33	33	34	37	42	47	51	54	57	60	52
冬季TAC	DB_{975}	-23.1	-23.4	-23.7	-24.0	-24.1	-24.6	-25.0	-24.8	-22.9	-20.4	-18.1	-16.5	-16.0	-15.8	-16.1	-16.9	-17.9	-18.6	-19.5	-19.8	-20.9	-21.4	-21.6	-22.4	-20.7
	RH_{975}	25	25	26	27	29	30	30	30	27	22	18	15	13	13	12	12	13	15	18	20	21	22	23	23	21.2
	DB_{950}	-21.2	-21.4	-21.6	-21.9	-22.3	-23.3	-24.1	-23.6	-21.5	-19.1	-16.8	-15.3	-14.6	-14.5	-14.8	-15.4	-16.3	-17.0	-17.9	-19.0	-19.7	-20.0	-20.0	-20.8	-19.3
	RH_{950}	28	30	30	30	33	34	35	35	31	26	21	17	16	15	14	14	16	18	22	24	24	25	27	28	24.8

地名	通辽	区站号	541350	经度	122.27E	纬度	43.6N	海拔	180m

	1月	2月	3月	4月	5月	6月	7月	8月	9月	10月	11月	12月	年平均或累计[1]
DB_m	-12.7	-8	0.2	9.7	17.7	22.3	24.8	23.5	17.4	8.5	-2.2	-10.7	7.5
RH_m	51	43	39	38	45	58	69	67	57	53	51	55	52
I_m	212	301	507	639	751	705	645	594	496	366	232	177	5616
HDD_m	952	728	552	248	9	0	0	0	18	294	606	889	4297

		1时	2时	3时	4时	5时	6时	7时	8时	9时	10时	11时	12时	13时	14时	15时	16时	17时	18时	19时	20时	21时	22时	23时	24时	平均或合计[2]
一月标准日	DB	-14.7	-15	-15.2	-15.5	-16.1	-16.7	-16.9	-16.4	-15	-12.9	-10.7	-9.1	-8.2	-7.9	-8.2	-8.7	-9.5	-10.4	-11.4	-12.2	-12.8	-13.3	-13.8	-14.3	-12.7
	RH	56	57	57	58	59	61	62	60	56	51	46	42	40	39	40	41	44	46	49	52	53	54	55	55	51
	I_d	0	0	0	0	0	0	0	6	63	127	171	210	206	160	99	17	0	0	0	0	0	0	0	0	1058
	I_s	0	0	0	0	0	0	0	24	83	119	140	139	127	108	73	27	0	0	0	0	0	0	0	0	840
	WV	2.2	2.2	2.2	2.2	2.2	2.2	2.2	2.2	2.5	2.8	3.1	3.2	3.3	3.4	3	2.6	2.3	2.3	2.2	2.2	2.3	2.3	2.3	2.3	2.5
	DLR	165	164	163	163	161	160	159	160	164	168	174	177	180	180	179	178	177	175	173	172	170	169	167	166	169
三月标准日	DB	-2.8	-3.3	-4.0	-4.4	-4.7	-4.6	-3.9	-2.6	-0.8	1.1	2.8	4.1	4.8	5.3	5.5	5.4	4.7	3.6	2.1	0.7	-0.3	-1.0	-1.5	-1.9	0.2
	RH	47	49	50	52	53	53	51	48	42	36	32	29	27	26	25	25	27	29	33	37	40	43	44	45	39
	I_d	0	0	0	0	0	0	45	130	241	343	403	460	452	386	321	209	71	0	0	0	0	0	0	0	3061
	I_s	0	0	0	0	0	1	53	115	156	181	197	187	176	163	124	85	47	0	0	0	0	0	0	0	1485
	WV	2.8	2.7	2.7	2.6	2.5	2.7	2.9	3.1	3.3	3.6	3.8	3.9	4.0	4.1	3.9	3.7	3.5	3.3	3.1	2.9	2.9	2.9	2.9	2.8	3.2
	DLR	211	210	209	208	207	208	210	212	216	220	223	225	226	226	226	226	225	223	221	219	217	216	214	214	217
五月标准日	DB	14.2	13.4	12.6	12.2	12.4	13.4	15.0	16.9	18.5	19.8	20.7	21.4	22.0	22.5	22.8	22.8	22.1	21.0	19.6	18.1	16.9	16.1	15.5	15.0	17.7
	RH	54	57	60	61	61	58	54	49	43	39	37	35	33	32	31	31	32	34	38	42	46	49	50	52	45
	I_d	0	0	0	0	2	53	145	244	357	445	483	524	517	465	409	313	192	76	0	0	0	0	0	0	4225
	I_s	0	0	0	0	11	88	153	209	242	263	281	269	253	231	191	148	103	54	1	0	0	0	0	0	2500
	WV	2.7	2.6	2.6	2.5	2.4	2.8	3.2	3.6	3.9	4.1	4.4	4.4	4.3	4.3	4.2	4.1	4.0	3.6	3.2	2.7	2.7	2.7	2.8	2.7	3.4
	DLR	310	308	306	305	306	310	315	320	325	327	329	330	331	332	332	331	329	326	323	321	318	316	314	312	320

续表

		1时	2时	3时	4时	5时	6时	7时	8时	9时	10时	11时	12时	13时	14时	15时	16时	17时	18时	19时	20时	21时	22时	23时	24时	平均或合计注2
七月标准日	DB	22.0	21.4	20.8	20.5	20.6	21.4	22.7	24.1	25.4	26.5	27.3	28.0	28.5	28.9	29.0	28.8	28.1	27.2	26.0	24.9	23.9	23.2	22.8	22.4	24.8
	RH	80	82	84	86	85	82	77	72	67	62	58	55	53	52	51	52	55	58	63	68	72	75	77	79	69
	I_d	0	0	0	0	1	19	61	111	176	233	267	308	319	296	265	205	128	57	1	0	0	0	0	0	2448
	I_s	0	0	0	0	6	81	167	249	310	352	379	376	357	326	274	215	150	82	9	0	0	0	0	0	3332
	WV	1.9	1.9	1.9	1.9	1.9	2.2	2.4	2.7	2.9	3.0	3.2	3.2	3.3	3.3	3.2	3.2	3.1	2.8	2.4	2.1	2.1	2.0	2.0	2.0	2.5
	DLR	389	387	385	383	384	387	391	397	401	404	405	406	407	408	409	408	406	404	401	398	395	393	392	391	397
九月标准日	DB	14.3	13.6	12.9	12.5	12.4	13.0	14.1	15.8	17.6	19.4	20.8	21.8	22.4	22.9	23.1	22.8	21.9	20.4	18.6	16.9	15.7	15.1	14.9	14.6	17.4
	RH	69	72	74	75	76	74	71	65	57	50	45	41	38	37	36	37	40	45	51	59	64	66	67	67	57
	I_d	0	0	0	0	0	1	48	108	196	283	338	390	388	339	276	177	58	0	0	0	0	0	0	0	2604
	I_s	0	0	0	0	0	11	92	165	217	246	262	249	229	201	155	107	57	1	0	0	0	0	0	0	1992
	WV	1.9	1.9	2.0	2.0	2.0	2.1	2.3	2.5	2.7	3.0	3.3	3.3	3.3	3.3	3.1	2.8	2.6	2.4	2.1	1.9	1.9	1.9	1.9	1.9	2.4
	DLR	327	325	322	320	320	323	327	332	337	340	343	344	345	345	345	345	343	340	336	333	331	329	328	327	334
十一月标准日	DB	-4.1	-4.4	-4.7	-5.0	-5.4	-5.6	-5.5	-4.8	-3.4	-1.5	0.3	1.7	2.4	2.4	1.9	1.0	0.1	-0.7	-1.5	-2.2	-2.8	-3.2	-3.7	-4.1	-2.2
	RH	57	59	59	60	62	62	62	60	55	49	44	39	37	37	38	40	44	46	49	51	53	54	55	56	51
	I_d	0	0	0	0	0	0	1	35	101	166	209	240	223	163	88	6	0	0	0	0	0	0	0	0	1232
	I_s	0	0	0	0	0	0	3	64	111	139	151	142	126	102	65	13	0	0	0	0	0	0	0	0	917
	WV	2.4	2.4	2.4	2.4	2.4	2.4	2.5	2.5	2.8	3.1	3.4	3.5	3.5	3.5	3.1	2.8	2.4	2.4	2.4	2.4	2.4	2.4	2.4	2.4	2.7
	DLR	214	213	213	212	211	210	210	212	215	219	223	226	227	226	225	223	222	221	219	218	216	215	214	213	217
夏季TAC	DB_{25}	25.4	24.8	24.4	24.1	24.2	24.3	25.5	27.4	29.1	30.3	31.6	32.8	33.5	34.1	34.4	34.3	33.4	32.0	30.2	28.5	27.4	26.6	26.0	25.8	28.8
	I_{25}	0	0	0	0	53	205	386	556	722	849	912	939	921	855	741	585	404	214	37	0	0	0	0	0	8377
	DB_{50}	24.6	24.0	23.6	23.2	23.2	23.6	24.9	26.6	28.3	29.6	30.9	31.9	32.7	33.2	33.6	33.6	32.7	31.3	29.5	27.9	26.6	25.9	25.2	24.9	28.0
	I_{50}	0	0	0	0	45	190	364	519	687	809	873	912	901	832	722	574	388	205	33	0	0	0	0	0	8054
	RH_s	79	82	84	85	85	82	76	70	63	58	53	49	47	45	44	45	47	52	58	65	70	74	76	78	65
冬季TAC	DB_{975}	-22.0	-22.3	-22.9	-23.0	-23.4	-24.1	-24.3	-23.7	-21.9	-19.8	-18.2	-17.0	-16.1	-15.9	-16.2	-16.6	-17.4	-17.7	-18.4	-19.3	-20.1	-20.6	-21.1	-21.6	-20.2
	RH_{975}	28	29	29	29	31	31	32	31	29	25	22	18	16	15	15	15	16	18	20	22	23	24	26	27	23.7
	DB_{950}	-20.9	-21.1	-21.4	-21.8	-22.2	-22.6	-22.6	-22.1	-20.7	-18.8	-17.0	-15.5	-14.6	-14.4	-14.7	-15.3	-16.0	-16.7	-17.5	-18.4	-19.1	-19.6	-20.0	-20.5	-18.9
	RH_{950}	31	32	33	33	35	36	36	34	31	27	24	20	19	18	17	18	19	21	23	25	26	28	29	30	26.9

辽宁省

地名	本溪	区站号	543460	经度	123.78E	纬度	41.32N	海拔	185m

	1月	2月	3月	4月	5月	6月	7月	8月	9月	10月	11月	12月	年平均或累计[1]
DB_m	-10.8	-6.1	2.0	10.2	17.6	21.5	25.1	23.6	17.9	9.9	1.0	-7.8	8.7
RH_m	59.0	53.0	49.0	46.0	52.0	66.0	72.0	76.0	70.0	63.0	61.0	62.0	61.0
I_m	217	292	481	596	718	643	606	521	445	339	214	176	5241
HDD_m	893	676	496	235	14	0	0	0	3	250	510	798	3874

		1时	2时	3时	4时	5时	6时	7时	8时	9时	10时	11时	12时	13时	14时	15时	16时	17时	18时	19时	20时	21时	22时	23时	24时	平均或合计[2]
一月标准日	DB	-13.0	-13.5	-13.8	-14.0	-14.5	-14.9	-15.2	-14.7	-13.3	-11.3	-9.1	-7.3	-6.1	-5.8	-6.0	-6.6	-7.5	-8.4	-9.2	-9.8	-10.4	-10.9	-11.6	-12.3	-10.8
	RH	67	69	70	70	71	72	73	71	66	60	53	47	43	42	42	44	47	51	54	57	59	61	62	65	59
	I_d	0	0	0	0	0	0	0	7	47	100	147	195	198	155	94	16	0	0	0	0	0	0	0	0	957
	I_s	0	0	0	0	0	0	0	36	102	145	167	163	145	119	80	30	0	0	0	0	0	0	0	0	987
	WV	1.9	1.9	1.9	2.0	2.0	2.0	2.0	2.0	2.0	1.9	1.9	2.0	2.2	2.3	2.1	2.0	1.8	1.9	2.1	1.7	2.2	2.1	2.1	2.0	2.0
	DLR	179	178	178	177	175	174	174	175	178	182	186	190	192	192	191	190	189	189	188	187	186	185	182	181	183
三月标准日	DB	-0.5	-1.1	-1.6	-1.9	-2.2	-2.1	-1.7	-0.6	0.9	2.8	4.4	5.5	6.1	6.3	6.3	6.1	5.5	4.7	3.7	2.7	2.0	1.5	1.0	0.4	2.0
	RH	58	60	62	63	64	64	62	58	51	44	39	36	35	34	34	34	36	39	42	46	49	51	52	54	49
	I_d	0	0	0	0	0	0	40	91	188	290	350	404	394	331	268	168	49	0	0	0	0	0	0	0	2574
	I_s	0	0	0	0	0	2	62	136	190	218	233	221	207	187	143	95	45	0	0	0	0	0	0	0	1740
	WV	2.3	1.9	2.2	2.2	2.1	2.2	2.3	2.3	2.5	2.7	2.8	3.0	3.1	3.3	3.1	2.9	2.7	2.6	2.5	1.9	2.4	2.4	2.3	2.3	2.5
	DLR	231	230	230	228	228	228	229	231	233	236	239	241	243	243	242	242	241	240	239	238	237	236	234	233	235
五月标准日	DB	14.3	13.4	12.6	12.1	12.3	13.1	14.6	16.3	18.1	19.6	20.7	21.5	22.0	22.3	22.4	22.2	21.5	20.5	19.3	18.1	17.1	16.4	15.8	15.2	17.6
	RH	62	66	70	72	71	68	63	56	50	44	40	38	37	37	37	37	39	42	45	49	53	55	56	58	52
	I_d	0	0	0	0	2	45	129	184	304	408	458	502	488	428	368	268	150	45	0	0	0	0	0	0	3780
	I_s	0	0	0	0	9	90	161	234	271	287	299	286	271	247	201	152	100	47	0	0	0	0	0	0	2654
	WV	2.6	2.2	2.3	2.2	2.1	2.2	2.3	2.5	2.7	3.0	3.3	3.4	3.5	3.5	3.4	3.2	3.1	3.1	3.1	2.1	3.0	2.9	2.8	2.7	2.8
	DLR	319	317	315	314	314	317	322	326	331	334	335	337	338	339	340	339	337	334	331	329	327	324	323	321	328

续表

		1时	2时	3时	4时	5时	6时	7时	8时	9时	10时	11时	12时	13时	14时	15时	16时	17时	18时	19时	20时	21时	22时	23时	24时	平均或合计注2
七月标准日	DB	22.8	22.2	21.7	21.4	21.5	22.1	23.1	24.3	25.5	26.6	27.5	28.1	28.4	28.6	28.6	28.3	27.8	27.0	26.1	25.3	24.6	24.2	23.8	23.3	25.1
	RH	81	84	86	87	86	84	80	75	70	66	62	60	58	58	58	59	61	64	68	71	74	76	77	79	72
	I_d	0	0	0	0	0	15	53	85	153	218	251	291	293	261	230	172	101	38	0	0	0	0	0	0	2160
	I_s	0	0	0	0	4	78	164	247	314	354	378	374	354	321	269	207	138	68	0	0	0	0	0	0	3271
	WV	2.1	1.9	1.8	1.8	1.7	1.8	1.9	2.0	2.1	2.3	2.5	2.5	2.6	2.7	2.6	2.5	2.5	2.6	2.8	2.0	2.8	2.6	2.4	2.2	2.3
	DLR	396	394	392	391	392	394	397	401	405	409	411	413	414	415	415	414	413	410	407	405	403	401	400	398	404
九月标准日	DB	14.9	14.3	13.8	13.6	13.5	13.8	14.5	15.9	17.7	19.7	21.4	22.4	22.9	23.0	22.9	22.5	21.6	20.4	19.0	17.6	16.8	16.3	15.9	15.4	17.9
	RH	83	86	88	89	89	88	86	80	71	62	56	52	50	48	48	49	52	57	64	71	75	77	78	80	70
	I_d	0	0	0	0	0	1	26	50	116	202	259	309	307	262	210	128	33	0	0	0	0	0	0	0	1903
	I_s	0	0	0	0	0	12	97	177	251	285	296	282	258	224	172	114	51	0	0	0	0	0	0	0	2219
	WV	2.1	1.8	2.0	1.9	1.9	1.9	1.9	1.9	2.0	2.1	2.2	2.3	2.3	2.4	2.2	2.1	1.9	2.2	2.4	2.2	2.6	2.4	2.3	2.2	2.1
	DLR	343	342	340	339	339	340	343	347	351	356	360	362	363	362	361	359	357	355	353	351	349	347	345	344	350
十一月标准日	DB	-0.6	-0.9	-1.2	-1.4	-1.6	-1.8	-1.7	-1.0	0.1	1.5	3.0	4.2	4.8	4.8	4.4	3.7	2.9	2.2	1.5	1.0	0.5	0.2	-0.2	-0.6	1.0
	RH	69	71	71	72	73	74	73	70	65	59	53	49	46	46	47	49	52	55	59	62	63	64	65	67	61
	I_d	0	0	0	0	0	0	1	23	71	125	156	193	181	125	68	4	0	0	0	0	0	0	0	0	944
	I_s	0	0	0	0	0	0	8	68	126	160	175	164	143	114	69	11	0	0	0	0	0	0	0	0	1038
	WV	2.7	2.4	2.6	2.3	1.9	2.0	2.0	2.1	2.1	2.2	2.3	2.4	2.4	2.5	2.3	2.1	2.0	2.5	3.1	2.7	3.1	3.1	3.0	2.8	2.4
	DLR	240	240	239	239	238	237	238	239	241	243	246	248	249	248	247	246	244	244	243	243	242	241	240	239	242
夏季TAC	DB_{25}	27.0	26.5	26.3	26.1	26.1	26.6	27.4	28.2	29.3	30.6	32.0	32.8	33.4	33.9	34.0	33.3	32.5	31.3	30.0	29.0	28.5	28.1	27.5	27.3	29.5
	I_{25}	0	0	0	0	43	189	371	519	693	820	896	940	919	813	704	543	355	172	1	0	0	0	0	0	7976
	DB_{50}	26.2	25.7	25.5	25.3	25.2	25.6	26.3	27.5	28.5	29.7	30.7	31.7	32.2	32.6	32.6	32.5	31.7	30.6	29.3	28.2	27.5	27.1	26.7	26.4	28.6
	I_{50}	0	0	0	0	37	175	344	488	654	788	857	896	870	784	671	519	342	163	0	0	0	0	0	0	7587
	RH_s	83	87	90	91	90	87	82	75	69	63	58	56	54	54	54	56	58	62	66	70	73	75	77	80	71
冬季TAC	DB_{975}	-21.4	-22.0	-22.4	-22.7	-22.9	-23.6	-23.9	-23.5	-21.8	-19.2	-16.6	-15.1	-14.4	-14.4	-14.9	-15.7	-16.5	-17.0	-17.4	-18.0	-18.7	-19.3	-19.7	-20.7	-19.2
	RH_{975}	32	32	31	33	36	36	37	36	33	29	24	20	19	18	18	19	21	23	25	26	27	29	31	33	27.8
	DB_{950}	-19.9	-20.2	-20.8	-20.9	-21.2	-21.8	-22.0	-21.6	-20.1	-17.5	-15.5	-13.6	-12.8	-12.8	-13.4	-14.0	-14.6	-15.1	-15.8	-16.6	-17.5	-18.0	-18.3	-19.1	-17.6
	RH_{950}	39	39	38	38	41	44	43	42	38	32	27	23	21	20	20	21	23	25	28	30	31	33	37	38	32.1

建筑环境与能源应用工程气象数据手册　Meteorological Data Handbook for Building Environment and Energy Application Engineering

| 地名 | 朝阳 | | 区站号 | 543240 | | 经度 | 120.45E | | 纬度 | 41.55N | | 海拔 | 176m |

	1月	2月	3月	4月	5月	6月	7月	8月	9月	10月	11月	12月	年平均或累计[1]
DB_m	-9.2	-4.7	3.5	11.9	19.5	22.6	25.3	24.3	18.5	10.6	0.7	-6.7	9.7
RH_m	44.0	39.0	35.0	38.0	43.0	63.0	72.0	70.0	63.0	53.0	49.0	45.0	51.0
I_m	237	316	518	620	736	649	586	547	466	369	245	205	5485
HDD_m	842	636	450	183	0	0	0	0	0	228	518	764	3623

		1时	2时	3时	4时	5时	6时	7时	8时	9时	10时	11时	12时	13时	14时	15时	16时	17时	18时	19时	20时	21时	22时	23时	24时	平均或累计[2]
一月标准日	DB	-11.9	-12.7	-12.9	-13.3	-13.9	-14.6	-14.8	-14.0	-12.1	-9.4	-6.6	-4.5	-3.3	-2.9	-3.0	-3.6	-4.6	-5.8	-7.2	-8.3	-9.1	-9.7	-10.4	-11.2	-9.2
	RH	51	53	54	54	56	58	59	58	51	44	37	33	30	29	29	30	33	36	39	42	44	45	46	49	44
	I_d	0	0	0	0	0	0	0	6	62	133	188	238	237	189	128	40	0	0	0	0	0	0	0	0	1221
	I_s	0	0	0	0	0	0	0	24	86	125	146	144	135	119	84	43	0	0	0	0	0	0	0	0	906
	WV	3.1	2.4	2.8	2.4	2.0	2.0	2.1	2.1	2.3	2.6	2.8	2.9	3.1	3.2	3.0	2.9	2.7	2.9	3.1	2.8	3.2	3.1	3.1	3.1	2.7
	DLR	173	170	171	169	167	166	166	168	172	178	184	189	191	192	191	190	188	186	184	181	179	177	176	175	178
三月标准日	DB	0.0	-1.0	-1.7	-2.2	-2.3	-2.0	-1.1	0.4	2.3	4.4	6.4	7.8	8.8	9.4	9.6	9.4	8.6	7.3	5.8	4.4	3.3	2.6	1.9	1.1	3.5
	RH	42	45	48	49	50	49	47	43	37	31	27	24	22	21	21	21	23	25	28	32	34	36	37	40	35
	I_d	0	0	0	0	0	0	36	112	221	327	398	464	460	392	330	221	85	0	0	0	0	0	0	0	3046
	I_s	0	0	0	0	0	0	48	117	166	194	210	199	190	179	140	99	56	1	0	0	0	0	0	0	1599
	WV	3.3	3.0	3.0	2.8	2.6	2.7	2.9	3.0	3.3	3.6	3.9	4.0	4.2	4.3	4.3	4.4	4.4	4.1	3.9	3.5	3.6	3.4	3.3	3.3	3.5
	DLR	220	218	217	216	216	217	219	223	227	231	235	237	239	240	240	239	238	235	233	230	228	227	225	223	228
五月标准日	DB	15.9	14.9	13.8	13.2	13.4	14.4	16.1	18.1	20.0	21.7	23.0	23.9	24.6	25.0	25.3	25.0	24.3	23.1	21.5	20.1	19.0	18.2	17.6	17.0	19.5
	RH	53	57	61	63	62	59	54	48	42	37	34	31	29	28	28	28	30	33	36	41	44	46	47	49	43
	I_d	0	0	0	0	0	42	130	194	314	415	461	524	521	458	408	312	188	78	0	0	0	0	0	0	4046
	I_s	0	0	0	0	2	75	142	214	252	272	289	273	258	243	202	158	111	58	1	0	0	0	0	0	2550
	WV	3.1	2.8	2.8	2.6	2.5	2.7	2.9	3.2	3.5	3.8	4.1	4.2	4.3	4.3	4.4	4.5	4.5	4.3	4.0	3.4	3.6	3.4	3.3	3.1	3.6
	DLR	319	317	314	312	313	316	322	328	333	336	338	340	341	341	341	341	339	337	333	330	327	325	324	322	329

续表

		1时	2时	3时	4时	5时	6时	7时	8时	9时	10时	11时	12时	13时	14时	15时	16时	17时	18时	19时	20时	21时	22时	23时	24时	平均或合计[注2]
七月标准日	DB	22.5	21.7	21.7	20.7	20.9	21.6	22.7	24.1	25.6	26.9	28.0	28.8	29.4	29.7	29.8	29.5	28.8	27.7	26.6	25.5	24.7	24.1	23.7	23.2	25.3
	RH	83	86	89	90	90	87	83	77	71	66	61	58	56	55	55	56	59	62	67	71	75	76	78	80	72
	I_d	0	0	0	0	0	8	38	67	122	179	217	267	279	249	227	174	105	49	2	0	0	0	0	0	1983
	I_s	0	0	0	0	0	58	143	224	295	345	374	378	364	337	285	223	152	82	10	0	0	0	0	0	3270
	WV	3.2	2.8	2.8	2.4	2.1	2.2	2.3	2.5	2.7	2.9	3.1	3.3	3.4	3.6	3.6	3.7	3.7	3.6	3.4	3.2	3.3	3.3	3.2	3.2	3.1
	DLR	395	393	390	389	389	392	397	402	406	410	413	415	416	418	419	418	416	412	408	405	403	401	400	397	404
九月标准日	DB	15.0	14.2	13.4	13.0	13.0	13.5	14.6	16.3	18.3	20.4	22.2	23.4	24.2	24.6	24.6	24.2	23.2	21.7	19.9	18.4	17.3	16.7	16.2	15.6	18.5
	RH	78	82	84	85	85	83	79	73	64	54	47	42	40	39	39	40	44	49	56	63	67	70	71	74	63
	I_d	0	0	0	0	0	0	25	57	127	215	280	339	342	296	245	158	56	1	0	0	0	0	0	0	2141
	I_s	0	0	0	0	0	3	80	160	231	269	285	276	258	231	182	126	67	4	0	0	0	0	0	0	2171
	WV	2.9	2.4	2.7	2.3	1.9	2.0	2.0	2.1	2.4	2.6	2.9	3.0	3.1	3.5	3.2	3.1	3.1	3.1	3.1	2.7	3.0	3.0	3.0	3.0	2.7
	DLR	339	337	334	332	332	334	338	343	348	352	355	357	358	358	359	358	357	354	350	347	344	342	341	339	346
十一月标准日	DB	-1.7	-2.2	-2.6	-3.0	-3.3	-3.4	-3.1	-2.1	-0.5	1.5	3.5	5.1	6.0	6.2	5.8	5.0	3.9	2.7	1.6	0.7	0.0	-0.5	-0.9	-1.5	0.7
	RH	57	59	60	61	62	63	62	59	53	46	40	35	33	33	33	35	38	41	45	48	50	51	52	54	49
	I_d	0	0	0	0	0	0	0	29	88	154	203	241	229	172	106	17	0	0	0	0	0	0	0	0	1239
	I_s	0	0	0	0	0	0	2	63	118	152	166	159	142	118	78	30	0	0	0	0	0	0	0	0	1028
	WV	3.4	2.8	3.1	2.6	2.2	2.3	2.3	2.4	2.7	2.9	3.2	3.3	3.4	3.5	3.2	3.0	2.8	2.8	2.9	2.7	3.0	3.0	3.0	3.0	2.9
	DLR	225	223	222	221	221	220	222	224	227	231	235	238	240	240	239	237	235	233	231	229	228	226	225	224	229
夏季 TAC	DB_{25}	26.7	25.9	25.6	25.1	25.0	25.4	26.6	28.4	30.0	31.9	33.5	34.8	35.5	36.0	36.2	35.8	34.7	33.3	31.5	29.9	29.1	28.4	27.8	27.2	30.2
	I_{25}	0	0	0	0	19	167	356	511	682	817	894	946	925	844	746	595	405	221	40	0	0	0	0	0	8167
	DB_{50}	25.8	25.0	24.6	24.3	24.1	24.6	25.8	27.2	29.1	30.8	32.6	33.5	34.4	34.8	35.1	34.7	34.0	32.4	30.6	29.2	28.2	27.5	27.0	26.6	29.2
	I_{50}	0	0	0	0	13	143	316	469	648	776	851	904	891	825	722	576	391	211	36	0	0	0	0	0	7771
	RH_s	84	88	90	92	91	87	82	76	68	61	56	51	49	47	47	49	52	57	63	69	73	75	77	80	69
冬季 TAC	DB_{975}	-19.9	-20.6	-21.0	-21.1	-21.4	-22.4	-22.6	-21.5	-19.1	-16.2	-13.6	-11.7	-10.9	-10.8	-10.9	-11.7	-12.1	-12.9	-14.1	-15.3	-16.3	-17.1	-17.5	-18.8	-16.6
	RH_{975}	22	22	22	22	24	24	24	24	21	18	15	13	12	11	11	10	12	13	15	17	18	19	21	21	18.0
	DB_{950}	-18.5	-19.4	-19.6	-19.9	-20.2	-20.7	-20.8	-19.8	-17.5	-14.8	-12.2	-10.4	-9.2	-9.1	-9.4	-9.9	-10.8	-11.8	-13.0	-14.1	-15.4	-16.0	-16.6	-17.4	-15.3
	RH_{950}	25	26	25	26	27	27	27	27	25	21	18	15	13	13	12	12	14	15	17	19	19	21	23	24	20.4

| 地名 大连 | 区站号 546620 | 经度 121.63E | 纬度 38.9N | 海拔 97m |

	1月	2月	3月	4月	5月	6月	7月	8月	9月	10月	11月	12月	年平均或累计[注1]
DB_m	-3.8	-1.4	4.1	10.9	17.3	21.0	24.2	25.1	20.8	14.2	6.0	-0.9	11.5
RH_m	56.0	57.0	52.0	53.0	57.0	72.0	81.0	77.0	69.0	62.0	61.0	57.0	63.0
I_m	249	305	497	585	694	628	556	540	469	380	253	216	5364
HDD_m	676	543	431	213	21	0	0	0	0	118	359	586	2947

		1时	2时	3时	4时	5时	6时	7时	8时	9时	10时	11时	12时	13时	14时	15时	16时	17时	18时	19时	20时	21时	22时	23时	24时	平均或合计[注2]
一月标准日	DB	-4.4	-4.5	-4.6	-4.7	-4.9	-5.1	-5.2	-5.0	-4.4	-3.6	-2.7	-2.1	-1.9	-2.0	-2.3	-2.8	-3.2	-3.6	-3.8	-3.9	-4.0	-4.1	-4.2	-4.4	-3.8
	RH	60	60	60	60	60	61	61	60	58	54	51	49	48	49	50	52	54	56	57	58	58	59	59	60	56
	I_d	0	0	0	0	0	0	0	15	84	151	194	227	212	159	103	29	0	0	0	0	0	0	0	0	1174
	I_s	0	0	0	0	0	0	0	41	98	138	162	166	160	140	100	48	0	0	0	0	0	0	0	0	1053
	WV	3.0	3.1	3.1	3.1	3.1	3.1	3.2	3.2	3.4	3.6	3.8	3.8	3.8	3.8	3.7	3.6	3.4	3.3	3.2	3.0	3.0	2.9	2.9	2.9	3.3
	DLR	214	213	213	212	212	211	211	212	212	214	215	216	216	216	216	216	215	215	215	215	215	215	214	214	214
三月标准日	DB	2.8	2.6	2.4	2.2	2.1	2.3	2.6	3.2	4.1	5.0	5.8	6.4	6.6	6.6	6.4	6.0	5.5	4.8	4.2	3.7	3.5	3.3	3.3	3.2	4.1
	RH	57	58	59	60	60	60	59	56	52	48	45	43	42	42	42	43	45	47	50	53	55	56	56	56	52
	I_d	0	0	0	0	0	0	0	41	116	222	315	359	403	382	308	251	158	50	0	0	0	0	0	0	2605
	I_s	0	0	0	0	0	0	0	53	123	175	210	238	237	233	221	175	121	61	0	0	0	0	0	0	1847
	WV	3.0	3.1	3.1	3.0	3.0	3.1	3.3	3.4	3.7	3.9	4.1	4.2	4.2	4.2	3.9	3.7	3.4	3.2	3.1	2.9	2.9	2.8	2.8	2.9	3.4
	DLR	248	248	247	247	247	247	248	249	250	251	252	253	253	253	252	251	250	249	249	249	249	249	249	249	250
五月标准日	DB	15.5	15.2	14.8	14.5	14.6	15.2	16.1	17.2	18.1	18.9	19.4	19.8	20.0	20.2	20.2	19.9	19.3	18.4	17.5	16.7	16.2	15.9	15.9	15.9	17.3
	RH	62	64	66	67	67	65	62	59	55	52	51	49	48	47	47	48	50	52	55	59	61	61	61	61	57
	I_d	0	0	0	0	0	43	144	216	324	397	410	431	409	351	307	223	122	35	0	0	0	0	0	0	3411
	I_s	0	0	0	0	1	73	137	208	253	288	321	324	313	289	238	183	122	54	0	0	0	0	0	0	2805
	WV	2.7	2.7	2.7	2.6	2.5	2.7	2.8	3.0	3.2	3.4	3.7	3.8	3.8	3.9	3.7	3.4	3.2	3.0	2.8	2.6	2.7	2.7	2.8	2.7	3.0
	DLR	326	326	325	324	325	327	330	333	336	337	339	339	340	339	338	336	334	332	330	328	328	327	327	327	332

续表

		1时	2时	3时	4时	5时	6时	7时	8时	9时	10时	11时	12时	13时	14时	15时	16时	17时	18时	19时	20时	21时	22时	23时	24时	平均或合计[注2]
七月标准日	DB	22.9	22.6	22.4	22.2	22.3	22.7	23.3	24.1	24.7	25.3	25.8	26.1	26.3	26.4	26.3	26.1	25.6	25.0	24.4	23.9	23.5	23.3	23.2	23.2	24.2
	RH	87	88	89	90	90	88	86	83	80	77	75	73	72	72	72	73	74	77	80	83	85	86	86	87	81
	I_d	0	0	0	0	0	12	55	92	147	188	196	216	210	182	162	121	70	27	0	0	0	0	0	0	1678
	I_s	0	0	0	0	0	56	138	220	290	343	381	393	383	352	299	229	150	71	0	0	0	0	0	0	3306
	WV	2.3	2.3	2.3	2.3	2.3	2.4	2.5	2.6	2.8	3.0	3.1	3.2	3.3	3.4	3.2	3.1	2.9	2.8	2.6	2.4	2.4	2.4	2.4	2.3	2.7
	DLR	402	401	400	400	400	402	404	407	409	410	412	412	413	413	413	412	410	408	406	405	405	404	404	404	406
九月标准日	DB	19.5	19.2	18.9	18.8	18.8	19.2	19.9	20.7	21.5	22.2	22.7	23.1	23.2	23.1	22.9	22.4	21.9	21.3	20.7	20.2	19.8	19.6	19.5	19.4	20.8
	RH	75	76	77	78	78	77	74	71	66	62	59	58	58	58	59	61	63	65	68	70	72	73	74	74	69
	I_d	0	0	0	0	0	1	51	109	192	259	282	300	277	222	171	102	30	0	0	0	0	0	0	0	1995
	I_s	0	0	0	0	0	6	90	169	230	271	300	306	294	265	210	142	64	0	0	0	0	0	0	0	2349
	WV	2.2	2.2	2.1	2.1	2.0	2.2	2.4	2.6	2.8	3.1	3.3	3.3	3.4	3.4	3.2	3.1	2.9	2.8	2.6	2.4	2.4	2.3	2.3	2.3	2.6
	DLR	366	366	365	365	365	367	369	371	372	373	373	374	374	375	374	373	371	369	368	367	366	366	365	365	369
十一月标准日	DB	5.4	5.3	5.2	5.0	4.9	4.9	5.1	5.5	6.1	6.8	7.5	7.9	8.0	7.8	7.3	6.8	6.4	6.1	5.9	5.7	5.6	5.5	5.4	5.2	6.0
	RH	63	64	64	65	66	65	65	63	60	57	55	53	53	54	56	58	59	60	61	61	62	62	62	63	61
	I_d	0	0	0	0	0	0	2	46	115	174	201	217	189	129	73	9	0	0	0	0	0	0	0	0	1155
	I_s	0	0	0	0	0	0	9	77	131	166	187	185	171	142	93	30	0	0	0	0	0	0	0	0	1191
	WV	3.0	2.9	3.0	3.1	3.1	3.2	3.2	3.3	3.5	3.7	3.9	4.0	4.0	4.0	3.8	3.7	3.5	3.4	3.3	3.2	3.2	3.1	3.1	3.1	3.4
	DLR	268	268	268	268	268	267	268	269	270	271	273	273	274	273	272	271	270	270	269	269	268	268	267	267	270
夏季 TAC	DB_{25}	27.1	26.7	26.5	26.4	26.4	26.8	27.4	28.4	29.6	30.4	31.0	31.4	31.9	32.1	32.0	31.3	30.6	29.8	28.8	28.2	28.0	27.9	27.5	27.3	28.9
	I_{25}	0	0	0	0	15	184	403	575	745	865	893	915	873	784	687	540	354	172	0	0	0	0	0	0	8004
	DB_{50}	26.4	26.1	25.9	25.7	25.7	26.0	26.7	27.9	28.9	29.6	30.2	30.5	30.8	31.0	30.8	30.4	29.8	28.8	28.1	27.4	26.9	26.7	26.5	26.5	28.1
	I_{50}	0	0	0	0	10	167	369	526	703	812	868	877	842	754	655	515	335	162	0	0	0	0	0	0	7594
	RH_s	87	88	90	91	90	88	84	81	77	73	71	69	68	68	68	69	71	75	78	82	85	85	86	86	80
冬季 TAC	DB_{975}	-12.6	-12.6	-12.7	-12.8	-13.1	-13.2	-13.5	-13.3	-13.0	-12.2	-11.5	-10.9	-10.5	-10.5	-10.8	-11.2	-11.6	-11.8	-12.0	-12.1	-12.4	-12.6	-12.4	-12.5	-12.2
	RH_{975}	30	29	29	30	31	31	31	30	26	24	22	21	21	21	22	24	26	27	28	28	27	27	29	28	26.8
	DB_{950}	-10.8	-11.0	-11.3	-11.4	-11.2	-11.2	-11.4	-11.3	-10.7	-10.2	-9.5	-9.1	-8.6	-8.7	-8.9	-9.2	-9.4	-9.6	-9.8	-10.1	-10.4	-10.4	-10.3	-10.4	-10.2
	RH_{950}	32	33	33	34	35	35	35	34	32	29	26	24	24	24	25	27	29	30	31	32	32	30	32	32	30.3

地名	丹东	区站号	544970	经度	124.33E	纬度	40.05N	海拔	14m

	1月	2月	3月	4月	5月	6月	7月	8月	9月	10月	11月	12月	年平均或累计[1]
DB_m	-7.4	-3.9	2.3	9.3	15.6	20.2	23.7	24.0	18.9	11.4	3.0	-5.6	9.3
RH_m	55.0	57.0	59.0	63.0	71.0	80.0	85.0	83.0	76.0	68.0	64.0	60.0	68.0
I_m	233	291	451	536	597	527	469	464	428	348	226	190	4754
HDD_m	787	612	487	262	73	0	0	0	0	204	450	731	3606

		1时	2时	3时	4时	5时	6时	7时	8时	9时	10时	11时	12时	13时	14时	15时	16时	17时	18时	19时	20时	21时	22时	23时	24时	平均或累计[2]
一月标准日	DB	-9.3	-9.5	-9.7	-9.9	-10.2	-10.5	-10.4	-9.9	-8.9	-7.3	-5.7	-4.2	-3.3	-3.1	-3.4	-4.1	-5.0	-5.9	-6.7	-7.3	-7.8	-8.2	-8.6	-8.9	-7.4
	RH	62	62	63	63	64	65	66	64	59	53	48	44	42	42	43	45	48	51	54	56	58	59	60	61	55
	I_d	0	0	0	0	0	0	0	16	70	128	172	215	207	155	97	18	0	0	0	0	0	0	0	0	1077
	I_s	0	0	0	0	0	0	0	46	105	146	166	161	147	123	82	31	0	0	0	0	0	0	0	0	1009
	WV	2.8	2.8	2.8	2.8	2.8	2.9	3.0	3.1	3.3	3.5	3.8	3.7	3.6	3.5	3.3	3.1	3.0	2.9	2.9	2.8	2.8	2.8	2.7	2.7	3.1
	DLR	192	191	191	190	190	189	189	190	192	194	198	201	203	204	204	202	201	199	198	197	196	195	194	193	196
三月标准日	DB	-0.3	-0.7	-1.1	-1.4	-1.4	-1.0	-0.3	0.9	2.3	3.7	5.0	6.0	6.6	6.7	6.5	6.0	5.1	4.1	3.0	2.0	1.4	0.9	0.5	0.3	2.3
	RH	69	70	71	71	71	70	67	62	57	51	47	44	43	43	44	47	50	53	57	61	65	66	67	68	59
	I_d	0	0	0	0	0	0	0	87	173	256	300	345	335	276	217	128	31	0	0	0	0	0	0	0	2186
	I_s	0	0	0	0	0	1	38	135	194	230	252	244	229	204	158	104	43	0	0	0	0	0	0	0	1857
	WV	2.3	2.3	2.4	2.4	2.5	2.7	2.9	3.1	3.4	3.6	3.9	4.0	4.2	4.3	4.2	4.1	4.0	3.6	3.1	2.7	2.6	2.4	2.3	2.3	3.1
	DLR	240	239	238	237	237	238	240	242	244	247	249	252	253	254	254	254	252	250	248	246	245	243	242	242	245
五月标准日	DB	12.7	12.2	11.6	11.3	11.5	12.4	13.8	15.5	16.9	18.1	18.9	19.4	19.7	19.8	19.7	19.3	18.5	17.5	16.3	15.2	14.4	13.8	13.5	13.2	15.6
	RH	83	85	87	88	87	83	77	71	65	60	57	55	55	55	55	57	59	63	68	73	77	80	81	82	71
	I_d	0	0	0	0	0	17	77	111	195	263	284	319	310	263	228	162	82	19	0	0	0	0	0	0	2323
	I_s	0	0	0	0	3	77	161	241	299	334	357	352	334	301	242	178	109	40	0	0	0	0	0	0	3030
	WV	1.7	1.7	1.8	1.9	1.9	2.2	2.4	2.7	3.0	3.2	3.5	3.6	3.8	3.9	3.8	3.6	3.5	3.0	2.5	2.0	1.9	1.8	1.7	1.7	2.6
	DLR	328	326	324	323	323	326	330	335	339	342	344	345	346	346	346	345	343	340	337	335	333	332	331	330	335

续表

时段	参数	1时	2时	3时	4时	5时	6时	7时	8时	9时	10时	11时	12时	13时	14时	15时	16时	17时	18时	19时	20时	21时	22时	23时	24时	平均或合计注2
七月标准日	DB	21.8	21.6	21.3	21.1	21.2	21.2	21.7	22.4	23.3	24.2	25.1	25.7	26.1	26.3	26.4	26.3	26.1	25.6	24.8	24.0	23.2	22.7	22.4	22.2	23.7
	RH	93	94	95	95	95	94	91	87	83	79	76	75	74	74	74	75	77	80	84	88	90	92	92	93	85
	I_d	0	0	0	0	0	5	21	39	73	109	135	158	157	134	117	86	48	15	0	0	0	0	0	0	1099
	I_s	0	0	0	1	1	49	129	210	285	340	372	377	361	326	272	203	126	51	0	0	0	0	0	0	3104
	WV	1.7	1.7	1.7	1.7	1.7	1.8	2.1	2.2	2.4	2.5	2.7	2.8	2.9	3.1	3.0	2.8	2.7	2.4	2.1	1.8	1.8	1.7	1.6	1.7	2.2
	DLR	400	399	397	397	397	399	402	405	408	411	413	414	415	415	415	414	412	410	407	405	404	402	402	401	406
九月标准日	DB	16.1	15.7	15.3	15.0	15.0	15.3	16.1	17.5	19.2	20.9	22.3	23.2	23.7	23.7	23.4	22.8	21.9	20.7	19.5	18.3	17.4	16.9	16.5	16.2	18.9
	RH	88	89	90	90	90	89	86	81	74	67	61	57	55	55	57	60	64	69	74	79	83	85	86	87	76
	I_d	0	0	0	0	0	1	26	54	109	178	224	271	267	220	166	92	19	0	0	0	0	0	0	0	1627
	I_s	0	0	0	0	0	10	93	175	254	299	318	306	281	243	187	122	46	0	0	0	0	0	0	0	2334
	WV	1.9	2.0	2.0	2.2	2.2	2.4	2.6	2.8	2.8	2.8	2.8	2.9	3.0	3.1	3.0	2.8	2.6	2.3	2.0	1.8	1.8	1.8	1.8	1.8	2.4
	DLR	355	353	351	350	349	349	350	353	358	363	368	372	374	375	375	374	372	369	366	362	359	358	356	355	362
十一月标准日	DB	1.4	1.2	1.0	0.8	0.6	0.6	0.9	1.6	2.6	3.8	5.1	6.2	6.8	6.9	6.4	5.5	4.6	3.8	3.1	2.6	2.2	1.8	1.5	1.3	3.0
	RH	72	72	72	73	73	72	71	69	65	60	55	52	50	50	52	55	59	62	65	66	68	69	70	71	64
	I_d	0	0	0	0	0	0	3	33	82	131	161	178	191	126	66	3	0	0	0	0	0	0	0	0	974
	I_s	0	0	0	0	0	0	13	78	135	171	186	176	153	120	73	11	0	0	0	0	0	0	0	0	1116
	WV	2.7	2.8	2.8	2.8	2.9	3.0	3.2	3.3	3.4	3.5	3.6	3.6	3.6	3.6	3.4	3.1	2.9	2.8	2.8	2.7	2.7	2.7	2.8	2.8	3.1
	DLR	253	252	251	250	249	249	250	251	254	256	260	262	264	264	263	261	260	258	256	255	254	253	252	252	255
夏季TAC	DB_{25}	25.7	25.4	25.3	25.2	25.1	25.3	25.6	26.6	28.1	29.5	30.7	31.5	32.0	32.3	32.4	32.3	31.4	29.9	28.4	27.0	26.4	25.9	25.8	25.7	28.1
	I_{25}	0	0	0	0	25	151	322	455	624	762	840	870	852	760	645	496	310	142	0	0	0	0	0	0	7253
	DB_{50}	24.9	24.5	24.2	24.1	24.1	24.3	25.1	26.1	27.5	28.8	29.8	30.4	30.9	31.0	31.0	30.8	30.0	28.8	27.4	26.2	25.6	25.3	25.1	25.0	27.1
	I_{50}	0	0	0	0	18	136	306	429	591	724	790	837	808	726	615	464	293	129	0	0	0	0	0	0	6866
	RH_s	94	95	96	96	96	94	90	86	81	76	72	69	69	69	69	70	73	78	83	88	91	93	93	94	84
冬季TAC	DB_{975}	-17.0	-17.3	-17.8	-18.0	-18.0	-18.1	-18.0	-17.6	-16.8	-15.2	-13.6	-12.0	-11.2	-11.2	-11.4	-12.0	-12.9	-13.7	-14.6	-15.3	-15.9	-16.0	-16.5	-16.8	-15.3
	RH_{975}	31	31	29	30	31	32	32	31	28	25	22	19	17	17	17	17	19	22	24	26	25	27	29	29	25.3
	DB_{950}	-15.7	-16.1	-16.2	-16.4	-16.6	-16.7	-16.8	-16.3	-15.0	-13.6	-12.1	-10.6	-9.6	-9.3	-9.4	-10.3	-11.1	-11.9	-12.5	-13.2	-14.0	-14.4	-14.7	-15.2	-13.7
	RH_{950}	33	34	34	34	34	35	34	33	30	27	24	21	19	19	19	21	23	25	28	29	29	30	32	33	28.3

地名	营口	区站号	544710	经度	122.2E	纬度	40.67N	海拔	4m

	1月	2月	3月	4月	5月	6月	7月	8月	9月	10月	11月	12月	年平均或累计注1
DB_m	-8.2	-4.2	2.6	10.6	17.6	22.0	25.4	25.0	19.5	11.9	2.6	-5.2	10.0
RH_m	58.0	57.0	56.0	58.0	62.0	73.0	78.0	79.0	72.0	65.0	63.0	60.0	65.0
I_m	220	280	448	529	611	562	517	473	410	334	222	183	4783
HDD_m	811	622	477	221	12	0	0	0	0	188	462	718	3512

一月标准日

	1时	2时	3时	4时	5时	6时	7时	8时	9时	10时	11时	12时	13时	14时	15时	16时	17时	18时	19时	20时	21时	22时	23时	24时	平均或合计注2
DB	-9.9	-10.1	-10.3	-10.5	-10.8	-11.1	-11.1	-11.1	-10.5	-7.6	-6.0	-4.8	-4.3	-4.4	-4.9	-5.7	-6.4	-7.0	-7.5	-8.0	-8.4	-8.8	-9.2	-9.6	-8.2
RH	65	65	65	65	67	68	68	66	60	54	49	46	44	45	47	50	53	55	57	58	59	61	63	64	58
I_d	0	0	0	0	0	0	0	8	58	116	155	192	184	137	84	19	0	0	0	0	0	0	0	0	954
I_s	0	0	0	0	0	0	0	34	97	139	165	167	156	134	92	38	0	0	0	0	0	0	0	0	1021
WV	2.9	2.9	2.9	2.9	3.0	3.0	3.0	3.0	3.4	3.8	4.2	4.3	4.3	4.3	3.9	3.4	3.0	3.0	2.9	2.9	2.9	2.8	2.8	2.8	3.3
DLR	192	191	190	190	189	188	188	188	189	192	195	198	200	202	202	201	200	199	198	197	196	195	194	193	195

三月标准日

	1时	2时	3时	4时	5时	6时	7时	8时	9时	10时	11时	12时	13时	14时	15时	16时	17时	18时	19时	20时	21时	22时	23时	24时	平均或合计注2
DB	0.9	0.5	0.1	-0.3	-0.3	0.0	0.7	1.7	2.7	3.7	4.6	5.2	5.6	5.8	5.7	5.3	4.7	3.9	3.2	2.5	2.0	1.7	1.6	1.4	2.6
RH	63	64	65	66	66	64	61	57	53	49	46	45	44	45	45	46	48	51	54	57	60	62	62	62	56
I_d	0	0	0	0	0	0	33	89	173	245	277	312	300	247	201	128	40	0	0	0	0	0	0	0	2046
I_s	0	0	0	0	0	0	55	131	190	230	260	263	253	230	179	120	56	0	0	0	0	0	0	0	1968
WV	3.5	3.6	3.6	3.7	3.7	4.0	4.3	4.6	4.8	5.1	5.3	5.4	5.4	5.5	5.1	4.8	4.5	4.1	3.7	3.3	3.3	3.3	3.4	3.4	4.2
DLR	243	242	240	239	239	239	241	242	244	246	248	250	251	252	252	251	250	248	247	247	247	246	246	245	246

五月标准日

	1时	2时	3时	4时	5时	6时	7时	8时	9时	10时	11时	12时	13时	14时	15时	16时	17时	18时	19时	20时	21时	22时	23时	24时	平均或合计注2
DB	16.0	15.5	15.0	14.7	14.9	15.5	16.5	17.6	18.5	19.2	19.6	19.9	20.1	20.2	20.2	19.9	19.3	18.6	17.9	17.2	16.8	16.6	16.5	16.4	17.6
RH	68	69	71	73	71	68	64	61	58	56	55	55	54	54	54	55	57	59	62	65	67	67	67	67	62
I_d	0	0	0	0	0	33	105	143	216	258	254	281	274	234	213	159	86	28	0	0	0	0	0	0	2286
I_s	0	0	0	0	3	81	156	237	294	339	374	375	358	324	266	199	127	54	0	0	0	0	0	0	3186
WV	3.4	3.5	3.4	3.4	3.4	3.7	4.1	4.5	4.7	5.0	5.3	5.3	5.4	5.5	5.2	5.0	4.8	4.3	3.9	3.4	3.4	3.3	3.3	3.3	4.2
DLR	335	334	333	332	332	334	336	339	342	345	347	348	349	349	349	348	346	344	342	341	340	339	338	337	341

续表

		1时	2时	3时	4时	5时	6时	7时	8时	9时	10时	11时	12时	13时	14时	15时	16时	17时	18时	19时	20时	21时	22时	23时	24时	平均或合计注2
七月标准日	DB	24.0	23.7	23.3	23.1	23.1	23.6	24.3	25.1	25.8	26.4	26.9	27.2	27.4	27.6	27.6	27.4	27.0	26.5	25.9	25.3	24.8	24.6	24.4	24.3	25.4
	RH	84	86	87	88	87	85	82	79	76	73	72	71	70	70	70	70	72	74	77	80	82	83	83	84	78
	I_d	0	0	0	0	0	9	36	61	97	123	130	151	154	135	124	95	55	22	0	0	0	0	0	0	1193
	I_s	0	0	0	0	1	63	149	233	307	363	397	410	395	359	304	234	154	74	0	0	0	0	0	0	3443
	WV	2.4	2.4	2.4	2.5	2.5	2.8	3.0	3.2	3.5	3.7	3.9	4.0	4.2	4.3	4.1	3.9	3.7	3.3	3.0	2.6	2.5	2.5	2.4	2.4	3.1
	DLR	408	407	405	404	404	406	408	411	414	416	417	419	420	421	421	420	418	417	415	413	412	411	410	410	413
九月标准日	DB	17.7	17.3	16.8	16.5	16.5	17.0	17.9	19.1	20.3	21.3	22.0	22.5	22.8	22.8	22.6	22.2	21.6	20.8	19.9	19.1	18.5	18.1	17.9	17.8	19.5
	RH	81	82	84	85	84	82	79	74	69	65	61	59	58	58	59	60	63	66	70	74	76	78	78	79	72
	I_d	0	0	0	0	0	0	29	61	115	165	192	217	209	174	140	86	25	0	0	0	0	0	0	0	1414
	I_s	0	0	0	0	0	7	90	171	241	287	312	317	300	263	204	134	57	0	0	0	0	0	0	0	2383
	WV	2.6	2.6	2.6	2.7	2.7	2.9	3.1	3.3	3.6	3.8	4.1	4.2	4.3	4.4	4.1	3.8	3.4	3.2	2.9	2.6	2.6	2.6	2.5	2.6	3.2
	DLR	360	358	357	355	355	357	360	364	367	369	370	371	372	372	372	371	369	367	365	363	361	360	360	359	364
十一月标准日	DB	1.4	1.2	1.1	0.8	0.6	0.6	0.8	1.5	2.4	3.5	4.6	5.4	5.8	5.6	5.0	4.2	3.5	2.9	2.5	2.2	2.0	1.7	1.5	1.3	2.6
	RH	69	70	70	70	70	70	68	66	61	57	53	50	50	51	53	56	60	62	64	65	66	66	67	68	63
	I_d	0	0	0	0	0	0	1	29	81	131	159	182	164	112	62	5	0	0	0	0	0	0	0	0	926
	I_s	0	0	0	0	0	0	6	72	128	165	185	180	163	132	82	19	0	0	0	0	0	0	0	0	1132
	WV	3.6	3.6	3.6	3.6	3.7	3.8	3.9	4.0	4.3	4.6	4.8	4.8	4.8	4.8	4.4	4.0	3.6	3.6	3.5	3.5	3.5	3.5	3.5	3.6	3.9
	DLR	251	251	250	249	248	247	248	249	250	253	255	257	258	258	257	256	255	254	253	252	251	251	250	250	252
夏季TAC	DB_{25}	27.6	27.3	27.2	27.0	27.1	27.3	27.9	28.4	29.1	30.1	30.8	31.2	31.4	31.6	31.5	31.3	30.9	30.1	29.2	28.7	28.4	28.1	27.9	27.8	29.1
	I_{25}	0	0	0	0	26	165	335	478	626	745	791	815	801	735	638	484	321	158	5	0	0	0	0	0	7121
	DB_{50}	26.9	26.5	26.2	26.2	26.1	26.4	27.0	27.9	28.6	29.3	29.9	30.2	30.5	30.7	30.9	30.5	29.9	29.1	28.4	28.0	27.7	27.5	27.3	27.1	28.3
	I_{50}	0	0	0	0	21	152	316	452	599	703	758	786	762	702	608	467	299	147	3	0	0	0	0	0	6774
	RH_s	84	85	87	88	87	84	81	76	73	71	70	69	68	68	68	68	70	72	76	79	81	82	83	83	77
冬季TAC	DB_{975}	-17.9	-18.0	-18.3	-18.5	-18.5	-18.6	-18.3	-17.9	-16.5	-15.0	-13.6	-12.8	-12.1	-12.1	-12.6	-13.3	-13.9	-14.4	-15.2	-15.6	-16.2	-16.5	-17.0	-17.6	-15.9
	RH_{975}	35	35	35	36	38	39	39	36	32	27	24	21	20	20	20	21	23	25	27	28	29	30	32	34	29.3
	DB_{950}	-16.0	-16.0	-16.5	-16.9	-16.9	-17.2	-17.1	-16.6	-15.4	-13.7	-12.2	-11.0	-10.3	-10.4	-10.9	-11.6	-12.4	-13.1	-13.6	-14.0	-14.9	-15.3	-15.5	-15.8	-14.3
	RH_{950}	38	39	39	40	41	42	41	39	34	30	26	23	22	22	23	24	26	27	29	31	32	34	35	37	32.2

地名	锦州	区站号	543370	经度	121.12E	纬度	41.13N	海拔	70m

	1月	2月	3月	4月	5月	6月	7月	8月	9月	10月	11月	12月	年平均或累计[注1]
DB_m	-7.3	-3.6	3.4	11.6	18.8	22.4	25.5	25.1	19.9	12.0	2.4	-5.0	10.4
RH_m	46.0	44.0	42.0	43.0	49.0	64.0	73.0	70.0	62.0	54.0	50.0	45.0	53.0
I_m	250	323	521	630	738	641	571	557	484	382	256	218	5562
HDD_m	784	605	453	192	0	0	0	0	0	185	469	712	3400

		1时	2时	3时	4时	5时	6时	7时	8时	9时	10时	11时	12时	13时	14时	15时	16时	17时	18时	19时	20时	21时	22时	23时	24时	平均或合计[注2]
一月标准日	DB	-9.2	-9.6	-9.8	-10.1	-10.4	-10.9	-11.1	-11.1	-10.8	-9.5	-7.6	-5.6	-3.9	-3.0	-2.7	-3.0	-3.7	-4.6	-5.5	-6.2	-6.7	-7.1	-7.5	-8.6	-7.3
	RH	52	53	53	53	53	54	55	55	54	49	43	38	34	32	33	35	39	43	45	47	48	49	50	51	46
	I_d	0	0	0	0	0	0	0	11	83	163	222	272	266	209	137	39	0	0	0	0	0	0	0	0	1401
	I_s	0	0	0	0	0	0	0	29	84	117	134	130	121	107	77	40	0	0	0	0	0	0	0	0	839
	WV	1.9	1.9	1.8	1.8	1.7	1.7	1.7	1.6	1.9	2.3	2.6	2.7	2.8	3.0	2.8	2.7	2.5	2.3	2.2	2.0	2.0	2.0	2.0	2.0	2.2
	DLR	185	184	183	182	181	179	179	179	179	181	183	185	191	193	194	194	194	194	193	192	191	190	189	187	188
三月标准日	DB	0.9	0.4	-0.1	-0.5	-0.6	-0.5	0.1	1.2	2.8	4.4	6.0	7.2	7.8	8.1	7.9	7.4	6.6	5.5	4.4	3.5	2.8	2.3	2.0	1.7	3.4
	RH	49	50	51	52	52	52	51	50	46	41	36	32	30	29	29	29	31	33	36	40	44	46	47	48	42
	I_d	0	0	0	0	0	0	47	127	242	353	424	481	472	400	328	212	77	0	0	0	0	0	0	0	3162
	I_s	0	0	0	0	0	0	46	110	155	180	196	189	181	170	134	96	52	0	0	0	0	0	0	0	1509
	WV	2.5	2.5	2.4	2.4	2.3	2.4	2.5	2.6	2.7	3.1	3.4	3.7	3.9	4.1	4.2	4.1	3.9	3.7	3.4	3.1	2.8	2.7	2.6	2.5	3.1
	DLR	230	229	228	226	225	225	227	229	232	235	238	241	242	243	243	242	241	240	238	238	237	235	234	233	235
五月标准日	DB	16.0	15.3	14.6	14.1	14.2	15.0	16.3	18.0	19.7	21.1	22.1	22.6	22.9	23.1	23.0	22.7	22.0	21.1	20.0	18.9	18.0	17.4	16.9	16.6	18.8
	RH	56	58	60	62	62	60	57	52	46	42	39	38	37	37	37	38	39	41	44	48	51	53	54	55	49
	I_d	0	0	0	0	0	3	49	149	219	351	458	496	542	523	450	397	297	174	69	0	0	0	0	0	4174
	I_s	0	0	0	0	0	72	133	202	232	248	269	263	254	242	200	157	109	55	0	0	0	0	0	0	2438
	WV	2.5	2.5	2.4	2.3	2.2	2.4	2.7	2.9	3.3	3.6	4.0	4.2	4.4	4.5	4.4	4.3	4.2	3.8	3.4	3.0	2.9	2.8	2.7	2.6	3.2
	DLR	323	321	319	317	318	321	326	331	335	338	341	342	343	343	343	342	340	337	334	332	330	328	327	326	331

续表

		1时	2时	3时	4时	5时	6时	7时	8时	9时	10时	11时	12时	13时	14时	15时	16时	17时	18时	19时	20时	21时	22时	23时	24时	平均或合计[注2]
七月标准日	DB	23.5	23.0	22.6	22.3	22.4	22.9	23.7	24.8	25.8	26.7	27.4	27.9	28.3	28.6	28.6	28.4	27.9	27.2	26.4	25.6	25.0	24.5	24.1	23.9	25.5
	RH	81	82	84	85	84	82	80	76	72	68	65	63	62	61	61	61	63	65	68	72	74	77	78	80	73
	I_d	0	0	0	0	0	13	50	84	145	199	223	266	279	254	228	174	106	47	1	0	0	0	0	0	2069
	I_s	0	0	0	0	1	55	131	208	271	315	347	354	341	315	270	213	146	76	6	0	0	0	0	0	3049
	WV	2.4	2.3	2.2	2.2	2.1	2.3	2.5	2.7	3.0	3.2	3.4	3.5	3.6	3.7	3.7	3.7	3.7	3.4	3.2	3.0	2.9	2.7	2.6	2.5	2.9
	DLR	400	399	397	396	396	398	401	405	409	411	413	415	416	417	417	416	414	412	409	407	405	404	403	402	407
九月标准日	DB	17.4	16.9	16.3	16.0	15.9	16.3	17.2	18.5	20.1	21.6	22.9	23.7	24.2	24.3	24.1	23.6	22.9	21.9	20.8	19.8	19.1	18.5	18.1	17.7	19.9
	RH	74	76	77	77	77	76	72	66	59	53	48	45	44	44	45	47	50	53	58	63	66	69	70	72	62
	I_d	0	0	0	0	0	1	44	90	179	272	329	377	366	308	247	156	54	0	0	0	0	0	0	0	2423
	I_s	0	0	0	0	0	5	81	157	217	250	267	259	245	220	176	122	62	2	0	0	0	0	0	0	2062
	WV	2.1	2.0	2.0	1.9	1.8	2.0	2.2	2.3	2.7	3.0	3.3	3.4	3.5	3.6	3.5	3.5	3.4	3.1	2.8	2.5	2.4	2.3	2.3	2.2	2.7
	DLR	352	349	347	345	344	346	348	352	355	357	360	362	363	364	364	363	362	360	358	357	355	354	353	352	355
十一月标准日	DB	0.7	0.3	0.0	-0.3	-0.5	-0.7	-0.5	0.2	1.4	3.0	4.5	5.8	6.5	6.5	6.0	5.2	4.3	3.5	2.9	2.4	2.0	1.6	1.2	0.7	2.4
	RH	57	58	58	59	59	59	58	56	51	46	41	37	36	36	38	41	45	49	51	53	53	54	55	56	50
	I_d	0	0	0	0	0	0	1	41	113	183	227	262	246	182	106	14	0	0	0	0	0	0	0	0	1374
	I_s	0	0	0	0	0	0	4	66	115	145	160	153	137	113	76	27	0	0	0	0	0	0	0	0	996
	WV	2.2	2.2	2.2	2.3	2.2	2.4	2.4	2.4	2.7	3.0	3.2	3.3	3.4	3.5	3.3	3.1	2.8	2.7	2.6	2.5	2.5	2.4	2.4	2.3	2.7
	DLR	237	236	235	233	232	232	232	233	236	239	242	244	245	246	246	245	245	244	243	242	241	239	238	236	239
夏季TAC	DB_{25}	26.9	26.5	26.2	25.8	25.8	25.9	26.9	28.4	30.0	31.3	32.2	33.1	33.6	34.0	33.8	33.3	32.8	31.7	30.4	29.4	28.5	28.1	27.6	27.4	29.6
	I_{25}	0	0	0	0	29	192	387	549	734	873	951	995	970	879	760	598	402	212	30	0	0	0	0	0	8561
	DB_{50}	26.0	25.6	25.4	25.2	25.0	25.2	26.3	27.6	29.1	30.5	31.6	32.3	32.7	32.9	32.8	32.3	31.8	30.6	29.5	28.6	27.8	27.2	26.7	26.3	28.7
	I_{50}	0	0	0	0	18	170	356	511	694	832	906	926	852	738	577	385	202	26	0	0	0	0	0	0	8137
	RH_s	80	82	84	85	85	83	79	74	69	64	60	57	55	55	56	57	59	61	65	69	73	75	77	78	70
冬季TAC	DB_{975}	-15.6	-16.1	-16.5	-16.9	-17.1	-17.5	-17.8	-17.4	-16.4	-14.6	-12.9	-11.3	-10.6	-10.4	-10.8	-11.2	-11.5	-12.3	-12.9	-13.6	-14.5	-14.9	-14.8	-15.4	-14.3
	RH_{975}	22	24	23	24	24	24	24	23	20	17	14	11	10	10	11	11	13	14	16	17	17	17	19	20	17.8
	DB_{950}	-14.4	-14.9	-15.2	-15.6	-15.9	-16.1	-16.3	-15.9	-14.9	-13.2	-11.2	-9.8	-9.1	-8.7	-8.9	-9.5	-10.3	-10.9	-11.6	-12.3	-12.8	-13.2	-13.3	-13.8	-12.8
	RH_{950}	25	27	26	27	27	27	27	25	23	19	16	13	12	12	12	13	15	16	18	19	19	20	21	23	20.0

地名	沈阳	区站号	543420	经度	123.43E	纬度	41.77N	海拔	43m

	1月	2月	3月	4月	5月	6月	7月	8月	9月	10月	11月	12月	年平均或累计[注1]
DB_m	-12.0	-6.9	1.4	10.5	17.9	22.0	25.0	23.8	17.6	9.5	0.1	-8.9	8.3
RH_m	62.0	56.0	52.0	49.0	55.0	69.0	77.0	79.0	72.0	67.0	63.0	64.0	64.0
I_m	229	314	519	648	768	685	616	551	483	373	236	188	5603
HDD_m	931	698	513	226	2	0	0	0	11	264	538	834	4016

一月标准日

	1时	2时	3时	4时	5时	6时	7时	8时	9时	10时	11时	12时	13时	14时	15时	16时	17时	18时	19时	20时	21时	22时	23时	24时	平均或合计[注2]
DB	-14.9	-15.1	-15.3	-15.8	-16.3	-16.3	-16.4	-15.6	-13.8	-11.4	-8.9	-7.2	-6.4	-6.3	-6.8	-7.5	-8.5	-9.7	-10.9	-12.0	-12.8	-13.4	-14.0	-14.5	-12.0
RH	70	70	70	71	73	73	75	73	67	60	54	48	46	45	46	48	52	55	59	63	65	67	68	69	62
I_d	0	0	0	0	0	0	0	8	60	133	191	245	239	178	109	19	0	0	0	0	0	0	0	0	1182
I_s	0	0	0	0	0	0	0	32	95	130	146	137	123	106	73	28	0	0	0	0	0	0	0	0	870
WV	1.8	1.8	1.8	1.8	1.8	1.8	1.8	1.8	2.0	2.2	2.4	2.6	2.7	2.8	2.5	2.2	1.9	1.9	1.9	1.9	1.8	1.8	1.8	1.8	2.0
DLR	173	172	172	171	170	169	169	171	176	182	188	192	193	193	192	190	188	186	183	181	179	177	175	174	180

三月标准日

	1时	2时	3时	4时	5时	6时	7时	8时	9时	10时	11时	12时	13时	14时	15时	16时	17时	18时	19时	20时	21时	22时	23时	24时	平均或合计[注2]
DB	-1.6	-2.1	-2.7	-3.1	-3.1	-2.6	-1.6	-0.1	1.4	3.0	4.2	5.2	5.8	6.3	6.4	6.1	5.4	4.3	2.9	1.6	0.6	-0.1	-0.6	-0.9	1.4
RH	63	65	66	67	67	66	63	58	51	46	42	39	37	36	36	36	38	41	46	51	56	59	61	62	52
I_d	0	0	0	0	0	0	50	128	253	364	420	483	479	412	336	211	63	0	0	0	0	0	0	0	3201
I_s	0	0	0	0	0	1	57	123	160	180	196	181	166	150	114	79	42	0	0	0	0	0	0	0	1450
WV	2.2	2.2	2.2	2.3	2.3	2.4	2.6	2.7	3.1	3.4	3.7	3.8	3.9	4.0	3.8	3.5	3.2	2.8	2.4	2.1	2.2	2.2	2.3	2.2	2.8
DLR	230	229	227	225	225	227	230	233	237	239	242	244	245	245	245	244	242	240	238	237	236	234	233	232	236

五月标准日

	1时	2时	3时	4时	5时	6时	7时	8时	9时	10时	11时	12时	13时	14时	15时	16时	17时	18时	19时	20时	21时	22时	23时	24时	平均或合计[注2]
DB	14.3	13.4	12.5	12.0	12.3	13.5	15.4	17.5	19.3	20.6	21.4	22.0	22.5	23.0	23.1	22.9	22.2	21.1	19.7	18.2	17.0	16.1	15.5	15.0	17.9
RH	66	69	73	75	75	70	63	56	50	46	43	41	40	38	38	39	40	43	48	53	57	61	63	64	55
I_d	0	0	0	0	1	47	163	259	406	513	547	594	579	509	447	333	192	64	0	0	0	0	0	0	4654
I_s	0	0	0	0	6	86	146	203	225	236	251	237	223	204	163	124	85	42	0	0	0	0	0	0	2230
WV	1.9	1.9	1.9	1.9	1.9	2.3	2.7	3.0	3.4	3.7	4.1	4.1	4.1	4.1	4.0	3.8	3.7	3.3	2.9	2.6	2.4	2.2	2.0	2.0	2.9
DLR	323	320	318	316	318	322	328	334	339	342	344	345	346	346	347	345	343	340	337	334	331	329	327	326	333

续表

时段	参数	1时	2时	3时	4时	5时	6时	7时	8时	9时	10时	11时	12时	13时	14时	15时	16时	17时	18时	19时	20时	21时	22时	23时	24时	平均或合计[注2]
七月标准日	DB	22.2	21.7	21.2	20.9	21.1	21.8	23.1	24.5	25.8	26.8	27.5	28.1	28.6	28.9	29.0	28.8	28.2	27.4	26.3	25.1	24.2	23.5	23.0	22.7	25.0
	RH	89	90	92	93	93	90	85	80	75	70	67	64	62	61	61	61	63	67	71	76	81	84	86	87	77
	I_d	0	0	0	0	0	10	50	100	171	235	273	319	333	312	279	211	125	49	0	0	0	0	0	0	2466
	I_s	0	0	0	0	2	68	155	234	296	336	356	352	330	294	246	191	130	66	1	0	0	0	0	0	3056
	WV	1.4	1.4	1.4	1.4	1.4	1.6	1.9	2.1	2.3	2.5	2.7	2.8	2.8	2.9	2.8	2.7	2.6	2.3	2.0	1.7	1.7	1.6	1.5	1.5	2.0
	DLR	399	396	394	393	394	397	402	407	412	415	417	418	419	420	421	420	418	415	412	409	406	404	402	401	408
九月标准日	DB	13.9	13.3	12.8	12.5	12.6	13.4	14.8	16.7	18.7	20.5	21.8	22.7	23.2	23.4	23.4	22.9	21.9	20.4	18.6	16.9	15.6	14.8	14.4	14.1	17.6
	RH	89	91	91	92	92	90	86	79	70	62	55	51	49	48	48	49	53	58	66	75	81	84	86	87	72
	I_d	0	0	0	0	0	1	34	80	173	282	352	414	404	335	270	166	46	0	0	0	0	0	0	0	2556
	I_s	0	0	0	0	0	9	91	166	225	246	250	232	214	190	148	100	49	0	0	0	0	0	0	0	1919
	WV	1.4	1.5	1.5	1.5	1.5	1.6	1.8	1.9	2.2	2.5	2.7	2.8	2.9	2.9	2.7	2.5	2.2	2.0	1.8	1.5	1.5	1.4	1.3	1.4	2.0
	DLR	341	339	336	334	335	339	345	351	357	360	362	363	364	364	363	362	360	356	352	349	346	343	342	341	350
十一月标准日	DB	-2.1	-2.3	-2.4	-2.6	-2.8	-2.9	-2.6	-1.7	-0.2	1.5	3.1	4.2	4.7	4.5	3.9	3.0	2.0	1.1	0.2	-0.5	-1.1	-1.5	-1.8	-2.1	0.1
	RH	72	73	73	73	74	75	74	71	65	59	53	49	47	47	49	51	55	59	62	65	67	69	70	71	63
	I_d	0	0	0	0	0	0	1	32	97	169	212	251	231	162	86	4	0	0	0	0	0	0	0	0	1246
	I_s	0	0	0	0	0	0	6	68	119	146	156	143	125	101	63	11	0	0	0	0	0	0	0	0	939
	WV	2.0	2.0	2.0	2.1	2.1	2.2	2.3	2.3	2.6	2.9	3.2	3.2	3.3	3.3	3.0	2.6	2.3	2.2	2.2	2.2	2.2	2.0	2.0	2.0	2.4
	DLR	235	234	234	233	232	232	234	236	239	243	246	248	249	248	246	245	243	241	239	237	236	235	234	234	239
夏季TAC	DB_{25}	26.3	25.7	25.5	25.3	25.2	25.7	26.9	28.4	29.7	30.9	31.6	32.3	33.1	33.7	34.1	33.8	32.9	31.8	30.5	29.4	28.4	27.7	27.0	26.6	29.3
	I_{25}	0	0	0	0	40	194	399	580	773	909	972	1018	988	910	787	617	407	198	8	0	0	0	0	0	8800
冬季TAC	DB_{50}	25.5	25.1	24.6	24.5	24.5	24.8	26.0	27.5	28.8	29.8	30.8	31.5	32.1	32.6	32.8	32.6	32.0	30.8	29.8	28.6	27.4	26.7	26.2	25.9	28.4
	I_{50}	0	0	0	0	30	171	368	554	730	861	928	979	958	870	763	596	393	192	6	0	0	0	0	0	8397
	RH_4	90	93	95	96	95	91	86	79	73	67	62	59	57	56	56	57	59	63	69	75	80	85	88	89	76
冬季TAC	DB_{975}	-24.1	-24.5	-24.8	-25.1	-25.3	-25.5	-25.4	-24.4	-22.2	-19.3	-16.7	-15.5	-14.8	-14.8	-15.4	-16.2	-17.0	-18.4	-19.6	-20.5	-22.0	-22.7	-22.6	-23.4	-20.8
	RH_{975}	29	31	30	30	33	35	35	34	32	29	24	20	20	19	19	19	22	22	24	25	25	26	28	29	26.7
	DB_{950}	-22.6	-22.7	-23.0	-23.3	-23.5	-23.8	-23.8	-22.8	-20.7	-17.8	-15.5	-13.9	-13.0	-13.1	-13.6	-14.5	-15.4	-16.5	-17.7	-19.0	-20.1	-20.8	-21.2	-22.2	-19.2
	RH_{950}	35	35	35	36	38	39	39	38	35	32	27	24	22	21	21	22	24	26	28	29	30	31	33	34	30.4

吉林省

地名	长春	区站号	541610	经度	125.22E	纬度	43.9N	海拔	238m

	1月	2月	3月	4月	5月	6月	7月	8月	9月	10月	11月	12月	年平均或累计注1
DB_m	-15.0	-10.2	-1.4	8.7	16.5	21.2	23.9	22.5	16.3	7.8	-2.8	-12.4	6.3
RH_m	64.0	57.0	53.0	44.0	51.0	64.0	73.0	74.0	65.0	58.0	62.0	66.0	61.0
I_m	174	255	439	605	716	675	602	539	453	334	194	146	5122
HDD_m	1022	790	602	279	46	0	0	0	50	316	624	943	4672

		1时	2时	3时	4时	5时	6时	7时	8时	9时	10时	11时	12时	13时	14时	15时	16时	17时	18时	19时	20时	21时	22时	23时	24时	平均或合计注2
一月标准日	DB	-16.6	-16.8	-17.0	-17.3	-17.6	-17.9	-17.9	-17.9	-17.4	-16.3	-14.8	-13.2	-11.9	-11.1	-11.0	-11.4	-12.2	-13.0	-13.8	-14.4	-14.9	-15.3	-15.6	-15.9	-15.0
	RH	69	69	69	69	70	70	71	70	67	63	59	55	53	53	54	57	60	62	64	66	67	67	68	68	64
	I_d	0	0	0	0	0	0	0	6	41	79	107	131	127	94	48	3	0	0	0	0	0	0	0	0	637
	I_s	0	0	0	0	0	0	0	32	93	136	160	162	146	116	72	12	0	0	0	0	0	0	0	0	927
	WV	2.2	2.2	2.2	2.2	2.2	2.3	2.3	2.3	2.6	2.8	3.1	3.2	3.3	3.5	3.1	2.6	2.2	2.2	2.1	2.1	2.1	2.1	2.2	2.2	2.5
	DLR	165	164	163	162	162	161	161	161	165	169	173	176	178	178	178	176	175	173	171	170	169	168	167	166	169
三月标准日	DB	-3.7	-4.2	-4.8	-5.2	-5.3	-5.0	-4.2	-3.0	-1.7	-0.3	0.9	1.7	2.3	2.6	2.7	2.4	1.8	0.8	-0.3	-1.3	-2.0	-2.4	-2.7	-3.0	-1.4
	RH	61	62	64	65	65	63	61	57	52	48	45	43	41	41	40	41	43	46	50	54	57	59	59	59	53
	I_d	0	0	0	0	0	1	43	99	179	249	284	327	324	277	225	136	31	0	0	0	0	0	0	0	2176
	I_s	0	0	0	0	0	4	65	134	186	220	241	233	215	188	141	90	37	0	0	0	0	0	0	0	1755
	WV	2.6	2.6	2.6	2.6	2.6	2.8	3.0	3.2	3.5	3.8	4.1	4.2	4.3	4.4	4.1	3.8	3.4	3.1	2.7	2.4	2.4	2.5	2.5	2.6	3.2
	DLR	218	216	215	213	213	214	216	219	222	225	227	229	231	231	231	231	230	228	226	225	224	223	221	220	223
五月标准日	DB	13.5	13.0	12.3	12.0	12.2	13.1	14.5	16.1	17.5	18.6	19.3	19.9	20.3	20.7	20.9	20.7	20.1	19.0	17.8	16.5	15.5	14.8	14.3	14.0	16.5
	RH	61	63	65	66	66	62	58	53	49	46	43	41	40	38	38	38	39	42	46	50	55	57	59	60	51
	I_d	0	0	0	0	6	58	146	224	333	415	450	485	470	413	359	267	153	48	0	0	0	0	0	0	3827
	I_s	0	0	0	0	22	100	165	226	258	277	290	278	261	237	191	143	95	45	0	0	0	0	0	0	2587
	WV	2.6	2.6	2.6	2.6	2.6	3.0	3.4	3.8	4.0	4.1	4.3	4.4	4.4	4.4	4.2	4.0	3.8	3.4	3.0	2.5	2.6	2.6	2.6	2.6	3.3
	DLR	312	311	309	308	309	312	316	321	325	327	328	329	330	330	330	329	327	324	322	320	318	316	315	315	320

续表

项目	参数	1时	2时	3时	4时	5时	6时	7时	8时	9时	10时	11时	12时	13时	14时	15时	16时	17时	18时	19时	20时	21时	22时	23时	24时	平均或合计[注2]
七月标准日	DB	21.6	21.1	20.7	20.5	20.7	21.4	22.5	23.7	24.7	25.6	26.1	26.5	26.9	27.1	27.2	27.1	26.5	25.7	24.7	23.6	22.9	22.4	22.1	21.9	23.9
	RH	82	84	85	86	86	83	79	75	70	67	64	63	61	60	60	60	62	65	70	74	78	80	81	82	73
	I_d	0	0	0	0	1	18	58	93	150	198	218	244	248	231	209	162	97	36	0	0	0	0	0	0	1964
	I_s	0	0	0	0	12	92	177	259	322	366	394	394	375	336	278	211	141	71	0	0	0	0	0	0	3428
	WV	2.0	2.0	2.0	2.0	2.0	2.3	2.5	2.7	2.8	2.9	3.0	3.1	3.2	3.3	3.1	3.0	2.8	2.5	2.1	1.8	1.8	1.9	1.9	1.9	2.5
	DLR	388	387	385	384	385	388	392	396	400	402	404	405	406	407	407	406	404	401	398	396	394	392	391	390	396
九月标准日	DB	13.6	13.0	12.2	11.8	12.3	13.1	14.3	15.9	17.4	18.6	19.6	20.3	20.8	21.1	21.1	20.7	19.7	18.0	16.6	15.4	14.4	14.0	14.0	13.7	16.3
	RH	76	78	81	82	81	79	74	68	63	57	53	49	47	46	46	47	50	55	62	68	72	74	74	74	65
	I_d	0	0	0	0	0	3	45	91	164	233	276	313	309	265	214	126	27	0	0	0	0	0	0	0	2064
	I_s	0	0	0	0	0	24	106	180	235	266	282	271	248	213	160	105	45	0	0	0	0	0	0	0	2135
	WV	1.9	1.9	1.9	2.0	2.0	2.2	2.4	2.6	2.8	3.0	3.2	3.3	3.3	3.3	3.0	2.7	2.4	2.2	2.0	1.7	1.8	1.9	1.9	1.9	2.4
	DLR	328	327	324	323	325	327	332	336	340	343	344	345	346	346	346	344	342	338	335	333	330	329	329	328	335
十一月标准日	DB	-4.1	-4.4	-4.6	-4.8	-5.1	-5.1	-4.8	-4.1	-3.1	-1.9	-0.7	0.2	0.6	0.5	0.0	-0.8	-1.6	-2.2	-2.7	-3.1	-3.5	-3.8	-4.0	-4.3	-2.8
	RH	68	68	69	70	71	72	71	69	64	59	55	51	49	50	51	54	57	59	61	63	64	65	66	67	62
	I_d	0	0	0	0	0	0	1	27	72	117	145	168	154	106	47	3	0	0	0	0	0	0	0	0	836
	I_s	0	0	0	0	0	0	8	67	120	152	165	156	134	102	57	3	0	0	0	0	0	0	0	0	964
	WV	2.6	2.6	2.6	2.6	2.6	2.7	2.9	3.0	3.3	3.6	3.9	3.8	3.8	3.8	3.4	3.1	2.7	2.6	2.6	2.6	2.6	2.6	2.5	2.6	3.0
	DLR	221	221	220	220	219	219	220	222	224	226	228	230	230	230	228	227	225	224	224	223	222	221	220	220	224
夏季 TAC	DB_{25}	25.9	25.4	25.2	25.0	24.9	25.2	26.1	27.4	28.8	29.7	30.5	31.2	31.7	32.1	32.2	32.0	31.5	30.4	29.1	28.1	27.6	27.0	26.5	26.2	28.3
	I_{25}	0	0	0	0	84	229	404	559	715	825	885	920	887	807	697	542	356	173	6	0	0	0	0	0	8088
	DB_{50}	25.3	24.9	24.5	24.2	24.1	24.4	25.4	26.6	27.9	29.0	29.7	30.3	30.8	31.2	31.2	31.0	30.4	29.4	28.4	27.5	26.7	26.2	25.8	25.6	27.5
	I_{50}	0	0	0	0	70	206	382	528	687	798	851	879	851	772	671	523	342	164	3	0	0	0	0	0	7727
	RH_s	83	85	87	87	86	83	78	72	68	64	61	59	57	55	54	55	57	61	67	73	77	79	81	81	71
冬季 TAC	DB_{975}	-25.6	-25.6	-26.0	-26.2	-26.2	-26.3	-26.0	-25.5	-24.3	-22.8	-21.3	-20.1	-19.6	-19.8	-20.1	-20.6	-21.5	-22.5	-22.9	-23.2	-23.8	-24.2	-24.5	-24.6	-23.5
	RH_{975}	38	40	40	41	43	45	44	43	39	35	31	27	26	26	25	25	25	31	33	35	35	36	37	37	34.9
	DB_{950}	-23.6	-23.9	-24.2	-24.5	-24.7	-24.9	-24.8	-24.2	-23.0	-21.8	-20.1	-18.9	-18.1	-18.0	-18.5	-19.2	-20.1	-20.7	-21.4	-21.8	-22.2	-22.8	-22.9	-23.2	-22.0
	RH_{950}	42	43	44	45	46	47	47	45	42	38	34	31	29	29	28	29	30	33	36	38	39	39	40	40	38.1

地名 长岭	区站号 540490	经度 123.97E	纬度 44.25N	海拔 190m

	1月	2月	3月	4月	5月	6月	7月	8月	9月	10月	11月	12月	年平均或累计[1]
DB_m	-15.5	-10.3	-1.2	8.8	16.8	21.8	24.3	22.7	16.6	7.8	-3.5	-13.0	6.3
RH_m	62.0	52.0	49.0	40.0	49.0	60.0	72.0	71.0	62.0	55.0	58.0	63.0	58.0
I_m	172	257	451	607	716	665	592	531	449	328	199	142	5100
HDD_m	1038	793	596	276	37	0	0	0	0	41	317	962	4705

		1时	2时	3时	4时	5时	6时	7时	8时	9时	10时	11时	12时	13时	14时	15时	16时	17时	18时	19时	20时	21时	22时	23时	24时	平均或合计[2]
一月标准日	DB	-17.4	-17.7	-17.9	-18.1	-18.6	-19.0	-19.3	-18.8	-17.6	-15.6	-13.6	-12.0	-11.1	-10.9	-11.2	-12.0	-12.9	-13.8	-14.5	-15.2	-15.6	-16.0	-16.4	-16.9	-15.5
	RH	67	67	67	67	68	69	70	70	67	63	58	54	51	51	51	53	56	59	61	62	63	64	64	65	62
	I_d	0	0	0	0	0	0	0	3	35	75	105	133	130	97	53	5	0	0	0	0	0	0	0	0	636
	I_s	0	0	0	0	0	0	0	23	87	131	156	158	144	116	74	15	0	0	0	0	0	0	0	0	905
	WV	2.9	2.6	2.6	2.3	2.1	2.2	2.2	2.2	2.5	2.8	3.1	3.2	3.5	3.0	3.0	2.1	2.5	2.5	3.0	2.6	3.1	3.0	3.0	2.9	2.7
	DLR	160	160	159	158	157	156	155	156	160	165	171	175	177	177	176	174	173	171	169	167	166	165	163	162	165
三月标准日	DB	-3.8	-4.5	-5.2	-5.7	-5.9	-5.7	-5.0	-3.8	-2.2	-0.4	1.2	2.3	3.0	3.4	3.6	3.5	2.9	1.8	0.5	-0.7	-1.5	-2.0	-2.4	-2.9	-1.2
	RH	57	59	61	62	62	62	60	57	51	45	41	38	36	34	34	34	36	39	43	48	50	52	52	54	49
	I_d	0	0	0	0	0	0	40	88	173	257	308	360	358	308	258	160	42	0	0	0	0	0	0	0	2351
	I_s	0	0	0	0	0	2	60	131	182	213	231	221	204	181	134	90	43	0	0	0	0	0	0	0	1691
	WV	3.7	3.4	3.2	2.9	2.6	2.8	3.0	3.3	3.6	3.9	4.2	4.3	4.4	4.5	4.2	3.9	3.6	4.3	5.0	3.4	4.8	4.5	4.3	4.1	3.8
	DLR	214	213	211	210	209	209	212	214	218	221	224	226	227	227	227	227	226	225	223	221	220	219	217	217	219
五月标准日	DB	13.8	12.9	12.0	11.5	11.7	12.6	14.1	15.9	17.4	18.7	19.5	20.2	20.8	21.3	21.6	21.4	20.8	19.8	18.5	17.2	16.3	15.7	15.2	14.7	16.8
	RH	57	61	65	67	66	63	58	52	47	43	40	38	36	35	34	34	36	38	42	46	50	51	52	54	49
	I_d	0	0	0	0	4	57	146	207	329	418	442	497	492	432	381	285	165	59	0	0	0	0	0	0	3914
	I_s	0	0	0	0	16	91	154	221	250	267	288	269	250	229	185	141	97	48	0	0	0	0	0	0	2506
	WV	3.8	3.5	3.2	3.2	2.9	3.3	3.7	4.1	4.3	4.6	4.8	4.9	5.0	5.1	4.8	4.6	4.3	4.1	4.0	2.9	3.7	3.7	3.8	3.9	4.0
	DLR	310	308	307	305	306	309	313	318	322	324	325	326	327	328	328	327	326	323	321	319	317	315	314	313	318

续表

		1时	2时	3时	4时	5时	6时	7时	8时	9时	10时	11时	12时	13时	14时	15时	16时	17时	18时	19时	20时	21时	22时	23时	24时	平均或合计[注2]
七月标准日	DB	22.0	21.3	20.8	20.4	20.6	21.2	22.3	23.6	24.8	25.7	26.5	27.0	27.5	27.8	28.0	27.8	27.2	26.4	25.4	24.4	23.7	23.2	22.8	22.5	24.3
	RH	81	84	86	87	86	84	80	75	70	66	63	60	58	57	56	57	59	63	67	72	75	77	78	79	72
	I_d	0	0	0	0	1	17	55	79	142	195	215	257	269	247	227	172	100	41	0	0	0	0	0	0	2017
	I_s	0	0	0	0	8	84	164	243	307	351	380	378	357	322	268	208	142	73	3	0	0	0	0	0	3288
	WV	2.9	2.7	2.5	2.4	2.2	2.5	2.7	2.9	3.1	3.2	3.4	3.4	3.4	3.4	3.3	3.2	3.1	3.3	3.5	2.6	3.6	3.4	3.3	3.1	3.0
	DLR	390	388	386	384	385	387	392	396	400	403	404	405	406	407	407	407	406	404	401	399	397	395	393	392	397
九月标准日	DB	13.9	13.0	12.3	11.9	11.9	12.6	13.8	15.5	17.1	18.6	19.8	20.7	21.3	21.7	21.8	21.5	20.5	19.1	17.4	16.1	15.1	14.6	14.5	14.2	16.6
	RH	72	76	79	80	81	79	75	69	62	55	49	46	43	42	41	42	45	50	57	63	67	69	69	70	62
	I_d	0	0	0	0	0	2	43	78	154	233	279	328	323	272	226	140	36	0	0	0	0	0	0	0	2115
	I_s	0	0	0	0	0	17	93	166	223	254	270	258	239	210	158	105	50	0	0	0	0	0	0	0	2042
	WV	4.2	3.8	3.6	2.9	2.2	2.3	2.5	2.7	3.0	3.3	3.6	3.6	3.7	3.7	3.3	3.0	2.6	3.3	4.0	3.1	4.4	4.4	4.4	4.2	3.4
	DLR	327	325	323	322	322	325	329	334	338	340	341	342	343	344	344	343	341	338	334	333	330	329	328	327	333
十一月标准日	DB	-5.0	-5.4	-5.5	-5.9	-6.3	-6.6	-6.5	-5.8	-4.6	-2.9	-1.2	0.0	0.7	0.7	0.1	-0.7	-1.5	-2.3	-3.0	-3.5	-3.9	-4.2	-4.6	-5.0	-3.5
	RH	65	66	67	68	70	71	71	69	63	57	50	46	44	44	45	47	51	54	56	58	59	60	61	63	58
	I_d	0	0	0	0	0	0	1	21	69	123	156	189	176	120	57	1	0	0	0	0	0	0	0	0	913
	I_s	0	0	0	0	0	0	5	62	115	147	160	149	129	102	60	5	0	0	0	0	0	0	0	0	934
	WV	3.8	3.3	3.4	3.0	2.7	2.7	2.8	2.9	3.2	3.5	3.8	3.9	4.0	4.1	3.6	3.1	2.6	3.1	3.6	3.9	4.0	4.0	3.9	3.9	3.4
	DLR	216	214	215	213	212	212	212	214	216	219	222	224	225	224	223	222	220	219	218	217	216	215	214	214	217
夏季TAC	DB_{25}	26.1	25.5	25.1	24.8	24.6	24.9	25.5	26.9	28.7	29.9	31.0	31.8	32.4	32.9	33.4	33.4	32.7	31.7	30.5	29.3	28.4	27.7	27.0	26.4	28.8
	I_{25}	0	0	0	0	72	230	411	550	724	856	877	930	903	816	712	559	369	193	22	0	0	0	0	0	8222
	DB_{50}	25.2	24.6	24.2	24.0	23.9	24.4	25.0	26.3	27.8	29.2	30.2	31.1	31.8	32.0	32.2	32.1	31.5	30.5	29.1	27.9	27.2	26.6	26.1	25.7	27.9
	I_{50}	0	0	0	0	58	205	388	507	683	799	847	899	874	787	690	535	351	181	18	0	0	0	0	0	7819
	RH_s	80	84	86	87	87	84	79	73	67	62	58	55	52	50	49	50	52	57	63	69	73	75	76	78	69
冬季TAC	DB_{975}	-25.7	-26.1	-26.4	-26.6	-26.8	-27.3	-27.7	-27.1	-25.9	-24.2	-22.0	-20.2	-19.3	-19.0	-19.4	-20.2	-21.3	-22.2	-22.9	-23.7	-24.2	-24.4	-24.6	-25.2	-23.9
	RH_{975}	34	35	34	34	37	39	39	38	34	29	25	22	20	20	19	19	20	21	24	25	26	28	30	32	28.6
	DB_{950}	-24.1	-24.4	-24.8	-24.9	-25.5	-25.9	-25.9	-25.7	-24.3	-22.4	-20.5	-18.8	-18.0	-17.7	-18.0	-18.4	-19.5	-20.4	-21.0	-21.8	-22.4	-22.7	-23.0	-23.6	-22.2
	RH_{950}	37	38	39	40	42	43	44	43	39	33	28	24	22	21	21	22	24	25	27	29	30	31	34	35	32.2

地名	延吉	区站号	542920	经度	129.47E	纬度	42.88N	海拔	178m

	1月	2月	3月	4月	5月	6月	7月	8月	9月	10月	11月	12月	年平均或累计注1
DB_m	-12.5	-8.9	-1.1	7.4	14.3	18.1	21.5	21.4	15.6	7.4	-2.8	-10.9	5.8
RH_m	55.0	52.0	51.0	50.0	61.0	75.0	80.0	79.0	73.0	61.0	64.0	59.0	63.0
I_m	214	291	480	592	667	601	560	517	439	351	207	176	5089
HDD_m	945	752	591	319	114	0	0	0	72	329	624	895	4642

一月标准日

	1时	2时	3时	4时	5时	6时	7时	8时	9时	10时	11时	12时	13时	14时	15时	16时	17时	18时	19时	20时	21时	22时	23时	24时	平均或累计注2
DB	-14.4	-14.7	-15.0	-15.3	-15.7	-16.0	-16.1	-15.5	-14.4	-12.7	-11.0	-9.5	-8.5	-8.1	-8.3	-8.9	-9.6	-10.4	-11.2	-11.8	-12.4	-12.9	-13.4	-13.9	-12.5
RH	61	62	63	64	65	66	66	64	61	55	50	46	43	42	42	44	47	49	51	54	55	57	58	60	55
I_d	0	0	0	0	0	0	0	28	86	142	180	211	196	138	64	1	0	0	0	0	0	0	0	0	1046
I_s	0	0	0	0	0	0	0	59	108	139	151	141	121	94	57	4	0	0	0	0	0	0	0	0	873
WV	3.2	3.1	3.0	2.8	2.7	2.7	2.7	2.7	3.4	4.0	4.6	4.8	5.1	5.3	4.9	4.4	4.0	3.8	3.7	3.5	3.5	3.4	3.3	3.2	3.7
DLR	169	168	168	167	166	165	165	166	169	173	177	180	182	183	182	181	180	178	177	175	174	173	172	170	173

三月标准日

	1时	2时	3时	4时	5时	6时	7时	8时	9时	10时	11时	12时	13时	14时	15时	16时	17时	18时	19时	20时	21时	22时	23时	24时	平均或累计注2
DB	-3.8	-4.4	-5.0	-5.5	-5.7	-5.5	-4.8	-3.5	-1.9	-0.1	1.5	2.7	3.5	3.7	3.6	3.2	2.5	1.6	0.7	-0.3	-1.1	-1.8	-2.4	-3.0	-1.1
RH	61	64	65	67	68	67	65	60	52	45	40	36	35	34	35	36	38	41	45	48	51	54	56	59	51
I_d	0	0	0	0	0	5	64	133	235	332	386	422	398	325	246	133	14	0	0	0	0	0	0	0	2693
I_s	0	0	0	0	0	15	87	153	193	209	214	199	181	156	113	69	19	0	0	0	0	0	0	0	1608
WV	2.6	2.5	2.4	2.4	2.3	2.6	2.8	3.1	3.7	4.3	4.9	5.3	5.6	5.9	5.7	5.5	5.3	4.7	4.1	3.5	3.3	3.1	2.9	2.8	3.8
DLR	218	217	215	213	213	214	216	218	221	223	225	228	229	229	229	229	228	227	225	224	223	222	221	220	222

五月标准日

	1时	2时	3时	4时	5时	6时	7时	8时	9时	10时	11时	12时	13时	14时	15时	16时	17时	18时	19时	20时	21时	22时	23时	24时	平均或累计注2
DB	10.6	9.8	9.1	8.7	8.9	9.7	11.1	12.9	14.8	16.5	17.9	18.8	19.5	19.8	19.8	19.4	18.6	17.5	16.1	14.8	13.6	12.7	12.0	11.4	14.3
RH	74	77	80	82	82	79	73	67	60	53	49	45	43	43	43	44	46	49	53	58	62	65	69	71	61
I_d	0	0	0	0	5	37	104	172	275	368	417	457	445	388	320	222	111	14	0	0	0	0	0	0	3336
I_s	0	0	0	0	27	112	187	252	287	297	298	282	257	226	181	132	80	25	0	0	0	0	0	0	2644
WV	2.7	2.3	2.3	2.2	2.1	2.4	2.6	3.0	3.4	3.8	4.2	4.4	4.7	5.0	4.8	4.7	4.6	4.2	3.8	3.4	3.2	3.0	2.8	2.7	3.4
DLR	306	304	302	302	303	305	309	315	319	323	325	327	328	329	329	328	326	323	319	316	314	311	310	309	316

续表

	1时	2时	3时	4时	5时	6时	7时	8时	9时	10时	11时	12时	13时	14时	15时	16时	17时	18时	19时	20时	21时	22时	23时	24时	平均或合计注2
七月标准日																									
DB	18.7	18.3	18.0	17.8	18.0	18.5	19.5	20.7	22.0	23.1	24.1	24.8	25.3	25.6	25.6	25.3	24.6	23.7	22.6	21.5	20.6	20.0	19.5	19.2	21.5
RH	91	93	94	95	94	92	88	83	78	74	70	67	65	64	64	65	68	71	75	80	84	86	88	90	80
I_d	0	0	0	0	2	12	38	70	120	173	213	247	252	228	195	140	75	17	0	0	0	0	0	0	1784
I_s	0	0	0	0	17	94	181	261	328	367	381	372	345	303	246	182	113	43	0	0	0	0	0	0	3233
WV	1.9	1.8	1.7	1.7	1.6	1.8	1.9	2.1	2.4	2.7	2.9	3.1	3.3	3.5	3.5	3.4	3.4	3.1	2.8	2.5	2.4	2.2	2.1	2.0	2.5
DLR	376	374	373	372	373	375	378	383	387	391	394	396	397	398	399	398	395	392	389	385	383	380	379	378	385
九月标准日																									
DB	12.4	11.8	11.2	10.8	10.7	11.1	12.1	13.6	15.4	17.3	19.0	20.3	21.2	21.5	21.3	20.5	19.5	18.2	16.8	15.6	14.5	13.7	13.1	12.6	15.6
RH	89	91	92	93	93	92	88	82	74	66	58	53	49	48	49	53	57	63	68	74	78	82	85	87	73
I_d	0	0	0	0	0	5	33	68	137	218	276	324	322	268	195	97	10	0	0	0	0	0	0	0	1952
I_s	0	0	0	0	0	34	118	194	257	284	287	263	231	193	143	88	23	0	0	0	0	0	0	0	2115
WV	1.6	1.5	1.5	1.4	1.4	1.5	1.7	1.8	2.1	2.5	2.8	3.1	3.3	3.6	3.4	3.2	3.0	2.7	2.4	2.0	1.9	1.8	1.7	1.6	2.2
DLR	331	328	326	324	323	325	328	333	338	343	346	349	351	351	351	350	348	345	342	339	336	334	332	331	338
十一月标准日																									
DB	-4.6	-5.0	-5.3	-5.6	-5.9	-6.0	-5.7	-5.0	-3.9	-2.4	-0.9	0.4	1.2	1.4	1.1	0.4	-0.5	-1.2	-1.9	-2.5	-3.1	-3.6	-4.1	-4.6	-2.8
RH	71	72	73	74	75	75	75	72	68	62	56	52	49	49	50	52	55	57	60	62	64	66	68	70	64
I_d	0	0	0	0	0	0	7	42	90	139	171	190	169	111	40	0	0	0	0	0	0	0	0	0	959
I_s	0	0	0	0	0	0	26	86	132	156	161	147	121	88	45	0	0	0	0	0	0	0	0	0	961
WV	2.6	2.6	2.5	2.5	2.5	2.5	2.5	2.6	2.9	3.3	3.7	3.9	4.1	4.3	3.9	3.5	3.2	3.1	3.0	2.9	2.8	2.7	2.7	2.7	3.0
DLR	221	220	219	218	217	217	218	220	222	225	228	231	233	233	232	231	229	228	227	225	224	222	221	220	224
夏季 TAC																									
DB_{25}	22.9	22.4	22.2	21.9	21.9	22.4	24.1	25.8	27.5	28.8	30.1	31.1	32.1	32.5	32.5	32.4	31.4	29.9	28.1	26.4	25.3	24.6	23.9	23.5	26.8
I_{25}	0	0	0	0	92.9	234.8	400.6	540.6	714.8	835.6	897.6	926.6	895.6	792.6	657.6	491.6	303.5	116.6	0	0	0	0	0	0	7901
DB_{50}	22.2	21.6	21.3	21.1	21.2	21.7	22.9	24.7	26.4	27.9	29.1	30	30.9	31.5	31.6	31.2	30.3	28.8	27.3	25.6	24.4	23.6	23	22.6	25.9
I_{50}	0	0	0	0	82.1	214.6	373.1	521.2	676.2	790.6	858.2	888.1	854.2	762.2	639.2	473.2	289.4	111.1	0	0	0	0	0	0	7533
RH_s	92.3	93.8	95.3	96	95.4	92.5	88.2	83.5	78.2	72.3	66.3	62.3	60.1	59.1	60.3	61.9	67.1	71.7	76.7	81.2	85.3	88.3	90.3	91.2	80
冬季 TAC																									
DB_{975}	-20.7	-21.2	-21.6	-22.1	-22.5	-22.6	-22.5	-21.8	-20.7	-19.0	-17.6	-17.0	-16.3	-16.0	-16.1	-16.5	-17.1	-17.5	-18.2	-18.9	-19.3	-19.7	-19.8	-20.2	-19.4
RH_{975}	36	37	37	37	38	40	39	37	34	31	27	24	22	21	20	21	22	24	27	30	32	33	35	36	30.8
DB_{950}	-20.0	-20.3	-20.7	-21.1	-21.4	-21.5	-21.5	-20.8	-19.5	-18.0	-16.5	-15.4	-14.8	-14.6	-14.7	-15.3	-15.8	-16.3	-16.9	-17.5	-18.1	-18.6	-18.9	-19.4	-18.2
RH_{950}	40	41	41	41	43	44	43	41	38	34	30	27	25	23	23	24	26	27	29	32	34	35	37	39	34.1

地名	四平	区站号	541570	经度	124.33E	纬度	43.18N	海拔	167m

	1月	2月	3月	4月	5月	6月	7月	8月	9月	10月	11月	12月	年平均或累计[1]
DB_m	-14.3	-9.2	-0.4	9.0	17.0	21.8	24.2	22.6	16.7	8.2	-1.6	-11.2	6.9
RH_m	64.0	58.0	54.0	46.0	53.0	65.0	77.0	79.0	70.0	63.0	64.0	66.0	63.0
I_m	186	263	448	576	689	641	561	497	441	331	200	155	4981
HDD_m	1001	762	569	271	30	0	0	0	0	40	303	905	4470

		1时	2时	3时	4时	5时	6时	7时	8时	9时	10时	11时	12时	13时	14时	15时	16时	17时	18时	19时	20时	21时	22时	23时	24时	平均或合计[2]
一月标准日	DB	-16.5	-16.8	-17.0	-17.1	-17.4	-17.7	-17.7	-17.0	-15.6	-13.7	-11.8	-10.5	-9.8	-9.8	-10.1	-10.8	-11.6	-12.6	-13.6	-14.4	-14.9	-15.3	-15.6	-16.1	-14.3
	RH	70	71	70	70	72	73	73	72	68	63	58	54	52	52	53	55	58	62	64	66	67	67	68	69	64
	I_d	0	0	0	0	0	0	0	6	46	91	122	149	144	108	60	6	0	0	0	0	0	0	0	0	732
	I_s	0	0	0	0	0	0	0	31	93	134	158	160	147	119	76	17	0	0	0	0	0	0	0	0	936
	WV	3.1	2.7	2.8	2.2	1.6	1.7	1.7	1.8	2.2	2.6	2.9	3.0	3.1	3.2	2.8	2.3	1.9	2.3	2.7	2.4	2.7	2.8	3.0	3.1	2.5
	DLR	166	166	164	164	164	163	164	166	169	174	179	182	183	183	182	181	179	177	175	173	171	170	169	168	172
三月标准日	DB	-3.0	-3.6	-4.2	-4.6	-4.6	-4.1	-3.2	-2.0	-0.6	0.8	1.9	2.8	3.5	3.9	4.2	4.0	3.4	2.3	1.0	-0.1	-0.9	-1.4	-1.7	-2.1	-0.4
	RH	63	65	67	68	68	66	63	59	53	48	45	42	41	40	39	39	41	44	49	54	57	58	59	60	54
	I_d	0	0	0	0	0	0	39	100	183	258	297	341	334	284	236	148	38	0	0	0	0	0	0	0	2259
	I_s	0	0	0	0	0	2	63	132	184	218	240	232	216	191	144	94	42	0	0	0	0	0	0	0	1759
	WV	4.2	3.4	3.6	2.9	2.3	2.5	2.8	3.0	3.3	3.6	3.9	4.0	4.0	4.1	3.8	3.5	3.2	3.4	3.5	2.4	3.5	3.7	3.9	4.2	3.4
	DLR	223	222	221	219	218	220	222	225	228	230	232	234	236	237	237	236	235	233	232	230	229	228	226	226	228
五月标准日	DB	13.9	13.0	12.2	11.7	12.1	13.2	14.9	16.5	18.0	19.0	19.8	20.3	20.8	21.3	21.6	21.5	20.9	19.9	18.6	17.3	16.4	15.7	15.3	14.8	17.0
	RH	62	67	69	71	70	65	60	55	51	47	44	42	40	39	38	38	39	42	46	51	54	56	57	59	53
	I_d	0	0	0	0	2	44	130	203	306	382	409	437	426	381	341	258	151	49	0	0	0	0	0	0	3519
	I_s	0	0	0	0	12	92	161	225	261	284	302	297	279	249	198	148	98	46	0	0	0	0	0	0	2653
	WV	4.2	4.2	3.7	3.1	2.4	2.9	3.4	3.9	4.1	4.3	4.5	4.5	4.5	4.5	4.3	4.2	4.0	3.8	3.7	2.7	3.6	3.8	4.0	4.2	3.9
	DLR	316	315	312	311	312	315	321	325	330	332	333	333	334	335	335	335	333	330	327	325	324	322	320	319	325

续表

		1时	2时	3时	4时	5时	6时	7时	8时	9时	10时	11时	12时	13时	14时	15时	16时	17时	18时	19时	20时	21时	22时	23时	24时	平均或合计注2
七月标准日	DB	21.8	21.2	20.7	20.4	20.7	21.5	22.7	24.0	25.1	25.9	26.5	26.9	27.3	27.7	27.9	27.7	27.1	26.2	25.0	24.0	23.3	22.9	22.6	22.3	24.2
	RH	87	90	91	92	91	87	83	78	74	71	67	65	64	63	62	63	65	69	74	80	83	84	84	85	77
	I_d	0	0	0	0	0	11	44	79	129	165	183	212	221	208	187	143	85	31	0	0	0	0	0	0	1697
	I_s	0	0	0	0	4	77	163	244	310	358	388	390	370	331	276	210	139	68	0	0	0	0	0	0	3328
	WV	4.8	4.5	3.9	2.9	1.9	2.1	2.4	2.6	2.8	2.9	3.1	3.1	3.1	3.0	2.9	2.7	2.5	3.7	4.9	3.4	4.8	5.0	5.1	5.3	3.5
	DLR	394	392	390	389	389	393	397	402	406	409	410	410	412	413	414	413	412	409	406	404	402	399	398	396	402
九月标准日	DB	13.6	12.8	12.1	11.7	11.9	12.9	14.6	16.4	18.1	19.4	20.4	21.0	21.5	21.9	22.1	21.7	20.6	18.9	17.0	15.4	14.3	14.0	14.0	13.9	16.7
	RH	84	87	89	90	90	86	80	73	66	59	54	51	49	47	47	48	52	59	68	77	81	82	81	81	70
	I_d	0	0	0	0	0	1	37	79	150	219	261	299	295	253	208	126	30	0	0	0	0	0	0	0	1958
	I_s	0	0	0	0	0	14	96	172	231	266	283	274	252	217	164	108	48	0	0	0	0	0	0	0	2126
	WV	5.3	4.7	3.7	2.6	1.5	1.7	2.0	2.2	2.5	2.7	3.0	3.0	3.0	3.0	2.7	2.4	2.0	3.5	4.9	4.5	5.4	5.4	5.5	5.5	3.4
	DLR	335	332	329	328	329	332	338	344	349	351	351	351	352	353	353	353	350	347	343	341	338	336	335	335	342
十一月标准日	DB	-3.1	-3.4	-3.8	-4.0	-4.2	-4.2	-3.8	-2.9	-1.8	-0.4	0.9	1.8	2.3	2.2	1.7	0.8	-0.1	-1.0	-1.8	-2.2	-2.7	-2.9	-3.1	-3.3	-1.6
	RH	70	71	72	73	74	75	75	72	67	60	55	51	49	49	50	53	57	60	64	66	67	68	68	69	64
	I_d	0	0	0	0	0	0	1	25	71	120	150	174	160	113	56	1	0	0	0	0	0	0	0	0	870
	I_s	0	0	0	0	0	0	6	67	120	153	167	159	138	106	63	5	0	0	0	0	0	0	0	0	983
	WV	4.6	3.9	3.9	3.1	2.2	2.3	2.3	2.4	2.8	3.2	3.6	3.6	3.7	3.7	3.2	2.8	2.3	3.5	4.8	4.6	5.5	5.4	5.2	4.9	3.7
	DLR	228	228	227	226	226	226	228	230	233	235	236	238	238	237	236	234	233	232	230	230	228	228	227	227	231
夏季TAC	DB_{25}	25.7	25.2	25.0	24.9	24.9	25.1	26.2	27.5	29.2	30.2	30.9	31.2	31.8	32.4	32.6	32.6	31.7	30.4	28.8	27.7	27.1	26.7	26.2	26.0	28.3
	I_{25}	0	0	0	0	59	207	395	545	707	825	882	915	896	814	703	543	361	174	8	0	0	0	0	0	8033
	DB_{50}	24.9	24.4	24.0	23.8	23.9	24.5	25.5	26.9	28.3	29.2	29.7	30.4	31.0	31.5	31.6	31.5	30.8	29.5	28.2	27.2	26.5	26.1	25.7	25.4	27.5
	I_{50}	0	0	0	0	48	189	365	519	674	788	846	884	860	772	669	521	347	167	5	0	0	0	0	0	7653
	RH_s	87	92	94	95	93	88	82	76	72	67	63	61	58	56	55	55	59	64	71	77	81	83	84	85	75
冬季TAC	DB_{975}	-24.0	-24.5	-25.2	-25.5	-25.3	-25.3	-25.4	-24.9	-23.5	-21.6	-20.1	-18.8	-18.0	-18.2	-18.4	-18.9	-19.6	-20.2	-20.6	-21.5	-22.6	-22.7	-22.8	-23.5	-22.1
	RH_{975}	38	40	40	41	43	44	43	43	38	33	29	25	23	23	22	22	25	27	29	32	32	34	36	38	33.4
	DB_{950}	-22.8	-23.3	-23.6	-23.8	-23.9	-24.1	-24.3	-23.4	-22.1	-20.4	-18.7	-17.4	-16.6	-16.2	-16.6	-17.2	-17.9	-18.8	-19.5	-20.2	-20.7	-21.1	-21.5	-22.1	-20.7
	RH_{950}	42	43	44	46	47	46	47	46	43	37	32	28	27	27	26	27	29	31	35	37	37	39	42	42	37.5

黑龙江省

地名	爱辉	区站号	504680	经度	127.45E	纬度	50.25N	海拔	166m

	1月	2月	3月	4月	5月	6月	7月	8月	9月	10月	11月	12月	年平均或累计[1]
DB_m	-22.1	-18.3	-7.5	4.5	13.5	19.1	21.7	19.7	12.5	2.5	-10.5	-20.3	1.2
RH_m	65.0	61.0	57.0	48.0	55.0	70.0	77.0	79.0	71.0	63.0	69.0	70.0	65.0
L_m	125	204	398	589	709	645	601	509	400	282	143	94	4687
HDD_m	1243	1017	790	404	140	0	0	0	164	482	855	1188	6283

月		1时	2时	3时	4时	5时	6时	7时	8时	9时	10时	11时	12时	13时	14时	15时	16时	17时	18时	19时	20时	21时	22时	23时	24时	平均或合计[2]
一月标准日	DB	-24.3	-24.4	-24.4	-24.6	-25.0	-25.4	-25.5	-24.9	-23.4	-21.2	-18.9	-17.1	-16.3	-16.5	-17.5	-18.9	-20.4	-21.5	-22.3	-22.8	-23.2	-23.5	-23.9	-24.2	-22.1
	RH	69	69	69	69	69	70	70	69	67	63	59	55	53	53	55	59	64	67	68	68	68	69	69	69	65
	I_d	0	0	0	0	0	0	0	4	37	66	84	101	99	71	25	0	0	0	0	0	0	0	0	0	487
	I_s	0	0	0	0	0	0	0	18	67	100	119	118	102	74	37	0	0	0	0	0	0	0	0	0	635
	WV	2.2	2.2	2.2	2.3	2.3	2.3	2.3	2.3	2.5	2.7	2.8	2.7	2.6	2.5	2.3	2.0	1.8	1.8	1.9	1.9	2.0	2.0	2.1	2.1	2.2
	DLR	135	135	134	134	133	131	131	133	137	143	149	154	156	155	153	150	147	144	142	140	139	138	137	136	141
三月标准日	DB	-11.1	-11.6	-12.2	-12.6	-12.6	-12.1	-10.9	-9.2	-7.3	-5.4	-3.8	-2.7	-2.1	-1.8	-1.9	-2.3	-3.3	-4.6	-6.2	-7.7	-8.8	-9.5	-9.9	-10.2	-7.5
	RH	67	68	68	69	68	67	64	60	54	49	45	43	41	41	42	43	47	50	55	60	64	66	66	66	57
	I_d	0	0	0	0	0	3	47	102	167	227	266	301	300	260	207	122	24	0	0	0	0	0	0	0	2026
	I_s	0	0	0	0	0	11	68	127	172	201	215	205	184	155	112	69	23	0	0	0	0	0	0	0	1543
	WV	2.3	2.4	2.4	2.5	2.5	2.7	2.9	3.1	3.3	3.5	3.7	3.8	3.8	3.9	3.6	3.3	3.0	2.7	2.4	2.1	2.1	2.2	2.2	2.3	2.9
	DLR	188	187	185	183	182	184	187	192	197	201	205	208	210	211	211	211	209	206	202	199	197	195	193	192	197
五月标准日	DB	8.9	8.2	7.5	7.4	8.0	9.3	11.2	13.3	15.1	16.5	17.3	17.9	18.3	18.7	18.9	18.7	18.0	16.9	15.4	13.8	12.4	11.3	10.5	9.9	13.5
	RH	68	71	74	74	73	68	62	55	49	45	42	40	39	38	38	39	41	44	48	53	58	62	64	66	55
	I_d	0	0	0	0	20	70	139	214	305	386	437	475	471	428	367	281	178	74	0	0	0	0	0	0	3846
	I_s	0	0	0	1	53	120	180	231	260	271	271	255	233	206	168	126	83	42	2	0	0	0	0	0	2503
	WV	2.2	2.2	2.2	2.3	2.3	2.7	3.0	3.3	3.6	3.9	4.2	4.2	4.2	4.2	4.0	3.8	3.6	3.3	2.9	2.5	2.4	2.3	2.2	2.2	3.1
	DLR	292	290	288	288	290	294	299	305	309	312	313	314	315	316	316	316	315	312	309	306	303	300	297	296	304

续表

		1时	2时	3时	4时	5时	6时	7时	8时	9时	10时	11时	12时	13时	14时	15时	16时	17时	18时	19时	20时	21时	22时	23时	24时	平均或合计注2
七月标准日	DB	18.2	17.7	17.4	17.4	17.8	18.7	20.1	21.6	23.1	24.2	25.0	25.4	25.7	25.9	25.9	25.7	25.1	24.2	23.0	21.7	20.5	19.7	19.1	18.6	21.7
	RH	90	92	92	92	92	89	84	79	73	69	65	63	62	61	61	61	64	68	73	79	84	87	88	89	77
	I_d	0	0	0	0	6	23	51	86	131	178	214	246	255	242	219	175	115	55	3	0	0	0	0	0	1998
	I_s	0	0	0	1	46	121	197	267	324	360	377	370	346	307	254	195	134	73	13	0	0	0	0	0	3384
	WV	1.8	1.8	1.8	1.8	1.8	2.0	2.2	2.4	2.6	2.7	2.9	3.0	3.0	3.1	2.9	2.8	2.7	2.4	2.0	1.7	1.8	1.8	1.7	1.8	2.3
	DLR	371	369	368	368	370	373	379	385	390	393	395	396	397	397	397	396	395	392	389	386	382	379	376	373	384
九月标准日	DB	9.2	8.7	8.1	7.8	7.9	8.6	10.0	11.8	13.7	15.3	16.6	17.4	17.9	18.2	18.1	17.6	16.4	14.8	12.9	11.2	10.1	9.6	9.4	9.3	12.5
	RH	85	87	88	89	88	85	81	74	67	61	55	51	49	48	49	50	55	61	69	76	81	83	83	83	71
	I_d	0	0	0	0	0	7	38	72	125	183	231	273	279	246	195	116	25	0	0	0	0	0	0	0	1790
	I_s	0	0	0	0	0	36	107	172	223	250	257	240	212	176	129	82	33	0	0	0	0	0	0	0	1918
	WV	2.0	2.0	2.1	2.1	2.1	2.4	2.6	2.8	3.0	3.2	3.4	3.4	3.5	3.5	3.1	2.7	2.4	2.1	1.9	1.7	1.7	1.8	1.8	1.9	2.5
	DLR	308	306	304	302	302	305	310	316	321	325	327	328	329	329	329	328	326	322	318	314	311	309	308	307	316
十一月标准日	DB	-12.7	-12.8	-13.0	-13.1	-13.3	-13.4	-13.1	-12.2	-10.8	-9.0	-7.2	-5.9	-5.4	-5.7	-6.6	-7.9	-9.1	-10.0	-10.7	-11.2	-11.7	-12.1	-12.5	-12.9	-10.5
	RH	76	76	76	76	77	78	77	75	70	64	58	54	52	53	55	60	64	68	70	71	72	74	75	76	69
	I_d	0	0	0	0	0	0	1	21	54	85	108	125	116	77	21	0	0	0	0	0	0	0	0	0	607
	I_s	0	0	0	0	0	0	4	51	94	122	132	122	99	67	27	0	0	0	0	0	0	0	0	0	719
	WV	2.3	2.3	2.2	2.2	2.2	2.3	2.4	2.5	2.7	2.9	3.1	3.0	3.0	2.9	2.7	2.5	2.2	2.2	2.1	2.1	2.1	2.2	2.2	2.2	2.4
	DLR	187	186	186	185	185	185	186	188	192	196	200	202	203	203	200	198	196	194	192	190	189	188	187	186	192
夏季TAC	DB_{25}	22.9	22.2	21.7	21.5	21.7	22.7	24.6	26.9	28.5	30.2	31.7	32.3	32.8	33.4	33.4	33.4	32.1	30.5	28.6	26.9	25.8	24.6	23.8	23.5	27.3
	I_{25}	0	0	0	19	117	234	382	523	651	763	824	850	827	761	661	520	362	199	50	0	0	0	0	0	7742
	DB_{50}	21.8	21.3	20.9	20.7	21.0	22.0	23.6	25.6	27.5	29.1	30.1	30.6	31.0	31.4	31.7	31.5	30.6	29.2	27.4	25.7	24.7	23.8	22.9	22.5	26.1
	I_{50}	0	0	0	15	107	222	361	496	628	738	795	824	803	737	640	507	350	193	47	0	0	0	0	0	7461
	RH_s	91	92	94	94	93	89	84	78	71	66	62	59	57	55	55	56	59	64	71	80	85	88	89	90	76
冬季TAC	DB_{975}	-33.4	-33.5	-33.5	-33.5	-33.8	-34.5	-34.8	-34.0	-32.0	-29.2	-26.1	-24.8	-23.8	-24.2	-24.8	-26.4	-27.9	-29.1	-30.3	-31.0	-31.7	-32.1	-32.5	-33.1	-30.4
	RH_{975}	44	44	44	44	45	46	45	43	40	36	33	30	29	29	30	32	34	38	41	42	43	43	44	43	39.2
	DB_{950}	-31.9	-32.1	-32.1	-32.3	-32.3	-33.0	-33.2	-32.5	-30.7	-27.8	-25.3	-23.4	-22.5	-22.6	-23.3	-24.6	-26.2	-27.7	-28.8	-29.7	-30.2	-30.8	-31.0	-31.6	-29.0
	RH_{950}	47	48	47	48	49	49	48	47	44	40	35	32	31	31	33	36	38	41	45	45	47	47	48	47	42.7

| 地名 | 安达 | | 区站号 | 508540 | | 经度 | 125.32E | | 纬度 | 46.38N | | 海拔 | 150m |

	1月	2月	3月	4月	5月	6月	7月	8月	9月	10月	11月	12月	年平均或累计[1]
DB_m	-19.1	-13.9	-3.6	7.4	15.7	21.3	23.7	21.8	15.1	6.0	-6.0	-16.4	4.3
RH_m	69.0	64.0	56.0	45.0	53.0	66.0	75.0	75.0	68.0	61.0	66.0	71.0	64.0
I_m	154	231	439	630	736	689	631	549	448	326	185	127	5133
HDD_m	1150	894	670	318	71	0	0	0	86	373	719	1065	5348

		1时	2时	3时	4时	5时	6时	7时	8时	9时	10时	11时	12时	13时	14时	15时	16时	17时	18时	19时	20时	21时	22时	23时	24时	平均或合计[2]
一月标准日	DB	-21.2	-21.5	-21.7	-21.9	-22.3	-22.7	-22.8	-22.3	-20.9	-18.9	-16.8	-15.1	-14.1	-14.0	-14.5	-15.5	-16.6	-17.7	-18.5	-19.1	-19.5	-19.9	-20.3	-20.7	-19.1
	RH	73	74	73	73	74	74	74	74	73	69	65	61	58	57	58	61	65	68	70	71	71	72	72	72	69
	I_d	0	0	0	0	0	0	0	6	39	66	83	105	110	88	49	3	0	0	0	0	0	0	0	0	548
	I_s	0	0	0	0	0	0	0	27	82	123	148	150	133	102	60	8	0	0	0	0	0	0	0	0	832
	WV	2.4	2.3	2.1	1.9	1.6	1.6	1.6	1.6	1.9	2.1	2.4	2.5	2.6	2.7	2.4	2.1	1.8	1.9	2.1	2.3	2.3	2.3	2.3	2.4	2.1
	DLR	149	148	147	147	145	144	143	145	150	156	162	167	169	169	167	165	162	160	157	156	154	153	152	150	155
三月标准日	DB	-6.4	-7.1	-7.9	-8.4	-8.5	-8.1	-7.1	-5.6	-3.9	-2.1	-0.7	0.3	0.9	1.3	1.4	1.1	0.4	-0.9	-2.3	-3.6	-4.4	-4.9	-5.2	-5.5	-3.6
	RH	65	67	69	70	70	69	66	61	55	50	46	43	41	41	41	42	45	49	54	59	62	63	62	63	56
	I_d	0	0	0	0	0	2	49	100	172	242	291	341	347	307	251	157	43	0	0	0	0	0	0	0	2303
	I_s	0	0	0	0	0	6	65	131	182	213	227	215	193	165	121	77	33	0	0	0	0	0	0	0	1629
	WV	3.1	2.9	2.9	2.4	2.5	2.3	2.5	2.7	3.0	3.3	3.6	3.7	3.8	3.8	3.5	3.1	2.8	3.2	3.5	2.7	3.5	3.4	3.4	3.3	3.1
	DLR	208	206	204	202	202	203	205	209	213	217	220	222	223	224	225	225	224	222	219	217	215	214	212	211	214
五月标准日	DB	12.0	11.3	10.8	10.5	10.8	11.8	13.5	15.4	17.0	18.1	18.9	19.1	19.4	20.2	20.5	20.3	19.7	18.5	17.1	15.9	14.9	14.2	13.7	13.2	15.7
	RH	64	68	71	72	71	67	61	55	49	45	42	41	40	39	38	38	40	43	48	53	57	59	60	61	53
	I_d	0	0	0	0	12	71	151	215	314	404	459	510	508	458	403	310	194	78	0	0	0	0	0	0	4086
	I_s	0	0	0	0	34	105	168	230	265	279	282	263	240	214	172	129	85	42	1	0	0	0	0	0	2510
	WV	4.7	4.4	3.9	3.2	2.5	3.0	3.4	3.9	4.1	4.2	4.4	4.4	4.4	4.4	4.1	3.9	3.6	4.2	4.7	3.3	5.0	4.9	4.7	4.8	4.1
	DLR	307	306	305	304	305	308	313	318	322	324	325	325	326	328	328	327	326	323	321	318	317	315	313	311	317

续表

		1时	2时	3时	4时	5时	6时	7时	8时	9时	10时	11时	12时	13时	14时	15时	16时	17时	18时	19时	20时	21时	22时	23时	24时	平均或合计[注2]
七月标准日	DB	20.8	20.1	19.6	19.5	19.9	20.9	22.2	23.6	24.8	25.7	26.3	26.6	27.0	27.3	27.5	27.4	26.8	25.8	24.6	23.5	22.7	22.2	21.8	21.4	23.7
	RH	86	90	91	92	91	86	81	76	71	67	64	63	61	60	59	60	62	66	71	77	80	82	83	84	75
	I_d	0	0	0	0	3	25	66	100	156	211	250	291	303	285	260	208	135	63	2	0	0	0	0	0	2359
	I_s	0	0	0	0	25	106	184	259	318	354	371	365	343	307	254	195	133	72	9	0	0	0	0	0	3296
	WV	3.5	3.8	3.3	2.5	1.8	2.1	2.4	2.7	2.9	3.1	3.3	3.3	3.3	3.3	3.2	3.0	2.9	3.1	3.3	2.3	3.0	3.1	3.2	3.4	3.0
	DLR	387	384	382	382	383	387	392	397	401	404	405	405	406	407	407	407	405	402	399	397	395	392	390	389	396
九月标准日	DB	12.0	11.4	10.4	10.0	10.5	11.4	12.9	14.6	16.4	17.8	18.9	19.6	20.1	20.4	20.5	20.1	19.0	17.4	15.6	14.1	13.1	12.7	12.6	12.3	15.1
	RH	80	83	86	87	86	83	79	72	65	58	53	49	47	46	46	47	51	57	65	72	77	78	77	78	68
	I_d	0	0	0	0	0	5	44	80	142	214	275	325	332	296	240	151	43	0	0	0	0	0	0	0	2147
	I_s	0	0	0	0	0	28	104	176	232	262	266	249	222	187	139	90	42	0	0	0	0	0	0	0	1998
	WV	4.4	3.9	3.6	2.7	1.9	2.1	2.4	2.6	2.8	3.0	3.2	3.2	3.3	3.3	3.0	2.6	2.3	3.4	4.6	4.1	5.1	5.0	4.9	4.7	3.4
	DLR	322	320	317	315	317	320	326	332	337	339	340	340	341	342	342	341	338	335	331	328	326	324	323	322	330
十一月标准日	DB	-7.7	-8.1	-8.3	-8.5	-8.8	-8.9	-8.6	-7.8	-6.5	-4.8	-3.2	-2.1	-1.5	-1.7	-2.3	-3.3	-4.3	-5.2	-5.9	-6.4	-6.8	-7.2	-7.5	-7.8	-6.0
	RH	72	73	74	74	75	76	76	74	68	62	56	51	49	50	52	55	59	63	66	68	68	69	70	71	66
	I_d	0	0	0	0	0	0	2	28	70	113	142	166	156	112	52	0	0	0	0	0	0	0	0	0	840
	I_s	0	0	0	0	0	0	7	62	110	140	152	142	119	88	48	2	0	0	0	0	0	0	0	0	868
	WV	3.6	3.4	3.2	2.7	2.1	2.2	2.3	2.5	2.7	3.0	3.2	3.3	3.3	3.3	3.0	2.6	2.2	2.6	3.0	3.5	3.4	3.4	3.5	3.5	3.0
	DLR	207	206	205	204	204	204	205	207	210	214	217	219	220	219	218	216	214	213	211	210	209	207	207	206	210
夏季TAC	DB_{25}	25.1	24.4	24.1	23.8	24.0	24.5	25.7	27.6	29.2	30.5	31.3	32.1	32.6	33.1	33.5	33.4	32.8	31.5	30.0	28.4	27.5	27.0	26.1	25.5	28.5
	I_{25}	0	0	0	0	99	238	403	540	684	809	880	922	896	829	717	564	390	211	40	0	0	0	0	0	8220
	DB_{50}	24.3	23.6	23.2	23.0	23.1	23.9	25.1	26.8	28.5	29.6	30.3	31.0	31.6	32.0	32.5	32.5	31.6	30.2	28.4	27.0	26.2	25.6	25.2	24.8	27.5
	I_{50}	0	0	0	0	85	223	386	513	659	776	851	891	871	801	696	551	380	204	36	0	0	0	0	0	7922
	RH_s	87	90	93	93	91	87	81	74	69	63	59	57	55	54	53	54	57	62	69	76	80	82	83	84	73
冬季TAC	DB_{975}	-29.4	-29.6	-29.7	-30.1	-30.5	-30.9	-31.0	-30.5	-28.9	-26.9	-24.6	-22.6	-21.5	-21.4	-22.2	-23.1	-24.1	-25.3	-26.3	-27.1	-27.6	-28.0	-28.1	-28.7	-27.0
	RH_{975}	46	46	46	47	52	53	53	53	48	41	36	32	30	29	30	31	34	37	41	43	43	44	47	47	42.0
	DB_{950}	-28.0	-28.4	-28.6	-28.8	-29.1	-29.2	-29.3	-28.8	-27.3	-25.0	-22.9	-21.2	-20.1	-20.0	-20.6	-21.5	-22.9	-24.0	-24.6	-25.1	-25.8	-26.2	-26.9	-27.4	-25.5
	RH_{950}	51	52	51	52	56	57	57	56	52	46	40	36	33	32	33	35	38	42	45	49	49	50	51	51	46.4

地名	哈尔滨	区站号	509530	经度	126.77E	纬度	45.75N	海拔	143m

	1月	2月	3月	4月	5月	6月	7月	8月	9月	10月	11月	12月	年平均或累计注1
DB_m	-18.2	-13.3	-3.2	7.8	16.1	21.5	23.9	22.2	15.9	6.7	-4.7	-15.5	4.9
RH_m	70.0	65.0	60.0	49.0	56.0	67.0	76.0	77.0	70.0	63.0	67.0	72.0	66.0
I_m	161	241	432	619	719	675	613	540	445	331	187	132	5084
HDD_m	1122	875	658	305	60	0	0	0	64	350	681	1037	5153

一月标准日

	1时	2时	3时	4时	5时	6时	7时	8时	9时	10时	11时	12时	13时	14时	15时	16时	17时	18时	19时	20时	21时	22时	23时	24时	平均或合计注2
DB	-20.3	-20.6	-20.8	-21.1	-21.1	-21.5	-21.9	-21.9	-21.3	-19.9	-17.9	-15.9	-14.4	-13.6	-14.2	-15.0	-15.9	-16.6	-17.2	-17.7	-18.1	-18.6	-19.2	-19.7	-18.2
RH	75	75	75	75	75	76	76	75	73	69	65	60	58	58	59	62	66	69	70	71	71	72	74	74	70
I_d	0	0	0	0	0	0	0	9	43	72	92	117	120	92	47	2	0	0	0	0	0	0	0	0	593
I_s	0	0	0	0	0	0	0	36	90	129	151	151	131	100	57	6	0	0	0	0	0	0	0	0	851
WV	1.8	1.7	1.7	1.8	1.8	1.8	1.9	1.9	2.1	2.4	2.6	2.7	2.8	3.0	2.7	2.4	2.1	2.0	2.0	2.0	1.9	1.9	1.9	1.8	2.1
DLR	153	152	151	150	149	148	148	150	154	160	165	169	171	171	169	167	166	164	163	162	160	159	157	155	159

三月标准日

	1时	2时	3时	4时	5时	6时	7时	8时	9时	10时	11时	12时	13时	14时	15时	16时	17时	18时	19时	20时	21时	22时	23时	24时	平均或合计注2
DB	-5.9	-6.6	-7.2	-7.7	-7.7	-7.3	-6.3	-4.8	-3.3	-1.8	-0.5	0.4	0.9	1.2	1.1	0.8	0.2	-0.8	-1.8	-2.8	-3.6	-4.2	-4.7	-5.1	-3.2
RH	69	71	73	74	74	72	69	65	59	53	49	47	46	46	46	47	50	53	57	61	64	66	67	68	60
I_d	0	0	0	0	0	3	50	99	172	240	279	327	328	282	228	139	31	0	0	0	0	0	0	0	2177
I_s	0	0	0	0	0	9	72	139	190	222	238	223	200	171	125	77	29	0	0	0	0	0	0	0	1694
WV	2.3	2.3	2.3	2.3	2.3	2.5	2.6	2.8	3.2	3.5	3.8	3.9	4.0	4.1	3.8	3.4	3.1	2.9	2.6	2.4	2.3	2.3	2.3	2.3	2.9
DLR	213	212	210	208	208	209	212	215	219	222	224	227	228	229	229	228	226	224	222	221	219	218	216	216	220

五月标准日

	1时	2时	3时	4时	5时	6时	7时	8时	9时	10时	11时	12时	13时	14时	15时	16时	17时	18时	19时	20时	21时	22时	23时	24时	平均或合计注2
DB	13.0	12.3	11.6	11.2	11.5	12.5	13.9	15.6	17.1	18.2	19.0	19.5	20.0	20.3	20.5	20.3	19.7	18.7	17.4	16.2	15.2	14.5	14.0	13.6	16.1
RH	66	69	72	73	73	69	64	58	52	48	45	43	41	41	40	41	43	46	50	55	59	62	64	65	56
I_d	0	0	0	0	14	69	144	213	312	396	439	484	479	429	372	282	172	62	0	0	0	0	0	0	3869
I_s	0	0	0	0	39	111	175	236	268	282	290	272	249	222	177	130	83	37	0	0	0	0	0	0	2571
WV	2.6	2.6	2.6	2.6	2.6	2.9	3.2	3.5	3.7	3.9	4.1	4.2	4.2	4.3	4.0	3.8	3.6	3.3	2.9	2.6	2.6	2.6	2.5	2.5	3.2
DLR	314	312	310	310	311	314	318	323	326	328	329	329	330	331	331	331	329	326	324	322	321	319	318	317	322

续表注2

		1时	2时	3时	4时	5时	6时	7时	8时	9时	10时	11时	12时	13时	14时	15时	16时	17时	18时	19时	20时	21时	22时	23时	24时	平均或合计注2
七月标准日	DB	21.3	20.9	20.4	20.2	20.5	21.3	22.5	23.8	24.9	25.7	26.2	26.6	26.9	27.2	27.3	27.1	26.6	25.8	24.7	23.7	22.9	22.4	22.0	21.7	23.9
	RH	86	88	90	91	90	87	82	77	72	68	66	64	63	62	62	62	64	68	73	78	82	84	84	85	76
	I_d	0	0	0	0	4	24	58	92	147	200	234	266	273	256	232	184	117	51	0	0	0	0	0	0	2136
	I_s	0	0	0	0	31	111	190	265	325	362	380	375	352	314	258	195	130	65	2	0	0	0	0	0	3356
	WV	1.9	1.9	2.0	2.0	2.1	2.2	2.4	2.5	2.6	2.8	2.9	3.0	3.0	3.1	3.0	2.9	2.7	2.5	2.2	1.9	1.9	1.9	1.9	1.9	2.4
	DLR	390	388	387	386	387	390	395	399	403	405	406	407	408	409	409	409	407	405	403	400	398	395	393	392	399
九月标准日	DB	13.0	12.4	11.7	11.3	11.4	12.2	13.5	15.2	16.8	18.2	19.3	20.0	20.6	20.8	20.8	20.3	19.3	17.9	16.4	15.0	14.1	13.6	13.4	13.2	15.9
	RH	82	84	86	88	88	85	80	74	67	61	56	52	50	49	49	51	55	60	67	74	77	79	79	80	70
	I_d	0	0	0	0	0	7	46	81	145	214	267	318	325	285	229	138	32	0	0	0	0	0	0	0	2087
	I_s	0	0	0	0	0	36	113	184	239	267	272	253	224	188	138	88	37	0	0	0	0	0	0	0	2037
	WV	2.3	1.8	1.9	1.9	1.9	2.1	2.3	2.5	2.7	2.9	3.1	3.1	3.1	3.1	2.8	2.5	2.3	2.1	2.0	1.8	1.9	1.9	1.9	1.9	2.3
	DLR	330	327	325	323	324	327	332	337	342	344	346	347	347	348	348	347	345	342	338	335	333	331	330	329	336
十一月标准日	DB	-6.2	-6.5	-6.7	-7.0	-7.2	-7.3	-7.0	-6.2	-5.1	-3.7	-2.4	-1.4	-0.9	-1.0	-1.6	-2.5	-3.3	-4.0	-4.5	-4.9	-5.3	-5.6	-6.0	-6.3	-4.7
	RH	74	75	75	76	77	77	77	75	70	64	58	54	52	53	55	58	61	64	66	67	69	70	72	73	67
	I_d	0	0	0	0	0	0	3	31	72	114	141	167	155	107	46	0	0	0	0	0	0	0	0	0	838
	I_s	0	0	0	0	0	0	11	69	116	145	155	143	119	87	45	1	0	0	0	0	0	0	0	0	890
	WV	2.3	2.3	2.3	2.4	2.4	2.5	2.6	2.6	2.9	3.1	3.4	3.4	3.4	3.5	3.1	2.8	2.4	2.4	2.5	2.5	2.5	2.4	2.4	2.4	2.7
	DLR	215	214	214	213	213	213	214	216	218	220	222	224	225	224	223	222	220	219	218	217	216	215	215	214	218
夏季TAC	DB_{25}	26.1	25.4	25.0	24.7	24.5	25.0	26.2	27.6	29.3	30.6	31.2	31.6	32.4	32.7	33.1	32.9	32.1	31.0	29.6	28.7	28.2	27.5	27.0	26.5	28.7
	I_{25}	0	0	0	0	111	255	418	561	717	834	890	928	909	826	707	549	370	191	19	0	0	0	0	0	8283
	DB_{50}	25.1	24.7	24.4	24.0	23.9	24.3	25.5	27.2	28.6	29.7	30.4	30.8	31.1	31.6	31.9	31.7	31.2	30.1	28.9	27.7	27.0	26.6	26.0	25.6	27.8
	I_{50}	0	0	0	0	96	235	390	529	669	795	862	899	873	793	684	532	355	182	16	0	0	0	0	0	7909
	RH_s	87	89	91	91	90	86	81	75	70	65	62	60	58	57	56	57	60	64	70	77	82	84	85	86	74
冬季TAC	DB_{975}	-27.7	-28.2	-28.9	-29.5	-29.9	-30.3	-30.1	-29.2	-27.7	-25.4	-23.3	-21.7	-21.2	-21.2	-21.8	-22.6	-23.2	-23.9	-24.5	-25.0	-25.4	-26.0	-26.6	-27.4	-25.9
	RH_{975}	48	49	48	49	51	53	53	51	48	43	38	34	31	31	32	34	36	39	42	43	44	44	46	47	43.1
	DB_{950}	-26.3	-26.8	-27.3	-28.0	-28.4	-28.8	-28.8	-27.8	-26.2	-23.9	-21.8	-20.3	-19.5	-19.7	-20.1	-21.0	-21.9	-22.4	-22.8	-23.4	-24.2	-24.7	-25.2	-25.8	-24.4
	RH_{950}	53	53	53	54	56	58	57	56	52	46	41	37	35	34	35	38	42	44	46	48	49	50	52	53	47.5

地名	漠河		区站号	501360		经度	122.52E		纬度	52.13N		海拔	433m

	1月	2月	3月	4月	5月	6月	7月	8月	9月	10月	11月	12月	年平均或累计注1
DB_m	-28.4	-23.7	-12.0	0.9	9.6	16.2	18.6	15.7	8.3	-2.5	-17.3	-27.2	-3.5
RH_m	64.0	61.0	57.0	52.0	59.0	71.0	78.0	81.0	72.0	67.0	71.0	68.0	67.0
I_m	111	198	408	612	736	724	643	514	405	269	128	80	4817
HDD_m	1439	1169	930	512	259	54	0	71	292	637	1058	1400	7821

		1时	2时	3时	4时	5时	6时	7时	8时	9时	10时	11时	12时	13时	14时	15时	16时	17时	18时	19时	20时	21时	22时	23时	24时	平均或合计注2
一月标准日	DB	-31.6	-31.9	-32.1	-32.4	-33.0	-33.6	-34.0	-33.6	-32.1	-29.5	-26.1	-22.8	-20.5	-19.6	-20.4	-22.2	-24.4	-26.2	-27.5	-28.3	-29.0	-29.7	-30.5	-31.1	-28.4
	RH	67	66	66	66	66	65	64	66	67	68	65	60	55	53	54	58	64	67	68	68	67	67	67	67	64
	I_d	0	0	0	0	0	0	0	0	23	54	71	91	99	80	37	1	0	0	0	0	0	0	0	0	455
	I_s	0	0	0	0	0	0	0	1	44	80	102	107	94	71	40	3	0	0	0	0	0	0	0	0	540
	WV	1.0	1.0	1.0	1.0	1.0	1.0	0.9	0.9	1.0	1.1	1.2	1.4	1.6	1.8	1.7	1.6	1.5	1.4	1.2	1.1	1.0	1.0	1.0	1.0	1.2
	DLR	110	109	109	108	106	103	103	104	109	117	127	135	141	143	141	137	132	127	123	120	118	116	114	111	119
三月标准日	DB	-17.5	-18.6	-19.6	-20.3	-20.7	-20.4	-19.3	-16.8	-13.5	-10.0	-7.0	-5.0	-3.9	-3.2	-2.7	-2.7	-3.6	-5.6	-8.3	-11.0	-13.0	-14.3	-15.1	-15.9	-12.0
	RH	72	73	73	73	74	75	74	69	60	51	44	39	36	34	33	33	35	40	48	58	65	69	69	70	57
	I_d	0	0	0	0	0	0	23	72	143	222	286	350	375	349	295	197	69	0	0	0	0	0	0	0	2380
	I_s	0	0	0	0	0	1	44	104	150	176	185	171	147	122	88	58	32	1	0	0	0	0	0	0	1279
	WV	1.3	1.3	1.3	1.3	1.3	1.3	1.3	1.4	1.7	2.1	2.5	2.8	3.2	3.5	3.3	3.2	3.0	2.5	2.0	1.6	1.5	1.4	1.4	1.4	2.0
	DLR	165	161	158	155	153	155	159	166	174	182	190	195	197	198	199	199	197	193	188	183	180	176	173	170	178
五月标准日	DB	3.5	2.8	2.1	1.8	2.3	3.8	6.1	8.8	11.3	13.4	14.8	15.6	16.2	16.6	16.8	16.6	16.0	14.7	12.9	10.7	8.5	6.6	5.3	4.4	9.6
	RH	78	81	84	85	84	78	70	61	52	45	41	38	37	36	36	36	38	42	47	55	63	70	74	77	59
	I_d	0	0	0	0	8	44	110	191	298	401	474	538	552	518	458	363	247	132	17	0	0	0	0	0	4352
	I_s	0	0	0	0	32	99	160	210	237	244	242	222	200	178	148	117	84	50	19	0	0	0	0	0	2242
	WV	1.6	1.5	1.5	1.6	1.6	1.9	2.2	2.5	2.9	3.2	3.6	3.7	3.8	3.9	3.8	3.6	3.5	3.0	2.6	2.1	2.0	1.8	1.7	1.6	2.5
	DLR	268	266	265	264	266	270	277	284	290	294	297	299	300	301	301	300	299	297	294	290	285	280	275	272	285

续表

		1时	2时	3时	4时	5时	6时	7时	8时	9时	10时	11时	12时	13时	14时	15时	16时	17时	18时	19时	20时	21时	22时	23时	24时	平均或合计注2
七月标准日	DB	13.3	12.8	12.4	12.2	12.6	13.6	15.3	17.4	19.5	21.4	22.8	23.7	24.2	24.6	24.8	24.7	24.2	23.1	21.4	19.4	17.5	15.8	14.6	13.9	18.6
	RH	94	96	96	97	97	94	90	83	76	68	63	59	57	55	54	55	57	63	71	80	87	91	93	94	78
	I_d	0	0	0	0	2	14	40	73	130	207	279	344	374	366	341	281	195	109	27	0	0	0	0	0	2782
	I_s	0	0	0	0	24	93	164	232	293	325	332	317	292	260	218	176	132	85	39	0	0	0	0	0	2981
	WV	1.1	1.1	1.1	1.1	1.1	1.3	1.4	1.6	1.8	2.0	2.2	2.3	2.5	2.6	2.6	2.5	2.5	2.1	1.8	1.5	1.4	1.3	1.2	1.1	1.7
	DLR	341	339	337	336	338	343	351	360	367	373	377	379	380	380	380	380	380	378	375	370	363	355	349	345	362
九月标准日	DB	3.9	3.2	2.3	1.8	2.0	2.5	3.7	5.8	7.8	10.7	12.8	14.2	15.2	15.8	16.1	15.9	14.8	12.4	10.1	7.8	5.9	5.0	4.7	4.2	8.3
	RH	88	90	91	91	92	91	88	83	74	64	56	51	48	46	44	45	49	56	65	76	83	86	86	86	72
	I_d	0	0	0	0	0	1	23	53	110	181	246	310	334	311	264	178	67	2	0	0	0	0	0	0	2080
	I_s	0	0	0	0	0	12	78	140	195	224	230	212	184	154	115	78	43	5	0	0	0	0	0	0	1671
	WV	1.4	1.4	1.4	1.4	1.4	1.5	1.6	1.6	2.0	2.3	2.7	2.9	3.1	3.3	3.1	2.8	2.6	2.2	1.9	1.6	1.5	1.5	1.4	1.4	2.0
	DLR	279	276	272	270	270	273	278	285	292	300	305	308	310	311	311	311	308	303	297	293	287	284	282	279	291
十一月标准日	DB	-20.1	-20.5	-20.7	-21.1	-21.8	-22.4	-22.5	-21.7	-19.9	-17.2	-14.0	-11.2	-9.5	-9.2	-10.2	-12.0	-13.9	-15.5	-16.7	-17.5	-18.2	-18.9	-19.6	-20.3	-17.3
	RH	77	77	76	76	76	76	77	76	75	71	65	58	53	52	54	60	67	73	75	76	75	76	77	77	71
	I_d	0	0	0	0	0	0	0	7	37	64	86	111	116	88	35	0	0	0	0	0	0	0	0	0	543
	I_s	0	0	0	0	0	0	0	26	74	106	121	116	95	67	34	0	0	0	0	0	0	0	0	0	639
	WV	1.1	1.1	1.2	1.2	1.2	1.2	1.2	1.1	1.3	1.5	1.7	1.9	2.1	2.3	2.1	1.8	1.6	1.5	1.3	1.2	1.2	1.2	1.1	1.1	1.4
	DLR	157	155	154	153	150	148	148	150	157	165	175	182	186	186	184	180	176	173	170	166	164	161	159	156	165
夏季 TAC	DB_{25}	18.7	18.2	18.0	18.0	18.2	19.0	20.8	23.4	25.9	28.2	30.0	31.2	32.2	32.8	33.2	33.5	32.4	30.3	27.9	25.4	22.9	21.1	19.7	19.2	25.0
	I_{25}	0	0	0	0	81	189	337	483	636	780	875	936	936	880	784	643	474	297	124	0	0	0	0	0	8455
	DB_{50}	17.9	17.4	17.0	17.0	17.2	18.0	19.1	21.7	24.4	26.7	28.4	29.8	31.0	31.6	32.0	32.1	31.0	29.0	26.4	23.6	21.5	20.1	19.0	18.4	23.8
	I_{50}	0	0	0	0	76	178	325	459	617	753	848	907	903	856	759	627	461	288	119	0	0	0	0	0	8174
	RH_s	95	97	98	97	97	95	91	84	76	67	60	55	51	48	48	48	53	59	70	83	91	94	95	95	77
冬季 TAC	DB_{975}	-41.0	-41.2	-41.5	-42.0	-42.1	-42.5	-42.8	-42.6	-41.4	-39.2	-35.6	-32.3	-29.5	-28.5	-29.6	-31.3	-33.9	-36.0	-37.1	-37.7	-38.8	-39.4	-40.1	-40.8	-37.8
	RH_{975}	53	53	54	53	54	54	54	54	53	45	38	33	30	28	27	28	31	38	45	47	49	50	53	53	44.6
	DB_{950}	-39.8	-40.0	-40.4	-40.8	-41.1	-41.5	-41.9	-41.4	-39.9	-37.3	-33.6	-30.0	-27.3	-26.2	-27.0	-29.5	-32.3	-34.5	-35.6	-36.3	-37.0	-38.0	-38.7	-39.4	-36.2
	RH_{950}	57	57	57	57	57	56	55	57	57	49	42	37	33	31	29	30	34	41	48	51	52	54	56	57	48.1

地名	牡丹江	区站号	540940	经度	129.6E	纬度	44.57N	海拔	242m

	1月	2月	3月	4月	5月	6月	7月	8月	9月	10月	11月	12月	年平均或累计[注1]
DB_m	-16.7	-12.4	-3.0	7.0	14.9	19.6	22.8	21.2	15.0	6.1	-4.4	-14.4	4.6
RH_m	64.0	59.0	57.0	51.0	58.0	68.0	75.0	77.0	72.0	63.0	66.0	66.0	65.0
I_m	184	265	452	621	725	687	643	552	447	344	201	155	5266
HDD_m	1076	851	650	331	97	0	0	0	89	369	673	1003	5141

一月标准日

	1时	2时	3时	4时	5时	6时	7时	8时	9时	10时	11时	12时	13时	14时	15时	16时	17时	18时	19时	20时	21时	22时	23时	24时	平均或累计[注2]
DB	-18.9	-19.2	-19.4	-19.8	-20.3	-20.7	-20.8	-20.8	-20.2	-18.8	-16.7	-12.6	-11.5	-11.4	-11.9	-12.8	-13.9	-14.9	-15.7	-16.3	-16.9	-17.5	-18.0	-18.5	-16.7
RH	70	71	71	71	72	73	73	73	72	68	63	53	51	50	51	54	58	61	63	65	66	67	69	70	64
I_d	0	0	0	0	0	0	0	23	66	101	121	148	147	112	55	1	0	0	0	0	0	0	0	0	774
I_s	0	0	0	0	0	0	0	54	104	139	158	151	127	93	51	3	0	0	0	0	0	0	0	0	879
WV	1.8	1.7	1.7	1.7	1.7	1.7	1.7	1.7	1.7	2.1	2.6	3.2	3.3	3.5	3.2	2.9	2.6	2.4	2.2	2.0	1.9	1.9	1.8	1.8	2.3
DLR	156	155	155	153	152	150	150	150	152	156	161	172	174	175	173	171	169	167	165	163	162	160	159	157	162

三月标准日

	1时	2时	3时	4时	5时	6时	7时	8时	9时	10时	11时	12时	13时	14时	15时	16时	17时	18时	19时	20时	21时	22时	23时	24时	平均或累计[注2]
DB	-5.7	-6.3	-6.9	-7.4	-7.5	-7.2	-6.4	-5.0	-3.4	-1.7	-0.1	1.0	1.6	1.8	1.7	1.1	0.3	-0.6	-1.7	-2.6	-3.4	-4.0	-4.5	-4.9	-3.0
RH	67	69	71	72	72	71	68	64	58	51	47	43	41	41	42	43	46	49	53	58	61	63	64	65	57
I_d	0	0	0	0	0	6	58	111	186	260	310	354	352	305	238	134	19	0	0	0	0	0	0	0	2332
I_s	0	0	0	0	0	18	90	158	207	233	241	223	195	160	112	66	19	0	0	0	0	0	0	0	1721
WV	2.0	1.9	1.9	1.9	1.9	2.1	2.3	2.5	3.0	3.5	4.1	4.3	4.5	4.7	4.5	4.2	4.0	3.5	3.0	2.5	2.4	2.3	2.2	2.1	3.0
DLR	213	212	210	209	208	209	211	214	218	221	224	227	228	228	228	227	225	224	222	221	220	219	217	216	219

五月标准日

	1时	2时	3时	4时	5时	6时	7时	8时	9时	10时	11时	12时	13时	14时	15时	16时	17时	18时	19时	20时	21时	22时	23时	24时	平均或累计[注2]
DB	11.0	10.3	9.5	9.2	9.5	10.6	12.3	14.2	16.0	17.3	18.4	19.1	19.7	20.2	20.3	20.0	19.1	17.9	16.4	14.9	13.7	12.9	12.3	11.8	14.9
RH	70	74	77	78	77	73	67	60	54	50	46	43	41	40	39	40	42	46	51	57	62	65	66	68	58
I_d	0	0	0	0	17	66	134	205	300	387	439	488	487	439	375	277	157	37	0	0	0	0	0	0	3806
I_s	0	0	0	0	51	129	201	263	297	308	306	280	250	216	168	119	72	29	0	0	0	0	0	0	2689
WV	2.0	1.9	1.9	1.9	1.9	2.3	2.7	3.0	3.4	3.7	4.0	4.1	4.2	4.3	4.1	3.9	3.8	3.3	2.9	2.5	2.4	2.2	2.1	2.1	2.9
DLR	306	304	302	302	303	306	311	317	322	325	326	327	328	329	329	328	326	323	320	318	315	312	310	309	317

续表

		1时	2时	3时	4时	5时	6时	7时	8时	9时	10时	11时	12时	13时	14时	15时	16时	17时	18时	19时	20时	21时	22时	23时	24时	平均或合计[注2]
七月标准日	DB	19.6	19.1	18.6	18.4	18.7	19.6	20.8	22.3	23.7	24.8	25.7	26.3	26.8	27.1	27.2	27.0	26.3	25.2	23.9	22.6	21.6	20.9	20.5	20.1	22.8
	RH	86	88	90	91	90	86	82	77	72	68	64	61	59	58	57	58	61	65	71	76	80	82	83	84	75
	I_d	0	0	0	0	7	30	64	102	154	210	256	297	312	296	263	202	122	42	0	0	0	0	0	0	2359
	I_s	0	0	0	0	44	128	215	291	351	385	395	378	344	297	238	175	112	52	0	0	0	0	0	0	3407
	WV	1.4	1.4	1.4	1.4	1.4	1.6	1.8	2.1	2.3	2.5	2.7	2.8	2.9	3.1	2.9	2.7	2.6	2.3	2.1	1.9	1.8	1.7	1.6	1.5	2.1
	DLR	377	376	374	373	374	377	383	388	394	398	400	402	402	403	403	402	400	398	394	390	387	384	381	379	389
九月标准日	DB	11.6	11.1	10.5	10.1	10.1	10.7	11.9	13.6	15.5	17.4	19.0	20.1	20.8	21.0	20.8	20.0	18.8	17.4	15.8	14.4	13.3	12.7	12.3	11.9	15.0
	RH	86	88	90	91	91	89	86	80	72	64	57	52	49	48	48	51	56	62	69	75	79	82	83	84	72
	I_d	0	0	0	0	0	10	39	68	124	193	252	310	324	288	223	124	19	0	0	0	0	0	0	0	1974
	I_s	0	0	0	0	0	49	129	205	266	296	298	271	231	186	133	80	26	0	0	0	0	0	0	0	2168
	WV	1.4	2.0	2.1	2.1	2.2	2.2	2.2	1.8	2.1	2.5	2.8	2.9	3.0	3.2	2.9	2.7	2.4	2.2	2.0	1.8	1.7	1.6	1.5	1.5	2.0
	DLR	324	322	320	318	318	321	325	331	337	342	345	347	348	348	347	345	343	340	336	333	330	327	325	324	333
十一月标准日	DB	-6.3	-6.6	-6.9	-7.1	-7.4	-7.5	-7.2	-6.4	-5.1	-3.5	-1.9	-0.7	0.0	-0.1	-0.8	-1.7	-2.7	-3.5	-4.1	-4.6	-5.0	-5.5	-5.9	-6.3	-4.4
	RH	74	75	75	76	76	76	76	73	69	63	57	53	51	51	53	56	60	63	65	67	68	69	71	73	66
	I_d	0	0	0	0	0	0	9	45	87	126	151	173	160	111	42	0	0	0	0	0	0	0	0	0	902
	I_s	0	0	0	0	0	0	26	85	131	158	165	148	119	83	40	0	0	0	0	0	0	0	0	0	956
	WV	2.1	2.0	2.1	2.1	2.2	2.2	2.2	2.2	2.6	2.9	3.3	3.4	3.5	3.6	3.3	3.0	2.7	2.6	2.4	2.2	2.2	2.2	2.1	2.1	2.6
	DLR	215	214	213	212	211	211	212	214	217	221	225	227	228	228	226	224	222	221	220	218	217	216	215	214	218
夏季 TAC	DB_{25}	24.1	23.5	23.1	22.9	22.9	23.4	24.6	26.5	28.2	29.6	30.8	31.7	32.6	33.0	33.7	33.5	32.6	30.7	28.9	27.1	26.2	25.7	25.0	24.6	27.7
	I_{25}	0	0	0	3	119	252	396	544	676	794	872	911	882	799	675	512	329	147	0	0	0	0	0	0	7911
	DB_{50}	23.3	22.6	22.3	22.1	22.1	22.6	24.0	25.5	27.3	28.8	30.1	30.9	31.5	32.1	32.2	32.1	31.2	29.7	28.0	26.6	25.6	25.0	24.3	23.9	26.8
	I_{50}	0	0	0	0	111	237	378	512	652	765	833	864	850	771	653	499	319	140	0	0	0	0	0	0	7583
	RH_s	87	89	91	92	91	87	82	76	71	66	61	57	54	53	53	55	59	64	70	76	81	83	84	85	74
冬季 TAC	DB_{975}	-26.0	-26.3	-26.5	-27.0	-27.6	-28.3	-28.4	-27.6	-26.1	-23.4	-21.3	-19.4	-18.3	-18.3	-19.0	-19.9	-20.6	-21.4	-22.2	-23.0	-24.0	-24.7	-24.9	-25.6	-23.7
	RH_{975}	45	47	46	47	48	48	48	46	43	39	34	30	28	27	27	29	31	35	38	40	41	43	45	45	39.6
	DB_{950}	-24.7	-25.0	-25.4	-25.9	-26.3	-26.6	-27.0	-26.1	-24.3	-22.0	-19.9	-18.1	-17.2	-17.0	-17.5	-18.5	-19.4	-20.2	-21.0	-21.7	-22.8	-23.5	-24.0	-24.3	-22.4
	RH_{950}	50	50	50	50	52	53	53	50	47	42	37	33	30	30	30	32	35	38	41	43	45	47	49	49	43.1

地名	齐齐哈尔	区站号	507450	经度	123.92E	纬度	47.38N	海拔	148m

	1月	2月	3月	4月	5月	6月	7月	8月	9月	10月	11月	12月	年平均或累计[1]
DB_m	-18.8	-14.1	-3.8	7.5	15.8	21.3	24.0	22.0	15.2	6.0	-6.1	-16.4	4.4
RH_m	66.0	60.0	53.0	43.0	51.0	65.0	72.0	72.0	65.0	57.0	63.0	67.0	61.0
I_m	156	236	445	644	749	695	652	566	449	336	182	128	5226
HDD_m	1142	900	676	316	69	0	0	0	84	373	724	1067	5350

	1时	2时	3时	4时	5时	6时	7时	8时	9时	10时	11时	12时	13时	14时	15时	16时	17时	18时	19时	20时	21时	22时	23时	24时	平均或累计[2]
一月标准日																									
DB	-20.8	-21.1	-21.3	-21.6	-22.1	-22.7	-23.0	-22.5	-21.1	-18.9	-16.6	-14.8	-13.8	-13.7	-14.3	-15.2	-16.3	-17.2	-17.9	-18.5	-18.9	-19.3	-19.9	-20.4	-18.8
RH	71	71	71	71	72	73	73	72	69	64	59	55	52	52	54	57	61	65	67	68	68	69	69	70	66
I_d	0	0	0	0	0	0	0	3	39	75	101	127	131	105	59	4	0	0	0	0	0	0	0	0	644
I_s	0	0	0	0	0	0	0	16	72	111	135	136	121	94	57	9	0	0	0	0	0	0	0	0	751
WV	1.7	1.6	1.6	1.6	1.5	1.5	1.6	1.6	1.8	2.1	2.4	2.4	2.5	2.5	2.2	1.9	1.7	1.7	1.8	1.8	1.8	1.8	1.8	1.8	1.9
DLR	149	148	147	146	145	143	142	143	147	153	159	163	166	166	165	163	161	160	158	156	155	154	152	150	154
三月标准日																									
DB	-6.9	-7.6	-8.4	-8.9	-9.1	-8.7	-7.8	-6.3	-4.5	-2.6	-1.0	0.1	0.8	1.3	1.5	1.3	0.7	-0.4	-1.8	-3.1	-4.1	-4.8	-5.4	-5.9	-3.8
RH	61	63	65	66	67	66	63	59	53	48	44	41	39	38	38	39	41	44	48	53	56	58	59	60	53
I_d	0	0	0	0	0	1	46	104	182	255	306	361	371	330	275	178	57	0	0	0	0	0	0	0	2465
I_s	0	0	0	0	0	4	56	119	167	198	213	201	181	156	115	75	36	0	0	0	0	0	0	0	1522
WV	2.3	2.2	2.1	2.1	2.1	2.2	2.4	2.6	2.9	3.2	3.4	3.5	3.5	3.5	3.3	3.0	2.7	2.6	2.5	2.4	2.4	2.4	2.4	2.4	2.7
DLR	203	201	199	198	197	198	201	204	209	213	217	219	221	222	223	223	222	219	217	214	212	210	208	207	211
五月标准日																									
DB	12.7	12.0	11.3	10.8	11.0	11.9	13.3	14.9	16.3	17.5	18.3	19.0	19.6	20.0	20.3	20.2	19.6	18.7	17.6	16.4	15.3	14.5	13.9	13.4	15.8
RH	61	64	66	67	66	63	58	53	48	44	42	40	38	37	37	37	38	41	44	49	53	57	59	60	51
I_d	0	0	0	0	15	77	159	233	335	423	473	519	519	474	417	325	212	96	2	0	0	0	0	0	4278
I_s	0	0	0	0	33	99	160	217	248	263	271	256	236	211	172	130	88	46	5	0	0	0	0	0	2436
WV	2.7	2.6	2.6	2.6	2.6	2.9	3.3	3.6	3.7	3.9	4.0	4.0	4.1	4.1	3.9	3.8	3.7	3.3	3.0	2.7	2.7	2.7	2.8	2.7	3.3
DLR	308	306	303	302	302	305	309	313	316	319	320	322	323	325	325	325	324	322	319	317	316	314	313	311	315

续表

	参数	1时	2时	3时	4时	5时	6时	7时	8时	9时	10时	11时	12时	13时	14时	15时	16时	17时	18时	19时	20时	21时	22时	23时	24时	平均或合计[注2]
七月标准日	DB	21.5	21.0	20.5	20.3	20.5	21.1	22.1	23.3	24.4	25.3	26.0	26.5	27.0	27.4	27.6	27.5	27.1	26.3	25.3	24.3	23.5	22.9	22.4	22.0	24.0
	RH	82	84	86	87	86	84	80	75	71	67	63	61	59	57	57	57	59	62	66	71	75	77	79	80	72
	I_d	0	0	0	0	4	30	71	110	164	220	265	308	323	308	284	231	157	81	8	0	0	0	0	0	2566
	I_s	0	0	0	0	27	104	181	255	312	349	365	359	337	304	254	197	138	78	20	0	0	0	0	0	3280
	WV	2.0	2.0	2.0	2.0	2.0	2.2	2.4	2.7	2.8	2.9	3.1	3.1	3.1	3.1	3.0	2.9	2.8	2.5	2.3	2.0	2.0	2.0	2.0	2.0	2.5
	DLR	388	386	384	383	384	386	390	394	397	400	401	402	403	404	405	405	404	402	399	397	395	393	391	390	395
九月标准日	DB	12.7	12.0	11.4	11.0	10.9	11.4	12.4	13.8	15.4	16.9	18.0	18.9	19.4	19.8	19.9	19.6	18.9	17.7	16.3	15.0	14.1	13.5	13.3	13.0	15.2
	RH	77	79	81	82	82	80	76	71	64	58	53	49	47	46	45	47	50	54	61	67	71	73	74	75	65
	I_d	0	0	0	0	0	4	48	91	155	222	275	324	335	303	250	161	53	0	0	0	0	0	0	0	2223
	I_s	0	0	0	0	0	23	97	167	220	250	260	244	218	184	138	91	46	1	0	0	0	0	0	0	1937
	WV	2.1	2.1	2.1	2.0	2.0	2.2	2.4	2.6	2.8	3.0	3.1	3.1	3.1	3.1	2.8	2.5	2.3	2.2	2.1	2.0	2.0	2.1	2.1	2.1	2.4
	DLR	323	321	318	316	316	318	321	325	329	333	335	336	337	337	338	337	336	334	331	329	327	325	324	323	328
十一月标准日	DB	-7.8	-8.1	-8.3	-8.6	-8.9	-9.1	-8.9	-8.2	-7.0	-5.4	-3.8	-2.6	-1.9	-2.0	-2.7	-3.6	-4.5	-5.2	-5.8	-6.2	-6.6	-7.0	-7.4	-7.9	-6.1
	RH	69	70	70	71	72	73	73	70	65	59	53	49	47	47	50	53	58	60	62	64	65	66	67	69	63
	I_d	0	0	0	0	0	0	1	26	72	116	146	172	166	123	59	1	0	0	0	0	0	0	0	0	881
	I_s	0	0	0	0	0	3	53	99	130	143	134	112	83	47	3	0	0	0	0	0	0	0	0	0	808
	WV	2.1	2.0	2.0	2.1	2.1	2.1	2.2	2.3	2.6	2.9	3.2	3.2	3.1	3.1	2.8	2.4	2.1	2.2	2.3	2.4	2.3	2.3	2.2	2.2	2.4
	DLR	204	204	203	202	201	201	202	203	206	209	212	214	215	215	214	213	211	210	209	208	207	206	205	204	207
夏季TAC	DB_{25}	26.3	25.7	25.3	24.7	24.6	25.1	25.9	27.3	28.8	30.4	31.5	32.6	33.3	33.7	33.8	33.5	32.9	32.0	30.9	29.8	28.9	28.0	27.3	26.8	29.1
	I_{25}	0	0	0	0	96	226	387	520	661	783	863	908	891	825	722	580	408	234	64	0	0	0	0	0	8168
	DB_{50}	25.7	25.1	24.5	24.1	24.0	24.3	25.4	26.7	28.2	29.5	30.6	31.5	32.0	32.5	32.7	32.5	31.9	30.8	29.6	28.6	27.9	27.3	26.5	26.2	28.3
	I_{50}	0	0	0	0	86	214	366	500	640	754	841	881	867	805	707	564	396	225	61	0	0	0	0	0	7905
	RH_s	84	86	88	89	88	84	79	73	68	63	59	56	54	52	51	51	53	58	64	70	75	78	80	82	70
冬季TAC	DB_{975}	-29.0	-29.1	-29.5	-30.1	-30.5	-31.2	-31.7	-31.2	-29.6	-27.1	-24.5	-22.5	-21.5	-21.5	-22.0	-23.1	-24.2	-25.3	-26.5	-26.9	-27.2	-27.8	-27.9	-28.5	-27.0
	RH_{975}	44	45	46	47	49	51	50	48	43	38	32	28	26	26	27	28	30	32	34	36	38	40	40	42	38.3
	DB_{950}	-27.0	-27.6	-27.9	-28.2	-28.6	-29.0	-29.1	-28.4	-26.9	-24.6	-22.8	-20.8	-19.8	-19.7	-20.4	-21.6	-22.4	-23.2	-24.1	-24.9	-25.3	-25.8	-26.1	-26.5	-25.0
	RH_{950}	48	51	51	52	53	54	55	52	48	41	37	32	30	29	30	31	34	37	39	40	42	43	46	47	42.6

上海市

地名	上海	区站号	583620	经度	121.47E	纬度	31.4N	海拔	4m

	1月	2月	3月	4月	5月	6月	7月	8月	9月	10月	11月	12月	年平均或累计[1]
DB_m	4.9	6.6	10.5	16.1	21.3	24.3	29.4	28.9	24.8	19.7	13.8	7.1	17.3
RH_m	68.0	71.0	68.0	66.0	68.0	78.0	72.0	74.0	74.0	69.0	72.0	67.0	71.0
I_m	270	288	434	524	583	521	628	580	467	394	283	258	5219
HDD_m	406	319	232	58	0	0	0	0	0	0	125	337	1476

		1时	2时	3时	4时	5时	6时	7时	8时	9时	10时	11时	12时	13时	14时	15时	16时	17时	18时	19时	20时	21时	22时	23时	24时	平均或合计[2]
一月标准日	DB	3.6	3.4	3.3	3.1	2.9	2.8	3.0	3.5	4.4	5.5	6.5	7.2	7.5	7.5	7.3	6.9	6.4	5.8	5.3	4.8	4.5	4.3	4.1	3.9	4.9
	RH	75	76	76	76	77	79	79	77	72	66	61	57	56	56	57	58	60	63	66	69	71	72	73	74	68
	I_d	0	0	0	0	0	0	0	20	88	171	217	236	182	104	58	19	0	0	0	0	0	0	0	0	1094
	I_s	0	0	0	0	0	0	0	59	126	164	187	199	205	184	133	65	1	0	0	0	0	0	0	0	1323
	WV	2.3	2.2	2.3	2.3	2.3	2.3	2.3	2.4	2.6	2.9	3.2	3.2	3.3	3.3	3.2	3.1	2.9	2.8	2.6	2.5	2.4	2.3	2.3	2.3	2.6
	DLR	267	267	266	265	265	266	266	268	269	271	272	273	273	273	272	271	271	270	270	269	269	269	269	268	269
三月标准日	DB	8.7	8.4	8.1	7.9	7.9	8.1	8.7	9.5	10.5	11.5	12.5	13.1	13.5	13.7	13.6	13.2	12.6	11.8	11.0	10.3	9.8	9.5	9.3	9.2	10.5
	RH	76	77	78	79	80	79	78	74	69	64	60	56	55	54	55	56	59	62	65	69	71	72	73	74	68
	I_d	0	0	0	0	0	0	30	91	184	262	283	296	247	165	109	54	12	0	0	0	0	0	0	0	1734
	I_s	0	0	0	0	0	0	50	130	192	235	270	287	294	276	222	146	54	0	0	0	0	0	0	0	2157
	WV	2.4	2.3	2.3	2.3	2.3	2.3	2.5	2.7	2.8	3.1	3.3	3.6	3.6	3.7	3.6	3.5	3.3	3.2	3.0	2.8	2.7	2.6	2.5	2.4	2.9
	DLR	298	297	296	295	296	296	297	299	301	303	304	306	307	307	307	307	305	304	302	301	300	300	299	299	301
五月标准日	DB	19.3	19.0	18.5	18.3	18.4	18.9	19.8	21.0	22.1	23.0	23.7	24.1	24.3	24.4	24.3	24.0	23.5	22.7	21.9	21.1	20.5	20.1	19.9	19.7	21.3
	RH	76	78	80	81	81	79	75	70	65	61	58	57	56	56	56	57	58	61	64	68	71	73	74	75	68
	I_d	0	0	0	0	0	17	107	206	321	375	337	304	243	176	135	84	35	4	0	0	0	0	0	0	2343
	I_s	0	0	0	0	0	50	124	189	238	284	334	362	363	331	275	199	111	25	0	0	0	0	0	0	2883
	WV	2.3	2.3	2.2	2.2	2.1	2.3	2.7	2.9	3.1	3.4	3.6	3.6	3.6	3.7	3.6	3.5	3.5	3.2	3.0	2.7	2.6	2.5	2.4	2.4	2.9
	DLR	367	366	365	364	365	366	369	372	375	376	378	379	379	380	379	378	376	374	372	370	369	368	368	368	372

续表注2

		1时	2时	3时	4时	5时	6时	7时	8时	9时	10时	11时	12时	13时	14时	15时	16时	17时	18时	19时	20时	21时	22时	23时	24时	平均或合计注2
七月标准日	DB	27.8	27.5	27.2	27.0	27.0	27.5	28.2	29.1	30.1	30.9	31.6	31.9	32.1	32.1	32.0	31.6	31.0	30.4	29.6	29.0	28.6	28.3	28.2	28.1	29.4
	RH	79	80	81	82	82	80	77	74	70	66	63	61	61	61	62	63	65	67	70	73	75	76	77	77	72
	I_d	0	0	0	0	0	17	100	193	309	380	377	352	294	220	158	101	49	11	0	0	0	0	0	0	2562
	I_s	0	0	0	0	0	51	134	207	256	297	338	370	371	344	294	219	132	50	0	0	0	0	0	0	3062
	WV	2.3	2.2	2.2	2.2	2.1	2.4	2.7	2.9	3.1	3.3	3.5	3.6	3.6	3.7	3.5	3.4	3.3	3.1	2.9	2.7	2.6	2.6	2.5	2.4	2.9
	DLR	431	430	429	429	429	431	434	437	440	442	444	445	445	445	445	444	442	439	437	435	434	433	433	432	437
九月标准日	DB	23.5	23.2	22.9	22.8	22.9	23.2	23.9	24.6	25.4	26.0	26.5	26.8	27.0	26.9	26.7	26.3	25.8	25.3	24.8	24.3	24.0	23.8	23.7	23.6	24.8
	RH	80	82	83	84	83	82	79	76	72	69	66	65	64	64	64	65	67	70	73	75	77	78	78	79	74
	I_d	0	0	0	0	0	0	61	147	235	285	280	266	224	165	115	63	17	0	0	0	0	0	0	0	1859
	I_s	0	0	0	0	0	5	88	163	227	279	317	334	324	288	231	151	59	0	0	0	0	0	0	0	2467
	WV	2.1	1.9	2.0	2.0	2.0	2.3	2.5	2.8	3.0	3.2	3.4	3.4	3.5	3.5	3.4	3.3	3.3	3.1	2.9	2.7	2.5	2.4	2.3	2.2	2.7
	DLR	401	400	399	399	399	400	402	405	407	408	409	409	410	409	408	406	405	403	403	402	401	401	401	400	404
十一月标准日	DB	12.4	12.2	12.0	11.8	11.7	11.8	12.3	13.1	14.1	15.1	15.9	16.5	16.7	16.6	16.2	15.7	15.1	14.5	14.0	13.5	13.1	12.8	12.6	12.4	13.8
	RH	80	80	81	81	82	83	82	79	74	68	63	60	59	59	60	62	65	67	70	73	75	76	78	79	72
	I_d	0	0	0	0	0	0	8	61	142	213	229	222	165	95	46	9	0	0	0	0	0	0	0	0	1191
	I_s	0	0	0	0	0	5	22	94	150	184	210	218	212	177	118	42	0	0	0	0	0	0	0	0	1428
	WV	2.1	2.0	2.1	2.1	2.1	2.2	2.3	2.4	2.6	2.9	3.2	3.2	3.2	3.2	3.0	2.8	2.6	2.5	2.4	2.3	2.3	2.2	2.1	2.1	2.5
	DLR	324	323	322	321	321	323	326	328	330	331	332	332	332	331	330	329	328	327	326	325	325	324	324	323	327
夏季TAC	DB_{25}	31.9	31.4	31.0	30.7	30.6	31.0	32.1	33.6	34.9	35.9	36.6	37.1	37.5	37.4	37.3	37.0	36.3	35.5	34.6	33.7	33.4	33.0	32.5	32.4	34.1
	I_{25}	0	0	0	0	0	142	363	585	794	920	971	975	911	771	643	475	283	103	0	0	0	0	0	0	7935
	DB_{50}	31.0	30.5	30.0	29.8	29.9	30.3	31.2	32.5	33.8	35.0	35.8	36.3	36.7	36.8	36.6	36.2	35.4	34.7	33.8	32.9	32.3	32.0	31.6	31.3	33.2
	I_{50}	0	0	0	0	0	130	348	558	762	893	938	946	880	754	619	452	268	97	0	0	0	0	0	0	7644
	RH_s	82	83	84	85	85	83	80	76	72	68	65	63	62	63	64	65	68	70	73	76	78	79	80	81	74
冬季TAC	DB_{975}	-2.3	-2.5	-3.0	-3.3	-3.4	-3.3	-3.1	-2.3	-1.3	-0.1	0.9	1.2	1.4	1.4	1.3	0.9	0.7	0.4	0.0	-0.6	-1.1	-1.5	-1.6	-2.0	-1.0
	RH_{975}	45	46	46	45	49	50	50	47	42	35	28	24	23	23	23	25	27	30	34	38	40	41	44	44	37.4
	DB_{950}	-1.3	-1.6	-2.1	-2.4	-2.6	-2.6	-2.3	-1.5	-0.3	0.8	1.7	2.4	2.6	2.5	2.4	2.0	1.6	1.3	0.8	0.3	-0.2	-0.5	-0.6	-0.9	0.0
	RH_{950}	51	52	51	52	54	56	56	53	47	39	31	27	26	26	26	27	30	34	38	42	46	48	49	50	42.1

江苏省

地名	徐州	区站号	580270	经度	117.15E	纬度	34.28N	海拔	42m

	1月	2月	3月	4月	5月	6月	7月	8月	9月	10月	11月	12月	年平均或累计注1
DB_m	1.2	4.2	10.0	16.2	22.0	25.9	28.3	27.3	22.4	16.9	9.2	2.9	15.6
RH_m	60.0	60.0	55.0	58.0	60.0	64.0	75.0	77.0	74.0	66.0	69.0	62.0	65.0
I_m	259	293	457	529	598	598	548	506	421	372	251	232	5056
HDD_m	519	386	249	53	0	0	0	0	0	35	264	468	1974

		1时	2时	3时	4时	5时	6时	7时	8时	9时	10时	11时	12时	13时	14时	15时	16时	17时	18时	19时	20时	21时	22时	23时	24时	平均或合计注2
一月标准日	DB	-0.5	-0.8	-1.0	-1.2	-1.5	-1.9	-2.0	-1.6	-0.5	1.0	2.6	3.9	4.7	5.1	5.1	4.9	4.3	3.4	2.4	1.6	1.0	0.6	0.3	0.0	1.2
	RH	66	67	68	69	70	72	73	71	67	61	55	50	47	45	44	45	47	50	54	58	61	62	63	65	60
	I_d	0	0	0	0	0	0	0	5	44	102	150	198	193	146	107	52	2	0	0	0	0	0	0	0	998
	I_s	0	0	0	0	0	0	0	28	104	160	194	206	205	188	144	85	11	0	0	0	0	0	0	0	1325
	WV	1.5	1.5	1.5	1.5	1.6	1.6	1.7	1.7	1.9	2.1	2.3	2.4	2.5	2.6	2.4	2.2	1.9	1.8	1.7	1.6	1.6	1.6	1.5	1.5	1.8
	DLR	238	237	237	236	235	235	235	236	238	241	245	247	248	248	248	247	246	244	243	242	241	240	240	239	241
三月标准日	DB	7.8	7.2	6.7	6.3	6.0	6.0	6.4	7.3	8.6	10.1	11.6	12.7	13.5	14.0	14.2	14.1	13.7	12.9	11.9	10.9	10.1	9.5	9.0	8.5	10.0
	RH	62	64	66	67	68	69	68	65	59	54	49	45	42	41	40	41	42	44	48	51	55	57	58	60	55
	I_d	0	0	0	0	0	0	8	46	115	194	244	300	291	230	197	133	56	1	0	0	0	0	0	0	1815
	I_s	0	0	0	0	0	0	30	117	198	255	294	301	301	285	233	167	92	8	0	0	0	0	0	0	2281
	WV	2.0	2.0	2.0	2.0	2.0	2.1	2.2	2.3	2.5	2.8	3.0	3.0	3.0	3.1	3.0	2.9	2.8	2.6	2.4	2.1	2.2	2.1	2.0	2.0	2.4
	DLR	280	279	277	276	276	276	278	280	283	286	289	292	293	294	295	295	294	292	290	288	287	286	284	283	285
五月标准日	DB	19.6	19.0	18.4	17.9	17.8	18.2	19.1	20.4	21.7	23.0	24.0	24.8	25.4	25.8	26.0	25.9	25.4	24.6	23.6	22.6	21.8	21.1	20.7	20.2	22.0
	RH	69	71	74	76	76	74	71	66	61	57	53	50	48	47	46	46	47	50	53	57	61	63	65	67	60
	I_d	0	0	0	0	0	6	52	100	175	241	269	299	283	234	204	151	85	29	0	0	0	0	0	0	2130
	I_s	0	0	0	0	0	37	124	211	285	336	371	380	376	352	299	231	152	70	0	0	0	0	0	0	3224
	WV	1.8	1.7	1.7	1.7	1.7	1.9	2.1	2.3	2.4	2.6	2.7	2.8	2.8	2.9	2.8	2.7	2.6	2.4	2.2	1.9	1.9	1.8	1.8	1.8	2.2
	DLR	361	359	357	356	356	357	360	364	368	371	374	376	378	379	379	378	377	374	372	370	368	366	365	364	368

续表

	1时	2时	3时	4时	5时	6时	7时	8时	9时	10时	11时	12时	13时	14时	15时	16时	17时	18时	19时	20时	21时	22时	23时	24时	平均或合计注2
七月标准日 DB	26.7	26.3	25.9	25.6	25.5	25.7	26.3	27.1	28.0	29.0	29.8	30.4	30.9	31.2	31.3	31.2	30.8	30.2	29.4	28.7	28.1	27.7	27.4	27.1	28.3
RH	82	84	86	87	87	86	84	81	76	72	69	66	65	63	62	62	64	66	69	73	76	78	79	80	75
I_d	0	0	0	0	0	3	26	47	95	145	174	201	199	174	156	122	76	32	0	0	0	0	0	0	1451
I_s	0	0	0	0	0	26	114	205	293	358	400	419	412	381	330	257	172	89	3	0	0	0	0	0	3458
WV	1.7	1.6	1.6	1.6	1.5	1.6	1.8	1.9	2.0	2.1	2.3	2.3	2.4	2.5	2.4	2.4	2.4	2.2	2.1	1.9	1.9	1.9	1.9	1.8	2.0
DLR	426	425	424	422	422	423	425	428	431	434	437	439	440	441	441	440	439	437	435	433	431	430	429	428	432
九月标准日 DB	20.6	20.1	19.7	19.4	19.3	19.5	20.1	21.0	22.2	23.3	24.4	25.1	25.7	26.0	26.1	25.9	25.3	24.4	23.3	22.3	21.6	21.2	21.0	20.8	22.4
RH	83	85	87	88	88	88	86	82	76	70	64	61	58	57	56	57	60	64	69	75	78	80	80	81	74
I_d	0	0	0	0	0	0	12	40	91	149	184	216	210	174	142	92	36	1	0	0	0	0	0	0	1348
I_s	0	0	0	0	0	0	60	147	231	291	330	343	335	302	244	170	87	7	0	0	0	0	0	0	2546
WV	1.4	1.4	1.4	1.4	1.4	1.5	1.6	1.7	1.9	2.0	2.1	2.1	2.2	2.2	2.1	2.0	1.9	1.8	1.8	1.7	1.6	1.6	1.6	1.5	1.7
DLR	382	381	379	378	377	379	381	384	386	389	390	392	392	393	393	393	391	390	388	386	385	383	383	382	386
十一月标准日 DB	7.4	7.1	6.9	6.7	6.4	6.3	6.5	7.2	8.4	9.9	11.3	12.4	13.0	13.1	13.0	12.6	11.8	10.8	9.8	8.9	8.3	7.9	7.7	7.5	9.2
RH	77	78	78	79	80	81	81	78	72	65	59	55	52	52	52	54	57	61	66	70	73	74	75	76	69
I_d	0	0	0	0	0	0	0	15	54	110	154	186	168	118	79	30	0	0	0	0	0	0	0	0	915
I_s	0	0	0	0	0	0	2	66	139	188	213	218	210	183	130	65	0	0	0	0	0	0	0	0	1413
WV	1.5	1.5	1.5	1.5	1.5	1.6	1.7	1.7	2.0	2.2	2.5	2.4	2.4	2.4	2.2	2.0	1.8	1.7	1.6	1.6	1.6	1.6	1.6	1.5	1.8
DLR	291	290	289	287	287	287	288	290	293	295	298	300	301	301	301	300	299	297	295	294	292	291	291	290	294
夏季TAC DB_{25}	31.2	30.8	30.2	29.7	29.5	29.7	30.4	31.6	32.7	33.7	34.7	35.5	36.1	36.5	36.6	36.7	36.1	35.4	34.6	33.8	33.1	32.6	32.1	31.7	33.1
I_{25}	0	0	0	0	0	85	259	413	583	717	794	863	850	783	685	539	364	186	19	0	0	0	0	0	7139
DB_{50}	30.7	30.1	29.6	29.2	28.8	29.0	29.7	30.8	32.0	33.1	34.1	34.8	35.4	35.8	36.0	35.9	35.4	34.6	33.7	32.9	32.3	31.9	31.4	31.1	32.4
I_{50}	0	0	0	0	0	78	238	383	557	691	771	829	823	757	663	523	352	179	16	0	0	0	0	0	6858
RH_s	81	84	86	87	87	86	84	80	74	69	65	61	59	58	56	56	58	61	66	69	73	76	78	79	72
冬季TAC DB_{975}	-6.5	-6.9	-7.2	-7.4	-7.6	-8.0	-8.1	-7.4	-5.9	-4.1	-2.8	-2.0	-1.5	-1.2	-1.2	-1.6	-2.0	-2.4	-3.0	-4.0	-4.9	-5.2	-5.5	-6.0	-4.7
RH_{975}	32	32	31	32	33	34	33	32	30	25	21	18	17	16	16	16	17	19	21	24	25	27	29	30	25.3
DB_{950}	-5.5	-5.8	-6.0	-6.1	-6.4	-6.7	-6.9	-6.2	-4.7	-3.0	-1.6	-0.8	-0.4	-0.2	-0.3	-0.5	-0.9	-1.4	-2.3	-3.4	-4.3	-4.6	-4.7	-4.9	-3.7
RH_{950}	35	36	36	36	37	39	40	38	33	28	23	20	19	18	17	18	19	22	25	27	29	30	33	34	28.8

151

地名	南京	区站号	582380	经度	118.8E	纬度	32N	海拔	7m

	1月	2月	3月	4月	5月	6月	7月	8月	9月	10月	11月	12月	年平均或累计[1]
DB_m	3.4	5.6	10.5	16.6	21.8	24.9	28.7	28.2	23.6	18.2	11.8	5.4	16.6
RH_m	67.0	71.0	66.0	64.0	67.0	74.0	76.0	76.0	76.0	71.0	73.0	66.0	71.0
I_m	268	281	443	545	587	530	546	509	410	381	266	255	5013
HDD_m	452	347	233	43	0	0	0	0	0	0	186	390	1651

标准日		1时	2时	3时	4时	5时	6时	7时	8时	9时	10时	11时	12时	13时	14时	15时	16时	17时	18时	19时	20时	21时	22时	23时	24时	平均或合计[2]
一月标准日	DB	1.9	1.7	1.5	1.4	1.1	0.8	0.7	1.1	2.0	3.3	4.7	5.8	6.4	6.7	6.7	6.4	5.9	5.1	4.3	3.6	3.2	2.8	2.6	2.3	3.4
	RH	74	75	76	77	78	79	80	79	74	68	62	57	54	52	52	53	55	58	62	66	69	70	72	73	67
	I_d	0	0	0	0	0	0	0	8	44	106	164	219	221	177	128	62	3	0	0	0	0	0	0	0	1132
	I_s	0	0	0	0	0	0	0	38	111	164	191	196	188	169	129	76	10	0	0	0	0	0	0	0	1272
	WV	2.3	2.3	2.3	2.4	2.4	2.4	2.4	2.4	2.6	2.9	3.2	3.2	3.3	3.3	3.1	2.9	2.7	2.6	2.5	2.4	2.4	2.4	2.4	2.4	2.6
	DLR	257	257	256	256	255	255	255	255	256	257	260	262	263	264	264	263	263	262	261	261	260	260	259	258	259
三月标准日	DB	8.3	7.9	7.6	7.3	7.1	7.1	7.1	7.4	8.2	9.4	10.8	12.2	13.2	13.9	14.2	14.3	14.2	13.7	12.9	12.0	11.1	10.3	9.8	9.4	10.5
	RH	75	76	77	78	80	81	80	78	72	65	59	54	52	51	50	51	53	55	59	63	66	69	71	73	66
	I_d	0	0	0	0	0	0	7	33	92	186	272	339	331	266	213	139	57	3	0	0	0	0	0	0	1938
	I_s	0	0	0	0	0	0	33	114	196	245	263	258	243	200	141	73	3	0	0	0	0	0	0	0	2033
	WV	2.8	2.7	2.7	2.7	2.7	2.8	2.9	2.9	3.1	3.3	3.5	3.8	3.9	3.9	4.0	3.9	3.8	3.7	3.4	3.1	2.9	2.9	3.0	2.9	3.2
	DLR	294	293	292	291	291	292	292	293	296	298	301	303	305	306	306	306	305	304	302	300	299	298	297	297	299
五月标准日	DB	19.4	18.9	18.5	18.1	18.1	18.4	19.2	20.4	21.6	22.9	23.9	24.6	25.2	25.5	25.6	25.4	25.0	24.2	23.2	22.2	21.4	20.7	20.3	19.9	21.8
	RH	76	78	80	81	82	82	79	74	69	63	59	56	53	52	52	52	53	56	60	64	68	71	73	74	67
	I_d	0	0	0	0	0	6	42	88	181	277	332	374	354	292	241	171	92	26	0	0	0	0	0	0	2476
	I_s	0	0	0	0	0	34	117	200	261	294	315	316	315	301	255	195	125	51	0	0	0	0	0	0	2779
	WV	2.5	2.4	2.4	2.4	2.4	2.6	2.8	3.1	3.3	3.5	3.7	3.7	3.8	3.8	3.7	3.7	3.6	3.2	2.9	2.5	2.5	2.5	2.5	2.5	3.0
	DLR	367	365	364	363	363	365	369	372	375	378	380	381	382	382	382	382	380	378	376	374	373	371	370	369	373

续表

		1时	2时	3时	4时	5时	6时	7时	8时	9时	10时	11时	12时	13时	14时	15时	16时	17时	18时	19时	20时	21时	22时	23时	24时	平均或合计注2
七月标准日	DB	26.8	26.5	26.2	25.9	25.9	26.2	26.8	27.7	28.7	29.6	30.4	31.0	31.4	31.5	31.6	31.4	30.9	30.3	29.5	28.8	28.2	27.8	27.5	27.2	28.7
	RH	84	86	87	88	88	87	85	81	77	72	69	66	65	64	64	64	65	68	71	75	77	80	81	83	76
	I_d	0	0	0	0	0	4	28	58	114	174	213	245	242	211	178	131	76	28	0	0	0	0	0	0	1702
	I_s	0	0	0	0	0	28	113	203	284	340	374	385	376	346	297	229	149	69	0	0	0	0	0	0	3192
	WV	2.1	2.1	2.1	2.1	2.1	2.3	2.5	2.7	2.9	3.1	3.2	3.3	3.3	3.4	3.3	3.3	3.2	2.9	2.6	2.3	2.2	2.2	2.2	2.2	2.6
	DLR	429	428	427	426	426	428	430	433	437	439	441	443	444	444	444	443	441	439	437	435	433	432	432	431	435
九月标准日	DB	21.9	21.6	21.3	21.1	21.0	21.2	21.7	22.5	23.5	24.5	25.4	26.1	26.4	26.6	26.6	26.4	25.8	25.1	24.2	23.4	22.8	22.4	22.2	22.0	23.6
	RH	85	87	88	88	89	88	87	83	78	73	68	65	63	62	62	63	65	68	72	76	79	81	82	84	76
	I_d	0	0	0	0	0	0	13	35	85	149	193	221	213	178	146	93	35	0	0	0	0	0	0	0	1361
	I_s	0	0	0	0	0	0	62	146	229	287	322	331	319	283	225	154	75	4	0	0	0	0	0	0	2436
	WV	2.3	2.3	2.3	2.4	2.4	2.6	2.8	2.9	3.1	3.3	3.5	3.5	3.5	3.4	3.1	3.3	3.2	2.9	2.6	2.4	2.4	2.4	2.4	2.4	2.8
	DLR	393	392	391	390	390	391	393	396	399	401	402	403	404	404	404	403	401	399	398	396	394	394	393	393	397
十一月标准日	DB	10.2	9.9	9.6	9.4	9.2	9.2	9.4	10.1	11.1	12.5	13.8	14.7	15.3	15.4	15.2	14.7	14.0	13.1	12.3	11.6	11.1	10.8	10.6	10.3	11.8
	RH	80	82	82	83	84	85	85	82	77	70	64	60	57	56	56	58	61	65	70	73	75	77	78	79	73
	I_d	0	0	0	0	0	0	1	17	57	120	174	219	210	158	100	37	0	0	0	0	0	0	0	0	1094
	I_s	0	0	0	0	0	0	7	75	145	189	209	206	192	166	119	60	0	0	0	0	0	0	0	0	1368
	WV	2.4	2.3	2.3	2.4	2.4	2.4	2.5	2.5	2.8	3.0	3.3	3.3	3.3	3.3	3.1	2.8	2.6	2.5	2.4	2.4	2.4	2.4	2.4	2.4	2.6
	DLR	310	310	309	308	307	308	309	311	314	316	318	320	320	320	319	318	317	315	314	313	312	311	311	310	313
夏季TAC	DB_{25}	31.0	30.6	30.2	29.9	29.6	30.0	30.9	32.2	33.5	34.7	35.8	36.5	37.1	37.4	37.3	37.2	36.8	35.9	34.9	33.8	32.9	32.2	31.7	31.4	33.5
	I_{25}	0	0	0	0	0	85	241	416	622	783	886	944	921	824	693	533	343	157	0	0	0	0	0	0	7448
	DB_{50}	30.4	30.0	29.5	29.1	28.9	29.4	30.2	31.5	32.8	34.1	35.1	35.8	36.3	36.5	36.4	36.2	35.7	35.0	34.0	33.0	32.1	31.5	31.0	30.7	32.7
	I_{50}	0	0	0	0	0	78	230	404	592	752	843	899	886	795	674	519	332	149	0	0	0	0	0	0	7151
	RH_s	84	86	87	89	89	88	86	82	77	72	67	63	60	60	60	60	62	66	70	74	78	80	82	83	75
冬季TAC	DB_{975}	-4.3	-4.6	-5.0	-5.3	-5.4	-5.3	-5.4	-4.6	-3.3	-2.2	-1.0	-0.2	0.3	0.2	0.1	-0.1	-0.7	-0.9	-1.5	-2.3	-2.8	-3.3	-3.5	-3.9	-2.7
	RH_{975}	41	42	41	43	45	49	50	48	40	31	25	21	19	18	19	19	21	25	29	33	35	36	39	40	33.7
	DB_{950}	-3.2	-3.6	-3.8	-4.1	-4.3	-4.7	-4.5	-3.9	-2.6	-1.1	0.1	0.7	1.0	1.0	0.9	0.7	0.4	0.2	-0.3	-1.1	-1.9	-2.3	-2.5	-2.8	-1.7
	RH_{950}	46	48	47	49	53	56	56	53	46	37	29	24	22	21	21	21	23	28	32	36	39	41	42	44	38.1

浙江省

地名	杭州	区站号	584570	经度	120.17E	纬度	30.23N	海拔	43m

	1月	2月	3月	4月	5月	6月	7月	8月	9月	10月	11月	12月	年平均或累计[注1]
DB_m	5.1	7.1	11.6	17.5	22.4	25.0	29.9	29.2	24.8	19.4	13.4	7.2	17.7
RH_m	71.0	73.0	68.0	66.0	69.0	78.0	70.0	73.0	76.0	71.0	76.0	68.0	71.0
I_m	259	287	432	523	580	538	640	585	447	392	270	252	5190
HDD_m	400	305	198	16	0	0	0	0	0	0	138	335	1392

月		1时	2时	3时	4时	5时	6时	7时	8时	9时	10时	11时	12时	13时	14时	15时	16时	17时	18时	19时	20时	21时	22时	23时	24时	平均或合计[注2]
一月标准日	DB	3.9	3.6	3.4	3.2	3.0	2.9	2.9	3.2	3.9	4.9	6.0	6.9	7.6	7.9	7.9	7.5	7.0	6.4	5.9	5.4	5.1	4.8	4.5	4.2	5.1
	RH	76	78	78	79	80	81	81	80	78	76	71	66	61	58	57	59	61	64	67	69	71	73	74	76	71
	I_d	0	0	0	0	0	0	0	10	53	117	164	203	179	112	64	21	2	0	0	0	0	0	0	0	923
	I_s	0	0	0	0	0	0	0	52	128	178	206	209	191	143	75	2	0	0	0	0	0	0	0	0	1395
	WV	2.1	2.0	2.0	2.0	2.0	2.0	2.0	2.1	2.1	2.2	2.3	2.4	2.4	2.4	2.3	2.3	2.2	2.2	2.1	2.1	2.0	1.9	2.0	2.0	2.1
	DLR	269	269	268	268	267	267	267	267	268	269	271	273	274	275	275	275	274	273	272	272	272	271	271	271	271
三月标准日	DB	9.8	9.4	9.1	8.8	8.6	8.6	8.8	9.5	10.5	11.7	13.0	14.0	14.7	15.1	15.2	15.0	14.5	13.7	12.9	12.1	11.5	11.1	10.7	10.3	11.6
	RH	75	77	78	80	81	82	82	81	78	73	67	62	58	55	54	53	54	56	58	62	66	69	71	72	74	68
	I_d	0	0	0	0	0	13	49	129	230	293	324	272	175	123	66	15	0	0	0	0	0	0	0	0	1685
	I_s	0	0	0	0	0	13	41	131	205	268	277	288	279	228	155	66	0	0	0	0	0	0	0	0	2183
	WV	2.1	2.1	2.0	2.0	2.0	2.0	2.2	2.3	2.4	2.5	2.6	2.7	2.8	2.9	2.8	2.8	2.8	2.6	2.4	2.3	2.2	2.2	2.1	2.1	2.4
	DLR	304	303	302	301	301	301	302	304	306	308	310	312	314	314	314	314	313	311	310	309	308	307	306	305	307
五月标准日	DB	20.4	19.9	19.4	19.1	19.1	19.4	19.4	20.1	21.1	22.2	23.3	24.4	25.1	25.7	26.0	26.1	25.9	25.3	24.4	23.5	22.6	21.9	21.4	20.8	22.4
	RH	77	78	80	82	83	82	79	75	70	65	61	58	55	54	54	55	57	59	63	67	70	72	74	75	69
	I_d	0	0	0	0	0	7	64	139	246	329	343	346	288	201	142	79	30	3	0	0	0	0	0	0	2218
	I_s	0	0	0	0	0	36	125	208	265	303	338	359	339	287	212	120	29	3	0	0	0	0	0	0	2975
	WV	1.8	1.8	1.8	1.8	1.8	1.9	2.0	2.0	2.1	2.2	2.4	2.5	2.6	2.7	2.7	2.7	2.6	2.6	2.4	2.3	2.1	2.0	1.9	1.8	2.2
	DLR	374	373	371	370	371	372	375	378	381	384	386	387	388	389	389	388	386	384	381	380	378	377	377	376	380

续表

		1时	2时	3时	4时	5时	6时	7时	8时	9时	10时	11时	12时	13时	14时	15时	16时	17时	18时	19时	20时	21时	22时	23时	24时	平均或合计[注2]
七月标准日	DB	27.8	27.4	27.0	26.7	26.7	27.0	27.8	28.8	30.0	31.1	32.1	32.8	33.3	33.6	33.5	33.2	32.5	31.6	30.6	29.7	29.1	28.7	28.5	28.3	29.9
	RH	78	80	82	83	83	81	79	75	70	66	62	59	56	56	56	57	59	63	66	70	72	74	75	76	70
	I_d	0	0	0	0	0	9	78	151	266	359	381	382	327	240	172	107	50	10	0	0	0	0	0	0	2532
	I_s	0	0	0	0	0	40	133	221	279	316	354	373	379	364	313	233	142	54	0	0	0	0	0	0	3201
	WV	1.9	1.9	1.9	1.9	1.9	2.0	2.1	2.2	2.4	2.6	2.7	2.7	2.8	2.8	2.8	2.7	2.7	2.5	2.3	2.1	2.1	2.0	1.9	1.9	2.3
	DLR	431	430	428	427	427	428	431	435	439	443	446	448	449	450	449	448	446	443	439	437	435	434	433	433	438
九月标准日	DB	23.3	23.0	22.7	22.5	22.4	22.6	23.0	23.7	24.5	25.5	26.4	27.1	27.5	27.7	27.6	27.2	26.7	26.0	25.3	24.7	24.2	23.9	23.7	23.4	24.8
	RH	82	84	85	86	87	86	85	82	78	73	69	66	63	62	63	64	66	69	72	75	77	78	80	81	76
	I_d	0	0	0	0	0	0	31	83	159	232	265	280	240	166	107	52	13	0	0	0	0	0	0	0	1629
	I_s	0	0	0	0	0	1	80	171	242	288	317	329	324	297	239	157	62	0	0	0	0	0	0	0	2507
	WV	1.8	1.7	1.8	1.8	1.9	1.9	2.0	2.1	2.2	2.3	2.4	2.5	2.6	2.7	2.7	2.7	2.7	2.5	2.4	2.2	2.1	2.0	1.9	1.8	2.2
	DLR	401	400	399	399	398	399	401	403	406	408	410	412	413	413	412	411	409	408	406	404	403	402	401	401	405
十一月标准日	DB	12.0	11.8	11.5	11.3	11.1	11.1	11.3	11.9	12.7	13.8	14.9	15.9	16.4	16.6	16.2	15.7	15.0	14.4	13.9	13.5	13.1	12.8	12.5	12.2	13.4
	RH	84	85	85	86	87	87	87	84	80	75	69	65	62	62	63	65	68	71	74	76	77	79	81	82	76
	I_d	0	0	0	0	0	0	3	29	83	148	188	212	173	98	47	9	0	0	0	0	0	0	0	0	990
	I_s	0	0	0	0	0	0	15	92	162	204	224	225	216	188	129	51	0	0	0	0	0	0	0	0	1508
	WV	2.0	2.0	1.9	1.9	1.9	2.0	2.0	2.1	2.2	2.2	2.2	2.2	2.2	2.2	2.2	2.1	2.1	2.0	2.0	1.9	1.9	1.9	1.9	1.9	2.0
	DLR	325	324	323	322	321	321	322	324	326	328	330	332	333	333	332	331	330	329	328	327	326	326	325	324	327
夏季TAC	DB_{25}	31.8	31.0	30.3	29.9	29.8	30.1	31.0	32.3	33.8	35.5	36.7	37.7	38.6	39.0	39.3	39.3	38.5	37.3	35.9	34.7	34.0	33.5	33.0	32.5	34.4
	I_{25}	0	0	0	0	0	108	319	513	718	874	952	989	932	792	655	477	286	104	0	0	0	0	0	0	7718
	DB_{50}	31.1	30.4	29.9	29.5	29.4	29.6	30.4	31.6	33.1	34.5	35.8	36.9	37.7	38.1	38.0	38.0	37.3	36.2	34.8	33.6	32.8	32.4	31.9	31.6	33.5
	I_{50}	0	0	0	0	0	98	299	493	694	856	933	958	906	775	638	463	277	98	0	0	0	0	0	0	7486
	RH_s	83	85	86	87	88	86	83	79	74	68	63	60	58	56	57	59	62	66	70	74	77	79	80	81	73
冬季TAC	DB_{975}	-1.8	-2.1	-2.3	-2.5	-2.7	-2.8	-2.6	-2.1	-1.2	-0.3	0.3	0.4	0.6	0.7	0.6	0.6	0.4	0.3	0.0	-0.3	-0.8	-1.1	-1.1	-1.5	-0.9
	RH_{975}	39	41	42	42	44	44	43	42	38	33	26	22	20	19	19	21	23	26	30	32	33	35	37	38	32.7
	DB_{950}	-0.9	-1.1	-1.5	-1.8	-2.0	-2.0	-2.0	-1.5	-0.6	0.4	1.1	1.7	2.1	2.2	1.9	1.4	1.2	1.0	0.9	0.4	-0.1	-0.3	-0.6	-0.8	0.0
	RH_{950}	45	47	48	50	52	52	51	48	43	37	31	26	23	22	22	23	26	29	32	35	37	39	42	44	37.7

地名	嵊州	区站号	585560	经度	120.82E	纬度	29.6N	海拔	108m

	1月	2月	3月	4月	5月	6月	7月	8月	9月	10月	11月	12月	年平均或累计[注1]
DB_m	5.1	7.2	11.5	17.1	21.9	24.6	29.3	28.6	24.4	19.0	13.3	7.0	17.4
RH_m	73.0	74.0	69.0	68.0	72.0	81.0	72.0	75.0	78.0	74.0	79.0	71.0	74.0
I_m	275	305	450	532	596	537	668	612	473	414	283	266	5397
HDD_m	401	302	200	26	0	0	0	0	0	0	142	342	1413

标准日	参数	1时	2时	3时	4时	5时	6时	7时	8时	9时	10时	11时	12时	13时	14时	15时	16时	17时	18时	19时	20时	21时	22时	23时	24时	平均或合计[注2]
一月标准日	DB	3.7	3.4	3.1	2.9	2.6	2.4	2.3	2.6	3.4	4.6	6.0	7.2	8.0	8.4	8.3	7.9	7.4	6.8	6.2	5.7	5.3	4.9	4.5	4.1	5.1
	RH	79	81	81	82	83	85	85	84	80	74	68	63	60	59	59	60	62	65	67	69	71	73	75	78	73
	I_d	0	0	0	0	0	0	0	10	54	131	199	250	224	143	74	22	0	0	0	0	0	0	0	0	1106
	I_s	0	0	0	0	0	0	0	55	134	179	198	197	196	184	141	74	0	0	0	0	0	0	0	0	1359
	WV	1.9	1.9	1.9	1.9	1.9	1.9	1.8	1.8	1.9	2.0	2.1	2.2	2.4	2.5	2.7	2.8	2.9	2.7	2.6	2.4	2.2	2.1	2.0	1.9	2.2
	DLR	271	270	269	268	268	267	267	268	270	272	275	277	279	279	279	278	277	276	275	274	274	273	273	272	273
三月标准日	DB	9.8	9.3	8.9	8.5	8.2	8.1	8.2	8.9	10.0	11.3	12.8	14.0	14.9	15.4	15.5	15.3	14.7	14.0	13.1	12.3	11.6	11.1	10.7	10.3	11.5
	RH	76	78	80	82	83	84	84	81	76	70	64	59	56	54	54	55	57	59	62	66	69	71	72	74	69
	I_d	0	0	0	0	0	0	0	45	130	247	330	381	338	231	148	70	15	0	0	0	0	0	0	0	1947
	I_s	0	0	0	0	0	0	0	135	210	242	255	256	260	256	216	149	62	0	0	0	0	0	0	0	2086
	WV	2.2	2.1	2.1	2.1	2.2	2.1	2.1	2.0	2.1	2.1	2.2	2.3	2.4	2.5	2.7	2.8	2.9	2.8	2.7	2.6	2.5	2.4	2.3	2.2	2.3
	DLR	304	303	302	301	300	300	301	303	306	308	311	314	316	317	317	316	315	313	311	310	309	308	307	306	308
五月标准日	DB	19.7	19.2	18.8	18.4	18.3	18.5	19.1	20.1	21.3	22.6	23.9	24.9	25.6	26.0	26.0	25.7	25.0	24.1	23.1	22.2	21.5	20.9	20.5	20.2	21.9
	RH	79	81	84	85	86	86	84	80	75	69	64	60	58	57	56	57	59	62	66	69	72	75	76	78	72
	I_d	0	0	0	0	0	7	55	130	247	359	405	410	339	232	149	80	30	2	0	0	0	0	0	0	2445
	I_s	0	0	0	0	0	37	130	213	270	296	319	333	344	331	283	204	111	22	0	0	0	0	0	0	2894
	WV	1.6	1.6	1.6	1.6	1.6	1.6	1.6	1.6	1.7	1.9	2.0	2.1	2.3	2.4	2.5	2.6	2.7	2.5	2.4	2.2	2.0	1.9	1.7	1.6	2.0
	DLR	372	371	369	368	368	370	372	375	379	383	386	389	391	391	391	390	388	385	382	380	378	376	375	374	379

续表

类别	参数	1时	2时	3时	4时	5时	6时	7时	8时	9时	10时	11时	12时	13时	14时	15时	16时	17时	18时	19时	20时	21时	22时	23时	24时	平均或合计注2
七月标准日	DB	27.0	26.6	26.1	25.8	25.8	26.1	26.9	28.0	29.3	30.6	31.7	32.6	33.2	33.4	33.2	32.7	31.9	30.9	30.0	29.1	28.5	28.0	27.7	27.4	29.3
	RH	81	83	85	86	87	85	82	78	73	68	63	60	58	57	57	59	61	65	68	72	75	77	78	79	72
	I_d	0	0	0	0	0	10	83	176	307	416	453	455	382	268	173	97	42	8	0	0	0	0	0	0	2869
	I_s	0	0	0	0	0	44	139	221	272	302	333	350	364	358	314	233	137	48	0	0	0	0	0	0	3114
	WV	1.6	1.5	1.5	1.5	1.4	1.5	1.5	1.5	1.8	2.0	2.2	2.4	2.5	2.7	2.6	2.6	2.5	2.4	2.3	2.2	2.0	1.8	1.6	1.6	2.0
	DLR	428	426	424	423	424	425	428	433	437	442	445	448	450	450	449	447	444	440	437	434	432	431	430	429	436
九月标准日	DB	22.7	22.4	22.0	21.8	21.7	21.9	22.3	23.2	24.2	25.3	26.4	27.2	27.7	27.8	27.6	27.1	26.5	25.7	25.0	24.3	23.8	23.4	23.2	22.9	24.4
	RH	85	87	88	89	90	90	88	85	80	74	70	66	64	63	64	66	68	71	74	77	79	80	82	83	78
	I_d	0	0	0	0	0	0	34	94	195	294	338	348	286	186	111	53	0	0	0	0	0	0	0	0	1951
	I_s	0	0	0	0	0	2	88	179	242	274	296	304	306	288	236	155	60	0	0	0	0	0	0	0	2430
	WV	1.6	1.5	1.5	1.4	1.3	1.4	1.5	1.5	1.7	2.0	2.2	2.3	2.5	2.6	2.7	2.7	2.8	2.6	2.3	2.1	1.9	1.8	1.7	1.6	2.0
	DLR	399	398	397	396	396	397	399	402	405	409	411	414	415	415	414	412	410	407	405	403	401	400	400	399	404
十一月标准日	DB	11.8	11.5	11.2	11.0	10.8	10.6	10.7	11.2	12.1	13.3	14.6	15.7	16.5	16.7	16.5	15.9	15.3	14.6	14.1	13.6	13.2	12.7	12.3	11.9	13.3
	RH	87	87	88	89	90	90	90	89	85	79	73	68	65	64	64	66	69	72	75	77	79	81	84	85	79
	I_d	0	0	0	0	0	0	3	26	82	166	224	257	217	127	58	11	0	0	0	0	0	0	0	0	1172
	I_s	0	0	0	0	0	0	17	93	166	200	213	208	199	177	126	51	0	0	0	0	0	0	0	0	1450
	WV	1.7	1.7	1.7	1.6	1.6	1.6	1.6	1.6	1.6	1.7	1.8	1.9	2.0	2.2	2.2	2.3	2.4	2.2	2.0	1.9	1.8	1.8	1.8	1.8	1.9
	DLR	325	324	323	322	321	321	322	323	326	329	332	335	336	336	335	334	332	331	330	329	328	328	327	326	328
夏季TAC	DB_{25}	30.2	29.6	28.9	28.4	28.2	28.5	29.5	30.8	32.7	34.5	36.0	37.4	38.3	38.7	38.8	38.6	37.7	36.2	34.6	33.5	32.8	32.0	31.3	30.7	33.2
	I_{25}	0	0	0	0	0	109	315	527	741	902	1001	1033	972	830	667	471	273	93	0	0	0	0	0	0	7933
	DB_{50}	29.4	28.8	28.3	27.9	27.7	28.1	29.0	30.4	32.0	33.8	35.1	36.5	37.4	37.8	37.8	37.4	36.6	35.4	34.1	32.9	32.0	31.2	30.5	30.0	32.5
	I_{50}	0	0	0	0	0	99	301	510	719	881	968	1007	951	807	644	453	259	87	0	0	0	0	0	0	7684
	RH_s	84	86	88	89	90	89	86	81	75	69	65	61	59	58	59	61	64	67	71	74	77	79	81	83	75
冬季TAC	DB_{975}	-2.6	-2.8	-3.3	-3.6	-3.8	-4.0	-4.1	-3.5	-2.1	-0.6	0.3	0.7	0.9	0.9	0.8	0.4	0.3	0.2	0.0	-0.6	-1.1	-1.5	-1.8	-2.3	-1.4
	RH_{975}	47	49	50	52	54	54	54	51	44	37	30	25	22	20	19	21	23	26	30	33	35	38	43	44	37.5
	DB_{950}	-1.8	-2.0	-2.4	-2.7	-2.9	-3.0	-3.0	-2.6	-1.6	0.0	1.0	1.6	1.9	2.0	1.8	1.6	1.2	0.8	0.5	0.2	-0.3	-0.6	-0.9	-1.3	-0.5
	RH_{950}	53	55	55	57	61	62	63	61	55	45	35	29	25	23	22	23	26	29	33	37	39	43	48	51	42.9

地名	丽水	区站号	586460	经度	119.92E	纬度	28.45N	海拔	60m

	1月	2月	3月	4月	5月	6月	7月	8月	9月	10月	11月	12月	年平均或累计[注1]
DB_m	7.3	9.8	13.5	18.9	23.4	26.0	29.9	29.4	25.9	20.5	15.1	8.9	19.0
RH_m	71.0	71.0	70.0	68.0	71.0	77.0	69.0	71.0	72.0	69.0	76.0	71.0	71.0
I_m	271	318	443	527	575	531	675	626	486	415	285	266	5409
HDD_m	333	230	141	0	0	0	0	0	0	0	88	282	1074

一月标准日

	1时	2时	3时	4时	5时	6时	7时	8时	9时	10时	11时	12时	13时	14时	15时	16时	17时	18时	19时	20时	21时	22时	23时	24时	平均或累计[注2]
DB	5.7	5.4	5.2	5.0	4.7	4.5	4.5	4.8	5.5	6.7	8.0	9.2	10.2	10.8	11.0	10.7	10.1	9.3	8.4	7.7	7.2	6.8	6.5	6.1	7.3
RH	78	79	80	81	81	82	83	82	78	73	67	62	58	57	56	57	60	63	66	70	72	74	75	77	71
I_d	0	0	0	0	0	0	0	9	46	107	163	221	211	143	91	30	1	0	0	0	0	0	0	0	1022
I_s	0	0	0	0	0	0	0	52	132	186	213	211	204	188	140	79	5	0	0	0	0	0	0	0	1410
WV	1.1	1.1	1.1	1.1	1.1	1.1	1.1	1.2	1.2	1.3	1.3	1.4	1.4	1.5	1.5	1.5	1.5	1.4	1.4	1.3	1.3	1.2	1.2	1.2	1.3
DLR	281	281	280	279	278	278	278	279	281	283	286	289	291	292	293	293	291	290	288	287	286	285	284	283	285

三月标准日

	1时	2时	3时	4时	5时	6时	7时	8时	9时	10时	11时	12时	13时	14时	15时	16时	17时	18时	19时	20时	21时	22时	23时	24时	平均或累计[注2]
DB	11.4	11.0	10.6	10.2	10.0	10.0	10.2	10.9	12.0	13.3	14.7	15.9	16.9	17.6	17.9	17.8	17.2	16.2	15.1	14.0	13.2	12.7	12.3	12.0	13.5
RH	78	79	81	82	83	83	83	80	75	69	63	59	55	54	53	54	56	59	63	68	71	73	74	76	70
I_d	0	0	0	0	0	0	11	40	115	219	290	348	322	237	163	78	17	0	0	0	0	0	0	0	1837
I_s	0	0	0	0	0	0	36	127	211	252	274	271	269	257	214	151	65	0	0	0	0	0	0	0	2128
WV	1.1	1.1	1.1	1.1	1.1	1.1	1.1	1.1	1.2	1.3	1.4	1.5	1.6	1.6	1.7	1.7	1.7	1.6	1.6	1.5	1.4	1.3	1.2	1.2	1.3
DLR	316	315	313	313	312	312	313	315	317	320	324	327	329	331	331	331	330	327	325	323	322	320	319	318	321

五月标准日

	1时	2时	3时	4时	5时	6时	7时	8时	9时	10时	11时	12时	13时	14时	15时	16时	17时	18时	19时	20时	21时	22时	23时	24时	平均或累计[注2]
DB	21.0	20.5	20.0	19.6	19.5	19.9	20.6	21.6	22.8	24.1	25.3	26.3	27.1	27.6	27.8	27.6	26.9	25.9	24.7	23.6	22.8	22.3	21.9	21.6	23.4
RH	80	82	84	85	86	84	81	77	72	67	62	59	56	55	55	56	59	62	66	71	74	75	77	78	71
I_d	0	0	0	0	0	4	51	114	214	308	350	369	325	234	164	91	32	2	0	0	0	0	0	0	2258
I_s	0	0	0	0	0	28	118	208	277	315	340	347	343	322	273	197	107	21	0	0	0	0	0	0	2898
WV	1.0	1.0	1.0	1.0	1.0	1.0	1.1	1.1	1.2	1.3	1.3	1.4	1.5	1.6	1.6	1.6	1.6	1.5	1.5	1.4	1.3	1.2	1.1	1.1	1.3
DLR	382	380	378	377	377	378	380	384	388	392	395	399	401	403	404	403	401	398	394	391	389	387	385	384	390

续表

		1时	2时	3时	4时	5时	6时	7时	8时	9时	10时	11时	12时	13时	14时	15时	16时	17时	18时	19时	20时	21时	22时	23时	24时	平均或合计[注2]
七月标准日	DB	27.2	26.7	26.1	25.7	25.7	26.3	27.3	28.6	30.0	31.3	32.5	33.5	34.3	34.7	34.7	34.1	33.2	32.0	30.8	29.7	28.9	28.3	28.0	27.7	29.9
	RH	79	82	84	86	86	84	80	74	69	63	58	54	52	50	51	53	56	60	65	69	72	75	76	77	69
	I_d	0	0	0	0	0	8	91	191	338	443	461	474	419	308	207	116	46	7	0	0	0	0	0	0	3111
	I_s	0	0	0	0	0	36	126	204	250	283	323	337	344	340	302	222	130	46	0	0	0	0	0	0	2941
	WV	1.1	1.0	1.0	1.0	1.0	1.0	1.1	1.1	1.3	1.4	1.6	1.7	1.8	1.9	2.0	2.0	2.0	1.9	1.7	1.5	1.4	1.3	1.2	1.1	1.4
	DLR	428	426	424	422	423	425	429	433	438	442	446	449	451	452	452	450	447	443	439	436	433	431	430	429	437
九月标准日	DB	23.8	23.5	23.1	22.8	22.7	22.9	23.5	24.4	25.5	26.8	28.0	29.0	29.6	29.9	29.8	29.3	28.5	27.5	26.5	25.7	25.1	24.7	24.4	24.1	25.9
	RH	81	83	84	85	85	85	82	79	73	68	63	60	57	56	57	59	61	65	69	73	75	77	78	79	72
	I_d	0	0	0	0	0	0	34	94	199	305	353	367	311	213	132	61	15	0	0	0	0	0	0	0	2083
	I_s	0	0	0	0	0	0	81	172	240	275	298	306	307	289	236	155	61	0	0	0	0	0	0	0	2421
	WV	1.2	1.2	1.1	1.1	1.0	1.0	1.0	1.0	1.1	1.3	1.4	1.5	1.6	1.7	1.7	1.8	1.8	1.7	1.5	1.4	1.3	1.3	1.2	1.2	1.3
	DLR	404	403	401	400	400	401	403	406	409	413	417	420	422	423	422	420	418	415	412	410	408	406	405	404	410
十一月标准日	DB	13.5	13.2	12.9	12.7	12.6	12.6	12.7	13.2	13.9	15.0	16.2	17.4	18.3	18.8	18.8	18.3	17.5	16.6	15.8	15.1	14.6	14.3	14.0	13.6	15.1
	RH	84	85	86	86	87	87	86	85	81	76	70	65	62	60	61	63	66	69	73	76	78	80	81	83	76
	I_d	0	0	0	0	0	0	3	23	70	131	177	234	226	149	79	17	0	0	0	0	0	0	0	0	1109
	I_s	0	0	0	0	0	0	15	94	169	216	238	226	204	181	130	59	0	0	0	0	0	0	0	0	1531
	WV	1.0	1.0	1.0	1.0	1.0	1.0	1.0	1.0	1.1	1.1	1.1	1.2	1.3	1.4	1.3	1.3	1.2	1.2	1.2	1.1	1.1	1.0	1.0	1.0	1.1
	DLR	334	333	332	331	331	331	332	333	335	338	341	343	346	347	348	346	344	342	340	338	337	336	335	334	338
夏季TAC	DB_{25}	29.9	29.1	28.4	28.0	27.9	28.3	29.7	31.4	33.1	34.6	35.8	37.1	38.4	39.1	39.7	39.8	38.9	37.3	35.4	33.7	32.6	31.7	31.0	30.6	33.4
	I_{25}	0	0	0	0	0	95	312	533	751	917	1003	1046	1022	859	694	498	284	94	0	0	0	0	0	0	8107
	DB_{50}	29.5	28.8	28.1	27.6	27.5	28.1	29.3	31.0	32.6	34.1	35.4	36.7	37.8	38.5	39.0	39.1	38.3	36.7	34.9	33.2	31.9	31.1	30.5	30.1	32.9
	I_{50}	0	0	0	0	0	88	304	516	734	892	980	1022	976	835	676	482	271	88	0	0	0	0	0	0	7864
	RH_s	83	85	87	88	88	86	82	77	71	65	59	55	52	50	51	54	58	62	66	71	75	78	79	81	71
冬季TAC	DB_{975}	-0.7	-0.8	-1.6	-2.0	-2.2	-2.3	-2.3	-1.6	-0.5	0.8	1.9	2.5	2.9	3.0	2.8	2.5	2.4	2.2	1.6	1.1	0.6	0.3	0.1	-0.3	0.4
	RH_{975}	49	49	49	51	53	54	52	49	47	41	34	28	25	22	21	21	23	26	32	37	41	43	46	46	39.0
	DB_{950}	0.1	-0.2	-0.6	-0.9	-1.1	-1.3	-1.1	-0.6	0.6	1.6	2.9	3.5	4.0	4.2	4.1	4.0	3.7	3.3	3.0	2.4	1.6	1.2	0.9	0.4	1.5
	RH_{950}	54	56	57	58	59	60	60	59	54	46	39	32	27	25	23	24	27	31	36	41	45	48	51	53	44.3

安徽省

地名	安庆	区站号	584240	经度	117.05E	纬度	30.53N	海拔	20m

	1月	2月	3月	4月	5月	6月	7月	8月	9月	10月	11月	12月	年平均或累计[注1]
DB_m	4.3	6.6	11.4	17.4	22.3	25.4	28.8	28.4	24.0	18.6	12.1	6.0	17.1
RH_m	70.0	73.0	71.0	70.0	72.0	78.0	77.0	77.0	76.0	71.0	75.0	68.0	73.0
I_m	243	260	399	478	522	478	536	513	407	355	253	237	4671
HDD_m	425	320	203	18	0	0	0	0	0	0	177	372	1516

	1时	2时	3时	4时	5时	6时	7时	8时	9时	10时	11时	12时	13时	14时	15时	16时	17时	18时	19时	20时	21时	22时	23时	24时	平均或合计[注2]
一月标准日 DB	3.1	2.9	2.7	2.5	2.3	2.0	1.9	2.2	2.9	3.9	5.1	6.0	6.6	6.9	6.9	6.7	6.3	5.8	5.2	4.7	4.4	4.1	3.8	3.5	4.3
RH	75	76	76	77	79	80	81	80	77	72	68	64	61	59	59	59	61	63	65	68	70	72	73	74	70
I_d	0	0	0	0	0	0	0	5	32	82	128	173	170	125	89	44	4	0	0	0	0	0	0	0	853
I_s	0	0	0	0	0	0	0	29	103	159	192	206	203	186	143	85	17	0	0	0	0	0	0	0	1322
WV	2.5	2.4	2.5	2.5	2.5	2.5	2.4	2.4	2.6	2.8	3.0	3.1	3.2	3.4	3.3	3.1	3.0	3.0	2.9	2.8	2.7	2.6	2.5	2.5	2.7
DLR	264	263	263	262	262	262	262	262	264	266	268	270	271	271	271	270	270	269	268	267	267	267	266	265	266
三月标准日 DB	9.9	9.5	9.2	8.9	8.6	8.5	8.6	9.2	10.2	11.4	12.6	13.5	14.1	14.5	14.6	14.5	14.2	13.5	12.8	12.1	11.6	11.2	10.8	10.5	11.4
RH	77	79	80	81	82	83	84	82	77	71	66	62	59	58	57	57	59	61	64	67	69	71	73	75	71
I_d	0	0	0	0	0	0	4	24	70	146	210	262	251	198	159	101	40	1	0	0	0	0	0	0	1466
I_s	0	0	0	0	0	0	22	99	184	241	271	281	283	267	219	156	81	6	0	0	0	0	0	0	2110
WV	2.5	2.5	2.5	2.5	2.5	2.5	2.6	2.6	2.8	3.0	3.3	3.4	3.6	3.8	3.6	3.5	3.3	3.1	2.9	2.7	2.7	2.6	2.5	2.5	2.9
DLR	305	304	303	302	302	302	303	305	307	310	312	314	315	315	315	315	314	313	311	310	309	309	308	307	309
五月标准日 DB	20.4	20.0	19.6	19.3	19.2	19.5	20.0	20.9	21.9	23.0	23.9	24.6	25.0	25.4	25.5	25.3	24.9	24.3	23.5	22.7	22.0	21.6	21.2	20.9	22.3
RH	79	81	83	84	85	85	83	79	75	70	66	63	61	59	59	59	61	63	67	70	73	75	77	78	72
I_d	0	0	0	0	0	2	30	64	133	204	237	261	244	201	167	116	58	16	0	0	0	0	0	0	1734
I_s	0	0	0	0	0	19	99	186	261	310	344	360	359	335	281	210	131	52	0	0	0	0	0	0	2947
WV	2.0	1.9	1.9	2.0	2.0	2.1	2.2	2.3	2.5	2.8	3.0	3.1	3.3	3.2	3.2	3.1	2.9	2.7	2.5	2.2	2.2	2.2	2.1	2.1	2.5
DLR	377	376	375	374	374	375	378	381	383	386	388	389	390	391	391	391	389	388	386	384	383	381	380	379	383

续表

		1时	2时	3时	4时	5时	6时	7时	8时	9时	10时	11时	12时	13时	14时	15时	16时	17时	18时	19时	20时	21时	22时	23时	24时	平均或合计注2
七月标准日	DB	27.2	26.9	26.6	26.4	26.4	26.7	27.2	27.9	28.7	29.5	30.2	30.8	31.3	31.6	31.6	31.4	30.9	30.3	29.5	28.8	28.4	28.1	27.8	27.6	28.8
	RH	83	84	86	87	87	86	84	81	78	74	71	69	67	65	65	66	68	70	73	76	78	79	80	81	77
	I_d	0	0	0	0	0	2	31	60	109	161	193	226	229	200	163	110	57	21	0	0	0	0	0	0	1562
	I_s	0	0	0	0	0	18	102	191	277	339	379	396	391	365	316	243	156	72	0	0	0	0	0	0	3244
	WV	2.0	2.0	2.0	2.0	2.0	2.2	2.3	2.5	2.8	3.1	3.4	3.5	3.6	3.6	3.5	3.4	3.3	3.0	2.6	2.3	2.2	2.1	2.0	2.0	2.6
	DLR	431	430	429	429	429	430	432	435	438	440	442	444	445	446	446	446	444	442	439	437	435	434	433	433	437
九月标准日	DB	22.5	22.2	21.9	21.7	21.6	21.6	21.9	22.5	23.4	24.5	25.5	26.3	26.8	27.0	26.9	26.7	26.1	25.4	24.7	24.0	23.5	23.2	22.9	22.7	24.0
	RH	83	84	86	87	87	88	87	84	80	75	70	67	64	63	63	64	66	69	72	75	78	79	80	81	76
	I_d	0	0	0	0	0	0	9	28	70	133	183	223	216	172	127	74	27	1	0	0	0	0	0	0	1263
	I_s	0	0	0	0	0	0	52	135	226	288	323	338	332	303	248	171	82	6	0	0	0	0	0	0	2504
	WV	2.3	2.4	2.3	2.3	2.4	2.4	2.5	2.6	2.7	2.9	3.0	3.1	3.2	3.3	3.3	3.2	3.2	3.0	2.8	2.6	2.5	2.5	2.4	2.4	2.7
	DLR	396	395	394	393	393	394	395	397	400	403	405	407	408	409	408	407	405	403	401	399	398	397	396	396	400
十一月标准日	DB	10.8	10.5	10.3	10.0	9.8	9.6	9.7	10.2	11.1	12.4	13.6	14.5	15.1	15.3	15.1	14.7	14.1	13.4	12.7	12.1	11.7	11.4	11.2	10.9	12.1
	RH	81	82	83	84	85	86	86	84	80	75	69	65	62	60	61	62	65	68	71	74	76	78	79	80	75
	I_d	0	0	0	0	0	0	0	13	47	104	154	190	176	124	78	30	1	0	0	0	0	0	0	0	914
	I_s	0	0	0	0	0	0	4	65	140	189	213	218	209	184	134	69	1	0	0	0	0	0	0	0	1427
	WV	2.4	2.4	2.3	2.3	2.3	2.4	2.4	2.4	2.5	2.7	2.8	2.9	3.0	3.1	3.0	2.8	2.7	2.7	2.6	2.4	2.5	2.4	2.4	2.4	2.6
	DLR	314	313	313	312	311	311	312	313	316	319	321	323	324	323	323	322	321	319	318	317	316	315	315	314	317
夏季 TAC	DB_{25}	31.3	30.9	30.5	30.2	29.9	30.1	30.8	32.0	33.2	34.2	35.2	35.8	36.4	36.7	36.9	36.9	36.5	35.4	34.2	33.5	32.7	32.3	31.9	31.6	33.3
	I_{25}	0	0	0	0	0	65	226	396	574	725	824	864	858	790	674	517	333	153	0	0	0	0	0	0	6997
	DB_{50}	30.8	30.3	29.9	29.6	29.5	29.6	30.3	31.4	32.5	33.5	34.4	35.2	35.7	36.2	36.4	36.3	35.8	34.9	33.8	32.9	32.2	31.7	31.4	31.1	32.7
	I_{50}	0	0	0	0	0	59	217	377	551	706	797	847	833	760	658	503	320	146	0	0	0	0	0	0	6772
	RH_s	84	86	87	88	89	88	86	83	78	74	70	67	65	63	63	63	66	69	73	76	79	81	82	83	77
冬季 TAC	DB_{975}	-2.3	-2.6	-3.0	-3.2	-3.4	-3.8	-3.9	-3.5	-2.5	-1.5	-1.0	-0.7	-0.3	-0.3	-0.3	-0.4	-0.5	-0.5	-0.8	-1.1	-1.7	-1.9	-1.8	-2.1	-1.8
	RH_{975}	34	35	36	38	39	41	41	41	36	31	28	24	21	21	20	20	22	24	28	31	32	33	33	34	31.0
	DB_{950}	-1.6	-1.8	-2.1	-2.4	-2.7	-2.9	-3.0	-2.7	-1.6	-0.6	0.0	0.4	0.6	0.8	0.8	0.6	0.5	0.3	-0.1	-0.3	-0.8	-1.0	-1.0	-1.3	-0.9
	RH_{950}	42	42	41	43	46	49	48	47	44	37	31	27	24	23	23	23	25	28	31	35	36	38	40	41	36.0

地名	区站号	经度	纬度	海拔
蚌埠	582210	117.37E	32.95N	22m

	1月	2月	3月	4月	5月	6月	7月	8月	9月	10月	11月	12月	年平均或累计[1]
DB_m	2.2	4.7	9.8	15.9	21.3	25.2	27.8	27.1	22.3	17.5	10.0	3.8	15.6
RH_m	64.0	71.0	66.0	66.0	67.0	70.0	78.0	79.0	77.0	70.0	73.0	67.0	71.0
I_m	288	291	466	554	629	610	555	518	427	396	267	252	5243
HDD_m	489	372	255	64	0	0	0	0	0	16	240	440	1877

一月标准日

	1时	2时	3时	4时	5时	6时	7时	8时	9时	10时	11时	12时	13时	14时	15时	16时	17时	18时	19时	20时	21时	22时	23时	24时	平均或合计[2]
DB	0.4	0.2	-0.1	-0.3	-0.7	-1.1	-1.3	-0.8	0.4	2.1	3.9	5.2	6.0	6.3	6.3	5.9	5.3	4.3	3.3	2.4	1.8	1.5	1.2	0.9	2.2
RH	71	72	72	73	75	77	78	76	71	65	58	53	50	48	48	49	52	55	59	63	65	67	69	70	64
I_d	0	0	0	0	0	0	0	7	54	132	203	269	264	198	146	72	5	0	0	0	0	0	0	0	1350
I_s	0	0	0	0	0	0	0	31	105	154	179	182	181	173	133	81	14	0	0	0	0	0	0	0	1235
WV	2.1	2.0	2.0	2.0	2.0	2.0	2.1	2.1	2.4	2.7	3.0	3.0	3.0	3.0	2.9	2.7	2.5	2.4	2.3	2.1	2.1	2.1	2.1	2.1	2.4
DLR	246	245	245	244	243	242	242	243	246	250	254	257	258	258	257	257	256	254	252	250	249	249	248	248	250

三月标准日

	1时	2时	3时	4时	5时	6时	7时	8时	9时	10时	11时	12时	13时	14时	15时	16时	17时	18时	19时	20时	21时	22时	23时	24时	平均或合计[2]
DB	7.5	7.1	6.7	6.3	6.1	6.1	6.4	7.3	8.7	10.3	11.8	12.9	13.5	13.9	14.0	13.9	13.3	12.3	11.2	10.1	9.4	8.9	8.6	8.3	9.8
RH	74	75	76	77	79	79	79	76	70	63	57	53	51	50	49	50	52	56	61	65	69	70	71	72	66
I_d	0	0	0	0	0	0	7	41	113	213	290	355	341	271	219	142	57	1	0	0	0	0	0	0	2052
I_s	0	0	0	0	0	0	29	115	193	240	266	271	273	265	220	160	87	7	0	0	0	0	0	0	2126
WV	2.5	2.5	2.5	2.5	2.6	2.7	2.8	2.9	2.9	3.2	3.5	3.8	3.9	3.9	3.8	3.6	3.4	3.1	2.9	2.6	2.6	2.5	2.5	2.5	3.0
DLR	289	287	286	284	284	284	286	289	292	296	299	301	303	304	305	305	303	301	299	297	296	294	293	292	295

五月标准日

	1时	2时	3时	4时	5时	6时	7时	8时	9时	10时	11时	12时	13时	14时	15时	16时	17时	18时	19时	20时	21时	22时	23时	24时	平均或合计[2]
DB	18.7	18.1	17.5	17.1	17.0	17.0	17.6	18.6	20.0	21.5	22.9	24.0	24.7	25.3	25.6	25.7	25.5	24.9	23.9	22.6	21.4	20.5	19.9	19.6	21.3
RH	77	79	81	83	83	82	78	73	67	61	57	54	52	51	51	50	51	53	57	62	68	71	73	74	67
I_d	0	0	0	0	0	5	50	109	219	319	359	389	368	312	262	184	97	30	0	0	0	0	0	0	2704
I_s	0	0	0	0	0	33	121	204	262	297	330	342	340	320	272	212	140	62	0	0	0	0	0	0	2934
WV	2.0	1.9	1.9	1.9	1.9	2.1	2.1	2.4	2.7	2.9	3.1	3.4	3.4	3.4	3.3	3.2	3.1	2.8	2.5	2.2	2.2	2.1	2.1	2.1	2.6
DLR	363	361	358	357	357	359	363	368	372	376	378	380	381	382	382	382	380	378	375	373	370	368	366	365	371

续表

		1时	2时	3时	4时	5时	6时	7时	8时	9时	10时	11时	12时	13时	14时	15时	16时	17时	18时	19时	20时	21时	22时	23时	24时	平均或合计[注2]
七月标准日	DB	26.1	25.7	25.4	25.2	25.1	25.4	26.0	26.8	27.8	28.7	29.5	30.1	30.5	30.8	30.8	30.7	30.2	29.5	28.6	27.8	27.2	26.8	26.6	26.4	27.8
	RH	85	86	87	88	88	87	85	82	78	74	70	68	66	65	65	65	67	70	75	79	81	83	83	84	78
	I_d	0	0	0	0	0	3	27	54	108	167	202	235	237	215	185	135	77	29	0	0	0	0	0	0	1674
	I_s	0	0	0	0	0	24	110	199	282	340	380	397	392	363	314	247	165	82	1	0	0	0	0	0	3297
	WV	1.9	1.8	1.8	1.8	1.8	2.0	2.2	2.4	2.5	2.7	2.8	2.9	3.0	3.0	3.0	2.9	2.9	2.6	2.3	2.0	2.0	1.9	1.9	1.9	2.3
	DLR	425	423	422	421	420	422	424	428	431	434	436	438	439	440	440	439	438	436	434	432	430	428	427	426	431
九月标准日	DB	20.4	20.1	19.8	19.6	19.5	19.6	20.1	20.9	22.1	23.3	24.4	25.2	25.6	25.9	25.9	25.6	25.0	24.2	23.1	22.1	21.4	21.0	20.7	20.5	22.3
	RH	87	88	88	89	90	90	89	85	80	74	68	64	62	61	61	62	65	69	73	78	82	84	85	86	77
	I_d	0	0	0	0	0	0	10	33	86	161	219	258	251	211	164	102	38	1	0	0	0	0	0	0	1534
	I_s	0	0	0	0	0	0	55	141	226	281	311	320	312	284	232	164	84	6	0	0	0	0	0	0	2417
	WV	1.8	1.8	1.8	1.8	1.8	2.0	2.1	2.3	2.5	2.7	2.8	2.8	2.8	2.8	2.7	2.6	2.5	2.3	2.1	1.8	1.8	1.8	1.7	1.8	2.2
	DLR	384	382	381	380	380	381	383	386	390	393	395	396	397	397	397	397	395	393	391	389	387	385	384	384	389
十一月标准日	DB	8.2	8.0	7.8	7.5	7.3	7.1	7.2	7.9	9.2	10.7	12.2	13.2	13.8	13.9	13.6	13.1	12.3	11.5	10.6	9.8	9.3	8.9	8.6	8.3	10.0
	RH	80	81	81	82	83	85	85	82	77	70	64	59	57	56	57	59	63	66	70	73	75	77	78	79	73
	I_d	0	0	0	0	0	0	0	16	61	133	195	237	216	151	96	37	0	0	0	0	0	0	0	0	1142
	I_s	0	0	0	0	0	0	3	67	139	180	197	195	188	170	124	63	0	0	0	0	0	0	0	0	1327
	WV	1.9	1.9	1.9	1.9	1.9	2.0	2.0	2.0	2.3	2.6	2.9	2.9	2.9	2.8	2.6	2.4	2.1	2.0	2.0	2.0	2.0	2.0	1.9	1.9	2.2
	DLR	298	297	296	295	295	295	296	298	301	304	307	309	310	310	309	308	307	306	304	302	300	299	299	298	302
夏季TAC	DB_{25}	29.8	29.3	29.1	28.9	28.7	29.0	30.1	31.4	32.9	34.3	35.4	36.1	36.8	37.1	37.0	36.7	36.0	34.9	33.7	32.4	31.5	30.9	30.5	30.3	32.6
	I_{25}	0	0	0	0	0	85	249	431	637	813	905	973	955	866	744	580	383	185	9	0	0	0	0	0	7812
	DB_{50}	29.4	28.8	28.4	28.2	28.2	28.6	29.5	30.8	32.3	33.5	34.7	35.5	35.9	36.2	36.1	36.0	35.4	34.4	33.1	31.9	31.0	30.5	30.1	29.8	32.0
	I_{50}	0	0	0	0	0	79	237	409	601	774	865	927	907	825	719	559	365	175	6	0	0	0	0	0	7451
	RH_8	85	87	88	89	89	88	85	81	77	72	67	64	62	61	61	61	64	68	73	77	80	82	84	84	76
冬季TAC	DB_{975}	-5.0	-5.3	-5.7	-5.9	-6.1	-6.6	-6.8	-6.1	-4.8	-3.1	-1.8	-1.2	-0.9	-0.8	-0.7	-0.8	-1.0	-1.4	-2.1	-3.0	-3.5	-3.9	-4.2	-4.5	-3.6
	RH_{975}	35	35	35	37	38	39	42	41	36	29	23	18	17	16	15	16	18	21	25	28	28	30	33	33	28.6
	DB_{990}	-4.2	-4.4	-4.7	-4.9	-5.4	-5.6	-5.9	-5.2	-3.7	-2.1	-1.0	-0.2	0.2	0.4	0.4	0.2	0.0	-0.5	-1.2	-2.0	-2.8	-3.3	-3.3	-3.8	-2.6
	RH_{990}	41	43	43	43	46	47	49	47	41	33	27	22	20	19	19	21	21	26	29	32	35	38	40	41	34.1

地名	合肥	区站号	583210	经度	117.23E	纬度	31.87N	海拔	36m

	1月	2月	3月	4月	5月	6月	7月	8月	9月	10月	11月	12月	年平均或累计注1
DB_m	3.4	5.8	11.0	17.2	22.3	25.6	28.9	28.2	23.5	18.1	11.4	5.1	16.7
RH_m	70.0	73.0	69.0	68.0	71.0	77.0	80.0	80.0	78.0	72.0	76.0	69.0	74.0
I_m	252	270	424	513	553	512	510	474	394	365	251	244	4752
HDD_m	453	343	216	24	0	0	0	0	0	0	199	399	1634

		1时	2时	3时	4时	5时	6时	7时	8时	9时	10时	11时	12时	13时	14时	15时	16时	17时	18时	19时	20时	21时	22时	23时	24时	平均或合计注2
一月标准日	DB	1.8	1.7	1.5	1.3	0.9	0.6	0.6	1.0	2.0	3.4	4.8	5.8	6.5	6.8	6.7	6.5	6.0	5.3	4.5	3.7	3.1	2.6	2.3	2.1	3.4
	RH	76	77	77	78	79	81	82	80	76	70	64	60	57	55	55	56	59	62	65	69	72	74	75	76	70
	I_d	0	0	0	0	0	0	0	5	35	90	143	194	192	143	107	55	5	0	0	0	0	0	0	0	969
	I_s	0	0	0	0	0	0	0	27	101	156	187	197	197	183	141	83	16	0	0	0	0	0	0	0	1289
	WV	2.0	1.8	1.8	1.8	1.8	1.8	1.8	1.8	1.9	2.1	2.3	2.4	2.5	2.6	2.4	2.3	2.1	2.0	1.9	1.8	2.0	2.2	2.4	2.2	2.1
	DLR	257	257	257	256	255	255	255	256	258	261	264	266	267	267	267	266	266	265	264	263	261	260	259	259	261
三月标准日	DB	8.8	8.6	8.3	7.9	7.6	7.7	8.1	9.0	10.2	11.5	12.8	13.8	14.4	14.8	14.8	14.7	14.2	13.5	12.6	11.6	10.7	10.1	9.6	9.3	11.0
	RH	78	79	80	81	82	82	81	78	72	66	61	57	55	54	53	54	55	58	62	66	70	73	75	76	69
	I_d	0	0	0	0	0	0	7	33	89	164	220	277	273	221	183	120	50	2	0	0	0	0	0	0	1640
	I_s	0	0	0	0	0	0	26	108	191	248	281	288	285	266	219	157	84	7	0	0	0	0	0	0	2161
	WV	2.2	1.9	1.9	1.9	1.9	2.0	2.1	2.2	2.4	2.6	2.8	2.9	3.0	3.1	3.0	2.9	2.9	2.6	2.4	2.2	2.4	2.6	2.8	2.5	2.5
	DLR	300	299	298	296	296	296	298	301	303	306	309	311	312	313	313	312	311	310	308	307	305	303	302	302	305
五月标准日	DB	19.9	19.5	19.0	18.6	18.5	19.0	20.0	21.2	22.4	23.5	24.4	25.1	25.6	26.0	26.1	25.9	25.4	24.6	23.6	22.6	21.7	21.0	20.6	20.3	22.3
	RH	80	82	84	86	86	84	81	76	71	67	63	60	57	56	56	56	58	61	65	69	73	76	78	79	71
	I_d	0	0	0	0	0	3	38	77	149	215	246	282	279	243	205	143	76	24	0	0	0	0	0	0	1979
	I_s	0	0	0	0	0	24	107	194	268	319	355	362	351	323	273	209	134	57	0	0	0	0	0	0	2975
	WV	2.0	1.7	1.7	1.7	1.7	1.9	2.0	2.2	2.4	2.6	2.8	2.9	2.9	3.0	2.8	2.7	2.6	2.3	2.1	1.9	2.1	2.3	2.5	2.3	2.3
	DLR	375	373	372	370	370	372	375	379	383	386	388	390	391	391	391	390	389	387	385	383	380	378	377	376	381

续表

		1时	2时	3时	4时	5时	6时	7时	8时	9时	10时	11时	12时	13时	14时	15时	16时	17时	18时	19时	20时	21时	22时	23时	24时	平均或合计[注2]
七月标准日	DB	27.1	26.9	26.5	26.2	26.2	26.5	27.2	28.1	29.1	30.0	30.7	31.2	31.6	31.8	31.8	31.6	31.1	30.5	29.8	29.0	28.4	27.8	27.5	27.4	28.9
	RH	87	88	89	90	91	90	87	83	79	76	73	70	69	68	68	69	70	72	75	78	82	84	86	86	80
	I_d	0	0	0	0	0	2	25	48	91	131	152	174	176	156	134	98	58	23	0	0	0	0	0	0	1269
	I_s	0	0	0	0	0	19	103	192	280	346	389	410	401	366	315	243	159	77	0	0	0	0	0	0	3300
	WV	2.0	1.7	1.7	1.6	1.6	1.8	2.0	2.2	2.4	2.5	2.7	2.8	2.9	3.0	3.0	2.9	2.9	2.7	2.4	2.2	2.3	2.5	2.6	2.3	2.4
	DLR	434	433	432	430	430	432	435	439	442	446	448	450	451	452	451	450	449	446	443	441	439	437	437	436	441
九月标准日	DB	21.5	21.5	21.3	21.0	20.8	21.0	21.5	22.4	23.5	24.5	25.5	26.2	26.7	26.9	26.9	26.6	26.1	25.4	24.5	23.6	22.6	21.9	21.5	21.4	23.5
	RH	88	88	89	90	91	90	89	85	80	74	70	67	65	64	64	64	66	69	73	78	82	85	87	87	78
	I_d	0	0	0	0	0	0	10	29	75	132	169	198	191	156	125	80	32	1	0	0	0	0	0	0	1198
	I_s	0	0	0	0	0	0	52	136	223	284	321	333	323	290	235	163	81	7	0	0	0	0	0	0	2449
	WV	1.7	1.5	1.5	1.5	1.5	1.7	1.8	2.0	2.1	2.3	2.5	2.5	2.5	2.6	2.5	2.4	2.3	2.1	2.0	1.8	1.9	2.0	2.1	1.9	2.0
	DLR	393	393	392	391	390	391	394	397	400	402	405	407	408	408	408	407	405	403	401	399	396	393	392	392	399
十一月标准日	DB	9.4	9.3	9.1	8.8	8.5	8.4	8.7	9.5	10.7	12.2	13.6	14.6	15.2	15.3	15.0	14.5	13.8	13.0	12.2	11.3	10.6	10.0	9.6	9.3	11.4
	RH	85	85	86	86	88	89	89	86	80	72	66	62	59	59	59	61	64	68	72	76	79	80	82	83	76
	I_d	0	0	0	0	0	0	0	12	47	107	159	191	173	123	81	32	0	0	0	0	0	0	0	0	925
	I_s	0	0	0	0	0	0	3	65	139	187	208	213	206	180	130	66	1	1	0	0	0	0	0	0	1399
	WV	1.9	1.7	1.7	1.7	1.6	1.7	1.8	1.8	2.0	2.2	2.5	2.5	2.5	2.5	2.3	2.1	1.9	1.9	1.8	1.8	2.0	2.2	2.4	2.2	2.0
	DLR	309	309	308	307	306	306	308	310	313	316	319	321	322	321	320	319	318	317	315	313	311	309	307	307	313
夏季TAC	DB_{25}	30.8	30.4	30.2	29.8	29.5	29.8	30.8	32.3	33.8	35.0	36.0	36.7	37.2	37.4	37.5	37.1	36.6	35.9	35.0	33.8	32.7	31.9	31.0	31.0	33.4
	I_{25}	0	0	0	0	0	68	227	390	572	724	802	862	848	789	688	523	339	164	3	0	0	0	0	0	6997
	DB_{50}	30.3	30.0	29.6	29.2	29.1	29.4	30.3	31.8	33.2	34.2	35.2	35.9	36.5	36.7	36.7	36.6	36.0	35.2	34.2	33.0	31.9	31.3	30.9	30.6	32.8
	I_{50}	0	0	0	0	0	61	216	377	547	692	780	831	821	745	650	501	328	155	1	0	0	0	0	0	6705
	RH_s	88	88	90	91	92	90	87	83	78	73	69	67	65	64	64	65	66	69	72	77	81	85	88	88	78
冬季TAC	DB_{975}	-4.3	-4.6	-4.8	-5.3	-5.7	-5.8	-5.7	-4.8	-3.3	-2.0	-0.8	-0.4	-0.1	-0.2	-0.3	-0.4	-0.5	-0.7	-1.3	-2.0	-3.0	-3.2	-4.0	-3.9	-2.8
	RH_{975}	42	41	39	40	43	48	47	44	38	31	25	21	19	18	19	20	22	25	28	30	33	37	39	41	32.9
	DB_{950}	-3.2	-3.6	-4.0	-4.2	-4.4	-4.7	-4.7	-4.0	-2.5	-1.0	0.0	0.7	1.0	1.1	0.9	0.8	0.6	0.1	-0.3	-1.2	-1.7	-2.2	-2.1	-2.7	-1.7
	RH_{950}	47	47	46	47	52	54	54	50	44	36	30	24	22	21	22	23	26	29	33	36	39	43	46	48	38.3

福建省

地名	厦门	区站号	591340	经度	118.08E	纬度	24.48N	海拔	139m

	1月	2月	3月	4月	5月	6月	7月	8月	9月	10月	11月	12月	年平均或累计注1
DB_m	12.9	13.7	15.8	20.0	23.8	26.7	28.5	28.4	27.2	23.7	20.0	15.1	21.3
RH_m	72.0	76.0	74.0	76.0	81.0	84.0	78.0	78.0	75.0	66.0	73.0	69.0	75.0
I_m	346	337	463	524	533	533	652	605	541	508	365	345	5741
HDD_m	157	121	69	0	0	0	0	0	0	0	0	89	437

		1时	2时	3时	4时	5时	6时	7时	8时	9时	10时	11时	12时	13时	14时	15时	16时	17时	18时	19时	20时	21时	22时	23时	24时	平均或合计注2
一月标准日	DB	11.6	11.5	11.5	11.4	11.2	11.1	11.1	11.1	11.5	12.2	13.3	14.4	15.5	16.1	16.2	15.8	15.0	14.2	13.4	12.9	12.5	12.3	12.1	11.9	11.8	12.9
	RH	75	75	76	77	78	78	78	78	77	74	69	65	62	60	61	62	65	68	71	73	74	74	75	75	75	72
	I_d	0	0	0	0	0	0	0	0	23	80	156	225	294	290	217	136	59	7	0	0	0	0	0	0	0	1486
	I_s	0	0	0	0	0	0	0	0	66	143	196	226	226	222	213	177	115	32	0	0	0	0	0	0	0	1616
	WV	2.7	2.6	2.6	2.6	2.6	2.6	2.5	2.5	2.4	2.4	2.4	2.4	2.4	2.4	2.4	2.5	2.7	2.9	2.8	2.8	2.7	2.7	2.7	2.7	2.7	2.6
	DLR	315	314	314	314	314	314	314	314	315	317	320	324	327	330	330	329	328	325	323	321	319	318	317	317	316	320
三月标准日	DB	14.2	14.1	14.0	13.9	13.8	13.7	13.9	14.4	15.3	16.4	17.5	18.5	19.0	19.0	18.7	18.0	17.2	16.5	15.9	15.4	15.1	14.9	14.7	14.5		15.8
	RH	78	79	79	80	81	82	81	80	76	72	68	65	63	63	64	67	69	72	74	76	77	77	77	78		74
	I_d	0	0	0	0	0	0	12	45	105	197	287	355	342	262	179	97	34	0	0	0	0	0	0	0		1914
	I_s	0	0	0	0	0	0	30	112	201	259	284	286	284	275	238	173	87	2	0	0	0	0	0	0		2233
	WV	2.4	2.4	2.4	2.3	2.3	2.3	2.2	2.2	2.2	2.2	2.3	2.4	2.5	2.6	2.6	2.7	2.8	2.7	2.6	2.5	2.5	2.5	2.5	2.5		2.4
	DLR	334	333	333	333	333	334	335	337	339	343	346	349	351	352	350	349	346	344	341	340	338	337	336	335		340
五月标准日	DB	22.3	22.1	21.9	21.8	21.8	22.0	22.4	23.2	24.1	25.0	25.8	26.3	26.5	26.4	26.1	25.6	25.0	24.4	23.8	23.3	23.0	22.8	22.7	22.6		23.8
	RH	87	88	88	89	89	88	87	84	80	76	73	71	71	71	73	74	77	79	81	83	85	85	86	86		81
	I_d	0	0	0	0	0	2	29	76	150	235	288	313	277	208	145	88	41	7	0	0	0	0	0	0		1862
	I_s	0	0	0	0	0	12	95	184	263	313	343	357	359	335	288	212	120	33	0	0	0	0	0	0		2915
	WV	2.1	2.0	2.0	2.0	2.0	2.0	1.9	1.9	2.0	2.0	2.1	2.3	2.5	2.8	2.8	2.8	2.8	2.7	2.6	2.4	2.3	2.2	2.1	2.1		2.3
	DLR	398	397	396	395	396	397	399	401	404	407	410	412	413	413	412	410	408	405	403	402	401	400	399	399		403

续表

		1时	2时	3时	4时	5时	6时	7时	8时	9时	10时	11时	12时	13时	14时	15时	16时	17时	18时	19时	20时	21时	22时	23时	24时	平均或合计注2
七月标准日	DB	27	26.7	26.4	26.3	26.3	26.6	27.2	28.1	29.1	30.0	30.8	31.3	31.4	31.3	31.0	30.5	29.8	29.1	28.5	28.0	27.6	27.4	27.3	27.2	28.5
	RH	85	87	88	88	88	87	85	81	77	72	69	67	67	67	68	70	72	74	77	79	81	82	83	84	78
	I_d	0	0	0	0	0	1	46	108	211	322	387	417	378	298	226	149	78	23	0	0	0	0	0	0	2646
	I_s	0	0	0	0	0	14	115	213	287	327	352	366	374	363	318	248	158	65	0	0	0	0	0	0	3199
	WV	2.3	2.2	2.2	2.2	2.2	2.2	2.1	2.1	2.3	2.5	2.7	3.0	3.2	3.4	3.4	3.4	3.4	3.2	2.9	2.6	2.5	2.5	2.4	2.3	2.6
	DLR	432	431	430	429	429	431	433	436	439	442	445	447	447	447	446	443	440	437	435	434	433	432	432	432	437
九月标准日	DB	25.8	25.7	25.4	25.3	25.3	25.5	25.9	26.6	27.4	28.3	29.2	29.8	30.2	30.1	29.6	28.9	28.2	27.5	27.0	26.7	26.4	26.2	26.1	26.0	27.2
	RH	80	81	82	82	83	82	80	77	73	70	67	64	63	64	66	68	71	74	75	77	78	78	79	79	75
	I_d	0	0	0	0	0	0	35	95	187	283	347	394	371	287	200	109	37	0	0	0	0	0	0	0	2345
	I_s	0	0	0	0	0	0	78	176	253	302	329	334	329	311	264	188	93	2	0	0	0	0	0	0	2659
	WV	2.6	2.7	2.6	2.6	2.6	2.6	2.6	2.6	2.6	2.7	2.8	2.9	3.1	3.3	3.4	3.5	3.6	3.3	3.1	2.8	2.7	2.7	2.6	2.6	2.9
	DLR	418	417	417	416	416	416	418	421	423	426	430	432	434	434	432	430	427	424	422	421	420	419	419	418	423
十一月标准日	DB	18.7	18.6	18.5	18.4	18.3	18.3	18.5	19.0	19.8	20.8	21.9	22.7	23.1	22.9	22.4	21.6	20.8	20.2	19.8	19.5	19.3	19.1	19.0	18.8	20.0
	RH	77	77	77	78	79	79	78	76	73	69	65	63	61	62	64	68	71	73	75	76	76	76	76	77	73
	I_d	0	0	0	0	0	0	6	50	120	206	274	322	291	200	119	46	0	0	0	0	0	0	0	0	1635
	I_s	0	0	0	0	0	0	25	111	182	224	242	239	234	218	169	95	5	0	0	0	0	0	0	0	1744
	WV	2.9	2.9	2.8	2.8	2.7	2.7	2.6	2.6	2.6	2.7	2.7	2.7	2.7	2.6	2.8	2.9	3.1	3.0	2.9	2.8	2.8	2.9	2.9	2.9	2.8
	DLR	364	363	363	362	362	362	363	365	367	371	374	377	378	378	377	374	372	370	369	368	367	366	365	364	368
夏季TAC	DB_{25}	28.9	28.6	28.4	28.3	28.1	28.3	29.0	30.0	31.0	32.3	33.4	34.1	34.7	34.8	34.5	33.8	32.8	32.1	31.1	30.4	30.1	29.8	29.5	29.2	31.0
	I_{25}	0	0	0	0	0	52	241	439	643	830	940	992	969	863	721	527	316	123	0	0	0	0	0	0	7654
	DB_{50}	28.6	28.2	28.0	27.8	27.8	28.0	28.7	29.7	30.7	31.9	33.0	33.7	34.0	34.1	33.7	33.2	32.3	31.4	30.6	30.0	29.6	29.3	29.1	28.9	30.5
	I_{50}	0	0	0	0	0	47	225	422	626	806	918	958	935	833	686	498	302	117	0	0	0	0	0	0	7372
	RH_s	87	88	89	90	90	89	87	83	78	72	69	67	67	68	69	71	74	76	79	81	83	84	84	86	79
冬季TAC	DB_{975}	6.4	6.3	6.2	6.1	6.1	5.9	5.9	6.2	6.8	7.8	8.4	8.9	9.2	9.2	9.1	8.9	8.2	7.9	7.5	7.3	6.7	6.5	6.6	6.3	7.3
	RH_{975}	43	44	44	45	47	49	48	48	44	38	32	28	28	28	31	35	39	42	43	43	40	40	41	42	40.1
	DB_{990}	7.3	7.1	6.9	6.8	6.8	6.8	6.8	7.3	7.9	8.6	9.2	9.9	10.1	10.2	10.2	9.9	9.6	8.9	8.4	8.2	7.8	7.6	7.6	7.4	8.2
	RH_{990}	49	49	49	49	51	52	52	52	48	42	37	34	32	33	36	41	45	48	49	48	46	47	47	48	45.0

地名	南平	区站号	588340	经度	118E	纬度	26.63N	海拔	128m

	1月	2月	3月	4月	5月	6月	7月	8月	9月	10月	11月	12月	年平均或累计[1]
DB_m	10.1	12.6	15.2	20.0	24.0	26.6	29.2	29.1	27.0	22.0	17.1	11.3	20.3
RH_m	75.0	74.0	74.0	73.0	76.0	80.0	72.0	73.0	73.0	71.0	79.0	75.0	75.0
I_m	263	302	403	476	513	497	631	592	493	410	269	259	5098
HDD_m	246	152	87	0	0	0	0	0	0	0	28	208	721

		1时	2时	3时	4时	5时	6时	7时	8时	9时	10时	11时	12时	13时	14时	15时	16时	17时	18时	19时	20时	21时	22时	23时	24时	平均或累计[2]
一月标准日	DB	8.6	8.4	8.2	8.0	7.8	7.5	7.4	7.7	8.5	9.5	10.7	11.8	12.6	13.2	13.5	13.5	13.0	12.2	11.2	10.4	9.8	9.5	9.3	9.0	10.1
	RH	82	83	84	84	86	87	88	86	81	75	69	64	61	60	59	60	62	65	69	74	77	79	80	81	75
	I_d	0	0	0	0	0	0	0	4	25	68	111	161	173	145	112	60	8	0	0	0	0	0	0	0	865
	I_s	0	0	0	0	0	0	0	39	119	183	221	233	225	201	154	95	25	0	0	0	0	0	0	0	1496
	WV	1.3	1.3	1.3	1.3	1.3	1.3	1.4	1.4	1.5	1.6	1.7	1.8	1.9	2.0	1.9	1.8	1.8	1.7	1.5	1.4	1.4	1.3	1.3	1.3	1.5
	DLR	302	301	301	300	300	299	299	300	300	302	304	306	308	310	311	311	310	309	307	306	305	305	304	304	304
三月标准日	DB	13.5	13.2	12.8	12.6	12.4	12.2	12.3	12.8	13.8	15.0	16.2	17.2	18.0	18.6	18.9	19.0	18.6	17.7	16.7	15.7	15.0	14.6	14.3	14.0	15.2
	RH	82	83	84	85	86	86	86	83	78	72	67	63	60	59	58	59	60	64	68	73	77	78	79	80	74
	I_d	0	0	0	0	0	0	3	17	53	119	181	242	253	221	182	119	48	1	0	0	0	0	0	0	1438
	I_s	0	0	0	0	0	0	0	23	105	196	258	300	291	265	215	152	79	4	0	0	0	0	0	0	2177
	WV	1.3	1.3	1.3	1.3	1.3	1.4	1.4	1.5	1.6	1.7	1.8	1.9	1.9	1.9	1.8	1.7	1.6	1.6	1.5	1.5	1.5	1.4	1.4	1.4	1.5
	DLR	333	331	330	329	328	328	328	329	331	333	336	339	341	343	344	345	344	342	341	339	338	337	335	334	336
五月标准日	DB	22.0	21.6	21.3	21.0	20.9	21.1	21.6	22.3	23.4	24.5	25.6	26.5	27.2	27.6	27.8	27.6	27.0	26.1	25.1	24.1	23.4	23.0	22.8	22.5	24.0
	RH	85	86	88	89	89	88	86	82	77	72	68	64	62	60	60	61	64	68	72	77	80	82	83	83	76
	I_d	0	0	0	0	0	1	16	44	96	165	220	263	266	233	192	132	65	13	0	0	0	0	0	0	1705
	I_s	0	0	0	0	0	0	11	91	182	267	324	367	356	324	269	196	115	37	0	0	0	0	0	0	2896
	WV	1.2	1.2	1.2	1.2	1.3	1.3	1.4	1.5	1.6	1.7	1.8	1.9	2.0	2.1	2.0	1.9	1.8	1.6	1.5	1.3	1.3	1.3	1.2	1.2	1.5
	DLR	394	392	391	390	390	390	392	394	397	400	403	406	408	409	410	409	408	406	403	401	400	398	397	396	399

续表

		1时	2时	3时	4时	5时	6时	7时	8时	9时	10时	11时	12时	13时	14时	15时	16时	17时	18时	19时	20时	21时	22时	23时	24时	平均或合计注2
七月标准日	DB	26.7	26.2	25.8	25.5	25.5	25.9	26.7	27.9	29.2	30.5	31.6	32.5	33.1	33.5	33.7	33.5	32.8	31.6	30.3	29.0	28.2	27.7	27.4	27.1	29.2
	RH	84	86	89	90	90	88	85	79	73	66	61	58	55	53	53	54	56	61	66	72	76	79	80	82	72
	I_d	0	0	0	0	0	1	30	70	151	245	305	360	364	323	278	200	108	32	0	0	0	0	0	0	2465
	I_s	0	0	0	0	0	14	110	210	297	350	382	383	370	343	290	224	147	66	0	0	0	0	0	0	3188
	WV	1.2	1.2	1.2	1.2	1.3	1.3	1.4	1.5	1.8	2.2	2.5	2.5	2.4	2.4	2.3	2.2	2.1	2.0	1.8	1.5	1.5	1.4	1.3	1.3	1.7
	DLR	428	427	425	424	424	426	429	433	437	440	443	445	446	447	447	447	444	441	437	434	431	430	430	429	435
九月标准日	DB	24.9	24.5	24.1	23.9	23.8	23.9	24.3	25.2	26.4	27.7	28.9	29.9	30.6	30.9	31.0	30.8	30.1	29.1	27.9	26.8	26.1	25.7	25.5	25.2	27.0
	RH	84	86	87	88	89	89	86	82	75	69	63	58	56	55	55	56	59	63	68	73	77	79	81	82	73
	I_d	0	0	0	0	0	0	13	38	99	189	260	317	317	267	208	129	49	0	0	0	0	0	0	0	1887
	I_s	0	0	0	0	0	0	65	164	261	322	352	353	339	307	250	174	88	5	0	0	0	0	0	0	2680
	WV	1.3	1.3	1.3	1.3	1.3	1.4	1.5	1.5	1.7	1.8	1.9	2.0	2.0	2.1	2.0	1.9	1.8	1.7	1.5	1.4	1.4	1.3	1.3	1.3	1.6
	DLR	414	413	412	411	411	411	413	415	418	421	423	426	428	429	429	428	427	424	421	419	417	416	415	415	419
十一月标准日	DB	15.6	15.4	15.2	15.1	14.9	14.7	14.8	15.2	16.0	17.1	18.3	19.3	20.0	20.4	20.3	20.0	19.3	18.5	17.7	17.0	16.5	16.2	16.0	15.8	17.1
	RH	87	88	88	88	89	90	89	87	83	77	71	66	64	63	63	65	68	72	76	80	82	84	85	86	79
	I_d	0	0	0	0	0	0	1	10	36	84	123	169	171	131	88	36	3	0	0	0	0	0	0	0	848
	I_s	0	0	0	0	0	0	8	78	162	220	252	254	235	201	147	79	3	0	0	0	0	0	0	0	1640
	WV	1.2	1.3	1.2	1.3	1.3	1.4	1.4	1.4	1.5	1.6	1.7	1.7	1.7	1.7	1.6	1.6	1.5	1.4	1.3	1.2	1.2	1.2	1.2	1.2	1.4
	DLR	351	350	349	348	348	347	348	349	350	352	355	357	359	360	361	360	359	357	356	354	353	352	352	351	353
夏季TAC	DB_{25}	29.2	28.6	28.1	27.7	27.7	27.5	28.8	30.2	31.7	33.2	34.5	35.5	36.5	37.0	37.7	37.9	37.2	35.8	34.0	32.2	31.2	30.5	30.1	29.7	32.2
	I_{25}	0	0	0	0	0	48	210	386	582	746	855	923	916	835	726	559	350	143	0	0	0	0	0	0	7278
	DB_{50}	28.9	28.2	27.7	27.3	27.1	27.4	28.4	29.9	31.4	32.9	34.2	35.2	36.0	36.7	37.2	37.3	36.7	35.3	33.5	32.0	30.8	30.1	29.7	29.4	31.8
	I_{50}	0	0	0	0	0	42	202	371	561	731	837	904	902	818	713	549	342	139	0	0	0	0	0	0	7109
	RH_s	87	89	91	92	92	90	87	81	74	67	61	57	54	52	52	53	56	60	67	74	79	82	84	85	74
冬季TAC	DB_{975}	2.5	2.0	1.6	1.4	1.0	0.7	0.6	1.1	2.4	3.4	4.6	5.2	5.5	5.6	5.6	5.7	5.5	5.2	4.9	4.4	3.6	3.2	3.2	2.9	3.4
	RH_{975}	52	54	54	56	59	60	60	59	53	44	35	30	25	23	21	21	24	29	35	42	45	48	49	50	42.8
	DB_{950}	3.2	2.8	2.4	2.2	2.0	1.6	1.5	2.0	3.0	4.4	5.3	6.0	6.5	6.8	6.8	6.7	6.5	6.3	6.0	5.2	4.4	4.1	3.9	3.6	4.3
	RH_{950}	57	59	60	62	63	65	66	63	57	48	39	33	29	26	24	25	27	32	41	48	51	53	55	56	47.3

地名	福州	区站号	588470	经度	119.28E	纬度	26.08N	海拔	85m

	1月	2月	3月	4月	5月	6月	7月	8月	9月	10月	11月	12月	年平均或累计[注1]
DB_m	11.1	12.2	14.6	19.2	23.2	26.7	29.5	29.1	27.1	22.8	18.5	13.3	20.6
RH_m	72.0	74.0	73.0	73.0	77.0	79.0	72.0	74.0	72.0	66.0	74.0	68.0	73.0
I_m	257	279	400	461	476	477	610	554	463	410	269	261	4904
HDD_m	213	162	107	0	0	0	0	0	0	0	0	146	628

		1时	2时	3时	4时	5时	6时	7时	8时	9时	10时	11时	12时	13时	14时	15时	16时	17时	18时	19时	20时	21时	22时	23时	24时	平均或合计[注2]
一月标准日	DB	10.0	9.8	9.6	9.6	9.5	9.3	9.2	9.2	9.6	10.2	11.2	12.2	13.7	13.9	13.7	13.3	12.7	12.1	11.6	11.2	10.9	10.7	10.4	10.2	11.1
	RH	76	77	77	78	79	80	80	79	78	74	70	67	62	62	63	64	66	68	70	72	73	74	75	76	72
	I_d	0	0	0	0	0	0	0	0	36	75	114	150	147	111	73	34	3	0	0	0	0	0	0	0	753
	I_s	0	0	0	0	0	0	0	0	57	133	194	237	229	204	157	92	17	0	0	0	0	0	0	0	1548
	WV	2.1	2.0	2.0	2.0	1.9	1.9	1.9	1.9	1.9	1.9	2.0	2.1	2.3	2.4	2.5	2.6	2.6	2.5	2.4	2.3	2.2	2.2	2.1	2.1	2.2
	DLR	305	305	304	304	304	304	303	304	306	308	311	314	316	317	316	315	313	312	310	309	308	308	307	306	309
三月标准日	DB	12.9	12.7	12.4	12.2	12.1	12.1	12.3	12.9	13.8	14.9	16.1	17.1	17.8	18.0	17.9	17.4	16.7	15.9	15.1	14.5	14.0	13.7	13.5	13.3	14.6
	RH	79	80	81	81	82	82	81	81	79	75	71	66	63	61	61	62	64	66	69	72	74	75	76	77	73
	I_d	0	0	0	0	0	0	7	28	69	130	183	239	237	187	132	74	26	1	0	0	0	0	0	0	1311
	I_s	0	0	0	0	0	0	17	35	121	207	267	301	307	298	276	228	159	75	1	0	0	0	0	0	2274
	WV	1.9	1.9	1.9	1.8	1.8	1.8	1.8	1.8	1.7	1.8	1.9	2.2	2.3	2.6	2.7	2.8	2.9	2.7	2.5	2.3	2.2	2.1	2.0	2.0	2.2
	DLR	326	325	324	324	323	323	324	324	326	328	332	335	339	341	343	342	340	338	334	332	330	329	327	327	331
五月标准日	DB	21.5	21.2	20.9	20.7	20.7	20.9	21.5	22.2	23.1	24.1	25.1	25.9	26.4	26.5	26.3	25.8	25.1	24.3	23.5	22.9	22.6	22.3	22.1	21.9	23.2
	RH	84	85	86	87	87	86	85	82	78	75	70	68	66	66	66	68	70	72	75	77	79	80	81	82	77
	I_d	0	0	0	0	0	2	20	47	88	139	181	214	210	170	123	74	34	5	0	0	0	0	0	0	1306
	I_s	0	0	0	0	0	17	99	187	273	335	368	376	361	328	275	199	111	28	0	0	0	0	0	0	2958
	WV	1.8	1.9	1.8	1.7	1.6	1.6	1.6	1.6	1.7	1.8	2.0	2.2	2.5	2.8	2.9	3.0	3.1	2.9	2.6	2.3	2.2	2.0	1.8	1.8	2.1
	DLR	389	388	387	386	386	388	390	392	395	399	402	405	407	407	407	404	401	398	395	393	392	391	391	391	395

续表

		1时	2时	3时	4时	5时	6时	7时	8时	9时	10时	11时	12时	13时	14时	15时	16时	17时	18时	19时	20时	21时	22时	23时	24时	平均或合计[注2]
七月标准日	DB	27.6	27.3	26.9	26.7	26.7	27.0	27.7	28.7	29.8	31.0	32.0	32.8	33.2	33.3	33.0	32.4	31.5	30.5	29.6	28.9	28.4	28.1	28.0	27.8	29.5
	RH	80	81	82	83	84	83	80	76	72	67	63	60	58	58	59	61	64	68	71	73	75	76	77	78	72
	I_d	0	0	0	0	0	2	35	79	150	231	293	336	325	266	193	119	58	16	0	0	0	0	0	0	2104
	I_s	0	0	0	0	0	24	126	228	313	367	396	398	384	358	313	242	150	59	0	0	0	0	0	0	3359
	WV	2.1	2.0	2.0	2.0	2.0	1.9	1.9	1.8	2.0	2.3	2.5	2.8	3.1	3.5	3.7	3.9	4.1	3.8	3.5	3.2	2.9	2.7	2.4	2.3	2.7
	DLR	431	430	428	428	428	430	432	436	440	444	447	450	451	451	450	448	445	441	438	435	433	432	432	432	438
九月标准日	DB	25.6	25.4	25.1	24.9	24.9	25.0	25.5	26.1	27.0	28.0	29.0	29.8	30.3	30.3	30.0	29.3	28.5	27.8	27.2	26.8	26.5	26.2	26.0	25.8	27.1
	RH	79	80	81	81	81	81	79	77	73	69	65	62	60	60	61	63	66	69	71	73	74	75	76	77	72
	I_d	0	0	0	0	0	0	20	52	104	166	217	258	251	197	135	74	25	0	0	0	0	0	0	0	1498
	I_s	0	0	0	0	0	0	80	179	269	332	365	369	354	321	261	176	79	1	0	0	0	0	0	0	2788
	WV	2.2	2.1	2.2	2.2	2.2	2.1	2.1	2.0	2.2	2.3	2.4	2.6	2.8	3.0	3.1	3.2	3.3	3.1	2.8	2.6	2.5	2.4	2.3	2.2	2.5
	DLR	415	414	413	412	412	413	414	417	420	423	426	429	430	430	429	427	424	421	419	418	416	416	416	415	420
十一月标准日	DB	17.4	17.2	17.0	16.9	16.7	16.7	16.9	17.4	18.1	19.0	20.0	20.7	21.1	21.1	20.7	20.1	19.5	19.0	18.6	18.3	18.1	17.9	17.7	17.5	18.5
	RH	78	79	79	80	80	80	80	78	75	71	68	65	64	64	65	67	70	72	73	75	76	77	77	78	74
	I_d	0	0	0	0	0	0	3	22	53	92	126	154	146	106	64	24	0	0	0	0	0	0	0	0	789
	I_s	0	0	0	0	0	0	20	99	174	228	257	259	240	202	145	73	1	0	0	0	0	0	0	0	1698
	WV	2.3	2.3	2.3	2.3	2.3	2.2	2.2	2.1	2.2	2.2	2.3	2.3	2.3	2.3	2.4	2.5	2.6	2.5	2.4	2.2	2.2	2.3	2.3	2.3	2.3
	DLR	356	355	354	353	353	353	354	355	357	360	363	365	367	367	366	364	362	360	359	359	358	358	357	356	359
夏季TAC	DB_{25}	29.5	29.1	28.9	28.6	28.5	28.7	29.5	30.8	32.1	33.5	34.7	36.1	37.3	37.4	37.2	36.6	35.4	33.9	32.4	31.4	30.8	30.3	29.9	29.7	32.2
	I_{25}	0	0	0	0	0	63	224	397	582	740	853	919	917	830	670	485	289	107	0	0	0	0	0	0	7073
	DB_{50}	29.2	28.9	28.6	28.4	28.2	28.5	29.3	30.5	31.8	33.1	34.4	35.6	36.6	36.9	36.6	35.9	34.8	33.4	31.9	30.9	30.3	29.9	29.6	29.5	31.8
	I_{50}	0	0	0	0	0	57	216	383	565	720	834	903	894	800	645	467	278	101	0	0	0	0	0	0	6862
	RH_s	81	82	84	85	85	85	82	78	73	68	63	60	59	59	60	62	65	69	72	75	76	78	79	80	73
冬季TAC	DB_{975}	4.9	4.7	4.3	3.9	3.8	3.6	3.8	4.3	5.1	6.1	6.6	6.9	7.0	7.0	6.9	6.8	6.6	6.3	5.9	5.8	5.4	5.2	5.2	5.1	5.5
	RH_{975}	48	48	48	47	48	49	48	48	44	38	34	29	27	27	27	28	31	34	38	40	41	42	44	46	39.7
	DB_{950}	5.5	5.3	5.0	4.8	4.6	4.5	4.6	5.2	5.8	6.6	7.3	7.7	7.9	7.9	7.9	7.6	7.3	7.1	6.8	6.6	6.3	6.0	5.9	5.7	6.2
	RH_{950}	52	54	53	52	54	56	56	54	51	45	38	34	31	31	31	34	37	40	42	44	45	46	50	51	45.0

江西省

地名	南昌	区站号	586060	经度	115.92E	纬度	28.6N	海拔	50m

	1月	2月	3月	4月	5月	6月	7月	8月	9月	10月	11月	12月	年平均或累计[注1]
DB_m	6.3	8.6	12.8	18.8	23.6	26.4	30.1	29.8	25.9	20.7	14.2	8.1	18.8
RH_m	71.0	74.0	76.0	73.0	74.0	79.0	71.0	71.0	71.0	66.0	74.0	68.0	72.0
I_m	270	300	406	498	559	513	651	619	497	433	289	269	5291
HDD_m	363	262	160	0	0	0	0	0	0	0	114	307	1205

		1时	2时	3时	4时	5时	6时	7时	8时	9时	10时	11时	12时	13时	14时	15时	16时	17时	18时	19时	20时	21时	22时	23时	24时	平均或合计[注2]
一月标准日	DB	5.4	5.2	5.0	4.9	4.7	4.4	4.4	4.6	5.2	6.1	7.0	7.8	8.4	8.6	8.7	8.5	8.1	7.6	6.9	6.4	6.1	5.9	5.8	5.6	6.3
	RH	74	74	75	75	76	78	78	78	75	71	67	64	62	61	61	62	64	66	68	71	73	73	74	74	71
	I_d	0	0	0	0	0	0	0	6	39	97	153	201	198	152	112	57	8	0	0	0	0	0	0	0	1023
	I_s	0	0	0	0	0	0	0	32	109	166	198	211	210	194	152	96	27	0	0	0	0	0	0	0	1395
	WV	1.7	1.7	1.7	1.8	1.8	1.7	1.7	1.7	1.8	1.9	2.0	2.0	2.0	2.0	1.9	1.8	1.7	1.7	1.7	1.7	1.7	1.6	1.6	1.7	1.8
	DLR	276	275	275	274	274	273	273	274	276	278	280	281	283	283	283	283	282	281	280	279	279	278	278	277	278
三月标准日	DB	11.5	11.2	11.0	10.8	10.7	10.7	10.8	11.2	11.9	12.8	13.7	14.5	15.0	15.4	15.6	15.5	15.2	14.5	13.8	13.1	12.7	12.4	12.2	12.0	12.8
	RH	82	83	83	84	85	85	85	83	79	75	71	68	66	64	64	64	65	68	71	74	77	78	79	80	76
	I_d	0	0	0	0	0	0	4	27	79	155	217	276	273	221	184	121	49	2	0	0	0	0	0	0	1609
	I_s	0	0	0	0	0	0	18	96	176	229	259	269	270	258	211	152	84	11	0	0	0	0	0	0	2033
	WV	1.7	1.7	1.7	1.7	1.7	1.6	1.7	1.8	1.9	2.0	2.2	2.2	2.2	2.2	2.1	2.0	1.9	1.8	1.7	1.6	1.6	1.7	1.7	1.7	1.8
	DLR	319	319	318	317	317	317	317	319	320	322	324	326	327	328	328	328	327	326	324	323	322	322	322	321	322
五月标准日	DB	22.0	21.7	21.4	21.1	21.1	21.4	21.9	22.6	23.4	24.2	25.0	25.6	26.0	26.4	26.5	26.3	25.9	25.1	24.3	23.6	23.1	22.8	22.6	22.4	23.6
	RH	81	82	84	85	85	84	82	79	75	71	68	66	64	63	63	63	65	67	70	74	76	78	79	80	74
	I_d	0	0	0	0	0	2	37	84	162	243	290	323	312	268	215	145	73	20	0	0	0	0	0	0	2174
	I_s	0	0	0	0	0	13	94	179	253	301	333	346	341	316	271	206	129	53	0	0	0	0	0	0	2835
	WV	1.4	1.4	1.4	1.4	1.5	1.6	1.7	1.9	2.0	2.1	2.2	2.2	2.3	2.3	2.2	2.2	2.1	1.9	1.7	1.6	1.6	1.5	1.5	1.5	1.8
	DLR	390	389	388	387	387	388	390	392	395	397	399	401	402	403	403	402	401	398	396	394	393	393	392	392	395

续表

	1时	2时	3时	4时	5时	6时	7时	8时	9时	10时	11时	12时	13时	14时	15时	16时	17时	18时	19时	20时	21时	22时	23时	24时	平均或合计注2
七月标准日 DB	28.5	28.1	27.7	27.7	27.4	27.7	28.2	29.0	29.8	30.7	31.4	32.0	32.4	32.8	33.0	33.0	32.7	32.0	31.1	30.3	29.7	29.4	29.2	29.0	30.1
RH	78	80	82	83	83	82	79	76	72	68	65	63	62	60	59	59	60	63	66	70	73	74	75	76	71
I_d	0	0	0	0	0	1	46	100	197	293	347	390	386	349	304	226	129	46	0	0	0	0	0	0	2814
I_s	0	0	0	0	0	13	102	194	267	315	348	358	352	326	282	225	157	81	0	0	0	0	0	0	3021
WV	1.5	1.4	1.5	1.5	1.5	1.7	1.9	2.1	2.3	2.6	2.9	2.9	2.9	2.9	2.7	2.6	2.4	2.1	1.9	1.6	1.6	1.5	1.5	1.5	2.0
DLR	437	436	434	433	433	434	436	438	441	443	446	448	449	450	451	450	449	447	444	442	440	439	439	438	441
九月标准日 DB	24.5	24.3	23.7	23.5	23.7	23.8	24.1	24.8	25.6	26.1	27.5	28.2	28.7	28.9	28.9	28.7	28.2	27.1	26.4	25.9	25.2	24.9	24.9	24.1	25.9
RH	78	79	80	81	81	81	80	77	74	70	66	63	61	60	60	60	62	65	68	71	73	75	76	77	71
I_d	0	0	0	0	0	0	18	57	141	239	297	348	338	278	207	123	47	2	0	0	0	0	0	0	2096
I_s	0	0	0	0	0	0	60	152	233	281	315	321	315	294	248	181	97	12	0	0	0	0	0	0	2509
WV	1.7	1.7	1.7	1.7	1.7	1.8	1.9	2.1	2.1	2.2	2.3	2.3	2.4	2.4	2.3	2.2	2.2	2.0	1.9	1.8	1.7	1.7	1.7	1.7	2.0
DLR	406	405	403	402	403	403	405	407	410	412	416	418	419	420	419	418	416	413	410	410	407	406	407	404	410
十一月标准日 DB	13.0	12.8	12.6	12.4	12.3	12.2	12.3	12.7	13.5	14.5	15.6	16.4	16.9	17.1	17.0	16.6	16.0	15.3	14.6	14.0	13.6	13.4	13.2	13.0	14.2
RH	80	81	81	82	82	83	83	81	77	73	68	65	63	62	62	63	66	69	72	75	77	78	79	80	74
I_d	0	0	0	0	0	0	1	20	66	136	192	242	228	166	106	44	1	0	0	0	0	0	0	0	1202
I_s	0	0	0	0	0	0	4	73	147	194	215	214	207	187	144	81	7	0	0	0	0	0	0	0	1474
WV	1.6	1.6	1.6	1.7	1.7	1.7	1.7	1.7	1.8	1.9	2.0	2.0	2.0	2.0	1.9	1.8	1.7	1.7	1.7	1.6	1.6	1.6	1.6	1.6	1.8
DLR	328	327	326	325	325	325	325	327	329	331	334	336	337	337	336	335	334	332	331	330	329	328	328	328	330
夏季 DB_{25}	33.1	32.6	32.2	31.7	31.4	31.3	31.6	32.2	32.6	33.2	33.9	34.3	34.7	34.8	35.1	35.4	35.5	35.2	35.0	34.8	34.4	34.0	33.7	33.4	33.6
I_{25}	0	0	0	0	0	22	185	344	516	660	753	806	811	755	670	541	382	208	30	0	0	0	0	0	6681
DB_{50}	32.4	32.1	31.6	31.2	30.9	30.8	31.1	31.6	32.2	32.8	33.4	33.7	33.8	34.1	34.5	34.9	35.0	34.8	34.4	34.0	33.8	33.4	32.9	32.7	33.0
I_{50}	0	0	0	0	0	18	177	327	494	638	732	787	790	728	648	530	368	199	27	0	0	0	0	0	6461
RH_s	83	85	86	86	87	86	84	83	80	77	75	74	73	71	70	69	68	69	71	74	76	77	79	81	78
冬季 DB_{975}	-0.4	-0.6	-0.9	-1.1	-1.3	-1.4	-1.3	-0.9	-0.3	0.4	0.6	1.1	1.3	1.1	1.1	1.0	1.1	1.0	0.8	0.5	0.0	-0.2	-0.2	-0.2	0.1
RH_{975}	37	37	37	38	41	43	43	42	39	33	27	24	23	22	22	23	25	27	31	33	34	35	37	37	32.8
DB_{950}	0.4	0.3	0.1	0.1	0.1	-0.2	-0.3	-0.1	0.5	1.2	1.9	2.2	2.5	2.6	2.5	2.3	2.2	2.0	1.6	1.2	0.8	0.6	0.7	0.5	1.1
RH_{950}	42	44	44	44	46	48	49	47	43	39	33	29	27	26	25	25	27	30	35	39	39	40	40	41	37.5

地名	景德镇					区站号	585270		经度	117.2E		纬度	29.3N		海拔	60m

	1月	2月	3月	4月	5月	6月	7月	8月	9月	10月	11月	12月	年平均或累计[注1]
DB_m	6.4	8.9	12.9	18.5	23.2	25.9	29.7	29.4	26.0	20.4	14.1	7.7	18.6
RH_m	74.0	75.0	75.0	73.0	75.0	80.0	73.0	73.0	72.0	68.0	77.0	72.0	74.0
I_m	269	304	432	515	565	510	622	605	509	436	290	273	5319
HDD_m	361	255	158	0	0	0	0	0	0	0	118	319	1211

一月标准日	1时	2时	3时	4时	5时	6时	7时	8时	9时	10时	11时	12时	13时	14时	15时	16时	17时	18时	19时	20时	21时	22时	23时	24时	平均或累计[注2]
DB	4.7	4.5	4.4	4.2	3.9	3.6	3.5	3.9	4.7	6.0	7.4	8.6	9.4	9.8	9.9	9.7	9.1	8.3	7.4	6.7	6.1	5.7	5.4	5.1	6.4
RH	81	82	82	82	83	84	85	83	79	74	68	64	60	59	58	59	62	65	69	74	77	79	80	81	74
I_d	0	0	0	0	0	0	0	4	36	104	177	244	239	178	122	57	5	0	0	0	0	0	0	0	1166
I_s	0	0	0	0	0	0	0	32	107	159	182	180	177	168	135	85	20	0	0	0	0	0	0	0	1244
WV	0.9	0.9	1.0	1.0	1.0	1.0	1.0	1.0	1.0	1.1	1.1	1.1	1.1	1.2	1.1	1.1	1.1	1.0	0.9	0.9	0.9	0.9	1.0	1.0	1.0
DLR	278	277	276	275	275	274	274	274	276	280	283	285	286	287	287	286	286	285	284	283	283	282	281	280	281

三月标准日	1时	2时	3时	4时	5时	6时	7时	8时	9时	10时	11时	12时	13时	14时	15时	16时	17时	18时	19时	20时	21时	22时	23时	24时	平均或累计[注2]
DB	10.9	10.6	10.3	10.0	9.7	9.5	9.6	10.3	11.5	13.1	14.6	15.7	16.4	16.7	16.8	16.6	16.1	15.3	14.3	13.3	12.7	12.2	11.8	11.5	12.9
RH	84	85	85	86	87	88	87	84	79	72	67	63	60	59	59	59	61	64	68	73	77	79	81	82	75
I_d	0	0	0	0	0	0	4	23	92	219	324	387	350	253	187	113	44	1	0	0	0	0	0	0	1996
I_s	0	0	0	0	0	0	20	98	180	214	226	227	237	239	201	146	78	6	0	0	0	0	0	0	1872
WV	1.1	1.1	1.2	1.3	1.4	1.4	1.2	1.2	1.3	1.4	1.5	1.5	1.6	1.6	1.6	1.6	1.5	1.4	1.3	1.2	1.2	1.2	1.2	1.2	1.3
DLR	317	316	315	314	313	312	312	314	317	321	325	328	329	330	329	329	328	326	325	324	323	322	321	320	321

五月标准日	1时	2时	3时	4时	5时	6时	7时	8时	9时	10时	11时	12时	13时	14时	15时	16时	17时	18时	19时	20时	21时	22时	23时	24时	平均或累计[注2]
DB	21.0	20.6	20.2	19.9	19.8	20.0	20.5	21.5	22.8	24.1	25.2	26.1	26.6	26.8	26.9	26.7	26.3	25.4	24.4	23.5	22.7	22.2	21.8	21.5	23.2
RH	84	85	87	88	88	87	85	81	76	70	66	63	61	60	60	61	62	65	69	74	78	80	82	83	75
I_d	0	0	0	0	0	2	27	72	170	290	361	388	343	267	205	137	66	15	0	0	0	0	0	0	2342
I_s	0	0	0	0	0	16	99	189	254	282	300	313	323	310	266	200	125	48	0	0	0	0	0	0	2725
WV	1.1	1.1	1.1	1.1	1.1	1.2	1.2	1.2	1.3	1.4	1.5	1.6	1.7	1.7	1.7	1.7	1.6	1.4	1.2	1.0	1.0	1.1	1.1	1.1	1.3
DLR	386	384	382	381	380	381	383	386	390	395	398	401	402	403	402	402	400	398	396	394	392	391	389	388	392

续表

		1时	2时	3时	4时	5时	6时	7时	8时	9时	10时	11时	12时	13时	14时	15时	16时	17时	18时	19时	20时	21时	22时	23时	24时	平均或合计注2
七月标准日	DB	27.6	27.2	26.7	26.5	26.5	26.9	27.7	28.8	29.9	30.9	31.7	32.3	32.6	32.9	33.0	32.8	32.4	31.6	30.6	29.7	29.0	28.6	28.4	28.1	29.7
	RH	82	83	85	86	85	83	80	76	71	67	64	62	61	60	60	60	62	65	69	73	75	77	78	80	73
	I_d	0	0	0	0	0	3	46	104	205	303	346	366	331	268	223	162	90	29	0	0	0	0	0	0	2476
	I_s	0	0	0	0	0	20	110	200	268	308	339	356	365	353	307	238	158	76	0	0	0	0	0	0	3098
	WV	1.2	1.2	1.2	1.3	1.3	1.4	1.4	1.4	1.6	1.8	2.0	2.0	2.0	2.0	1.9	1.9	1.8	1.5	1.3	1.0	1.1	1.1	1.2	1.2	1.5
	DLR	433	431	429	428	428	429	432	436	440	443	446	448	449	450	451	450	448	446	443	440	438	436	436	435	439
九月标准日	DB	23.8	23.4	23.1	22.8	22.7	22.8	23.2	24.2	25.5	27.0	28.3	29.2	29.8	30.0	29.9	29.5	28.9	27.9	26.9	25.9	25.2	24.7	24.4	24.1	26.0
	RH	82	83	84	85	86	85	83	79	74	68	63	60	57	56	56	58	60	64	68	72	76	78	79	80	72
	I_d	0	0	0	0	0	0	16	56	154	285	369	422	379	283	201	118	43	1	0	0	0	0	0	0	2326
	I_s	0	0	0	0	0	0	66	160	237	267	284	286	293	286	241	172	89	7	0	0	0	0	0	0	2389
	WV	1.0	1.1	1.0	1.0	1.1	1.1	1.1	1.2	1.2	1.3	1.4	1.4	1.5	1.6	1.6	1.6	1.6	1.4	1.2	1.0	1.1	1.1	1.1	1.1	1.2
	DLR	404	403	401	400	399	400	402	405	409	414	419	421	423	423	422	421	419	416	413	410	408	407	406	405	410
十一月标准日	DB	12.2	11.9	11.7	11.5	11.3	11.1	11.2	11.8	13.0	14.5	16.0	17.2	18.0	18.2	18.0	17.4	16.6	15.6	14.7	13.9	13.4	13.0	12.7	12.4	14.1
	RH	86	87	87	87	88	88	88	85	80	74	68	64	61	59	60	62	65	69	74	78	81	83	84	85	77
	I_d	0	0	0	0	0	0	0	15	60	147	232	288	260	173	100	35	0	1	0	0	0	0	0	0	1311
	I_s	0	0	0	0	0	0	5	73	149	190	200	191	185	173	132	71	3	7	0	0	0	0	0	0	1374
	WV	1.1	1.1	1.0	1.1	1.1	1.1	1.1	1.1	1.2	1.2	1.3	1.3	1.3	1.3	1.3	1.2	1.1	1.1	1.0	1.0	1.0	1.0	1.0	1.1	1.1
	DLR	328	326	325	324	323	322	323	325	328	332	337	340	341	341	340	338	336	335	333	332	331	330	329	328	331
夏季TAC	DB_{25}	31.6	31.0	30.8	30.5	30.4	30.4	30.8	32.0	33.3	34.8	36.1	37.0	37.7	37.9	37.9	38.0	37.3	36.2	34.8	33.5	32.8	32.5	32.2	32.0	33.8
	I_{25}	0	0	0	0	0	63	246	438	663	847	948	1019	968	864	732	563	355	156	0	0	0	0	0	0	7860
	DB_{50}	30.8	30.3	29.9	29.6	29.5	29.8	30.5	31.7	33.0	34.4	35.6	36.6	37.0	37.2	37.3	37.1	36.6	35.5	34.2	33.1	32.4	31.9	31.5	31.2	33.2
	I_{50}	0	0	0	0	0	57	235	422	640	822	927	977	940	839	712	547	342	149	0	0	0	0	0	0	7609
	RH_s	85	87	88	89	89	87	84	79	72	67	63	60	59	58	58	58	60	64	69	74	77	80	82	83	74
冬季TAC	DB_{975}	-1.3	-1.6	-1.9	-2.0	-2.3	-2.5	-2.7	-2.0	-0.9	0.6	1.1	1.8	2.1	2.0	1.9	1.9	1.5	1.5	1.1	0.7	-0.1	-0.3	-0.5	-0.8	-0.1
	RH_{975}	48	48	47	48	50	51	52	51	47	39	31	25	21	18	17	17	20	24	31	37	41	44	46	46	37.4
	DB_{950}	0.0	-0.3	-0.6	-1.0	-1.4	-1.6	-1.7	-0.9	0.3	1.4	2.5	3.0	3.4	3.3	3.2	3.2	3.0	2.7	2.3	1.5	1.0	0.7	0.5	0.3	1.0
	RH_{950}	52	54	53	53	56	59	59	57	51	42	35	28	24	22	20	20	23	28	35	42	47	49	52	52	42.2

地名	赣州	区站号	579930	经度	115E	纬度	25.87N	海拔	138m

	1月	2月	3月	4月	5月	6月	7月	8月	9月	10月	11月	12月	年平均或累计[注1]
DB_m	8.6	11.7	15.0	20.6	24.9	27.6	30.1	29.3	26.9	21.9	16.0	10.0	20.2
RH_m	75.0	75.0	78.0	74.0	76.0	76.0	67.0	70.0	72.0	69.0	77.0	74.0	74.0
I_m	273	309	391	487	542	549	681	621	508	440	294	273	5356
HDD_m	293	176	94	0	0	0	0	0	0	0	59	248	869

		1时	2时	3时	4时	5时	6时	7时	8时	9时	10时	11时	12时	13时	14时	15时	16时	17时	18时	19时	20时	21时	22时	23时	24时	平均或合计[注2]
一月标准日	DB	7.3	7.0	6.8	6.6	6.4	6.1	5.9	6.2	6.8	7.9	9.0	10.1	10.9	11.4	11.7	11.7	11.3	10.7	9.9	9.2	8.6	8.3	8.0	7.7	8.6
	RH	81	83	84	84	85	87	87	86	82	76	71	67	64	62	62	62	63	66	69	73	75	77	79	80	75
	I_d	0	0	0	0	0	0	0	2	24	78	137	201	207	161	121	67	15	0	0	0	0	0	0	0	1013
	I_s	0	0	0	0	0	0	0	27	107	168	204	213	211	200	160	105	39	0	0	0	0	0	0	0	1433
	WV	1.2	1.2	1.2	1.2	1.3	1.3	1.3	1.3	1.4	1.4	1.5	1.6	1.7	1.8	1.8	1.7	1.7	1.6	1.5	1.4	1.4	1.3	1.2	1.2	1.4
	DLR	294	293	292	292	291	290	290	290	291	293	295	298	300	301	302	302	301	300	298	297	297	296	295	295	296
三月标准日	DB	13.6	13.3	13.1	12.8	12.6	12.4	12.3	12.7	13.5	14.5	15.6	16.5	17.2	17.7	18.0	18.1	17.8	17.2	16.4	15.6	15.1	14.7	14.4	14.1	15.0
	RH	84	86	86	87	88	88	89	87	83	78	73	70	67	65	65	64	66	68	71	75	78	80	82	83	78
	I_d	0	0	0	0	0	0	1	10	50	132	197	252	248	201	166	112	49	4	0	0	0	0	0	0	1424
	I_s	0	0	0	0	0	0	10	83	171	226	262	281	284	270	224	162	91	15	0	0	0	0	0	0	2079
	WV	1.3	1.2	1.2	1.3	1.3	1.3	1.3	1.3	1.4	1.6	1.7	1.8	1.9	2.0	1.9	1.9	1.8	1.7	1.5	1.3	1.3	1.3	1.3	1.3	1.5
	DLR	336	335	334	332	331	331	331	332	334	336	339	341	343	344	345	345	345	344	342	341	340	340	339	338	338
五月标准日	DB	23.0	22.7	22.3	22.1	22.0	22.1	22.4	23.2	24.1	25.2	26.3	27.1	27.7	28.0	28.1	28.0	27.6	27.0	26.2	25.4	24.8	24.3	23.9	23.5	24.9
	RH	84	86	87	88	88	88	86	83	79	74	69	66	64	63	62	63	65	67	70	74	77	80	81	83	76
	I_d	0	0	0	0	0	0	17	45	109	198	268	318	305	250	199	133	67	18	0	0	0	0	0	0	1926
	I_s	0	0	0	0	0	4	80	174	265	322	353	362	357	333	281	212	132	53	0	0	0	0	0	0	2928
	WV	1.3	1.3	1.3	1.3	1.3	1.3	1.3	1.4	1.6	1.8	2.0	2.1	2.1	2.2	2.1	2.1	2.0	1.8	1.6	1.4	1.4	1.3	1.3	1.3	1.6
	DLR	401	399	398	397	397	397	398	401	404	407	410	413	414	415	416	416	415	414	412	410	408	407	405	404	406

续表

		1时	2时	3时	4时	5时	6时	7时	8时	9时	10时	11时	12时	13时	14时	15时	16时	17时	18时	19时	20时	21时	22时	23时	24时	平均或合计注2
七月标准日	DB	28.0	27.6	27.1	26.8	26.8	27.1	27.7	28.5	29.6	30.6	31.6	32.4	33.1	33.7	34.0	33.9	33.4	32.5	31.5	30.5	29.7	29.1	28.7	28.4	30.1
	RH	76	78	80	81	81	80	78	74	69	64	60	57	54	52	51	51	53	56	60	64	68	71	72	74	67
	I_d	0	0	0	0	0	0	38	89	191	300	365	437	450	404	338	240	130	46	0	0	0	0	0	0	3029
	I_s	0	0	0	0	0	4	98	197	275	323	358	359	349	331	292	235	165	83	0	0	0	0	0	0	3069
	WV	1.5	1.4	1.4	1.4	1.4	1.5	1.6	1.7	2.0	2.3	2.7	2.7	2.7	2.8	2.7	2.6	2.5	2.2	1.9	1.7	1.6	1.6	1.5	1.5	2.0
	DLR	430	429	427	426	426	427	429	432	435	438	441	444	446	447	448	447	446	443	440	437	435	433	432	431	436
九月标准日	DB	25.1	24.7	24.2	23.9	24.0	24.0	24.3	25.0	26.0	27.2	28.4	29.4	30.0	30.4	30.5	30.3	29.8	28.7	28.0	27.2	26.5	26.0	25.7	25.3	26.9
	RH	81	82	84	85	86	86	84	81	76	70	65	61	58	56	56	57	59	62	66	70	72	75	77	79	72
	I_d	0	0	0	0	0	0	9	35	106	214	300	379	374	297	226	140	57	3	0	0	0	0	0	0	2141
	I_s	0	0	0	0	0	0	51	148	242	296	323	321	316	304	257	188	104	16	0	0	0	0	0	0	2564
	WV	1.2	1.2	1.2	1.2	1.3	1.2	1.4	1.4	1.6	1.8	1.9	2.0	2.1	2.2	2.2	2.2	2.2	2.0	1.7	1.5	1.4	1.3	1.3	1.3	1.6
	DLR	413	412	410	409	410	410	410	412	415	418	422	424	426	427	427	426	425	421	419	418	415	414	414	413	417
十一月标准日	DB	14.6	14.3	14.1	13.8	13.6	13.3	13.3	13.7	14.6	15.8	17.0	18.1	18.9	19.4	19.5	19.3	18.8	18.0	17.2	16.4	15.9	15.4	15.1	14.8	16.0
	RH	85	86	87	88	89	90	90	88	83	77	71	67	64	63	62	63	65	68	72	76	79	80	82	84	77
	I_d	0	0	0	0	0	0	0	8	40	113	181	242	235	173	115	52	4	0	0	0	0	0	0	0	1163
	I_s	0	0	0	0	0	0	2	64	150	204	229	227	218	200	154	92	18	0	0	0	0	0	0	0	1559
	WV	1.1	1.1	1.2	1.2	1.2	1.2	1.2	1.2	1.3	1.4	1.5	1.6	1.6	1.7	1.7	1.7	1.7	1.5	1.4	1.2	1.2	1.2	1.1	1.1	1.3
	DLR	342	341	341	340	339	338	338	339	341	343	347	350	352	353	354	353	352	350	348	347	346	344	344	343	345
夏季TAC	DB_{25}	30.9	30.3	29.8	29.6	29.5	29.6	30.0	30.9	31.9	33.1	34.5	35.6	36.5	37.1	37.6	37.7	37.4	36.4	35.0	33.8	33.0	32.3	31.9	31.5	33.2
	I_{25}	0	0	0	0	0	27	204	384	589	773	909	993	988	902	792	620	396	180	0	0	0	0	0	0	7756
	DB_{50}	30.4	29.9	29.5	29.3	29.1	29.2	29.7	30.5	31.5	32.8	34.0	35.1	36.0	36.5	37.0	37.3	36.8	35.8	34.6	33.4	32.6	32.0	31.5	31.0	32.7
	I_{50}	0	0	0	0	0	24	196	369	573	758	883	967	963	885	776	603	383	174	0	0	0	0	0	0	7553
	RH_s	79	81	83	85	85	84	81	77	71	66	61	57	55	53	52	52	54	57	62	67	71	74	76	78	69
冬季TAC	DB_{975}	1.4	1.1	0.9	0.6	0.2	-0.2	-0.5	-0.1	1.0	1.9	2.3	2.5	2.8	2.9	2.7	2.6	2.7	2.6	2.5	2.2	2.0	1.8	1.7	1.5	1.6
	RH_{975}	52	53	54	55	57	59	60	58	53	42	34	28	25	23	21	21	23	27	32	37	40	44	48	50	41.4
	DB_{950}	2.1	1.8	1.5	1.1	1.0	0.6	0.2	0.8	1.6	2.7	3.2	3.4	3.6	3.8	3.8	3.7	3.6	3.5	3.4	3.2	2.9	2.7	2.6	2.4	2.5
	RH_{950}	58	58	59	60	63	66	66	64	58	47	38	32	28	26	25	24	26	31	37	43	46	49	52	55	46.2

山东省

地名	济南	区站号	548230	经度	117.05E	纬度	36.6N	海拔	169m

	1月	2月	3月	4月	5月	6月	7月	8月	9月	10月	11月	12月	年平均或累计注1
DB_m	-0.3	3.1	9.7	16.2	22.4	26.4	27.8	26.0	21.9	16.5	8.2	1.7	15.0
RH_m	49.0	49.0	41.0	47.0	48.0	53.0	69.0	75.0	66.0	54.0	57.0	49.0	55.0
I_m	262	310	489	563	661	651	562	487	431	385	255	238	5287
HDD_m	566	417	259	53	0	0	0	0	0	48	294	505	2141

		1时	2时	3时	4时	5时	6时	7时	8时	9时	10时	11时	12时	13时	14时	15时	16时	17时	18时	19时	20时	21时	22时	23时	24时	平均或合计注2
一月标准日	DB	-1.8	-1.9	-1.9	-2.0	-2.3	-2.7	-2.9	-2.9	-2.4	-1.3	0.3	2.9	3.4	3.3	2.9	2.3	1.6	0.8	0.0	-0.6	-1.0	-1.3	-1.4	-1.6	-0.3
	RH	54	54	54	54	55	56	57	55	51	46	43	40	39	39	39	41	43	45	48	50	52	53	53	54	49
	I_d	0	0	0	0	0	0	0	8	68	151	217	259	227	152	98	43	1	0	0	0	0	0	0	0	1225
	I_s	0	0	0	0	0	0	0	27	91	131	155	164	172	166	130	74	8	0	0	0	0	0	0	0	1118
	WV	2.2	2.2	2.3	2.3	2.3	2.3	2.3	2.2	2.4	2.5	2.6	2.7	2.7	2.8	2.6	2.5	2.4	2.3	2.3	2.2	2.2	2.2	2.2	2.2	2.4
	DLR	221	220	220	220	219	218	218	219	221	224	228	230	231	231	229	228	227	225	224	223	223	222	222	221	223
三月标准日	DB	7.6	7.3	7.0	6.7	6.5	6.6	6.9	7.8	9.0	10.5	11.8	12.8	13.3	13.6	13.5	13.2	12.5	11.5	10.4	9.5	8.9	8.5	8.3	8.1	9.7
	RH	46	47	48	49	50	50	50	48	44	39	36	33	32	31	31	31	33	35	38	41	44	45	45	46	41
	I_d	0	0	0	0	0	0	18	79	175	281	347	393	360	277	219	142	59	2	0	0	0	0	0	0	2353
	I_s	0	0	0	0	0	0	34	110	175	216	244	252	262	260	219	160	90	10	0	0	0	0	0	0	2032
	WV	2.9	2.9	2.9	2.9	2.9	2.9	2.9	2.9	3.1	3.3	3.6	3.7	3.7	3.8	3.7	3.5	3.4	3.2	3.1	2.9	2.9	2.9	2.8	2.9	3.1
	DLR	264	263	263	262	262	262	264	266	269	272	275	277	278	278	278	277	275	272	270	269	268	268	267	266	269
五月标准日	DB	20.1	19.7	19.1	18.8	18.8	19.3	20.3	21.5	22.8	24.0	25.0	25.7	26.2	26.5	26.5	26.1	25.3	24.3	23.1	22.1	21.4	20.9	20.7	20.6	22.4
	RH	55	56	57	58	58	57	55	51	47	44	41	39	37	37	37	39	41	43	47	50	52	53	54	54	48
	I_d	0	0	0	0	0	20	97	171	278	363	397	416	387	319	253	169	87	33	1	0	0	0	0	0	2991
	I_s	0	0	0	0	0	49	122	196	249	286	318	330	333	320	281	224	152	74	1	0	0	0	0	0	2935
	WV	2.8	2.8	2.8	2.8	2.8	2.8	2.8	2.8	3.0	3.2	3.4	3.5	3.6	3.6	3.6	3.5	3.4	3.2	3.0	2.8	2.8	2.8	2.8	2.8	3.1
	DLR	349	347	345	343	344	346	350	354	358	361	364	366	367	368	369	368	366	363	359	356	354	353	352	351	356

续表

		1时	2时	3时	4时	5时	6时	7时	8时	9时	10时	11时	12时	13时	14时	15时	16时	17时	18时	19时	20时	21时	22时	23时	24时	平均或合计注2
七月标准日	DB	25.8	25.4	25.0	24.6	24.7	25.1	25.9	26.9	28.0	29.0	29.8	30.4	30.9	31.1	31.1	30.8	30.2	29.4	28.5	27.7	27.0	26.6	26.3	26.1	27.8
	RH	76	77	79	80	81	80	77	74	69	66	62	60	58	57	57	58	60	63	66	69	72	74	75	75	69
	I_d	0	0	0	0	0	6	42	78	138	192	213	234	226	192	157	110	63	27	1	0	0	0	0	0	1680
	I_s	0	0	0	0	0	37	120	206	283	339	381	400	393	364	317	249	167	88	10	0	0	0	0	0	3352
	WV	2.4	2.4	2.3	2.2	2.2	2.2	2.2	2.2	2.3	2.4	2.6	2.6	2.6	2.6	2.6	2.6	2.6	2.5	2.4	2.3	2.3	2.3	2.3	2.3	2.4
	DLR	413	412	410	409	409	412	415	419	423	426	429	430	432	432	432	431	429	426	423	420	418	417	416	415	421
九月标准日	DB	19.8	19.5	19.1	18.9	18.9	19.1	19.8	20.8	22.1	23.3	24.4	25.1	25.6	25.7	25.6	25.2	24.4	23.4	22.2	21.1	20.4	20.1	20.0	19.9	21.9
	RH	74	75	76	77	77	77	75	71	67	62	58	55	53	52	52	52	55	58	63	68	71	72	72	72	66
	I_d	0	0	0	0	0	0	21	62	128	200	239	258	232	181	137	85	32	1	0	0	0	0	0	0	1577
	I_s	0	0	0	0	0	0	63	144	219	270	303	317	314	288	236	165	84	8	0	0	0	0	0	0	2414
	WV	2.0	2.0	2.0	2.0	2.0	1.9	1.8	1.7	2.0	2.2	2.5	2.5	2.5	2.5	2.5	2.4	2.4	2.3	2.3	2.2	2.2	2.1	2.0	2.0	2.2
	DLR	367	366	365	364	364	366	369	372	376	380	383	385	385	385	384	382	379	376	374	371	370	368	368	367	374
十一月标准日	DB	6.8	6.6	6.5	6.3	6.1	6.0	6.2	6.8	7.9	9.2	10.5	11.4	11.8	11.6	11.1	10.3	9.5	8.7	8.0	7.5	7.2	7.1	7.0	6.8	8.2
	RH	62	62	63	63	63	64	63	61	57	52	49	46	45	45	47	49	52	55	57	59	60	61	61	61	57
	I_d	0	0	0	0	0	0	0	27	84	155	206	230	194	127	74	25	0	0	0	0	0	0	0	0	1123
	I_s	0	0	0	0	0	0	2	62	123	162	181	186	184	165	118	56	0	0	0	0	0	0	0	0	1239
	WV	2.5	2.5	2.4	2.4	2.4	2.3	2.3	2.2	2.4	2.5	2.7	2.8	2.8	2.9	2.8	2.6	2.5	2.5	2.5	2.5	2.5	2.5	2.5	2.5	2.5
	DLR	274	273	273	272	271	271	271	273	275	278	281	283	284	283	282	280	279	278	277	276	275	274	274	273	276
夏季 T A C	DB_{25}	30.5	30.1	29.9	29.7	29.3	29.6	30.1	31.1	32.3	33.5	34.4	35.2	35.9	36.4	36.4	36.2	35.5	34.3	33.2	32.2	31.6	31.4	31.1	30.8	32.5
	I_{25}	0	0	0	0	0	118	304	490	670	811	884	926	906	824	724	563	374	192	35	0	0	0	0	0	7821
	DB_{50}	29.9	29.4	29.1	28.9	28.6	28.8	29.4	30.6	31.8	32.9	33.7	34.5	35.2	35.6	35.8	35.7	34.8	33.7	32.5	31.5	30.9	30.6	30.3	30.1	31.8
	I_{50}	0	0	0	0	0	111	288	464	643	776	856	900	874	796	691	547	359	185	31	0	0	0	0	0	7521
	RH_s	75	77	78	80	80	78	75	71	66	62	58	55	53	52	52	52	55	58	63	67	70	72	73	74	66
冬季 T A C	DB_{975}	-8.6	-8.7	-9.0	-9.2	-9.6	-9.7	-9.9	-9.2	-7.8	-6.2	-4.8	-3.9	-3.3	-3.5	-3.7	-4.4	-5.1	-5.8	-6.6	-7.1	-7.5	-7.9	-8.0	-8.3	-7.0
	RH_{975}	20	21	20	20	21	22	22	21	19	16	14	13	12	13	13	14	14	15	17	19	18	19	20	20	17.7
	DB_{950}	-7.8	-7.8	-8.0	-8.1	-8.3	-8.7	-8.8	-8.3	-6.8	-4.9	-3.6	-2.7	-2.2	-2.3	-2.7	-3.0	-3.7	-4.2	-5.1	-5.8	-6.6	-6.9	-7.2	-7.4	-5.9
	RH_{950}	23	24	23	23	24	25	26	24	22	18	16	14	14	14	14	15	16	18	19	21	21	22	23	23	20.1

地名	潍坊	区站号	548430	经度	119.18E	纬度	36.77N	海拔	22m

	1月	2月	3月	4月	5月	6月	7月	8月	9月	10月	11月	12月	年平均或累计[注1]
DB_m	-1.7	1.3	7.5	14.3	20.8	24.6	27.2	26.4	21.7	15.4	7.4	0.5	13.8
RH_m	60.0	59.0	51.0	53.0	56.0	63.0	74.0	76.0	70.0	64.0	64.0	59.0	62.0
I_m	243	288	468	546	625	604	525	471	424	367	245	217	5015
HDD_m	612	469	324	110	0	0	0	0	0	80	319	541	2456

标准日	项目	1时	2时	3时	4时	5时	6时	7时	8时	9时	10时	11时	12时	13时	14时	15时	16时	17时	18时	19时	20时	21时	22时	23时	24时	平均或累计[注2]
一月标准日	DB	-3.9	-4.0	-4.1	-4.2	-4.5	-4.5	-4.9	-5.1	-4.5	-3.1	-1.2	0.7	2.0	2.6	2.3	1.8	1.0	0.0	-1.1	-1.9	-2.5	-2.9	-3.2	-3.6	-1.7
	RH	68	68	68	68	70	70	71	72	70	65	58	52	47	44	44	46	49	53	57	60	63	65	66	67	60
	I_d	0	0	0	0	0	0	0	6	45	118	188	228	196	128	77	29	0	0	0	0	0	0	0	0	1015
	I_s	0	0	0	0	0	0	0	31	102	146	166	173	179	168	126	66	2	0	0	0	0	0	0	0	1159
	WV	1.5	1.5	1.6	1.6	1.7	1.7	1.7	1.8	1.8	2.1	2.4	2.7	2.8	2.9	2.6	2.4	2.1	1.9	1.8	1.6	1.6	1.5	1.5	1.5	2.0
	DLR	222	221	221	221	221	220	219	219	220	223	227	231	233	233	232	231	230	229	227	226	225	224	224	223	226
三月标准日	DB	4.7	4.3	3.8	3.5	3.3	3.3	3.5	4.1	5.3	7.0	8.9	10.5	11.6	12.3	12.5	12.4	12.0	11.2	10.1	8.7	7.5	6.6	6.0	5.6	7.5
	RH	61	62	63	65	66	67	67	65	61	53	46	40	36	34	33	34	37	41	45	50	54	56	58	59	51
	I_d	0	0	0	0	0	0	16	61	153	267	344	380	334	245	180	109	39	3	0	0	0	0	0	0	2131
	I_s	0	0	0	0	0	0	43	123	192	226	245	254	265	260	218	154	77	2	0	0	0	0	0	0	2060
	WV	1.8	1.7	1.8	1.8	1.9	1.9	2.0	2.1	2.2	2.6	3.0	3.4	3.5	3.6	3.7	3.5	3.4	3.3	2.9	2.5	2.1	2.0	1.9	1.8	2.5
	DLR	261	260	259	258	258	258	260	262	265	268	270	273	274	275	274	274	273	271	269	267	266	265	264	263	267
五月标准日	DB	17.6	17.0	16.2	15.7	15.8	16.6	18.0	19.8	21.5	23.0	24.1	24.9	25.4	25.7	25.7	25.4	24.6	23.5	22.1	20.7	19.6	18.8	18.4	18.1	20.8
	RH	66	68	70	73	73	71	67	61	55	50	46	43	41	40	39	40	42	45	50	55	59	62	63	64	56
	I_d	0	0	0	0	0	14	75	151	261	338	347	344	305	247	202	139	71	21	0	0	0	0	0	0	2516
	I_s	0	0	0	0	0	56	136	210	261	301	342	361	340	288	221	143	63	0	0	0	0	0	0	0	3083
	WV	1.6	1.5	1.5	1.5	1.5	1.5	1.8	2.1	2.4	2.6	2.9	3.1	3.2	3.4	3.4	3.4	3.3	2.9	2.5	2.1	2.0	1.9	1.8	1.7	2.4
	DLR	344	342	340	338	339	343	348	354	360	363	365	366	366	367	366	365	363	360	357	353	350	348	347	346	354

续表

		1时	2时	3时	4时	5时	6时	7时	8时	9时	10时	11时	12时	13时	14时	15时	16时	17时	18时	19时	20时	21时	22时	23时	24时	平均或合计[注2]
七月标准日	DB	24.9	24.5	24.1	23.8	23.8	24.3	25.1	26.2	27.4	28.6	29.5	30.2	30.7	30.9	30.8	30.5	29.9	29.1	28.2	27.3	26.5	26.0	25.6	25.3	27.2
	RH	83	85	86	88	88	87	84	80	75	70	66	63	61	60	60	61	63	66	69	73	77	79	81	82	74
	I_d	0	0	0	0	0	5	29	60	112	160	180	195	178	142	115	81	45	18	0	0	0	0	0	0	1319
	I_s	0	0	0	0	0	42	125	212	294	354	394	412	404	369	313	236	151	74	2	0	0	0	0	0	3383
	WV	1.6	1.5	1.5	1.4	1.4	1.6	1.8	1.9	2.1	2.3	2.4	2.5	2.6	2.7	2.7	2.7	2.6	2.5	2.3	2.1	2.0	1.8	1.7	1.6	2.0
	DLR	414	412	411	410	410	412	416	420	425	428	431	433	434	434	434	432	430	428	425	422	420	418	416	416	422
九月标准日	DB	19.1	18.8	18.3	18.0	18.0	18.4	19.2	20.5	22.0	23.5	24.7	25.5	26.0	26.1	26.0	25.5	24.8	23.7	22.5	21.4	20.5	19.9	19.6	19.3	21.7
	RH	82	83	84	85	86	86	83	78	71	63	57	53	51	51	51	53	56	60	65	71	75	77	79	80	70
	I_d	0	0	0	0	0	0	16	50	117	195	235	249	214	158	113	65	21	0	0	0	0	0	0	0	1434
	I_s	0	0	0	0	0	1	74	159	237	285	315	327	325	296	237	160	74	4	0	0	0	0	0	0	2494
	WV	1.1	1.0	1.1	1.1	1.1	1.3	1.5	1.6	1.9	2.1	2.3	2.3	2.4	2.4	2.4	2.3	2.3	2.0	1.7	1.5	1.4	1.3	1.3	1.2	1.7
	DLR	371	369	367	366	366	369	372	377	381	383	385	386	387	387	386	385	384	381	379	376	374	372	371	370	377
十一月标准日	DB	5.4	5.1	4.9	4.6	4.3	4.1	4.4	5.3	6.8	8.6	10.3	11.4	11.8	11.6	11.1	10.4	9.5	8.6	7.7	6.9	6.4	6.0	5.7	5.5	7.4
	RH	73	74	74	75	76	77	77	74	67	59	53	49	47	47	48	51	54	58	62	66	68	70	71	72	64
	I_d	0	0	0	0	0	0	0	16	64	140	197	216	172	105	56	14	0	0	0	0	0	0	0	0	981
	I_s	0	0	0	0	0	1	4	71	139	176	190	194	191	166	114	47	0	0	0	0	0	0	0	0	1291
	WV	1.5	1.5	1.5	1.5	1.6	1.6	1.7	1.7	2.1	2.5	2.8	2.8	2.9	2.9	2.6	2.2	1.9	1.8	1.7	1.6	1.6	1.5	1.5	1.5	1.9
	DLR	276	275	274	273	272	272	273	276	279	283	286	288	288	287	286	284	283	281	280	279	278	277	276	275	279
夏季TAC	DB_{25}	29.0	28.7	28.3	27.9	27.8	28.1	29.2	30.5	31.9	33.4	34.5	35.3	35.8	36.1	36.3	36.1	35.5	34.5	33.2	32.1	31.1	30.4	29.8	29.4	31.9
	I_{25}	0	0	0	0	0	115	311	512	700	830	868	884	840	754	650	501	322	155	13	0	0	0	0	0	7454
	DB_{50}	28.2	27.9	27.6	27.4	27.2	27.4	28.1	29.6	31.2	32.6	33.6	34.5	35.1	35.4	35.5	35.3	34.6	33.7	32.3	31.1	30.3	29.6	29.0	28.6	31.1
	I_{50}	0	0	0	0	0	106	285	472	657	785	844	860	819	725	626	482	308	150	11	0	0	0	0	0	7129
	RH_s	84	86	87	88	88	87	84	79	74	68	63	59	57	55	55	56	58	62	67	72	77	79	81	82	73
冬季TAC	DB_{975}	-10.4	-10.2	-10.3	-10.3	-10.6	-11.0	-11.0	-10.2	-8.4	-6.7	-5.2	-4.7	-4.4	-4.5	-4.6	-5.1	-5.6	-6.1	-7.0	-7.9	-8.8	-9.4	-9.8	-10.0	-8.0
	RH_{975}	32	33	33	32	34	36	36	35	30	23	18	15	15	15	15	15	16	19	23	27	28	29	31	31	25.7
	DB_{950}	-8.9	-8.7	-8.9	-9.3	-9.3	-9.7	-9.7	-9.0	-7.4	-5.4	-4.1	-3.2	-3.0	-3.1	-3.5	-4.0	-4.5	-5.1	-5.8	-6.6	-7.5	-8.0	-8.4	-8.7	-6.7
	RH_{950}	36	37	36	37	39	40	40	38	33	27	21	18	16	16	16	17	20	23	27	30	32	33	34	35	29.1

地名	青岛	区站号	548570	经度	120.33E	纬度	36.07N	海拔	77m

	1月	2月	3月	4月	5月	6月	7月	8月	9月	10月	11月	12月	年平均或累计[注1]
DB_m	-0.1	1.8	6.3	11.9	17.5	20.9	24.9	26.1	22.2	16.8	9.4	2.4	13.3
RH_m	62.0	64.0	61.0	64.0	68.0	80.0	86.0	80.0	71.0	63.0	62.0	59.0	68.0
I_m	285	324	505	581	654	573	522	551	495	433	298	260	5472
HDD_m	561	453	363	183	14	0	0	0	0	38	259	485	2357

	1时	2时	3时	4时	5时	6时	7时	8时	9时	10时	11时	12时	13时	14时	15时	16时	17时	18时	19时	20时	21时	22时	23时	24时	平均或合计[注2]
一月标准日 DB	-1.0	-1.1	-1.2	-1.4	-1.6	-1.8	-1.8	-1.6	-1.0	-0.2	0.7	1.5	2.0	2.1	1.9	1.5	1.1	0.7	0.3	0.1	-0.1	-0.3	-0.6	-0.8	-0.1
RH	66	67	67	68	69	69	69	69	66	63	59	55	52	51	51	53	56	58	59	61	62	63	64	65	62
I_d	0	0	0	0	0	0	0	18	86	168	233	292	283	214	144	56	0	0	0	0	0	0	0	0	1493
I_s	0	0	0	0	0	0	0	43	104	142	161	158	151	140	105	59	1	0	0	0	0	0	0	0	1063
WV	3.5	3.5	3.5	3.5	3.6	3.6	3.6	3.5	3.7	3.9	4.0	4.1	4.2	4.4	4.3	4.2	4.2	4.1	4.0	4.0	3.9	3.7	3.6	3.6	3.8
DLR	236	235	235	235	234	234	234	234	236	237	238	239	239	238	238	237	237	237	237	237	237	237	236	236	236
三月标准日 DB	4.9	4.7	4.5	4.4	4.3	4.4	4.7	5.2	6.0	7.0	7.9	8.7	9.1	9.1	8.8	8.3	7.6	7.0	6.4	6.0	5.7	5.5	5.3	5.2	6.3
RH	68	69	69	70	71	71	71	68	64	59	54	51	49	49	49	51	53	55	58	61	63	65	66	67	61
I_d	0	0	0	0	0	0	31	93	200	318	391	458	436	337	245	140	49	0	0	0	0	0	0	0	2698
I_s	0	0	0	0	0	0	48	123	180	209	226	221	218	216	185	136	67	0	0	0	0	0	0	0	1828
WV	3.4	3.4	3.4	3.4	3.4	3.5	3.6	3.6	3.8	4.0	4.2	4.4	4.5	4.7	4.7	4.6	4.6	4.4	4.1	3.9	3.7	3.6	3.4	3.4	3.9
DLR	268	268	268	267	268	268	269	270	271	272	273	274	274	274	273	271	269	268	267	267	268	268	268	269	270
五月标准日 DB	15.9	15.7	15.4	15.2	15.3	15.7	16.5	17.3	18.1	18.9	19.5	20.0	20.4	20.5	20.2	19.7	19.0	18.2	17.4	16.8	16.5	16.3	16.2	16.2	17.5
RH	74	75	77	78	78	76	74	70	67	64	62	59	58	58	58	60	62	64	67	70	71	72	73	73	68
I_d	0	0	0	0	0	30	118	192	304	380	395	430	407	334	266	168	81	23	0	0	0	0	0	0	3129
I_s	0	0	0	0	0	59	127	193	242	280	314	314	305	287	246	194	121	49	0	0	0	0	0	0	2732
WV	3.1	3.0	3.1	3.1	3.1	3.2	3.3	3.4	3.5	3.7	3.8	3.9	4.0	4.2	4.1	4.0	4.0	3.8	3.7	3.5	3.4	3.3	3.2	3.1	3.5
DLR	340	340	339	339	340	341	344	346	349	350	352	353	354	354	353	351	348	346	343	342	341	341	341	341	345

续表

		1时	2时	3时	4时	5时	6时	7时	8时	9时	10时	11时	12时	13时	14时	15时	16时	17时	18时	19时	20时	21时	22时	23时	24时	平均或合计注2
七月标准日	DB	23.9	23.7	23.5	23.4	23.4	23.7	24.1	24.7	25.3	25.9	26.4	26.7	26.8	26.8	26.6	26.2	25.8	25.3	24.9	24.5	24.3	24.2	24.2	24.1	24.9
	RH	91	92	93	93	93	91	90	87	85	82	80	79	78	78	79	80	82	84	86	88	89	90	90	90	86
	I_d	0	0	0	0	0	9	47	86	143	187	195	209	187	142	112	75	41	16	0	0	0	0	0	0	1449
	I_s	0	0	0	0	0	45	124	203	277	331	369	389	386	356	306	233	144	67	0	0	0	0	0	0	3230
	WV	2.5	2.4	2.4	2.4	2.5	2.5	2.6	2.7	2.9	3.0	3.1	3.3	3.5	3.7	3.6	3.5	3.4	3.3	3.1	2.9	2.9	2.8	2.7	2.6	2.9
	DLR	413	412	412	411	411	412	414	416	418	421	422	423	423	423	422	421	420	418	417	416	415	415	414	414	417
九月标准日	DB	21.0	20.8	20.5	20.3	20.3	20.5	20.9	21.7	22.5	23.4	24.1	24.5	24.7	24.6	24.3	23.8	23.3	22.8	22.4	22.0	21.7	21.4	21.2	21.1	22.2
	RH	77	78	79	80	80	79	77	74	70	66	63	60	59	60	61	63	65	67	69	71	73	74	75	76	71
	I_d	0	0	0	0	0	0	45	112	213	308	353	381	342	257	180	101	33	0	0	0	0	0	0	0	2326
	I_s	0	0	0	0	0	4	87	164	222	256	279	280	275	257	213	149	71	2	0	0	0	0	0	0	2259
	WV	2.5	2.4	2.4	2.4	2.4	2.5	2.7	2.8	3.0	3.1	3.3	3.4	3.6	3.7	3.7	3.6	3.5	3.3	3.1	2.8	2.8	2.7	2.6	2.5	2.9
	DLR	379	379	378	377	377	378	379	381	384	385	387	387	387	387	386	385	383	382	382	381	380	379	379	378	382
十一月标准日	DB	8.5	8.3	8.2	8.0	7.8	7.7	7.8	8.2	8.9	9.8	10.6	11.3	11.6	11.5	11.2	10.7	10.2	9.9	9.6	9.4	9.2	9.0	8.8	8.5	9.4
	RH	66	67	67	68	69	69	69	68	65	61	57	54	53	53	54	56	58	60	61	62	63	63	64	65	62
	I_d	0	0	0	0	0	0	3	50	130	216	270	305	271	187	108	28	0	0	0	0	0	0	0	0	1570
	I_s	0	0	0	0	0	4	11	82	135	163	175	169	161	144	102	46	0	0	0	0	0	0	0	0	1188
	WV	3.4	3.4	3.4	3.5	3.5	3.5	3.5	3.5	3.7	3.9	4.1	4.2	4.2	4.2	4.1	4.0	4.0	3.9	3.8	3.7	3.7	3.7	3.7	3.6	3.8
	DLR	289	288	288	287	287	286	287	289	290	292	293	294	294	294	293	292	291	291	290	290	289	289	288	288	290
夏季TAC	DB_{25}	27.8	27.6	27.3	27.2	27.2	27.4	28.0	29.0	29.9	30.6	31.3	31.9	32.2	32.0	31.7	30.9	30.2	29.4	28.8	28.5	28.2	28.1	28.0	27.9	29.2
	I_{25}	0	0	0	0	0	145	362	563	774	913	971	997	982	862	706	537	351	162	0	0	0	0	0	0	8324
	DB_{50}	27.3	27.1	26.8	26.7	26.7	26.9	27.6	28.2	29.1	30.0	30.6	30.9	31.0	31.0	30.6	30.1	29.6	29.0	28.4	28.0	27.7	27.6	27.5	27.4	28.6
	I_{50}	0	0	0	0	0	130	325	518	714	844	916	957	921	804	664	500	318	145	0	0	0	0	0	0	7755
	RH_s	90	91	92	93	92	91	89	85	82	79	76	76	76	77	77	78	80	83	85	88	89	89	90	90	85
冬季TAC	DB_{975}	-7.1	-7.2	-7.4	-7.5	-7.6	-7.6	-7.7	-7.6	-7.2	-6.3	-5.4	-4.7	-4.2	-4.3	-4.3	-4.7	-5.1	-5.5	-5.9	-6.3	-6.9	-7.1	-7.0	-7.0	-6.3
	RH_{975}	33	34	33	34	34	36	36	34	32	27	24	21	20	19	19	19	20	23	25	27	29	31	31	32	27.8
	DB_{950}	-6.2	-6.3	-6.4	-6.5	-6.6	-6.7	-6.7	-6.4	-5.9	-5.2	-4.3	-3.5	-3.0	-2.8	-3.1	-3.4	-3.9	-4.3	-4.7	-5.3	-6.1	-6.2	-6.1	-6.2	-5.2
	RH_{950}	37	38	37	38	39	40	40	39	37	32	27	25	24	22	22	22	24	27	28	30	30	33	35	36	31.7

河南省

地名	郑州	区站号	570830	经度	113.65E	纬度	34.72N	海拔	111m

	1月	2月	3月	4月	5月	6月	7月	8月	9月	10月	11月	12月	年平均或累计[注1]
DB_m	1.4	4.5	11.0	17.2	22.9	27.4	28.9	27.1	22.2	17.0	9.1	3.7	16.0
RH_m	50.0	53.0	48.0	53.0	53.0	53.0	68.0	71.0	69.0	61.0	60.0	48.0	57.0
I_m	275	312	478	548	633	655	590	523	419	376	268	257	5325
HDD_m	514	378	217	23	0	0	0	0	0	30	267	444	1872

		1时	2时	3时	4时	5时	6时	7时	8时	9时	10时	11时	12时	13时	14时	15时	16时	17时	18时	19时	20时	21时	22时	23时	24时	平均或累计[注2]
一月标准日	DB	-0.4	-0.7	-0.8	-1.0	-1.4	-1.9	-2.1	-1.6	-0.5	1.1	2.8	4.2	5.0	5.3	5.4	5.2	4.7	3.8	2.8	1.8	1.1	0.7	0.3	-0.1	1.4
	RH	57	58	58	58	59	61	61	60	55	50	45	41	38	37	37	38	40	42	46	50	53	54	55	56	50
	I_d	0	0	0	0	0	0	0	2	52	127	191	243	237	185	140	77	11	0	0	0	0	0	0	0	1265
	I_s	0	0	0	0	0	0	0	12	85	134	164	177	184	179	144	94	29	0	0	0	0	0	0	0	1202
	WV	1.6	1.6	1.6	1.7	1.7	1.7	1.7	1.7	1.9	2.1	2.4	2.5	2.5	2.6	2.5	2.3	2.2	2.1	1.9	1.8	1.8	1.7	1.7	1.7	2.0
	DLR	229	229	228	228	227	225	225	226	228	231	234	237	238	239	239	239	238	237	236	234	233	232	231	231	232
三月标准日	DB	8.8	8.2	7.8	7.4	7.1	7.0	7.3	8.1	9.5	11.1	12.7	13.8	14.6	15.0	15.2	15.1	14.7	13.9	12.9	12.0	11.3	10.7	10.2	9.7	11.0
	RH	57	58	59	59	60	61	60	57	51	45	41	38	36	35	35	36	37	39	43	47	50	51	53	55	48
	I_d	0	0	0	0	0	0	3	46	124	223	294	346	329	265	220	154	77	9	0	0	0	0	0	0	2090
	I_s	0	0	0	0	0	0	14	100	178	229	262	276	288	284	243	183	110	28	0	0	0	0	0	0	2195
	WV	1.9	1.8	1.9	1.9	1.9	2.0	2.1	2.2	2.4	2.7	3.0	3.1	3.1	3.2	3.1	3.1	3.1	2.8	2.6	2.4	2.2	2.1	2.0	1.9	2.4
	DLR	281	279	277	275	274	274	275	276	279	282	286	289	290	292	293	293	293	291	290	289	288	287	285	284	284
五月标准日	DB	20.5	19.8	19.1	18.6	18.5	19.0	20.1	21.4	22.8	24.0	25.1	25.9	26.5	26.9	27.1	26.9	26.4	25.6	24.6	23.6	22.7	22.1	21.6	21.2	22.9
	RH	61	64	66	68	68	66	62	57	52	48	45	42	41	39	39	40	41	44	47	51	55	57	58	59	53
	I_d	0	0	0	0	0	4	56	122	213	284	304	334	324	283	249	186	111	49	1	0	0	0	0	0	2519
	I_s	0	0	0	0	0	22	109	191	256	308	354	370	372	354	306	244	171	90	6	0	0	0	0	0	3153
	WV	1.8	1.7	1.7	1.7	1.7	1.9	2.0	2.2	2.4	2.6	2.8	2.9	3.0	3.1	3.1	3.2	3.2	2.9	2.6	2.4	2.2	2.1	2.0	1.9	2.4
	DLR	360	357	355	353	353	354	357	361	365	368	371	373	374	375	375	375	374	373	371	369	367	365	364	362	365

续表

		1时	2时	3时	4时	5时	6时	7时	8时	9时	10时	11时	12时	13时	14时	15时	16时	17时	18时	19时	20时	21时	22时	23时	24时	平均或合计[注2]
七月标准日	DB	26.9	26.5	26.0	25.6	25.6	25.8	26.4	27.3	28.4	29.5	30.5	31.3	31.9	32.3	32.4	32.3	31.9	31.2	30.4	29.5	28.8	28.2	27.8	27.4	28.9
	RH	76	78	80	81	81	80	78	74	69	65	61	58	56	54	53	54	55	58	61	65	68	70	72	74	68
	I_d	0	0	0	0	0	1	29	63	124	184	215	248	250	222	198	153	98	49	4	0	0	0	0	0	1840
	I_s	0	0	0	0	0	13	101	189	271	334	382	407	409	388	342	277	197	111	25	0	0	0	0	0	3446
	WV	1.6	1.6	1.5	1.5	1.5	1.6	1.7	1.9	2.0	2.2	2.4	2.6	2.7	2.9	2.9	2.9	2.8	2.6	2.4	2.1	2.0	1.9	1.8	1.7	2.1
	DLR	422	420	419	417	417	418	420	423	427	430	433	435	437	438	438	437	436	434	432	430	428	426	425	424	428
九月标准日	DB	20.2	19.7	19.3	19.1	19.0	19.2	19.7	20.7	21.8	23.0	24.1	24.9	25.4	25.8	26.0	25.9	25.4	24.5	23.4	22.3	21.5	21.0	20.7	20.4	22.2
	RH	78	80	81	82	83	82	80	76	71	66	61	58	55	54	53	53	55	59	63	69	73	75	76	77	69
	I_d	0	0	0	0	0	0	9	41	93	150	188	217	212	180	155	110	52	5	0	0	0	0	0	0	1412
	I_s	0	0	0	0	0	0	42	126	208	270	311	328	326	301	249	181	104	21	0	0	0	0	0	0	2465
	WV	1.3	1.5	1.2	1.2	1.2	1.3	1.4	1.5	1.7	1.9	2.2	2.2	2.2	2.2	2.2	2.1	2.1	1.9	1.7	1.6	1.5	1.5	1.4	1.4	1.7
	DLR	374	373	371	370	370	371	373	376	379	382	384	386	387	387	387	387	386	384	382	379	378	377	375	374	379
十一月标准日	DB	7.1	6.8	6.7	6.5	6.2	6.0	6.0	6.7	7.9	9.5	11.1	12.3	13.0	13.2	13.1	12.7	12.0	11.1	10.1	9.2	8.5	8.1	7.7	7.3	9.1
	RH	70	71	71	71	72	72	73	70	64	57	52	48	45	45	45	46	49	52	56	60	63	65	66	68	60
	I_d	0	0	0	0	0	0	0	14	63	132	187	228	212	156	106	48	1	0	0	0	0	0	0	0	1148
	I_s	0	0	0	0	0	0	0	49	119	166	192	199	198	183	139	79	6	0	0	0	0	0	0	0	1329
	WV	1.5	1.5	1.5	1.6	1.6	1.6	1.7	1.7	1.9	2.2	2.4	2.4	2.5	2.5	2.4	2.2	2.1	1.9	1.8	1.7	1.7	1.7	1.7	1.6	1.9
	DLR	282	281	280	279	278	277	278	279	282	285	288	290	291	292	291	291	290	289	287	286	284	283	282	281	284
夏季 TAC	DB_{25}	31.1	30.5	30.1	29.7	29.3	29.5	30.1	31.4	32.9	34.2	35.5	36.4	37.1	37.7	38.0	38.0	37.4	36.4	35.2	34.1	33.2	32.5	31.9	31.5	33.5
	I_{25}	0	0	0	0	0	69	246	433	633	773	859	912	903	847	750	604	419	237	60	0	0	0	0	0	7743
	DB_{50}	30.5	30.0	29.5	29.1	28.7	28.8	29.4	30.7	32.2	33.6	34.7	35.5	36.4	36.9	37.3	37.3	36.8	35.8	34.5	33.3	32.5	32.0	31.5	31.0	32.8
	I_{50}	0	0	0	0	0	61	230	403	600	746	829	889	888	823	729	588	408	228	57	0	0	0	0	0	7478
	RH_s	75	77	79	80	81	80	77	73	67	62	58	54	51	49	49	49	50	53	57	61	65	68	70	73	65
冬季 TAC	DB_{975}	-5.5	-5.8	-6.0	-6.2	-6.5	-7.0	-7.3	-6.9	-5.3	-3.7	-2.8	-1.9	-1.7	-1.7	-1.8	-1.9	-2.0	-2.3	-2.8	-3.4	-4.2	-4.5	-4.9	-5.3	-4.2
	RH_{975}	16	16	16	16	17	17	18	17	15	13	12	10	10	10	9	9	10	11	13	14	14	14	16	16	13.8
	DB_{950}	-4.6	-4.8	-5.0	-5.0	-5.6	-6.2	-6.5	-5.9	-4.5	-2.7	-1.7	-1.0	-0.5	-0.4	-0.3	-0.5	-0.6	-1.1	-1.8	-2.5	-3.1	-3.5	-3.7	-4.2	-3.2
	RH_{950}	20	20	19	20	20	21	22	21	18	16	13	12	11	11	11	10	12	13	15	17	17	18	19	19	16.4

地名	安阳	区站号	538980	经度	114.4E	纬度	36.05N	海拔	64m

	1月	2月	3月	4月	5月	6月	7月	8月	9月	10月	11月	12月	年平均或累计[注1]
DB_m	-0.7	2.9	9.8	15.9	21.8	26.4	27.5	25.8	21.2	15.8	7.2	1.3	14.6
RH_m	53.0	53.0	47.0	56.0	57.0	56.0	74.0	78.0	72.0	64.0	65.0	55.0	61.0
I_m	262	311	491	548	639	662	565	494	417	365	253	235	5234
HDD_m	579	424	254	63	0	0	0	0	0	69	323	517	2229

		1时	2时	3时	4时	5时	6时	7时	8时	9时	10时	11时	12时	13时	14时	15时	16时	17时	18时	19时	20时	21时	22时	23时	24时	平均或合计[注2]
一月标准日	DB	-2.5	-2.8	-3.0	-3.2	-3.6	-4.2	-4.5	-4.1	-2.8	-0.9	1.0	2.5	3.3	3.6	3.6	3.3	2.6	1.6	0.5	-0.5	-1.0	-1.3	-1.6	-2.0	-0.7
	RH	60	62	63	63	64	66	67	66	60	53	47	42	39	38	38	39	41	45	48	52	54	55	56	58	53
	I_d	0	0	0	0	0	0	0	0	1	45	122	188	235	179	130	66	5	0	0	0	0	0	0	0	1214
	I_s	0	0	0	0	0	0	0	0	9	82	129	157	175	171	137	87	19	0	0	0	0	0	0	0	1136
	WV	2.2	1.8	1.9	1.8	1.6	1.6	1.6	1.6	1.9	2.1	2.4	2.5	2.7	2.9	2.8	2.7	2.6	2.5	2.5	1.9	2.4	2.4	2.3	2.2	2.2
	DLR	222	222	221	221	220	219	218	218	220	223	226	229	230	230	230	230	229	228	226	225	225	224	223	223	224
三月标准日	DB	7.4	6.9	6.4	6.1	5.7	5.4	5.5	6.4	8.0	10.1	12.0	13.3	14.0	14.3	14.5	14.3	13.8	12.8	11.6	10.4	9.7	9.2	8.8	8.3	9.8
	RH	55	57	58	59	60	62	62	58	51	44	38	35	33	33	33	33	35	39	43	47	50	51	51	53	47
	I_d	0	0	0	0	0	0	4	46	133	252	343	406	376	287	233	160	74	6	0	0	0	0	0	0	2321
	I_s	0	0	0	0	0	0	17	101	175	218	242	249	264	272	233	176	106	23	0	0	0	0	0	0	2077
	WV	2.2	2.1	2.2	2.2	2.2	2.3	2.3	2.3	2.7	3.0	3.3	3.7	4.0	4.3	4.3	4.3	4.3	3.8	3.3	2.8	2.7	2.6	2.5	2.4	3.0
	DLR	271	270	268	267	266	266	266	268	270	274	278	281	283	284	285	286	285	284	283	281	279	278	276	275	276
五月标准日	DB	18.9	18.3	17.5	17.1	17.1	17.1	17.5	18.6	20.3	21.8	23.4	24.7	25.3	25.7	26.3	26.4	26.2	25.5	24.5	23.3	22.2	21.3	20.7	19.8	21.8
	RH	67	69	71	72	72	71	71	67	62	56	51	47	44	43	42	43	46	49	53	57	60	61	62	64	57
	I_d	0	0	0	0	0	5	58	123	221	309	347	375	346	280	240	175	99	41	5	0	0	0	0	0	2620
	I_s	0	0	0	0	0	29	113	194	257	300	337	349	358	353	307	246	171	89	5	0	0	0	0	0	3108
	WV	2.6	2.4	2.2	2.1	1.9	2.0	2.1	2.3	2.5	2.9	3.2	3.5	3.7	3.9	3.9	3.9	3.7	3.5	3.3	3.0	3.2	3.1	3.0	2.8	3.0
	DLR	354	352	349	347	346	348	352	358	362	366	368	369	371	374	375	375	374	372	369	366	363	361	359	357	362

续表

		1时	2时	3时	4时	5时	6时	7时	8时	9时	10时	11时	12时	13时	14时	15时	16时	17时	18时	19时	20时	21时	22时	23时	24时	平均或合计注2
七月标准日	DB	25.3	24.7	24.3	24.0	24.0	24.3	24.9	25.9	27.1	28.4	29.5	30.3	30.9	31.2	31.3	31.0	30.5	29.6	28.6	27.7	27.1	26.6	26.2	25.8	27.5
	RH	82	84	86	87	87	86	84	81	76	71	66	63	60	59	59	59	62	65	69	73	76	77	78	80	74
	I_d	0	0	0	0	0	2	27	51	106	167	201	238	235	199	176	132	78	36	3	0	0	0	0	0	1649
	I_s	0	0	0	0	0	19	104	192	277	339	383	400	401	382	334	268	188	104	20	0	0	0	0	0	3412
	WV	2.6	2.6	2.3	1.9	1.5	1.6	1.6	1.7	1.9	2.2	2.4	2.7	2.9	3.1	3.0	3.0	3.0	3.0	2.7	2.7	2.8	2.8	2.7	2.8	2.5
	DLR	415	413	411	410	410	412	415	419	423	427	430	433	434	435	435	434	433	430	427	424	423	420	419	417	423
九月标准日	DB	19.0	18.6	18.0	17.8	17.9	18.0	18.3	19.2	20.6	22.2	23.6	24.6	25.1	25.4	25.5	25.3	24.6	23.4	22.1	20.8	20.2	19.9	19.6	19.3	21.2
	RH	82	84	85	85	86	86	85	82	76	69	63	58	56	55	54	55	58	63	68	74	77	78	78	80	72
	I_d	0	0	0	0	0	0	8	31	83	156	208	245	229	181	147	97	41	3	0	0	0	0	0	0	1428
	I_s	0	0	0	0	0	0	43	127	211	266	301	317	319	300	249	181	101	17	0	0	0	0	0	0	2432
	WV	2.4	2.2	2.0	2.1	1.6	1.6	1.7	1.7	1.9	2.1	2.2	2.3	2.5	2.6	2.6	2.6	2.6	3.3	4.0	2.9	3.3	3.1	3.1	2.7	2.4
	DLR	370	369	366	365	366	366	368	371	375	379	382	384	385	386	386	385	384	381	378	375	373	372	371	370	375
十一月标准日	DB	5.3	5.0	4.9	4.7	4.3	3.9	3.9	4.5	5.8	7.7	9.6	10.9	11.6	11.7	11.4	10.8	9.9	8.9	7.9	7.0	6.5	6.2	5.9	5.5	7.2
	RH	73	75	75	75	76	77	78	76	69	62	55	50	48	48	49	52	55	59	63	66	68	68	69	71	65
	I_d	0	0	0	0	0	0	0	10	53	123	187	227	204	141	90	35	0	0	0	0	0	0	0	0	1070
	I_s	0	0	0	0	0	0	0	46	117	162	183	189	190	176	133	72	2	0	0	0	0	0	0	0	1268
	WV	2.8	2.7	2.4	2.1	1.8	1.8	1.7	1.7	1.9	2.2	2.4	2.6	2.9	3.1	2.9	2.6	2.4	2.9	3.3	2.6	3.3	3.3	3.2	3.2	2.6
	DLR	275	274	273	272	271	270	270	272	274	278	282	285	286	287	287	286	285	283	281	278	277	276	275	274	278
夏季TAC	DB_{25}	29.0	28.3	27.8	27.5	27.4	27.5	28.3	29.6	31.5	33.3	34.9	36.0	36.7	37.0	37.3	37.3	36.5	35.2	33.5	32.1	31.3	30.5	30.0	29.6	32.0
	I_{25}	0	0	0	0	0	80	260	438	644	800	900	949	922	841	755	600	412	232	58	0	0	0	0	0	7890
	DB_{50}	28.4	27.8	27.3	27.0	26.7	26.9	27.5	28.9	30.6	32.7	34.1	34.9	35.7	36.3	36.6	36.4	35.6	34.4	32.9	31.5	30.6	30.0	29.5	29.0	31.3
	I_{50}	0	0	0	0	0	72	241	409	603	763	856	915	892	810	726	580	401	225	54	0	0	0	0	0	7546
	RH_{25}	82	85	87	88	87	86	84	80	74	68	63	58	56	55	55	55	58	62	67	71	74	76	77	79	72
冬季TAC	DB_{975}	-8.6	-9.1	-9.4	-9.7	-10.1	-10.8	-11.3	-10.4	-8.1	-6.0	-4.4	-3.6	-3.1	-2.9	-2.9	-3.0	-3.4	-3.8	-4.6	-6.0	-6.8	-7.3	-7.3	-7.9	-6.7
	RH_{975}	18	18	18	19	22	23	24	22	19	14	11	9	8	8	9	9	10	12	14	16	17	18	19	20	15.7
	DB_{950}	-7.7	-8.1	-8.5	-8.7	-9.1	-9.8	-10.2	-9.6	-7.5	-5.1	-3.7	-2.4	-1.7	-1.5	-1.6	-1.8	-2.2	-2.8	-3.9	-5.1	-6.1	-6.3	-6.4	-7.1	-5.7
	RH_{950}	24	25	24	25	28	30	30	29	23	17	14	11	10	10	10	11	12	14	17	20	20	22	23	24	19.7

地名 南阳	区站号 571780	经度 112.58E	纬度 33.03N	海拔 131m

	1月	2月	3月	4月	5月	6月	7月	8月	9月	10月	11月	12月	年平均或累计[1]
DB_m	2.1	5.1	10.7	16.8	21.9	26.1	28.0	27.0	22.2	17.2	9.7	4.2	15.9
RH_m	60.0	62.0	61.0	63.0	63.0	64.0	74.0	73.0	73.0	66.0	70.0	60.0	66.0
I_m	269	298	438	506	591	594	560	530	413	364	249	247	5050
HDD_m	492	362	225	36	0	0	0	0	0	24	249	427	1814

一月标准日

	1时	2时	3时	4时	5时	6时	7时	8时	9时	10时	11时	12时	13时	14时	15时	16时	17时	18时	19时	20时	21时	22时	23时	24时	平均或合计[2]
DB	0.6	0.3	0.1	-0.1	-0.5	-1.0	-1.0	-1.3	-1.1	-0.1	1.4	3.0	4.4	5.4	5.9	6.1	6.0	5.4	4.5	3.5	2.6	2.0	1.6	1.0	2.1
RH	65	66	67	68	69	70	70	71	70	67	62	57	52	48	46	46	46	49	52	55	59	61	62	64	60
I_d	0	0	0	0	0	0	0	0	1	36	93	143	199	206	165	127	71	13	0	0	0	0	0	0	1053
I_s	0	0	0	0	0	0	0	0	8	87	147	189	207	211	201	163	108	39	0	0	0	0	0	0	1359
WV	1.9	1.9	1.9	1.9	2.0	2.0	2.0	2.0	2.0	2.1	2.4	2.6	2.7	2.9	2.7	2.6	2.4	2.3	2.2	2.1	2.1	2.0	2.0	1.9	2.2
DLR	242	241	241	240	239	238	238	237	237	240	244	248	250	252	253	254	253	251	249	247	246	245	244	243	245

三月标准日

	1时	2时	3时	4时	5时	6时	7时	8时	9时	10时	11时	12时	13时	14时	15时	16时	17时	18时	19时	20时	21时	22时	23时	24时	平均或合计[2]
DB	8.8	8.5	8.1	7.8	7.5	7.2	7.3	7.8	7.8	8.9	10.4	12.0	13.1	14.0	14.5	14.7	14.7	14.3	13.5	12.4	11.4	10.7	10.3	9.5	10.7
RH	68	69	70	70	71	73	73	71	66	60	55	51	49	47	47	47	48	51	55	59	62	64	65	66	61
I_d	0	0	0	0	0	0	1	23	73	147	211	271	267	215	183	129	63	9	0	0	0	0	0	0	1591
I_s	0	0	0	0	0	0	8	88	178	244	287	304	313	305	260	196	119	33	0	0	0	0	0	0	2335
WV	2.1	2.1	2.1	2.1	2.1	2.2	2.2	2.3	2.3	2.6	2.9	3.3	3.4	3.7	3.6	3.6	3.5	3.2	2.8	2.4	2.3	2.2	2.2	2.2	2.7
DLR	292	290	290	289	287	286	286	286	288	290	294	297	301	303	305	306	306	305	303	301	299	298	296	294	296

五月标准日

	1时	2时	3时	4时	5时	6时	7时	8时	9时	10时	11时	12时	13时	14时	15时	16时	17时	18时	19时	20时	21时	22时	23时	24时	平均或合计[2]
DB	19.5	19.0	18.4	18.0	17.9	18.1	18.8	19.9	21.2	22.6	23.8	24.8	25.4	25.9	26.2	26.1	25.7	24.8	23.7	22.6	21.7	21.1	20.6	20.1	21.9
RH	71	74	76	77	78	78	76	71	66	61	56	52	50	49	48	48	49	52	55	55	60	63	66	70	63
I_d	0	0	0	0	0	1	28	67	136	211	257	300	297	255	225	168	99	41	6	0	0	0	0	0	2084
I_s	0	0	0	0	0	8	95	186	267	325	364	380	380	364	315	252	176	92	6	0	0	0	0	0	3209
WV	1.9	1.8	1.9	1.9	1.9	2.0	2.0	2.1	2.3	2.6	2.8	2.9	3.1	3.2	3.2	3.1	3.1	2.8	2.5	2.2	2.2	2.1	2.0	1.9	2.4
DLR	363	362	360	358	358	359	362	366	369	373	376	379	381	382	382	381	382	381	378	375	372	370	368	366	370

续表

		1时	2时	3时	4时	5时	6时	7时	8时	9时	10时	11时	12时	13时	14时	15时	16时	17时	18时	19时	20时	21时	22时	23时	24时	平均或合计[注2]
七月标准日	DB	26.1	25.7	25.3	25.0	24.9	25.1	25.6	26.5	27.4	28.5	29.4	30.2	30.8	31.3	31.6	31.6	31.2	30.4	29.4	28.4	27.7	27.2	26.8	26.5	28.0
	RH	81	83	85	86	86	85	84	81	77	73	69	66	64	61	60	60	61	64	68	72	75	77	79	80	74
	I_d	0	0	0	0	0	0	21	44	86	131	162	201	213	195	182	143	88	42	3	0	0	0	0	0	1510
	I_s	0	0	0	0	0	4	88	179	271	346	397	422	422	401	354	286	202	114	24	0	0	0	0	0	3509
	WV	1.7	1.7	1.7	1.7	1.7	1.8	1.9	2.0	2.1	2.3	2.4	2.6	2.7	2.8	2.8	2.9	2.9	2.6	2.4	2.1	2.0	1.9	1.9	1.8	2.2
	DLR	421	420	418	417	417	417	420	423	427	431	434	437	439	440	441	440	439	436	433	430	427	425	424	423	428
九月标准日	DB	20.3	20.0	19.7	19.5	19.3	19.2	19.5	20.2	21.3	22.6	23.9	24.8	25.4	25.8	25.9	25.8	25.3	24.4	23.3	22.3	21.6	21.1	20.8	20.6	22.2
	RH	81	83	84	84	85	86	85	83	77	72	66	62	59	57	56	57	59	62	67	72	76	77	79	80	73
	I_d	0	0	0	0	0	0	4	24	65	123	170	212	213	182	151	104	49	6	0	0	0	0	0	0	1305
	I_s	0	0	0	0	0	0	31	118	207	273	317	336	335	312	261	193	112	25	0	0	0	0	0	0	2520
	WV	1.9	1.8	1.8	1.8	1.8	1.8	1.9	1.9	2.1	2.2	2.4	2.5	2.5	2.5	2.5	2.5	2.4	2.3	2.1	1.9	1.9	2.0	2.0	1.9	2.1
	DLR	378	377	376	375	374	375	376	378	382	385	388	390	391	391	391	391	390	388	385	383	381	380	379	378	383
十一月标准日	DB	8.2	8.0	7.8	7.6	7.3	7.0	6.8	7.2	8.2	9.6	11.1	12.2	12.9	13.2	13.2	12.9	12.3	11.5	10.6	9.8	9.3	9.0	8.7	8.4	9.7
	RH	76	77	77	78	79	80	80	79	75	70	65	60	57	56	56	57	60	63	66	69	71	72	73	74	70
	I_d	0	0	0	0	0	0	0	7	37	85	130	169	163	121	87	42	2	0	0	0	0	0	0	0	843
	I_s	0	0	0	0	0	0	0	44	121	179	212	224	222	201	154	90	12	0	0	0	0	0	0	0	1459
	WV	1.9	1.9	1.9	1.9	1.9	1.9	2.0	2.0	2.2	2.3	2.5	2.6	2.7	2.7	2.6	2.4	2.2	2.1	2.0	1.9	1.9	2.0	2.0	1.9	2.1
	DLR	294	293	293	292	291	290	289	291	294	298	301	304	305	305	305	304	304	302	300	298	297	295	295	294	297
夏季 TAC	DB_{25}	30.0	29.5	29.3	28.9	28.5	28.6	29.1	30.2	31.3	32.6	33.7	35.0	35.9	36.7	37.2	37.5	37.0	35.8	34.5	33.4	32.4	31.6	31.0	30.5	32.5
	I_{25}	0	0	0	0	0	38	199	365	547	707	812	884	890	823	748	600	412	232	55	0	0	0	0	0	7310
	DB_{50}	29.4	28.7	28.3	28.0	27.8	28.0	28.8	29.7	30.9	32.1	33.2	34.3	35.2	35.9	36.2	36.4	36.0	35.0	33.8	32.8	31.9	31.0	30.5	30.0	31.8
	I_{50}	0	0	0	0	0	34	188	342	518	669	776	853	864	799	719	579	395	222	52	0	0	0	0	0	7008
	RH_s	80	82	84	86	86	85	83	79	75	70	65	61	58	55	54	54	56	59	64	69	73	75	77	78	71
冬季 TAC	DB_{975}	-4.4	-4.5	-4.8	-5.1	-5.5	-6.2	-6.6	-6.0	-4.7	-3.1	-2.3	-1.5	-1.0	-0.8	-0.8	-0.8	-1.2	-1.5	-2.0	-2.3	-3.1	-3.3	-3.6	-4.0	-3.3
	RH_{975}	25	27	26	28	30	31	31	30	25	21	17	14	13	12	12	12	13	15	19	21	22	22	25	24	21.5
	DB_{950}	-3.3	-3.6	-3.9	-4.2	-4.6	-5.1	-5.4	-4.9	-3.8	-2.2	-1.2	-0.3	0.1	0.4	0.5	0.3	0.0	-0.4	-0.8	-1.5	-2.2	-2.3	-2.5	-2.8	-2.2
	RH_{950}	32	33	33	34	37	38	38	36	33	27	22	19	16	15	15	15	17	19	23	26	27	28	29	30	26.7

湖北省

地名	武汉	区站号	574940	经度	114.13E	纬度	30.62N	海拔	23m

	1月	2月	3月	4月	5月	6月	7月	8月	9月	10月	11月	12月	年平均或累计[1]
DB_m	4.1	6.7	11.9	17.7	22.3	25.9	29.4	28.6	24.0	18.3	11.7	5.8	17.2
RH_m	74.0	76.0	74.0	73.0	77.0	80.0	76.0	77.0	78.0	77.0	79.0	73.0	76.0
I_m	253	268	403	473	500	482	532	490	405	360	259	249	4663
HDD_m	430	317	188	8	0	0	0	0	0	0	190	379	1512

		1时	2时	3时	4时	5时	6时	7时	8时	9时	10时	11时	12时	13时	14时	15时	16时	17时	18时	19时	20时	21时	22时	23时	24时	平均或合计[2]
一月标准日	DB	2.3	2.1	1.9	1.8	1.5	1.1	1.0	1.5	2.6	4.2	5.8	6.9	7.5	7.9	8.0	7.9	7.4	6.4	5.1	4.1	3.4	3.2	3.0	2.7	4.1
	RH	81	83	83	83	84	86	86	85	79	73	67	62	59	57	56	57	59	63	69	75	79	80	80	80	74
	I_d	0	0	0	0	0	0	0	1	30	99	165	212	194	138	100	54	8	0	0	0	0	0	0	0	1002
	I_s	0	0	0	0	0	0	0	15	91	144	169	185	195	189	151	96	30	0	0	0	0	0	0	0	1265
	WV	1.7	1.7	1.7	1.8	1.8	1.8	1.8	1.8	2.0	2.2	2.5	2.5	2.5	2.5	2.4	2.2	2.1	2.0	1.9	1.9	1.8	1.8	1.8	1.7	2.0
	DLR	264	263	263	262	261	260	260	262	264	268	272	274	275	274	274	274	274	272	271	269	268	267	267	266	268
三月标准日	DB	9.7	9.4	9.1	8.8	8.7	8.8	9.1	9.9	11.1	12.5	13.8	14.7	15.3	15.7	15.9	15.9	15.4	14.5	13.2	12.1	11.3	10.8	10.5	10.3	11.9
	RH	83	85	85	86	87	88	87	84	78	70	65	61	59	57	56	55	57	61	67	74	79	81	81	82	74
	I_d	0	0	0	0	0	0	2	21	75	162	229	267	243	188	158	110	48	4	0	0	0	0	0	0	1506
	I_s	0	0	0	0	0	0	10	86	170	223	253	275	288	279	234	171	97	19	0	0	0	0	0	0	2105
	WV	1.9	1.8	1.8	1.8	1.8	1.9	2.0	2.1	2.4	2.7	2.9	2.9	3.0	3.0	2.9	2.8	2.7	2.5	2.2	2.0	2.0	2.0	2.0	1.9	2.3
	DLR	309	308	307	306	306	307	309	311	314	316	319	321	322	322	322	322	321	319	318	317	316	315	313	312	315
五月标准日	DB	19.9	19.5	19.0	18.8	18.9	19.4	20.3	21.4	22.5	23.5	24.4	24.9	25.4	25.8	26.0	25.9	25.4	24.4	23.3	22.1	21.3	20.9	20.6	20.4	22.3
	RH	87	88	89	89	89	88	85	81	76	71	67	64	63	61	60	61	63	67	73	79	83	85	85	86	77
	I_d	0	0	0	0	0	0	24	64	133	190	203	211	193	167	153	114	58	16	0	0	0	0	0	0	1526
	I_s	0	0	0	0	0	6	84	167	243	302	346	371	373	346	292	221	141	62	0	0	0	0	0	0	2955
	WV	1.6	1.6	1.6	1.7	1.8	1.9	2.0	2.1	2.3	2.5	2.6	2.6	2.6	2.6	2.5	2.5	2.4	2.1	1.9	1.6	1.6	1.7	1.7	1.7	2.1
	DLR	380	378	376	375	375	377	381	385	389	391	393	394	396	397	397	397	395	393	391	389	387	385	384	383	387

续表

		1时	2时	3时	4时	5时	6时	7时	8时	9时	10时	11时	12时	13时	14时	15时	16时	17时	18时	19时	20时	21时	22时	23时	24时	平均或合计[注2]
七月标准日	DB	27.6	27.2	26.9	26.6	26.6	27.0	27.7	28.6	29.6	30.4	31.1	31.6	32.0	32.4	32.6	32.6	32.1	31.3	30.3	29.3	28.6	28.2	28.0	27.9	29.4
	RH	84	86	87	88	88	86	83	79	75	71	68	66	65	63	62	62	64	68	73	78	81	83	84	84	76
	I_d	0	0	0	0	0	0	24	59	119	171	188	200	193	174	161	126	73	28	0	0	0	0	0	0	1518
	I_s	0	0	0	0	0	5	86	177	259	323	373	400	402	377	325	254	173	88	5	0	0	0	0	0	3249
	WV	1.8	1.8	1.8	1.8	1.9	2.1	2.3	2.6	2.7	2.9	3.1	3.1	3.1	3.2	3.0	2.8	2.6	2.3	2.1	1.8	1.8	1.9	1.9	1.8	2.3
	DLR	435	434	432	431	431	433	435	438	442	444	446	448	449	450	451	451	449	447	445	442	440	439	438	437	441
九月标准日	DB	22.0	21.6	21.3	21.1	21.1	21.3	21.7	22.6	23.7	24.9	26.0	26.7	27.2	27.6	27.8	27.7	27.1	26.0	24.7	23.6	22.8	22.4	22.3	22.1	24.0
	RH	88	90	91	91	91	90	89	85	80	73	68	65	63	61	60	61	63	67	74	80	84	85	85	86	78
	I_d	0	0	0	0	0	0	6	26	73	139	187	215	197	158	132	88	36	2	0	0	0	0	0	0	1259
	I_s	0	0	0	0	0	0	38	122	212	277	316	337	337	306	253	181	97	14	0	0	0	0	0	0	2490
	WV	1.6	1.5	1.6	1.6	1.7	1.8	1.9	1.9	2.0	2.2	2.4	2.5	2.5	2.5	2.4	2.3	2.3	2.1	2.0	1.8	1.8	1.9	1.9	1.8	2.0
	DLR	396	395	394	393	393	393	396	399	402	405	407	409	410	411	411	410	409	406	404	401	399	397	396	396	401
十一月标准日	DB	9.7	9.4	9.2	9.0	8.8	8.7	8.9	9.6	10.9	12.5	14.0	15.1	15.6	15.8	15.7	15.3	14.5	13.4	12.1	11.1	10.4	10.2	10.0	9.8	11.7
	RH	87	89	89	90	90	91	91	89	83	75	68	63	60	59	60	62	66	71	77	83	85	86	86	87	79
	I_d	0	0	0	0	0	0	0	8	44	116	175	212	183	121	79	34	1	0	0	0	0	0	0	0	973
	I_s	0	0	0	0	0	0	0	52	131	181	204	211	213	195	146	81	9	0	0	0	0	0	0	0	1422
	WV	1.6	1.5	1.6	1.6	1.7	1.7	1.7	1.8	2.0	2.2	2.4	2.4	2.3	2.3	2.2	2.0	1.8	1.8	1.8	1.7	1.8	1.8	1.8	1.7	1.9
	DLR	313	312	311	310	309	309	311	314	317	320	323	325	326	326	326	326	325	323	320	318	316	314	314	313	317
夏季 TAC	DB_{25}	31.4	31.0	30.7	30.4	30.3	30.6	31.3	32.7	33.8	34.9	35.8	36.5	37.0	37.4	37.7	37.7	37.0	35.8	34.6	33.5	32.7	32.3	32.0	31.8	33.7
	I_{25}	0	0	0	0	0	38	201	381	586	727	805	857	852	782	697	552	364	183	22	0	0	0	0	0	7045
	DB_{50}	30.8	30.4	30.1	29.7	29.7	30.1	30.9	32.0	33.4	34.4	35.1	35.7	36.3	36.7	36.9	37.0	36.5	35.4	34.0	32.9	31.9	31.6	31.3	31.2	33.1
	I_{50}	0	0	0	0	0	31	187	361	554	704	783	829	820	760	680	538	354	175	18	0	0	0	0	0	6792
	RH_s	88	90	91	92	92	90	86	82	76	71	66	64	62	60	59	59	61	66	72	79	85	87	88	88	77
冬季 TAC	DB_{975}	-3.8	-4.1	-4.4	-4.4	-4.8	-5.3	-5.6	-4.7	-2.8	-1.1	-0.2	0.0	0.2	0.6	0.6	0.4	0.2	-0.1	-0.6	-1.3	-2.5	-2.8	-2.8	-3.4	-2.2
	RH_{975}	46	46	46	46	49	50	51	48	44	36	28	23	21	21	20	20	23	28	35	39	41	42	46	46	37.1
	DB_{950}	-2.8	-3.1	-3.5	-3.7	-4.0	-4.3	-4.5	-3.6	-1.7	-0.2	0.8	1.2	1.5	1.5	1.5	1.4	1.2	1.1	0.5	-0.5	-1.5	-1.8	-2.0	-2.4	-1.2
	RH_{950}	52	54	54	55	56	58	59	57	51	40	33	27	25	23	23	23	27	32	39	44	46	47	49	50	42.7

地名	宜昌	区站号	574610	经度	111.3E	纬度	30.7N	海拔	134m

	1月	2月	3月	4月	5月	6月	7月	8月	9月	10月	11月	12月	年平均或累计[注1]
DB_m	5.0	7.2	12.1	17.5	21.6	25.4	28.1	27.5	23.2	18.2	12.1	6.9	17.1
RH_m	70.0	72.0	71.0	73.0	75.0	77.0	79.0	76.0	77.0	75.0	78.0	71.0	75.0
I_m	236	260	408	469	510	507	552	535	393	343	235	228	4666
HDD_m	404	303	182	14	0	0	0	0	0	0	176	343	1423

		1时	2时	3时	4时	5时	6时	7时	8时	9时	10时	11时	12时	13时	14时	15时	16时	17时	18时	19时	20时	21时	22时	23时	24时	平均或累计[注2]
一月标准日	DB	3.9	3.6	3.4	3.3	3.0	2.7	2.7	2.5	2.7	3.3	4.3	5.4	6.4	7.2	7.8	7.6	7.2	6.7	6.0	5.5	5.1	4.8	4.5	4.2	5.0
	RH	75	77	78	79	80	81	81	82	82	79	75	70	65	60	58	57	57	59	62	64	66	68	70	72	70
	I_d	0	0	0	0	0	0	0	0	0	18	54	96	148	163	135	102	55	13	0	0	0	0	0	0	785
	I_s	0	0	0	0	0	0	0	0	5	73	137	181	204	209	199	165	112	44	0	0	0	0	0	0	1330
	WV	1.3	1.3	1.3	1.3	1.3	1.3	1.3	1.3	1.3	1.3	1.3	1.5	1.7	1.8	1.9	2.0	2.0	1.9	1.7	1.6	1.5	1.4	1.3	1.3	1.5
	DLR	268	268	268	268	267	266	266	265	266	268	271	273	274	274	274	274	274	272	271	270	269	269	269	269	270
三月标准日	DB	10.4	10.0	9.8	9.5	9.2	8.9	8.8	9.2	10.2	11.7	13.2	14.4	15.3	15.7	15.9	15.7	15.3	14.5	13.7	12.9	12.4	12.0	11.5	11.1	12.1
	RH	78	80	81	82	84	85	85	84	80	73	67	62	58	56	55	56	57	60	64	67	70	72	74	76	71
	I_d	0	0	0	0	0	0	0	0	11	50	131	219	295	296	237	185	119	54	10	0	0	0	0	0	1607
	I_s	0	0	0	0	0	0	3	67	154	214	244	257	270	269	239	186	115	33	0	0	0	0	0	0	2051
	WV	1.4	1.4	1.4	1.4	1.4	1.4	1.4	1.4	1.4	1.5	1.6	1.8	2.1	2.3	2.4	2.5	2.6	2.4	2.2	1.9	1.8	1.6	1.5	1.5	1.8
	DLR	310	309	308	308	307	305	305	305	307	310	313	317	319	320	321	321	321	319	317	316	315	314	313	312	314
五月标准日	DB	19.5	19.1	18.8	18.5	18.3	18.3	18.3	18.7	19.5	20.7	22.0	23.3	24.3	24.9	25.2	25.2	25.1	24.7	24.1	23.3	22.4	21.7	21.1	20.6	21.6
	RH	84	86	87	88	88	89	88	85	79	74	68	64	62	61	61	61	62	64	67	71	74	77	80	82	75
	I_d	0	0	0	0	0	4	28	68	117	169	233	259	259	233	169	117	68	28	4	0	0	0	0	0	1766
	I_s	0	0	0	0	1	64	150	235	286	312	326	336	330	294	233	156	78	4	0	0	0	0	0	0	2804
	WV	1.4	1.4	1.4	1.4	1.4	1.3	1.3	1.3	1.4	1.5	1.6	1.8	2.0	2.2	2.3	2.3	2.3	2.2	2.0	1.9	1.8	1.7	1.6	1.5	1.7
	DLR	376	374	372	371	370	371	371	372	375	379	383	387	389	391	392	391	390	387	385	383	381	380	379	377	381

续表

		1时	2时	3时	4时	5时	6时	7时	8时	9时	10时	11时	12时	13时	14时	15时	16时	17时	18时	19时	20时	21时	22时	23时	24时	平均或合计注2
七月标准日	DB	26.0	25.6	25.3	25.0	24.9	25.0	25.3	26.1	27.3	28.7	29.9	30.9	31.5	31.8	31.8	31.5	30.9	30.1	29.2	28.4	27.8	27.3	26.9	26.5	28.1
	RH	88	89	90	91	92	92	91	88	83	77	72	67	65	64	64	65	67	70	73	77	79	81	84	86	79
	I_d	0	0	0	0	0	0	13	33	87	169	242	307	303	244	185	127	73	34	3	0	0	0	0	0	1819
	I_s	0	0	0	0	0	0	65	153	246	312	351	365	369	362	330	266	184	101	20	0	0	0	0	0	3124
	WV	1.3	1.3	1.2	1.2	1.2	1.2	1.2	1.2	1.3	1.5	1.7	1.9	2.2	2.5	2.5	2.6	2.6	2.4	2.2	2.0	1.9	1.7	1.5	1.4	1.7
	DLR	427	425	423	422	422	422	424	427	432	437	441	444	446	446	446	445	443	440	437	434	432	431	430	429	433
九月标准日	DB	21.5	21.3	21.0	20.8	20.6	20.5	20.6	21.2	22.1	23.4	24.6	25.5	26.1	26.3	26.3	26.1	25.7	25.1	24.4	23.6	23.0	22.5	22.1	21.7	23.2
	RH	85	86	87	88	88	89	89	86	82	76	71	67	64	63	63	63	65	67	70	73	76	79	82	84	77
	I_d	0	0	0	0	0	0	2	17	58	132	200	251	240	187	136	87	42	8	0	0	0	0	0	0	1361
	I_s	0	0	0	0	0	0	19	97	183	243	278	293	300	291	253	188	108	28	0	0	0	0	0	0	2281
	WV	1.3	1.2	1.3	1.3	1.3	1.3	1.3	1.2	1.3	1.4	1.5	1.6	1.7	1.8	1.9	1.9	2.0	1.8	1.7	1.6	1.5	1.4	1.3	1.3	1.5
	DLR	391	390	389	388	387	387	387	389	392	396	399	401	402	402	402	401	400	398	396	394	393	392	392	391	394
十一月标准日	DB	10.8	10.6	10.5	10.3	10.1	9.8	9.8	10.1	10.8	12.0	13.2	14.2	14.9	15.1	15.0	14.7	14.2	13.6	13.0	12.4	12.0	11.7	11.3	11.0	12.1
	RH	86	87	87	87	88	89	90	89	85	80	74	69	66	64	64	65	68	70	73	75	78	80	82	84	78
	I_d	0	0	0	0	0	0	0	4	26	73	123	170	164	117	75	34	4	0	0	0	0	0	0	0	791
	I_s	0	0	0	0	0	0	0	35	109	166	198	209	210	194	152	90	20	0	0	0	0	0	0	0	1383
	WV	1.3	1.3	1.3	1.3	1.2	1.3	1.2	1.2	1.3	1.3	1.4	1.5	1.7	1.8	1.9	1.9	1.9	1.8	1.7	1.5	1.5	1.4	1.3	1.3	1.5
	DLR	318	318	317	317	316	315	315	316	318	321	324	325	326	326	325	325	324	322	321	320	319	319	319	318	320
夏季 TAC	DB_{25}	29.8	29.3	28.9	28.5	28.1	28.0	28.5	29.4	31.0	32.8	34.6	36.1	37.0	37.5	37.7	37.5	36.8	36.0	34.9	33.8	32.8	31.8	31.1	30.4	32.6
	I_{25}	0	0	0	0	0	13	162	322	531	735	887	975	963	876	748	587	402	226	54	0	0	0	0	0	7481
	DB_{50}	29.2	28.6	28.1	27.8	27.5	27.5	27.9	28.9	30.5	32.3	34.1	35.5	36.3	36.6	36.8	36.6	36.1	35.1	33.9	32.7	31.9	31.3	30.6	29.8	31.9
	I_{50}	0	0	0	0	0	8	147	304	504	713	854	941	934	839	720	570	388	213	50	0	0	0	0	0	7184
	RH_s	87	89	90	91	92	91	90	87	81	74	68	63	61	59	59	60	62	66	70	74	77	80	83	85	77
冬季 TAC	DB_{975}	-1.4	-1.7	-1.9	-2.1	-2.3	-2.6	-2.8	-2.5	-1.5	-0.9	-0.3	0.1	0.4	0.6	0.5	0.4	0.2	0.1	-0.1	-0.4	-0.6	-0.9	-0.9	-1.2	-0.9
	RH_{975}	41	43	44	43	46	48	50	49	46	41	35	30	25	23	23	24	27	29	31	33	34	35	37	39	36.4
	DB_{950}	-0.5	-0.7	-1.0	-1.2	-1.4	-1.6	-1.6	-1.4	-0.7	0.2	0.8	1.2	1.5	1.6	1.7	1.6	1.5	1.2	0.9	0.7	0.3	0.1	0.1	-0.2	0.1
	RH_{950}	48	51	52	52	54	55	56	57	55	47	40	35	30	27	26	27	29	32	36	38	39	41	44	46	42.2

湖南省

地名	长沙	区站号	576870	经度	112.87E	纬度	28.23N	海拔	68m

	1月	2月	3月	4月	5月	6月	7月	8月	9月	10月	11月	12月	年平均或累计[1]
DB_m	5.7	8.1	12.5	18.3	22.6	26.3	29.8	28.8	24.6	19.3	13.1	7.7	18.1
RH_m	74.0	75.0	76.0	75.0	76.0	78.0	70.0	73.0	76.0	74.0	77.0	71.0	75.0
I_m	235	265	371	457	507	515	627	574	440	370	260	244	4854
HDD_m	381	277	169	0	0	0	0	0	0	0	146	320	1293

		1时	2时	3时	4时	5时	6时	7时	8时	9时	10时	11时	12时	13时	14时	15时	16时	17时	18时	19时	20时	21时	22时	23时	24时	平均或合计[2]
一月标准日	DB	4.8	4.7	4.5	4.4	4.2	3.9	3.8	3.9	4.5	5.3	6.2	6.9	7.5	7.8	8.0	7.9	7.6	7.1	6.6	6.1	5.7	5.5	5.3	5.0	5.7
	RH	78	79	79	80	81	82	83	82	79	76	72	69	66	65	64	64	65	67	70	73	75	76	77	78	74
	I_d	0	0	0	0	0	0	0	1	20	57	96	138	147	120	96	55	12	0	0	0	0	0	0	0	742
	I_s	0	0	0	0	0	0	0	11	87	150	191	211	212	198	160	106	38	0	0	0	0	0	0	0	1363
	WV	2.3	2.3	2.3	2.3	2.3	2.3	2.3	2.3	2.4	2.5	2.7	2.7	2.8	2.8	2.8	2.7	2.6	2.5	2.4	2.4	2.4	2.4	2.4	2.3	2.5
	DLR	276	275	275	275	274	273	273	273	275	276	278	280	281	281	281	281	280	279	279	279	278	278	277	277	277
三月标准日	DB	11.3	11.0	10.8	10.6	10.4	10.2	10.2	10.6	11.3	12.2	13.2	14.0	14.6	15.0	15.2	15.2	15.0	14.5	13.8	13.2	12.7	12.4	12.1	11.8	12.5
	RH	82	83	84	84	85	86	87	85	82	78	74	71	68	66	65	64	65	67	70	73	76	78	79	81	76
	I_d	0	0	0	0	0	0	0	14	51	113	168	224	225	179	149	102	48	6	0	0	0	0	0	0	1280
	I_s	0	0	0	0	0	0	5	73	156	216	254	269	275	269	230	173	100	21	0	0	0	0	0	0	2042
	WV	2.2	2.2	2.2	2.2	2.1	2.2	2.2	2.2	2.3	2.5	2.7	2.7	2.8	2.8	2.8	2.7	2.7	2.5	2.4	2.2	2.2	2.3	2.3	2.3	2.4
	DLR	318	317	316	316	316	315	315	315	316	318	321	323	325	326	326	326	326	324	323	322	322	321	321	320	321
五月标准日	DB	21.1	20.8	20.5	20.2	20.2	20.1	20.2	20.5	21.2	22.1	23.1	24.0	24.6	25.0	25.3	25.4	25.4	25.1	24.5	23.7	23.0	22.4	22.0	21.7	22.6
	RH	83	84	85	86	86	86	85	85	83	79	74	71	68	66	65	65	66	68	71	75	78	80	81	82	76
	I_d	0	0	0	0	0	0	0	18	50	109	179	227	255	244	207	176	132	75	26	0	0	0	0	0	1698
	I_s	0	0	0	0	0	1	70	160	241	296	332	351	352	329	286	220	145	67	0	0	0	0	0	0	2849
	WV	2.0	2.0	2.0	2.0	2.0	2.0	2.0	2.0	2.1	2.3	2.5	2.7	2.7	2.7	2.7	2.7	2.7	2.6	2.4	2.2	2.1	2.1	2.1	2.1	2.3
	DLR	385	384	383	382	381	382	383	386	389	392	394	396	397	397	397	397	396	394	392	391	389	388	388	387	390

续表

		1时	2时	3时	4时	5时	6时	7时	8时	9时	10时	11时	12时	13时	14时	15时	16时	17时	18时	19时	20时	21时	22时	23时	24时	平均或合计注2
七月标准日	DB	28.1	27.6	27.2	27.0	26.9	27.1	27.5	28.3	29.2	30.2	31.1	31.8	32.4	32.8	33.0	33.0	32.7	32.0	31.1	30.3	29.6	29.2	28.8	28.5	29.8
	RH	77	79	80	81	82	81	80	77	73	69	65	62	60	58	57	57	58	60	63	67	70	72	74	75	70
	I_d	0	0	0	0	0	0	31	77	158	244	300	354	357	319	282	216	131	56	1	0	0	0	0	0	2526
	I_s	0	0	0	0	0	1	81	175	254	310	350	363	364	351	309	250	179	98	9	0	0	0	0	0	3095
	WV	2.0	2.0	2.0	1.9	1.9	2.0	2.1	2.2	2.4	2.6	2.8	2.9	3.0	3.0	2.9	2.8	2.7	2.6	2.4	2.2	2.1	2.1	2.0	2.0	2.4
	DLR	431	430	428	427	427	428	430	433	437	440	443	444	446	447	447	447	445	443	440	438	436	434	434	433	437
九月标准日	DB	23.2	23.0	22.4	22.2	22.3	22.2	22.4	22.9	23.8	24.9	26.0	26.8	27.3	27.6	27.7	27.6	27.2	26.2	25.6	25.0	24.3	23.9	23.7	23.4	24.6
	RH	83	84	85	86	87	88	88	85	81	75	71	67	65	63	62	63	64	67	70	74	76	79	81	82	76
	I_d	0	0	0	0	0	0	4	27	77	153	219	275	274	227	182	120	54	5	0	0	0	0	0	0	1616
	I_s	0	0	0	0	0	0	27	119	209	270	306	322	323	307	258	190	108	23	0	0	0	0	0	0	2462
	WV	2.1	2.1	2.1	2.1	2.1	2.2	2.3	2.3	2.4	2.5	2.6	2.7	2.8	2.9	2.9	3.0	3.0	2.8	2.5	2.3	2.2	2.2	2.1	2.1	2.4
	DLR	401	400	398	397	398	398	399	401	403	406	409	411	412	413	412	412	411	408	406	405	403	402	403	401	405
十一月标准日	DB	12.1	11.8	11.6	11.4	11.2	11.0	10.9	11.3	12.0	13.0	14.1	14.9	15.5	15.8	15.8	15.6	15.2	14.6	13.9	13.3	12.9	12.7	12.5	12.2	13.1
	RH	82	83	84	85	86	87	87	86	83	78	73	69	66	64	63	64	66	68	72	75	78	79	80	81	77
	I_d	0	0	0	0	0	0	0	8	39	91	144	189	186	143	105	53	5	0	0	0	0	0	0	0	963
	I_s	0	0	0	0	0	0	0	50	126	181	210	217	212	193	149	90	20	0	0	0	0	0	0	0	1448
	WV	2.3	2.2	2.3	2.3	2.3	2.3	2.3	2.2	2.4	2.5	2.6	2.7	2.7	2.8	2.7	2.6	2.5	2.4	2.3	2.2	2.3	2.3	2.3	2.3	2.4
	DLR	323	323	322	321	321	320	320	321	323	326	328	329	330	330	329	328	328	327	326	325	325	324	324	323	325
夏季TAC	DB_{25}	32.2	31.6	31.3	30.7	30.4	30.6	31.1	31.9	32.9	34.3	35.3	36.4	37.0	37.6	37.9	38.0	37.8	37.0	35.9	34.8	34.0	33.6	33.1	32.8	34.1
	I_{25}	0	0	0	0	0	14	186	364	568	741	868	943	952	886	788	625	424	217	27	0	0	0	0	0	7602
	DB_{50}	31.6	31.0	30.5	30.0	29.7	29.9	30.5	31.4	32.5	33.7	34.7	35.7	36.5	37.1	37.4	37.5	37.1	36.2	35.1	34.1	33.4	32.9	32.4	32.0	33.5
	I_{50}	0	0	0	0	0	9	178	353	554	728	850	928	931	868	764	611	412	210	23	0	0	0	0	0	7418
	RH_s	82	84	85	86	86	86	85	82	77	71	66	62	60	58	58	58	59	62	66	71	74	77	79	81	73
冬季TAC	DB_{975}	-0.9	-1.0	-1.1	-1.2	-1.4	-1.8	-1.9	-1.6	-0.8	-0.5	-0.1	0.0	0.1	0.3	0.3	0.2	0.1	0.0	0.0	-0.3	-0.6	-0.6	-0.6	-0.7	-0.6
	RH_{975}	41	43	44	44	46	50	51	50	45	37	30	24	20	19	18	18	20	22	27	30	31	35	38	40	34.2
	DB_{950}	0.2	0.0	-0.1	-0.2	-0.4	-0.8	-0.9	-0.6	-0.1	0.5	0.7	0.9	0.9	0.9	0.9	1.0	1.0	0.9	0.9	0.8	0.6	0.5	0.5	0.3	0.4
	RH_{950}	46	48	48	50	52	55	56	55	51	43	35	30	25	23	22	22	23	27	31	36	38	40	43	45	39.3

| 地名 | 郴州 | | 区站号 | 579720 | | 经度 | 113.03E | | 纬度 | 25.8N | | 海拔 | 185m |

地名	1月	2月	3月	4月	5月	6月	7月	8月	9月	10月	11月	12月	年平均或累计[注1]
DB_m	6.7	9.6	13.6	19.3	23.4	26.7	29.3	28.3	25.1	19.8	14.0	8.3	18.7
RH_m	79.0	78.0	78.0	75.0	76.0	76.0	67.0	71.0	74.0	74.0	80.0	76.0	75.0
I_m	223	260	351	430	487	504	641	562	438	356	250	233	4723
HDD_m	349	235	137	0	0	0	0	0	0	0	121	301	1143

		1时	2时	3时	4时	5时	6时	7时	8时	9时	10时	11时	12时	13时	14时	15时	16时	17时	18时	19时	20时	21时	22时	23时	24时	平均或累计[注2]
一月标准日	DB	5.8	5.6	5.5	5.4	5.2	4.9	4.8	5.0	5.4	6.2	7.1	7.9	8.5	8.9	9.1	9.0	8.7	8.2	7.7	7.1	6.8	6.5	6.3	6.1	6.7
	RH	82	83	84	84	85	85	86	85	83	80	77	74	72	70	70	70	72	73	76	78	80	81	81	82	79
	I_d	0	0	0	0	0	0	0	1	17	49	84	123	132	109	85	49	12	0	0	0	0	0	0	0	661
	I_s	0	0	0	0	0	0	0	14	86	145	185	204	206	194	157	104	39	0	0	0	0	0	0	0	1334
	WV	1.5	1.5	1.5	1.5	1.5	1.5	1.5	1.5	1.5	1.6	1.6	1.7	1.8	1.9	1.9	1.9	1.9	1.8	1.7	1.6	1.6	1.6	1.6	1.6	1.6
	DLR	285	284	284	283	283	282	282	282	284	286	288	290	291	292	293	293	292	291	290	289	289	288	287	286	287
三月标准日	DB	12.4	12.2	12.0	11.8	11.6	11.4	11.4	11.8	12.4	13.3	14.2	15.0	15.5	15.9	16.1	16.0	15.8	15.3	14.6	14.1	13.6	13.4	13.1	12.9	13.6
	RH	82	83	83	84	84	85	85	84	82	78	75	72	70	69	69	69	70	71	74	76	78	79	80	81	78
	I_d	0	0	0	0	0	0	1	13	44	94	138	174	176	149	125	87	41	5	0	0	0	0	0	0	1047
	I_s	0	0	0	0	0	0	5	72	156	220	262	290	295	277	234	171	97	20	0	0	0	0	0	0	2099
	WV	1.8	1.8	1.8	1.8	1.8	1.8	1.9	1.9	2.0	2.2	2.3	2.4	2.5	2.6	2.5	2.5	2.4	2.3	2.1	2.0	2.0	1.9	1.9	1.8	2.1
	DLR	326	325	324	323	322	322	322	323	325	328	331	333	335	336	336	336	335	334	332	331	330	329	329	328	329
五月标准日	DB	22.0	21.7	21.4	21.2	21.1	21.1	21.3	21.9	22.7	23.7	24.6	25.2	25.7	26.0	26.1	25.9	25.6	25.1	24.4	23.7	23.2	22.9	22.6	22.3	23.4
	RH	81	82	83	83	84	84	84	81	78	75	71	69	68	67	67	67	68	70	73	75	77	79	80	81	76
	I_d	0	0	0	0	0	0	16	43	91	151	196	226	219	184	147	106	61	20	0	0	0	0	0	0	1460
	I_s	0	0	0	0	0	0	68	157	242	304	343	364	363	339	295	225	143	61	0	0	0	0	0	0	2905
	WV	2.2	2.2	2.2	2.1	2.1	2.1	2.1	2.2	2.3	2.5	2.6	2.7	2.7	2.8	2.7	2.6	2.5	2.4	2.3	2.1	2.2	2.2	2.2	2.2	2.4
	DLR	390	389	388	387	386	387	388	390	393	396	399	402	403	404	405	404	403	401	399	397	396	394	393	392	395

续表

		1时	2时	3时	4时	5时	6时	7时	8时	9时	10时	11时	12时	13时	14时	15时	16时	17时	18时	19时	20时	21时	22时	23时	24时	平均或合计[注2]
七月标准日	DB	27.5	27.2	26.9	26.7	26.6	26.7	27.1	27.9	28.9	30.0	31.0	31.8	32.3	32.6	32.7	32.5	32.0	31.2	30.3	29.4	28.7	28.3	28.1	27.8	29.3
	RH	73	75	76	77	77	77	75	72	68	64	60	57	55	54	54	55	57	60	63	67	69	71	72	72	67
	I_d	0	0	0	0	0	0	28	76	162	262	335	389	384	330	275	201	117	46	0	0	0	0	0	0	2606
	I_s	0	0	0	0	0	0	83	180	263	318	352	366	370	359	320	257	176	93	2	0	0	0	0	0	3138
	WV	2.8	2.8	2.7	2.7	2.7	2.7	2.7	2.8	3.0	3.2	3.4	3.3	3.3	3.2	3.2	3.2	3.2	3.0	2.8	2.7	2.7	2.7	2.7	2.7	2.9
	DLR	424	423	422	421	420	421	423	426	429	433	436	438	440	441	441	441	439	436	434	431	429	427	426	425	430
九月标准日	DB	23.7	23.4	23.1	22.9	22.7	22.6	22.7	23.2	24.0	25.1	26.1	27.0	27.7	28.1	28.3	28.2	27.8	27.1	26.4	25.6	25.0	24.6	24.3	23.9	25.1
	RH	80	82	83	83	84	85	84	82	79	75	70	67	64	63	62	62	64	66	69	72	75	76	78	79	74
	I_d	0	0	0	0	0	0	5	26	73	142	204	262	265	221	178	119	56	5	0	0	0	0	0	0	1555
	I_s	0	0	0	0	0	0	30	120	212	277	315	328	326	308	261	191	107	21	0	0	0	0	0	0	2496
	WV	1.6	1.6	1.6	1.6	1.6	1.6	1.6	1.6	1.7	1.8	1.9	2.1	2.2	2.3	2.3	2.3	2.4	2.2	2.0	1.8	1.8	1.7	1.7	1.7	1.9
	DLR	403	401	400	399	398	398	398	400	403	407	410	413	415	416	416	416	415	413	410	408	406	405	404	403	407
十一月标准日	DB	12.9	12.6	12.4	12.2	12.0	11.7	11.7	12.0	12.7	13.7	14.8	15.8	16.4	16.8	16.8	16.6	16.1	15.5	14.9	14.3	13.8	13.5	13.2	13.0	14.0
	RH	85	85	86	86	87	88	88	87	84	80	76	73	70	69	68	69	71	73	76	79	81	82	83	84	80
	I_d	0	0	0	0	0	0	0	7	33	79	121	164	165	124	86	42	5	5	0	0	0	0	0	0	824
	I_s	0	0	0	0	0	0	0	52	128	183	216	227	221	200	154	92	20	0	0	0	0	0	0	0	1493
	WV	1.5	1.5	1.5	1.5	1.4	1.4	1.4	1.4	1.5	1.6	1.7	1.8	1.9	2.0	1.9	1.9	1.8	1.7	1.6	1.5	1.5	1.5	1.5	1.5	1.6
	DLR	331	330	329	328	327	326	326	327	329	333	336	339	341	341	341	340	339	338	336	335	334	333	332	331	333
夏季TAC	DB_{25}	30.9	30.5	30.2	29.9	29.7	29.7	30.0	30.7	31.8	33.1	34.3	35.4	36.2	36.7	37.0	37.3	36.7	36.0	34.9	33.6	32.6	32.0	31.6	31.3	33.0
	I_{25}	0	0	0	0	0	5	177	354	550	729	868	952	954	878	759	602	405	203	11	0	0	0	0	0	7445
	DB_{50}	30.5	30.2	29.9	29.5	29.2	29.2	29.6	30.4	31.4	32.7	34.0	34.9	35.7	36.2	36.5	36.6	36.2	35.4	34.2	33.1	32.2	31.5	31.1	30.8	32.5
	I_{50}	0	0	0	0	0	2	167	344	540	717	853	932	934	860	748	592	396	193	9	0	0	0	0	0	7285
	RH_s	78	79	80	81	82	81	80	77	72	67	63	59	57	55	55	57	59	62	66	70	73	75	75	77	70
冬季TAC	DB_{975}	−0.5	−0.6	−0.7	−0.8	−0.8	−1	−1.2	−0.9	−0.6	−0.4	−0.2	0.1	0.1	0	0.1	0.1	0.1	0.2	0.2	−0.1	−0.3	−0.4	−0.3	−0.4	−0.3
	RH_{975}	44.3	46	47.5	48.8	50.8	53	54.5	54.8	52	42.8	35	29.5	25.7	22.3	21	20.5	23.3	26.3	33.2	37	39.7	41	42.3	42.6	38.9
	DB_{950}	0.4	0.3	0.2	0.1	0	−0.2	−0.3	−0.2	0.2	0.5	0.8	1	1.1	1.2	1.2	1.2	1.1	1.1	0.9	0.8	0.6	0.5	0.5	0.4	0.6
	RH_{950}	50.4	52.2	53.3	55.3	57.8	60	60	59.7	55.2	48.8	40.2	35.1	30.7	28.3	26.5	26.4	29	32.5	37.6	42.3	44.5	45.5	47.2	48.2	44.4

地名	岳阳	区站号	575840	经度	113.08E	纬度	29.38N	海拔	52m

	1月	2月	3月	4月	5月	6月	7月	8月	9月	10月	11月	12月	年平均或累计[注1]
DB_m	5.7	7.9	12.6	18.1	22.5	26.1	29.6	28.7	24.5	19.3	13.0	7.7	18.0
RH_m	72.0	74.0	74.0	74.0	76.0	80.0	74.0	77.0	78.0	75.0	77.0	70.0	75.0
I_m	218	245	363	422	473	458	530	501	391	328	235	219	4373
HDD_m	382	283	166	0	0	0	0	0	0	0	149	321	1301

		1时	2时	3时	4时	5时	6时	7时	8时	9时	10时	11时	12时	13时	14时	15时	16时	17时	18时	19时	20时	21时	22时	23时	24时	平均或合计[注2]
一月标准日	DB	5.1	4.9	4.7	4.5	4.3	4.1	3.9	4.0	4.4	5.0	5.7	6.4	7.0	7.4	7.6	7.6	7.4	7.0	6.6	6.3	6.0	5.8	5.6	5.4	5.7
	RH	75	76	77	77	78	79	79	79	78	76	73	70	67	65	64	64	65	66	68	70	71	72	73	74	72
	I_d	0	0	0	0	0	0	0	1	20	47	69	102	113	94	79	46	9	0	0	0	0	0	0	0	581
	I_s	0	0	0	0	0	0	0	11	84	146	191	218	220	204	163	106	35	0	0	0	0	0	0	0	1376
	WV	3.4	3.1	3.1	2.7	2.4	2.4	2.4	2.4	2.5	2.6	2.8	2.8	2.8	2.9	2.8	2.7	2.6	2.9	3.2	2.7	3.5	3.4	3.4	3.3	2.9
	DLR	275	274	274	273	273	272	272	272	273	275	277	278	279	279	279	279	279	279	278	278	277	277	276	276	276
三月标准日	DB	11.7	11.4	11.2	11.0	10.8	10.6	10.6	10.8	11.4	12.2	13.0	13.7	14.2	14.6	14.8	14.8	14.7	14.3	13.8	13.3	13.1	12.8	12.5	12.3	12.6
	RH	77	78	79	80	81	82	82	81	80	77	73	70	67	66	65	65	66	67	69	71	72	73	74	75	74
	I_d	0	0	0	0	0	0	1	16	47	92	130	173	175	143	125	88	42	5	0	0	0	0	0	0	1037
	I_s	0	0	0	0	0	0	6	75	163	233	281	307	311	292	244	179	101	20	0	0	0	0	0	0	2213
	WV	4.0	3.2	3.8	3.3	2.7	2.7	2.7	2.6	2.6	2.9	3.0	3.1	3.3	3.4	3.2	3.0	2.8	3.1	3.4	2.9	3.8	3.8	3.9	4.0	3.2
	DLR	317	315	315	315	314	313	313	313	315	317	319	322	324	324	325	325	325	324	323	321	321	320	319	319	319
五月标准日	DB	21.5	21.2	20.9	20.7	20.6	20.7	21.0	21.4	21.9	22.6	23.1	23.6	24.0	24.2	24.4	24.4	24.3	23.9	23.5	23.0	22.7	22.4	22.2	21.9	22.5
	RH	80	81	82	83	83	82	81	80	78	76	74	73	71	70	69	69	70	71	72	74	75	76	77	78	76
	I_d	0	0	0	0	0	0	20	42	79	117	139	164	166	147	133	100	56	22	0	0	0	0	0	0	1185
	I_s	0	0	0	0	0	2	73	161	249	319	366	391	386	356	304	233	149	67	0	0	0	0	0	0	3055
	WV	4.1	2.9	3.5	3.0	2.6	2.6	2.6	2.6	2.8	3.0	3.2	3.2	3.3	3.3	3.2	3.0	2.9	3.6	4.4	3.4	4.7	4.5	4.3	4.3	3.4
	DLR	385	384	383	382	381	381	382	384	387	389	392	393	395	395	396	396	395	394	392	390	389	388	388	387	389

续表[注2]

类别	参数	1时	2时	3时	4时	5时	6时	7时	8时	9时	10时	11时	12时	13时	14时	15时	16时	17时	18时	19时	20时	21时	22时	23时	24时	平均或合计[注2]
七月标准日	DB	28.8	28.5	28.2	27.9	27.8	27.8	28.0	28.5	29.0	29.6	30.0	30.3	30.6	30.8	31.1	31.3	31.4	31.2	30.8	30.3	30.0	29.7	29.5	29.2	29.6
	RH	77	78	79	80	80	80	79	78	76	75	74	73	72	72	71	69	69	69	70	71	72	73	74	75	74
	I_d	0	0	0	0	0	0	27	54	95	134	152	167	161	144	143	124	84	43	1	0	0	0	0	0	1328
	I_s	0	0	0	0	0	1	82	173	264	339	392	423	426	399	348	275	188	99	10	0	0	0	0	0	3419
	WV	4.3	3.7	3.8	3.4	3.0	3.1	3.2	3.3	3.7	4.1	4.4	4.4	4.3	4.2	3.9	3.6	3.3	4.0	4.7	3.7	4.8	4.8	4.8	4.7	4.0
	DLR	437	436	434	433	433	433	434	436	438	441	444	445	447	448	449	449	449	447	445	443	442	440	440	439	441
九月标准日	DB	23.5	23.2	22.9	22.7	22.5	22.5	22.6	23.0	23.6	24.4	25.2	25.8	26.3	26.6	26.8	26.9	26.6	26.2	25.6	24.9	24.5	24.3	24.0	23.7	24.5
	RH	83	85	86	86	87	87	87	85	83	79	75	73	70	69	67	67	68	70	72	75	77	78	79	81	78
	I_d	0	0	0	0	0	0	5	21	52	93	128	164	169	143	127	86	37	3	0	0	0	0	0	0	1028
	I_s	0	0	0	0	0	0	30	115	208	282	330	353	352	326	270	196	109	20	0	0	0	0	0	0	2590
	WV	4.2	4.2	3.8	3.0	2.3	2.3	2.4	2.4	2.5	2.6	2.8	3.1	3.2	3.1	3.1	3.0	2.8	2.9	3.1	2.6	3.3	3.5	3.7	3.9	3.1
	DLR	403	403	401	400	400	400	400	402	404	406	408	410	411	412	412	412	411	410	408	406	405	404	404	403	406
十一月标准日	DB	12.4	12.1	11.9	11.6	11.4	11.2	11.2	11.4	11.9	12.6	13.5	14.2	14.7	15.0	15.1	14.9	14.7	14.3	13.9	13.4	13.2	12.9	12.7	12.5	13.0
	RH	80	81	82	83	84	84	84	84	82	79	76	73	70	68	68	68	69	71	73	75	77	77	78	79	77
	I_d	0	0	0	0	0	0	0	8	32	65	95	126	129	103	76	37	2	0	0	0	0	0	0	0	674
	I_s	0	0	0	0	0	0	0	49	124	185	223	237	228	200	151	88	14	0	0	0	0	0	0	0	1499
	WV	4.2	3.7	3.8	3.1	2.4	2.4	2.4	2.3	2.5	2.6	2.8	2.8	2.8	2.9	2.7	2.6	2.5	2.9	3.3	3.7	3.7	3.9	4.1	4.2	3.1
	DLR	324	323	322	321	320	319	319	320	322	325	327	328	329	329	329	329	329	328	327	326	326	325	324	324	325
夏季 T A C	DB_{25}	33.1	32.6	32.2	31.7	31.4	31.3	31.6	32.2	32.6	33.2	33.9	34.3	34.7	34.8	35.1	35.4	35.5	35.2	35.0	34.8	34.4	34.0	33.7	33.4	33.6
	I_{25}	0	0	0	0	0	22	185	344	516	660	753	806	811	755	670	541	382	208	30	0	0	0	0	0	6681
	DB_{50}	32.4	32.1	31.6	31.2	30.9	30.8	31.1	31.6	32.2	32.8	33.4	33.7	33.8	34.1	34.5	34.9	35.0	34.8	34.4	34.0	33.8	33.4	32.9	32.7	33.0
	I_{50}	0	0	0	0	0	18	177	327	494	638	732	787	790	728	648	530	368	199	27	0	0	0	0	0	6461
	RH_s	83	85	86	86	87	86	84	83	80	77	75	74	73	71	70	69	68	69	71	74	76	77	79	81	78
冬季 T A C	DB_{975}	-0.6	-0.7	-0.9	-1.1	-1.3	-1.5	-1.6	-1.5	-1.1	-0.5	-0.3	-0.2	-0.1	0.0	-0.1	-0.2	-0.1	0.0	-0.2	-0.4	-0.5	-0.5	-0.4	-0.6	-0.6
	RH_{975}	38	38	37	37	40	41	42	41	38	35	31	27	26	25	24	25	26	28	32	34	34	35	37	38	33.7
	DB_{950}	0.3	0.2	0.0	-0.1	-0.2	-0.4	-0.5	-0.5	-0.3	0.2	0.6	0.8	1.0	1.1	1.2	1.1	1.1	1.1	0.9	0.8	0.7	0.6	0.6	0.4	0.4
	RH_{950}	43	44	43	44	47	50	51	50	46	43	37	32	30	28	27	28	30	34	36	38	38	39	41	42	39.1

广东省

地名	湛江	区站号	596580	经度	110.4E	纬度	21.22N	海拔	28m

	1月	2月	3月	4月	5月	6月	7月	8月	9月	10月	11月	12月	年平均或累计[注1]
DB_m	15.5	17.1	19.9	23.6	27.3	28.7	28.6	28.3	27.6	25.1	21.9	17.2	23.4
RH_m	80.0	84.0	87.0	86.0	84.0	82.0	82.0	83.0	82.0	77.0	79.0	74.0	82.0
I_m	283	273	344	406	515	513	527	509	470	427	333	302	4892
HDD_m	78	26	0	0	0	0	0	0	0	0	0	24	128

		1时	2时	3时	4时	5时	6时	7时	8时	9时	10时	11时	12时	13时	14时	15时	16时	17时	18时	19时	20时	21时	22时	23时	24时	平均或合计[注2]
一月标准日	DB	14.4	14.3	14.3	14.2	14.0	13.8	13.7	14.0	14.7	15.7	16.7	17.4	17.9	18.0	17.9	17.7	17.1	16.4	15.6	15.0	14.7	14.7	14.6	14.6	15.5
	RH	85	85	85	85	85	86	85	84	81	77	73	70	69	69	69	70	73	76	80	83	85	86	85	85	80
	I_d	0	0	0	0	0	0	0	0	27	75	122	157	144	100	70	39	12	0	0	0	0	0	0	0	748
	I_s	0	0	0	0	0	0	0	21	106	179	230	262	277	266	223	155	73	1	0	0	0	0	0	0	1792
	WV	3.2	3.2	3.2	3.3	3.3	3.4	3.4	3.4	3.5	3.7	3.8	3.9	3.9	4.0	3.8	3.7	3.5	3.4	3.2	2.9	3.1	3.2	3.3	3.2	3.4
	DLR	342	341	341	340	339	338	337	338	339	342	346	348	349	350	350	349	348	346	345	344	344	343	343	343	344
三月标准日	DB	19.0	18.9	18.9	18.8	18.7	18.6	18.7	18.9	19.3	20.1	20.9	21.5	22.0	22.1	22.0	21.6	21.0	20.4	19.9	19.5	19.3	19.3	19.2	19.2	19.9
	RH	92	92	91	91	92	92	92	91	89	86	82	79	77	76	77	79	81	84	86	89	90	90	91	91	87
	I_d	0	0	0	0	0	0	0	5	21	53	91	130	132	100	67	36	15	2	0	0	0	0	0	0	653
	I_s	0	0	0	0	0	0	1	54	148	236	304	344	358	341	291	210	115	27	0	0	0	0	0	0	2428
	WV	3.3	3.3	3.3	3.3	3.2	3.3	3.3	3.4	3.6	3.8	4.0	4.1	4.1	4.2	4.1	4.1	4.0	3.8	3.6	3.4	3.4	3.4	3.4	3.4	3.6
	DLR	378	378	377	377	376	376	376	377	378	381	383	385	386	387	386	385	384	382	380	379	379	379	379	379	380
五月标准日	DB	26.0	25.8	25.7	25.6	25.6	25.8	26.1	26.7	27.4	28.2	29.0	29.4	29.7	29.7	29.5	29.2	28.6	28.0	27.3	26.7	26.4	26.3	26.3	26.2	27.3
	RH	90	91	91	92	92	91	90	87	83	79	76	73	72	72	73	74	76	79	83	86	88	89	89	90	84
	I_d	0	0	0	0	0	0	9	39	85	138	174	201	191	149	112	72	38	12	0	0	0	0	0	0	1220
	I_s	0	0	0	0	0	0	58	162	265	348	407	434	431	403	354	277	176	77	0	0	0	0	0	0	3393
	WV	2.6	2.6	2.6	2.5	2.5	2.6	2.7	2.9	3.0	3.1	3.2	3.3	3.5	3.6	3.5	3.4	3.3	3.0	2.8	2.6	2.6	2.6	2.6	2.6	2.9
	DLR	429	428	427	427	427	428	430	432	434	436	438	439	440	440	439	437	435	433	432	431	430	430	430	430	433

续表

		1时	2时	3时	4时	5时	6时	7时	8时	9时	10时	11时	12时	13时	14时	15时	16时	17时	18时	19时	20时	21时	22时	23时	24时	平均或合计注2
七月标准日	DB	27.4	27.2	27.0	26.8	26.8	27.0	27.5	28.1	28.9	29.6	30.2	30.6	30.8	30.9	30.7	30.4	29.9	29.2	28.6	28.0	27.7	27.5	27.5	27.5	28.6
	RH	89	90	90	91	91	91	89	86	82	78	74	72	70	70	71	72	75	77	81	84	86	87	88	88	82
	I_d	0	0	0	0	0	0	10	48	100	152	183	199	187	153	118	80	46	18	0	0	0	0	0	0	1293
	I_s	0	0	0	0	0	0	54	156	255	336	395	432	439	416	368	289	192	95	1	0	0	0	0	0	3429
	WV	2.6	2.5	2.5	2.5	2.4	2.5	2.7	2.8	2.9	3.0	3.2	3.3	3.5	3.7	3.6	3.5	3.4	3.1	2.9	2.7	2.7	2.6	2.6	2.6	2.9
	DLR	439	438	437	436	436	437	439	441	443	445	445	446	447	447	446	445	443	441	440	439	438	438	438	439	441
九月标准日	DB	26.4	26.2	26.0	25.8	25.8	25.9	26.2	26.8	27.7	28.6	29.4	29.9	30.2	30.2	30.0	29.7	29.1	28.4	27.7	27.1	26.7	26.5	26.5	26.4	27.6
	RH	88	89	89	90	90	90	89	87	82	78	74	71	70	70	70	72	74	77	81	84	86	87	88	88	82
	I_d	0	0	0	0	0	0	3	36	91	158	204	233	212	160	121	78	36	5	0	0	0	0	0	0	1337
	I_s	0	0	0	0	0	0	26	130	235	317	372	401	406	381	326	242	140	37	0	0	0	0	0	0	3013
	WV	2.4	2.4	2.4	2.4	2.5	2.5	2.6	2.7	2.9	3.0	3.2	3.3	3.4	3.4	3.3	3.2	3.1	2.9	2.7	2.5	2.5	2.5	2.5	2.5	2.8
	DLR	430	429	428	427	427	428	430	432	434	436	438	440	441	441	440	439	437	435	433	431	430	430	430	430	433
十一月标准日	DB	20.9	20.7	20.6	20.4	20.2	20.1	20.1	20.5	21.3	22.4	23.4	24.2	24.6	24.6	24.3	23.8	23.2	22.5	21.9	21.5	21.3	21.2	21.1	21.0	21.9
	RH	85	85	85	84	85	85	85	83	79	75	71	68	66	67	68	71	74	77	80	83	84	84	84	84	79
	I_d	0	0	0	0	0	0	0	15	59	123	173	209	185	127	78	38	8	0	0	0	0	0	0	0	1015
	I_s	0	0	0	0	0	0	0	74	166	236	283	301	304	281	227	146	54	0	0	0	0	0	0	0	2071
	WV	3.2	3.2	3.2	3.2	3.2	3.2	3.3	3.3	3.5	3.7	3.9	3.9	3.9	3.9	3.8	3.6	3.5	3.3	3.2	3.0	3.1	3.1	3.2	3.2	3.4
	DLR	386	385	383	382	381	380	381	382	384	387	391	393	394	395	394	393	392	391	389	388	388	387	387	386	388
夏季TAC	DB_{25}	29.3	29.0	28.9	28.8	28.8	29.0	29.5	30.5	31.4	32.4	33.3	34.2	34.7	35.0	35.2	35.1	34.5	33.4	32.0	30.8	30.2	29.9	29.7	29.5	31.5
	I_{25}	0	0	0	0	0	0	117	296	491	656	776	856	850	778	678	528	344	166	6	0	0	0	0	0	6541
	DB_{50}	29.1	28.8	28.6	28.5	28.5	28.6	29.1	30.1	31.1	32.0	32.8	33.6	34.2	34.7	34.8	34.6	33.9	32.8	31.5	30.4	29.8	29.5	29.4	29.3	31.1
	I_{50}	0	0	0	0	0	0	111	282	475	639	758	827	828	753	658	511	328	156	4	0	0	0	0	0	6329
	RH_s	90	91	91	92	92	91	90	86	81	76	72	69	69	70	72	75	78	82	85	87	88	88	89	89	82
冬季TAC	DB_{975}	7.9	7.7	7.3	7.3	7.1	6.8	6.7	6.9	7.3	7.8	8.3	8.9	9.4	9.6	9.6	9.4	9.1	8.9	8.6	8.3	7.8	7.8	8.1	8.0	8.1
	RH_{975}	53	53	51	50	52	54	53	50	44	37	33	29	27	28	28	30	34	40	48	51	53	53	53	52	43.9
	DB_{950}	8.9	8.8	8.5	8.3	8.1	7.9	7.8	8.0	8.7	9.4	10.2	10.7	11.1	11.2	11.2	11.2	11.0	10.6	10.1	9.3	8.8	8.6	8.9	8.9	9.4
	RH_{950}	60	59	59	58	59	59	58	55	50	43	38	34	32	32	34	34	38	46	54	58	59	59	59	59	49.8

| 地名 | 汕头 | | 区站号 | 593160 | | 经度 | 116.68E | | 纬度 | 23.4N | | 海拔 | 3m |

地名 汕头	1月	2月	3月	4月	5月	6月	7月	8月	9月	10月	11月	12月	年平均或累计 注1
DB_m	14.7	15.6	17.8	21.7	25.6	28.2	29.4	29.4	28.4	25.2	21.4	16.7	22.8
RH_m	72.0	76.0	75.0	77.0	81.0	82.0	78.0	78.0	75.0	68.0	74.0	68.0	75.0
I_m	352	346	448	496	528	542	625	595	527	488	363	349	5650
HDD_m	103	68	7	0	0	0	0	0	0	0	0	40	219

		1时	2时	3时	4时	5时	6时	7时	8时	9时	10时	11时	12时	13时	14时	15时	16时	17时	18时	19时	20时	21时	22时	23时	24时	平均或累计注2
一月标准日	DB	13.4	13.2	13.0	12.8	12.6	12.4	12.5	12.9	13.8	15.0	16.2	17.1	17.7	17.7	17.5	17.0	16.3	15.7	15.1	14.7	14.4	14.2	14.0	13.7	14.7
	RH	78	78	79	79	79	80	80	77	73	68	63	60	58	59	61	63	67	71	74	76	77	77	78	78	72
	I_d	0	0	0	0	0	0	0	16	76	168	243	302	275	187	110	49	7	0	0	0	0	0	0	0	1433
	I_s	0	0	0	0	0	0	0	62	145	198	228	236	244	240	200	129	39	0	0	0	0	0	0	0	1720
	WV	1.6	1.5	1.4	1.3	1.2	1.2	1.3	1.3	1.5	1.7	1.9	2.0	2.1	2.2	2.2	2.1	2.1	2.1	2.0	2.0	1.9	1.9	1.9	1.8	1.8
	DLR	329	327	326	325	324	324	324	325	327	330	333	336	338	339	339	339	338	337	336	335	334	333	332	330	332
三月标准日	DB	16.5	16.2	16.0	15.8	15.7	15.8	16.0	16.5	17.3	18.2	19.2	20.0	20.4	20.6	20.4	19.9	19.3	18.6	18.0	17.6	17.3	17.1	17.0	16.8	17.8
	RH	81	81	82	82	82	82	81	79	75	71	67	65	64	64	65	66	69	71	74	76	78	78	79	80	75
	I_d	0	0	0	0	0	0	5	34	96	180	245	302	282	201	132	70	24	0	0	0	0	0	0	0	1571
	I_s	0	0	0	0	0	0	23	115	206	268	306	321	326	318	272	193	95	3	0	0	0	0	0	0	2446
	WV	1.7	1.6	1.6	1.5	1.5	1.5	1.6	1.6	1.8	2.0	2.2	2.2	2.3	2.3	2.3	2.3	2.3	2.2	2.0	1.9	1.9	1.9	1.9	1.8	1.9
	DLR	351	350	349	348	347	348	348	350	352	354	357	360	362	363	363	362	360	358	356	355	354	354	353	352	354
五月标准日	DB	24.3	24.0	23.8	23.6	23.6	23.8	24.3	25.0	25.8	26.5	27.2	27.6	27.9	27.9	27.7	27.3	26.8	26.3	25.7	25.3	25.0	24.8	24.7	24.6	25.6
	RH	87	88	88	89	89	88	86	82	79	75	73	71	70	71	72	73	75	78	80	83	84	85	86	86	81
	I_d	0	0	0	0	0	0	29	80	151	219	251	271	239	177	127	77	35	6	0	0	0	0	0	0	1663
	I_s	0	0	0	0	0	6	94	188	269	327	367	387	385	355	302	223	127	36	0	0	0	0	0	0	3066
	WV	1.5	1.4	1.4	1.4	1.3	1.4	1.6	1.7	1.9	2.1	2.3	2.4	2.5	2.6	2.6	2.5	2.3	2.3	2.1	1.9	1.8	1.7	1.7	1.6	1.9
	DLR	412	411	410	409	409	410	412	414	416	418	420	422	423	424	423	422	420	419	417	416	416	415	415	414	416

续表

		1时	2时	3时	4时	5时	6时	7时	8时	9时	10时	11时	12时	13时	14时	15时	16时	17时	18时	19时	20时	21时	22时	23时	24时	平均或合计注2
七月标准日	DB	28.0	27.7	27.5	27.3	27.3	27.6	28.1	28.9	29.7	30.5	31.1	31.6	31.8	31.9	31.8	31.4	30.8	30.1	29.4	28.9	28.5	28.4	28.3	28.2	29.4
	RH	85	87	88	88	88	87	85	81	77	73	70	68	67	67	67	68	71	74	77	80	82	83	84	84	78
	I_d	0	0	0	0	0	0	41	108	201	287	331	360	336	272	200	126	62	17	0	0	0	0	0	0	2343
	I_s	0	0	0	0	0	4	104	200	279	333	370	386	387	369	330	259	164	68	0	0	0	0	0	0	3256
	WV	1.5	1.5	1.4	1.4	1.3	1.5	1.6	1.8	2.0	2.3	2.6	2.7	2.8	2.9	2.8	2.8	2.7	2.4	2.2	1.9	1.8	1.7	1.7	1.6	2.0
	DLR	440	439	438	437	437	438	440	443	445	447	449	450	451	451	451	449	447	445	443	442	441	440	440	440	443
九月标准日	DB	27.2	27.0	26.7	26.5	26.4	26.6	27.0	27.7	28.6	29.5	30.3	30.8	31.0	31.0	30.6	30.1	29.5	29.0	28.4	28.1	27.8	27.6	27.5	27.4	28.4
	RH	82	83	83	84	84	84	82	78	73	69	65	63	62	63	65	67	70	73	75	78	79	80	81	81	75
	I_d	0	0	0	0	0	0	23	83	183	287	342	378	337	242	158	84	28	0	0	0	0	0	0	0	2145
	I_s	0	0	0	0	0	0	71	170	251	300	333	345	347	333	284	200	98	3	0	0	0	0	0	0	2735
	WV	1.5	1.4	1.4	1.3	1.3	1.4	1.4	1.5	1.6	1.8	2.3	2.5	2.6	2.8	2.7	2.6	2.5	2.3	2.1	1.9	1.8	1.8	1.7	1.6	1.9
	DLR	430	429	428	427	427	427	428	430	432	434	436	438	439	439	439	437	436	434	433	432	432	432	431	431	433
十一月标准日	DB	20.3	20.0	19.8	19.6	19.4	19.3	19.6	20.2	21.1	22.2	23.2	24.0	24.3	24.2	23.8	23.2	22.6	22.1	21.7	21.3	21.1	20.9	20.7	20.5	21.4
	RH	80	80	80	81	82	82	81	79	74	68	64	61	60	61	64	67	70	73	75	77	78	79	79	80	74
	I_d	0	0	0	0	0	0	2	39	119	218	278	316	268	171	96	36	1	0	0	0	0	0	0	0	1545
	I_s	0	0	0	0	0	0	16	107	183	226	249	253	254	236	183	104	10	0	0	0	0	0	0	0	1820
	WV	1.6	1.4	1.3	1.2	1.1	1.2	1.3	1.3	1.6	1.8	2.1	2.2	2.2	2.2	2.1	2.1	2.0	2.0	2.0	1.9	1.9	1.8	1.7	1.7	1.8
	DLR	377	376	374	373	372	372	373	375	377	380	382	384	386	386	386	385	384	383	382	382	381	381	379	378	380
夏季 TAC	DB_{25}	29.8	29.6	29.4	29.2	29.1	29.4	29.9	30.7	31.8	33.0	34.0	34.8	35.5	35.7	35.6	35.1	34.3	33.1	32.0	31.0	30.7	30.4	30.2	30.1	31.9
	I_{25}	0	0	0	0	0	30	215	414	619	798	906	967	951	852	692	497	301	119	0	0	0	0	0	0	7360
	DB_{50}	29.5	29.3	29.1	28.9	28.9	29.1	29.7	30.5	31.5	32.6	33.6	34.4	34.9	35.2	35.0	34.5	33.6	32.6	31.5	30.7	30.3	30.0	29.9	29.8	31.5
	I_{50}	0	0	0	0	0	26	208	401	604	782	882	940	925	832	673	485	290	112	0	0	0	0	0	0	7158
	RH_s	86	87	88	89	89	88	85	81	77	72	69	68	67	67	68	69	71	74	78	81	83	84	84	85	79
冬季 TAC	DB_{975}	8.0	7.6	7.3	7.3	7.1	6.9	6.9	7.4	8.1	8.8	9.5	10.3	10.6	10.9	10.9	10.6	10.6	10.1	9.7	9.3	8.8	8.6	8.6	8.3	8.8
	RH_{975}	46	46	45	45	47	47	48	46	40	35	30	27	26	28	30	34	38	45	45	49	49	47	48	47	40.4
	DB_{950}	9.1	8.6	8.3	7.9	7.6	7.6	7.7	8.1	9.1	10.1	11.0	11.4	11.9	12.1	12.0	12.0	11.8	11.4	11.0	10.7	10.3	9.9	9.8	9.5	10.0
	RH_{950}	53	52	51	52	53	54	53	50	46	40	34	31	30	32	32	37	41	46	50	54	55	54	54	53	46.2

地名	韶关	区站号	590820	经度	113.58E	纬度	24.8N	海拔	68m

	1月	2月	3月	4月	5月	6月	7月	8月	9月	10月	11月	12月	年平均或累计注1
DB_m	9.9	13.1	15.7	20.7	24.6	27.1	28.6	28.4	26.6	22.1	16.8	11.2	20.4
RH_m	75.0	76.0	80.0	79.0	81.0	81.0	76.0	76.0	77.0	72.0	78.0	73.0	77.0
I_m	268	285	341	399	450	470	565	555	470	419	291	270	4774
HDD_m	250	138	71	0	0	0	0	0	0	0	36	212	706

		1时	2时	3时	4时	5时	6时	7时	8时	9时	10时	11时	12时	13时	14时	15时	16时	17时	18时	19时	20时	21时	22时	23时	24时	平均或合计注2
一月标准日	DB	8.3	8.0	7.9	7.7	7.4	7.1	7.0	7.3	8.1	9.3	10.7	11.8	12.7	13.3	13.6	13.6	13.2	12.4	11.4	10.5	9.8	9.4	9.0	8.7	9.9
	RH	83	84	84	84	86	87	88	87	82	75	69	64	61	59	59	59	61	65	69	74	77	79	81	82	75
	I_d	0	0	0	0	0	0	0	1	18	65	123	174	175	137	98	53	12	0	0	0	0	0	0	0	857
	I_s	0	0	0	0	0	0	0	22	105	172	212	230	234	220	181	121	47	0	0	0	0	0	0	0	1543
	WV	2.3	2.3	2.3	2.3	2.3	2.2	2.1	2.1	2.2	2.3	2.5	2.6	2.7	2.8	2.7	2.6	2.5	2.5	2.5	2.5	2.4	2.4	2.3	2.3	2.4
	DLR	301	300	299	298	297	297	297	298	299	301	304	306	308	310	311	311	311	310	308	307	306	304	303	302	304
三月标准日	DB	14.3	14.1	13.9	13.7	13.5	13.4	13.4	13.7	14.5	15.5	16.5	17.3	18.0	18.4	18.6	18.6	18.3	17.7	16.9	16.2	15.7	15.3	15.0	14.7	15.7
	RH	86	87	87	88	89	90	90	89	85	80	75	72	70	68	67	68	69	71	75	79	81	83	84	85	80
	I_d	0	0	0	0	0	0	0	8	31	79	131	165	158	127	95	59	25	2	0	0	0	0	0	0	881
	I_s	0	0	0	0	0	0	5	74	162	231	272	298	306	288	244	178	98	15	0	0	0	0	0	0	2172
	WV	2.4	2.4	2.4	2.3	2.3	2.3	2.2	2.1	2.3	2.6	2.8	2.9	3.0	3.1	3.0	3.0	2.9	2.8	2.6	2.5	2.5	2.5	2.5	2.4	2.6
	DLR	342	341	340	339	339	338	339	340	342	344	347	349	351	352	352	352	351	350	349	348	347	346	345	344	345
五月标准日	DB	22.8	22.5	22.3	22.2	22.2	22.3	22.3	22.6	23.2	24.1	25.0	25.9	26.7	27.2	27.6	27.8	27.7	27.3	26.6	25.6	24.8	24.2	23.7	23.4	24.6
	RH	90	91	91	91	92	91	90	88	84	79	75	72	70	69	68	68	70	73	77	81	84	86	87	88	81
	I_d	0	0	0	0	0	0	9	27	59	103	140	163	165	145	117	79	39	9	0	0	0	0	0	0	1056
	I_s	0	0	0	0	0	0	63	152	245	318	364	390	381	347	297	228	142	53	0	0	0	0	0	0	2980
	WV	2.2	2.2	2.2	2.1	2.1	2.1	2.1	2.1	2.4	2.7	3.0	3.0	3.1	3.1	3.1	3.0	3.0	2.8	2.6	2.4	2.3	2.2	2.1	2.2	2.5
	DLR	404	403	402	401	401	402	403	406	408	411	414	416	418	419	419	419	417	415	413	411	409	408	407	406	410

续表

		1时	2时	3时	4时	5时	6时	7时	8时	9时	10时	11时	12时	13时	14时	15时	16时	17时	18时	19时	20时	21时	22时	23时	24时	平均或合计注2
七月标准日	DB	26.3	26.0	25.8	25.6	25.6	25.8	26.3	27.2	28.3	29.6	30.7	31.6	32.2	32.5	32.5	32.2	31.5	30.5	29.4	28.4	27.6	27.1	26.8	26.6	28.6
	RH	86	87	88	89	89	88	86	83	77	71	66	62	60	59	59	60	63	66	71	76	80	82	84	85	76
	I_d	0	0	0	0	0	0	16	47	105	180	238	273	259	209	161	111	60	18	0	0	0	0	0	0	1676
	I_s	0	0	0	0	0	0	77	177	278	352	398	418	418	397	348	268	174	82	0	0	0	0	0	0	3389
	WV	2.5	2.5	2.5	2.4	2.4	2.3	2.2	2.1	2.5	2.9	3.2	3.3	3.4	3.5	3.5	3.5	3.5	3.2	2.9	2.6	2.6	2.5	2.4	2.4	2.8
	DLR	427	426	425	424	424	425	428	431	434	438	441	443	445	446	446	445	442	439	436	433	431	430	429	428	434
九月标准日	DB	24.2	23.9	23.6	23.4	23.3	23.4	23.7	24.5	25.8	27.3	28.7	29.7	30.4	30.8	30.9	30.6	29.9	28.9	27.6	26.5	25.7	25.2	24.9	24.6	26.6
	RH	88	90	91	91	92	92	90	86	80	72	66	61	58	57	57	58	61	65	71	77	81	83	85	86	77
	I_d	0	0	0	0	0	0	5	27	83	174	254	299	274	208	153	95	37	2	0	0	0	0	0	0	1612
	I_s	0	0	0	0	0	0	38	136	238	305	339	355	361	344	290	208	113	16	0	0	0	0	0	0	2744
	WV	1.9	1.9	1.9	1.8	1.8	1.7	1.6	1.5	1.8	2.2	2.5	2.6	2.6	2.7	2.7	2.8	2.8	2.7	2.5	2.3	2.2	2.1	2.0	1.9	2.2
	DLR	413	412	411	410	410	410	411	414	417	421	425	427	429	430	430	430	428	425	422	420	418	416	415	414	419
十一月标准日	DB	14.9	14.6	14.4	14.2	14.0	13.8	13.8	14.4	15.4	16.9	18.3	19.5	20.3	20.8	20.9	20.7	20.1	19.1	17.9	16.9	16.2	15.8	15.5	15.1	16.8
	RH	87	89	89	89	90	92	92	90	84	76	69	64	61	59	59	60	63	67	73	79	83	84	85	86	78
	I_d	0	0	0	0	0	0	0	7	35	100	168	211	192	137	92	43	4	0	0	0	0	0	0	0	988
	I_s	0	0	0	0	0	0	1	64	151	212	240	249	250	229	178	108	25	0	0	0	0	0	0	0	1706
	WV	2.2	2.2	2.2	2.2	2.1	2.0	1.9	1.8	2.0	2.2	2.4	2.5	2.6	2.6	2.5	2.5	2.4	2.4	2.4	2.3	2.3	2.3	2.2	2.2	2.3
	DLR	347	346	345	344	343	342	343	345	347	350	353	356	358	359	360	359	358	356	354	353	351	350	348	347	351
夏季	DB_{25}	29.3	29.1	28.9	28.8	28.6	28.5	28.7	29.4	30.5	31.9	33.4	35.0	35.9	36.3	36.6	36.7	36.0	34.5	32.9	31.6	30.8	30.4	30.0	29.6	31.8
	I_{25}	0	0	0	0	0	3	157	326	518	680	813	900	899	795	678	534	341	149	0	0	0	0	0	0	6791
	DB_{50}	28.9	28.6	28.4	28.3	28.1	28.1	28.4	29.1	30.3	31.5	33.0	34.4	35.4	35.9	36.2	36.1	35.3	33.9	32.5	31.3	30.4	29.8	29.5	29.3	31.4
	I_{50}	0	0	0	0	0	0	147	310	493	665	793	874	864	775	666	515	327	144	0	0	0	0	0	0	6572
	RH_s	88	90	91	92	93	91	89	85	79	72	67	62	59	58	58	59	61	65	70	75	80	83	85	86	76
冬季	DB_{975}	1.9	1.6	1.3	0.9	0.4	-0.4	-0.7	0.1	2.1	3.5	4.2	4.6	4.7	4.7	4.6	4.3	4.2	4.2	4.0	3.9	3.5	3.0	2.9	2.3	2.7
	RH_{975}	53	53	52	53	56	57	57	55	50	41	32	26	23	21	19	20	23	28	35	41	42	45	48	50	40.7
	DB_{950}	2.6	2.2	1.8	1.6	1.4	0.7	0.3	1.3	2.8	4.4	5.0	5.3	5.5	5.7	5.7	5.8	5.6	5.3	5.1	4.5	4.2	3.7	3.5	3.1	3.6
	RH_{950}	60	62	62	63	64	65	65	64	57	45	36	30	27	25	23	23	26	31	39	47	50	53	56	58	47.1

地名	广州	区站号	592870	经度	113.33E	纬度	23.17N	海拔	42m

	1月	2月	3月	4月	5月	6月	7月	8月	9月	10月	11月	12月	年平均或累计[1]
DB_m	13.3	15.6	18.1	22.1	25.9	27.9	28.6	28.5	27.4	23.9	19.9	14.7	22.2
RH_m	71.0	75.0	80.0	81.0	81.0	82.0	80.0	79.0	78.0	71.0	74.0	68.0	77.0
I_m	289	279	323	351	410	415	469	464	418	409	301	293	4412
HDD_m	146	66	0	0	0	0	0	0	0	0	0	102	314

		1时	2时	3时	4时	5时	6时	7时	8时	9时	10时	11时	12时	13时	14时	15时	16时	17时	18时	19时	20时	21时	22时	23时	24时	平均或合计[2]
一月标准日	DB	11.5	11.2	11.1	11.0	10.7	10.4	10.3	10.7	11.9	13.4	14.9	16.0	16.7	17.1	17.3	17.1	16.5	15.4	14.1	13.0	12.4	12.1	12.0	11.8	13.3
	RH	79	80	80	80	80	82	82	80	74	68	63	59	57	56	55	56	58	63	69	76	79	80	79	78	71
	I_d	0	0	0	0	0	0	0	4	32	93	152	181	157	112	81	49	14	0	0	0	0	0	0	0	875
	I_s	0	0	0	0	0	0	0	32	116	182	224	251	265	250	203	135	56	0	0	0	0	0	0	0	1714
	WV	2.5	2.5	2.5	2.5	2.5	2.5	2.4	2.4	2.6	2.7	2.9	2.8	2.8	2.8	2.8	2.7	2.6	2.6	2.5	2.5	2.5	2.5	2.5	2.5	2.6
	DLR	317	316	315	315	314	313	312	313	316	320	324	327	329	330	331	330	329	328	326	324	323	321	320	319	321
三月标准日	DB	16.6	16.4	16.2	16.0	15.8	15.7	15.8	16.4	17.3	18.4	19.5	20.2	20.7	20.9	21.1	21.0	20.6	19.9	19.0	18.2	17.6	17.3	17.1	16.9	18.1
	RH	87	88	88	88	89	90	89	87	82	77	72	69	67	67	66	67	68	71	76	80	83	85	86	86	80
	I_d	0	0	0	0	0	0	0	7	29	73	115	127	108	80	61	42	20	2	0	0	0	0	0	0	664
	I_s	0	0	0	0	0	0	4	71	159	233	282	316	324	299	250	179	97	16	0	0	0	0	0	0	2229
	WV	2.0	2.0	2.0	2.0	2.0	2.0	2.0	1.9	2.1	2.3	2.5	2.6	2.7	2.8	2.8	2.7	2.7	2.5	2.3	2.2	2.1	2.0	2.0	2.0	2.3
	DLR	358	357	356	355	354	354	355	356	359	361	364	366	367	368	368	368	367	366	364	363	362	361	360	359	361
五月标准日	DB	24.3	24.0	23.8	23.6	23.6	23.8	24.2	24.9	25.8	26.8	27.6	28.2	28.5	28.7	28.7	28.5	28.0	27.2	26.4	25.6	25.1	24.8	24.7	24.6	25.9
	RH	89	89	90	91	91	90	89	86	82	77	74	71	69	69	69	70	72	75	79	83	86	87	88	88	81
	I_d	0	0	0	0	0	0	7	25	50	78	95	98	91	77	63	47	26	6	0	0	0	0	0	0	663
	I_s	0	0	0	0	0	0	58	147	242	324	379	409	400	358	300	219	129	46	0	0	0	0	0	0	3009
	WV	1.9	1.9	1.8	1.7	1.6	1.7	1.8	1.9	2.1	2.2	2.4	2.5	2.5	2.6	2.6	2.6	2.6	2.4	2.2	2.0	2.0	2.0	1.9	1.9	2.1
	DLR	414	413	412	411	411	412	414	417	419	422	425	426	427	428	428	427	425	423	421	419	418	417	416	416	419

续表

		1时	2时	3时	4时	5时	6时	7时	8时	9时	10时	11时	12时	13时	14时	15时	16时	17时	18时	19时	20时	21时	22时	23时	24时	平均或合计注2
七月标准日	DB	26.7	26.4	26.0	25.8	25.9	26.3	27.0	28.0	29.0	29.9	30.6	31.1	31.5	31.7	31.6	31.3	30.7	29.8	28.9	28.1	27.6	27.3	27.1	27.0	28.6
	RH	88	89	90	91	91	90	88	84	79	74	70	67	66	65	65	67	69	73	77	82	84	86	86	87	80
	I_d	0	0	0	0	0	0	11	42	76	106	117	119	116	104	84	62	35	11	0	0	0	0	0	0	883
	I_s	0	0	0	0	0	0	71	174	272	352	407	438	427	384	329	245	152	69	0	0	0	0	0	0	3319
	WV	1.8	1.7	1.6	1.6	1.5	1.6	1.7	1.8	2.1	2.3	2.5	2.6	2.6	2.7	2.6	2.6	2.6	2.4	2.2	2.0	2.0	2.0	2.0	1.9	2.1
	DLR	432	431	429	428	429	431	434	438	441	443	445	446	446	447	447	445	443	441	439	437	436	434	434	433	438
九月标准日	DB	25.5	25.2	24.9	24.7	24.7	24.9	25.3	26.2	27.3	28.5	29.6	30.3	30.7	31.0	31.0	30.8	30.1	29.1	27.9	26.8	26.1	25.8	25.7	25.6	27.4
	RH	87	88	89	89	89	89	87	84	79	73	68	65	63	62	62	63	66	70	76	82	86	87	87	87	78
	I_d	0	0	0	0	0	0	5	30	72	124	153	162	141	109	89	61	27	1	0	0	0	0	0	0	974
	I_s	0	0	0	0	0	0	39	138	240	320	374	403	398	358	295	207	109	15	0	0	0	0	0	0	2895
	WV	1.8	1.8	1.8	1.8	1.8	1.9	1.9	2.0	2.1	2.3	2.5	2.4	2.4	2.4	2.3	2.3	2.2	2.1	2.0	1.9	1.9	1.8	1.7	1.8	2.0
	DLR	422	421	419	418	418	419	421	425	428	431	434	436	437	438	438	437	435	432	429	427	425	424	423	422	428
十一月标准日	DB	18.0	17.7	17.5	17.4	17.3	17.2	17.4	18.1	19.2	20.6	22.0	23.0	23.5	23.7	23.6	23.2	22.5	21.4	20.2	19.3	18.7	18.5	18.4	18.2	19.9
	RH	83	84	84	84	84	84	83	81	76	69	64	61	59	59	59	61	64	69	74	80	82	82	82	82	74
	I_d	0	0	0	0	0	0	0	14	51	110	157	177	148	102	68	34	4	0	0	0	0	0	0	0	865
	I_s	0	0	0	0	0	0	2	77	165	231	271	290	289	255	195	117	31	0	0	0	0	0	0	0	1923
	WV	2.2	2.2	2.2	2.2	2.2	2.2	2.2	2.2	2.4	2.5	2.7	2.6	2.6	2.6	2.4	2.3	2.2	2.2	2.2	2.1	2.1	2.1	2.1	2.1	2.3
	DLR	363	362	361	360	360	359	360	362	365	370	374	377	379	379	379	378	376	374	372	370	368	367	365	364	369
夏季TAC	DB_{25}	29.5	29.1	28.7	28.6	28.4	28.6	29.2	30.1	31.3	32.6	33.5	34.4	35.0	35.6	36.1	36.3	35.7	34.2	32.5	31.4	30.8	30.3	30.0	29.8	31.7
	I_{25}	0	0	0	0	0	0	138	309	481	628	732	771	756	700	614	493	311	135	0	0	0	0	0	0	6067
	DB_{50}	29.1	28.7	28.5	28.3	28.2	28.3	28.8	29.7	31.0	32.1	33.2	34.0	34.7	35.1	35.6	35.8	35.3	33.9	32.3	31.0	30.4	30.0	29.7	29.4	31.4
	I_{50}	0	0	0	0	0	0	128	296	468	616	708	752	735	685	601	475	301	128	0	0	0	0	0	0	5890
	RH_s	90	91	92	92	93	92	89	84	79	73	68	66	63	63	64	66	68	72	77	83	86	88	89	89	80
冬季TAC	DB_{975}	5.1	5.0	4.8	4.6	4.4	4.0	3.9	4.6	5.6	6.3	6.8	7.3	7.6	7.9	7.7	7.7	7.6	7.3	7.0	6.3	5.7	5.4	5.4	5.4	6.0
	RH_{975}	40	39	38	39	42	44	43	41	36	31	27	24	23	21	20	20	23	29	34	39	40	41	41	41	33.9
	DB_{950}	6.0	5.8	5.6	5.4	5.2	4.8	4.8	5.5	6.4	7.6	8.3	8.6	9.0	9.2	9.2	9.1	8.8	8.4	8.2	7.4	6.4	6.2	6.2	6.2	7.0
	RH_{950}	46	45	45	46	47	49	49	46	41	35	30	27	25	24	23	23	26	34	41	46	48	49	49	46	39.2

海南省

地名	海口	区站号	597580	经度	110.35E	纬度	20.03N	海拔	24m

	1月	2月	3月	4月	5月	6月	7月	8月	9月	10月	11月	12月	年平均或累计[注1]
DB_m	17.3	19.6	22.2	25.4	28.0	28.9	28.7	28.3	27.8	25.8	23.3	19.3	24.5
RH_m	83.0	85.0	82.0	81.0	79.0	78.0	79.0	81.0	81.0	79.0	81.0	79.0	81.0
I_m	298	345	467	538	632	606	621	594	514	450	348	305	5708
HDD_m	23	0	0	0	0	0	0	0	0	0	0	0	23

		1时	2时	3时	4时	5时	6时	7时	8时	9时	10时	11时	12时	13时	14时	15时	16时	17时	18时	19时	20时	21时	22时	23时	24时	平均或合计[注2]
一月标准日	DB	16.5	16.4	16.4	16.3	16.2	16.1	16.1	16.3	16.9	17.6	18.3	18.7	18.9	18.9	18.8	18.6	18.3	17.9	17.5	17.2	16.9	16.8	16.7	16.6	17.3
	RH	87	88	88	88	88	88	88	87	85	82	79	77	77	76	77	77	78	80	82	84	85	86	87	87	83
	I_d	0	0	0	0	0	0	0	2	36	97	150	178	153	105	71	41	14	0	0	0	0	0	0	0	848
	I_s	0	0	0	0	0	0	0	24	116	185	230	260	277	268	226	159	76	1	0	0	0	0	0	0	1823
	WV	3.3	3.3	3.4	3.5	3.6	3.7	3.7	3.7	4.1	4.4	4.7	4.7	4.7	4.6	4.6	4.6	4.6	4.3	4.0	3.8	3.6	3.4	3.2	3.3	3.9
	DLR	357	357	356	356	355	355	355	356	357	360	362	364	364	364	363	363	362	361	359	359	358	358	358	358	359
三月标准日	DB	20.9	20.7	20.6	20.5	20.4	20.3	20.4	20.9	21.7	22.6	23.5	24.2	24.5	24.6	24.6	24.4	24.0	23.4	22.7	22.1	21.7	21.5	21.3	21.1	22.2
	RH	89	89	89	90	90	90	90	88	84	79	76	73	72	71	71	72	73	76	79	81	84	85	86	88	82
	I_d	0	0	0	0	0	0	0	20	87	194	285	320	277	199	140	90	43	6	0	0	0	0	0	0	1662
	I_s	0	0	0	0	0	0	0	83	182	246	285	317	345	347	306	231	138	40	0	0	0	0	0	0	2522
	WV	3.6	3.5	3.5	3.5	3.5	3.6	3.7	3.8	4.0	4.1	4.3	4.4	4.5	4.6	4.6	4.6	4.6	4.4	4.2	4.1	3.9	3.8	3.7	3.6	4.0
	DLR	389	388	388	387	387	386	387	388	391	394	396	398	400	400	400	399	398	395	393	392	391	390	390	390	392
五月标准日	DB	26.1	25.9	25.7	25.6	25.6	25.9	26.5	27.4	28.5	29.6	30.5	31.0	31.2	31.1	30.8	30.3	29.7	29.0	28.3	27.6	27.0	26.7	26.4	26.3	28.0
	RH	89	90	91	91	91	90	87	82	77	72	68	66	65	65	67	68	70	73	76	80	83	85	87	88	79
	I_d	0	0	0	0	0	0	17	99	235	373	436	443	372	266	175	112	58	15	0	0	0	0	0	0	2601
	I_s	0	0	0	0	0	0	67	171	241	283	325	359	383	385	345	261	168	72	0	0	0	0	0	0	3061
	WV	2.9	2.8	2.7	2.7	2.6	2.8	2.9	3.0	3.1	3.3	3.4	3.5	3.7	3.8	3.9	4.0	3.8	3.7	3.5	3.2	3.0	2.9	2.8	2.8	3.2
	DLR	428	427	427	426	426	427	429	432	436	439	442	443	444	443	442	440	438	435	433	431	430	429	429	429	434

续表

		1时	2时	3时	4时	5时	6时	7时	8时	9时	10时	11时	12时	13时	14时	15时	16时	17时	18时	19时	20时	21时	22时	23时	24时	平均或合计注2
七月标准日	DB	26.9	26.7	26.5	26.4	26.3	26.5	27.1	28.1	29.2	30.2	31.0	31.4	31.5	31.4	31.2	31.0	30.6	30.0	29.2	28.5	27.8	27.4	27.2	27.0	28.7
	RH	88	89	89	90	90	89	86	82	77	72	68	67	67	67	68	69	70	72	76	80	83	85	86	87	79
	I_d	0	0	0	0	0	0	11	84	213	352	418	388	301	214	159	118	72	24	0	0	0	0	0	0	2353
	I_s	0	0	0	0	0	0	55	161	238	283	329	383	416	409	361	285	193	97	0	0	0	0	0	0	3210
	WV	2.7	2.7	2.7	2.7	2.7	2.7	2.8	2.8	3.0	3.1	3.3	3.4	3.5	3.7	3.7	3.7	3.7	3.5	3.2	3.0	2.9	2.8	2.7	2.7	3.1
	DLR	434	433	432	431	431	432	434	437	440	444	446	447	448	448	447	446	444	442	440	438	436	435	434	434	439
九月标准日	DB	26.3	26.2	26.0	25.8	25.8	26.0	26.5	27.3	28.1	29.0	29.7	30.0	30.1	30.0	29.8	29.6	29.2	28.7	28.1	27.6	27.1	26.8	26.7	26.5	27.8
	RH	88	89	90	90	90	90	88	84	80	76	72	71	71	71	71	72	73	75	78	81	84	85	87	88	81
	I_d	0	0	0	0	0	0	3	62	168	280	331	317	251	178	125	86	44	5	0	0	0	0	0	0	1849
	I_s	0	0	0	0	0	0	26	138	224	280	332	376	399	385	331	243	141	35	0	0	0	0	0	0	2908
	WV	2.6	2.5	2.6	2.7	2.6	2.9	2.9	3.0	3.3	3.6	4.0	4.2	4.3	4.5	4.4	4.3	4.3	3.9	3.6	3.2	3.0	2.9	2.7	2.7	3.4
	DLR	430	429	428	428	428	429	430	433	436	438	440	441	441	441	440	438	437	435	434	432	431	431	431	430	434
十一月标准日	DB	22.5	22.3	21.9	21.7	22.1	22.1	22.3	22.8	23.3	24.0	24.6	24.9	24.9	25.0	24.8	24.6	24.3	23.4	23.6	23.2	22.9	22.8	22.6	22.5	23.3
	RH	86	86	86	86	87	86	86	83	80	77	74	73	73	73	74	75	76	78	79	81	83	84	85	85	81
	I_d	0	0	0	0	0	0	0	24	88	163	205	216	174	120	79	43	10	0	0	0	0	0	0	0	1122
	I_s	0	0	0	0	0	0	0	83	168	229	275	301	310	289	233	153	59	0	0	0	0	0	0	0	2099
	WV	3.1	3.1	3.2	3.3	3.4	3.5	3.7	3.8	4.2	4.5	4.8	4.8	4.8	4.8	4.7	4.7	4.6	4.4	4.2	3.9	3.7	3.4	3.2	3.2	4.0
	DLR	398	398	396	395	396	396	397	398	400	402	403	404	404	405	404	404	403	400	401	400	399	398	398	398	400
夏季	DB_{25}	29.0	28.7	28.5	28.3	28.0	28.3	29.3	30.5	31.9	33.1	34.1	34.7	35.4	35.6	35.5	35.6	35.2	34.3	33.1	31.8	30.7	30.0	29.5	29.2	31.7
TAC	I_{25}	0	0	0	0	0	0	122	342	590	796	935	1010	964	833	715	564	386	181	0	0	0	0	0	0	7435
	DB_{50}	28.6	28.3	28.0	27.9	27.8	28.0	28.9	30.2	31.5	32.7	33.5	34.3	34.8	34.9	35.0	34.9	34.5	33.7	32.5	31.2	30.3	29.5	29.1	28.9	31.2
TAC	I_{50}	0	0	0	0	0	0	113	330	570	777	913	976	935	805	692	548	368	173	0	0	0	0	0	0	7201
	RH_s	88	89	90	90	90	89	86	82	76	71	67	66	66	66	67	68	70	72	76	80	83	85	87	88	79
冬季	DB_{975}	10.8	10.6	10.5	10.7	10.7	10.6	10.4	10.4	10.9	10.9	11.2	11.5	11.9	12.0	12.2	12.0	11.9	11.7	11.5	11.5	11.0	11.1	11.0	10.8	11.2
TAC	RH_{975}	61	61	60	60	61	61	62	61	59	54	51	47	46	44	43	43	46	50	53	57	60	61	63	63	55.2
	DB_{950}	12.2	12.0	11.9	11.9	11.8	11.7	11.7	11.8	12.1	12.7	13.0	13.1	13.2	13.1	13.1	13.1	13.0	12.8	12.7	12.6	12.5	12.2	12.3	12.3	12.5
TAC	RH_{950}	67	67	66	65	66	66	66	66	63	58	54	51	49	49	50	51	53	56	60	62	63	65	67	67	60.2

209

| 地名 | 东方 | | 区站号 | 598380 | | 经度 | 108.62E | | 纬度 | 19.1N | | 海拔 | 8m |

	1月	2月	3月	4月	5月	6月	7月	8月	9月	10月	11月	12月	年平均或累计注1
DB_m	19.5	21.1	23.4	26.8	29.5	30.3	29.4	29.1	28.5	26.6	24.4	21.1	25.8
RH_m	80.0	80.0	78.0	75.0	72.0	72.0	75.0	79.0	79.0	77.0	77.0	75.0	77.0
I_m	351	359	460	503	545	502	503	498	468	443	375	350	5352
HDD_m	0	0	0	0	0	0	0	0	0	0	0	0	0

		1时	2时	3时	4时	5时	6时	7时	8时	9时	10时	11时	12时	13时	14时	15时	16时	17时	18时	19时	20时	21时	22时	23时	24时	平均或合计注2
一月标准日	DB	18.2	18.1	18.1	18.0	17.7	17.4	17.2	17.6	18.6	19.9	21.2	22.0	22.2	22.1	21.8	21.5	21.1	20.6	20.0	19.5	19.2	19.0	18.7	18.5	19.5
	RH	85	85	85	85	86	88	88	86	82	76	72	70	69	71	72	74	76	77	79	81	82	83	84	85	80
	I_d	0	0	0	0	0	0	0	1	42	132	212	245	186	105	62	34	14	0	0	0	0	0	0	0	1033
	I_s	0	0	0	0	0	0	0	24	130	206	257	294	326	317	266	190	98	7	0	0	0	0	0	0	2116
	WV	3.6	3.5	3.6	3.6	3.7	3.8	3.8	3.9	3.9	4.0	4.1	4.3	4.5	4.8	4.7	4.7	4.6	4.4	4.2	4.0	3.9	3.7	3.6	3.6	4.0
	DLR	368	367	366	366	365	364	363	364	367	371	376	379	381	381	381	380	379	377	375	373	372	371	370	369	372
三月标准日	DB	22.3	22.1	22.0	21.8	21.6	21.3	21.3	21.8	22.7	23.8	24.8	25.5	25.8	25.7	25.5	25.3	24.9	24.4	23.9	23.5	23.2	22.9	22.7	22.5	23.4
	RH	82	82	83	83	84	85	85	83	80	75	72	70	71	71	72	73	74	76	77	79	79	80	80	81	78
	I_d	0	0	0	0	0	0	0	13	67	153	215	244	188	111	77	52	28	7	0	0	0	0	0	0	1154
	I_s	0	0	0	0	0	0	0	81	196	284	349	392	423	409	351	264	160	58	0	0	0	0	0	0	2967
	WV	3.1	3.0	3.0	3.0	3.0	2.9	2.9	2.8	3.1	3.5	3.8	4.1	4.5	4.9	4.9	5.0	5.0	4.6	4.2	3.8	3.6	3.4	3.1	3.1	3.7
	DLR	393	392	392	391	390	389	389	391	394	399	403	406	408	408	408	407	406	404	401	399	398	396	395	394	398
五月标准日	DB	28.3	28.0	27.8	27.6	27.6	27.8	28.2	28.9	29.7	30.5	31.1	31.4	31.5	31.4	31.2	31.0	30.6	30.2	29.8	29.4	29.1	28.9	28.7	28.6	29.5
	RH	76	77	78	78	78	76	75	72	70	68	67	67	67	68	68	69	70	71	72	73	73	74	74	75	72
	I_d	0	0	0	0	0	0	11	65	138	201	216	209	164	114	84	61	38	16	0	0	0	0	0	0	1316
	I_s	0	0	0	0	0	0	54	162	261	342	409	453	468	443	386	301	196	91	0	0	0	0	0	0	3564
	WV	3.2	3.4	3.4	3.5	3.5	3.5	3.4	3.4	3.9	4.5	5.0	5.3	5.5	5.8	5.6	5.5	5.3	4.9	4.4	4.0	3.6	3.2	2.9	3.0	4.1
	DLR	433	432	431	430	429	429	431	434	438	442	445	448	449	449	448	447	445	443	441	438	436	435	434	434	438

续表

		1时	2时	3时	4时	5时	6时	7时	8时	9时	10时	11时	12时	13时	14时	15时	16时	17时	18时	19时	20时	21时	22时	23时	24时	平均或合计[注2]
七月标准日	DB	28.6	28.4	28.3	28.2	28.1	28.3	28.5	29.0	29.6	30.2	30.7	31.0	31.1	31.0	30.7	30.4	30.1	29.8	29.5	29.3	29.1	29.0	28.9	28.7	29.4
	RH	77	78	79	80	80	79	78	76	74	72	71	70	71	71	72	73	74	75	76	76	76	76	76	77	75
	I_d	0	0	0	0	0	0	5	46	96	142	164	160	128	91	64	45	30	15	0	0	0	0	0	0	986
	I_s	0	0	0	0	0	0	38	145	247	335	405	451	466	441	383	302	204	104	3	0	0	0	0	0	3525
	WV	3.6	3.7	3.9	4.1	4.3	4.3	4.4	4.5	4.8	5.1	5.5	5.6	5.7	5.8	5.6	5.4	5.2	4.8	4.5	4.2	3.9	3.6	3.3	3.4	4.5
	DLR	437	436	436	435	435	436	437	439	441	444	447	448	449	449	448	447	445	444	442	440	439	438	437	437	441
九月标准日	DB	27.3	27.1	26.9	26.7	26.6	26.7	27.0	27.6	28.5	29.4	30.2	30.7	30.8	30.6	30.4	30.0	29.6	29.2	28.7	28.3	28.0	27.8	27.6	27.4	28.5
	RH	84	85	85	86	86	86	84	82	78	74	71	70	70	71	72	73	75	76	78	79	80	81	82	83	79
	I_d	0	0	0	0	0	0	1	36	103	181	225	225	171	108	71	46	25	4	0	0	0	0	0	0	1195
	I_s	0	0	0	0	0	0	11	127	234	315	377	419	438	414	348	256	151	45	0	0	0	0	0	0	3135
	WV	2.5	2.6	2.6	2.6	2.7	2.8	2.8	2.9	3.2	3.5	3.8	4.0	4.2	4.4	4.3	4.2	4.0	3.7	3.4	3.1	2.9	2.8	2.6	2.5	3.3
	DLR	433	432	431	430	430	430	431	433	436	440	443	445	446	446	445	444	442	440	438	436	435	434	434	433	437
十一月标准日	DB	22.9	22.8	22.7	22.5	22.4	22.2	22.3	22.9	23.9	25.2	26.3	27.1	27.3	27.2	26.8	26.4	25.9	25.4	24.8	24.3	24.0	23.7	23.4	23.2	24.4
	RH	84	84	84	85	86	86	85	82	78	72	68	65	65	66	68	70	73	75	77	79	80	81	82	83	77
	I_d	0	0	0	0	0	0	0	15	74	167	241	267	203	115	66	34	9	0	0	0	0	0	0	0	1191
	I_s	0	0	0	0	0	0	0	79	180	248	290	317	339	323	260	172	73	0	0	0	0	0	0	0	2281
	WV	3.4	3.3	3.4	3.5	3.6	3.6	3.7	3.7	3.9	4.1	4.2	4.3	4.4	4.5	4.6	4.6	4.6	4.4	4.2	4.1	3.9	3.8	3.6	3.5	4.0
	DLR	400	399	398	397	396	396	396	398	401	405	410	412	414	414	414	413	412	410	408	406	404	403	402	401	405
夏季 T A C	DB_{25}	31.4	31.1	31.0	30.9	30.9	30.9	31.2	31.9	32.5	33.1	33.5	33.8	33.9	33.7	33.4	33.2	32.8	32.4	32.1	32.0	32.0	32.0	31.9	31.7	32.2
	I_{25}	0	0	0	0	0	0	94	280	470	632	739	781	751	679	585	454	311	163	11	0	0	0	0	0	5950
	DB_{50}	31.1	30.9	30.7	30.6	30.5	30.7	31.0	31.5	32.1	32.7	33.2	33.5	33.5	33.3	33.1	32.9	32.5	32.2	31.9	31.7	31.6	31.6	31.5	31.3	31.9
	I_{50}	0	0	0	0	0	0	86	267	452	612	714	756	730	655	564	442	296	154	7	0	0	0	0	0	5736
	RH_s	78	79	80	80	80	79	78	76	73	71	69	69	70	70	71	72	73	74	75	75	76	76	76	77	75
冬季 T A C	DB_{975}	12.6	12.5	12.4	12.4	12.1	12.1	12.0	12.2	12.8	13.3	13.8	14.1	14.2	14.1	14.1	14.1	13.9	13.7	13.4	13.2	13.1	12.9	12.9	12.7	13.1
	RH_{975}	57	58	56	56	57	59	60	59	55	48	44	41	42	44	47	49	52	54	55	55	56	56	59	58	53.2
	DB_{950}	13.4	13.4	13.2	13.1	13.0	12.9	12.8	13.0	13.5	14.3	15.1	15.5	15.6	15.5	15.3	15.0	14.8	14.6	14.4	14.1	13.9	13.7	13.8	13.6	14.1
	RH_{950}	63	63	61	62	63	64	65	65	61	56	50	48	47	48	52	54	56	58	59	61	61	62	62	63	58.5

广西壮族自治区

地名	柳州	区站号	590460	经度	109.4E	纬度	24.35N	海拔	97m

	1月	2月	3月	4月	5月	6月	7月	8月	9月	10月	11月	12月	年平均或累计[注1]
DB_m	10.8	13.3	16.3	21.7	25.6	27.8	29.5	29.4	27.5	23.6	18.1	12.5	21.3
RH_m	71.0	71.0	76.0	74.0	75.0	76.0	71.0	71.0	69.0	64.0	70.0	66.0	71.0
I_m	254	274	341	419	492	495	579	559	485	419	304	266	4877
HDD_m	224	131	51	0	0	0	0	0	0	0	0	170	576

		1时	2时	3时	4时	5时	6时	7时	8时	9时	10时	11时	12时	13时	14时	15时	16时	17时	18时	19时	20时	21时	22时	23时	24时	平均或合计[注2]
一月标准日	DB	9.9	9.7	9.5	9.4	9.2	9.0	8.8	9.0	9.4	10.1	11.0	11.7	12.4	12.8	13.2	13.2	13.0	12.4	11.7	11.1	10.7	10.5	10.4	10.2	10.8
	RH	74	76	76	76	77	77	78	77	75	72	68	66	63	62	61	61	63	65	68	71	72	73	73	74	71
	I_d	0	0	0	0	0	0	0	0	14	48	88	129	134	106	87	52	14	0	0	0	0	0	0	0	672
	I_s	0	0	0	0	0	0	0	4	85	159	211	241	252	242	201	141	67	0	0	0	0	0	0	0	1604
	WV	2.9	2.6	2.4	2.0	1.7	1.7	1.6	1.6	1.6	1.7	1.8	1.8	1.9	1.9	1.9	1.8	1.7	2.5	3.2	3.2	3.7	3.6	3.4	3.1	2.3
	DLR	303	303	302	302	301	301	300	300	300	301	303	305	307	309	310	311	312	311	310	309	308	307	306	304	305
三月标准日	DB	15.5	15.3	15.1	14.9	14.7	14.7	14.6	14.5	14.7	15.1	15.8	16.5	17.1	17.7	18.2	18.5	18.6	18.4	18.0	17.4	16.9	16.5	16.1	15.9	16.3
	RH	80	81	81	82	83	83	83	83	82	81	78	75	72	70	69	68	68	68	70	72	74	76	77	78	76
	I_d	0	0	0	0	0	0	0	4	22	56	91	117	131	140	117	99	66	27	4	0	0	0	0	0	758
	I_s	0	0	0	0	0	0	0	52	144	224	284	317	326	313	271	206	124	34	0	0	0	0	0	0	2295
	WV	3.1	3.1	2.7	2.2	2.1	1.7	1.6	1.6	1.6	1.7	1.8	1.9	2.0	2.1	2.1	2.0	1.9	2.7	3.5	3.6	3.7	3.6	3.6	3.4	2.5
	DLR	345	344	343	342	342	341	341	341	342	343	344	346	348	350	351	352	353	352	351	350	349	348	347	346	346
五月标准日	DB	24.5	24.1	23.7	23.5	23.3	23.3	23.4	23.8	24.5	25.3	26.1	26.8	27.4	27.9	28.3	28.4	28.2	27.7	27.0	26.3	25.8	25.5	25.2	24.9	25.6
	RH	79	81	82	83	84	84	84	82	79	76	73	70	68	66	65	64	65	67	70	73	74	76	77	78	75
	I_d	0	0	0	0	0	0	6	23	60	114	163	199	198	176	151	108	57	18	0	0	0	0	0	0	1272
	I_s	0	0	0	0	0	0	43	137	235	312	360	404	382	339	267	179	86	34	0	0	0	0	0	0	3140
	WV	3.1	2.8	2.5	2.1	1.9	1.7	1.7	1.7	1.8	1.9	2.1	2.2	2.3	2.4	2.3	2.2	2.2	2.6	3.0	2.9	3.3	3.2	3.2	3.1	2.4
	DLR	407	406	404	403	403	403	403	405	407	410	412	415	417	419	420	421	420	418	416	414	412	411	410	409	411

续表

	参数	1时	2时	3时	4时	5时	6时	7时	8时	9时	10时	11时	12时	13时	14时	15时	16时	17时	18时	19时	20时	21时	22时	23时	24时	平均或合计[注2]
七月标准日	DB	28.1	27.7	27.4	27.1	26.9	26.9	27.1	27.6	28.4	29.4	30.4	31.2	31.8	32.2	32.4	32.4	32.2	31.6	30.8	30.1	29.6	29.2	28.9	28.6	29.5
	RH	77	79	80	81	82	82	82	79	76	72	68	64	62	60	59	59	60	62	65	68	70	72	73	75	71
	I_d	0	0	0	0	0	0	8	38	98	180	246	300	294	240	197	143	81	31	1	0	0	0	0	0	1857
	I_s	0	0	0	0	0	0	49	150	251	325	372	396	404	399	360	292	205	112	12	0	0	0	0	0	3328
	WV	2.4	2.6	2.3	2.0	1.7	1.7	1.8	1.8	2.0	2.2	2.3	2.4	2.4	2.4	2.4	2.4	2.3	2.5	2.6	2.4	2.5	2.5	2.5	2.5	2.3
	DLR	432	431	430	429	428	428	429	431	434	437	440	443	444	446	446	446	445	443	441	439	437	436	435	434	437
九月标准日	DB	26.3	25.9	25.3	25.0	25.1	24.9	25.0	25.4	26.2	27.3	28.4	29.3	30.0	30.5	30.7	30.7	30.4	29.4	28.8	28.2	27.5	27.2	27.0	26.5	27.5
	RH	74	76	78	78	79	80	80	78	74	70	65	62	59	58	57	57	58	60	64	66	68	69	71	72	69
	I_d	0	0	0	0	0	0	1	20	74	162	241	319	315	244	187	117	51	7	0	0	0	0	0	0	1738
	I_s	0	0	0	0	0	0	12	110	217	293	337	350	355	350	307	236	143	43	0	0	0	0	0	0	2753
	WV	3.2	3.2	2.7	2.1	1.6	1.5	1.6	1.6	1.7	1.9	2.0	2.0	2.1	1.9	2.1	2.0	2.0	2.6	3.1	2.7	3.5	3.5	3.5	3.4	2.4
	DLR	416	415	412	411	411	411	411	412	415	419	422	426	428	429	429	429	428	425	423	422	419	417	417	416	419
十一月标准日	DB	17.0	16.6	16.4	16.2	16.0	15.8	15.8	16.1	16.8	17.8	18.9	19.8	20.5	20.9	21.1	21.1	20.7	19.9	19.1	18.3	17.9	17.6	17.4	17.1	18.1
	RH	75	76	77	77	78	78	79	78	74	70	66	62	60	59	58	58	60	62	66	69	71	72	72	73	70
	I_d	0	0	0	0	0	0	0	6	40	103	164	211	197	143	101	51	9	0	0	0	0	0	0	0	1026
	I_s	0	0	0	0	0	0	0	49	140	207	245	259	263	247	201	133	48	0	0	0	0	0	0	0	1791
	WV	2.9	2.5	2.2	1.9	1.6	1.6	1.6	1.6	1.7	1.8	1.9	1.9	1.9	1.9	1.8	1.8	1.7	2.7	3.7	4.3	4.4	4.2	3.9	3.3	2.4
	DLR	349	348	348	347	346	345	345	346	348	351	354	356	359	360	360	360	359	357	355	354	353	352	351	349	352
夏季TAC	DB_{25}	31.2	30.6	30.1	29.8	29.4	29.3	29.4	30.0	31.1	32.3	33.5	34.6	35.3	35.8	36.3	36.5	36.4	35.8	34.8	33.9	33.2	32.7	32.2	31.8	32.8
	I_{25}	0	0	0	0	0	0	109	274	476	681	846	937	920	845	740	589	395	203	27	0	0	0	0	0	7042
	DB_{50}	30.8	30.2	29.8	29.4	29.0	28.9	29.1	29.7	30.5	31.8	33.1	34.1	34.8	35.5	35.9	36.1	35.9	35.2	34.4	33.6	32.9	32.3	31.8	31.3	32.3
	I_{50}	0	0	0	0	0	0	98	259	456	658	811	916	900	825	722	578	387	195	25	0	0	0	0	0	6829
	RH_s	77	79	81	82	83	83	82	79	76	71	67	64	61	59	58	58	60	62	66	69	71	73	74	75	71
冬季TAC	DB_{975}	3.6	3.4	3.3	3.3	3.1	3.0	2.9	2.9	3.2	3.5	4.1	4.3	4.6	4.6	4.6	4.5	4.5	4.3	4.2	4.0	3.8	3.8	3.9	3.8	3.8
	RH_{975}	38	38	39	40	41	42	42	42	41	36	32	28	25	23	21	20	22	26	30	33	34	35	36	37	33.3
	DB_{950}	4.5	4.3	4.1	4.0	4.0	3.9	3.7	3.8	4.2	4.9	5.1	5.4	5.7	5.8	5.9	5.8	5.7	5.5	5.3	5.0	4.8	4.7	4.7	4.6	4.8
	RH_{950}	45	46	45	46	47	49	49	48	45	41	37	33	29	27	25	24	27	30	35	40	41	43	44	44	39.1

地名	南宁	区站号	594310	经度	108.22E	纬度	22.63N	海拔	126m

	1月	2月	3月	4月	5月	6月	7月	8月	9月	10月	11月	12月	年平均或累计[注1]
DB_m	12.5	15.2	18.0	22.7	26.3	28.0	28.3	28.1	26.9	23.4	19.3	14.1	21.9
RH_m	78.0	77.0	81.0	78.0	79.0	81.0	80.0	80.0	79.0	75.0	77.0	75.0	78.0
I_m	269	299	361	452	544	522	555	552	497	443	331	291	5106
HDD_m	172	79	1	0	0	0	0	0	0	0	0	122	373

一月标准日

	1时	2时	3时	4时	5时	6时	7时	8时	9时	10时	11时	12时	13时	14时	15时	16时	17时	18时	19时	20时	21时	22时	23时	24时	平均或合计[注2]
DB	11.1	10.9	10.8	10.7	10.5	10.3	10.1	10.1	10.4	11.1	12.1	13.2	14.0	14.7	15.1	15.4	15.5	15.2	14.5	13.6	12.8	11.8	11.6	11.3	12.5
RH	84	85	85	85	86	87	88	88	87	83	78	74	70	68	66	65	65	67	70	74	78	81	82	83	78
I_d	0	0	0	0	0	0	0	0	0	15	65	121	153	162	153	113	82	48	15	0	0	0	0	0	773
I_s	0	0	0	0	0	0	0	2	82	153	202	236	255	252	217	158	79	2	0	0	0	0	0	0	1639
WV	1.6	1.5	1.6	1.5	1.5	1.6	1.6	1.6	1.7	1.8	2.0	2.2	2.3	2.4	2.3	2.3	2.2	2.1	1.9	1.7	1.7	1.7	1.6	1.6	1.9
DLR	319	318	318	318	317	316	316	316	318	321	323	326	328	329	330	330	330	328	326	325	323	322	321	320	322

三月标准日

	1时	2时	3时	4时	5时	6时	7时	8时	9时	10时	11时	12时	13时	14时	15时	16时	17时	18时	19时	20时	21时	22时	23时	24时	平均或合计[注2]
DB	16.8	16.6	16.4	16.2	16.0	15.9	15.8	16.1	16.7	17.6	18.6	19.4	20.0	20.4	20.7	20.7	20.4	19.8	19.1	18.4	17.9	17.6	17.4	17.1	18.0
RH	85	86	87	87	88	89	89	88	85	82	78	75	72	71	70	70	71	74	77	79	81	83	83	84	81
I_d	0	0	0	0	0	0	0	4	27	78	129	167	157	117	91	60	27	4	0	0	0	0	0	0	861
I_s	0	0	0	0	0	0	0	46	143	223	282	321	341	333	290	219	131	40	0	0	0	0	0	0	2370
WV	1.6	1.6	1.6	1.6	1.6	1.6	1.6	1.6	1.7	1.8	2.0	2.2	2.3	2.4	2.5	2.5	2.5	2.4	2.2	2.1	2.0	1.8	1.7	1.7	2.0
DLR	358	357	356	355	355	354	354	355	357	360	363	366	368	369	370	370	370	368	366	364	362	361	360	359	362

五月标准日

	1时	2时	3时	4时	5时	6时	7时	8时	9时	10时	11时	12时	13时	14时	15时	16时	17时	18时	19时	20时	21时	22时	23时	24时	平均或合计[注2]
DB	24.4	24.1	23.8	23.7	23.6	23.7	24.0	24.7	25.7	26.8	27.8	28.6	29.2	29.6	29.8	29.6	29.2	28.4	27.5	26.6	25.9	25.4	25.1	24.8	26.3
RH	86	87	88	89	89	89	88	86	81	77	72	69	67	66	65	66	68	71	74	78	81	83	84	85	79
I_d	0	0	0	0	0	0	6	36	101	188	251	285	267	215	170	115	57	17	0	0	0	0	0	0	1706
I_s	0	0	0	0	0	0	39	139	237	307	357	393	405	392	348	275	185	89	0	0	0	0	0	0	3166
WV	1.6	1.5	1.5	1.5	1.5	1.6	1.6	1.6	1.7	1.9	2.2	2.4	2.5	2.6	2.7	2.7	2.8	2.6	2.4	2.2	2.1	1.9	1.8	1.7	2.1
DLR	413	412	411	410	409	410	412	415	418	422	425	428	430	432	432	432	431	428	425	422	419	417	416	415	420

续表

	1时	2时	3时	4时	5时	6时	7时	8时	9时	10时	11时	12时	13时	14时	15时	16时	17时	18时	19时	20时	21时	22时	23时	24时	平均或合计[注2]
七月标准日 DB	26.4	26.2	25.9	25.8	25.7	25.8	26.2	26.9	27.8	28.9	29.9	30.6	31.1	31.4	31.4	31.2	30.8	30.1	29.2	28.4	27.7	27.2	26.9	26.7	28.3
RH	89	90	90	91	91	91	90	87	82	78	73	70	68	66	66	67	69	72	76	80	83	85	86	88	80
I_d	0	0	0	0	0	0	5	38	104	193	261	289	267	212	156	111	65	23	10	0	0	0	0	0	1724
I_s	0	0	0	0	0	0	35	138	237	310	359	398	413	403	365	286	194	103	10	0	0	0	0	0	3251
WV	1.6	1.6	1.5	1.5	1.5	1.6	1.7	1.7	2.0	2.2	2.4	2.5	2.6	2.7	2.7	2.7	2.7	2.5	2.3	2.0	1.9	1.8	1.7	1.6	2.0
DLR	431	430	428	427	427	428	430	432	435	439	442	444	446	446	447	446	444	442	439	437	435	433	432	431	436
九月标准日 DB	24.8	24.5	24.4	24.2	24.1	24.0	24.3	25.0	26.2	27.6	28.8	29.7	30.2	30.5	30.7	30.6	30.2	29.3	28.1	26.9	26.1	25.6	25.3	25.0	26.9
RH	88	90	90	90	91	91	91	88	82	76	70	66	64	62	62	62	64	68	73	79	83	85	86	87	79
I_d	0	0	0	0	0	0	0	24	94	212	309	354	311	230	170	112	50	7	0	0	0	0	0	0	1872
I_s	0	0	0	0	0	0	5	106	211	277	314	340	361	358	317	243	149	47	0	0	0	0	0	0	2729
WV	1.4	1.4	1.4	1.4	1.4	1.5	1.5	1.6	1.7	2.0	2.2	2.3	2.3	2.4	2.3	2.2	2.2	2.0	1.8	1.7	1.6	1.5	1.4	1.4	1.8
DLR	418	417	416	415	415	415	416	419	423	427	430	433	434	435	435	435	434	431	428	425	423	421	420	418	424
十一月标准日 DB	17.4	17.2	17.1	17.0	16.7	16.5	16.5	17.0	18.1	19.6	21.0	22.0	22.6	22.9	23.0	22.9	22.4	21.4	20.2	19.1	18.4	18.0	17.8	17.6	19.3
RH	86	87	87	87	88	89	89	87	82	75	69	65	63	62	61	62	65	68	74	79	82	84	84	85	77
I_d	0	0	0	0	0	0	0	5	47	145	236	278	231	148	99	53	11	0	0	0	0	0	0	0	1253
I_s	0	0	0	0	0	0	0	44	138	196	225	248	270	268	220	147	60	0	0	0	0	0	0	0	1815
WV	1.4	1.4	1.4	1.5	1.5	1.5	1.5	1.5	1.7	2.0	2.2	2.3	2.3	2.3	2.3	2.2	2.1	2.0	1.8	1.6	1.5	1.5	1.4	1.4	1.8
DLR	362	361	361	360	359	359	359	361	364	368	372	374	376	377	377	377	376	374	371	368	366	365	364	363	367
夏季TAC DB_{25}	28.7	28.5	28.2	28.0	27.8	27.8	28.2	29.1	30.4	31.8	33.1	34.1	34.9	35.3	35.8	35.9	35.6	34.6	33.2	31.8	30.8	30.1	29.5	29.1	31.3
I_{25}	0	0	0	0	0	0	91	264	483	701	847	921	907	829	725	585	401	203	27	0	0	0	0	0	6982
DB_{50}	28.4	28.1	27.9	27.7	27.4	27.4	27.8	28.7	30.0	31.4	32.7	33.8	34.6	35.0	35.3	35.5	35.0	34.0	32.6	31.4	30.3	29.6	29.1	28.8	30.9
I_{50}	0	0	0	0	0	0	85	253	470	674	821	901	891	808	709	569	386	189	22	0	0	0	0	0	6775
RH_s	89	90	91	91	92	92	91	88	83	77	71	68	65	64	64	65	67	71	75	79	83	85	86	87	80
冬季TAC DB_{975}	4.4	4.1	4.0	3.6	3.0	2.0	2.0	2.9	5.1	6.3	6.6	6.9	6.9	7.0	7.1	7.1	7.1	7.0	6.7	6.3	5.5	4.9	4.7	4.6	5.2
RH_{975}	51	51	51	50	51	53	55	54	51	44	35	30	28	27	24	23	25	32	39	45	47	48	49	50	42.3
DB_{950}	5.2	5.0	4.8	4.5	4.3	3.7	3.5	4.2	5.8	6.9	7.3	7.7	8.0	8.2	8.3	8.2	8.1	8.0	7.8	7.4	6.3	5.8	5.8	5.5	6.3
RH_{950}	56	56	56	57	59	60	61	60	55	50	42	37	34	31	29	29	32	38	46	52	53	53	54	55	48.2

地名	桂林	区站号	579570	经度	110.3E	纬度	25.33N	海拔	166m

	1月	2月	3月	4月	5月	6月	7月	8月	9月	10月	11月	12月	年平均或累计注1
DB_m	8.9	11.1	14.5	20.0	24.0	26.9	29.0	28.9	26.7	22.3	16.3	10.8	19.9
RH_m	68.0	71.0	76.0	76.0	77.0	79.0	74.0	71.0	69.0	63.0	70.0	63.0	71.0
I_m	245	265	344	412	468	476	576	569	473	410	291	262	4778
HDD_m	282	192	109	0	0	0	0	0	0	0	51	225	860

		1时	2时	3时	4时	5时	6时	7时	8时	9时	10时	11时	12时	13时	14时	15时	16时	17时	18时	19时	20时	21时	22时	23时	24时	平均或合计注2
一月标准日	DB	8.1	7.9	7.7	7.6	7.4	7.1	7.0	7.1	7.5	8.3	9.1	9.9	10.5	11.0	11.3	11.3	11.0	10.4	9.8	9.2	8.8	8.7	8.5	8.3	8.9
	RH	71	72	73	73	74	75	75	75	73	70	67	64	62	60	60	60	61	63	66	68	70	70	70	71	68
	I_d	0	0	0	0	0	0	0	0	13	47	89	129	131	103	79	43	10	0	0	0	0	0	0	0	645
	I_s	0	0	0	0	0	0	0	0	84	157	207	234	244	233	193	133	57	0	0	0	0	0	0	0	1546
	WV	2.4	2.4	2.4	2.4	2.4	2.4	2.3	2.3	2.4	2.5	2.5	2.6	2.6	2.6	2.5	2.5	2.4	2.4	2.4	2.4	2.4	2.4	2.5	2.5	2.4
	DLR	290	289	289	288	288	287	287	287	288	290	292	294	296	297	298	298	298	296	295	294	293	292	292	291	292
三月标准日	DB	13.5	13.3	13.1	12.8	12.6	12.5	12.4	12.7	13.2	13.9	14.8	15.5	16.1	16.6	16.9	17.0	16.7	16.2	15.6	15.0	14.6	14.4	14.2	14.0	14.5
	RH	79	80	81	82	83	83	84	83	80	77	74	71	69	67	66	67	68	69	72	74	76	77	77	78	76
	I_d	0	0	0	0	0	0	0	5	25	67	112	158	162	128	104	66	27	3	0	0	0	0	0	0	856
	I_s	0	0	0	0	0	0	0	54	146	224	278	308	316	306	261	195	114	26	0	0	0	0	0	0	2229
	WV	2.0	1.9	1.9	1.9	1.9	1.9	1.9	1.9	2.0	2.1	2.2	2.3	2.3	2.3	2.3	2.3	2.3	2.2	2.1	2.0	2.0	2.0	2.0	2.0	2.1
	DLR	331	330	329	329	328	328	327	328	330	332	334	336	338	339	340	341	340	339	337	336	335	334	333	333	334
五月标准日	DB	22.7	22.3	22.1	21.9	21.7	21.7	21.8	22.2	22.8	23.7	24.5	25.3	25.9	26.4	26.8	26.9	26.7	26.2	25.4	24.6	24.1	23.7	23.4	23.1	24.0
	RH	82	83	84	85	85	86	85	84	81	78	75	72	70	68	67	66	67	69	72	75	77	79	80	81	77
	I_d	0	0	0	0	0	0	6	22	59	115	161	195	194	168	142	101	52	14	0	0	0	0	0	0	1228
	I_s	0	0	0	0	0	0	42	131	223	293	341	372	380	363	322	253	167	75	0	0	0	0	0	0	2962
	WV	1.6	1.6	1.6	1.6	1.5	1.6	1.7	1.7	1.9	2.0	2.1	2.1	2.2	2.2	2.2	2.2	2.2	2.0	1.9	1.7	1.7	1.7	1.7	1.7	1.9
	DLR	396	395	394	393	392	392	393	394	397	400	402	405	407	409	410	410	410	408	406	404	402	401	399	398	401

续表

		1时	2时	3时	4时	5时	6时	7时	8时	9时	10时	11时	12时	13时	14时	15时	16时	17时	18时	19时	20时	21时	22时	23时	24时	平均或合计[注2]
七月标准日	DB	27.3	26.9	26.6	26.4	26.2	26.2	26.5	27.1	28.0	29.0	30.0	30.8	31.4	31.8	32.2	32.2	32.0	31.4	30.5	29.6	28.9	28.4	28.0	27.6	29.0
	RH	82	83	84	85	86	86	85	82	78	73	69	65	63	61	59	59	60	62	66	70	74	76	78	80	74
	I_d	0	0	0	0	0	0	9	37	98	183	253	295	284	238	201	147	82	29	8	0	0	0	0	0	1856
	I_s	0	0	0	0	0	0	53	152	252	323	368	395	405	395	355	289	203	108	0	0	0	0	0	0	3307
	WV	1.3	1.3	1.3	1.3	1.4	1.4	1.5	1.5	1.7	2.0	2.2	2.2	2.3	2.3	2.3	2.3	2.3	2.0	1.8	1.6	1.5	1.5	1.4	1.4	1.7
	DLR	430	429	428	427	426	426	428	430	432	435	438	441	442	443	444	444	443	441	439	437	435	433	432	431	435
九月标准日	DB	25.2	24.8	24.6	24.3	24.1	24.0	24.1	24.5	25.4	26.5	27.7	28.6	29.3	29.8	30.1	30.0	29.7	28.9	28.0	27.1	26.4	26.0	25.7	25.4	26.7
	RH	75	76	78	79	79	80	80	78	74	70	65	62	59	57	56	56	57	60	63	67	70	71	72	73	69
	I_d	0	0	0	0	0	0	1	22	75	164	242	312	303	236	176	108	45	5	0	0	0	0	0	0	1690
	I_s	0	0	0	0	0	0	16	115	218	288	327	341	348	341	300	227	133	34	0	0	0	0	0	0	2686
	WV	1.9	1.9	1.9	1.9	1.9	1.9	1.9	2.0	2.1	2.3	2.5	2.6	2.6	2.6	2.6	2.5	2.5	2.3	2.1	2.0	2.0	2.0	2.0	2.0	2.2
	DLR	408	407	406	405	404	404	404	406	409	413	417	420	422	423	423	423	422	419	417	414	412	411	410	408	413
十一月标准日	DB	15.1	14.8	14.6	14.4	14.2	14.0	13.9	14.2	15.0	16.0	17.2	18.1	18.8	19.3	19.4	19.3	18.8	18.0	17.1	16.4	15.9	15.6	15.4	15.2	16.3
	RH	74	76	76	77	78	79	79	78	74	70	65	62	59	58	58	58	60	63	67	70	72	72	73	74	70
	I_d	0	0	0	0	0	0	0	6	37	97	161	209	195	140	93	43	6	0	0	0	0	0	0	0	986
	I_s	0	0	0	0	0	0	0	49	138	201	234	247	251	236	190	121	36	0	0	0	0	0	0	0	1703
	WV	2.1	2.0	2.1	2.1	2.1	2.1	2.1	2.1	2.2	2.4	2.5	2.5	2.5	2.5	2.4	2.3	2.2	2.2	2.2	2.2	2.2	2.2	2.2	2.2	2.2
	DLR	337	336	336	335	334	333	333	334	336	339	342	344	346	347	347	347	346	344	342	341	339	338	337	337	340
夏季 T A C	DB_{25}	30.1	29.8	29.6	29.4	29.1	28.8	29.0	29.4	30.3	31.7	33.2	34.5	35.4	36.0	36.4	36.7	36.6	35.8	34.6	33.5	32.5	31.7	31.1	30.7	32.3
	I_{25}	0	0	0	0	0	0	120	281	485	698	848	934	930	844	733	586	392	195	23	0	0	0	0	0	7068
	DB_{50}	29.7	29.4	29.2	28.9	28.6	28.5	28.6	29.1	30.0	31.4	32.8	33.9	34.8	35.4	35.8	36.1	35.8	35.2	34.2	33.0	32.1	31.3	30.7	30.2	31.9
	I_{50}	0	0	0	0	0	0	109	270	474	678	827	916	907	830	718	568	380	185	20	0	0	0	0	0	6881
	RH_s	81	83	84	85	86	86	85	82	77	72	67	63	60	58	58	58	59	62	66	70	73	75	77	79	73
冬季 T A C	DB_{975}	1.9	1.7	1.6	1.5	1.5	1.3	1.2	1.3	1.7	2.2	2.7	3.0	3.0	3.0	2.9	2.8	2.7	2.7	2.5	2.2	2.0	1.9	2.1	2.0	2.1
	RH_{975}	34	35	35	35	37	39	40	39	36	31	27	22	19	18	18	18	19	22	26	28	29	30	31	32	29.1
	DB_{950}	2.8	2.7	2.5	2.4	2.4	2.3	2.1	2.1	2.7	3.2	3.7	4.1	4.2	4.4	4.4	4.2	4.0	3.8	3.5	3.3	3.0	3.0	3.0	3.0	3.2
	RH_{950}	37	38	39	40	42	43	45	44	41	36	30	27	25	22	20	20	22	26	29	32	33	34	35	36	33.1

四川省

地名 成都	区站号 562940	经度 104.02E	纬度 30.67N	海拔 508m

	1月	2月	3月	4月	5月	6月	7月	8月	9月	10月	11月	12月	年平均或累计[注1]
DB_m	7.1	9.5	14.2	19.0	22.6	25.0	26.8	27.0	22.7	18.5	13.5	8.5	17.9
RH_m	74.0	71.0	68.0	68.0	67.0	74.0	78.0	76.0	80.0	80.0	78.0	76.0	74.0
I_m	202	238	341	404	423	380	389	379	276	242	189	182	3639
HDD_m	337	238	118	0	0	0	0	0	0	0	136	295	1123

一月标准日

	1时	2时	3时	4时	5时	6时	7时	8时	9时	10时	11时	12时	13时	14时	15时	16时	17时	18时	19时	20时	21时	22时	23时	24时	平均或累计[注2]
DB	6.1	5.8	5.6	5.4	5.1	4.8	4.8	4.6	4.8	5.4	6.3	7.4	8.4	9.2	9.7	10.1	10.1	9.8	9.2	8.4	7.7	7.2	6.9	6.6	6.4
RH	79	81	83	84	85	86	87	86	84	80	75	70	64	60	57	57	58	61	65	70	73	75	77	78	74
I_d	0	0	0	0	0	0	0	0	2	21	58	93	96	74	49	23	5	0	0	0	0	0	0	0	421
I_s	0	0	0	0	0	0	0	0	32	111	170	213	235	227	197	139	61	1	0	0	0	0	0	0	1386
WV	1.1	1.0	1.0	0.9	0.9	0.9	1.0	1.0	1.1	1.2	1.3	1.5	1.7	1.9	1.9	2.0	2.0	1.9	1.8	1.7	1.5	1.4	1.3	1.2	1.4
DLR	284	284	284	283	283	282	281	281	283	286	289	290	290	289	288	288	288	287	287	286	286	286	285	285	286

三月标准日

	1时	2时	3时	4时	5时	6时	7时	8时	9时	10时	11时	12时	13时	14时	15时	16时	17时	18时	19时	20时	21时	22时	23时	24时	平均或累计[注2]
DB	12.6	12.2	11.9	11.6	11.2	10.9	10.8	11.2	12.2	13.6	15.0	16.2	17.0	17.6	17.9	17.9	17.6	16.9	16.0	15.2	14.5	14.1	13.6	13.2	14.2
RH	75	77	79	81	82	84	85	84	79	72	65	59	54	51	49	49	50	53	57	61	65	67	70	72	68
I_d	0	0	0	0	0	0	0	1	19	16	72	154	173	111	70	36	14	3	0	0	0	0	0	0	852
I_s	0	0	0	0	0	0	0	19	112	202	251	289	322	324	289	221	128	44	0	0	0	0	0	0	2200
WV	1.3	1.2	1.1	1.1	1.0	1.0	1.1	1.1	1.3	1.5	1.7	1.9	2.2	2.4	2.4	2.5	2.6	2.4	2.2	2.0	1.8	1.7	1.6	1.4	1.7
DLR	321	320	320	319	318	318	317	319	321	324	327	329	329	329	329	329	328	327	325	324	324	323	323	322	324

五月标准日

	1时	2时	3时	4时	5时	6时	7时	8时	9时	10时	11时	12时	13时	14时	15时	16时	17时	18时	19时	20时	21时	22时	23时	24时	平均或累计[注2]
DB	20.7	20.1	19.7	19.3	19.1	19.1	19.4	20.1	21.2	22.4	23.6	24.6	25.4	26.0	26.4	26.5	26.2	25.5	24.5	23.6	22.8	22.2	21.8	21.3	22.6
RH	75	77	80	82	84	84	84	81	75	69	63	58	54	51	49	48	49	52	55	60	64	67	69	72	67
I_d	0	0	0	0	0	0	1	12	42	93	144	164	139	96	78	43	17	6	0	0	0	0	0	0	837
I_s	0	0	0	0	0	0	20	99	196	277	334	377	401	390	347	270	160	75	11	0	0	0	0	0	2956
WV	1.5	1.4	1.3	1.2	1.1	1.2	1.3	1.4	1.5	1.7	1.9	2.1	2.3	2.5	2.5	2.5	2.6	2.4	2.3	2.2	2.0	1.9	1.8	1.6	1.8
DLR	375	373	372	371	371	372	374	376	378	380	383	384	386	386	387	386	385	383	381	380	379	378	377	376	379

续表

		1时	2时	3时	4时	5时	6时	7时	8时	9时	10时	11时	12时	13时	14时	15时	16时	17时	18时	19时	20时	21时	22时	23时	24时	平均或合计注2
七月标准日	DB	25.1	24.8	24.4	24.1	23.9	23.6	24.1	24.8	25.7	26.8	27.8	28.7	29.3	29.8	30.1	30.1	29.9	29.3	28.2	27.6	26.9	26.4	26.0	25.5	26.8
	RH	85	87	88	90	91	91	90	88	84	78	73	69	66	64	63	63	64	66	70	74	77	80	82	84	78
	I_d	0	0	0	0	0	0	1	9	31	71	109	128	104	68	58	34	15	7	1	0	0	0	0	0	635
	I_s	0	0	0	0	0	0	14	85	182	268	327	369	389	369	328	260	160	82	21	0	0	0	0	0	2853
	WV	1.2	1.1	1.1	1.1	1.1	1.1	1.1	1.1	1.3	1.5	1.6	1.8	2.0	2.2	2.3	2.4	2.5	2.2	2.0	1.8	1.6	1.5	1.3	1.2	1.6
	DLR	418	417	415	414	413	413	415	417	420	423	426	428	429	431	431	431	431	429	426	424	423	422	421	419	422
九月标准日	DB	21.5	21.2	21.0	20.8	20.6	20.5	20.6	20.9	21.6	22.5	23.5	24.2	24.8	25.3	25.6	25.6	25.3	24.7	23.9	23.1	22.6	22.2	22.0	21.7	22.7
	RH	87	88	89	90	91	92	92	91	87	82	77	74	70	68	66	66	67	69	74	78	81	83	84	85	80
	I_d	0	0	0	0	0	0	0	2	14	41	72	90	79	55	45	26	10	2	0	0	0	0	0	0	436
	I_s	0	0	0	0	0	0	0	37	121	203	263	304	317	295	256	190	105	33	0	0	0	0	0	0	2123
	WV	1.2	1.1	1.1	1.0	0.9	1.0	1.1	1.2	1.3	1.5	1.7	1.8	2.0	2.2	2.2	2.3	2.3	2.2	2.0	1.9	1.7	1.6	1.4	1.3	1.6
	DLR	392	391	390	390	389	389	390	391	393	395	397	399	400	401	401	401	400	399	397	396	394	394	393	392	395
十一月标准日	DB	12.4	12.2	12.0	11.9	11.6	11.4	11.3	11.5	12.2	13.1	14.2	15.1	15.7	16.2	16.3	16.2	15.8	15.1	14.3	13.6	13.2	12.9	12.7	12.5	13.5
	RH	84	85	86	87	88	89	90	89	86	82	76	71	66	63	62	62	64	68	72	76	79	80	81	82	78
	I_d	0	0	0	0	0	0	0	0	6	28	65	91	81	52	32	13	2	0	0	0	0	0	0	0	370
	I_s	0	0	0	0	0	0	0	2	62	137	188	224	237	217	172	105	31	0	0	0	0	0	0	0	1376
	WV	1.0	0.9	0.8	0.8	0.7	0.8	0.9	0.9	1.1	1.2	1.4	1.6	1.8	2.0	2.0	2.0	2.0	1.9	1.7	1.5	1.4	1.3	1.3	1.1	1.3
	DLR	327	327	327	326	325	325	325	326	327	330	332	333	333	333	332	332	331	330	329	329	328	327	327	326	329
夏季 TAC	DB_{25}	28.5	28.0	27.7	27.4	27.0	26.9	27.2	28.0	29.5	31.4	33.0	34.2	35.1	35.9	36.3	36.6	36.0	34.9	33.4	32.0	31.2	30.3	29.9	29.0	31.2
	I_{25}	0	0	0	0	0	0	52	187	368	566	739	812	808	754	676	510	357	204	72	0	0	0	0	0	6104
	DB_{50}	28.1	27.9	27.2	26.7	26.0	26.3	26.8	27.9	29.0	30.8	32.0	33.6	34.4	35.0	35.4	35.5	35.0	34.1	32.8	31.9	30.6	29.9	29.0	28.4	30.6
	I_{50}	0	0	0	0	0	0	48	180	350	547	704	784	766	716	638	493	334	190	63	0	0	0	0	0	5812
	RH_s	84	87	87	88	89	90	90	88	83	76	70	65	62	59	57	57	59	63	67	73	76	78	79	82	75
冬季 TAC	DB_{975}	1.9	1.9	1.4	0.9	0.9	-0.1	-0.6	-0.1	0.6	2.3	3.0	3.9	4.1	4.0	4.3	4.3	4.0	4.3	3.9	3.0	2.8	2.5	2.0	2.2	2.4
	RH_{975}	50	51	51	53	57	59	59	56	51	42	37	33	29	25	23	23	25	29	34	38	40	43	46	49	41.7
	DB_{950}	2.8	2.9	2.1	1.9	1.0	0.8	0.4	0.9	1.9	3.0	3.9	4.4	4.8	5.0	5.3	5.5	5.0	5.0	4.6	4.0	3.6	3.3	3.0	3.0	3.3
	RH_{950}	57	57	59	62	64	66	66	63	59	52	48	40	33	29	27	27	29	33	38	43	47	50	53	54	48.2

地名 达州	区站号 573280	经度 107.5E	纬度 31.2N	海拔 344m

地名	1月	2月	3月	4月	5月	6月	7月	8月	9月	10月	11月	12月	年平均或累计注1
DB_m	6.8	9.0	13.9	18.8	21.8	25.3	28.8	28.7	23.4	18.4	13.0	8.0	18.0
RH_m	76.0	73.0	68.0	70.0	74.0	76.0	71.0	67.0	77.0	79.0	81.0	78.0	74.0
I_m	176	204	348	413	423	431	507	498	321	265	176	152	3905
HDD_m	348	253	128	0	0	0	0	0	0	0	151	309	1190

		1时	2时	3时	4时	5时	6时	7时	8时	9时	10时	11时	12时	13时	14时	15时	16时	17时	18时	19时	20时	21时	22时	23时	24时	平均或合计注2
一月标准日	DB	5.8	5.6	5.4	5.3	5.1	4.9	4.8	4.8	5.2	5.8	6.6	7.5	8.3	8.9	9.4	9.5	9.2	8.7	8.1	7.5	7.0	6.7	6.4	6.1	6.8
	RH	81	82	82	83	83	83	84	84	82	80	77	73	69	66	64	63	65	67	71	74	77	78	79	80	76
	I_d	0	0	0	0	0	0	0	0	1	14	34	72	94	80	59	25	3	0	0	0	0	0	0	0	383
	I_s	0	0	0	0	0	0	0	0	31	102	161	197	203	190	160	110	38	0	0	0	0	0	0	0	1193
	WV	0.8	0.8	0.8	0.9	0.9	0.9	0.9	0.9	1.0	1.0	1.0	1.0	1.0	0.9	0.9	0.9	0.9	0.8	0.8	0.7	0.8	0.8	0.8	0.8	0.9
	DLR	284	283	283	282	281	280	280	280	281	283	285	287	289	290	291	291	291	290	289	289	288	287	286	285	286
三月标准日	DB	12.2	11.9	11.6	11.4	11.1	10.7	10.6	10.9	11.8	13.1	14.4	15.5	16.3	16.9	17.4	17.7	17.5	16.9	16.0	15.0	14.3	13.7	13.2	12.8	13.9
	RH	75	76	77	78	79	81	81	80	76	71	66	62	58	56	53	52	53	55	59	63	67	70	72	73	68
	I_d	0	0	0	0	0	0	0	1	20	91	178	235	211	145	105	62	22	2	0	0	0	0	0	0	1072
	I_s	0	0	0	0	0	0	0	26	125	201	240	264	286	290	261	203	122	32	0	0	0	0	0	0	2051
	WV	1.0	1.0	1.0	1.1	1.1	1.1	1.1	1.1	1.1	1.0	1.0	1.1	1.2	1.3	1.3	1.2	1.2	1.1	1.0	1.0	1.0	1.0	1.0	1.0	1.1
	DLR	318	317	316	316	315	314	314	313	316	320	324	327	329	330	330	331	331	329	328	326	325	324	322	321	322
五月标准日	DB	20.2	19.8	19.6	19.3	19.1	18.9	19.0	19.5	20.4	21.5	22.6	23.5	24.2	24.6	25.0	25.2	25.1	24.6	23.8	22.9	22.1	21.5	21.0	20.5	21.8
	RH	81	82	83	84	85	86	85	83	79	74	70	67	64	62	60	59	60	61	65	69	73	76	78	80	74
	I_d	0	0	0	0	0	0	1	11	47	127	200	227	183	120	86	57	28	7	0	0	0	0	0	0	1094
	I_s	0	0	0	0	0	0	24	101	196	259	294	324	351	348	311	246	163	76	3	0	0	0	0	0	2695
	WV	1.1	1.1	1.1	1.2	1.2	1.2	1.2	1.2	1.2	1.2	1.2	1.3	1.4	1.4	1.4	1.4	1.3	1.2	1.1	1.0	1.0	1.1	1.1	1.1	1.2
	DLR	377	375	374	373	373	372	372	374	377	380	384	387	388	389	390	390	389	388	386	385	383	381	380	378	381

续表

月/季	参数	1时	2时	3时	4时	5时	6时	7时	8时	9时	10时	11时	12时	13时	14时	15时	16时	17时	18时	19时	20时	21时	22时	23时	24时	平均或合计[注2]
七月标准日	DB	26.7	26.4	26.1	25.8	25.5	25.4	25.7	26.4	27.5	28.8	30.1	31.0	31.7	32.1	32.4	32.5	32.3	31.9	31.1	30.1	29.2	28.4	27.8	27.2	28.8
	RH	80	81	82	83	84	84	83	80	75	70	65	62	59	57	56	56	57	58	62	66	69	73	76	78	71
	I_d	0	0	0	0	0	0	3	18	74	177	255	286	227	146	100	69	39	14	1	0	0	0	0	0	1409
	I_s	0	0	0	0	0	0	34	124	224	284	323	363	402	402	360	287	200	109	20	0	0	0	0	0	3131
	WV	1.1	1.1	1.1	1.1	1.1	1.1	1.1	1.1	1.2	1.2	1.2	1.3	1.4	1.5	1.4	1.4	1.4	1.2	1.1	1.0	1.0	1.1	1.1	1.1	1.2
	DLR	425	423	422	420	419	419	419	422	426	430	435	438	440	441	442	442	442	440	438	436	433	431	428	427	431
九月标准日	DB	22.0	21.8	21.6	21.4	21.2	21.0	20.9	21.3	22.1	23.1	24.2	25.1	25.7	26.1	26.3	26.3	26.1	25.5	24.7	23.9	23.3	22.9	22.5	22.2	23.4
	RH	83	84	85	85	86	87	87	86	82	77	73	70	67	65	64	64	65	67	71	75	78	80	81	82	77
	I_d	0	0	0	0	0	0	0	3	24	83	148	180	150	98	63	34	12	1	0	0	0	0	0	0	796
	I_s	0	0	0	0	0	0	0	54	151	227	270	298	313	300	255	187	104	22	0	0	0	0	0	0	2180
	WV	0.9	0.8	0.9	1.0	1.0	1.0	1.0	1.0	1.0	1.0	1.0	1.0	1.0	0.8	0.9	1.2	1.3	1.2	1.1	1.1	0.9	0.9	0.9	0.9	1.0
	DLR	392	391	391	390	389	388	388	389	391	395	398	401	403	403	404	404	403	402	400	398	397	395	394	393	396
十一月标准日	DB	12.0	11.8	11.7	11.6	11.4	11.3	11.2	11.3	11.7	12.4	13.2	14.0	14.7	15.2	15.5	15.5	15.2	14.6	13.9	13.3	12.9	12.5	12.3	12.1	13.0
	RH	86	87	87	88	88	88	89	88	86	83	79	75	72	70	68	68	70	73	77	81	83	84	85	85	81
	I_d	0	0	0	0	0	0	0	0	6	23	47	80	93	73	50	18	1	0	0	0	0	0	0	0	392
	I_s	0	0	0	0	0	0	0	3	65	132	183	211	208	186	147	90	17	0	0	0	0	0	0	0	1242
	WV	0.8	0.8	0.8	0.9	0.9	0.9	0.9	1.0	1.0	1.0	1.0	1.0	0.9	0.8	0.9	0.9	0.9	0.9	0.8	0.8	0.9	0.9	0.9	0.9	0.9
	DLR	326	326	325	324	324	323	323	323	324	326	328	330	332	333	333	333	333	332	331	330	330	328	327	326	328
夏季TAC	DB_{25}	30.6	30.1	29.7	29.4	28.8	28.6	28.8	29.7	31.4	33.5	35.2	36.4	37.3	37.7	38.1	38.4	38.4	37.8	36.9	35.5	34.2	33.0	32.0	31.2	33.4
	I_{25}	0	0	0	0	0	0	91	233	454	680	846	913	901	791	689	535	369	198	48	0	0	0	0	0	6745
	DB_{50}	30.0	29.6	29.2	28.8	28.4	28.1	28.4	29.4	30.9	32.9	34.7	35.9	36.7	37.1	37.5	37.8	37.9	37.3	36.1	34.7	33.5	32.4	31.5	30.6	32.9
	I_{50}	0	0	0	0	0	0	80	223	436	659	816	891	861	769	655	515	353	186	42	0	0	0	0	0	6484
	RH_s	80	82	82	84	85	85	84	81	75	69	63	59	55	53	52	52	53	55	59	64	69	72	75	78	69
冬季TAC	DB_{975}	1.5	1.4	1.0	0.8	0.5	0.4	0.2	0.2	0.8	1.7	2.8	3.7	4.1	4.3	4.4	4.7	4.6	4.6	4.3	3.7	3.3	2.8	2.4	1.9	2.5
	RH_{975}	55	55	54	54	55	55	56	55	53	52	47	44	40	36	33	31	33	38	46	52	55	56	56	55	48.6
	DB_{950}	2.3	1.9	1.7	1.7	1.6	1.4	1.1	1.1	1.5	2.3	3.5	4.4	4.8	5.1	5.3	5.5	5.4	5.3	5.2	4.7	4.0	3.6	3.3	2.9	3.3
	RH_{950}	60	60	60	61	61	62	62	62	61	58	54	50	46	41	37	35	38	43	49	55	59	60	60	60	53.8

地名	绵阳	区站号	561960	经度	104.73E	纬度	31.45N	海拔	522m

	1月	2月	3月	4月	5月	6月	7月	8月	9月	10月	11月	12月	年平均或累计[1]
DB_m	6.4	8.9	13.6	18.8	22.1	24.7	26.5	26.9	22.2	17.8	12.7	7.7	17.4
RH_m	70.0	66.0	63.0	62.0	63.0	71.0	75.0	71.0	77.0	76.0	73.0	70.0	70.0
I_m	197	235	353	437	487	432	450	457	313	260	198	182	3994
HDD_m	359	256	135	0	0	0	0	0	0	5	160	320	1234

		1时	2时	3时	4时	5时	6时	7时	8时	9时	10时	11时	12时	13时	14时	15时	16时	17时	18时	19时	20时	21时	22时	23时	24时	平均或合计[2]
一月标准日	DB	5.4	5.1	4.9	4.8	4.6	4.3	4.1	4.2	4.7	5.5	6.5	7.5	8.3	8.9	9.2	9.3	9.0	8.4	7.6	7.0	6.6	6.4	6.1	5.8	6.4
	RH	75	77	78	79	80	80	81	81	79	75	70	65	61	58	56	55	57	59	63	66	69	70	71	73	70
	I_d	0	0	0	0	0	0	0	0	1	21	56	100	111	82	58	27	5	0	0	0	0	0	0	0	461
	I_s	0	0	0	0	0	0	0	0	25	103	162	202	221	220	189	131	54	0	0	0	0	0	0	0	1308
	WV	2.9	3.0	2.4	1.9	1.3	1.3	1.3	1.4	1.4	1.5	1.6	1.7	1.8	2.0	2.0	2.0	2.0	2.1	2.2	2.0	2.4	2.6	2.7	2.8	2.0
	DLR	277	277	277	276	275	274	274	274	275	277	279	281	281	282	282	282	281	281	280	279	279	278	278	278	278
三月标准日	DB	12.3	11.9	11.6	11.3	11.0	10.7	10.5	10.8	11.6	12.8	14.1	15.2	16.0	16.6	17.0	17.1	16.8	16.2	15.4	14.6	14.1	13.7	13.4	12.9	13.6
	RH	69	71	73	74	75	77	78	76	72	67	61	56	52	50	48	48	49	51	54	58	61	62	64	66	63
	I_d	0	0	0	0	0	0	0	1	17	79	161	227	212	147	95	51	19	3	0	0	0	0	0	0	1012
	I_s	0	0	0	0	0	0	0	16	111	194	244	277	307	317	287	222	133	42	0	0	0	0	0	0	2150
	WV	3.3	3.2	3.0	2.2	1.5	1.5	1.5	1.6	1.7	1.9	2.1	2.2	2.3	2.4	2.4	2.4	2.4	2.7	3.1	2.2	3.1	3.2	3.3	3.4	2.4
	DLR	313	313	312	312	311	310	309	310	312	314	317	319	321	321	321	322	321	320	319	318	317	316	316	315	316
五月标准日	DB	20.5	19.9	19.5	19.1	18.9	18.8	19.0	19.5	20.5	21.7	22.9	23.9	24.7	25.3	25.7	25.8	25.6	25.0	24.1	23.3	22.6	22.1	21.6	21.1	22.1
	RH	69	72	74	76	77	78	77	75	71	66	61	56	53	50	48	47	47	49	53	57	60	62	64	66	63
	I_d	0	0	0	0	0	0	1	13	53	135	217	270	243	174	129	81	37	9	0	0	0	0	0	0	1362
	I_s	0	0	0	0	0	20	20	104	207	280	324	353	381	387	353	286	196	98	12	0	0	0	0	0	3001
	WV	3.5	3.3	3.0	2.3	1.7	1.7	1.8	1.8	1.9	2.1	2.2	2.3	2.4	2.5	2.6	2.6	2.7	2.5	2.4	2.2	2.5	2.7	3.0	3.2	2.4
	DLR	368	367	366	365	364	364	365	367	370	373	376	378	379	380	380	380	379	377	376	374	373	372	370	369	372

续表

项目	变量	1时	2时	3时	4时	5时	6时	7时	8时	9时	10时	11时	12时	13时	14时	15时	16时	17时	18时	19时	20时	21时	22时	23时	24时	平均或合计[注2]
七月标准日	DB	25.1	24.6	24.3	24.0	23.8	23.8	24.0	24.5	25.3	26.3	27.3	28.1	28.6	29.1	29.4	29.5	29.3	28.8	28.1	27.4	26.8	26.4	26.0	25.6	26.5
	RH	81	83	85	86	87	87	86	84	81	76	72	69	67	65	64	63	64	65	68	71	74	75	77	79	75
	I_d	0	0	0	0	0	0	1	12	46	108	161	183	156	112	88	64	35	12	1	0	0	0	0	0	980
	I_s	0	0	0	0	0	0	17	98	195	271	325	368	394	390	354	290	205	114	28	0	0	0	0	0	3050
	WV	2.3	2.1	2.1	1.8	1.6	1.6	1.6	1.6	1.7	1.8	1.9	2.0	2.1	2.2	2.3	2.3	2.4	2.4	2.1	2.1	2.4	2.4	2.3	2.3	2.1
	DLR	413	412	411	410	409	409	410	412	415	418	421	424	425	427	427	428	427	425	423	420	419	417	416	415	418
九月标准日	DB	21.2	20.9	20.6	20.5	20.3	20.1	20.1	20.4	21.0	21.9	22.9	23.7	24.3	24.7	24.9	24.9	24.6	24.0	23.3	22.6	22.2	21.9	21.7	21.4	22.2
	RH	83	85	86	87	88	89	89	87	84	79	75	71	68	66	64	64	65	68	71	75	77	78	79	81	77
	I_d	0	0	0	0	0	0	0	2	17	57	100	129	119	88	61	36	14	2	0	0	0	0	0	0	623
	I_s	0	0	0	0	0	0	0	41	132	214	273	319	340	326	278	204	117	33	0	0	0	0	0	0	2277
	WV	3.1	2.8	2.6	2.0	1.4	1.4	1.5	1.5	1.6	1.8	2.0	2.0	2.1	2.2	2.2	2.2	2.1	2.2	2.3	1.9	2.5	2.7	2.8	2.9	2.2
	DLR	386	385	385	384	384	383	384	384	386	388	390	392	393	394	394	394	393	392	390	389	388	387	386	386	388
十一月标准日	DB	11.7	11.5	11.3	11.1	10.9	10.7	10.6	10.7	11.3	12.2	13.3	14.1	14.8	15.2	15.3	15.2	14.8	14.2	13.5	13.0	12.6	12.3	12.1	11.8	12.7
	RH	79	81	82	83	84	84	85	84	81	76	71	66	63	61	59	60	61	64	67	71	73	74	75	77	73
	I_d	0	0	0	0	0	0	0	0	6	35	76	113	107	69	40	15	2	0	0	0	0	0	0	0	463
	I_s	0	0	0	0	0	0	0	1	65	140	191	220	230	216	174	107	29	0	0	0	0	0	0	0	1375
	WV	2.8	2.5	2.3	1.8	1.3	1.3	1.3	1.3	1.4	1.5	1.6	1.7	1.8	1.9	1.9	1.9	1.9	2.0	2.2	2.3	2.4	2.6	2.7	2.8	2.0
	DLR	318	318	318	318	317	316	316	316	318	320	321	323	324	324	323	323	322	321	320	319	319	318	318	317	319
夏季TAC	DB_{25}	29.0	28.4	27.9	27.6	27.2	27.0	27.3	28.2	29.6	31.2	32.6	33.8	34.4	34.8	35.3	35.6	35.2	34.4	33.2	32.2	31.5	30.9	30.2	29.6	31.1
	I_{25}	0	0	0	0	0	0	69	208	405	609	772	855	845	788	693	566	404	212	62	0	0	0	0	0	6488
	DB_{50}	28.4	27.8	27.4	27.1	26.7	26.5	26.8	27.6	29.0	30.6	32.0	33.0	33.7	34.1	34.6	35.0	34.7	33.8	32.8	31.7	30.9	30.3	29.6	29.1	30.6
	I_{50}	0	0	0	0	0	0	63	198	387	587	753	831	818	748	660	540	385	201	57	0	0	0	0	0	6225
	RH_s	79	82	84	85	86	86	85	83	78	73	68	64	62	59	57	56	57	60	63	68	71	72	74	77	72
冬季TAC	DB_{975}	1.5	1.1	0.8	0.6	0.4	0.2	-0.1	0.1	0.6	1.5	2.2	2.8	3.3	3.6	3.9	4.1	3.9	3.6	3.0	2.5	2.0	1.9	2.0	1.7	2.0
	RH_{975}	40	40	39	39	39	39	39	38	38	33	29	25	24	21	21	21	23	26	29	32	32	34	37	38	32.3
	DB_{950}	2.1	1.8	1.5	1.4	1.2	0.9	0.7	0.8	1.4	2.0	2.9	3.5	4.2	4.6	4.8	4.8	4.7	4.3	3.9	3.4	3.0	2.9	2.8	2.4	2.8
	RH_{950}	46	47	47	47	49	50	51	49	45	41	35	31	28	27	25	25	27	30	34	37	39	41	45	45	39.1

地名	西昌	区站号	565710	经度	102.27E	纬度	27.9N	海拔	1599m

	1月	2月	3月	4月	5月	6月	7月	8月	9月	10月	11月	12月	年平均或累计[1]
DB_m	10.5	14.1	17.2	19.5	22.3	22.1	23.2	23.2	20.9	17.6	14.1	10.3	17.9
RH_m	47.0	35.0	37.0	45.0	51.0	70.0	71.0	68.0	73.0	68.0	57.0	56.0	56.0
I_m	395	435	582	606	662	564	590	594	478	435	394	341	6073
HDD_m	234	108	23	0	0	0	0	0	0	13	118	239	736

一月标准日	1时	2时	3时	4时	5时	6时	7时	8时	9时	10时	11时	12时	13时	14时	15时	16时	17时	18时	19时	20时	21时	22时	23时	24时	平均或合计[2]
DB	8.4	7.8	7.3	6.9	6.2	5.5	4.9	5.0	6.2	8.1	10.3	12.3	14.0	15.5	16.7	17.2	16.9	15.6	13.8	12.1	11.0	10.3	9.8	9.2	10.5
RH	51	54	55	57	59	62	65	65	61	54	47	41	36	32	29	28	29	32	36	41	44	46	47	48	47
I_d	0	0	0	0	0	0	0	0	20	135	294	415	438	378	295	183	68	3	0	0	0	0	0	0	2230
I_s	0	0	0	0	0	0	0	0	60	122	139	148	166	188	186	164	115	24	0	0	0	0	0	0	1312
WV	1.5	1.5	1.4	1.3	1.2	1.2	1.1	1.1	1.1	1.2	1.3	1.5	1.7	1.9	2.1	2.2	2.4	2.3	2.2	2.0	1.9	1.8	1.7	1.6	1.6
DLR	273	271	271	270	268	267	266	266	269	274	280	285	289	292	294	296	295	291	287	282	279	277	276	274	279

三月标准日	1时	2时	3时	4时	5时	6时	7时	8时	9时	10时	11时	12时	13时	14时	15时	16时	17时	18时	19时	20时	21时	22时	23时	24时	平均或合计[2]
DB	15.1	14.4	13.9	13.3	12.5	11.6	11.0	11.4	12.9	15.2	17.7	19.8	21.4	22.5	23.4	23.7	23.4	22.4	20.9	19.4	18.3	17.4	16.6	15.8	17.2
RH	41	42	44	46	49	52	54	53	48	41	35	30	27	24	23	22	23	25	27	31	34	36	37	39	37
I_d	0	0	0	0	0	0	0	4	77	262	484	622	608	478	349	220	104	26	0	0	0	0	0	0	3234
I_s	0	0	0	0	0	0	0	32	138	181	175	177	212	264	276	248	184	96	0	0	0	0	0	0	1982
WV	2.2	2.1	1.9	1.8	1.6	1.6	1.5	1.4	1.5	1.6	1.8	2.0	2.3	2.6	2.9	3.1	3.4	3.2	3.0	2.8	2.7	2.6	2.5	2.3	2.3
DLR	299	297	296	295	293	292	291	292	296	302	309	315	319	322	323	324	323	319	315	311	308	305	303	301	306

五月标准日	1时	2时	3时	4时	5时	6时	7时	8时	9时	10时	11时	12时	13时	14时	15时	16时	17时	18时	19时	20时	21时	22时	23时	24时	平均或合计[2]
DB	19.9	19.3	18.8	18.3	17.8	17.5	17.5	18.1	19.4	21.2	23.0	24.6	25.9	27.0	27.8	28.1	27.8	26.8	25.4	23.9	22.8	21.9	21.2	20.6	22.3
RH	57	59	61	63	65	66	67	65	60	54	48	43	39	36	34	34	35	37	41	45	49	51	53	55	51
I_d	0	0	0	0	0	0	2	41	138	295	447	537	522	434	339	229	117	36	3	0	0	0	0	0	3139
I_s	0	0	0	0	0	0	20	120	205	246	262	280	309	333	326	290	228	139	35	0	0	0	0	0	2793
WV	1.9	1.8	1.7	1.6	1.5	1.4	1.3	1.2	1.3	1.4	1.6	1.8	2.0	2.2	2.4	2.5	2.7	2.6	2.5	2.4	2.3	2.3	2.1	1.9	1.9
DLR	350	348	347	345	344	344	345	347	351	356	361	365	369	371	373	374	373	370	365	361	358	355	354	352	358

续表

		1时	2时	3时	4时	5时	6时	7时	8时	9时	10时	11时	12时	13时	14时	15时	16时	17时	18时	19时	20时	21时	22时	23时	24时	平均或合计[注2]
七月标准日	DB	21.4	21.0	20.7	20.3	20.0	19.7	19.7	20.2	21.1	22.4	23.8	25.0	26.0	26.8	27.4	27.6	27.4	26.6	25.5	24.3	23.4	22.8	22.3	21.8	23.2
	RH	78	80	82	83	85	86	87	85	81	75	69	64	60	57	54	53	54	57	61	66	69	72	74	75	71
	I_d	0	0	0	0	0	0	1	22	77	174	281	337	331	285	231	169	100	34	4	0	0	0	0	0	2047
	I_s	0	0	0	0	0	0	9	104	205	280	325	363	392	400	381	327	249	157	53	0	0	0	0	0	3243
	WV	1.3	1.2	1.1	1.1	1.1	1.0	0.9	0.9	1.0	1.1	1.2	1.4	1.5	1.6	1.7	1.7	1.7	1.7	1.6	1.5	1.5	1.5	1.4	1.4	1.3
	DLR	383	382	381	380	379	378	379	381	384	387	392	395	397	399	400	401	400	398	395	392	389	387	385	384	389
九月标准日	DB	19.3	19.0	18.4	18.1	18.1	17.8	17.7	18.0	18.8	20.1	21.5	22.7	23.8	24.7	25.3	25.4	25.0	23.7	22.6	21.6	20.7	20.2	20.0	19.6	20.9
	RH	79	81	82	84	85	86	87	86	83	78	72	66	61	57	54	54	55	59	64	69	72	74	75	77	73
	I_d	0	0	0	0	0	0	0	10	56	145	247	324	338	295	228	147	70	14	0	0	0	0	0	0	1874
	I_s	0	0	0	0	0	0	0	63	162	237	283	312	329	332	311	259	180	82	1	0	0	0	0	0	2552
	WV	1.4	1.2	1.3	1.3	1.2	1.1	1.0	0.9	1.0	1.1	1.2	1.3	1.5	1.6	1.7	1.7	1.8	1.8	1.7	1.7	1.6	1.6	1.5	1.4	1.4
	DLR	369	368	366	365	366	365	364	366	369	373	377	380	383	384	385	385	384	380	377	375	372	371	371	369	374
十一月标准日	DB	11.7	11.3	11.0	10.6	10.0	9.3	8.9	9.3	10.7	12.8	15.1	17.0	18.5	19.5	20.2	20.3	19.7	18.3	16.5	14.8	13.7	13.1	12.7	12.2	14.1
	RH	64	66	68	70	72	75	78	77	71	62	54	48	43	39	36	36	37	41	47	53	58	59	60	62	57
	I_d	0	0	0	0	0	0	0	1	57	206	375	470	445	337	226	122	35	0	0	0	0	0	0	0	2273
	I_s	0	0	0	0	0	0	0	9	101	140	142	149	176	205	202	162	92	0	0	0	0	0	0	0	1379
	WV	1.2	1.2	1.2	1.3	1.3	1.2	1.1	1.0	1.0	1.1	1.1	1.3	1.6	1.8	2.0	2.2	2.4	2.2	2.0	1.9	1.7	1.5	1.4	1.3	1.5
	DLR	306	305	304	304	302	300	300	301	305	311	317	322	325	327	328	328	326	322	318	314	311	310	308	306	313
夏季TAC	DB_{25}	25.5	25.0	24.7	24.6	24.0	23.4	23.4	24.1	25.4	27.4	29.3	30.8	32.0	32.9	33.6	34.2	34.2	33.1	31.4	29.5	28.2	27.3	26.4	25.9	28.2
	I_{25}	0	0	0	0	0	0	56	237	454	686	881	984	998	955	859	713	512	284	91	0	0	0	0	0	7708
	DB_{50}	24.7	24.2	23.9	23.7	23.2	22.7	22.7	23.3	24.6	26.4	28.4	29.9	31.0	31.9	32.7	33.1	33.0	31.8	30.2	28.6	27.4	26.6	25.9	25.3	27.3
	I_{50}	0	0	0	0	0	0	47	213	430	665	863	969	979	930	829	691	499	274	87	0	0	0	0	0	7475
	RH_s	75	78	80	83	85	86	87	85	79	73	66	60	55	51	49	48	49	52	58	63	67	69	70	72	68
冬季TAC	DB_{975}	3.2	2.8	2.4	2.1	1.7	1.0	0.4	0.6	1.8	3.0	4.2	4.7	5.0	5.3	5.5	5.5	5.3	5.2	4.9	4.4	3.9	3.7	3.7	3.5	3.5
	RH_{975}	14	15	16	17	18	20	23	23	20	16	14	12	11	11	10	10	10	10	10	11	11	11	12	13	14.0
	DB_{950}	4.0	3.7	3.2	2.8	2.3	1.8	1.4	1.5	2.5	4.1	5.1	5.6	6.2	6.6	7.1	7.2	7.2	7.0	6.2	5.4	4.7	4.4	4.4	4.2	4.5
	RH_{950}	17	18	19	21	23	26	27	28	25	21	17	15	13	12	11	11	11	11	12	12	13	13	14	15	16.9

地名	宜宾		区站号	564920		经度	104.6E		纬度	28.8N		海拔	342m

	1月	2月	3月	4月	5月	6月	7月	8月	9月	10月	11月	12月	年平均或累计[注1]
DB_m	8.1	10.7	15.3	19.9	23.0	25.1	27.8	27.7	23.2	19.0	14.4	9.5	18.6
RH_m	78.0	74.0	69.0	68.0	69.0	76.0	74.0	73.0	80.0	81.0	80.0	80.0	75.0
I_m	172	223	351	418	446	405	480	463	306	244	192	157	3850
HDD_m	306	205	83	0	0	0	0	0	0	0	107	263	963

	1时	2时	3时	4时	5时	6时	7时	8时	9时	10时	11时	12时	13时	14时	15时	16时	17时	18时	19时	20时	21时	22时	23时	24时	平均或累计[注2]
一月标准日 DB	7.3	7.2	7.0	6.9	6.8	6.6	6.5	6.6	6.9	7.4	8.1	8.8	9.5	10.1	10.4	10.5	10.2	9.7	9.1	8.6	8.2	7.9	7.7	7.5	8.1
RH	84	85	85	86	86	87	87	87	86	84	80	76	71	67	65	64	66	68	72	75	78	80	81	83	78
I_d	0	0	0	0	0	0	0	0	1	13	30	59	74	62	46	20	4	0	0	0	0	0	0	0	308
I_s	0	0	0	0	0	0	0	0	22	88	147	192	211	210	181	126	52	0	0	0	0	0	0	0	1230
WV	0.9	0.9	0.9	0.9	0.9	0.9	0.9	0.9	1.0	1.0	1.1	1.1	1.1	1.2	1.2	1.2	1.3	1.2	1.1	1.1	1.1	1.0	1.0	1.0	1.0
DLR	295	295	295	294	294	293	293	293	294	295	297	298	298	298	298	298	297	297	296	296	296	296	296	295	296
三月标准日 DB	14.0	13.7	13.5	13.2	13.0	12.7	12.5	12.7	13.3	14.3	15.5	16.6	17.5	18.3	18.7	18.8	18.5	17.9	17.0	16.3	15.7	15.2	14.8	14.5	15.3
RH	76	78	79	80	81	82	83	82	79	75	69	63	58	54	52	52	53	55	59	63	67	70	72	75	69
I_d	0	0	0	0	0	0	0	0	11	54	118	197	213	163	118	63	21	3	0	0	0	0	0	0	962
I_s	0	0	0	0	0	0	0	13	104	192	254	288	311	321	291	227	138	44	0	0	0	0	0	0	2183
WV	1.2	1.1	1.1	1.1	1.1	1.1	1.1	1.0	1.1	1.2	1.3	1.4	1.5	1.6	1.6	1.7	1.7	1.6	1.4	1.3	1.3	1.2	1.2	1.2	1.3
DLR	331	330	329	329	328	327	327	328	329	331	334	335	337	337	338	338	337	336	334	333	333	333	333	333	333
五月标准日 DB	21.5	21.1	20.8	20.6	20.3	20.1	20.1	20.1	21.2	22.2	23.3	24.3	25.1	25.8	26.3	26.5	26.3	25.8	25.0	24.2	23.4	22.9	22.4	21.9	23.0
RH	76	78	79	80	81	81	81	80	77	72	67	63	59	55	53	52	53	55	58	62	66	69	72	74	69
I_d	0	0	0	0	0	0	1	7	31	93	163	223	216	162	123	77	34	9	0	0	0	0	0	0	1138
I_s	0	0	0	0	0	0	11	84	184	263	312	343	369	377	347	282	191	92	7	0	0	0	0	0	2862
WV	1.3	1.2	1.3	1.3	1.4	1.3	1.3	1.3	1.4	1.6	1.7	1.7	1.7	1.8	1.8	1.8	1.8	1.7	1.6	1.5	1.4	1.3	1.3	1.3	1.5
DLR	382	381	380	379	378	377	377	378	380	383	386	388	389	390	391	391	390	388	386	385	385	384	383	383	384

续表

		1时	2时	3时	4时	5时	6时	7时	8时	9时	10时	11时	12时	13时	14时	15时	16时	17时	18时	19时	20时	21时	22时	23时	24时	平均或合计注2
七月标准日	DB	26.0	25.7	25.4	25.2	25.0	24.9	24.9	25.3	26.1	27.1	28.2	29.2	30.0	30.6	31.1	31.4	31.3	30.8	30.1	29.2	28.4	27.6	27.0	26.5	27.8
	RH	83	84	85	85	86	86	86	84	81	76	72	68	64	62	60	59	59	61	64	68	72	75	78	81	74
	I_d	0	0	0	0	0	0	1	8	36	98	163	229	227	178	136	91	46	16	1	0	0	0	0	0	1230
	I_s	0	0	0	0	0	0	11	87	191	276	331	364	388	392	365	304	217	120	27	0	0	0	0	0	3073
	WV	1.2	1.1	1.1	1.1	1.1	1.1	1.2	1.2	1.3	1.4	1.5	1.5	1.6	1.6	1.6	1.7	1.7	1.6	1.5	1.4	1.4	1.3	1.3	1.2	1.4
	DLR	422	421	419	418	417	416	417	418	421	424	428	431	433	435	436	437	437	435	433	431	429	427	425	424	426
九月标准日	DB	22.2	22.0	21.6	21.4	21.5	21.4	21.3	21.5	21.9	22.6	23.4	24.2	25.0	25.6	25.9	26.1	25.8	25.0	24.4	23.8	23.2	22.8	22.7	22.3	23.2
	RH	86	87	88	88	89	89	89	89	86	83	79	75	72	69	67	66	67	70	73	77	80	82	83	85	80
	I_d	0	0	0	0	0	0	0	1	11	36	69	106	117	101	76	43	16	2	0	0	0	0	0	0	578
	I_s	0	0	0	0	0	0	0	36	121	201	263	314	335	326	287	216	125	35	0	0	0	0	0	0	2259
	WV	1.0	1.0	1.0	1.0	1.1	1.1	1.0	1.0	1.1	1.2	1.3	1.3	1.4	1.4	1.4	1.4	1.4	1.4	1.3	1.3	1.2	1.2	1.2	1.1	1.2
	DLR	397	396	394	393	394	393	393	393	395	397	399	401	402	404	404	405	404	401	400	400	398	397	398	396	398
十一月标准日	DB	13.6	13.4	13.3	13.2	13.0	12.8	12.7	12.9	13.3	13.9	14.7	15.5	16.2	16.7	16.9	16.7	16.3	15.8	15.1	14.6	14.2	14.0	13.8	13.6	14.4
	RH	86	87	88	88	88	89	89	89	87	84	79	74	69	66	65	65	67	70	74	77	80	82	84	85	80
	I_d	0	0	0	0	0	0	0	0	4	21	47	81	91	70	42	15	2	0	0	0	0	0	0	0	374
	I_s	0	0	0	0	0	0	0	2	61	134	191	230	239	222	179	111	32	0	0	0	0	0	0	0	1401
	WV	1.0	1.0	1.0	1.0	0.9	0.9	0.9	0.9	1.0	1.1	1.1	1.2	1.3	1.3	1.4	1.4	1.4	1.4	1.3	1.3	1.2	1.0	1.0	1.0	1.1
	DLR	336	336	336	335	334	334	333	334	335	337	338	339	339	339	339	339	338	337	336	336	336	336	336	336	336
夏季 TAC	DB_{25}	30.2	29.7	29.4	29.1	28.6	28.2	28.2	28.6	29.7	31.4	32.8	34.0	35.1	36.0	36.9	37.3	37.3	36.9	35.7	34.5	33.4	32.4	31.4	30.6	32.4
	I_{25}	0	0	0	0	0	0	51	190	381	600	784	889	885	832	733	579	393	218	60	0	0	0	0	0	6594
	DB_{50}	29.6	29.1	28.7	28.4	28.0	27.7	27.7	28.2	29.3	30.5	32.1	33.5	34.5	35.4	36.1	36.6	36.6	36.1	35.1	33.9	32.8	31.7	30.7	30.1	31.8
	I_{50}	0	0	0	0	0	0	44	169	360	574	760	858	860	791	696	556	379	205	54	0	0	0	0	0	6306
	RH_s	83	84	85	86	87	87	87	85	82	76	71	67	63	59	57	56	57	60	63	67	71	75	78	81	74
冬季 TAC	DB_{975}	3.2	3.0	2.8	2.7	2.6	2.5	2.4	2.5	2.8	3.3	3.9	4.2	4.5	4.6	4.7	4.7	4.6	4.6	4.5	4.2	4.0	3.7	3.5	3.3	3.6
	RH_{975}	61	62	63	64	66	67	68	67	66	60	53	46	39	34	31	31	33	37	43	49	52	56	58	59	52.6
	DB_{950}	4.2	4.1	3.9	3.7	3.5	3.4	3.3	3.3	3.6	4.1	4.5	4.9	5.2	5.5	5.5	5.6	5.5	5.4	5.1	4.9	4.6	4.6	4.4	4.3	4.5
	RH_{950}	66	68	67	68	70	72	73	72	70	65	58	50	43	37	34	34	37	41	46	52	57	59	61	63	56.8

重庆市

地名	重庆	区站号	575160	经度	106.47E	纬度	29.58N	海拔	260m

	1月	2月	3月	4月	5月	6月	7月	8月	9月	10月	11月	12月	年平均或累计注1
DB_m	8.2	10.7	15.2	19.7	22.7	25.7	30.0	29.7	24.5	19.3	14.6	9.6	19.2
RH_m	79.0	74.0	70.0	72.0	74.0	76.0	66.0	64.0	76.0	81.0	81.0	81.0	75.0
I_m	159	205	332	385	411	403	514	487	305	227	163	139	3721
HDD_m	302	206	86	0	0	0	0	0	0	0	103	260	957

一月标准日

	1时	2时	3时	4时	5时	6时	7时	8时	9时	10时	11时	12时	13时	14时	15时	16时	17时	18时	19时	20时	21时	22时	23时	24时	平均或合计注2
DB	7.7	7.5	7.3	7.1	7.0	6.8	6.8	6.7	7.0	7.5	8.1	8.7	9.3	9.8	10.2	10.2	10.0	9.7	9.2	8.8	8.5	8.2	8.1	7.9	8.2
RH	82	84	85	86	87	87	87	88	87	84	82	78	74	71	68	68	69	70	73	76	78	79	80	81	79
I_d	0	0	0	0	0	0	0	0	1	8	18	40	56	53	41	18	3	0	0	0	0	0	0	0	238
I_s	0	0	0	0	0	0	0	0	26	92	151	195	208	197	164	111	42	0	0	0	0	0	0	0	1186
WV	1.3	1.3	1.2	1.2	1.2	1.2	1.2	1.3	1.3	1.3	1.3	1.3	1.3	1.3	1.3	1.3	1.3	1.3	1.4	1.4	1.4	1.3	1.3	1.3	1.3
DLR	296	296	296	295	295	294	294	294	295	296	298	299	299	300	300	299	299	298	298	297	297	297	297	296	297

三月标准日

	1时	2时	3时	4时	5时	6时	7时	8时	9时	10时	11时	12时	13时	14时	15时	16时	17时	18时	19时	20时	21时	22时	23时	24时	平均或合计注2
DB	14.0	13.7	13.4	13.2	12.9	12.6	12.4	12.6	13.3	14.4	15.5	16.4	17.2	17.8	18.2	18.4	18.3	17.7	17.0	16.2	15.6	15.2	14.9	14.5	15.2
RH	75	77	78	79	81	82	83	83	79	75	69	65	62	59	57	56	56	58	61	64	67	69	71	73	70
I_d	0	0	0	0	0	0	0	1	12	60	124	181	174	124	91	54	20	3	0	0	0	0	0	0	843
I_s	0	0	0	0	0	0	0	18	112	198	252	284	305	307	274	212	128	38	0	0	0	0	0	0	2128
WV	1.5	1.4	1.4	1.4	1.4	1.4	1.4	1.4	1.4	1.4	1.4	1.5	1.6	1.6	1.6	1.6	1.7	1.7	1.7	1.7	1.6	1.6	1.6	1.5	1.5
DLR	330	329	329	328	328	327	327	327	327	329	332	334	336	338	339	340	339	337	335	334	333	332	332	331	333

五月标准日

	1时	2时	3时	4时	5时	6时	7时	8时	9时	10时	11时	12时	13时	14时	15时	16时	17时	18时	19时	20时	21时	22时	23时	24时	平均或合计注2
DB	21.3	21.0	20.6	20.3	20.1	19.9	20.0	20.4	21.3	22.3	23.3	24.1	24.8	25.2	25.6	25.8	25.6	25.2	24.5	23.7	23.0	22.5	22.1	21.7	22.7
RH	80	82	83	84	85	86	86	84	80	76	71	68	65	63	61	61	61	62	65	68	71	74	76	78	74
I_d	0	0	0	0	0	0	1	7	36	104	168	194	162	112	85	57	28	7	0	0	0	0	0	0	962
I_s	0	0	0	0	0	0	17	90	187	257	300	336	360	354	317	252	169	80	3	0	0	0	0	0	2722
WV	1.5	1.5	1.5	1.5	1.5	1.5	1.5	1.5	1.5	1.6	1.6	1.6	1.6	1.6	1.6	1.6	1.7	1.6	1.6	1.6	1.6	1.6	1.6	1.5	1.5
DLR	384	383	382	381	380	380	380	382	384	387	390	392	394	395	395	395	395	393	391	389	388	387	386	385	387

续表

		1时	2时	3时	4时	5时	6时	7时	8时	9时	10时	11时	12时	13时	14时	15时	16时	17时	18时	19时	20时	21时	22时	23时	24时	平均或合计注2
七月标准日	DB	28.2	27.8	27.4	27.0	26.8	26.6	26.8	27.5	28.5	29.8	31.0	32.1	32.8	33.3	33.6	33.7	33.4	32.8	31.9	31.0	30.2	29.7	29.2	28.7	30.0
	RH	73	75	76	78	79	80	79	77	72	67	62	58	55	53	52	52	52	54	57	61	64	66	68	70	66
	I_d	0	0	0	0	0	0	2	15	62	156	244	289	247	168	121	80	40	11	1	0	0	0	0	0	1437
	I_s	0	0	0	0	0	0	28	118	224	294	333	366	401	408	369	295	205	109	19	0	0	0	0	0	3168
	WV	1.6	1.6	1.5	1.5	1.4	1.4	1.5	1.5	1.5	1.6	1.7	1.7	1.7	1.7	1.8	1.9	2.0	1.9	1.8	1.8	1.7	1.7	1.7	1.7	1.7
	DLR	428	427	426	424	424	424	425	427	430	434	438	441	444	445	445	445	444	442	439	437	434	433	431	430	434
九月标准日	DB	23.4	23.2	22.9	22.7	22.5	22.3	22.2	22.5	23.2	24.1	25.1	25.8	26.4	26.8	27.0	27.1	26.9	26.4	25.7	25.0	24.5	24.2	23.9	23.6	24.5
	RH	80	82	83	83	85	86	87	85	82	78	74	71	68	66	65	64	65	67	69	72	75	76	78	79	76
	I_d	0	0	0	0	0	0	0	2	19	67	122	158	135	86	57	34	13	2	0	0	0	0	0	0	695
	I_s	0	0	0	0	0	0	0	44	136	214	262	290	305	296	256	190	109	27	0	0	0	0	0	0	2130
	WV	1.5	1.4	1.4	1.4	1.4	1.4	1.5	1.5	1.5	1.6	1.5	1.6	1.6	1.6	1.6	1.7	1.7	1.7	1.7	1.7	1.6	1.6	1.5	1.5	1.5
	DLR	400	399	398	398	397	397	397	398	400	402	405	407	409	409	410	409	408	407	405	403	402	401	401	400	403
十一月标准日	DB	13.9	13.7	13.6	13.5	13.3	13.2	13.1	13.2	13.6	14.2	14.9	15.5	16.0	16.4	16.5	16.3	16.1	15.6	15.2	14.8	14.5	14.3	14.2	14.0	14.6
	RH	85	86	87	88	88	89	89	89	87	84	80	77	74	72	71	71	73	75	77	80	81	82	83	84	81
	I_d	0	0	0	0	0	0	0	0	3	17	35	58	61	45	26	9	1	0	0	0	0	0	0	0	255
	I_s	0	0	0	0	0	0	0	2	60	130	182	214	217	194	151	88	19	0	0	0	0	0	0	0	1256
	WV	1.3	1.3	1.3	1.3	1.3	1.3	1.3	1.3	1.3	1.3	1.3	1.3	1.3	1.3	1.4	1.4	1.5	1.5	1.5	1.6	1.5	1.5	1.5	1.4	1.4
	DLR	338	338	337	337	336	336	336	336	337	339	340	342	342	343	342	342	341	341	340	339	339	338	338	337	339
夏季TAC	DB_{25}	33.5	33.0	32.4	32.0	31.4	31.0	31.4	32.3	33.4	34.8	36.4	37.7	38.5	39.0	39.5	39.9	39.8	39.0	37.8	36.6	35.6	35.0	34.4	34.0	35.4
	I_{25}	0	0	0	0	0	0	74	219	411	635	817	914	890	793	698	549	372	193	46	0	0	0	0	0	6610
	DB_{50}	32.5	31.8	31.4	30.8	30.5	30.3	30.5	31.3	32.6	34.2	35.8	37.1	38.0	38.6	39.1	39.3	39.2	38.4	37.2	35.8	34.9	34.2	33.5	33.0	34.6
	I_{50}	0	0	0	0	0	0	67	204	397	618	798	890	863	764	662	526	355	182	43	0	0	0	0	0	6368
	RH_s	77	79	80	82	83	83	83	80	76	70	64	59	56	53	51	51	53	55	58	62	66	69	71	74	68
冬季TAC	DB_{975}	4.1	3.9	3.7	3.4	3.3	3.0	2.7	2.8	3.2	3.9	4.4	4.9	5.2	5.4	5.5	5.5	5.4	5.3	5.2	5.0	4.7	4.5	4.4	4.3	4.3
	RH_{975}	61	62	63	63	65	67	67	67	65	61	56	50	45	41	38	37	37	41	47	51	53	56	58	60	54.5
	DB_{950}	4.8	4.5	4.3	4.1	3.9	3.8	3.7	3.7	3.8	4.4	5.1	5.6	5.9	6.1	6.2	6.1	6.0	6.0	5.8	5.5	5.4	5.2	5.1	4.9	5.0
	RH_{950}	64	65	66	67	68	69	70	71	70	66	60	55	50	46	42	41	42	46	50	54	57	59	61	63	58.4

贵州省

地名	毕节	区站号	577070	经度	105.23E	纬度	27.3N	海拔	1511m

	1月	2月	3月	4月	5月	6月	7月	8月	9月	10月	11月	12月	年平均或累计[1]
DB_m	3.3	6.0	10.2	14.6	18.0	20.0	22.7	21.9	19.0	14.3	10.0	4.5	13.7
RH_m	84.0	80.0	77.0	76.0	75.0	81.0	76.0	78.0	80.0	85.0	83.0	84.0	80.0
I_m	209	263	385	435	488	439	552	523	395	300	247	188	4416
HDD_m	455	337	242	101	0	0	0	0	0	115	241	418	1908

		1时	2时	3时	4时	5时	6时	7时	8时	9时	10时	11时	12时	13时	14时	15时	16时	17时	18时	19时	20时	21时	22时	23时	24时	平均或合计[2]
一月标准日	DB	2.4	2.1	1.9	1.8	1.7	1.5	1.4	1.4	1.4	1.7	2.4	3.3	4.2	5.1	5.8	6.1	6.2	5.8	5.1	4.3	3.7	3.3	3.1	2.9	3.3
	RH	88	89	89	90	90	90	91	91	89	89	87	83	79	76	74	72	73	75	78	81	84	85	86	86	84
	I_d	0	0	0	0	0	0	0	0	5	24	48	86	111	99	80	46	13	3	0	0	0	0	0	0	511
	I_s	0	0	0	0	0	0	0	0	46	115	171	210	219	213	183	134	68	3	0	0	0	0	0	0	1362
	WV	3.1	3.2	2.4	1.8	1.1	1.0	1.0	0.9	0.8	0.9	0.9	1.0	1.1	1.2	1.3	1.3	1.3	1.7	2.1	1.8	2.4	2.6	2.7	2.9	1.7
	DLR	269	268	267	267	266	266	265	265	265	266	268	271	273	277	278	279	278	277	275	273	272	272	271	270	271
三月标准日	DB	8.6	8.2	7.9	7.7	7.5	7.2	7.0	7.3	8.0	9.3	10.7	12.0	13.1	13.9	14.3	14.3	13.8	12.8	11.7	10.8	10.2	9.9	9.6	9.2	10.2
	RH	84	86	86	87	88	88	89	89	85	80	74	69	65	62	61	61	63	67	71	75	77	78	80	82	77
	I_d	0	0	0	0	0	0	0	2	26	88	158	232	249	204	153	92	38	9	0	0	0	0	0	0	1251
	I_s	0	0	0	0	0	0	0	30	124	198	251	283	299	306	284	227	144	56	0	0	0	0	0	0	2202
	WV	4.8	5.4	4.0	2.5	1.0	1.0	1.0	0.9	1.1	1.2	1.3	1.5	1.6	1.7	1.7	1.7	1.7	2.1	2.4	2.1	3.1	3.6	4.2	4.6	2.3
	DLR	303	302	301	300	299	298	297	298	301	304	308	312	314	316	318	318	317	314	311	309	308	306	306	305	307
五月标准日	DB	16.1	15.6	15.3	15.1	15.0	14.9	15.1	15.7	16.7	18.0	19.4	20.5	21.2	21.7	21.9	21.7	21.2	20.3	19.3	18.4	17.8	17.4	17.1	16.6	18.0
	RH	84	86	87	87	88	88	87	85	80	74	69	65	62	61	60	61	63	66	70	74	76	78	79	81	75
	I_d	0	0	0	0	0	0	3	22	69	146	214	254	236	181	130	90	50	17	1	0	0	0	0	0	1414
	I_s	0	0	0	0	0	0	24	114	207	276	323	360	381	378	343	267	179	95	12	0	0	0	0	0	2959
	WV	4.1	4.3	3.3	2.1	0.9	1.0	1.0	1.0	1.0	1.2	1.3	1.5	1.6	1.8	1.7	1.7	1.7	2.3	2.9	2.3	3.3	3.5	3.6	3.9	2.2
	DLR	351	350	348	347	347	347	347	349	352	356	360	363	366	367	368	368	366	364	360	358	356	355	354	353	356

续表

		1时	2时	3时	4时	5时	6时	7时	8时	9时	10时	11时	12时	13时	14时	15时	16时	17时	18时	19时	20时	21时	22时	23时	24时	平均或合计[注2]
七月标准日	DB	20.5	20.0	19.6	19.3	19.2	19.2	19.6	20.4	21.6	23.1	24.5	25.5	26.2	26.6	26.7	26.6	26.0	25.1	24.1	23.1	22.4	21.9	21.5	21.1	22.7
	RH	86	88	89	90	91	91	90	87	81	75	69	64	62	60	60	60	63	66	70	74	77	79	81	83	76
	I_d	0	0	0	0	0	0	4	36	99	192	271	304	270	200	149	106	63	25	3	0	0	0	0	0	1723
	I_s	0	0	0	0	0	0	29	125	220	290	337	373	400	403	370	300	215	126	35	0	0	0	0	0	3224
	WV	4.1	4.1	3.1	2.0	0.9	1.0	1.1	1.2	1.3	1.5	1.6	1.7	1.7	1.8	1.8	1.7	1.7	2.3	3.0	2.8	3.7	3.9	4.0	4.1	2.3
	DLR	383	382	380	379	379	379	380	383	387	392	396	399	401	402	402	402	400	398	394	391	389	387	386	385	390
九月标准日	DB	17.5	17.1	16.6	16.4	16.5	16.3	16.3	16.8	17.8	18.9	20.5	21.5	22.1	22.5	22.5	22.4	22.0	21.2	20.2	19.3	18.5	18.2	18.2	17.8	19.0
	RH	87	89	90	91	92	93	93	91	86	80	74	70	67	66	65	65	67	70	74	79	81	82	84	85	80
	I_d	0	0	0	0	0	0	0	11	51	126	198	230	200	141	99	66	33	8	0	0	0	0	0	0	1164
	I_s	0	0	0	0	0	0	0	71	167	237	283	321	345	342	300	229	144	54	0	0	0	0	0	0	2493
	WV	5.0	5.0	4.0	2.5	1.0	1.0	1.0	1.0	1.1	1.3	1.5	1.5	1.6	1.6	1.6	1.6	1.6	2.5	3.3	3.8	4.2	4.5	4.9	5.1	2.6
	DLR	364	363	361	360	360	360	360	362	365	368	373	376	378	378	378	377	376	374	371	369	366	365	365	364	368
十一月标准日	DB	8.6	8.3	8.1	8.1	7.9	7.6	7.5	7.7	8.4	9.5	10.7	11.9	12.8	13.4	13.5	13.3	12.6	11.7	10.7	9.9	9.5	9.3	9.1	8.9	10.0
	RH	89	91	91	91	91	92	92	92	89	84	79	74	70	68	67	69	71	75	80	84	86	86	87	88	83
	I_d	0	0	0	0	0	0	0	1	17	60	106	153	160	124	82	39	8	0	0	0	0	0	0	0	748
	I_s	0	0	0	0	0	0	0	10	92	160	207	234	238	227	191	129	51	0	0	0	0	0	0	0	1540
	WV	4.9	5.2	3.8	2.4	0.9	0.9	0.9	0.9	1.0	1.1	1.2	1.3	1.3	1.4	1.4	1.4	1.4	2.8	4.2	4.5	5.1	5.2	5.2	5.0	2.6
	DLR	307	306	305	305	304	303	302	303	306	309	312	316	318	319	320	319	317	315	313	311	310	309	308	308	310
夏季 TAC	DB_{25}	23.5	23.0	22.7	22.5	22.2	22.1	22.4	23.3	24.5	26.2	28.0	29.6	30.6	31.2	31.7	31.7	31.2	30.1	28.5	27.2	26.3	25.5	24.9	24.2	26.4
	I_{25}	0	0	0	0	0	0	84	254	461	678	847	935	916	820	723	592	425	235	72	0	0	0	0	0	7039
	DB_{50}	23.1	22.5	22.2	21.9	21.6	21.5	21.9	22.7	24.1	25.7	27.6	29.1	30.1	30.6	31.1	31.1	30.6	29.5	28.1	26.6	25.7	25.0	24.3	23.8	25.9
	I_{50}	0	0	0	0	0	0	76	241	440	651	823	912	892	807	703	575	413	226	67	0	0	0	0	0	6824
	RH_s	88	90	92	93	93	94	93	89	83	76	69	65	61	59	59	61	63	67	72	76	78	80	82	84	78
冬季 TAC	DB_{975}	-2.3	-2.5	-2.8	-2.9	-3.0	-3.1	-3.2	-3.1	-2.8	-2.4	-1.9	-1.5	-1.1	-0.9	-0.9	-1.0	-1.0	-1.3	-1.5	-1.8	-2.0	-2.0	-2.0	-2.1	-2.0
	RH_{975}	63	66	64	64	68	69	69	69	63	56	47	38	32	26	24	24	26	32	37	47	48	52	57	59	50.1
	DB_{950}	-1.7	-1.8	-2.0	-2.2	-2.3	-2.4	-2.5	-2.5	-2.1	-1.8	-1.4	-1.0	-0.7	-0.4	-0.3	-0.3	-0.5	-0.7	-0.9	-1.1	-1.2	-1.3	-1.4	-1.5	-1.4
	RH_{950}	70	72	72	72	74	74	75	74	71	63	55	47	40	37	33	32	35	41	48	56	59	62	65	68	58.1

地名	贵阳	区站号	578160	经度	106.73E	纬度	26.58N	海拔	1223m

	1月	2月	3月	4月	5月	6月	7月	8月	9月	10月	11月	12月	年平均或累计注1
DB_m	4.4	7.3	11.4	16.1	19.3	21.5	23.7	23.3	20.5	15.8	11.7	5.9	15.1
RH_m	82.0	78.0	77.0	76.0	79.0	84.0	79.0	78.0	80.0	83.0	82.0	80.0	80.0
I_m	159	197	280	314	321	295	347	355	278	233	178	152	3103
HDD_m	423	299	205	58	0	0	0	0	0	67	190	374	1616

		1时	2时	3时	4时	5时	6时	7时	8时	9时	10时	11时	12时	13时	14时	15时	16时	17时	18时	19时	20时	21时	22时	23时	24时	平均或累计注2
一月标准日	DB	3.2	3.0	2.8	2.7	2.6	2.6	2.8	3.2	3.7	4.4	5.2	5.9	6.5	6.7	6.7	6.4	5.9	5.4	5.0	4.5	4.2	3.9	3.7	3.5	4.4
	RH	87	87	87	88	88	88	87	86	84	81	78	75	73	72	72	73	75	77	79	81	83	84	85	86	82
	I_d	0	0	0	0	0	0	0	0	7	20	31	44	47	36	30	19	7	0	0	0	0	0	0	0	241
	I_s	0	0	0	0	0	0	0	0	45	107	160	198	207	190	146	92	38	1	0	0	0	0	0	0	1184
	WV	2.4	2.4	2.4	2.4	2.4	2.4	2.4	2.4	2.5	2.7	2.8	2.8	2.8	2.8	2.7	2.7	2.6	2.7	2.7	2.8	2.7	2.6	2.6	2.5	2.6
	DLR	273	272	272	271	271	271	271	273	274	276	278	280	282	282	282	281	280	279	278	277	276	275	275	274	276
三月标准日	DB	9.6	9.2	9.0	8.8	8.7	8.8	9.1	9.7	10.5	11.5	12.5	13.5	14.3	14.8	14.9	14.6	14.0	13.2	12.4	11.7	11.2	10.8	10.4	10.1	11.4
	RH	85	86	87	87	88	87	86	84	81	77	73	69	66	64	63	64	67	70	73	76	78	80	82	83	77
	I_d	0	0	0	0	0	0	0	3	17	40	64	96	106	91	79	54	25	5	0	0	0	0	0	0	581
	I_s	0	0	0	0	0	0	0	33	115	190	249	286	292	270	219	153	88	30	0	0	0	0	0	0	1925
	WV	2.5	2.5	2.4	2.3	2.3	2.4	2.5	2.6	2.8	2.9	3.0	3.0	3.1	3.1	3.1	3.0	3.0	3.0	3.0	3.0	2.9	2.7	2.6	2.6	2.8
	DLR	310	309	308	307	307	307	308	310	313	315	319	321	324	324	324	323	321	319	317	316	315	314	313	312	315
五月标准日	DB	17.2	16.9	16.6	16.4	16.6	17.0	17.8	18.7	19.6	20.6	21.4	22.1	22.6	22.9	22.7	22.2	21.5	20.6	19.8	19.0	18.5	18.1	17.8	17.5	19.3
	RH	87	89	90	91	91	89	86	82	79	75	72	69	67	65	66	67	70	73	76	79	82	84	85	86	79
	I_d	0	0	0	0	0	0	4	19	37	54	67	83	77	58	49	34	18	6	0	0	0	0	0	0	507
	I_s	0	0	0	0	0	0	26	103	186	254	299	326	327	292	238	168	98	45	3	0	0	0	0	0	2367
	WV	2.2	2.2	2.1	2.0	2.0	2.3	2.6	3.0	3.1	3.2	3.4	3.4	3.4	3.5	3.3	3.2	3.1	3.0	2.8	2.7	2.6	2.4	2.3	2.3	2.8
	DLR	362	361	360	359	360	362	365	368	371	374	377	379	380	381	380	378	375	372	370	367	366	365	364	363	369

续表

		1时	2时	3时	4时	5时	6时	7时	8时	9时	10时	11时	12时	13时	14时	15时	16时	17时	18时	19时	20时	21时	22时	23时	24时	平均或合计[注2]
七月标准日	DB	21.3	20.9	20.6	20.5	20.8	21.4	22.4	23.6	24.6	25.5	26.2	26.8	27.2	27.3	27.2	26.7	26.0	25.0	24.0	23.2	22.5	22.0	21.7	21.5	23.7
	RH	89	90	91	92	91	89	85	80	76	72	69	67	65	64	65	66	69	72	76	80	83	85	87	88	79
	I_d	0	0	0	0	0	0	4	25	48	59	64	76	72	64	54	41	25	12	1	0	0	0	0	0	546
	I_s	0	0	0	0	0	0	28	115	203	275	315	338	337	302	259	192	120	64	15	0	0	0	0	0	2563
	WV	2.0	2.0	2.0	2.0	2.0	2.4	2.8	3.2	3.3	3.5	3.7	3.6	3.6	3.5	3.4	3.2	3.1	2.9	2.6	2.4	2.3	2.2	2.1	2.0	2.7
	DLR	392	391	390	389	391	393	397	401	405	407	409	411	412	413	412	410	407	404	400	398	396	394	394	393	400
九月标准日	DB	18.5	18.2	17.9	17.7	17.7	18.1	18.9	19.9	21.0	22.1	23.0	23.7	24.0	24.1	23.8	23.2	22.4	21.6	20.8	20.1	19.6	19.1	18.9	18.7	20.5
	RH	88	89	91	91	91	90	87	83	78	74	70	67	66	66	67	69	71	75	78	81	83	85	86	87	80
	I_d	0	0	0	0	0	0	0	15	40	67	85	104	91	67	50	33	16	4	0	0	0	0	0	0	572
	I_s	0	0	0	0	0	0	2	73	161	233	276	291	287	249	198	134	73	25	0	0	0	0	0	0	2001
	WV	1.9	1.9	1.9	1.9	1.9	2.1	2.4	2.6	2.8	3.0	3.1	3.2	3.2	3.3	3.1	2.9	2.8	2.6	2.5	2.4	2.3	2.1	2.0	2.0	2.5
	DLR	372	371	369	369	369	371	374	377	381	384	387	389	390	390	388	386	383	381	378	376	374	373	372	372	378
十一月标准日	DB	10.2	9.9	9.7	9.5	9.4	9.6	10.0	10.7	11.6	12.6	13.5	14.3	14.7	14.8	14.4	13.8	13.1	12.5	11.9	11.5	11.1	10.8	10.5	10.3	11.7
	RH	89	90	90	91	91	90	88	86	82	78	74	71	69	69	70	72	75	78	81	83	84	85	87	88	82
	I_d	0	0	0	0	0	0	0	3	19	41	59	75	68	48	33	17	4	0	0	0	0	0	0	0	368
	I_s	0	0	0	0	0	0	0	16	87	148	191	215	213	181	129	73	23	0	0	0	0	0	0	0	1276
	WV	2.2	2.2	2.1	2.1	2.1	2.2	2.3	2.4	2.6	2.8	3.0	3.0	3.1	3.1	3.0	2.9	2.8	2.7	2.6	2.5	2.4	2.3	2.0	2.2	2.5
	DLR	317	316	315	314	313	314	316	318	321	324	326	328	329	329	328	326	324	322	321	320	319	318	317	317	320
夏季	DB_{25}	24.2	24.0	23.7	23.5	23.5	24.1	26.1	28.0	30.2	31.2	31.9	32.4	33.0	32.9	32.1	31.2	30.1	29.4	28.2	27.0	26.1	25.4	25.0	24.6	27.8
	I_{25}	0	0	0	0	0	0	97	291	503	621	758	851	841	765	671	545	376	207	56	0	0	0	0	0	6582
	DB_{50}	23.8	23.5	23.2	23.0	23.0	23.6	25.6	27.9	29.4	30.5	31.0	31.7	32.1	32.0	31.3	30.6	29.9	28.7	27.6	26.6	25.7	25.0	24.5	24.1	27.3
	I_{50}	0	0	0	0	0	0	81	245	445	589	714	803	806	742	642	517	362	199	51	0	0	0	0	0	6194
	RH_s	91	93	94	95	94	91	87	83	79	74	70	67	65	64	64	66	70	74	78	82	85	87	88	89	80
冬季	DB_{975}	-3.1	-3.2	-3.5	-3.8	-3.7	-3.4	-3.4	-3.2	-3.0	-2.6	-2.2	-1.6	-1.1	-1.0	-1.1	-1.3	-1.5	-1.9	-2.0	-2.1	-2.6	-2.9	-3.0	-3.1	-2.5
	RH_{975}	56	58	58	59	60	59	58	56	51	44	37	34	32	30	28	29	30	34	39	43	45	47	51	54	45.4
	DB_{950}	-2.3	-2.3	-2.5	-2.9	-3.0	-2.7	-2.5	-2.2	-2.0	-1.4	-1.0	-0.6	-0.3	0.0	0.0	-0.1	-0.3	-0.6	-0.9	-1.1	-1.6	-1.9	-2.0	-2.2	-1.5
	RH_{950}	60	63	63	64	65	65	63	60	55	51	45	40	37	36	34	35	38	42	45	49	52	55	56	58	51.3

云南省

地名	腾冲	区站号	567390	经度	98.48E	纬度	25.12N	海拔	1649m

	1月	2月	3月	4月	5月	6月	7月	8月	9月	10月	11月	12月	年平均或累计[注1]
DB_m	-9.9	-7.9	1.8	12.0	16.7	22.2	23.8	22.3	16.4	8.6	-0.7	-7.3	8.2
RH_m	67.0	66.0	61.0	49.0	44.0	48.0	47.0	45.0	46.0	58.0	69.0	69.0	56.0
I_m	193	263	430	592	755	783	803	717	545	364	202	154	5784
HDD_m	865	726	502	181	40	0	0	0	47	290	562	785	3997

标准日		1时	2时	3时	4时	5时	6时	7时	8时	9时	10时	11时	12时	13时	14时	15时	16时	17时	18时	19时	20时	21时	22时	23时	24时	平均或合计[注2]
一月标准日	DB	-11.5	-11.7	-12.0	-12.1	-12.1	-12.1	-12.2	-12.4	-12.6	-12.4	-11.5	-9.9	-8.0	-6.2	-5.1	-4.9	-5.4	-6.5	-7.7	-8.9	-9.8	-10.5	-10.9	-11.3	-9.9
	RH	71	71	71	71	70	71	71	72	72	72	70	65	61	57	54	54	57	60	65	69	71	71	71	70	67
	I_d	0	0	0	0	0	0	0	0	0	0	17	110	230	292	290	194	67	8	0	0	0	0	0	0	1208
	I_s	0	0	0	0	0	0	0	0	0	0	34	65	67	69	73	87	88	38	0	0	0	0	0	0	520
	WV	1.5	1.5	1.5	1.8	1.7	1.5	1.5	1.5	1.5	1.5	1.5	1.6	1.7	1.9	1.9	1.9	1.9	1.8	1.6	1.6	1.5	1.5	1.5	1.5	1.6
	DLR	189	188	187	186	186	186	186	185	185	186	188	192	197	203	206	207	206	204	202	199	196	193	191	189	193
三月标准日	DB	-0.4	-0.6	-0.8	-1.0	-1.4	-1.8	-2.1	-2.0	-1.3	-0.1	1.3	2.7	4.0	5.0	5.7	6.1	6.3	6.1	5.5	4.6	3.6	2.4	1.3	0.6	1.8
	RH	69	69	69	69	70	70	71	70	67	64	60	56	53	51	49	48	48	49	51	54	58	62	66	68	61
	I_d	0	0	0	0	0	0	0	0	5	85	220	348	422	411	347	257	168	91	32	2	0	0	0	0	2387
	I_s	0	0	0	0	0	0	0	0	12	63	93	115	139	174	205	217	198	150	85	14	0	0	0	0	1464
	WV	1.9	1.8	1.8	1.8	1.7	1.7	1.7	1.7	1.7	1.8	2.0	2.2	2.5	2.7	2.7	2.8	2.8	2.7	2.5	2.4	2.3	2.2	2.0	2.0	2.2
	DLR	242	241	239	238	237	235	234	234	235	239	243	247	251	254	256	258	258	258	257	255	253	251	248	246	246
五月标准日	DB	14.2	13.6	13.1	12.5	11.7	10.9	10.6	11.2	12.8	14.9	17.0	18.7	19.7	20.3	20.7	21.3	21.9	22.3	22.1	21.4	20.1	18.4	16.7	15.3	16.7
	RH	51	53	54	56	58	61	62	61	56	50	45	40	37	35	33	32	30	29	29	30	34	38	43	48	44
	I_d	0	0	0	0	0	0	0	15	131	372	559	684	715	553	394	322	289	235	137	46	3	0	0	0	4455
	I_s	0	0	0	0	0	0	0	52	110	110	109	122	152	243	310	309	269	221	173	107	26	0	0	0	2306
	WV	1.9	1.8	1.8	1.7	1.7	1.6	1.6	1.6	1.9	2.1	2.4	2.6	2.9	3.1	3.2	3.3	3.3	3.2	3.1	3.0	2.6	2.3	2.0	1.9	2.4
	DLR	307	305	304	302	300	298	297	299	304	311	317	321	323	324	324	325	326	327	326	324	321	317	314	311	314

续表

月/季	参数	1时	2时	3时	4时	5时	6时	7时	8时	9时	10时	11时	12时	13时	14时	15时	16时	17时	18时	19时	20时	21时	22时	23时	24时	平均或合计注2
七月标准日	DB	21.1	20.3	19.8	19.3	18.5	17.6	17.3	17.9	19.5	21.8	24.2	25.9	27.0	27.6	28.2	28.8	29.5	29.8	29.6	28.8	27.5	25.7	23.9	22.3	23.8
	RH	55	56	58	59	62	64	66	64	60	54	48	44	40	37	35	32	31	30	30	32	36	41	46	51	47
	I_d	0	0	0	0	0	0	0	16	138	397	603	744	783	599	432	367	330	261	154	58	7	0	0	0	4891
	I_s	0	0	0	0	0	0	0	54	109	96	92	100	131	237	312	306	273	237	190	125	43	0	0	0	2305
	WV	1.6	1.6	1.6	1.6	1.6	1.6	1.5	1.5	1.6	1.7	1.8	2.0	2.1	2.3	2.4	2.5	2.6	2.6	2.5	2.5	2.2	1.9	1.6	1.6	1.9
	DLR	357	354	351	349	347	344	343	345	352	361	370	376	379	379	379	379	380	381	380	378	375	370	366	361	365
九月标准日	DB	13.5	13.2	12.7	12.2	11.6	10.7	10.1	10.5	11.6	14.2	16.6	18.6	20.0	21.0	21.7	22.4	22.8	22.6	22.1	20.9	19.0	17.1	15.5	14.0	16.4
	RH	54	54	55	56	58	61	63	62	59	53	47	42	37	34	31	29	28	28	30	33	37	43	48	52	46
	I_d	0	0	0	0	0	0	0	0	36	234	424	564	643	566	428	321	235	143	53	4	0	0	0	0	3652
	I_s	0	0	0	0	0	0	0	0	46	60	68	79	93	146	205	221	199	156	96	23	0	0	0	0	1393
	WV	1.7	1.5	1.6	1.6	1.6	1.6	1.5	1.5	1.6	1.7	1.9	2.1	2.3	2.6	2.6	2.7	2.8	2.5	2.2	2.0	1.9	1.8	1.7	1.7	2.0
	DLR	306	304	303	301	299	296	294	296	301	310	318	324	327	327	328	328	329	329	328	326	321	316	312	308	314
十一月标准日	DB	-1.9	-2.2	-2.4	-2.6	-2.8	-3.0	-3.2	-3.2	-3.1	-2.5	-1.6	-0.4	0.9	2.2	3.1	3.4	3.1	2.3	1.2	0.2	-0.6	-1.2	-1.6	-1.9	-0.7
	RH	74	75	75	76	76	76	76	76	76	74	71	67	62	59	56	55	56	59	63	67	71	73	74	74	69
	I_d	0	0	0	0	0	0	0	0	0	5	62	150	229	266	247	162	61	6	0	0	0	0	0	0	1188
	I_s	0	0	0	0	0	0	0	0	0	13	60	86	96	99	101	103	87	33	0	0	0	0	0	0	677
	WV	1.5	1.5	1.5	1.5	1.5	1.5	1.5	1.5	1.5	1.5	1.5	1.7	1.8	2.0	2.0	2.0	2.0	1.9	1.8	1.6	1.7	1.7	1.7	1.6	1.7
	DLR	237	236	235	234	234	233	232	232	232	234	236	239	243	246	248	249	248	246	244	242	241	239	238	237	239
夏季 TAC	DB_{25}	20.8	20.6	20.6	20.6	20.4	20.0	19.6	19.9	21.0	22.8	24.7	26.2	27.2	27.6	28.1	28.4	28.2	27.1	25.7	24.3	23.2	22.3	21.6	21.2	23.4
	I_{25}	0	0	0	0	0	0	0	162	382	640	844	965	956	884	778	668	516	322	135	0	0	0	0	0	7252
	DB_{50}	20.4	20.2	20.1	20.0	19.7	19.4	19.3	19.6	20.6	22.4	24.1	25.7	26.6	27.1	27.6	28.0	27.6	26.5	25.1	23.8	22.7	21.9	21.2	20.7	22.9
	I_{50}	0	0	0	0	0	0	0	141	342	589	800	915	917	852	753	642	494	302	127	0	0	0	0	0	6874
	RH_s	91	91	92	92	93	93	94	92	89	85	81	77	75	74	73	74	75	77	80	84	86	88	89	90	85
冬季 TAC	DB_{975}	2.8	2.4	2.0	1.5	0.9	0.3	-0.1	0.2	1.4	3.5	6.0	8.5	9.9	11.1	11.6	11.4	11.1	10.7	9.6	8.0	6.7	5.6	4.4	3.4	5.5
	RH_{975}	62	64	63	64	65	67	67	66	59	50	40	31	24	19	17	18	19	22	26	31	37	44	53	58	44.4
	DB_{950}	3.3	2.8	2.5	2.0	1.4	0.7	0.3	0.6	1.8	4.0	6.6	9.3	11.4	12.6	13.1	13.2	12.8	11.6	10.5	9.0	7.4	6.2	5.1	4.1	6.3
	RH_{950}	67	68	68	69	70	72	72	69	63	55	44	35	27	22	20	20	22	26	29	34	40	49	57	62	48.2

地名	昆明	区站号	567780	经度	102.68E	纬度	25.02N	海拔	1892m

	1月	2月	3月	4月	5月	6月	7月	8月	9月	10月	11月	12月	年平均或累计[1]
DB_m	9.5	12.4	15.2	17.8	20.3	20.9	20.8	20.4	19.3	16.2	12.8	9.6	16.3
RH_m	65.0	52.0	52.0	56.0	62.0	74.0	78.0	78.0	78.0	78.0	72.0	71.0	68.0
I_m	424	472	605	626	666	579	573	566	489	454	423	375	6249
HDD_m	265	156	87	5	0	0	0	0	0	55	155	260	982

		1时	2时	3时	4时	5时	6时	7时	8时	9时	10时	11时	12时	13时	14时	15时	16时	17时	18时	19时	20时	21时	22时	23时	24时	平均或合计[2]
一月标准日	DB	6.8	6.5	6.2	5.9	5.3	4.6	4.2	4.7	6.1	8.2	10.5	12.3	13.6	14.5	15.1	15.3	15.0	14.1	12.6	11.1	9.9	8.9	8.1	7.4	9.5
	RH	78	80	81	82	85	87	89	87	81	72	62	54	48	43	40	39	41	43	48	54	61	66	71	75	65
	I_d	0	0	0	0	0	0	0	0	44	206	377	486	476	359	255	158	68	5	0	0	0	0	0	0	2434
	I_s	0	0	0	0	0	0	0	0	69	108	120	133	165	210	216	184	123	33	0	0	0	0	0	0	1362
	WV	2.0	1.9	1.9	1.9	1.9	1.9	1.8	1.8	2.3	2.8	3.4	3.8	4.3	4.8	4.8	4.8	4.9	4.2	3.6	2.9	2.7	2.4	2.2	2.1	3.0
	DLR	288	287	286	285	284	282	280	281	285	291	296	299	300	300	299	299	299	297	294	292	291	290	290	288	291
三月标准日	DB	12.6	12.1	11.7	11.3	10.6	9.9	9.6	10.2	11.9	14.3	16.7	18.4	19.5	20.1	20.6	20.8	20.6	19.9	18.6	17.2	16.0	14.9	14.1	13.3	15.2
	RH	62	64	65	67	70	74	75	72	64	54	45	40	36	34	33	32	33	35	38	42	47	51	56	59	52
	I_d	0	0	0	0	0	0	0	10	123	349	550	653	593	411	286	194	109	35	0	0	0	0	0	0	3314
	I_s	0	0	0	0	0	0	0	41	131	153	158	178	234	310	318	276	201	107	0	0	0	0	0	0	2107
	WV	2.5	2.4	2.4	2.4	2.4	2.3	2.2	2.2	3.0	3.9	4.7	5.0	5.3	5.6	5.6	5.5	5.4	4.8	4.2	3.6	3.3	3.0	2.7	2.6	3.6
	DLR	308	307	306	305	303	302	302	303	307	312	317	320	322	323	323	324	323	321	318	315	313	312	311	310	313
五月标准日	DB	18.0	17.4	16.9	16.5	16.2	16.2	16.6	17.4	18.7	20.1	21.5	22.7	23.5	24.2	24.7	24.9	24.6	23.8	22.7	21.5	20.5	19.7	19.1	18.6	20.3
	RH	70	72	74	76	78	79	78	74	68	62	57	52	49	47	46	45	46	48	51	55	59	62	65	68	62
	I_d	0	0	0	0	0	0	3	73	195	335	432	477	442	358	279	196	113	45	4	0	0	0	0	0	2952
	I_s	0	0	0	0	0	0	23	120	194	243	284	320	354	375	364	316	238	143	36	0	0	0	0	0	3012
	WV	2.4	2.2	2.2	2.2	2.1	2.1	2.1	2.1	2.6	3.1	3.5	3.7	3.8	4.0	4.0	4.0	4.0	3.8	3.5	3.2	3.0	2.8	2.6	2.5	3.0
	DLR	351	350	348	347	347	347	349	351	355	358	362	365	367	369	370	371	369	366	363	359	357	355	354	353	358

续表

		1时	2时	3时	4时	5时	6时	7时	8时	9时	10时	11时	12时	13时	14时	15时	16时	17时	18时	19时	20时	21时	22时	23时	24时	平均或合计[注2]
七月标准日	DB	19.2	18.9	18.7	18.5	18.4	18.3	18.4	18.9	19.7	20.7	21.7	22.5	23.1	23.6	24.0	24.1	23.8	23.1	22.2	21.2	20.5	20.1	19.8	19.5	20.8
	RH	85	86	86	87	88	88	88	86	82	78	73	70	68	66	64	64	65	68	71	76	79	81	82	83	78
	I_d	0	0	0	0	0	0	0	29	85	166	242	278	270	236	188	140	88	34	5	0	0	0	0	0	1761
	I_s	0	0	0	0	0	0	7	109	211	291	346	392	416	414	394	335	250	154	50	0	0	0	0	0	3370
	WV	1.9	1.8	1.8	1.8	1.8	1.8	1.8	1.8	2.0	2.1	2.2	2.4	2.5	2.7	2.7	2.7	2.6	2.5	2.3	2.1	2.0	2.0	1.9	1.9	2.1
	DLR	373	372	371	371	370	370	370	372	374	377	381	383	385	387	388	388	387	385	382	380	378	376	375	374	378
九月标准日	DB	17.7	17.5	17.3	17.2	17.0	16.8	16.8	17.2	18.1	19.2	20.3	21.2	21.8	22.4	22.8	22.9	22.5	21.6	20.4	19.3	18.6	18.2	18.1	17.9	19.3
	RH	85	87	87	88	89	89	89	88	84	78	73	69	67	65	63	63	65	68	73	78	82	83	84	84	78
	I_d	0	0	0	0	0	0	0	16	73	165	257	299	283	236	188	134	72	18	0	0	0	0	0	0	1742
	I_s	0	0	0	0	0	0	0	72	175	252	300	344	371	372	343	278	190	89	0	0	0	0	0	0	2787
	WV	1.7	1.7	1.7	1.6	1.6	1.6	1.6	1.6	1.8	2.0	2.2	2.3	2.4	2.5	2.5	2.5	2.4	2.2	2.0	1.8	1.8	1.8	1.9	1.8	2.0
	DLR	364	363	363	362	361	361	361	362	365	368	371	373	375	376	378	378	377	375	372	369	367	365	365	364	368
十一月标准日	DB	10.2	9.8	9.7	9.5	9.1	8.6	8.4	9.1	10.7	12.8	14.9	16.4	17.3	17.9	18.3	18.4	17.9	16.5	14.7	13.0	11.9	11.3	10.9	10.5	12.8
	RH	85	86	87	87	89	92	93	90	83	73	64	57	53	49	47	46	48	53	60	68	75	78	80	82	72
	I_d	0	0	0	0	0	0	0	3	95	271	426	491	427	302	205	121	41	0	0	0	0	0	0	0	2382
	I_s	0	0	0	0	0	0	0	23	108	136	146	167	208	241	227	176	101	2	0	0	0	0	0	0	1535
	WV	1.7	1.6	1.7	1.7	1.7	1.7	1.7	1.6	2.1	2.6	3.0	3.3	3.5	3.8	3.7	3.6	3.5	3.1	2.6	2.2	2.1	2.0	1.9	1.8	2.4
	DLR	313	312	312	311	310	309	308	311	315	320	326	329	329	329	329	328	327	324	321	318	316	315	314	313	318
夏季TAC	DB_{25}	21.6	21.2	21.0	20.7	20.5	20.2	20.2	20.8	21.8	23.4	25.0	26.3	27.3	28.0	28.6	28.9	28.6	27.7	26.4	25.2	24.2	23.4	22.6	22.0	24.0
	I_{25}	0	0	0	0	0	0	52	249	473	699	875	970	978	921	810	669	496	277	93	0	0	0	0	0	7561
	DB_{50}	21.2	20.8	20.6	20.4	20.1	20.0	20.0	20.5	21.6	23.0	24.6	25.9	26.9	27.5	28.0	28.3	28.0	27.1	25.9	24.6	23.7	22.9	22.2	21.6	23.6
	I_{50}	0	0	0	0	0	0	42	218	442	669	842	930	944	901	790	653	473	263	86	0	0	0	0	0	7252
	RH_s	84	85	86	87	87	88	88	85	81	76	71	67	64	62	61	61	62	65	69	74	78	80	82	83	76
冬季TAC	DB_{975}	1.4	1.0	0.9	0.6	0.3	-0.3	-0.6	0.0	0.7	1.6	2.4	2.8	3.1	3.3	3.3	3.7	3.8	3.6	3.2	2.9	2.2	1.8	2.0	1.7	1.9
	RH_{975}	40	42	41	42	44	49	53	51	44	36	26	21	18	16	15	14	14	16	19	23	26	29	33	36	31.2
	DB_{950}	2.6	2.3	2.1	1.9	1.6	0.9	0.3	0.9	2.0	2.9	3.8	4.3	4.9	4.9	5.3	5.5	5.5	5.3	5.0	4.3	3.6	3.5	3.2	2.9	3.3
	RH_{950}	44	47	48	50	54	57	60	57	50	39	31	24	20	18	17	16	16	18	21	26	30	34	37	41	35.6

地名	丽江	区站号	566510	经度	100.47E	纬度	26.83N	海拔	2394m

	1月	2月	3月	4月	5月	6月	7月	8月	9月	10月	11月	12月	年平均或累计[注1]
DB_m	7.3	10.1	12.2	14.9	18.0	19.5	18.6	18.2	17.2	14.0	10.2	7.8	14.0
RH_m	42.0	37.0	41.0	47.0	53.0	67.0	78.0	79.0	79.0	69.0	55.0	48.0	58.0
I_m	451	475	610	648	696	640	620	629	546	537	470	428	6745
HDD_m	332	220	179	94	1	0	0	0	23	123	235	315	1524

		1时	2时	3时	4时	5时	6时	7时	8时	9时	10时	11时	12时	13时	14时	15时	16时	17时	18时	19时	20时	21时	22时	23时	24时	平均或合计[注2]
一月标准日	DB	4.7	4.2	3.8	3.4	2.6	1.7	1.0	1.5	3.2	5.8	8.3	10.2	11.5	12.5	13.5	14.1	13.9	12.8	10.9	9.1	7.7	6.8	6.1	5.5	7.3
	RH	48	51	52	54	57	60	62	61	54	46	39	33	29	27	25	24	25	27	30	34	38	41	43	45	42
	I_d	0	0	0	0	0	0	0	0	33	223	427	540	530	419	319	222	106	10	0	0	0	0	0	0	2829
	I_s	0	0	0	0	0	0	0	0	59	90	92	106	141	188	196	169	124	46	0	0	0	0	0	0	1211
	WV	2.9	2.9	2.9	2.9	2.9	2.8	2.8	2.7	3.0	3.3	3.6	3.9	4.2	4.5	4.5	4.5	4.5	4.2	3.8	3.4	3.3	3.1	3.0	3.0	3.4
	DLR	249	248	248	247	246	243	242	243	247	253	259	263	265	266	267	269	269	266	261	256	253	252	251	250	255
三月标准日	DB	10.0	9.6	9.3	8.9	8.2	7.3	6.7	7.2	8.8	11.1	13.5	15.2	16.2	16.9	17.3	17.6	17.4	16.5	15.2	13.8	12.7	12.0	11.3	10.7	12.2
	RH	45	47	48	50	53	56	59	58	52	44	38	33	31	29	28	28	28	29	32	35	38	40	42	44	41
	I_d	0	0	0	0	0	0	0	4	106	338	557	673	627	454	325	221	122	40	0	0	0	0	0	0	3467
	I_s	0	0	0	0	0	0	0	26	125	147	146	161	213	285	300	268	204	118	6	0	0	0	0	0	1999
	WV	3.7	3.6	3.6	3.5	3.5	3.3	3.2	3.0	3.4	3.8	4.2	4.4	4.6	4.8	4.9	4.9	5.0	4.7	4.4	4.1	4.0	3.9	3.7	3.7	4.0
	DLR	277	276	276	275	274	272	271	272	276	282	288	293	295	296	297	296	295	292	288	285	282	281	280	278	283
五月标准日	DB	15.6	15.1	14.7	14.2	13.9	13.8	14.0	14.9	16.3	18.0	19.6	20.8	21.5	22.0	22.3	22.3	22.0	21.3	20.4	19.3	18.3	17.5	16.8	16.2	18.0
	RH	60	61	63	64	66	67	67	64	58	52	47	43	41	41	41	41	41	43	45	48	51	53	56	58	53
	I_d	0	0	0	0	0	0	1	72	217	402	545	591	516	380	274	185	110	49	8	0	0	0	0	0	3350
	I_s	0	0	0	0	0	0	13	114	182	212	234	270	326	370	368	325	251	161	58	0	0	0	0	0	2885
	WV	2.9	2.8	2.7	2.7	2.6	2.7	2.7	2.7	3.0	3.3	3.6	3.7	3.8	3.9	3.9	4.0	4.0	3.8	3.6	3.3	3.2	3.1	3.0	2.9	3.2
	DLR	325	324	322	321	321	321	322	325	329	333	337	340	342	344	345	346	344	342	339	335	332	330	329	328	332

续表

		1时	2时	3时	4时	5时	6时	7时	8时	9时	10时	11时	12时	13时	14时	15时	16时	17时	18时	19时	20时	21时	22时	23时	24时	平均或合计[注2]
七月标准日	DB	16.8	16.5	16.4	16.2	15.9	15.7	15.7	16.2	17.2	18.6	20.0	21.0	21.7	22.0	22.1	21.9	21.5	20.9	20.2	19.4	18.7	18.0	17.5	17.1	18.6
	RH	87	88	88	88	89	91	91	89	84	77	71	67	64	64	64	65	67	69	73	76	79	82	84	86	78
	I_d	0	0	0	0	0	0	0	32	111	237	365	419	380	284	190	134	89	41	10	0	0	0	0	0	2292
	I_s	0	0	0	0	0	0	2	104	200	265	301	343	387	417	406	341	256	171	74	0	0	0	0	0	3268
	WV	1.5	1.4	1.4	1.4	1.4	1.3	1.3	1.3	1.5	1.8	2.1	2.3	2.6	2.9	2.9	2.9	3.0	2.6	2.3	2.0	1.8	1.6	1.5	1.5	1.9
	DLR	358	357	356	355	354	354	354	356	359	362	366	369	372	373	373	373	372	371	369	367	365	363	361	360	363
九月标准日	DB	15.1	14.9	14.8	14.6	14.3	13.9	13.8	14.4	15.7	17.5	19.2	20.3	20.9	21.2	21.2	21.0	20.6	19.8	18.7	17.6	16.8	16.2	15.8	15.4	17.2
	RH	89	89	89	89	91	93	94	91	85	76	69	64	62	62	62	63	65	69	73	78	81	84	86	87	79
	I_d	0	0	0	0	0	0	0	17	118	297	461	511	427	286	182	121	73	24	0	0	0	0	0	0	2515
	I_s	0	0	0	0	0	0	0	66	158	201	221	260	321	363	352	289	199	103	5	0	0	0	0	0	2539
	WV	1.3	1.3	1.2	1.2	1.2	1.2	1.2	1.2	1.5	1.8	2.0	2.4	2.8	3.1	3.1	3.0	2.9	2.6	2.2	1.8	1.7	1.6	1.4	1.4	1.9
	DLR	348	347	346	345	344	344	344	346	349	354	359	362	364	365	365	365	364	362	359	356	354	352	350	349	354
十一月标准日	DB	7.0	6.6	6.4	6.0	5.1	4.0	3.3	4.0	6.2	9.4	12.5	14.6	15.7	16.3	16.9	17.3	16.9	15.6	13.6	11.6	10.1	9.1	8.4	7.6	10.2
	RH	66	68	69	70	74	78	81	78	68	56	46	39	35	33	32	32	34	37	43	49	55	58	61	63	55
	I_d	0	0	0	0	0	0	0	0	98	363	571	658	598	399	258	162	66	1	0	0	0	0	0	0	3175
	I_s	0	0	0	0	0	0	0	5	91	83	75	87	130	201	212	172	109	10	0	0	0	0	0	0	1176
	WV	2.2	2.1	2.1	2.1	2.1	2.0	1.9	1.8	2.1	2.5	2.8	3.2	3.6	4.0	3.8	3.7	3.6	3.2	2.8	2.5	2.4	2.4	2.3	2.2	2.6
	DLR	278	277	277	276	274	271	269	270	276	284	292	296	298	298	300	302	302	300	295	289	286	283	281	279	286
夏季 TAC	DB_{25}	21.0	20.5	20.3	19.9	19.4	18.9	19.0	20.0	21.4	23.1	24.6	25.9	26.7	27.3	27.5	27.8	27.6	26.9	26.0	24.8	23.9	22.9	22.0	21.5	23.3
	I_{25}	0	0	0	0	0	0	43	252	493	759	985	1096	1069	974	836	683	524	316	128	0	0	0	0	0	8157
	DB_{50}	20.5	20.1	19.9	19.4	18.8	18.4	18.5	19.3	20.7	22.4	24.0	25.3	26.0	26.5	26.7	27.0	26.9	26.2	25.0	23.9	22.9	22.1	21.5	20.9	22.6
	I_{50}	0	0	0	0	0	0	39	234	473	733	954	1053	1033	932	802	663	502	304	119	0	0	0	0	0	7838
	RH_s	89	90	90	90	91	92	92	90	83	74	67	62	60	59	59	60	61	64	69	74	79	83	86	88	77
冬季 TAC	DB_{975}	-1.0	-1.6	-1.9	-2.2	-2.9	-4.2	-4.9	-4.2	-1.6	1.6	3.8	5.4	6.3	6.8	6.6	6.7	6.6	6.4	5.4	3.8	2.8	1.6	0.7	-0.3	1.7
	RH_{975}	15	17	18	19	22	24	26	26	24	20	16	13	11	10	9	8	8	8	9	10	10	11	13	14	15.0
	DB_{950}	0.1	-0.5	-0.8	-1.3	-2.1	-3.3	-4.2	-3.4	-0.9	2.1	5.0	6.8	7.8	8.3	8.9	8.9	8.7	7.8	6.7	5.3	3.8	2.7	1.9	0.8	2.9
	RH_{950}	19	21	22	23	25	29	31	31	28	24	19	16	13	11	10	9	9	9	10	11	12	13	16	17	17.9

地名	区站号	经度	纬度	海拔
临仓	569510	100.22E	23.95N	1503m

	1月	2月	3月	4月	5月	6月	7月	8月	9月	10月	11月	12月	年平均或累计[注1]
DB_m	11.9	14.6	17.5	19.6	21.6	22.4	22.1	22.2	21.6	19.1	15.5	12.6	18.4
RH_m	64.0	53.0	51.0	58.0	65.0	77.0	81.0	79.0	79.0	75.0	70.0	68.0	68.0
I_m	425	465	573	578	578	485	464	477	446	431	412	394	5729
HDD_m	190	95	15	0	0	0	0	0	0	0	74	167	541

		1时	2时	3时	4时	5时	6时	7时	8时	9时	10时	11时	12时	13时	14时	15时	16时	17时	18时	19时	20时	21时	22时	23时	24时	平均或合计[注2]
一月标准日	DB	8.7	8.1	7.7	7.3	6.7	6.0	5.5	5.8	6.9	9.0	11.7	14.3	16.7	18.7	19.9	20.3	19.6	18.1	16.1	14.1	12.5	11.3	10.3	9.4	11.9
	RH	76	79	81	82	84	86	87	87	83	75	64	54	45	39	35	34	35	40	47	55	62	66	70	73	64
	I_d	0	0	0	0	0	0	0	0	19	119	277	424	480	428	313	169	56	5	0	0	0	0	0	0	2290
	I_s	0	0	0	0	0	0	0	0	65	140	167	168	175	196	212	205	147	47	0	0	0	0	0	0	1523
	WV	0.9	0.8	0.8	0.8	0.8	0.8	0.8	0.8	0.9	0.9	1.0	1.3	1.7	2.0	2.2	2.4	2.6	2.1	1.6	1.1	1.0	1.0	0.9	0.9	1.3
	DLR	297	296	295	294	291	289	287	288	292	299	306	312	317	321	323	323	322	319	315	311	308	305	302	299	305
三月标准日	DB	14.3	13.7	13.3	12.7	11.9	11.0	10.5	11.0	12.6	15.1	18.1	20.7	22.7	24.0	24.7	24.9	24.5	23.6	22.2	20.7	19.1	17.7	16.3	15.2	17.5
	RH	61	63	65	67	70	73	75	74	69	60	49	40	34	29	27	27	28	30	33	38	43	48	54	58	51
	I_d	0	0	0	0	0	0	0	2	60	222	436	596	588	438	281	149	67	20	0	0	0	0	0	0	2859
	I_s	0	0	0	0	0	0	0	22	135	197	202	200	239	302	331	303	220	115	7	0	0	0	0	0	2273
	WV	1.0	0.9	0.9	0.9	0.9	0.9	0.9	0.8	0.9	1.1	1.2	1.9	2.5	3.1	3.2	3.2	3.2	2.9	2.5	2.2	1.9	1.5	1.2	1.1	1.7
	DLR	319	317	316	315	312	310	308	310	315	323	331	337	340	341	341	341	341	339	336	332	330	327	324	322	326
五月标准日	DB	18.9	18.4	18.1	17.7	17.2	16.8	16.8	17.6	19.2	21.4	23.5	24.9	25.8	26.2	26.4	26.5	26.3	25.7	24.7	23.5	22.4	21.4	20.4	19.6	21.6
	RH	76	77	78	80	82	84	84	81	74	65	58	53	49	47	46	46	48	50	53	58	62	67	70	73	65
	I_d	0	0	0	0	0	0	0	23	105	253	383	414	321	191	120	87	61	30	5	0	0	0	0	0	1993
	I_s	0	0	0	0	0	0	2	102	203	259	291	339	400	427	400	329	240	147	47	0	0	0	0	0	3187
	WV	0.9	0.8	0.9	0.9	0.9	0.9	0.9	0.8	1.0	1.2	1.4	1.7	2.0	2.3	2.3	2.4	2.4	2.2	2.0	1.8	1.6	1.3	1.1	1.0	1.4
	DLR	363	361	360	359	357	356	356	359	364	371	377	381	383	383	383	383	383	382	379	376	374	371	369	366	371

续表

		1时	2时	3时	4时	5时	6时	7时	8时	9时	10时	11时	12时	13时	14时	15时	16时	17时	18时	19时	20时	21时	22时	23时	24时	平均或合计[注2]
七月标准日	DB	20.5	20.3	20.2	20.1	19.8	19.6	19.6	20.0	20.8	22.0	23.2	24.1	24.7	25.0	25.1	25.1	24.8	24.3	23.7	22.9	22.2	21.6	21.1	20.8	22.1
	RH	89	89	89	90	91	92	92	90	86	81	76	72	70	68	68	68	69	71	74	78	81	84	86	88	81
	I_d	0	0	0	0	0	0	0	7	31	81	139	153	132	97	65	54	42	20	5	0	0	0	0	0	826
	I_s	0	0	0	0	0	0	0	75	184	282	354	414	440	431	395	322	234	147	55	0	0	0	0	0	3334
	WV	0.8	0.7	0.8	0.8	0.8	0.8	0.8	0.7	0.9	1.0	1.2	1.4	1.6	1.8	1.8	1.8	1.9	1.7	1.5	1.3	1.2	1.1	1.0	0.9	1.2
	DLR	386	386	385	384	383	382	382	384	386	390	394	397	398	399	400	400	399	398	396	394	392	390	389	387	391
九月标准日	DB	19.5	19.3	19.2	19.1	18.8	18.5	18.3	18.8	19.9	21.5	23.0	24.3	25.0	25.4	25.5	25.4	25.0	24.2	23.1	22.1	21.3	20.7	20.3	19.8	21.6
	RH	88	89	89	89	90	91	92	90	85	79	72	67	63	61	61	61	64	68	73	77	81	83	85	87	79
	I_d	0	0	0	0	0	0	0	5	44	128	225	259	220	147	93	63	40	14	0	0	0	0	0	0	1238
	I_s	0	0	0	0	0	0	0	51	164	257	315	365	399	401	365	288	192	95	4	0	0	0	0	0	2895
	WV	0.9	0.8	0.8	0.8	0.9	1.0	0.8	0.7	0.9	1.0	1.2	1.3	1.4	1.6	1.7	1.9	2.0	1.7	1.5	1.2	1.2	1.2	1.1	1.0	1.2
	DLR	378	378	377	377	375	374	373	375	379	384	389	393	394	395	395	395	393	390	388	385	383	381	379	379	384
十一月标准日	DB	12.4	12.0	11.7	11.5	10.9	10.3	9.9	10.3	11.8	14.2	16.8	19.0	20.7	22.0	22.7	22.8	22.0	20.5	18.5	16.6	15.2	14.3	13.6	13.0	15.5
	RH	83	85	87	87	88	90	91	89	84	75	65	56	49	44	41	41	44	50	58	66	73	77	79	81	70
	I_d	0	0	0	0	0	0	0	0	48	180	343	442	421	313	205	107	34	1	0	0	0	0	0	0	2092
	I_s	0	0	0	0	0	0	0	8	110	169	183	194	223	253	247	201	118	15	0	0	0	0	0	0	1722
	WV	0.8	0.8	0.9	0.8	1.0	1.0	0.9	0.9	0.9	0.9	1.0	1.3	1.6	1.9	2.0	2.1	2.2	1.8	1.5	1.1	1.0	1.0	0.9	1.0	1.2
	DLR	327	326	325	323	321	318	316	318	323	331	339	345	348	350	351	351	350	347	343	339	336	334	331	328	334
夏季TAC	DB_{25}	22.6	22.2	22.0	21.9	21.5	21.1	21.1	21.6	22.9	24.7	26.6	28.4	29.5	30.0	30.4	30.9	30.8	29.9	28.6	27.0	25.8	24.7	23.7	22.9	25.5
	I_{25}	0	0	0	0	0	0	12	166	369	601	801	903	882	800	710	599	463	279	104	0	0	0	0	0	6688
	DB_{50}	22.2	21.9	21.7	21.5	21.1	20.8	20.8	21.3	22.4	24.3	26.0	27.6	28.8	29.1	29.6	29.8	29.8	29.1	27.8	26.4	25.4	24.1	23.2	22.6	24.9
	I_{50}	0	0	0	0	0	0	8	140	329	565	765	852	841	764	674	574	441	256	96	0	0	0	0	0	6305
	RH_s	88	88	88	89	90	91	92	89	85	78	72	69	66	65	64	64	65	68	72	76	80	83	85	87	79
冬季TAC	DB_{975}	5.5	4.9	4.3	3.9	3.3	2.7	2.1	2.3	3.5	5.8	8.7	11.1	12.3	13.2	13.4	13.5	13.0	12.4	11.7	10.7	9.1	8.0	7.4	6.4	7.9
	RH_{975}	50	54	56	59	63	67	69	69	63	54	42	32	22	16	14	14	15	17	21	26	30	35	41	46	40.5
	DB_{950}	6.4	5.6	5.1	4.6	4.0	3.2	2.5	2.7	4.2	6.6	9.5	12.0	14.0	14.9	15.4	15.5	15.1	14.1	12.8	11.6	10.1	8.9	8.1	7.3	8.9
	RH_{950}	55	58	61	64	67	70	72	72	67	57	45	34	24	18	16	15	16	19	23	28	34	40	46	50	43.7

西藏自治区

地名	狮泉河	区站号	552280	经度	80.08E	纬度	32.5N	海拔	4280m

	1月	2月	3月	4月	5月	6月	7月	8月	9月	10月	11月	12月	年平均或累计[注1]
DB_m	-11.7	-8.8	-3.7	1.7	6.2	11.6	15.2	14.6	10.2	2.1	-3.8	-7.9	2.1
RH_m	32.0	33.0	26.0	23.0	24.0	27.0	36.0	39.0	30.0	21.0	20.0	21.0	28.0
I_m	448	498	697	802	928	949	953	887	763	632	477	413	8433
HDD_m	920	751	674	488	365	192	86	105	235	492	654	804	5765

		1时	2时	3时	4时	5时	6时	7时	8时	9时	10时	11时	12时	13时	14时	15时	16时	17时	18时	19时	20时	21时	22时	23时	24时	平均或合计[注2]
一月标准日	DB	-13.1	-13.9	-14.6	-15.3	-16.1	-16.9	-17.5	-17.8	-17.7	-16.8	-15.1	-12.9	-10.3	-7.9	-6.1	-5.0	-4.7	-4.9	-5.7	-6.9	-8.2	-9.6	-11.0	-12.2	-11.7
	RH	34	36	38	39	41	42	44	46	46	45	41	35	29	24	21	19	19	19	21	23	26	28	31	32	32
	I_d	0	0	0	0	0	0	0	0	0	0	181	375	519	593	587	499	359	210	55	0	0	0	0	0	3378
	I_s	0	0	0	0	0	0	0	0	0	3	43	51	57	65	77	92	101	87	56	0	0	0	0	0	632
	WV	1.6	1.4	1.4	1.3	1.2	1.2	1.1	1.1	1.1	1.2	1.2	1.6	2.0	2.4	3.2	3.9	4.7	4.4	4.1	3.7	3.1	2.5	1.9	1.8	2.2
	DLR	151	150	149	148	147	145	144	144	145	147	150	154	158	161	163	165	165	165	164	162	160	158	155	153	154
三月标准日	DB	-5.1	-5.9	-6.6	-7.5	-8.6	-9.8	-10.6	-10.7	-9.7	-7.8	-5.5	-3.3	-1.4	0.0	1.1	1.9	2.4	2.4	1.9	1.1	0.0	-1.3	-2.7	-3.9	-3.7
	RH	28	30	31	33	35	37	39	41	39	35	30	24	21	18	16	14	14	14	14	16	19	21	24	26	26
	I_d	0	0	0	0	0	0	0	0	2	184	421	608	723	747	705	607	471	331	178	32	0	0	0	0	5009
	I_s	0	0	0	0	0	0	0	0	6	45	58	73	94	125	153	175	180	157	115	54	0	0	0	0	1235
	WV	1.9	1.6	1.5	1.4	1.3	1.2	1.2	1.1	1.2	1.3	1.4	2.2	3.0	3.8	4.5	5.2	5.9	5.7	5.6	5.5	4.5	3.5	2.5	2.2	2.9
	DLR	180	179	177	175	173	170	169	169	172	176	181	184	186	187	188	189	189	189	189	188	188	187	185	183	181
五月标准日	DB	4.8	4.1	3.5	2.6	1.3	-0.2	-1.3	-1.1	0.4	2.9	5.5	7.6	8.9	9.8	10.6	11.3	12.0	12.3	12.0	11.2	10.0	8.6	7.1	5.9	6.2
	RH	26	28	29	31	33	36	38	39	36	31	26	22	19	16	15	14	13	13	13	15	17	19	22	25	24
	I_d	0	0	0	0	0	0	0	3	173	432	669	836	907	859	770	662	534	413	266	118	3	0	0	0	6641
	I_s	0	0	0	0	0	0	0	3	57	62	67	79	107	161	205	229	229	199	157	101	17	0	0	0	1671
	WV	2.8	2.3	2.1	1.9	1.7	1.7	1.5	1.3	1.5	1.8	2.0	2.7	3.4	4.1	4.6	5.2	5.7	5.7	5.8	5.8	5.0	4.2	3.5	3.1	3.3
	DLR	224	222	221	219	216	212	210	211	215	221	227	231	231	230	230	231	232	233	233	232	232	230	229	227	225

续表

		1时	2时	3时	4时	5时	6时	7时	8时	9时	10时	11时	12时	13时	14时	15时	16时	17时	18时	19时	20时	21时	22时	23时	24时	平均或合计注2
七月标准日	DB	13.9	13.3	12.9	12.3	11.3	10.3	9.5	9.5	10.3	11.9	13.8	15.5	16.9	18.0	19.0	19.8	20.5	20.7	20.4	19.6	18.5	17.2	15.8	14.7	15.2
	RH	38	40	41	43	46	49	52	52	50	45	40	35	31	27	25	23	22	21	22	24	27	30	33	36	36
	I_d	0	0	0	0	0	0	0	0	154	386	597	771	872	879	835	745	618	480	323	166	20	0	0	0	6844
	I_s	0	0	0	0	0	0	0	1	58	74	90	102	121	154	182	201	208	190	157	109	48	0	0	0	1695
	WV	3.0	2.7	2.6	2.5	2.3	2.1	1.9	1.7	1.9	2.1	2.3	2.7	3.0	3.4	3.9	4.3	4.7	4.8	4.9	5.0	4.4	3.9	3.3	3.1	3.2
	DLR	290	289	288	287	285	282	280	280	283	287	292	295	297	298	300	301	303	303	303	301	299	296	294	291	293
九月标准日	DB	8.7	8.2	7.5	6.8	6.0	4.8	3.9	3.9	4.6	7.0	9.1	11.0	12.3	13.3	14.3	15.2	15.9	15.9	15.7	14.9	13.5	12.0	10.6	9.3	10.2
	RH	32	34	35	38	40	43	46	47	44	39	34	29	25	22	20	18	17	17	17	18	20	23	26	29	30
	I_d	0	0	0	0	0	0	0	0	37	293	531	710	818	829	783	694	565	411	228	43	0	0	0	0	5943
	I_s	0	0	0	0	0	0	0	0	37	49	59	72	88	116	138	149	145	124	93	50	0	0	0	0	1121
	WV	2.2	2.1	2.0	1.9	1.8	1.6	1.5	1.4	1.5	1.6	1.8	2.3	2.9	3.4	3.9	4.4	4.9	4.8	4.9	3.5	3.0	3.4	2.6	2.4	2.8
	DLR	253	253	252	251	249	246	244	245	248	253	258	261	261	261	262	263	264	263	262	260	257	255	254	252	255
十一月标准日	DB	-5.5	-6.4	-7.2	-8.0	-9.1	-10.2	-11.0	-11.0	-10.1	-8.3	-5.9	-3.5	-1.3	0.7	2.3	3.4	3.7	3.4	2.4	1.0	-0.5	-2.0	-3.4	-4.6	-3.8
	RH	20	22	23	25	28	30	33	35	34	32	27	21	16	13	10	9	9	9	10	12	13	15	17	18	20
	I_d	0	0	0	0	0	0	0	0	0	89	322	503	611	638	594	488	338	177	18	0	0	0	0	0	3778
	I_s	0	0	0	0	0	0	0	0	0	36	37	43	54	70	85	97	99	81	40	0	0	0	0	0	642
	WV	1.6	1.4	1.3	1.2	1.1	1.1	1.1	1.1	1.2	1.3	1.5	1.9	2.3	2.8	3.5	4.2	4.9	4.4	4.0	3.5	3.0	2.4	1.8	1.7	2.3
	DLR	168	167	166	166	164	163	162	163	167	172	177	179	181	181	182	183	183	183	181	178	176	174	171	169	173
夏季 TAC	DB_{25}	17.4	16.7	16.1	15.4	14.3	13.3	12.6	12.6	13.4	14.8	16.8	18.8	20.2	21.5	22.6	23.7	24.5	24.7	24.6	23.8	22.8	21.2	19.5	18.3	18.7
	I_{25}	0	0	0	0	0	0	0	26	281	560	801	983	1113	1161	1131	1068	957	782	568	333	98	0	0	0	9859
	DB_{50}	16.7	16.1	15.6	14.9	13.8	12.8	12.2	12.3	12.8	14.3	16.3	18.2	19.7	20.8	21.9	22.9	23.8	24.1	24.0	23.3	22.2	20.5	18.9	17.7	18.2
	I_{50}	0	0	0	0	0	0	0	24	275	550	800	982	1106	1148	1122	1053	944	773	563	329	95	0	0	0	9762
	RH_s	32	33	35	36	40	43	45	46	43	38	32	28	25	22	19	18	17	16	17	18	20	23	27	29	29
冬季 TAC	DB_{975}	-24.6	-25.0	-24.7	-25.6	-26.4	-27.0	-27.6	-28.1	-27.5	-26.3	-24.3	-21.8	-19.0	-17.1	-14.9	-13.8	-12.8	-13.1	-14.0	-15.9	-18.6	-21.0	-22.6	-23.9	-21.5
	RH_{975}	7	8	8	9	10	11	12	14	14	13	12	9	6	4	3	2	2	2	2	3	4	5	6	6	7.0
	DB_{950}	-21.1	-21.2	-22.1	-23.0	-23.2	-23.6	-24.2	-24.3	-23.6	-22.2	-20.3	-17.8	-15.3	-13.0	-11.5	-10.6	-9.7	-9.5	-10.3	-11.5	-13.3	-15.7	-17.8	-19.5	-17.7
	RH_{950}	9	10	10	11	13	13	16	18	18	17	15	11	8	5	4	3	3	3	4	4	5	6	7	8	9.1

地名	日喀则	区站号	555780	经度	88.88E	纬度	29.25N	海拔	3837m

	1月	2月	3月	4月	5月	6月	7月	8月	9月	10月	11月	12月	年平均或累计[1]
DB_m	-2.2	1.5	5.0	9.1	12.4	16.2	15.6	14.6	13.5	8.1	2.2	-1.5	7.9
RH_m	21.0	17.0	20.0	25.0	35.0	42.0	59.0	63.0	54.0	36.0	25.0	26.0	35.0
I_m	455	479	639	727	841	866	861	818	717	625	490	431	7937
HDD_m	627	462	402	267	175	53	73	106	135	306	473	605	3684

		1时	2时	3时	4时	5时	6时	7时	8时	9时	10时	11时	12时	13时	14时	15时	16时	17时	18时	19时	20时	21时	22时	23时	24时	平均或合计[2]
一月标准日	DB	-4.4	-5.3	-5.9	-6.9	-8.4	-10.1	-11.2	-11.0	-9.1	-6.1	-2.8	-0.2	1.8	3.4	4.8	5.9	6.2	5.6	4.0	2.2	0.5	-1.0	-2.2	-3.3	-2.2
	RH	22	25	27	30	33	37	41	42	38	31	23	17	13	10	8	7	7	7	8	10	12	15	18	20	21
	I_d	0	0	0	0	0	0	0	0	0	123	333	480	535	513	448	355	235	106	3	0	0	0	0	0	3131
	I_s	0	0	0	0	0	0	0	0	0	43	53	70	99	132	152	152	132	93	16	0	0	0	0	0	942
	WV	1.7	1.7	1.6	1.5	1.4	1.3	1.1	1.0	1.2	1.3	1.4	1.7	2.0	2.2	2.4	2.6	2.7	2.5	2.3	2.1	2.0	2.0	1.9	1.8	1.8
	DLR	172	172	172	171	169	167	166	168	173	179	184	186	186	185	185	186	186	184	181	178	176	175	174	173	177
三月标准日	DB	3.3	2.7	2.2	1.3	-0.1	-1.8	-3.1	-2.9	-1.0	2.0	5.1	7.4	8.7	9.5	10.1	10.9	11.3	11.1	10.4	9.2	8.0	6.8	5.6	4.4	5.0
	RH	22	24	25	27	31	35	39	39	34	26	20	15	12	11	10	9	9	8	9	10	12	15	18	20	20
	I_d	0	0	0	0	0	0	0	0	60	282	498	627	632	543	446	346	243	151	52	0	0	0	0	0	3880
	I_s	0	0	0	0	0	0	0	0	50	78	94	124	179	244	279	278	243	177	96	0	0	0	0	0	1843
	WV	2.4	2.3	2.1	2.0	1.8	1.7	1.5	1.4	1.7	2.1	2.4	2.8	3.1	3.5	3.6	3.6	3.7	3.6	3.4	3.3	3.1	2.9	2.7	2.6	2.6
	DLR	207	207	206	205	203	201	199	200	204	209	213	215	215	214	214	214	213	211	209	208	209	210	210	210	208
五月标准日	DB	10.2	9.4	8.7	7.9	6.9	6.0	5.5	6.2	7.9	10.3	12.8	14.6	15.8	16.5	17.0	17.6	18.0	18.0	17.5	16.5	15.3	13.9	12.5	11.3	12.4
	RH	40	43	45	48	52	57	60	58	50	41	33	27	24	22	20	19	19	19	20	22	25	28	33	37	35
	I_d	0	0	0	0	0	0	0	53	254	461	638	733	722	634	537	440	338	240	130	23	0	0	0	0	5203
	I_s	0	0	0	0	0	0	0	49	85	112	134	167	220	280	311	306	271	210	137	55	0	0	0	0	2338
	WV	2.2	1.8	1.7	1.6	1.4	1.4	1.3	1.3	1.7	2.0	2.2	2.5	2.7	3.0	3.0	3.0	3.1	3.1	3.2	3.3	3.1	2.9	2.7	2.5	2.4
	DLR	270	268	267	266	265	264	264	266	268	272	276	278	278	278	278	278	279	278	277	276	275	274	273	272	273

续表

	1时	2时	3时	4时	5时	6时	7时	8时	9时	10时	11时	12时	13时	14时	15时	16时	17时	18时	19时	20时	21时	22时	23时	24时	平均或合计注2
七月标准日 DB	13.7	13.2	12.8	12.4	11.8	11.2	10.9	11.3	12.3	13.8	15.4	16.8	18.0	18.9	19.6	20.2	20.5	20.4	19.8	18.8	17.6	16.4	15.3	14.4	15.6
七月标准日 RH	67	69	70	72	75	78	79	78	72	65	59	54	50	46	44	41	40	41	42	46	51	56	61	65	59
七月标准日 I_d	0	0	0	0	0	0	0	30	197	372	530	656	718	714	651	557	440	295	160	43	0	0	0	0	5364
七月标准日 I_s	0	0	0	0	0	0	0	48	100	142	175	198	222	245	265	267	247	213	154	77	0	0	0	0	2354
七月标准日 WV	1.7	1.6	1.5	1.4	1.3	1.2	1.2	1.2	1.3	1.5	1.7	1.8	2.0	2.2	2.2	2.3	2.3	2.3	2.4	2.4	2.2	2.0	1.9	1.8	1.8
七月标准日 DLR	320	319	317	316	315	314	314	314	316	319	323	327	330	332	333	334	335	334	332	330	328	325	323	322	324
九月标准日 DB	11.0	10.6	10.3	9.9	9.0	7.9	7.1	7.6	9.3	11.9	14.4	16.2	17.2	17.8	18.4	19.0	19.3	18.9	18.0	16.6	15.2	14.0	12.8	11.7	13.5
九月标准日 RH	65	67	67	69	73	79	82	80	70	59	49	44	40	38	35	33	33	34	36	41	45	51	56	61	54
九月标准日 I_d	0	0	0	0	0	0	0	0	158	385	582	711	733	672	586	491	375	236	87	0	0	0	0	0	5014
九月标准日 I_s	0	0	0	0	0	0	0	0	60	84	103	125	163	209	232	224	193	145	85	2	0	0	0	0	1625
九月标准日 WV	1.4	1.3	1.2	1.1	1.0	1.0	1.0	0.9	1.0	1.2	1.7	1.8	2.0	2.1	2.2	2.3	2.4	2.3	2.1	1.8	1.8	1.8	1.7	1.6	1.6
九月标准日 DLR	302	301	300	299	297	294	293	293	296	302	308	312	314	314	315	316	316	315	313	310	308	306	304	302	305
十一月标准日 DB	-1.2	-2.1	-2.6	-3.4	-4.9	-6.8	-8.0	-7.3	-4.6	-0.4	3.6	6.4	8.2	9.5	10.8	11.9	12.0	10.8	8.5	5.9	3.8	2.4	1.1	-0.1	2.2
十一月标准日 RH	29	32	34	37	42	48	53	52	42	31	22	16	12	9	8	7	7	7	9	12	16	19	22	26	25
十一月标准日 I_d	0	0	0	0	0	0	0	0	24	259	479	608	619	547	457	355	224	78	0	0	0	0	0	0	3650
十一月标准日 I_s	0	0	0	0	0	0	0	0	28	41	43	57	92	135	154	144	118	77	0	0	0	0	0	0	889
十一月标准日 WV	1.3	1.2	1.1	1.0	0.9	0.9	0.8	0.8	1.0	1.2	1.3	1.6	2.0	2.3	2.4	2.5	2.5	2.3	1.9	1.5	1.5	1.5	1.4	1.3	1.5
十一月标准日 DLR	198	197	197	196	194	192	190	192	198	205	212	215	215	213	212	212	210	210	207	203	201	200	199	198	203
夏季 TAC DB_{25}	17.7	16.9	16.3	15.6	14.8	14.1	13.9	14.2	15.3	17.3	19.5	21.2	22.3	23.3	24.3	25.4	26.2	26.2	25.9	24.9	23.5	21.7	20.0	18.6	20.0
夏季 TAC I_{25}	0	0	0	0	0	0	0	144	397	646	871	1021	1072	1114	1047	952	807	590	366	153	0	0	0	0	9180
夏季 TAC DB_{50}	17.2	16.5	15.9	15.2	14.4	13.7	13.3	13.6	14.9	17.0	19.0	20.7	21.9	22.8	23.9	25.0	25.7	25.7	25.2	24.1	22.6	20.9	19.6	18.3	19.5
夏季 TAC I_{50}	0	0	0	0	0	0	0	141	390	637	860	1004	1062	1082	1025	934	789	578	358	148	0	0	0	0	9008
夏季 TAC RH_s	63	65	67	69	72	76	79	76	71	62	53	47	43	40	37	34	33	33	35	39	43	49	56	60	54
冬季 TAC DB_{975}	-11.6	-12.3	-13.1	-13.8	-14.6	-16.2	-16.9	-16.4	-14.0	-10.4	-6.9	-4.3	-2.5	-1.3	-0.5	0.5	0.7	0.2	-1.2	-3.1	-5.4	-7.4	-8.8	-10.4	-7.9
冬季 TAC RH_{975}	3	4	4	4	6	7	9	10	9	9	7	5	4	3	2	2	1	1	2	2	2	2	3	3	4.3
冬季 TAC DB_{950}	-11.0	-11.7	-12.5	-13.0	-14.1	-15.4	-16.3	-15.7	-13.3	-9.9	-6.3	-3.7	-1.8	-0.4	0.7	1.5	1.8	1.3	-0.2	-2.3	-4.7	-6.7	-8.2	-9.8	-7.2
冬季 TAC RH_{950}	4	5	5	6	8	10	13	14	13	11	9	6	5	3	2	2	2	2	2	2	3	3	4	4	5.8

地名	拉萨	区站号	555910	经度	91.13E	纬度	29.67N	海拔	3650m

	1月	2月	3月	4月	5月	6月	7月	8月	9月	10月	11月	12月	年平均或累计[注1]
DB_m	0.1	3.8	6.7	10.1	13.9	17.6	17.2	16.3	15.2	10.5	5.0	1.2	9.8
RH_m	20.0	18.0	23.0	32.0	35.0	43.0	55.0	56.0	51.0	35.0	24.0	22.0	34.0
I_m	404	427	573	651	766	788	790	754	652	570	442	386	7191
HDD_m	554	398	351	236	127	13	26	52	85	233	389	520	2987

一月标准日

	1时	2时	3时	4时	5时	6时	7时	8时	9时	10时	11时	12时	13时	14时	15时	16时	17时	18时	19时	20时	21时	22时	23时	24时	平均或合计[注2]
DB	-1.7	-2.2	-2.7	-3.3	-4.2	-5.2	-5.9	-6.0	-5.1	-3.5	-1.5	0.5	2.5	4.5	6.2	7.4	7.6	6.7	5.1	3.1	1.6	0.4	-0.4	-1.1	0.1
RH	22	24	25	26	28	30	32	33	31	27	23	19	15	12	10	9	8	9	10	12	14	17	19	20	20
I_d	0	0	0	0	0	0	0	0	0	99	245	354	409	412	373	290	177	65	0	0	0	0	0	0	2424
I_s	0	0	0	0	0	0	0	0	0	65	99	130	156	173	176	166	138	88	3	0	0	0	0	0	1195
WV	1.5	1.6	1.6	1.6	1.6	1.6	1.5	1.5	1.7	1.8	1.9	1.9	1.9	1.9	2.0	2.1	2.3	2.0	1.8	1.5	1.5	1.5	1.4	1.5	1.7
DLR	187	187	187	186	185	183	182	182	184	187	190	193	194	195	196	197	196	194	191	189	188	187	187	187	189

三月标准日

	1时	2时	3时	4时	5时	6时	7时	8时	9时	10时	11时	12时	13时	14时	15时	16时	17时	18时	19时	20时	21时	22时	23时	24时	平均或合计[注2]
DB	5.1	4.5	3.9	3.3	2.3	1.1	0.4	0.5	1.7	3.8	6.2	8.2	9.7	10.9	11.7	12.2	12.3	11.9	11.0	10.0	8.9	7.9	6.9	6.0	6.7
RH	25	27	29	31	34	37	39	40	36	31	25	20	16	14	12	11	11	11	12	14	17	19	21	23	23
I_d	0	0	0	0	0	0	0	0	67	235	390	478	477	407	333	250	166	95	27	0	0	0	0	0	2925
I_s	0	0	0	0	0	0	0	0	64	114	153	198	253	303	320	303	252	174	80	0	0	0	0	0	2213
WV	1.8	1.7	1.7	1.7	1.6	1.6	1.6	1.5	1.6	1.7	1.8	2.1	2.3	2.6	2.6	2.7	2.8	2.6	2.4	2.2	2.1	2.0	1.9	1.9	2.0
DLR	222	222	222	221	220	218	217	218	221	225	228	230	229	228	227	227	225	224	222	221	222	222	223	223	223

五月标准日

	1时	2时	3时	4时	5时	6时	7时	8时	9时	10时	11时	12时	13时	14时	15时	16时	17时	18时	19时	20时	21时	22时	23时	24时	平均或合计[注2]
DB	11.7	11.1	10.6	10.0	9.3	8.6	8.3	8.8	10.1	11.9	13.9	15.6	16.8	17.8	18.5	19.1	19.4	19.1	18.3	17.2	16.0	14.8	13.7	12.7	13.9
RH	41	44	46	48	50	53	54	53	48	42	35	30	26	23	21	20	20	20	21	24	27	31	34	38	35
I_d	0	0	0	0	0	0	0	58	211	367	500	568	555	483	415	339	255	170	84	9	0	0	0	0	4014
I_s	0	0	0	0	0	0	0	63	121	169	209	253	305	350	360	339	289	219	133	38	0	0	0	0	2847
WV	2.0	1.9	1.8	1.8	1.8	1.7	1.7	1.7	1.8	1.9	1.9	2.1	2.3	2.5	2.6	2.7	2.8	2.7	2.6	2.5	2.4	2.2	2.1	2.0	2.1
DLR	281	280	279	278	277	276	276	277	280	284	287	289	290	291	291	291	291	290	288	287	285	284	283	282	284

续表

月			1时	2时	3时	4时	5时	6时	7时	8时	9时	10时	11时	12时	13时	14时	15时	16时	17时	18时	19时	20时	21时	22时	23时	24时	平均或合计[注2]
七月标准日		DB	15.3	14.8	14.4	14.0	13.5	13.0	12.8	13.0	13.8	15.0	16.4	17.8	19.0	20.1	21.1	21.9	22.3	22.1	21.4	20.3	19.1	17.9	16.8	15.9	17.2
		RH	62	64	66	68	70	72	73	72	68	63	57	52	48	44	40	38	36	36	38	42	46	51	55	59	55
		I_d	0	0	0	0	0	0	0	39	168	298	414	508	557	558	515	442	346	219	109	21	0	0	0	0	4193
		I_s	0	0	0	0	0	0	0	62	130	191	242	278	304	321	326	311	275	227	153	64	0	0	0	0	2885
		WV	1.7	1.6	1.6	1.6	1.6	1.6	1.5	1.5	1.5	1.6	1.7	1.8	1.9	2.0	2.0	2.1	2.1	2.2	2.2	2.2	2.1	1.9	1.8	1.8	1.8
		DLR	325	324	323	322	321	320	320	320	322	325	328	331	334	336	339	340	341	340	337	334	332	330	328	327	329
九月标准日		DB	12.9	12.6	12.3	12.0	11.4	10.7	10.2	10.5	11.6	13.3	15.1	16.6	17.8	18.8	19.8	20.6	20.9	20.4	19.3	17.8	16.4	15.2	14.2	13.4	15.2
		RH	59	61	62	64	67	70	72	70	65	58	51	46	41	37	34	32	30	31	34	38	42	47	52	56	51
		I_d	0	0	0	0	0	0	0	1	135	301	444	542	568	535	487	411	306	176	51	0	0	0	0	0	3956
		I_s	0	0	0	0	0	0	0	7	86	135	175	210	244	272	271	249	206	150	78	0	0	0	0	0	2084
		WV	1.5	1.5	1.7	1.5	1.7	1.5	1.5	1.5	1.5	1.6	1.7	1.8	1.9	2.1	2.1	2.2	2.2	2.1	2.0	1.9	1.8	1.6	1.5	1.5	1.7
		DLR	309	308	308	307	306	304	303	304	306	310	314	317	319	321	322	323	323	321	318	315	312	311	310	309	313
十一月标准日		DB	2.5	2.0	1.6	1.1	0.2	-0.9	-1.7	-1.5	-0.1	2.2	4.6	6.8	8.7	10.6	12.2	13.4	13.4	12.0	9.7	7.3	5.5	4.3	3.6	3.0	5.0
		RH	28	30	31	33	36	38	41	41	37	31	25	20	16	13	10	9	9	10	12	16	19	22	24	26	24
		I_d	0	0	0	0	0	0	0	0	31	203	360	460	488	457	394	296	170	45	0	0	0	0	0	0	2904
		I_s	0	0	0	0	0	0	0	0	41	77	100	125	151	171	172	156	123	70	0	0	0	0	0	0	1185
		WV	1.6	1.7	1.7	1.7	1.7	1.6	1.6	1.5	1.6	1.7	1.8	1.8	1.9	1.8	1.9	2.0	2.0	1.8	1.6	1.4	1.4	1.5	1.5	1.6	1.7
		DLR	216	216	216	215	214	212	211	211	214	218	223	226	227	228	228	228	227	223	220	217	216	215	216	215	219
夏季 T A C		DB_{25}	20.0	19.4	18.9	18.3	17.4	16.7	16.4	16.5	17.6	19.3	21.0	22.6	24.0	25.0	26.0	27.1	27.8	27.9	27.5	26.8	25.1	23.6	22.2	21.0	22.0
		I_{25}	0	0	0	0	0	0	0	164	392	614	814	941	1005	1028	962	868	736	528	318	119	0	0	0	0	8486
		DB_{50}	19.6	18.9	18.2	17.7	16.8	16.2	15.8	16.1	17.2	18.7	20.5	22.0	23.2	24.5	25.4	26.5	27.3	27.3	26.8	25.8	24.5	22.7	21.3	20.3	21.4
		I_{50}	0	0	0	0	0	0	0	157	379	603	803	929	988	1009	943	854	720	515	312	110	0	0	0	0	8321
		RH_s	58	60	62	64	67	70	72	71	66	60	54	49	44	41	37	34	33	33	34	36	41	45	51	55	52
冬季 T A C		DB_{975}	-6.5	-7.0	-7.6	-8.0	-8.4	-9.2	-9.9	-10.0	-9.3	-7.8	-6.0	-4.2	-2.3	-0.3	1.0	1.3	0.8	0.6	-0.6	-2.2	-3.9	-5.1	-5.3	-6.1	-4.8
		RH_{975}	7	7	7	8	8	9	11	11	10	9	7	6	4	3	2	1	1	1	2	2	3	4	6	6	5.5
		DB_{950}	-5.5	-6.2	-6.7	-7.1	-7.6	-8.3	-9.0	-9.2	-8.5	-7.1	-5.2	-3.5	-1.5	0.6	1.9	2.9	2.8	2.0	0.5	-1.4	-3.0	-4.0	-4.5	-5.2	-3.9
		RH_{950}	8	9	8	9	10	12	13	14	13	11	10	7	5	4	3	2	2	2	2	3	4	5	7	7	7.1

| 地名 | 林芝 | | 区站号 | 563120 | | 经度 | 94.47E | | 纬度 | 29.57N | | 海拔 | 3001m |

	1月	2月	3月	4月	5月	6月	7月	8月	9月	10月	11月	12月	年平均或累计[注1]
DB_m	1.5	4.1	6.7	9.6	12.8	15.8	17.0	16.5	14.6	10.7	5.9	2.6	9.8
RH_m	47.0	50.0	55.0	61.0	62.0	69.0	72.0	72.0	74.0	61.0	53.0	50.0	60.0
I_m	328	352	475	541	618	617	632	608	509	442	357	313	5781
HDD_m	511	390	351	252	162	66	32	47	102	227	364	478	2981

		1时	2时	3时	4时	5时	6时	7时	8时	9时	10时	11时	12时	13时	14时	15时	16时	17时	18时	19时	20时	21时	22时	23时	24时	平均或累计[注2]
一月标准日	DB	-0.5	-1.2	-1.6	-2.0	-2.5	-3.2	-3.7	-3.7	-2.9	-1.3	0.6	2.6	4.5	6.3	7.8	8.6	8.4	7.1	5.2	3.4	2.2	1.4	0.9	0.3	1.5
	RH	54	58	61	62	64	67	69	68	64	57	49	41	34	28	24	23	23	26	31	37	42	45	47	50	47
	I_d	0	0	0	0	0	0	0	0	1	73	151	203	224	218	186	138	79	22	0	0	0	0	0	0	1295
	I_s	0	0	0	0	0	0	0	0	8	93	155	207	243	256	246	209	150	73	0	0	0	0	0	0	1641
	WV	1.2	1.1	1.1	1.1	1.1	1.0	1.0	0.9	1.0	1.2	1.3	1.6	1.9	2.3	2.4	2.6	2.7	2.6	2.4	2.3	2.0	1.7	1.3	1.3	1.6
	DLR	228	228	228	227	226	224	223	223	224	227	230	233	234	236	238	239	239	237	234	232	231	230	230	229	230
三月标准日	DB	4.4	3.9	3.6	3.2	2.7	2.2	1.7	1.8	2.8	4.4	6.6	8.7	10.6	12.0	12.8	12.9	12.3	11.1	9.7	8.3	7.3	6.5	5.8	5.1	6.7
	RH	64	67	69	71	73	75	77	77	73	65	55	46	38	32	30	29	31	34	39	45	50	54	58	61	55
	I_d	0	0	0	0	0	0	0	0	50	133	207	249	254	228	174	119	73	38	7	0	0	0	0	0	1532
	I_s	0	0	0	0	0	0	0	2	91	177	251	313	358	377	371	326	248	154	52	0	0	0	0	0	2721
	WV	1.2	1.0	1.0	1.0	1.0	0.9	0.8	0.8	1.0	1.2	1.4	1.8	2.2	2.6	2.8	3.0	3.2	3.0	2.8	2.6	2.2	1.8	1.4	1.3	1.8
	DLR	262	262	262	261	260	259	258	258	261	264	267	270	271	272	272	272	270	269	267	266	266	265	264	264	265
五月标准日	DB	10.3	9.7	9.4	9.0	8.6	8.2	8.0	8.4	9.5	11.2	13.3	15.1	16.7	17.8	18.5	18.6	18.1	17.1	15.8	14.5	13.4	12.5	11.7	11.0	12.8
	RH	72	75	77	79	81	83	85	83	77	69	60	52	46	42	39	39	40	43	47	52	57	61	65	69	62
	I_d	0	0	0	0	0	0	0	43	116	188	248	278	274	243	192	144	102	64	29	1	0	0	0	0	1920
	I_s	0	0	0	0	0	0	0	88	180	265	337	394	433	447	436	388	309	216	114	10	0	0	0	0	3616
	WV	1.1	0.9	0.9	0.9	0.8	0.8	0.8	0.8	0.9	1.1	1.3	1.6	1.9	2.3	2.5	2.7	2.9	2.7	2.5	2.3	2.0	1.7	1.3	1.3	1.6
	DLR	303	303	302	301	300	300	299	301	303	307	312	315	318	319	320	320	318	315	312	310	308	307	306	305	309

续表

		1时	2时	3时	4时	5时	6时	7时	8时	9时	10时	11时	12时	13时	14时	15时	16时	17时	18时	19时	20时	21时	22时	23时	24时	平均或合计注2
七月标准日	DB	15.0	14.7	14.4	14.1	13.7	13.2	13.1	13.4	14.3	15.7	17.3	18.8	19.9	20.8	21.3	21.5	21.3	20.6	19.7	18.6	17.6	16.8	16.1	15.5	17.0
	RH	81	82	83	85	87	89	90	89	84	77	70	64	60	57	55	54	55	57	60	64	69	72	76	79	72
	I_d	0	0	0	0	0	0	0	35	103	168	223	252	254	233	200	165	130	89	49	6	0	0	0	0	1908
	I_s	0	0	0	0	0	0	0	83	175	264	339	401	443	459	446	401	327	238	139	40	0	0	0	0	3755
	WV	0.9	0.8	0.8	0.8	0.8	0.7	0.7	0.7	0.9	1.1	1.3	1.5	1.7	1.8	1.9	2.1	2.2	2.1	1.9	1.8	1.6	1.3	1.1	1.0	1.3
	DLR	341	340	339	338	337	336	336	337	339	343	347	351	355	357	359	359	358	356	353	350	347	345	344	342	346
九月标准日	DB	12.7	12.4	12.2	11.9	11.4	10.9	10.6	10.9	11.8	13.4	15.1	16.7	17.9	18.8	19.3	19.4	18.9	18.0	16.8	15.6	14.7	14.0	13.5	13.1	14.6
	RH	83	84	85	86	88	91	92	91	86	79	71	64	59	56	54	54	55	58	63	68	72	76	79	81	74
	I_d	0	0	0	0	0	0	0	7	85	162	224	258	259	235	192	148	105	58	12	0	0	0	0	0	1745
	I_s	0	0	0	0	0	0	0	33	127	214	288	347	386	398	382	331	251	157	54	0	0	0	0	0	2968
	WV	0.8	0.9	0.9	0.9	0.9	0.9	0.8	0.8	0.9	1.1	1.3	1.5	1.7	1.9	1.9	2.0	2.0	1.9	1.7	1.5	1.3	1.1	0.9	0.9	1.2
	DLR	328	327	326	325	324	323	322	322	325	329	333	338	341	343	344	344	342	339	336	333	331	330	329	328	332
十一月标准日	DB	3.3	2.7	2.3	1.9	1.2	0.4	-0.3	0.0	1.3	3.5	6.1	8.3	10.2	11.8	12.9	13.4	13.0	11.6	9.6	7.7	6.2	5.3	4.6	3.9	5.9
	RH	62	66	68	70	72	75	78	77	71	61	51	42	35	30	27	26	27	31	36	42	48	52	56	59	53
	I_d	0	0	0	0	0	0	0	0	39	140	225	271	272	239	189	132	70	11	0	0	0	0	0	0	1588
	I_s	0	0	0	0	0	0	0	0	59	122	175	219	251	262	246	200	132	49	0	0	0	0	0	0	1716
	WV	1.0	0.9	0.9	0.9	0.9	0.9	0.8	0.8	1.0	1.2	1.4	1.7	2.1	2.4	2.6	2.7	2.8	2.6	2.3	2.0	1.7	1.5	1.2	1.1	1.6
	DLR	255	254	254	253	252	249	248	248	251	256	261	265	267	268	270	271	271	268	264	261	259	257	257	255	259
夏季 TAC	DB_{25}	18.0	17.5	17.4	17.1	16.6	15.9	15.1	14.8	15.1	16.2	18.0	20.1	22.1	24.1	25.2	26.0	27.0	27.0	26.2	24.5	22.7	21.5	20.5	19.5	18.8	20.4
	I_{25}	0	0	0	0	0	0	0	166	359	546	718	812	841	835	758	662	543	379	217	62	0	0	0	0	6896
	DB_{50}	17.5	16.9	16.6	16.2	15.5	14.8	14.5	14.8	15.9	17.6	19.7	21.6	23.3	24.5	25.4	26.4	26.5	25.5	23.9	22.2	20.9	20.0	19.0	18.2	19.9
	I_{50}	0	0	0	0	0	0	0	155	336	523	694	784	820	811	741	646	531	367	211	59	0	0	0	0	6677
	RH_s	82	84	85	86	88	90	91	89	84	76	68	62	57	54	52	50	50	52	56	59	65	71	76	80	71
冬季 TAC	DB_{975}	-5.6	-6.5	-7.1	-7.7	-8.4	-9.0	-9.8	-9.5	-7.8	-5.3	-2.8	-0.7	1.0	2.8	3.6	3.6	3.0	2.3	0.9	-1.0	-3.0	-3.9	-4.0	-4.6	-3.3
	RH_{975}	34	36	37	38	41	45	46	46	42	35	29	22	17	13	10	8	9	11	15	21	26	29	32	32	28.0
	DB_{950}	-4.6	-5.5	-6.4	-6.9	-7.5	-8.3	-9.0	-8.6	-7.2	-4.7	-2.2	0.0	1.9	3.4	4.4	4.5	4.1	3.1	1.8	-0.1	-2.0	-2.8	-3.2	-3.9	-2.5
	RH_{950}	37	40	40	42	45	48	49	48	45	40	33	26	20	15	12	10	10	12	17	24	29	32	34	35	30.9

陕西省

| 地名 | 安康 | | 区站号 | 572450 | | 经度 | 109.03E | | 纬度 | 32.72N | | 海拔 | 291m |

	1月	2月	3月	4月	5月	6月	7月	8月	9月	10月	11月	12月	年平均或累计注1
DB_m	4.1	7.0	12.2	17.5	20.9	25.2	28.1	27.3	22.2	16.9	10.4	5.5	16.4
RH_m	67.0	65.0	63.0	67.0	74.0	73.0	73.0	73.0	78.0	80.0	81.0	70.0	72.0
I_m	225	256	398	463	481	503	532	502	343	280	191	200	4365
HDD_m	431	308	181	15	0	0	0	0	0	33	227	387	1581

		1时	2时	3时	4时	5时	6时	7时	8时	9时	10时	11时	12时	13时	14时	15时	16时	17时	18时	19时	20时	21时	22时	23时	24时	平均或合计注2
一月标准日	DB	2.7	2.3	2.0	1.8	1.5	1.2	0.9	1.0	1.5	2.5	3.7	4.9	6.2	7.2	8.0	8.4	8.2	7.4	6.4	5.3	4.6	4.0	3.6	3.2	4.1
	RH	72	75	76	77	78	80	81	81	79	75	70	64	58	53	49	48	49	52	56	61	65	68	69	71	67
	I_d	0	0	0	0	0	0	0	0	6	26	56	106	137	128	110	62	13	0	0	0	0	0	0	0	644
	I_s	0	0	0	0	0	0	0	0	54	127	183	220	225	212	175	123	53	0	0	0	0	0	0	0	1372
	WV	1.1	1.1	1.1	1.2	1.1	1.1	1.1	1.0	1.1	1.1	1.1	1.2	1.2	1.3	1.3	1.2	1.2	1.2	1.2	1.2	1.2	1.2	1.2	1.1	1.1
	DLR	260	259	259	258	257	256	256	256	258	260	263	265	267	268	269	270	270	269	267	266	264	263	262	261	263
三月标准日	DB	10.1	9.7	9.3	8.9	8.5	8.1	7.9	8.2	9.2	10.7	12.3	13.8	15.0	16.0	16.7	17.1	17.0	16.3	15.2	14.1	13.1	12.3	11.6	10.9	12.2
	RH	70	73	74	75	77	79	80	79	74	68	62	56	52	49	46	45	45	47	51	55	59	62	65	68	63
	I_d	0	0	0	0	0	0	0	3	26	87	170	245	255	212	176	119	54	9	0	0	0	0	0	0	1357
	I_s	0	0	0	0	0	0	0	49	146	227	272	289	298	294	258	202	130	46	0	0	0	0	0	0	2210
	WV	1.2	1.2	1.2	1.2	1.2	1.2	1.2	1.2	1.2	1.3	1.4	1.5	1.6	1.8	1.7	1.7	1.6	1.5	1.4	1.4	1.3	1.3	1.3	1.3	1.4
	DLR	302	300	299	298	297	297	296	297	299	303	307	311	314	316	317	318	317	316	313	311	309	308	306	304	306
五月标准日	DB	18.8	18.3	17.9	17.6	17.3	17.2	17.4	18.0	19.0	20.3	21.6	22.7	23.7	24.5	25.1	25.3	25.2	24.6	23.6	22.5	21.5	20.6	19.9	19.3	20.9
	RH	83	85	86	88	88	89	88	86	81	75	69	65	61	58	56	55	55	58	62	68	73	76	79	81	74
	I_d	0	0	0	0	0	0	4	13	44	106	169	221	220	184	156	111	57	19	1	0	0	0	0	0	1304
	I_s	0	0	0	0	0	0	46	129	229	302	345	364	370	358	316	255	180	96	11	0	0	0	0	0	3001
	WV	1.2	1.2	1.1	1.2	1.1	1.1	1.1	1.2	1.3	1.4	1.5	1.5	1.6	1.7	1.7	1.7	1.7	1.6	1.5	1.4	1.3	1.3	1.2	1.2	1.4
	DLR	368	367	366	364	363	363	364	366	368	372	376	379	382	384	385	385	385	384	382	380	378	375	373	371	374

续表

		1时	2时	3时	4时	5时	6时	7时	8时	9时	10时	11时	12时	13时	14时	15时	16时	17时	18时	19时	20时	21时	22时	23时	24时	平均或合计注2
七月标准日	DB	25.9	25.4	25.0	24.7	24.4	24.4	24.6	25.3	26.4	27.7	28.9	30.0	31.0	31.7	32.3	32.6	32.4	31.8	30.7	29.5	28.5	27.6	27.0	26.4	28.1
	RH	83	85	86	87	88	89	88	85	80	74	69	65	61	59	56	55	56	58	62	67	72	75	78	81	73
	I_d	0	0	0	0	0	0	5	18	55	118	175	220	219	188	167	126	73	29	3	0	0	0	0	0	1396
	I_s	0	0	0	0	0	0	51	137	241	322	374	404	414	400	359	296	216	125	33	0	0	0	0	0	3372
	WV	1.2	1.2	1.2	1.2	1.2	1.1	1.1	1.1	1.2	1.4	1.5	1.6	1.7	1.8	1.8	1.9	2.0	1.9	1.8	1.7	1.6	1.4	1.3	1.3	1.5
	DLR	421	419	417	416	415	415	416	418	422	426	430	434	437	440	442	442	442	439	436	433	430	427	425	423	428
九月标准日	DB	20.7	20.4	20.2	20.0	19.8	19.6	19.6	19.9	20.7	21.7	22.8	23.8	24.6	25.2	25.7	25.8	25.5	24.8	23.8	22.9	22.1	21.6	21.3	20.9	22.2
	RH	86	87	88	89	89	90	90	88	85	80	75	70	67	64	62	62	63	66	71	76	80	82	83	84	78
	I_d	0	0	0	0	0	0	0	5	22	63	110	147	147	124	102	68	30	4	0	0	0	0	0	0	823
	I_s	0	0	0	0	0	0	4	71	164	245	296	325	332	311	262	194	115	32	0	0	0	0	0	0	2352
	WV	1.1	1.1	1.1	1.1	1.1	1.1	1.1	1.2	1.2	1.3	1.3	1.4	1.5	1.5	1.5	1.5	1.4	1.4	1.4	1.3	1.2	1.2	1.1	1.1	1.3
	DLR	385	384	383	382	381	381	381	382	384	387	390	393	395	396	397	397	396	395	393	391	389	388	387	385	388
十一月标准日	DB	9.3	9.0	8.8	8.6	8.5	8.3	8.2	8.4	8.8	9.5	10.4	11.4	12.3	13.1	13.7	13.8	13.5	12.8	11.8	11.0	10.3	10.0	9.7	9.4	10.4
	RH	87	89	90	90	91	91	91	91	89	86	81	76	71	67	64	64	65	69	74	79	83	84	85	86	81
	I_d	0	0	0	0	0	0	0	0	6	18	38	71	95	85	69	34	3	0	0	0	0	0	0	0	420
	I_s	0	0	0	0	0	0	0	9	74	140	192	229	226	201	157	98	24	0	0	0	0	0	0	0	1351
	WV	1.0	1.0	1.0	1.1	1.1	1.1	1.1	1.1	1.1	1.1	1.1	1.2	1.2	1.3	1.2	1.2	1.1	1.1	1.1	1.0	1.0	1.0	1.0	1.0	1.1
	DLR	310	309	308	308	307	306	306	306	308	310	312	314	316	317	318	318	318	317	315	314	313	312	311	310	312
夏季TAC	DB_{25}	29.9	29.3	28.9	28.2	27.9	27.7	27.9	28.8	30.1	31.7	33.5	35.0	36.2	37.2	38.0	38.6	38.5	37.7	36.3	34.9	33.6	32.4	31.3	30.6	32.7
	I_{25}	0	0	0	0	0	0	121	261	447	626	761	843	847	798	720	575	399	221	64	0	0	0	0	0	6682
	DB_{50}	29.1	28.5	28.1	27.7	27.3	27.1	27.4	28.2	29.5	31.1	32.6	34.0	35.3	36.3	37.3	37.9	37.7	36.9	35.5	34.0	32.5	31.5	30.6	29.8	31.9
	I_{50}	0	0	0	0	0	0	112	248	430	608	735	821	822	772	698	563	387	212	59	0	0	0	0	0	6464
	RH_s	84	86	87	88	89	89	88	85	79	72	66	61	57	54	51	50	51	54	59	65	71	75	79	81	72
冬季TAC	DB_{975}	-1.5	-2.0	-2.4	-2.7	-3.0	-3.4	-3.7	-3.7	-2.8	-1.6	-0.3	0.9	1.5	1.9	2.3	2.4	2.3	2.2	1.6	1.0	0.4	-0.1	-0.4	-1.0	-0.5
	RH_{975}	38	39	38	39	43	44	44	44	43	41	37	32	27	23	20	19	20	23	28	32	33	33	35	37	33.8
	DB_{950}	-0.9	-1.3	-1.7	-2.0	-2.2	-2.5	-3.0	-2.8	-2.0	-0.7	0.6	1.8	2.7	3.3	3.6	3.5	3.4	3.3	2.6	2.0	1.0	0.6	0.2	-0.3	0.4
	RH_{950}	46	48	48	49	51	53	53	54	52	49	45	39	33	27	23	22	24	27	32	37	40	41	44	45	41.0

地名	汉中	区站号	571270	经度	107.03E	纬度	33.07N	海拔	509m

	1月	2月	3月	4月	5月	6月	7月	8月	9月	10月	11月	12月	年平均或累计[1]
DB_m	3.8	6.3	11.7	17.3	20.5	24.4	26.7	26.5	21.3	16.1	9.7	4.8	15.7
RH_m	74.0	74.0	68.0	69.0	73.0	75.0	78.0	76.0	82.0	83.0	86.0	76.0	76.0
I_m	220	237	387	466	494	502	503	496	335	275	185	190	4281
HDD_m	441	328	194	22	0	0	0	0	0	58	250	409	1703

		1时	2时	3时	4时	5时	6时	7时	8时	9时	10时	11时	12时	13时	14时	15时	16时	17时	18时	19时	20时	21时	22时	23时	24时	平均或合计[2]
一月标准日	DB	2.7	2.3	2.0	1.8	1.5	1.3	1.1	1.1	1.2	1.7	2.5	3.6	4.7	5.7	6.7	7.4	7.6	7.3	6.4	5.3	4.3	3.7	3.5	3.0	3.8
	RH	79	82	83	84	85	86	87	87	87	85	81	76	69	63	58	54	53	55	59	65	71	75	77	78	74
	I_d	0	0	0	0	0	0	0	0	0	4	24	51	96	125	127	110	64	15	0	0	0	0	0	0	616
	I_s	0	0	0	0	0	0	0	0	0	41	115	173	215	226	214	180	129	60	0	0	0	0	0	0	1353
	WV	1.0	1.0	1.0	1.0	1.1	1.0	1.0	1.0	1.0	1.0	1.1	1.2	1.2	1.3	1.3	1.2	1.1	1.1	1.0	1.0	1.0	1.0	1.1	1.0	1.1
	DLR	265	264	263	263	262	261	261	261	261	263	265	267	268	269	270	271	270	269	268	268	267	266	266	266	266
三月标准日	DB	10.1	9.7	9.3	9.0	8.7	8.3	8.2	8.5	9.4	10.7	12.0	13.2	14.2	15.1	15.8	16.1	15.9	15.1	14.0	12.9	12.1	11.6	11.3	10.8	11.7
	RH	76	78	80	81	82	83	84	82	78	72	66	61	56	53	50	49	50	53	57	63	67	69	72	74	68
	I_d	0	0	0	0	0	0	0	0	26	83	151	219	225	186	171	121	54	10	0	0	0	0	0	0	1249
	I_s	0	0	0	0	0	0	0	38	132	213	265	291	306	305	266	211	141	54	0	0	0	0	0	0	2222
	WV	1.0	1.0	1.1	1.1	1.2	1.2	1.2	1.0	1.2	1.3	1.4	1.5	1.6	1.6	1.6	1.6	1.6	1.5	1.3	1.2	1.2	1.1	1.1	1.1	1.3
	DLR	306	305	304	303	302	301	301	300	301	303	306	309	311	313	315	317	317	315	313	311	310	310	309	308	308
五月标准日	DB	18.8	18.3	17.8	17.5	17.2	17.2	17.4	17.9	18.8	19.8	20.9	21.8	22.7	23.4	24.0	24.3	24.2	23.7	22.9	21.9	21.0	20.4	19.8	19.3	20.5
	RH	81	82	84	85	87	87	88	85	81	76	71	67	63	60	58	57	57	59	62	67	71	74	77	79	73
	I_d	0	0	0	0	0	0	5	19	53	111	165	218	225	196	177	134	75	29	2	0	0	0	0	0	1411
	I_s	0	0	0	0	0	0	42	124	220	292	337	360	369	360	324	266	193	110	22	0	0	0	0	0	3019
	WV	1.1	1.0	1.1	1.3	1.3	1.3	1.3	1.3	1.3	1.4	1.5	1.6	1.6	1.7	1.6	1.6	1.6	1.4	1.3	1.2	1.2	1.2	1.2	1.1	1.3
	DLR	367	365	363	362	362	362	363	365	367	370	372	374	376	378	379	380	380	379	377	375	374	372	371	369	371

续表

		1时	2时	3时	4时	5时	6时	7时	8时	9时	10时	11时	12时	13时	14时	15时	16时	17时	18时	19时	20时	21时	22时	23时	24时	平均或合计[注2]
七月标准日	DB	25.0	24.6	24.3	23.9	23.7	23.7	23.9	24.4	25.2	26.3	27.3	28.2	29.0	29.5	30.0	30.2	30.0	29.5	28.8	27.9	27.2	26.5	26.0	25.5	26.7
	RH	85	87	88	89	90	90	89	87	84	79	75	72	69	66	65	64	65	67	70	73	77	80	82	84	78
	I_d	0	0	0	0	0	0	5	20	55	107	150	194	199	170	147	110	65	30	5	0	0	0	0	0	1258
	I_s	0	0	0	0	0	0	42	125	221	299	352	385	397	388	355	295	216	132	44	0	0	0	0	0	3249
	WV	1.1	1.0	1.0	1.0	1.0	1.0	1.1	1.1	1.2	1.4	1.5	1.6	1.6	1.7	1.7	1.7	1.7	1.5	1.4	1.2	1.2	1.2	1.1	1.1	1.3
	DLR	417	415	413	412	411	411	412	414	417	420	424	427	430	432	433	434	433	431	429	426	424	422	420	419	422
九月标准日	DB	20.1	19.8	19.6	19.4	19.1	19.0	19.0	19.3	19.9	20.8	21.7	22.5	23.2	23.8	24.1	24.2	24.0	23.4	22.7	21.9	21.3	20.9	20.6	20.3	21.3
	RH	89	90	91	91	92	93	93	92	89	85	80	76	73	70	68	68	69	72	76	80	83	85	87	87	82
	I_d	0	0	0	0	0	0	0	6	24	60	100	137	142	121	103	69	32	6	0	0	0	0	0	0	799
	I_s	0	0	0	0	0	2	63	152	229	283	314	322	307	264	202	124	41	0	0	0	0	0	0	0	2302
	WV	1.0	1.0	1.0	1.0	1.0	1.0	1.0	1.1	1.2	1.3	1.4	1.4	1.5	1.5	1.5	1.4	1.3	1.2	1.1	1.1	1.1	1.1	1.1	1.1	1.2
	DLR	384	382	381	380	379	379	379	380	382	384	387	389	391	392	393	392	391	390	389	387	386	385	385	383	386
十一月标准日	DB	8.7	8.5	8.2	8.1	7.9	7.7	7.6	7.8	8.2	8.9	9.8	10.7	11.5	12.1	12.5	12.6	12.2	11.5	10.7	9.9	9.4	9.2	9.0	8.8	9.7
	RH	92	93	93	94	94	94	94	94	92	89	85	81	76	72	70	69	71	75	81	86	89	90	91	91	86
	I_d	0	0	0	0	0	0	0	0	6	22	41	73	90	76	60	30	4	0	0	0	0	0	0	0	403
	I_s	0	0	0	0	0	0	0	4	67	134	185	216	218	199	158	101	29	0	0	0	0	0	0	0	1310
	WV	0.9	0.8	0.9	0.9	1.0	1.0	1.0	0.9	1.0	1.0	1.1	1.2	1.2	1.3	1.2	1.1	1.1	1.0	0.9	0.9	0.9	0.9	0.9	0.9	1.0
	DLR	310	309	308	307	306	305	305	305	307	309	311	313	314	315	315	315	315	314	313	312	311	311	311	310	311
夏季TAC	DB_{25}	28.9	28.2	27.9	27.5	27.0	26.8	27.1	27.7	28.9	30.4	31.9	33.3	34.4	35.1	35.6	36.0	36.0	35.3	34.3	33.1	32.0	31.0	30.2	29.5	31.2
	I_{25}	0	0	0	0	0	0	116	261	433	618	742	832	851	800	722	595	428	250	89	0	0	0	0	0	6736
	DB_{30}	28.3	27.6	27.3	26.9	26.5	26.4	26.7	27.3	28.5	30.0	31.5	32.6	33.5	34.2	34.8	35.2	35.1	34.4	33.3	32.3	31.4	30.3	29.4	28.8	30.5
	I_{50}	0	0	0	0	0	0	108	246	421	591	720	811	824	782	698	579	417	242	84	0	0	0	0	0	6523
	RH_s	85	86	87	89	90	91	90	87	82	76	71	67	63	60	59	58	58	60	64	69	74	78	81	83	75
冬季TAC	DB_{975}	-1.5	-1.9	-2.3	-2.6	-2.7	-3.1	-3.4	-3.3	-2.4	-1.3	-0.3	0.6	1.2	1.5	1.9	1.8	1.8	1.6	1.0	0.2	-0.3	-0.6	-0.7	-1.1	-0.7
	RH_{975}	47	49	47	47	52	56	57	57	54	45	37	30	26	24	21	20	21	25	32	39	43	43	45	45	40.0
	DB_{950}	-0.8	-1.2	-1.5	-1.8	-2.1	-2.4	-2.7	-2.5	-1.7	-0.6	0.3	1.2	1.9	2.6	2.9	3.0	3.0	2.6	1.8	0.8	0.3	-0.1	-0.2	-0.4	0.1
	RH_{950}	56	58	58	60	63	65	64	65	60	54	46	39	33	28	25	23	26	31	39	46	50	52	53	54	47.8

地名 延安	区站号 538450	经度 109.5E	纬度 36.6N	海拔 959m

	1月	2月	3月	4月	5月	6月	7月	8月	9月	10月	11月	12月	年平均或累计[注1]
DB_m	-4.5	-0.3	6.6	13.1	17.4	21.6	23.3	21.7	16.6	10.8	3.7	-3.1	10.6
RH_m	46.0	49.0	42.0	44.0	51.0	56.0	70.0	73.0	75.0	67.0	59.0	50.0	57.0
I_m	286	320	493	590	653	659	591	530	415	367	268	244	5408
HDD_m	699	513	352	148	18	0	0	0	43	222	429	654	3076

		1时	2时	3时	4时	5时	6时	7时	8时	9时	10时	11时	12时	13时	14时	15时	16时	17时	18时	19时	20时	21时	22时	23时	24时	平均或合计[注2]
一月标准日	DB	-6.6	-7.2	-7.7	-8.3	-9.0	-9.8	-10.4	-10.2	-9.1	-7.2	-4.8	-2.4	-0.5	0.9	1.7	1.7	1.2	0.2	-1.1	-2.3	-3.3	-4.2	-5.0	-5.8	-4.5
	RH	52	54	56	57	59	61	63	63	59	53	46	39	34	31	29	29	31	33	36	40	43	46	48	50	46
	I_d	0	0	0	0	0	0	0	0	14	86	197	313	339	270	185	85	12	0	0	0	0	0	0	0	1500
	I_s	0	0	0	0	0	0	0	0	61	126	150	142	142	152	139	106	43	0	0	0	0	0	0	0	1060
	WV	1.8	1.8	1.7	1.7	1.6	1.6	1.6	1.5	1.6	1.6	1.6	1.8	2.0	2.2	2.2	2.2	2.2	2.1	1.9	1.8	1.8	1.8	1.7	1.7	1.8
	DLR	197	196	195	193	191	189	188	188	191	195	201	206	210	212	213	214	213	210	208	206	204	203	201	199	201
三月标准日	DB	4.0	3.3	2.7	2.1	1.4	0.6	0.3	1.0	2.8	5.3	7.9	9.9	11.3	12.1	12.6	12.7	12.4	11.5	10.3	9.0	7.9	7.0	6.0	5.1	6.6
	RH	49	51	53	55	58	60	62	60	53	45	38	33	30	28	27	27	27	28	31	34	37	40	43	46	42
	I_d	0	0	0	0	0	0	0	11	85	257	424	520	481	346	238	147	68	13	0	0	0	0	0	0	2590
	I_s	0	0	0	0	0	0	1	63	152	180	179	181	208	248	243	199	130	47	0	0	0	0	0	0	1830
	WV	2.0	1.9	1.8	1.8	1.7	1.7	1.7	1.7	1.6	2.0	2.2	2.5	2.7	3.0	2.9	2.9	2.9	2.8	2.6	2.5	2.4	2.3	2.1	2.1	2.3
	DLR	246	244	243	242	240	239	239	240	244	249	255	259	262	263	263	263	262	260	257	254	253	251	250	249	251
五月标准日	DB	14.4	13.5	12.8	12.0	11.5	11.3	11.9	13.3	15.4	17.9	20.1	21.5	22.3	22.8	23.0	23.1	22.8	22.0	20.8	19.4	18.2	17.1	16.1	15.3	17.4
	RH	59	62	65	68	70	72	71	66	58	49	43	39	36	34	33	33	34	35	38	42	46	50	54	57	51
	I_d	0	0	0	0	0	0	17	64	210	413	538	569	464	317	229	163	98	42	3	0	0	0	0	0	3126
	I_s	0	0	0	0	0	1	77	169	226	224	229	251	302	336	318	264	193	113	25	0	0	0	0	0	2729
	WV	1.8	1.7	1.7	1.7	1.7	1.6	1.6	1.6	1.8	2.1	2.3	2.4	2.6	2.7	2.8	2.8	2.9	2.7	2.5	2.3	2.2	2.0	1.9	1.9	2.1
	DLR	317	314	312	310	309	310	312	317	322	328	333	336	337	337	337	336	336	333	330	327	325	323	322	320	324

续表

		1时	2时	3时	4时	5时	6时	7时	8时	9时	10时	11时	12时	13时	14时	15时	16时	17时	18时	19时	20时	21时	22时	23时	24时	平均或合计注2
七月标准日	DB	20.5	20.0	19.4	19.0	18.6	18.6	19.1	20.2	21.9	23.8	25.5	26.7	27.5	27.9	28.0	27.9	27.5	26.8	25.7	24.5	23.5	22.6	21.8	21.2	23.3
	RH	80	82	84	86	87	88	86	82	75	68	62	58	55	53	52	52	53	56	59	63	68	71	75	78	70
	I_d	0	0	0	0	0	0	11	39	128	262	359	403	353	254	180	127	77	34	5	0	0	0	0	0	2234
	I_s	0	0	0	0	0	1	69	159	242	281	304	322	346	360	339	278	202	124	40	0	0	0	0	0	3066
	WV	1.5	1.4	1.4	1.4	1.4	1.4	1.4	1.4	1.6	1.8	2.0	2.2	2.3	2.4	2.5	2.5	2.6	2.4	2.2	2.0	1.9	1.8	1.7	1.6	1.9
	DLR	378	376	374	372	372	372	374	378	384	390	396	399	401	401	401	400	399	396	393	390	387	384	383	381	387
九月标准日	DB	14.3	13.9	13.3	12.9	12.8	12.4	12.5	13.1	14.5	16.3	18.1	19.6	20.6	21.2	21.5	21.5	21.0	19.7	18.7	17.6	16.5	15.8	15.3	14.6	16.6
	RH	85	87	88	90	91	92	92	90	84	76	69	63	58	55	54	54	55	59	64	69	74	77	80	83	75
	I_d	0	0	0	0	0	0	0	9	52	158	259	326	303	222	153	89	37	5	0	0	0	0	0	0	1613
	I_s	0	0	0	0	0	0	8	79	178	234	260	272	287	291	262	201	121	34	0	0	0	0	0	0	2227
	WV	1.4	1.4	1.4	1.4	1.4	1.3	1.3	1.3	1.4	1.6	1.7	1.8	2.0	2.2	2.2	2.2	2.2	2.1	1.9	1.7	1.7	1.6	1.5	1.5	1.7
	DLR	340	339	337	336	335	334	334	336	341	346	351	355	357	357	357	356	355	352	350	348	345	344	343	341	345
十一月标准日	DB	1.6	1.1	0.8	0.4	-0.2	-0.9	-1.3	-0.9	0.4	2.4	4.7	6.8	8.3	9.1	9.3	8.9	8.2	7.2	6.0	5.0	4.1	3.3	2.6	2.0	3.7
	RH	68	70	71	72	74	77	78	77	71	63	55	48	43	41	39	40	42	45	49	53	57	60	62	65	59
	I_d	0	0	0	0	0	0	0	1	25	110	225	309	297	206	114	39	1	0	0	0	0	0	0	0	1326
	I_s	0	0	0	0	0	0	0	12	94	148	159	156	161	168	146	93	14	0	0	0	0	0	0	0	1151
	WV	1.7	1.6	1.6	1.6	1.6	1.6	1.6	1.6	1.6	1.7	1.7	1.9	2.0	2.2	2.2	2.2	2.1	2.0	1.9	1.8	1.8	1.8	1.8	1.8	1.8
	DLR	250	249	249	247	246	244	243	244	246	251	256	260	263	264	264	263	261	259	257	256	254	253	251	250	253
夏季TAC	DB_{25}	24.4	23.7	23.5	23.0	22.6	22.4	22.7	23.8	25.5	28.0	30.6	32.3	33.5	34.0	34.3	34.4	34.1	33.0	31.5	29.9	28.3	27.0	26.2	25.1	28.1
	I_{25}	0	0	0	0	0	18	170	349	613	876	1051	1092	1022	877	751	612	439	254	90	0	0	0	0	0	8213
	DB_{50}	23.7	23.2	22.7	22.3	21.8	21.7	22.0	23.0	25.0	27.3	29.6	31.5	32.6	33.2	33.5	33.8	33.4	32.2	30.7	29.0	27.5	26.3	25.1	24.4	27.3
	I_{50}	0	0	0	0	0	15	158	328	587	843	1005	1053	994	844	721	594	423	245	82	0	0	0	0	0	7890
	RH_s	80	82	85	87	89	89	87	82	75	67	59	53	49	47	46	45	47	50	54	59	64	70	74	77	67
冬季TAC	DB_{975}	-13.7	-14.4	-15.2	-15.8	-16.2	-17.0	-17.6	-17.1	-15.9	-13.6	-11.1	-9.1	-7.8	-7.0	-6.6	-6.7	-7.2	-7.6	-8.3	-9.4	-10.5	-11.4	-12.1	-12.9	-11.8
	RH_{975}	24	25	26	27	30	32	31	32	29	25	21	18	15	13	11	11	12	12	14	16	17	19	21	23	21.0
	DB_{950}	-12.5	-13.1	-13.7	-14.4	-14.9	-15.6	-16.3	-16.1	-14.7	-12.2	-9.7	-7.5	-6.3	-5.4	-5.3	-5.3	-5.7	-6.2	-7.2	-8.2	-9.3	-10.0	-10.7	-11.7	-10.5
	RH_{950}	28	29	29	30	34	36	38	37	34	29	25	20	17	14	13	13	15	15	16	19	20	21	24	26	24.0

地名 榆林	区站号 536460	经度 109.7E	纬度 38.23N	海拔 1058m

	1月	2月	3月	4月	5月	6月	7月	8月	9月	10月	11月	12月	年平均或累计注1
DB_m	-7.0	-2.4	4.9	12.2	17.7	22.0	23.5	21.5	16.2	10.4	2.0	-5.5	9.6
RH_m	44.0	44.0	35.0	36.0	38.0	45.0	61.0	66.0	66.0	56.0	53.0	47.0	49.0
I_m	286	334	533	649	749	733	641	555	438	376	266	236	5788
HDD_m	774	573	406	174	10	0	0	0	53	235	481	730	3435

		1时	2时	3时	4时	5时	6时	7时	8时	9时	10时	11时	12时	13时	14时	15时	16时	17时	18时	19时	20时	21时	22时	23时	24时	平均或合计注2
一月标准日	DB	-8.7	-9.4	-9.9	-10.5	-11.2	-12.0	-12.6	-12.5	-11.4	-9.5	-7.2	-5.0	-3.2	-1.9	-1.2	-1.1	-1.6	-2.5	-3.7	-4.8	-5.7	-6.3	-7.0	-7.8	-7.0
	RH	49	51	53	55	56	58	60	60	57	51	45	38	33	30	28	28	29	31	35	38	41	42	44	46	44
	I_d	0	0	0	0	0	0	0	0	21	100	201	302	333	288	222	123	22	0	0	0	0	0	0	0	1611
	I_s	0	0	0	0	0	0	0	0	59	115	140	137	133	133	114	86	39	0	0	0	0	0	0	0	955
	WV	2.3	2.2	2.2	2.2	2.1	2.1	2.1	2.0	2.0	2.1	2.1	2.4	2.7	2.9	2.9	2.8	2.8	2.7	2.6	2.5	2.5	2.4	2.4	2.4	2.4
	DLR	185	184	183	182	180	178	176	177	179	184	189	193	196	198	198	198	198	196	194	193	191	190	188	187	188
三月标准日	DB	2.7	2.0	1.4	0.8	0.1	-0.5	-0.7	-0.1	1.5	3.7	6.0	7.7	8.9	9.7	10.2	10.5	10.2	9.4	8.1	6.9	5.9	5.2	4.5	3.8	4.9
	RH	39	41	43	45	47	50	51	50	45	39	34	29	26	24	23	22	23	24	26	29	31	33	35	37	35
	I_d	0	0	0	0	0	0	0	34	135	290	429	524	518	437	361	260	143	34	0	0	0	0	0	0	3166
	I_s	0	0	0	0	0	0	3	71	138	166	173	173	188	204	188	154	107	48	0	0	0	0	0	0	1613
	WV	2.7	2.6	2.5	2.5	2.5	2.4	2.4	2.3	2.6	3.0	3.3	3.5	3.7	3.9	3.9	3.9	3.9	3.6	3.3	3.0	3.0	2.9	2.9	2.8	3.0
	DLR	228	227	226	225	224	224	224	226	229	233	238	241	242	243	243	242	242	240	237	235	234	233	232	231	233
五月标准日	DB	15.1	14.3	13.5	12.8	12.3	12.4	13.0	14.2	15.9	17.8	19.6	20.9	21.8	22.4	22.8	22.9	22.5	21.8	20.7	19.5	18.4	17.5	16.7	16.0	17.7
	RH	42	45	48	50	52	54	54	51	46	40	34	30	28	26	25	24	25	26	28	30	33	35	37	40	38
	I_d	0	0	0	0	0	1	53	128	266	424	533	610	594	514	443	343	225	118	20	0	0	0	0	0	4272
	I_s	0	0	0	0	0	11	90	164	210	228	239	238	250	262	240	206	162	104	39	0	0	0	0	0	2443
	WV	2.7	2.6	2.5	2.4	2.4	2.5	2.5	2.6	3.0	3.3	3.7	3.8	4.0	4.1	4.2	4.2	4.2	3.8	3.4	3.0	3.0	2.9	2.9	2.8	3.2
	DLR	301	299	298	296	297	299	302	307	311	315	317	318	318	318	317	317	315	313	310	308	305	304	303	302	308

续表

		1时	2时	3时	4时	5时	6时	7时	8时	9时	10时	11时	12时	13时	14时	15时	16时	17时	18时	19时	20时	21时	22时	23时	24时	平均或合计注2
七月标准日	DB	21.2	20.7	20.2	19.7	19.5	19.5	20.0	20.9	22.2	23.6	25.0	26.1	27.0	27.6	27.9	27.9	27.5	26.7	25.7	24.6	23.7	22.9	22.3	21.8	23.5
	RH	68	70	72	74	76	76	76	73	69	63	58	53	49	47	45	45	46	48	51	55	59	61	64	66	61
	I_d	0	0	0	0	0	0	22	57	126	214	288	366	385	348	307	241	159	86	22	0	0	0	0	0	2620
	I_s	0	0	0	0	0	4	82	167	248	303	339	344	343	338	309	260	199	130	55	0	0	0	0	0	3120
	WV	2.5	2.4	2.4	2.4	2.4	2.4	2.5	2.6	2.8	2.9	3.1	3.2	3.3	3.4	3.4	3.5	3.6	3.3	3.1	2.9	2.8	2.7	2.6	2.6	2.9
	DLR	371	369	368	367	367	368	371	375	379	383	387	389	390	391	391	390	388	386	383	380	377	375	373	372	379
九月标准日	DB	14.5	14.0	13.3	12.8	12.7	12.5	12.6	13.2	14.1	16.1	17.6	18.9	19.8	20.4	20.7	20.7	20.2	19.0	18.0	17.0	16.1	15.5	15.3	14.7	16.2
	RH	72	75	77	78	80	82	82	80	75	69	63	57	53	49	47	47	49	52	56	61	64	66	68	70	66
	I_d	0	0	0	0	0	0	1	20	68	152	235	301	314	277	228	158	79	15	0	0	0	0	0	0	1849
	I_s	0	0	0	0	0	0	14	94	176	234	265	279	282	272	239	186	119	43	0	0	0	0	0	0	2203
	WV	2.3	2.2	2.3	2.3	2.3	2.3	2.2	2.2	2.4	2.6	2.9	3.0	3.1	3.3	3.2	3.1	3.0	2.9	2.7	2.6	2.5	2.5	2.4	2.3	2.6
	DLR	330	329	328	326	326	325	326	329	332	337	341	343	344	344	343	342	341	338	336	335	333	332	331	330	334
十一月标准日	DB	0.3	-0.2	-0.6	-1.0	-1.5	-2.1	-2.4	-2.1	-0.9	0.8	2.9	4.6	5.8	6.5	6.7	6.5	5.9	5.0	4.0	3.0	2.3	1.7	1.2	0.6	2.0
	RH	59	61	62	64	66	68	70	69	64	57	50	45	40	38	37	37	39	41	44	48	50	52	54	56	53
	I_d	0	0	0	0	0	0	0	2	41	121	208	278	280	224	157	75	4	0	0	0	0	0	0	0	1390
	I_s	0	0	0	0	0	0	0	16	88	134	154	157	157	151	123	80	15	0	0	0	0	0	0	0	1074
	WV	2.4	2.3	2.3	2.3	2.3	2.2	2.2	2.1	2.3	2.5	2.7	2.9	3.2	3.4	3.3	3.1	2.9	2.8	2.7	2.6	2.6	2.6	2.5	2.3	2.6
	DLR	236	235	234	234	232	231	231	232	234	237	241	244	246	246	246	245	244	242	240	239	237	237	236	235	238
夏季 T A C	DB_{25}	25.5	24.8	24.2	23.7	23.0	22.9	23.3	24.4	25.9	27.7	29.6	30.9	32.0	32.6	33.1	33.5	33.4	32.5	31.2	30.0	28.8	27.9	26.9	26.1	28.1
	I_{25}	0	0	0	0	0	48	212	397	613	820	964	1045	1045	961	857	707	525	327	134	0	0	0	0	0	8654
	DB_{50}	24.8	24.2	23.7	23.1	22.6	22.3	22.8	23.8	25.2	27.0	28.8	30.2	31.3	32.0	32.5	32.7	32.5	31.6	30.3	29.1	28.0	27.0	26.2	25.5	27.4
	I_{50}	0	0	0	0	0	43	202	384	592	796	932	1011	1008	935	833	690	511	316	128	0	0	0	0	0	8381
	RH_s	65	68	71	73	76	76	75	71	66	59	53	48	43	40	38	38	39	41	46	51	55	58	61	63	57
冬季 T A C	DB_{975}	-17.1	-17.5	-18.3	-18.8	-19.5	-20.3	-20.9	-20.8	-19.5	-17.6	-15.1	-13.2	-11.8	-10.5	-10.0	-9.8	-10.4	-11.2	-12.1	-12.9	-13.6	-14.5	-15.3	-16.2	-15.3
	RH_{975}	20	22	23	22	24	26	27	27	25	21	17	14	12	10	8	8	8	10	11	12	13	14	17	18	16.9
	DB_{950}	-15.4	-16.1	-16.9	-17.6	-18.3	-19.3	-19.7	-19.6	-18.4	-15.9	-13.4	-11.5	-9.8	-8.9	-8.3	-8.1	-8.5	-9.1	-10.2	-11.7	-12.6	-13.4	-13.8	-14.6	-13.8
	RH_{950}	23	24	25	26	28	29	31	31	28	24	21	17	14	12	10	10	11	11	13	15	16	18	20	21	19.9

甘肃省

地名	张掖	区站号	526520	经度	100.43E	纬度	38.93N	海拔	1483m

	1月	2月	3月	4月	5月	6月	7月	8月	9月	10月	11月	12月	年平均或累计[1]
DB_m	-9.3	-3.8	4.2	12.0	17.4	21.9	23.6	21.8	16.3	9.1	0.1	-7.4	8.8
RH_m	54.0	42.0	35.0	32.0	34.0	43.0	51.0	54.0	54.0	46.0	54.0	59.0	46.0
I_m	296	356	521	608	704	715	719	651	539	448	313	262	6125
HDD_m	847	611	428	180	19	0	0	0	50	277	536	787	3736

		1时	2时	3时	4时	5时	6时	7时	8时	9时	10时	11时	12时	13时	14时	15时	16时	17时	18时	19时	20时	21时	22时	23时	24时	平均或合计[2]
一月标准日	DB	-12.5	-13.0	-13.3	-13.6	-14.2	-14.9	-15.4	-15.1	-13.5	-11.1	-8.4	-6.0	-4.1	-2.5	-1.4	-1.0	-1.8	-3.6	-6.0	-8.2	-9.8	-10.7	-11.3	-11.9	-9.3
	RH	61	63	64	64	65	66	67	67	64	58	52	46	41	37	35	34	36	39	45	51	56	58	59	60	54
	I_d	0	0	0	0	0	0	0	0	1	104	265	384	403	328	239	125	27	0	0	0	0	0	0	0	1875
	I_s	0	0	0	0	0	0	0	0	5	66	74	78	98	128	134	122	74	2	0	0	0	0	0	0	781
	WV	2.1	2.1	2.1	2.1	2.1	2.1	2.1	2.2	2.3	2.4	2.4	2.5	2.6	2.7	2.9	3.0	3.1	2.8	2.4	2.4	2.1	2.1	2.1	2.1	2.4
	DLR	177	176	175	174	172	170	168	170	174	181	188	194	199	201	203	204	203	198	193	188	184	182	180	178	185
三月标准日	DB	0.7	0.3	0.1	-0.4	-1.2	-2.3	-2.9	-2.3	-0.3	2.7	5.6	7.8	9.2	10.1	10.7	11.2	11.1	10.3	8.8	7.1	5.5	4.0	2.8	1.7	4.2
	RH	43	44	45	46	49	52	54	52	45	37	31	27	24	22	21	20	20	21	23	26	30	34	37	40	35
	I_d	0	0	0	0	0	0	0	2	80	305	510	621	583	389	262	166	80	23	3	0	0	0	0	0	3022
	I_s	0	0	0	0	0	0	0	16	102	108	113	118	162	246	264	238	180	94	3	0	0	0	0	0	1644
	WV	2.7	2.8	2.7	2.7	2.7	2.6	2.6	2.5	2.7	2.9	3.1	3.4	3.6	3.9	4.0	4.1	4.3	3.7	3.0	2.4	2.5	2.5	2.6	2.7	3.0
	DLR	224	223	223	221	219	217	217	217	221	228	235	240	242	243	243	244	243	241	238	235	232	230	228	226	230
五月标准日	DB	14.3	13.6	12.9	12.2	11.5	11.3	11.8	13.0	14.8	16.9	18.9	20.4	21.4	22.1	22.5	22.8	22.9	22.6	21.9	20.7	19.2	17.6	16.3	15.3	17.4
	RH	42	43	45	47	50	51	50	47	41	35	30	27	24	22	21	21	21	21	23	25	29	33	36	39	34
	I_d	0	0	0	0	0	0	11	80	251	453	571	634	554	378	274	189	113	64	17	1	0	0	0	0	3590
	I_s	0	0	0	0	0	0	41	124	166	173	194	217	278	351	354	318	255	171	80	0	0	0	0	0	2722
	WV	2.9	3.0	3.0	2.9	2.9	3.0	3.0	3.1	3.2	3.3	3.4	3.6	3.7	3.9	3.9	3.9	3.9	3.6	3.3	2.9	2.9	2.7	2.7	2.8	3.2
	DLR	296	294	292	290	289	289	291	295	299	303	307	309	309	309	309	309	310	310	308	307	304	302	300	298	301

续表

		1时	2时	3时	4时	5时	6时	7时	8时	9时	10时	11时	12时	13时	14时	15时	16时	17时	18时	19时	20时	21时	22时	23时	24时	平均或合计注2
七月标准日	DB	20.6	20.1	19.6	19.0	18.5	18.3	18.6	19.6	21.1	23.0	24.8	26.3	27.4	28.2	28.6	28.9	28.9	28.6	27.8	26.6	25.1	23.6	22.3	21.3	23.6
	RH	61	62	63	65	66	67	67	64	59	53	47	42	38	35	34	33	34	35	38	42	47	51	56	59	51
	I_d	0	0	0	0	0	0	10	69	208	388	523	598	552	416	319	224	135	79	27	1	0	0	0	0	3550
	I_s	0	0	0	0	0	0	40	126	182	201	218	240	287	345	352	324	271	193	104	12	0	0	0	0	2896
	WV	2.7	2.6	2.6	2.6	2.6	2.6	2.6	2.6	2.7	2.8	2.9	3.0	3.1	3.2	3.2	3.2	3.1	3.0	2.8	2.6	2.6	2.6	2.7	2.7	2.8
	DLR	359	357	355	353	351	350	352	356	361	367	372	376	377	377	378	378	380	380	379	377	373	368	365	362	367
九月标准日	DB	13.5	13.0	12.5	12.0	11.3	10.7	10.5	11.3	13.2	15.6	18.1	19.9	21.1	21.9	22.5	22.8	22.5	21.4	19.7	17.9	16.4	15.4	14.6	13.9	16.3
	RH	64	66	68	70	72	75	76	72	64	54	47	41	36	33	31	30	32	35	41	47	53	57	59	61	54
	I_d	0	0	0	0	0	0	0	17	133	349	526	611	543	372	265	172	79	20	0	0	0	0	0	0	3086
	I_s	0	0	0	0	0	0	0	59	131	139	139	155	208	277	280	243	182	92	6	0	0	0	0	0	1909
	WV	2.2	2.2	2.3	2.3	2.2	2.2	2.1	2.1	2.3	2.5	2.8	2.8	2.9	3.0	3.0	3.0	3.0	2.7	2.4	2.1	2.2	2.2	2.3	2.3	2.5
	DLR	316	315	314	312	310	308	308	310	315	321	326	330	332	332	332	332	331	331	329	326	323	320	318	316	321
十一月标准日	DB	-3.0	-3.5	-3.7	-4.0	-4.6	-5.5	-6.0	-5.5	-3.6	-0.8	2.0	4.3	5.8	6.9	7.6	7.8	7.0	5.2	2.8	0.6	-0.8	-1.5	-2.0	-2.6	0.1
	RH	65	67	68	68	69	72	73	71	64	55	47	40	35	32	30	30	32	36	43	50	56	59	61	63	54
	I_d	0	0	0	0	0	0	0	0	27	186	355	450	417	285	182	86	13	0	0	0	0	0	0	0	2000
	I_s	0	0	0	0	0	0	0	0	54	81	79	83	113	155	156	124	57	0	0	0	0	0	0	0	902
	WV	2.2	2.2	2.3	2.3	2.3	2.3	2.3	2.4	2.5	2.6	2.8	2.9	3.0	3.1	3.1	3.1	3.1	2.8	2.5	2.2	2.2	2.2	2.2	2.2	2.5
	DLR	224	223	223	222	219	217	215	216	221	228	234	239	241	243	244	244	243	239	234	230	228	227	226	225	229
夏季	DB_{25}	26.0	25.9	25.0	24.4	23.7	23.0	23.0	23.8	25.4	27.7	30.1	32.4	33.9	35.1	35.8	36.3	36.4	36.0	34.8	33.1	31.3	29.3	27.7	26.8	35.4
	I_{25}	0	0	0	0	0	0	120	312	558	804	982	1091	1077	955	854	718	540	368	192	40	0	0	0	0	6610
	DB_{50}	25.1	24.5	24.2	23.4	22.5	22.0	22.1	23.1	24.7	26.9	29.5	31.4	32.9	34.0	34.7	35.3	35.2	34.7	33.7	32.1	30.0	28.4	26.9	25.8	34.6
	I_{50}	0	0	0	0	0	0	110	292	536	773	954	1068	1049	920	824	695	517	354	180	34	0	0	0	0	6368
	RH_s	56	58	59	62	64	65	64	60	53	46	39	34	30	28	26	25	26	27	30	35	39	45	50	54	68
冬季	DB_{975}	-21.0	-21.3	-21.4	-21.4	-22.3	-23.5	-23.9	-23.2	-21.1	-18.4	-15.8	-14.1	-12.9	-11.9	-11.3	-11.2	-11.6	-12.9	-15.2	-17.1	-19.0	-19.3	-19.9	-20.4	-17.9
	RH_{975}	23	24	24	26	28	30	32	31	28	24	20	16	12	9	7	7	9	11	13	15	17	19	22	22	19.5
	DB_{950}	-18.6	-19.0	-19.3	-19.5	-20.1	-21.3	-22.1	-21.3	-19.3	-16.7	-14.4	-12.7	-11.4	-10.4	-9.9	-9.4	-9.9	-11.0	-13.1	-15.2	-16.5	-17.4	-17.8	-18.4	-16.0
	RH_{950}	28	30	31	31	32	34	36	35	32	28	23	19	15	13	11	10	11	13	16	19	21	23	25	26	23.3

| 地名 | 酒泉 | | 区站号 | 525330 | | 经度 | 98.48E | | 纬度 | 39.77N | | 海拔 | 1478m |

	1月	2月	3月	4月	5月	6月	7月	8月	9月	10月	11月	12月	年平均或累计[注1]
DB_m	-8.7	-3.9	3.9	11.6	16.8	21.3	23.1	21.1	15.5	8.8	0.4	-6.9	8.6
RH_m	52.0	43.0	34.0	30.0	30.0	41.0	49.0	51.0	49.0	42.0	48.0	56.0	44.0
I_m	274	332	499	599	700	729	754	682	546	431	288	239	6061
HDD_m	829	614	437	193	36	0	0	0	74	286	527	773	3769

		1时	2时	3时	4时	5时	6时	7时	8时	9时	10时	11时	12时	13时	14时	15时	16时	17时	18时	19时	20时	21时	22时	23时	24时	平均或累计[注2]
一月标准日	DB	-11.5	-11.9	-12.2	-12.4	-12.9	-13.6	-14.0	-13.6	-12.2	-10.1	-7.8	-5.9	-4.5	-3.4	-2.6	-2.3	-2.7	-3.9	-5.6	-7.3	-8.6	-9.5	-10.2	-10.9	-8.7
	RH	59	60	60	61	62	64	65	63	59	54	49	45	41	39	36	36	37	40	44	49	53	56	57	58	52
	I_d	0	0	0	0	0	0	0	0	0	87	225	332	343	271	200	115	35	0	0	0	0	0	0	0	1607
	I_s	0	0	0	0	0	0	0	0	0	58	76	87	113	146	150	129	81	6	0	0	0	0	0	0	845
	WV	1.9	1.9	1.9	1.9	2.0	1.9	1.9	1.9	1.8	1.7	1.6	1.9	2.2	2.5	2.6	2.6	2.6	2.3	2.0	1.7	1.8	1.9	1.9	1.9	2.0
	DLR	180	178	178	177	176	174	173	174	177	182	189	194	197	199	200	201	200	197	194	191	188	186	184	182	186
三月标准日	DB	1.0	0.4	-0.1	-0.6	-1.4	-2.3	-2.8	-2.2	-0.3	2.5	5.2	7.1	8.2	9.0	9.7	10.3	10.4	9.7	8.3	6.7	5.4	4.3	3.2	2.2	3.9
	RH	39	41	42	43	45	48	50	48	42	35	30	26	24	23	21	21	21	22	24	27	30	32	34	36	34
	I_d	0	0	0	0	0	0	0	1	77	275	454	549	485	320	237	176	104	38	1	0	0	0	0	0	2717
	I_s	0	0	0	0	0	0	0	10	89	108	117	137	199	274	276	240	183	106	11	0	0	0	0	0	1751
	WV	2.3	2.3	2.2	2.2	2.1	2.1	2.1	2.0	2.2	2.3	2.4	2.9	3.3	3.7	3.7	3.8	3.8	3.4	3.0	2.5	2.5	2.5	2.4	2.4	2.7
	DLR	221	220	219	217	215	213	212	214	217	223	230	235	237	239	240	241	241	240	237	234	231	229	226	224	227
五月标准日	DB	13.7	13.0	12.2	11.4	10.8	10.7	11.3	12.7	14.5	16.6	18.4	19.8	20.7	21.3	21.8	22.2	22.4	22.2	21.5	20.3	18.8	17.3	15.9	14.8	16.8
	RH	36	38	39	41	43	44	44	40	35	30	27	24	22	21	20	19	19	19	21	24	27	30	32	34	30
	I_d	0	0	0	0	0	0	13	95	253	424	527	570	487	340	269	201	131	84	29	0	0	0	0	0	3423
	I_s	0	0	0	0	0	0	36	112	157	179	209	244	308	365	360	326	267	186	97	7	0	0	0	0	2852
	WV	2.3	2.3	2.2	2.2	2.1	2.1	2.1	2.1	2.5	3.0	3.4	3.4	3.5	3.6	3.6	3.6	3.6	3.4	3.1	2.9	2.7	2.6	2.4	2.4	2.8
	DLR	286	284	281	279	278	279	279	282	286	290	295	299	302	303	304	305	305	306	306	304	301	297	293	290	294

续表注2

		1时	2时	3时	4时	5时	6时	7时	8时	9时	10时	11时	12时	13时	14时	15时	16时	17时	18时	19时	20时	21时	22时	23时	24时	平均或合计注2
七月标准日	DB	20.0	19.3	18.7	18.1	17.6	17.6	18.2	19.5	21.2	23.0	24.7	26.0	26.8	27.5	28.0	28.3	28.4	28.1	27.2	25.9	24.4	22.9	21.6	20.7	23.1
	RH	57	59	60	62	64	66	66	62	56	50	44	40	38	36	34	33	34	35	39	44	48	51	53	55	49
	I_d	0	0	0	0	0	0	15	115	281	451	551	600	538	414	342	267	184	115	46	4	0	0	0	0	3924
	I_s	0	0	0	0	0	0	38	106	144	166	198	233	293	349	351	323	273	204	122	30	0	0	0	0	2830
	WV	2.0	1.9	1.9	1.9	1.9	1.8	1.7	1.7	1.9	2.1	2.4	2.5	2.7	2.9	2.8	2.7	2.6	2.4	2.3	2.2	2.2	2.1	2.1	2.1	2.2
	DLR	351	348	346	343	342	344	348	354	359	364	368	371	374	375	376	376	378	379	379	376	371	364	357	353	362
九月标准日	DB	12.6	12.0	11.6	11.1	10.3	9.6	9.4	10.4	12.6	15.5	18.0	19.6	20.4	20.9	21.5	22.0	21.8	20.7	18.8	16.8	15.4	14.5	13.8	13.1	15.5
	RH	58	60	61	63	65	68	70	65	55	46	39	35	33	32	30	29	30	34	41	49	54	55	55	55	49
	I_d	0	0	0	0	0	0	0	20	164	393	557	622	502	314	242	186	108	37	2	0	0	0	0	0	3147
	I_s	0	0	0	0	0	0	0	52	109	110	119	145	224	301	291	248	188	108	15	0	0	0	0	0	1910
	WV	1.8	1.8	1.8	1.8	1.8	1.8	1.7	1.7	1.9	2.2	2.4	2.5	2.7	2.8	2.7	2.6	2.5	2.2	2.0	1.7	1.8	1.8	1.9	1.9	2.1
	DLR	305	303	302	300	298	296	296	298	303	309	316	320	323	323	324	324	325	325	324	322	318	314	309	306	312
十一月标准日	DB	-2.0	-2.4	-2.6	-2.9	-3.5	-4.3	-4.8	-4.3	-2.6	-0.2	2.3	4.0	5.0	5.7	6.1	6.3	5.8	4.5	2.8	1.1	0.0	-0.6	-1.1	-1.6	0.4
	RH	56	57	58	58	60	62	64	62	56	49	43	38	35	33	32	32	33	36	41	46	50	52	53	54	48
	I_d	0	0	0	0	0	0	0	0	22	166	307	386	339	222	150	84	21	0	0	0	0	0	0	0	1696
	I_s	0	0	0	0	0	0	0	0	42	74	85	98	139	177	166	127	65	0	0	0	0	0	0	0	973
	WV	2.0	2.0	2.0	2.0	2.0	2.0	2.0	2.0	2.0	1.9	1.9	2.2	2.5	2.8	2.8	2.7	2.7	2.4	2.2	1.9	1.9	2.0	2.0	2.0	2.2
	DLR	222	221	220	220	218	216	214	215	219	225	231	235	237	238	239	239	239	236	232	229	227	226	224	223	227
夏季TAC	DB_{25}	25.1	24.5	24.0	23.3	22.4	21.8	22.0	22.9	24.6	27.0	29.2	30.9	32.1	33.1	33.8	34.5	34.7	34.5	33.0	31.4	29.4	27.9	26.5	25.7	28.1
	I_{25}	0	0	0	0	0	0	119	329	560	785	953	1033	1031	959	875	753	587	422	245	77	0	0	0	0	8728
	DB_{50}	23.9	22.9	22.6	22.0	21.4	21.0	21.3	22.3	23.9	26.4	28.5	30.2	31.4	32.3	33.1	33.5	33.6	33.2	32.3	30.6	28.6	26.9	25.6	24.7	27.2
	I_{50}	0	0	0	0	0	0	111	308	545	764	920	1011	1001	930	856	730	565	402	227	64	0	0	0	0	8432
	RH_5	52	54	56	58	61	62	62	58	51	44	39	34	31	29	27	26	26	28	32	38	43	46	49	50	44
冬季TAC	DB_{975}	-19.8	-20.0	-20.0	-20.3	-20.8	-21.5	-21.8	-21.2	-19.8	-17.6	-16.0	-14.3	-13.5	-12.9	-12.6	-12.3	-12.7	-13.4	-14.5	-16.0	-17.0	-17.8	-18.5	-19.3	-17.2
	RH_{975}	25	26	25	25	28	30	31	30	26	20	16	14	13	12	11	10	10	11	13	16	17	20	22	24	19.9
	DB_{950}	-17.6	-18.0	-18.6	-18.9	-19.4	-19.9	-20.2	-19.6	-18.0	-16.4	-14.4	-13.1	-11.7	-10.9	-10.6	-10.3	-10.6	-11.6	-12.8	-14.3	-15.5	-16.3	-16.8	-17.3	-15.5
	RH_{950}	28	29	30	31	33	34	35	34	30	24	20	17	15	14	13	12	13	13	16	19	21	23	25	26	23.1

地名 敦煌	区站号 524180	经度 94.68E	纬度 40.15N	海拔 1140m

	1月	2月	3月	4月	5月	6月	7月	8月	9月	10月	11月	12月	年平均或累计[注1]
DB_m	-7.8	-1.9	6.7	14.3	19.5	24.4	26.3	24.4	18.0	10.2	1.5	-6.1	10.8
RH_m	51.0	39.0	27.0	26.0	28.0	36.0	40.0	42.0	43.0	41.0	46.0	55.0	40.0
I_m	273	339	537	652	772	770	781	713	591	463	295	233	6407
HDD_m	800	558	349	112	0	0	0	0	0	243	495	746	3304

一月标准日

	1时	2时	3时	4时	5时	6时	7时	8时	9时	10时	11时	12时	13时	14时	15时	16时	17时	18时	19时	20时	21时	22时	23时	24时	平均或合计[注2]
DB	-10.0	-10.6	-11.0	-11.4	-12.0	-12.6	-13.1	-13.0	-12.2	-10.8	-8.9	-7.0	-5.1	-3.3	-2.0	-1.2	-1.2	-2.1	-3.5	-5.1	-6.4	-7.5	-8.4	-9.2	-7.8
RH	57	59	60	61	62	63	64	64	62	58	54	48	43	39	36	34	35	37	40	45	49	51	53	55	51
I_d	0	0	0	0	0	0	0	0	0	52	139	243	302	301	270	191	87	9	0	0	0	0	0	0	1582
I_s	0	0	0	0	0	0	0	0	0	52	90	109	122	132	127	114	87	31	9	0	0	0	0	0	865
WV	1.9	1.8	1.8	1.8	1.8	1.7	1.7	1.7	1.7	1.8	1.9	2.1	2.3	2.6	2.8	2.7	2.7	2.5	2.3	2.2	2.1	2.0	1.9	1.9	2.1
DLR	185	184	182	181	180	178	176	177	179	183	188	193	197	201	204	206	206	204	201	198	195	192	190	187	190

三月标准日

	1时	2时	3时	4时	5时	6时	7时	8时	9时	10时	11时	12时	13时	14时	15时	16时	17时	18时	19时	20时	21时	22时	23时	24时	平均或合计[注2]
DB	3.7	3.1	2.6	2.1	1.2	0.2	-0.5	-0.3	1.1	3.4	6.1	8.6	10.5	12.1	13.2	14.0	14.3	13.8	12.7	11.2	9.6	7.9	6.3	5.0	6.7
RH	34	35	36	37	38	40	42	41	37	31	26	23	20	18	16	15	15	15	16	18	21	25	28	31	27
I_d	0	0	0	0	0	0	0	0	54	199	362	509	554	494	419	318	203	102	17	0	0	0	0	0	3232
I_s	0	0	0	0	0	0	0	3	72	117	136	160	196	210	203	175	120	48	0	0	0	0	0	0	1580
WV	2.1	2.0	2.1	2.1	2.1	2.0	2.0	1.9	2.2	2.4	2.7	2.9	3.1	3.2	3.3	3.4	3.5	3.1	2.8	2.5	2.4	2.3	2.2	2.2	2.5
DLR	228	227	225	224	221	218	217	217	220	225	232	238	244	247	250	251	251	249	247	243	240	237	234	231	234

五月标准日

	1时	2时	3时	4时	5时	6时	7时	8时	9时	10时	11时	12时	13时	14时	15时	16时	17时	18时	19时	20时	21时	22时	23时	24时	平均或合计[注2]
DB	15.7	15.0	14.2	13.4	12.5	12.1	12.5	13.7	15.7	18.1	20.6	22.6	24.1	25.1	25.7	26.2	26.4	26.4	25.8	24.5	22.5	20.3	18.2	16.8	19.5
RH	37	37	38	40	42	44	43	39	34	29	24	21	18	16	15	15	14	15	16	18	22	27	31	35	28
I_d	0	0	0	0	0	5	20	80	225	403	549	650	645	541	438	330	234	167	85	12	0	0	0	0	4364
I_s	0	0	0	0	0	3	20	97	145	167	184	198	234	286	308	300	260	193	120	43	0	0	0	0	2553
WV	1.9	1.9	1.9	1.9	1.8	1.9	2.0	2.0	2.3	2.7	3.0	3.1	3.2	3.2	3.2	3.2	3.2	2.9	2.7	2.5	2.3	2.1	1.9	1.9	2.4
DLR	298	295	292	289	287	286	288	291	296	302	308	313	316	317	317	317	318	319	320	318	315	311	306	302	305

续表注2

		1时	2时	3时	4时	5时	6时	7时	8时	9时	10时	11时	12时	13时	14时	15时	16时	17时	18时	19时	20时	21时	22时	23时	24时	平均或合计注2
七月标准日	DB	23.1	22.6	21.9	21.1	20.4	20.0	20.2	21.2	22.8	24.8	26.9	28.8	30.3	31.4	32.0	32.4	32.6	32.5	31.9	30.6	28.8	26.8	25.1	23.9	26.3
	RH	47	48	49	51	53	55	55	52	49	44	39	34	30	27	26	25	25	26	28	31	36	41	44	46	40
	I_d	0	0	0	0	0	0	4	71	197	353	487	600	622	551	465	362	263	186	101	25	0	0	0	0	4286
	I_s	0	0	0	0	0	0	19	97	153	186	209	220	245	286	306	303	271	212	142	66	0	0	0	0	2715
	WV	1.8	1.8	1.8	1.7	1.7	1.8	1.8	1.9	2.1	2.3	2.5	2.5	2.6	2.7	2.6	2.6	2.6	2.4	2.1	1.9	1.9	1.8	1.8	1.8	2.1
	DLR	360	357	354	352	350	349	350	355	361	369	377	383	386	388	388	389	391	393	393	390	385	378	370	364	372
九月标准日	DB	14.6	14.0	13.6	13.0	11.9	10.8	10.3	11.0	13.2	16.2	19.3	21.7	23.4	24.6	25.6	26.3	26.3	25.2	23.3	21.0	18.9	17.3	16.0	15.0	18.0
	RH	53	54	55	56	59	63	65	62	53	44	36	31	28	24	22	20	21	24	30	38	46	51	52	53	43
	I_d	0	0	0	0	0	0	0	8	115	313	505	626	619	513	422	325	209	97	15	0	0	0	0	0	3766
	I_s	0	0	0	0	0	0	0	31	103	121	122	130	165	217	232	218	184	129	49	0	0	0	0	0	1704
	WV	1.6	1.6	1.6	1.5	1.5	1.5	1.5	1.5	1.7	2.0	2.2	2.3	2.4	2.5	2.5	2.4	2.4	2.1	1.9	1.6	1.6	1.5	1.5	1.8	1.9
	DLR	312	310	308	305	302	298	297	299	304	313	322	330	335	336	336	337	338	339	338	336	332	326	320	314	320
十一月标准日	DB	-1.0	-1.6	-2.0	-2.4	-3.0	-3.7	-4.2	-3.9	-2.6	-0.5	1.9	3.9	5.5	6.9	8.0	8.5	8.2	7.0	5.1	3.2	1.8	0.9	0.2	-0.6	1.5
	RH	55	57	58	59	60	62	63	62	57	50	44	39	34	30	28	27	27	30	35	40	45	48	50	53	46
	I_d	0	0	0	0	0	0	0	0	8	110	229	322	340	297	248	169	69	2	0	0	0	0	0	0	1795
	I_s	0	0	0	0	0	0	0	0	22	74	98	114	133	149	139	115	78	10	0	0	0	0	0	0	933
	WV	1.9	1.9	1.8	1.8	1.7	1.7	1.7	1.6	1.8	2.1	2.3	2.5	2.7	2.9	2.8	2.8	2.8	2.5	2.3	2.1	2.0	2.0	2.0	2.0	2.1
	DLR	225	224	223	222	220	218	216	217	220	225	231	236	239	242	243	244	244	241	238	234	232	230	228	226	230
夏季TAC	DB_{25}	28.9	28.5	28.2	27.6	26.7	26.0	25.7	26.2	27.0	28.9	31.4	33.3	35.1	36.6	37.7	38.3	38.2	38.0	37.0	35.4	33.5	32.3	31.0	29.7	31.7
	I_{25}	0	0	0	0	0	0	72	259	480	703	891	1018	1058	1034	950	806	645	488	315	130	0	0	0	0	8848
	DB_{50}	27.5	27.2	26.8	26.3	25.3	24.5	24.4	24.9	26.2	28.0	30.3	32.5	34.4	35.7	36.6	37.0	37.2	36.9	35.9	34.4	32.5	30.7	29.3	28.4	30.5
	I_{50}	0	0	0	0	0	0	67	247	460	681	860	997	1039	1003	921	787	635	477	306	124	0	0	0	0	8602
	RH_s	44	44	46	49	52	54	53	51	46	40	34	30	26	23	21	20	20	21	24	28	33	39	44	45	37
冬季TAC	DB_{975}	-16.6	-17.0	-17.3	-17.8	-18.3	-19.1	-19.5	-19.5	-18.6	-17.0	-14.9	-13.1	-11.4	-9.7	-8.6	-7.9	-7.9	-8.7	-10.1	-11.6	-12.9	-14.1	-15.1	-16.0	-14.3
	RH_{975}	22	23	23	23	25	26	26	26	23	21	18	15	13	12	11	10	9	10	11	13	14	16	18	19	17.7
	DB_{950}	-15.6	-16.2	-16.6	-16.9	-17.3	-18.0	-18.7	-18.5	-17.7	-16.0	-14.2	-12.1	-9.9	-8.5	-7.4	-6.8	-6.8	-7.4	-8.9	-10.7	-12.3	-13.2	-14.0	-14.8	-13.3
	RH_{950}	25	27	27	28	29	30	32	32	29	28	23	19	16	14	13	11	11	12	13	15	18	20	23	24	21.7

青海省

地名	西宁	区站号	528660	经度	101.77E	纬度	36.62N	海拔	2296m

	1月	2月	3月	4月	5月	6月	7月	8月	9月	10月	11月	12月	年平均或累计注1
DB_m	-7.5	-3.1	2.8	8.8	12.4	16.0	17.9	17.1	12.6	6.9	-0.5	-6.3	6.4
RH_m	46.0	43.0	41.0	45.0	54.0	59.0	66.0	68.0	72.0	65.0	58.0	53.0	56.0
I_m	313	355	508	575	649	665	676	626	503	433	319	282	5894
HDD_m	791	591	471	276	175	61	4	29	161	345	554	754	4213

		1时	2时	3时	4时	5时	6时	7时	8时	9时	10时	11时	12时	13时	14时	15时	16时	17时	18时	19时	20时	21时	22时	23时	24时	平均或合计注2
一月标准日	DB	-10.4	-11.4	-12.0	-12.6	-13.3	-14.2	-14.9	-14.7	-13.2	-10.8	-8.0	-5.4	-3.0	-0.7	1.1	2.2	1.8	0.0	-2.7	-5.2	-6.9	-7.8	-8.5	-9.3	-7.5
	RH	53	57	59	61	63	65	68	67	63	56	48	41	34	28	24	22	23	25	30	37	42	46	48	50	46
	I_d	0	0	0	0	0	0	0	0	4	102	232	353	379	323	263	156	40	0	0	0	0	0	0	0	1852
	I_s	0	0	0	0	0	0	0	0	26	87	110	113	127	147	139	122	81	3	0	0	0	0	0	0	955
	WV	0.8	0.7	0.6	0.6	0.6	0.6	0.6	0.5	0.7	0.9	1.0	1.1	1.2	1.3	1.4	1.4	1.5	1.4	1.3	1.3	1.2	1.2	1.1	1.0	1.0
	DLR	180	179	178	176	175	172	171	171	175	181	187	193	197	200	203	204	203	198	193	189	187	185	184	183	186
三月标准日	DB	0.0	-1.0	-1.8	-2.5	-3.4	-4.3	-4.9	-4.3	-2.4	0.5	3.4	5.8	7.5	8.9	10.1	10.8	10.7	9.5	7.7	5.8	4.4	3.4	2.4	1.4	2.8
	RH	47	50	53	55	58	62	65	63	56	47	39	33	29	26	23	21	22	23	26	31	35	38	41	44	41
	I_d	0	0	0	0	0	0	0	4	76	247	420	523	481	346	269	183	83	20	0	0	0	0	0	0	2652
	I_s	0	0	0	0	0	0	0	25	116	152	162	177	223	277	270	234	174	86	1	0	0	0	0	0	1897
	WV	1.0	0.9	0.9	0.9	0.9	0.8	0.8	0.7	0.6	0.9	1.1	1.6	1.8	2.0	2.1	2.3	2.5	2.3	2.1	1.8	1.7	1.5	1.4	1.2	1.4
	DLR	223	222	220	219	217	215	215	216	220	226	232	238	241	242	243	243	242	239	236	233	231	230	229	227	229
五月标准日	DB	9.3	8.4	7.7	7.0	6.6	6.6	7.1	8.3	10.0	11.9	13.8	15.3	16.5	17.4	18.1	18.5	18.3	17.5	16.2	14.7	13.4	12.2	11.2	10.3	12.4
	RH	65	68	72	74	76	76	75	70	62	55	48	43	39	36	34	33	33	35	39	44	49	54	57	61	54
	I_d	0	0	0	0	0	0	17	84	205	341	426	469	416	309	246	177	98	41	8	0	0	0	0	0	2837
	I_s	0	0	0	0	0	0	46	128	191	229	264	296	341	374	356	307	239	154	59	0	0	0	0	0	2982
	WV	1.1	1.1	1.0	0.9	0.8	0.9	0.9	0.9	1.1	1.3	1.5	1.6	1.8	2.0	2.0	2.1	2.2	2.0	1.8	1.6	1.5	1.4	1.2	1.2	1.4
	DLR	291	289	287	285	285	285	287	290	293	297	301	304	305	307	307	308	307	306	304	301	299	297	295	293	297

续表

		1时	2时	3时	4时	5时	6时	7时	8时	9时	10时	11时	12时	13时	14时	15时	16时	17时	18时	19时	20时	21时	22时	23时	24时	平均或合计[2]
七月标准日	DB	14.9	14.2	13.7	13.1	12.6	12.5	13.0	14.0	15.5	17.4	19.2	20.7	21.9	22.8	23.4	23.6	23.4	22.8	21.6	20.2	18.8	17.5	16.4	15.6	17.9
	RH	77	80	82	84	86	87	85	81	75	67	60	55	50	47	45	44	45	47	51	56	61	66	71	74	66
	I_d	0	0	0	0	0	0	14	77	196	333	425	483	449	351	279	196	113	56	17	0	0	0	0	0	2990
	I_s	0	0	0	0	0	0	45	128	190	228	262	292	333	370	363	326	262	182	88	3	0	0	0	0	3071
	WV	0.8	0.8	0.7	0.7	0.7	0.8	0.8	0.9	1.0	1.2	1.1	1.3	1.4	1.5	1.6	1.7	1.8	1.7	1.5	1.4	1.3	1.2	1.1	1.0	1.2
	DLR	337	335	333	331	330	330	331	335	339	345	350	353	356	357	358	359	359	357	355	351	348	344	341	339	345
九月标准日	DB	10.3	9.8	9.4	9.1	8.7	8.2	8.1	8.6	10.0	11.9	13.8	15.3	16.4	17.4	18.1	18.5	18.1	16.9	15.2	13.4	12.2	11.6	11.1	10.6	12.6
	RH	82	84	86	87	89	91	93	90	83	74	66	60	55	52	49	47	49	53	59	67	73	76	77	79	72
	I_d	0	0	0	0	0	0	0	24	117	257	369	432	391	299	241	170	84	20	0	0	0	0	0	0	2403
	I_s	0	0	0	0	0	0	0	70	147	188	217	244	283	310	289	241	174	88	4	0	0	0	0	0	2254
	WV	0.7	0.6	0.6	0.6	0.6	0.6	0.6	0.6	0.7	0.9	1.1	1.2	1.3	1.4	1.5	1.5	1.6	1.4	1.3	1.2	1.1	1.0	0.9	0.8	1.0
	DLR	312	311	310	309	307	306	306	308	311	315	320	324	327	328	330	330	329	326	322	319	316	315	313	312	317
十一月标准日	DB	-3.3	-4.0	-4.4	-4.7	-5.4	-6.2	-6.8	-6.4	-4.8	-2.3	0.4	2.6	4.5	6.2	7.5	8.1	7.5	5.5	2.7	0.2	-1.3	-2.0	-2.4	-2.8	-0.5
	RH	69	72	74	75	77	80	82	80	73	64	54	46	39	34	30	29	30	35	43	53	60	63	64	65	58
	I_d	0	0	0	0	0	0	0	0	38	162	289	377	359	272	204	110	20	0	0	0	0	0	0	0	1831
	I_s	0	0	0	0	0	0	0	0	70	110	125	133	156	177	159	125	64	0	0	0	0	0	0	0	1120
	WV	0.8	0.8	0.8	0.8	0.8	0.7	0.7	0.6	0.8	0.9	1.0	1.1	1.3	1.4	1.3	1.3	1.3	1.2	1.1	1.1	1.0	1.0	0.9	0.9	1.0
	DLR	225	224	224	223	221	218	217	218	221	227	233	237	240	242	243	244	242	238	234	230	228	227	227	225	230
夏季	DB_{25}	21.6	20.4	19.9	19.4	18.8	18.4	18.1	19.0	20.0	22.2	24.6	26.9	28.5	29.7	30.9	31.6	31.4	30.3	28.5	26.7	24.9	23.8	22.8	22.0	24.2
	I_{25}	0	0	0	0	0	0	129	324	554	766	919	1028	1021	916	818	694	513	333	164	19	0	0	0	0	8197
	DB_{50}	19.9	19.4	18.5	17.9	17.4	17.1	17.1	17.6	19.1	21.1	23.6	25.6	27.3	28.5	29.4	30.2	30.1	29.0	27.6	25.5	24.1	22.9	21.8	20.9	23.0
	I_{50}	0	0	0	0	0	0	120	306	533	744	899	1002	995	900	802	678	501	315	149	14	0	0	0	0	7957
	RH_s	78	81	84	86	87	88	85	81	73	64	56	49	43	40	37	37	38	41	47	53	59	65	70	74	63
冬季	DB_{975}	-16.3	-17.2	-18.0	-18.4	-18.9	-19.7	-20.5	-20.2	-18.5	-16.0	-13.2	-11.3	-9.0	-7.6	-6.8	-6.3	-6.6	-7.6	-9.3	-11.4	-13.1	-14.0	-14.4	-15.2	-13.7
	RH_{975}	25	28	28	30	33	38	40	40	35	28	22	16	12	9	7	6	6	7	8	10	13	16	19	21	20.6
	DB_{950}	-15.0	-15.9	-16.6	-17.1	-17.6	-18.5	-19.3	-18.9	-17.3	-14.8	-12.2	-9.5	-7.6	-6.0	-5.0	-4.7	-4.9	-5.9	-7.8	-10.2	-12.1	-12.9	-13.3	-14.0	-12.4
	RH_{950}	28	32	33	34	38	42	45	44	39	32	25	19	14	11	8	7	7	8	10	13	16	20	23	25	23.9

地名 格尔木	区站号 528180	经度 94.9E	纬度 36.42N	海拔 2809m

	1月	2月	3月	4月	5月	6月	7月	8月	9月	10月	11月	12月	年平均或累计[注1]
DB_m	-7.0	-2.4	2.9	8.5	12.8	16.7	19.2	18.6	13.6	6.8	-0.8	-6.6	6.9
RH_m	32.0	28.0	22.0	22.0	28.0	35.0	37.0	35.0	36.0	29.0	32.0	35.0	31.0
I_m	343	394	568	672	779	796	818	761	615	510	366	308	6918
HDD_m	775	571	467	285	163	38	0	0	133	348	564	762	4106

		1时	2时	3时	4时	5时	6时	7时	8时	9时	10时	11时	12时	13时	14时	15时	16时	17时	18时	19时	20时	21时	22时	23时	24时	平均或累计[注2]
一月标准日	DB	-9.1	-9.8	-10.2	-10.6	-11.1	-11.6	-12.0	-11.9	-11.0	-9.4	-7.5	-5.6	-3.8	-2.2	-1.0	-0.4	-0.7	-1.9	-3.5	-5.2	-6.3	-7.1	-7.7	-8.3	-7.0
	RH	36	37	38	39	40	42	43	43	41	37	33	30	26	24	22	20	20	22	25	29	32	33	34	35	32
	I_d	0	0	0	0	0	0	0	0	0	80	225	381	456	425	367	238	87	7	0	0	0	0	0	0	2266
	I_s	0	0	0	0	0	0	0	0	0	59	83	83	90	112	117	122	105	36	0	0	0	0	0	0	807
	WV	1.4	1.4	1.5	1.6	1.7	1.7	1.6	1.6	1.7	1.9	2.0	2.0	2.1	2.2	2.2	2.2	2.1	1.9	1.6	1.3	1.4	1.4	1.4	1.4	1.7
	DLR	172	170	169	168	167	166	166	166	168	171	176	180	184	188	190	190	189	187	184	182	180	178	176	174	177
三月标准日	DB	0.4	-0.2	-0.6	-1.1	-1.9	-2.8	-3.5	-3.1	-1.5	0.9	3.4	5.4	6.8	7.9	8.8	9.4	9.4	8.6	7.2	5.7	4.3	3.2	2.3	1.4	2.9
	RH	24	25	26	27	29	30	32	32	29	26	23	20	18	16	15	14	13	14	15	17	20	21	22	23	22
	I_d	0	0	0	0	0	0	0	0	62	275	461	616	646	517	424	300	155	60	4	0	0	0	0	0	3520
	I_s	0	0	0	0	0	0	0	1	76	99	113	118	145	210	227	225	196	128	30	0	0	0	0	0	1569
	WV	2.0	2.1	2.1	2.0	2.0	2.0	1.9	1.9	2.2	2.5	2.8	2.9	2.9	3.0	2.9	2.9	2.8	2.5	2.1	1.8	1.8	1.8	1.7	1.9	2.3
	DLR	200	199	198	197	195	194	193	194	198	204	211	216	219	221	222	223	222	220	217	214	212	209	206	203	208
五月标准日	DB	10.2	9.7	9.2	8.5	7.7	7.2	7.3	8.1	9.6	11.0	13.4	14.9	16.1	16.9	17.5	18.0	18.2	18.0	17.3	16.1	14.6	13.1	11.8	10.9	12.8
	RH	31	32	33	35	37	38	38	37	33	30	27	24	22	21	20	19	19	19	20	22	24	27	29	31	28
	I_d	0	0	0	0	0	0	1	56	219	430	587	713	710	575	475	359	235	142	51	2	0	0	0	0	4552
	I_s	0	0	0	0	0	5	94	147	162	177	183	216	280	298	289	254	191	112	17	0	0	0	0		2425
	WV	2.4	2.6	2.6	2.6	2.6	2.6	2.6	2.5	2.7	2.9	3.1	3.0	3.0	2.9	2.9	2.9	2.9	2.8	2.6	2.4	2.3	2.2	2.0	2.2	2.6
	DLR	259	258	256	254	253	252	252	255	259	264	270	274	277	279	280	281	282	281	278	275	272	268	265	263	267

续表

		1时	2时	3时	4时	5时	6时	7时	8时	9时	10时	11时	12时	13时	14时	15时	16时	17时	18时	19时	20时	21时	22时	23时	24时	平均或合计注2
七月标准日	DB	17.2	16.9	16.4	15.7	14.9	14.4	14.3	14.8	15.9	17.4	19.0	20.4	21.6	22.6	23.3	24.0	24.4	24.4	23.9	22.8	21.4	19.8	18.5	17.7	19.2
	RH	39	40	41	43	45	47	48	47	45	42	39	35	33	30	28	27	27	26	27	29	31	34	37	38	37
	I_d	0	0	0	0	0	0	0	52	199	394	555	696	731	648	568	457	320	208	90	10	0	0	0	0	4930
	I_s	0	0	0	0	0	3	91	148	169	184	188	209	254	270	265	244	197	133	46	0	0	0	0	0	2401
	WV	2.2	2.3	2.4	2.5	2.6	2.6	2.6	2.6	2.7	2.9	3.0	2.9	2.7	2.6	2.5	2.4	2.3	2.1	2.2	2.1	2.0	2.0	1.9	2.0	2.4
	DLR	313	311	309	308	306	305	305	308	312	317	323	327	330	332	334	336	337	336	335	331	326	321	317	314	321
九月标准日	DB	11.7	11.3	11.0	10.5	9.7	8.9	8.4	8.7	10.0	12.0	14.0	15.6	16.8	17.7	18.5	19.1	19.1	18.3	17.0	15.4	14.1	13.1	12.4	11.9	13.6
	RH	41	41	42	42	44	46	48	47	43	39	35	32	29	27	25	24	25	26	28	32	35	37	39	40	36
	I_d	0	0	0	0	0	0	0	5	120	333	510	650	671	563	470	352	205	86	8	0	0	0	0	0	3972
	I_s	0	0	0	0	0	0	0	26	106	125	137	141	166	217	228	217	189	132	40	0	0	0	0	0	1726
	WV	1.9	2.0	2.0	2.0	2.0	2.1	2.1	2.1	2.3	2.4	2.6	2.6	2.5	2.4	2.3	2.3	2.2	1.9	1.7	1.4	1.5	1.6	1.6	1.7	2.0
	DLR	281	280	278	276	274	271	269	271	275	281	288	292	295	297	299	300	300	299	295	291	288	285	283	281	285
十一月标准日	DB	-3.1	-3.7	-4.1	-4.5	-5.1	-5.9	-6.4	-6.0	-4.5	-2.4	-0.1	1.8	3.3	4.6	5.6	6.0	5.6	4.2	2.2	0.3	-1.0	-1.6	-2.1	-2.6	-0.8
	RH	35	37	38	40	42	44	45	45	41	36	32	28	25	22	20	19	20	22	25	29	32	33	34	34	32
	I_d	0	0	0	0	0	0	0	0	18	187	348	477	494	402	323	200	64	1	0	0	0	0	0	0	2514
	I_s	0	0	0	0	0	0	0	0	37	68	79	81	100	138	139	130	96	11	0	0	0	0	0	0	877
	WV	1.4	1.4	1.4	1.4	1.4	1.5	1.5	1.5	1.7	2.0	2.2	2.2	2.3	2.4	2.3	2.2	2.1	1.9	1.6	1.3	1.4	1.4	1.4	1.4	1.7
	DLR	198	197	197	196	195	193	193	194	197	202	208	212	215	217	218	219	217	215	211	208	205	202	201	199	205
夏季TAC	DB_{25}	21.9	21.3	20.9	20.0	18.9	18.3	17.8	18.2	19.6	21.5	23.9	25.9	27.6	28.6	29.7	30.5	31.0	31.1	30.5	28.9	26.8	25.0	23.6	22.5	24.3
	I_{25}	0	0	0	0	0	0	42	244	508	775	955	1091	1144	1106	1061	928	734	538	309	103	0	0	0	0	9536
	DB_{50}	21.0	20.6	20.0	19.1	18.2	17.4	17.2	17.7	18.9	20.8	23.1	25.2	26.6	27.9	28.7	29.6	30.3	30.1	29.4	27.9	26.0	24.1	22.7	21.6	23.5
	I_{50}	0	0	0	0	0	0	36	225	479	741	937	1077	1124	1078	1026	898	706	517	300	97	0	0	0	0	9242
	RH_s	35	36	37	38	41	43	44	43	41	37	33	30	27	25	23	22	21	22	22	24	27	29	33	34	32
冬季TAC	DB_{975}	-14.4	-14.9	-15.4	-15.8	-16.3	-16.8	-17.5	-17.3	-16.7	-15.3	-13.8	-12.0	-10.1	-8.6	-7.4	-6.8	-6.8	-7.7	-9.1	-10.6	-11.8	-12.7	-13.4	-13.8	-12.7
	RH_{975}	14	15	15	16	17	19	19	19	18	15	12	11	10	9	7	7	7	8	10	12	12	13	13	13	12.9
	DB_{950}	-13.6	-14.1	-14.5	-15.0	-15.5	-16.1	-16.5	-16.4	-15.4	-14.0	-12.2	-10.4	-8.9	-7.5	-6.5	-6.0	-6.0	-6.8	-8.1	-9.5	-10.9	-11.7	-12.3	-12.9	-11.7
	RH_{950}	17	18	18	18	20	21	22	22	20	17	15	12	11	10	9	8	8	9	11	13	14	14	15	16	14.9

宁夏回族自治区

地名	银川	区站号	536140	经度	106.2E	纬度	38.47N	海拔	1112m

	1月	2月	3月	4月	5月	6月	7月	8月	9月	10月	11月	12月	年平均或累计[1]
DB_m	-6.2	-1.6	6.2	13.5	18.6	23.2	25.0	23.1	17.4	10.9	2.5	-4.6	10.7
RH_m	47.0	41.0	33.0	35.0	39.0	45.0	54.0	59.0	61.0	55.0	55.0	51.0	48.0
I_m	282	341	510	615	717	724	722	641	507	430	290	241	6009
HDD_m	750	550	367	134	0	0	0	0	18	220	465	700	3203

		1时	2时	3时	4时	5时	6时	7时	8时	9时	10时	11时	12时	13时	14时	15时	16时	17时	18时	19时	20时	21时	22时	23时	24时	平均或合计[2]
一月标准日	DB	-8.0	-8.5	-8.9	-9.2	-9.8	-10.5	-10.9	-10.8	-9.9	-8.2	-6.3	-4.5	-2.9	-1.7	-1.0	-0.7	-1.1	-2.0	-3.2	-4.5	-5.4	-6.2	-6.8	-7.4	-6.2
	RH	53	54	55	56	58	60	62	61	58	52	46	41	37	34	32	31	32	34	38	42	45	47	49	51	47
	I_d	0	0	0	0	0	0	0	0	19	111	208	290	305	258	200	116	30	0	0	0	0	0	0	0	1535
	I_s	0	0	0	0	0	0	0	0	46	96	123	134	145	152	136	105	55	0	0	0	0	0	0	0	991
	WV	1.5	1.5	1.5	1.5	1.5	1.5	1.5	1.5	1.6	1.7	1.8	1.8	1.9	1.9	1.9	1.9	1.9	1.8	1.7	1.6	1.6	1.5	1.5	1.5	1.7
	DLR	191	190	189	188	187	185	184	185	186	190	194	198	201	203	204	204	204	202	200	198	196	195	194	192	194
三月标准日	DB	3.6	3.0	2.5	2.0	1.4	0.8	0.5	1.1	2.6	4.8	7.0	8.7	10.0	10.9	11.6	12.0	11.8	11.1	9.9	8.6	7.4	6.4	5.4	4.6	6.2
	RH	39	41	42	44	47	49	50	48	42	36	30	26	24	22	21	20	20	21	23	26	29	32	34	37	33
	I_d	0	0	0	0	0	0	0	24	121	265	395	471	445	351	279	199	110	35	0	0	0	0	0	0	2697
	I_s	0	0	0	0	0	0	0	58	129	164	182	198	228	256	242	202	143	70	0	0	0	0	0	0	1872
	WV	1.8	1.8	1.7	1.7	1.7	1.7	1.8	1.8	2.0	2.3	2.5	2.5	2.6	2.7	2.7	2.7	2.8	2.5	2.3	2.1	2.0	1.9	1.8	1.8	2.1
	DLR	234	233	232	231	231	230	230	231	233	237	241	245	247	248	250	250	250	248	245	243	241	240	239	237	239
五月标准日	DB	15.2	14.5	13.7	13.1	12.9	13.2	14.1	15.6	17.4	19.2	20.8	22.0	22.9	23.5	24.0	24.1	23.9	23.2	22.1	20.7	19.3	18.0	17.0	16.1	18.6
	RH	48	50	52	55	56	56	53	48	43	38	33	29	27	25	24	24	24	25	27	30	35	39	42	45	39
	I_d	0	0	0	0	0	0	53	156	291	414	479	505	459	371	309	233	148	81	19	0	0	0	0	0	3520
	I_s	0	0	0	0	0	1	77	146	194	229	265	295	327	345	324	280	219	142	60	0	0	0	0	0	2904
	WV	1.7	1.6	1.6	1.6	1.5	1.7	1.8	1.9	2.1	2.2	2.4	2.5	2.6	2.7	2.7	2.7	2.6	2.3	2.1	1.8	1.8	1.8	1.7	1.7	2.0
	DLR	310	308	306	304	304	306	309	314	318	322	325	326	327	327	327	327	326	325	322	320	318	316	314	313	317

续表

月份	参数	1时	2时	3时	4时	5时	6时	7时	8时	9时	10时	11时	12时	13时	14时	15时	16时	17时	18时	19时	20时	21时	22时	23时	24时	平均或合计注2
七月标准日	DB	22.2	21.6	21.0	20.4	20.2	20.4	21.1	22.3	23.7	25.2	26.5	27.6	28.5	29.2	29.7	29.9	29.8	29.2	28.2	27.0	25.7	24.6	23.6	22.9	25.0
	RH	63	65	68	70	71	71	69	65	60	55	50	47	43	41	39	38	38	40	42	46	51	55	58	61	54
	I_d	0	0	0	0	0	0	46	134	252	361	423	464	446	384	329	255	172	99	33	0	0	0	0	0	3400
	I_s	0	0	0	0	0	0	77	150	206	249	289	312	335	347	331	294	237	163	82	0	0	0	0	0	3072
	WV	1.5	1.4	1.4	1.4	1.4	1.5	1.6	1.7	1.8	1.9	2.0	2.1	2.2	2.2	2.2	2.2	2.3	2.1	1.9	1.7	1.6	1.6	1.5	1.5	1.8
	DLR	374	372	370	368	368	369	372	376	381	386	390	392	394	395	395	395	395	393	390	387	384	381	378	376	383
九月标准日	DB	15.0	14.5	13.8	13.4	13.3	13.2	13.5	14.3	15.7	17.4	19.0	20.3	21.3	22.1	22.6	22.8	22.4	21.0	19.6	18.2	16.9	16.2	15.8	15.3	17.4
	RH	71	73	76	77	78	79	78	75	69	62	55	50	46	43	41	40	42	45	50	57	61	64	66	68	61
	I_d	0	0	0	0	0	0	1	53	150	268	355	403	379	312	259	184	97	26	0	0	0	0	0	0	2487
	I_s	0	0	0	0	0	0	9	94	162	204	233	255	277	285	258	211	148	69	1	0	0	0	0	0	2206
	WV	1.3	1.2	1.2	1.2	1.2	1.3	1.3	1.4	1.5	1.7	1.8	1.9	2.0	2.0	2.0	1.9	1.9	1.7	1.6	1.5	1.4	1.4	1.4	1.3	1.5
	DLR	332	331	329	328	328	328	329	332	336	340	344	346	347	348	348	349	348	344	341	339	336	334	334	332	338
十一月标准日	DB	0.6	0.2	-0.1	-0.4	-0.9	-1.4	-1.7	-1.3	-0.1	1.7	3.6	5.2	6.4	7.2	7.6	7.6	6.9	5.8	4.4	3.1	2.2	1.6	1.2	0.8	2.5
	RH	63	64	65	66	67	70	71	70	64	57	50	44	40	37	36	36	38	41	46	52	56	58	60	61	55
	I_d	0	0	0	0	0	0	0	1	57	159	251	313	302	236	167	86	12	0	0	0	0	0	0	0	1583
	I_s	0	0	0	0	0	0	0	8	80	119	139	149	161	165	142	100	37	0	0	0	0	0	0	0	1099
	WV	1.5	1.5	1.5	1.5	1.5	1.5	1.5	1.5	1.7	1.8	2.0	2.0	2.1	2.1	2.1	2.0	2.0	1.8	1.6	1.5	1.5	1.5	1.5	1.5	1.7
	DLR	240	239	238	237	236	235	235	235	238	241	245	248	250	251	251	251	250	248	246	244	243	242	241	240	243
夏季TAC	DB_{25}	27.0	26.0	25.1	24.7	24.2	24.1	24.5	26.0	27.4	28.8	30.4	31.9	33.3	34.6	35.5	35.8	35.4	34.0	32.5	31.1	30.1	29.2	28.5	27.8	29.5
	I_{25}	0	0	0	0	0	19	199	411	618	795	922	993	980	924	827	680	513	338	154	1	0	0	0	0	8373
	DB_{50}	26.2	25.2	24.7	24.1	23.6	23.4	24.0	25.2	26.6	28.1	29.8	31.3	32.6	33.7	34.3	34.7	34.3	33.4	32.1	30.6	29.5	28.7	27.9	27.2	28.8
	I_{50}	0	0	0	0	0	17	192	387	603	779	893	965	960	903	808	668	497	320	149	0	0	0	0	0	8140
	RH_s	60	62	65	68	69	69	68	63	58	52	47	42	38	35	33	32	32	34	37	42	46	51	55	58	51
冬季TAC	DB_{975}	-14.8	-15.1	-15.8	-16.2	-16.7	-17.1	-17.4	-17.4	-16.5	-15.3	-13.6	-11.8	-10.4	-9.6	-9.1	-9.1	-9.3	-9.8	-10.8	-11.4	-12.6	-13.1	-13.5	-14.1	-13.4
	RH_{975}	21	21	21	22	24	25	27	28	25	21	17	15	13	12	11	10	11	12	13	14	16	18	20	21	18.1
	DB_{950}	-13.4	-14.0	-14.6	-14.8	-15.4	-16.0	-16.5	-16.2	-15.0	-13.3	-11.7	-10.2	-9.2	-8.3	-7.7	-7.6	-7.8	-8.4	-9.1	-10.1	-10.8	-11.6	-12.1	-12.7	-11.9
	RH_{950}	24	25	24	26	29	32	33	31	29	25	21	18	16	14	13	12	13	14	16	18	19	20	22	23	21.6

地名	中宁		区站号	537050		经度	105.68E		纬度	37.48N		海拔	1193m

	1月	2月	3月	4月	5月	6月	7月	8月	9月	10月	11月	12月	年平均或累计注1
DB_m	-5.2	-0.4	7.0	14.0	19.0	23.6	25.3	23.4	18.0	11.6	3.4	-3.3	11.4
RH_m	45.0	42.0	35.0	35.0	39.0	45.0	54.0	59.0	62.0	57.0	54.0	49.0	48.0
I_m	290	345	512	607	703	717	704	635	500	424	298	250	5975
HDD_m	718	516	340	120	0	0	0	0	0	199	438	661	2993

		1时	2时	3时	4时	5时	6时	7时	8时	9时	10时	11时	12时	13时	14时	15时	16时	17时	18时	19时	20时	21时	22时	23时	24时	平均或合计注2
一月标准日	DB	-7.1	-7.7	-8.2	-8.6	-9.2	-9.8	-10.2	-10.0	-9.0	-7.3	-5.3	-3.4	-1.7	-0.3	0.7	1.0	0.6	-0.7	-2.3	-3.8	-4.7	-5.3	-5.7	-6.3	-5.2
	RH	50	52	53	55	56	58	59	58	55	49	44	39	35	32	30	29	30	33	38	42	45	46	46	48	45
	I_d	0	0	0	0	0	0	0	0	19	106	199	283	305	267	212	124	33	0	0	0	0	0	0	0	1549
	I_s	0	0	0	0	0	0	0	0	47	100	132	144	153	158	141	111	62	0	0	0	0	0	0	0	1047
	WV	2.8	2.5	2.5	2.1	1.8	1.8	1.9	1.9	2.1	2.3	2.5	2.6	2.8	2.9	2.9	2.9	2.8	2.8	2.8	2.3	2.8	2.8	2.8	2.9	2.5
	DLR	193	191	190	190	188	187	186	186	188	191	196	201	204	207	209	209	208	206	204	201	200	198	196	195	197
三月标准日	DB	4.5	3.7	3.1	2.7	2.1	1.5	1.1	1.7	3.2	5.4	7.8	9.7	11.1	12.2	12.9	13.3	13.0	11.9	10.5	9.1	8.1	7.4	6.6	5.7	7.0
	RH	40	42	44	45	47	48	49	48	43	37	32	28	25	23	22	21	22	23	26	30	33	34	35	37	35
	I_d	0	0	0	0	0	0	0	19	109	251	382	470	451	359	284	198	104	31	0	0	0	0	0	0	2657
	I_s	0	0	0	0	0	0	0	55	131	173	193	205	233	260	247	209	150	73	0	0	0	0	0	0	1930
	WV	2.6	2.3	2.2	2.1	1.9	1.9	1.9	1.9	2.2	2.6	2.9	3.0	3.2	3.3	3.4	3.5	3.6	3.5	3.4	3.2	3.2	3.0	2.8	2.6	2.7
	DLR	240	238	237	236	234	233	232	234	237	242	247	252	256	258	259	259	258	256	254	251	250	248	245	243	246
五月标准日	DB	16.2	15.3	14.5	13.8	13.4	13.6	14.3	15.6	17.2	18.7	20.8	22.1	23.1	23.8	24.4	24.6	24.3	23.5	22.3	21.0	20.0	19.1	18.3	17.0	19.0
	RH	47	50	53	56	57	57	55	51	45	39	34	30	28	26	25	24	25	26	29	33	36	38	39	43	39
	I_d	0	0	0	0	0	0	42	126	249	378	460	501	460	371	313	235	145	73	16	0	0	0	0	0	3369
	I_s	0	0	0	0	0	0	72	149	206	240	270	293	324	347	325	283	223	145	59	0	0	0	0	0	2935
	WV	3.7	3.7	3.2	2.4	1.7	1.8	1.9	1.9	2.2	2.5	2.8	2.9	3.0	3.0	3.0	3.0	3.0	3.0	3.0	2.5	3.1	3.2	3.3	3.5	2.8
	DLR	315	313	311	309	309	309	312	316	320	322	326	328	329	329	329	330	329	328	327	325	323	320	319	316	321

续表

		1时	2时	3时	4时	5时	6时	7时	8时	9时	10时	11时	12时	13时	14时	15时	16时	17时	18时	19时	20时	21时	22时	23时	24时	平均或合计注2
七月标准日	DB	22.9	22.1	21.4	20.9	20.6	20.7	21.1	22.1	23.4	25.0	26.6	27.8	28.8	29.5	30.1	30.3	30.0	29.2	28.0	26.8	25.9	25.2	24.5	23.8	25.3
	RH	61	64	67	69	70	70	69	66	61	56	50	46	43	40	38	38	39	41	44	48	52	53	55	58	54
	I_d	0	0	0	0	0	0	37	105	210	329	415	464	443	374	321	246	157	83	26	0	0	0	0	0	3210
	I_s	0	0	0	0	0	0	70	150	215	257	288	311	335	351	335	298	241	166	80	0	0	0	0	0	3097
	WV	4.2	4.2	3.6	2.6	1.6	1.7	1.7	1.8	2.0	2.1	2.3	2.4	2.5	2.6	2.6	2.6	2.6	2.6	2.7	2.4	3.1	3.3	3.6	3.9	2.7
	DLR	376	374	372	370	370	370	372	376	381	385	389	392	394	395	396	397	396	394	391	388	386	383	381	379	384
九月标准日	DB	16.0	15.3	14.8	14.4	14.0	13.7	13.7	14.4	15.8	17.7	19.5	20.9	21.9	22.7	23.2	23.3	22.8	21.6	20.0	18.6	17.7	17.2	16.8	16.3	18.0
	RH	70	73	76	77	78	79	79	77	71	63	57	51	47	44	42	41	43	47	53	59	63	65	65	67	62
	I_d	0	0	0	0	0	0	1	43	133	253	350	404	378	303	242	167	85	22	0	0	0	0	0	0	2379
	I_s	0	0	0	0	0	0	6	92	164	208	237	257	281	293	267	219	153	71	1	0	0	0	0	0	2249
	WV	3.4	3.1	2.9	2.1	1.4	1.4	1.4	1.5	1.7	2.0	2.2	2.3	2.4	2.4	2.3	2.2	2.2	2.6	3.1	2.6	3.4	3.5	3.5	3.5	2.5
	DLR	338	337	336	334	332	331	332	334	338	343	347	350	352	352	353	353	352	350	347	344	342	340	339	338	342
十一月标准日	DB	1.4	0.8	0.4	0.1	-0.4	-0.9	-1.3	-0.9	0.3	2.2	4.4	6.2	7.6	8.5	9.1	9.1	8.4	7.1	5.5	4.0	3.1	2.8	2.4	1.9	3.4
	RH	61	63	65	66	67	69	70	69	64	56	50	44	40	37	35	35	37	41	47	54	58	58	58	58	54
	I_d	0	0	0	0	0	0	0	1	54	157	255	320	309	238	168	88	14	0	0	0	0	0	0	0	1605
	I_s	0	0	0	0	0	0	0	8	83	125	145	155	167	173	150	106	43	0	0	0	0	0	0	0	1155
	WV	3.5	3.3	3.0	2.4	1.8	1.7	1.7	1.6	1.8	2.1	2.3	2.4	2.5	2.6	2.5	2.4	2.3	2.7	3.0	2.9	3.4	3.4	3.3	3.3	2.6
	DLR	243	242	241	240	239	237	237	237	240	244	249	254	257	258	259	258	257	255	253	251	249	248	246	244	248
夏季TAC	DB_{25}	28.2	27.2	26.6	26.2	25.6	25.3	25.4	26.2	27.4	29.2	31.1	32.8	34.3	35.4	36.1	36.5	36.1	35.1	33.4	32.0	31.1	30.2	29.3	28.8	30.4
	I_{25}	0	0	0	0	0	9	185	382	592	776	903	981	973	909	813	677	503	320	148	0	0	0	0	0	8168
	DB_{50}	27.4	26.6	26.0	25.5	24.8	24.5	24.8	25.5	26.9	28.6	30.4	32.1	33.4	34.4	35.3	35.6	35.2	34.0	32.7	31.4	30.5	29.7	28.8	28.1	29.7
	I_{50}	0	0	0	0	0	6	176	363	574	758	883	956	954	891	797	664	492	312	141	0	0	0	0	0	7967
	RH_s	57	61	64	66	68	68	67	63	57	51	45	40	36	33	31	30	31	34	38	43	46	49	51	54	49
冬季TAC	DB_{975}	-13.4	-14.1	-14.8	-15.1	-15.6	-16.0	-16.6	-16.4	-15.6	-14.3	-12.6	-11.2	-9.8	-8.9	-8.5	-8.5	-8.7	-9.3	-9.8	-10.7	-11.3	-11.8	-12.3	-12.8	-12.4
	RH_{975}	24	25	25	27	27	28	29	29	26	23	19	16	14	12	10	9	10	12	15	17	18	20	21	23	19.8
	DB_{950}	-12.5	-13.1	-13.6	-13.9	-14.4	-14.9	-15.3	-15.3	-14.1	-12.6	-10.8	-9.4	-8.1	-7.0	-6.4	-6.5	-6.8	-7.2	-8.2	-9.1	-9.9	-10.5	-11.1	-11.8	-10.9
	RH_{950}	26	29	29	29	31	32	33	32	30	26	22	18	16	14	12	11	12	14	17	20	22	23	25	25	22.7

地名	盐池	区站号	537230	经度	107.38E	纬度	37.8N	海拔	1356m

	1月	2月	3月	4月	5月	6月	7月	8月	9月	10月	11月	12月	年平均或累计[注1]
DB_m	-7.1	-3.0	4.4	11.5	16.8	21.5	23.4	21.4	15.8	9.6	1.6	-5.5	9.2
RH_m	45.0	45.0	37.0	38.0	41.0	45.0	57.0	62.0	66.0	59.0	54.0	50.0	50.0
I_m	298	348	515	605	696	713	698	625	490	414	299	257	5948
HDD_m	778	588	421	194	38	0	0	0	67	260	493	728	3566

		1时	2时	3时	4时	5时	6时	7时	8时	9时	10时	11时	12时	13时	14时	15时	16时	17时	18时	19时	20时	21时	22时	23时	24时	平均或合计[注2]
一月标准日	DB	-10.2	-10.6	-10.8	-11.1	-11.8	-12.7	-13.3	-12.9	-11.0	-8.2	-5.3	-3.0	-1.5	-0.6	-0.1	-0.1	-0.7	-2.2	-4.2	-6.1	-7.4	-8.3	-8.9	-9.6	-7.1
	RH	52	53	54	55	56	59	60	59	54	47	41	36	33	31	29	29	31	34	38	43	46	48	49	50	45
	I_d	0	0	0	0	0	0	0	0	31	157	284	362	340	252	173	95	22	0	0	0	0	0	0	0	1716
	I_s	0	0	0	0	0	0	0	0	53	88	101	112	135	158	146	110	52	0	0	0	0	0	0	0	955
	WV	1.6	1.5	1.5	1.5	1.5	1.5	1.5	1.5	1.8	2.1	2.4	2.6	2.8	3.0	3.0	2.9	2.8	2.5	2.1	1.8	1.7	1.6	1.6	1.6	2.0
	DLR	180	180	180	179	177	174	173	174	179	186	193	199	202	204	204	204	203	199	195	191	188	186	184	182	188
三月标准日	DB	0.6	0.1	-0.2	-0.7	-1.3	-1.8	-1.9	-0.8	1.4	4.3	7.0	8.9	9.9	10.5	10.9	11.1	10.8	9.8	8.2	6.5	5.0	3.7	2.6	1.7	4.4
	RH	45	46	47	48	51	53	54	51	44	36	31	27	24	23	22	22	23	24	27	30	34	37	40	43	37
	I_d	0	0	0	0	0	0	0	32	148	321	460	520	452	314	226	157	87	24	0	0	0	0	0	0	2741
	I_s	0	0	0	0	0	0	0	64	128	151	164	184	230	274	261	212	142	63	0	0	0	0	0	0	1872
	WV	1.6	1.5	1.5	1.6	1.6	1.6	1.7	1.7	2.2	2.7	3.2	3.4	3.5	3.7	3.7	3.7	3.7	3.2	2.7	2.2	2.0	1.9	1.8	1.7	2.4
	DLR	225	224	223	222	221	220	221	223	228	234	240	244	246	247	247	247	246	243	240	237	234	232	230	228	233
五月标准日	DB	12.8	12.0	11.2	10.6	10.5	11.1	12.4	14.2	16.3	18.1	19.7	20.8	21.5	22.0	22.2	22.3	22.0	21.4	20.3	18.9	17.4	16.0	14.8	13.8	16.8
	RH	52	55	57	59	60	59	56	50	44	37	33	30	28	27	26	26	26	27	29	33	37	41	45	49	41
	I_d	0	0	0	0	0	0	61	173	316	431	468	466	405	318	261	195	124	66	13	0	0	0	0	0	3297
	I_s	0	0	0	0	0	3	78	143	187	224	271	312	348	361	333	282	215	135	50	0	0	0	0	0	2940
	WV	1.8	1.7	1.7	1.8	1.8	1.9	2.1	2.2	2.6	2.9	3.3	3.3	3.4	3.4	3.4	3.4	3.4	3.0	2.6	2.3	2.2	2.1	2.0	1.9	2.5
	DLR	300	298	295	293	293	296	301	306	310	313	315	316	317	318	318	318	317	315	312	310	307	305	303	302	307

续表

		1时	2时	3时	4时	5时	6时	7时	8时	9时	10时	11时	12时	13时	14时	15时	16时	17时	18时	19时	20时	21时	22时	23时	24时	平均或合计注2
七月标准日	DB	20.3	19.7	19.0	18.4	18.2	18.6	19.5	20.9	22.5	24.1	25.5	26.6	27.4	27.9	28.2	28.2	27.9	27.3	26.4	25.2	23.9	22.7	21.7	21.0	23.4
	RH	68	70	72	75	76	76	73	68	61	55	50	46	42	40	39	39	40	41	44	48	53	57	62	65	57
	I_d	0	0	0	0	0	0	49	141	263	367	412	439	405	329	272	208	139	80	25	0	0	0	0	0	3130
	I_s	0	0	0	0	0	1	78	149	203	247	295	327	357	371	347	296	228	153	72	0	0	0	0	0	3125
	WV	1.7	1.6	1.6	1.5	1.5	1.7	1.9	2.0	2.3	2.5	2.8	2.8	2.8	2.9	2.9	3.0	3.0	2.8	2.6	2.4	2.2	2.0	1.9	1.8	2.3
	DLR	365	363	361	359	359	361	364	369	374	377	380	382	383	383	383	383	382	380	378	375	372	370	368	367	372
九月标准日	DB	13.0	12.5	12.1	11.7	11.3	11.2	11.5	12.7	14.4	16.5	18.3	19.5	20.2	20.5	20.7	20.7	20.3	19.4	18.1	16.6	15.4	14.6	13.9	13.3	15.8
	RH	79	81	82	83	84	86	85	81	73	64	57	52	49	47	46	46	47	50	55	61	66	70	73	76	66
	I_d	0	0	0	0	0	0	2	56	162	291	372	393	334	248	189	133	74	19	0	0	0	0	0	0	2274
	I_s	0	0	0	0	0	0	13	99	164	201	232	263	296	304	274	216	142	60	0	0	0	0	0	0	2266
	WV	1.6	1.5	1.4	1.4	1.4	1.4	1.4	1.5	1.8	2.1	2.4	2.5	2.5	2.6	2.6	2.6	2.6	2.4	2.2	1.9	1.9	1.8	1.6	1.7	1.9
	DLR	326	325	323	321	320	321	323	326	331	335	340	342	343	343	342	342	340	338	336	333	331	329	328	326	332
十一月标准日	DB	-1.2	-1.5	-1.7	-2.0	-2.6	-3.3	-3.7	-3.0	-1.1	1.5	4.1	6.0	7.0	7.5	7.7	7.5	6.7	5.3	3.5	1.8	0.7	0.0	-0.5	-1.0	1.6
	RH	64	65	66	66	68	71	73	70	62	53	46	41	38	36	35	35	37	41	46	52	56	59	60	62	54
	I_d	0	0	0	0	0	0	0	2	71	201	312	362	310	209	133	66	7	0	0	0	0	0	0	0	1674
	I_s	0	0	0	0	0	0	0	14	85	113	124	135	160	175	152	101	31	0	0	0	0	0	0	0	1091
	WV	1.7	1.7	1.7	1.7	1.8	1.7	1.6	1.6	2.0	2.5	3.0	3.1	3.2	3.3	3.1	2.9	2.7	2.4	2.1	1.7	1.8	1.8	1.6	1.7	2.2
	DLR	232	232	231	230	229	227	226	228	231	237	244	248	250	250	250	249	247	244	240	237	235	234	233	232	237
夏季TAC	DB_{25}	27.0	26.0	25.1	24.7	24.2	24.1	24.5	26.0	27.4	28.8	30.4	31.9	33.3	34.6	35.5	35.8	35.4	34.0	32.5	31.1	30.1	29.2	28.5	27.8	29.5
	I_{25}	0	0	0	0	0	19	199	411	618	795	922	993	980	924	827	680	513	338	154	1	0	0	0	0	8373
	DB_{50}	26.2	25.2	24.7	24.1	23.6	23.4	24.0	25.2	26.6	28.1	29.8	31.3	32.6	33.7	34.3	34.7	34.3	33.4	32.1	30.6	29.5	28.7	27.9	27.2	28.8
	I_{50}	0	0	0	0	0	17	192	387	603	779	893	965	960	903	808	668	497	320	149	0	0	0	0	0	8140
	RH_s	60	62	65	68	69	69	68	63	58	52	47	42	38	35	33	32	32	34	37	42	46	51	55	58	51
冬季TAC	DB_{975}	-19.2	-19.3	-19.4	-19.8	-20.6	-21.6	-22.4	-21.6	-19.3	-16.5	-13.8	-12.1	-10.9	-10.3	-10.0	-10.2	-10.5	-11.0	-12.6	-14.4	-16.0	-16.8	-17.5	-18.0	-16.0
	RH_{975}	21	23	22	22	24	26	28	27	24	20	17	13	11	10	9	9	9	11	13	16	17	18	20	20	17.9
	DB_{950}	-17.5	-17.9	-18.3	-18.7	-19.1	-20.0	-20.6	-20.1	-17.9	-15.1	-12.4	-10.3	-9.2	-8.4	-8.2	-8.1	-8.6	-9.7	-11.3	-13.1	-14.6	-15.6	-16.1	-16.9	-14.5
	RH_{950}	24	25	25	26	28	30	32	31	28	23	19	16	13	12	11	11	11	13	16	18	20	21	22	23	20.7

新疆维吾尔自治区

地名	区站号	经度	纬度	海拔
乌鲁木齐	514630	87.65E	43.8N	947m

	1月	2月	3月	4月	5月	6月	7月	8月	9月	10月	11月	12月	年平均或累计注1
DB_m	-12.3	-9.9	1.0	12.1	17.3	22.6	24.8	23.2	17.3	9.2	-0.8	-9.0	8.0
RH_m	78.0	77.0	66.0	45.0	39.0	41.0	39.0	40.0	41.0	54.0	73.0	79.0	56.0
I_m	178	234	398	533	654	664	685	614	488	346	195	149	5127
HDD_m	940	780	527	177	23	0	0	0	20	274	565	836	4141

月标准日		1时	2时	3时	4时	5时	6时	7时	8时	9时	10时	11时	12时	13时	14时	15时	16时	17时	18时	19时	20时	21时	22时	23时	24时	平均或累计注2
一月标准日	DB	-13.2	-13.4	-13.6	-13.7	-13.6	-13.6	-13.5	-13.5	-13.5	-13.2	-12.5	-11.4	-10.2	-9.4	-9.1	-9.5	-10.4	-11.4	-12.2	-12.8	-13.0	-13.0	-13.0	-13.1	-12.3
	RH	80	80	81	81	80	80	79	79	80	80	78	75	72	70	69	70	73	76	78	80	81	81	80	80	78
	I_d	0	0	0	0	0	0	0	0	0	1	37	108	182	204	157	75	24	4	0	0	0	0	0	0	791
	I_s	0	0	0	0	0	0	0	0	0	4	64	103	119	130	143	134	82	26	0	0	0	0	0	0	805
	WV	1.5	1.5	1.5	1.5	1.5	1.5	1.5	1.5	1.6	1.6	1.6	1.7	1.8	2.0	2.0	2.0	2.1	1.9	1.7	1.5	1.5	1.5	1.5	1.5	1.6
	DLR	186	185	185	184	184	184	184	184	185	186	188	191	194	197	198	197	194	192	189	188	188	187	187	187	189
三月标准日	DB	-0.5	-0.6	-0.7	-0.9	-1.3	-1.8	-2.1	-2.0	-1.2	0.0	1.3	2.5	3.4	3.9	4.1	4.2	3.9	3.5	2.8	2.1	1.5	0.9	0.4	0.2	1.0
	RH	73	72	72	72	74	75	75	74	71	66	62	58	56	54	54	55	56	58	61	64	66	69	71	72	66
	I_d	0	0	0	0	0	0	0	0	13	102	221	324	334	268	201	133	79	38	12	0	0	0	0	0	1726
	I_s	0	0	0	0	0	0	0	0	32	95	135	166	212	256	269	255	208	141	65	2	0	0	0	0	1837
	WV	1.8	1.8	1.9	2.0	2.0	2.1	2.0	2.1	2.0	2.0	2.0	2.2	2.4	2.6	2.6	2.6	2.6	2.4	2.1	1.9	1.9	1.8	1.7	1.7	2.1
	DLR	243	242	242	241	239	238	237	236	238	241	244	247	250	251	253	253	253	252	251	249	249	248	246	246	245
五月标准日	DB	15.3	15.0	14.7	14.3	13.8	13.2	13.0	13.5	14.6	16.1	17.6	18.8	19.5	19.9	20.3	20.7	21.1	21.2	20.9	20.2	19.2	18.1	17.0	16.1	17.3
	RH	45	45	46	47	48	50	51	49	46	41	38	36	34	33	32	31	29	28	28	30	33	36	39	42	39
	I_d	0	0	0	0	0	0	0	0	21	107	279	439	519	466	329	235	191	160	119	61	18	0	0	0	2945
	I_s	0	0	0	0	0	0	0	1	67	137	178	210	276	353	380	358	307	240	163	79	5	0	0	0	2917
	WV	2.3	2.4	2.5	2.5	2.6	2.6	2.6	2.5	2.5	2.5	2.5	2.7	2.8	2.9	3.0	3.1	3.1	2.9	2.8	2.6	2.4	2.2	1.9	2.1	2.6
	DLR	306	305	304	303	301	300	300	301	303	307	311	314	317	318	319	320	320	319	317	315	314	312	310	308	310

续表

		1时	2时	3时	4时	5时	6时	7时	8时	9时	10时	11时	12时	13时	14时	15时	16时	17时	18时	19时	20时	21时	22时	23时	24时	平均或合计[注2]
七月标准日	DB	23.1	22.6	22.2	21.7	21.2	20.7	20.5	21.0	22.1	23.8	25.4	26.6	27.3	27.8	28.2	28.5	28.7	28.6	28.2	27.5	26.6	25.7	24.7	23.8	24.8
	RH	44	45	46	48	49	50	51	50	46	42	38	35	33	32	31	30	29	29	30	31	34	36	39	41	39
	I_d	0	0	0	0	0	0	0	20	108	288	466	554	503	364	265	208	162	108	55	20	2	0	0	0	3124
	I_s	0	0	0	0	0	0	1	70	141	166	175	205	273	354	383	367	321	261	182	96	20	0	0	0	3015
	WV	2.1	2.2	2.2	2.3	2.3	2.3	2.2	2.2	2.1	2.0	1.9	2.2	2.5	2.7	2.8	3.0	3.1	3.0	2.9	2.8	2.5	2.3	2.0	2.1	2.4
	DLR	357	355	354	352	351	349	349	350	354	359	364	368	370	371	372	373	372	372	370	368	366	363	361	359	361
九月标准日	DB	15.8	15.5	15.0	14.6	14.2	13.5	13.1	13.3	14.0	15.7	17.7	19.0	20.0	20.7	21.1	21.5	21.7	21.1	20.5	19.6	18.2	17.3	16.9	16.1	17.3
	RH	46	46	47	48	50	52	53	53	49	45	40	37	34	33	32	31	30	30	32	34	37	39	42	44	41
	I_d	0	0	0	0	0	0	0	0	41	183	363	476	466	366	272	197	130	64	18	0	0	0	0	0	2577
	I_s	0	0	0	0	0	0	0	1	74	117	127	148	197	257	282	269	227	161	78	7	0	0	0	0	1945
	WV	2.1	2.3	2.3	2.3	2.3	2.4	2.4	2.5	2.4	2.2	2.1	2.3	2.6	2.8	2.9	2.9	3.0	2.7	2.4	2.2	2.0	1.9	1.7	1.9	2.4
	DLR	311	311	309	307	306	304	303	304	306	311	316	320	323	324	325	326	326	324	321	319	315	313	313	312	315
十一月标准日	DB	-1.5	-1.7	-1.9	-2.0	-2.1	-2.3	-2.4	-2.3	-2.1	-1.5	-0.8	0.2	1.1	1.7	2.0	1.7	1.1	0.3	-0.5	-1.0	-1.3	-1.4	-1.4	-1.5	-0.8
	RH	76	77	77	77	77	77	77	77	76	74	72	68	65	63	62	64	67	70	74	77	78	77	77	76	73
	I_d	0	0	0	0	0	0	0	0	0	21	79	146	191	188	142	73	25	2	0	0	0	0	0	0	867
	I_s	0	0	0	0	0	0	0	1	0	43	92	124	142	152	153	134	83	20	0	0	0	0	0	0	943
	WV	1.7	1.8	1.8	1.9	2.0	2.0	2.0	2.0	2.0	2.0	2.0	2.1	2.1	2.2	2.1	2.1	1.9	1.9	1.7	1.6	1.6	1.6	1.7	1.7	1.9
	DLR	240	239	238	238	237	236	236	236	237	238	240	242	245	246	247	247	245	244	243	242	241	240	240	240	241
夏季TAC	DB_{25}	28.3	27.6	27.2	26.9	26.3	25.5	25.2	25.7	26.9	29.3	31.2	32.8	33.5	34.1	34.7	35.2	35.4	35.1	34.5	33.8	32.7	31.5	30.1	29.1	30.5
	I_{25}	0	0	0	0	0	0	18	148	349	621	859	993	995	913	821	736	642	497	327	177	48	0	0	0	8143
	DB_{50}	27.2	26.6	26.5	26.0	25.0	24.4	24.1	24.7	26.1	28.0	30.2	31.7	32.6	33.1	33.5	33.9	34.1	34.1	33.5	32.5	31.5	30.2	29.0	28.0	29.4
	I_{50}	0	0	0	0	0	0	15	139	334	602	844	970	964	883	793	712	616	480	313	166	44	0	0	0	7874
	RH_s	41	42	43	45	47	49	50	48	44	39	35	33	31	30	29	28	27	26	27	28	30	32	35	38	36
冬季TAC	DB_{975}	-22.1	-22.4	-22.8	-22.9	-22.9	-22.7	-22.7	-23.0	-23.0	-22.7	-21.5	-20.4	-19.4	-18.1	-17.9	-18.2	-19.0	-20.0	-21.0	-21.4	-22.2	-22.2	-22.2	-22.3	-21.4
	RH_{975}	57	59	58	58	59	60	59	60	58	55	50	47	43	40	40	43	47	51	55	56	56	55	57	56	53.3
	DB_{950}	-20.3	-20.4	-20.6	-20.6	-20.7	-20.5	-20.5	-20.4	-20.2	-19.8	-19.4	-18.4	-17.5	-16.5	-16.2	-16.5	-16.9	-17.7	-18.7	-19.2	-19.6	-19.8	-19.8	-19.9	-19.2
	RH_{950}	62	63	64	63	64	63	64	63	62	59	56	51	46	44	44	47	51	55	59	62	62	62	62	61	57.8

| 地名 | 和田 | | 区站号 | 518280 | | 经度 | 79.93E | | 纬度 | 37.13N | | 海拔 | 1375m |

	1月	2月	3月	4月	5月	6月	7月	8月	9月	10月	11月	12月	年平均或累计注1
DB_m	-3.2	2.3	11.4	18.2	22.0	25.0	27.0	25.7	21.5	15.0	5.9	-1.4	14.1
RH_m	47.0	41.0	26.0	23.0	30.0	35.0	37.0	40.0	39.0	31.0	40.0	50.0	37.0
I_m	295	342	507	594	711	708	707	643	553	476	327	266	6118
HDD_m	656	439	205	0	0	0	0	0	0	94	362	602	2358

		1时	2时	3时	4时	5时	6时	7时	8时	9时	10时	11时	12时	13时	14时	15时	16时	17时	18时	19时	20时	21时	22时	23时	24时	平均或累计注2
一月标准日	DB	-4.1	-4.6	-5.0	-5.4	-5.6	-5.8	-6.0	-6.3	-6.5	-6.4	-5.7	-4.4	-2.6	-0.9	0.5	1.2	1.3	0.9	0.2	-0.6	-1.4	-2.2	-2.9	-3.4	-3.2
	RH	49	51	52	54	54	55	55	57	58	58	56	52	46	42	38	35	35	35	37	39	41	43	45	47	47
	I_d	0	0	0	0	0	0	0	0	0	0	26	119	262	373	392	293	145	45	4	0	0	0	0	0	1661
	I_s	0	0	0	0	0	0	0	0	0	0	64	117	126	118	120	142	151	109	33	0	0	0	0	0	980
	WV	1.3	1.3	1.4	1.5	1.5	1.5	1.5	1.6	1.6	1.7	1.8	1.8	1.9	2.0	2.0	2.0	2.0	1.8	1.6	1.4	1.4	1.3	1.3	1.3	1.6
	DLR	206	205	204	203	203	202	202	201	201	202	204	207	210	214	217	218	218	216	215	213	211	210	208	207	208
三月标准日	DB	10.2	9.6	9.1	8.5	8.0	7.5	7.2	7.0	7.2	7.8	9.0	10.5	12.3	13.9	15.1	15.9	16.3	16.3	16.0	15.3	14.4	13.3	12.1	11.2	11.4
	RH	26	27	29	30	31	32	33	34	34	33	31	28	26	23	21	19	18	17	17	18	20	22	23	25	26
	I_d	0	0	0	0	0	0	0	0	1	38	129	283	445	527	512	389	228	111	39	5	0	0	0	0	2708
	I_s	0	0	0	0	0	0	0	0	4	73	143	179	184	191	208	238	249	206	128	37	0	0	0	0	1838
	WV	1.7	1.7	1.8	1.8	1.9	1.9	2.0	2.0	2.1	2.2	2.2	2.4	2.6	2.8	2.7	2.6	2.5	2.4	2.2	2.1	1.9	1.7	1.6	1.6	2.1
	DLR	253	251	250	249	248	247	246	246	247	249	253	258	263	267	270	271	270	269	267	266	264	262	259	256	257
五月标准日	DB	20.5	20.0	19.6	19.0	18.3	17.5	17.0	17.1	17.8	19.0	20.6	22.1	23.5	24.7	25.6	26.4	26.9	27.0	26.7	25.9	24.8	23.4	22.2	21.2	22.0
	RH	32	33	33	34	36	37	38	39	39	37	35	32	29	26	23	21	20	20	21	22	25	28	30	31	30
	I_d	0	0	0	0	0	0	0	1	41	166	337	506	605	580	497	386	269	171	83	24	1	0	0	0	3665
	I_s	0	0	0	0	0	0	0	8	92	154	186	207	228	274	317	336	322	271	193	102	15	0	0	0	2704
	WV	2.3	2.4	2.4	2.4	2.4	2.4	2.4	2.4	2.5	2.6	2.7	2.9	3.0	3.1	3.0	2.9	2.8	2.7	2.6	2.5	2.4	2.2	2.1	2.2	2.6
	DLR	321	319	317	315	313	310	309	310	314	320	327	333	336	337	338	338	339	339	338	338	336	333	330	326	326

续表

		1时	2时	3时	4时	5时	6时	7时	8时	9时	10时	11时	12时	13时	14时	15时	16时	17时	18时	19时	20时	21时	22时	23时	24时	平均或合计[注2]
七月标准日	DB	25.8	25.5	25.1	24.5	23.8	23.2	22.7	22.7	23.2	24.1	25.4	26.7	27.9	29.1	30.0	30.8	31.4	31.6	31.3	30.6	29.6	28.3	27.2	26.4	27.0
	RH	40	40	40	41	43	45	46	46	45	44	42	40	37	34	31	29	27	27	28	30	33	36	38	40	37
	I_d	0	0	0	0	0	0	0	0	34	127	265	414	513	526	488	406	300	196	98	32	3	0	0	0	3401
	I_s	0	0	0	0	0	0	0	6	90	162	210	240	266	300	326	338	326	287	218	127	33	0	0	0	2932
	WV	2.1	2.2	2.2	2.2	2.2	2.3	2.3	2.3	2.4	2.5	2.6	2.8	3.0	3.1	3.0	3.0	2.9	2.7	2.5	2.3	2.2	2.1	2.0	2.0	2.4
	DLR	369	367	364	362	360	357	356	356	359	364	370	376	380	382	384	385	385	386	386	386	384	381	378	373	373
九月标准日	DB	19.9	19.6	19.2	18.8	18.2	17.7	17.3	17.3	17.8	18.8	20.1	21.6	23.0	24.3	25.3	26.1	26.5	26.4	25.9	24.9	23.7	22.4	21.2	20.4	21.5
	RH	44	44	44	45	46	48	48	48	47	45	43	40	37	34	31	28	26	26	28	31	35	38	41	43	39
	I_d	0	0	0	0	0	0	0	0	8	93	230	386	504	534	493	384	247	127	43	5	0	0	0	0	3055
	I_s	0	0	0	0	0	0	0	0	33	110	160	186	201	223	246	264	259	214	132	36	0	0	0	0	2063
	WV	1.8	1.8	1.9	2.1	2.2	2.2	2.2	2.2	2.3	2.4	2.5	2.6	2.8	2.9	2.8	2.7	2.5	2.3	2.1	1.8	1.8	1.8	1.8	1.8	2.2
	DLR	336	334	332	330	327	325	324	324	326	330	336	342	348	351	352	352	351	351	350	350	348	345	341	337	339
十一月标准日	DB	4.5	3.9	3.5	3.2	2.9	2.6	2.3	2.2	2.4	3.1	4.2	5.8	7.6	9.3	10.7	11.4	11.2	10.4	9.2	7.9	7.0	6.2	5.6	5.0	5.9
	RH	43	45	46	47	48	49	50	50	50	48	45	41	36	32	29	27	27	29	31	34	36	38	39	41	40
	I_d	0	0	0	0	0	0	0	0	0	15	98	231	369	445	427	302	135	28	0	0	0	0	0	0	2049
	I_s	0	0	0	0	0	0	0	0	0	33	92	119	118	114	119	140	146	93	7	0	0	0	0	0	981
	WV	1.5	1.5	1.5	1.6	1.6	1.6	1.7	1.7	1.7	1.7	1.8	1.9	2.0	2.2	2.1	2.1	2.0	1.8	1.5	1.3	1.3	1.4	1.4	1.4	1.7
	DLR	243	242	241	240	240	239	238	238	238	240	243	248	252	256	259	260	260	257	255	252	249	247	245	244	247
夏季	DB_{25}	30.5	30.0	29.6	29.1	28.2	27.6	27.1	27.0	27.3	28.4	30.4	32.0	33.6	34.8	35.9	36.8	37.5	37.9	37.7	36.7	35.1	33.3	31.9	31.0	32.1
	I_{25}	0	0	0	0	0	0	0	37	215	480	765	961	1061	1084	1058	942	800	643	441	240	73	0	0	0	8798
	DB_{50}	29.8	29.4	29.1	28.4	27.5	26.8	26.3	26.3	26.6	27.9	29.5	31.2	32.4	33.7	34.8	35.8	36.7	37.2	36.9	35.9	34.2	32.6	31.2	30.2	31.3
	I_{50}	0	0	0	0	0	0	0	33	201	450	731	928	1019	1037	1004	919	782	625	425	229	66	0	0	0	8447
	RH_s	35	34	35	36	38	40	41	42	41	40	38	35	32	29	26	24	22	22	24	26	29	32	34	35	33
冬季	DB_{975}	-9.4	-9.9	-10.7	-11.3	-11.3	-11.6	-11.9	-12.1	-12.1	-11.9	-11.2	-10.0	-8.5	-7.5	-6.4	-6.3	-6.2	-6.4	-6.7	-7.4	-7.6	-8.1	-8.8	-9.1	-9.3
	RH_{975}	20	22	21	21	22	22	23	24	24	24	23	20	17	15	13	11	11	12	12	14	14	16	18	19	18.3
	DB_{950}	-8.5	-9.0	-9.4	-9.8	-10.2	-10.2	-10.4	-10.7	-10.9	-10.8	-10.3	-9.0	-7.4	-6.1	-5.1	-4.5	-4.5	-5.0	-5.5	-6.1	-6.8	-7.1	-7.4	-7.9	-8.0
	RH_{950}	23	24	25	25	25	25	27	27	28	27	26	23	20	17	15	14	13	13	14	15	17	19	21	22	21.1

| 地名 | 喀什 | | 区站号 | 517090 | | 经度 | 75.98E | | 纬度 | 39.47N | | 海拔 | 1291m |

	1月	2月	3月	4月	5月	6月	7月	8月	9月	10月	11月	12月	年平均或累计注1	平均或合计注2
DB_m	-5.5	0.1	9.5	17.0	20.8	24.5	26.4	24.8	20.2	13.5	4.5	-3.1	12.7	
RH_m	62.0	60.0	40.0	29.0	33.0	33.0	36.0	43.0	46.0	42.0	55.0	67.0	45.0	
I_m	283	318	481	590	697	744	754	674	550	457	306	243	6084	
HDD_m	728	502	264	31	0	0	0	0	0	138	405	655	2724	

		1时	2时	3时	4时	5时	6时	7时	8时	9时	10时	11时	12时	13时	14时	15时	16时	17时	18时	19时	20时	21时	22时	23时	24时	平均或合计注2
一月标准日	DB	-6.6	-7.0	-7.4	-7.8	-8.1	-8.3	-8.6	-9.0	-9.5	-9.6	-8.8	-7.1	-4.9	-2.7	-1.1	-0.5	-0.4	-0.8	-1.5	-2.4	-3.4	-4.5	-5.5	-6.1	-5.5
	RH	66	68	69	70	70	70	71	73	75	76	73	67	60	53	48	45	45	46	48	51	55	59	62	64	62
	I_d	0	0	0	0	0	0	0	0	0	0	9	103	284	398	423	325	151	45	6	0	0	0	0	0	1744
	I_s	0	0	0	0	0	0	0	0	0	0	35	88	83	80	87	115	146	113	42	0	0	0	0	0	789
	WV	1.6	1.8	1.7	1.7	1.7	1.7	1.7	1.7	1.7	1.7	1.7	1.6	1.6	1.5	1.5	1.6	1.7	1.6	1.5	1.4	1.4	1.4	1.4	1.5	1.6
	DLR	207	206	205	204	203	202	201	200	199	199	201	205	211	216	219	220	220	219	218	216	214	212	210	208	209
三月标准日	DB	8.1	7.6	7.1	6.6	6.1	5.7	5.3	5.2	5.3	5.9	7.2	8.8	10.7	12.2	13.3	13.9	14.1	14.1	13.9	13.3	12.4	11.2	10.0	9.1	9.5
	RH	45	47	49	50	51	51	52	53	53	51	47	41	35	31	28	27	27	27	27	29	32	35	39	42	40
	I_d	0	0	0	0	0	0	0	0	0	26	117	274	438	518	484	337	185	92	41	9	0	0	0	0	2520
	I_s	0	0	0	0	0	0	0	0	0	50	116	149	155	169	203	255	269	222	145	57	0	0	0	0	1790
	WV	2.1	2.2	2.2	2.2	2.2	2.2	2.1	2.1	2.1	2.1	2.1	2.2	2.3	2.4	2.5	2.6	2.6	2.5	2.4	2.3	2.2	2.0	1.9	2.0	2.2
	DLR	264	263	263	261	259	257	256	255	256	258	261	263	266	269	271	272	273	274	273	273	271	270	268	266	265
五月标准日	DB	19.2	18.7	18.3	17.8	17.0	16.1	15.5	15.6	16.6	18.3	20.2	21.8	23.0	23.8	24.5	25.0	25.4	25.6	25.3	24.6	23.6	22.5	21.2	20.2	20.8
	RH	36	38	39	40	42	44	45	46	43	39	35	31	28	26	24	23	23	23	23	25	27	29	31	34	33
	I_d	0	0	0	0	0	0	0	0	41	196	401	558	610	514	390	297	227	159	85	31	4	0	0	0	3513
	I_s	0	0	0	0	0	0	0	2	78	127	143	161	201	283	350	369	344	292	218	127	38	0	0	0	2732
	WV	3.0	3.0	2.9	2.9	2.8	2.7	2.6	2.6	2.6	2.7	2.7	2.9	3.1	3.3	3.4	3.5	3.6	3.5	3.4	3.3	3.2	3.1	3.0	3.0	3.0
	DLR	318	318	317	315	312	309	308	309	312	318	323	327	330	331	332	333	335	336	336	334	331	327	324	321	323

续表[注2]

月份		1时	2时	3时	4时	5时	6时	7时	8时	9时	10时	11时	12时	13时	14时	15时	16时	17时	18时	19时	20时	21时	22时	23时	24时	平均或合计[注2]
七月标准日	DB	25.0	24.6	24.2	23.6	22.7	21.7	20.9	21.0	22.0	23.6	25.6	27.2	28.4	29.3	30.0	30.5	31.0	31.2	31.0	30.3	29.2	28.0	26.7	25.7	26.4
	RH	38	39	40	41	44	46	49	49	47	43	38	34	31	29	27	26	25	25	26	27	30	32	35	37	36
	I_d	0	0	0	0	0	0	0	0	38	197	418	596	675	589	461	360	284	209	123	51	9	0	0	0	4011
	I_s	0	0	0	0	0	0	0	1	77	125	136	148	180	262	337	364	349	306	240	156	62	0	0	0	2743
	WV	2.6	2.7	2.5	2.4	2.2	2.1	2.1	2.0	2.1	2.2	2.3	2.6	2.8	3.1	3.2	3.2	3.3	3.2	3.0	2.9	2.7	2.5	2.3	2.4	2.6
	DLR	361	359	357	355	352	348	347	348	352	358	365	371	374	376	378	380	382	383	381	377	372	368	364	364	366
九月标准日	DB	18.3	18.1	17.8	17.3	16.5	15.8	15.3	15.3	16.0	17.3	19.0	20.8	22.4	23.7	24.5	25.0	25.3	25.3	24.8	23.8	22.4	20.8	19.5	18.6	20.2
	RH	53	53	54	55	58	60	61	62	60	55	50	43	37	33	31	30	29	30	31	35	39	45	50	52	46
	I_d	0	0	0	0	0	0	0	0	2	92	263	446	571	587	497	345	213	124	56	11	0	0	0	0	3207
	I_s	0	0	0	0	0	0	0	0	11	83	116	131	146	178	229	276	278	228	150	59	0	0	0	0	1884
	WV	2.0	2.1	2.0	2.0	2.0	2.0	1.9	1.9	1.9	1.9	1.9	2.1	2.3	2.6	2.7	2.8	2.9	2.6	2.3	2.1	1.9	1.9	1.9	1.9	2.2
	DLR	335	333	332	331	328	326	324	325	327	331	336	340	343	345	346	348	349	350	350	348	346	343	339	336	338
十一月标准日	DB	3.0	2.7	2.3	2.0	1.6	1.3	1.0	0.7	0.5	0.8	1.9	3.8	6.0	8.1	9.5	10.0	9.8	9.3	8.4	7.3	6.1	4.9	3.9	3.2	4.5
	RH	61	62	63	64	65	66	67	69	70	69	65	57	48	42	37	36	36	37	40	44	49	54	58	60	55
	I_d	0	0	0	0	0	0	0	0	0	1	53	194	369	458	450	308	127	32	2	0	0	0	0	0	1994
	I_s	0	0	0	0	0	0	0	0	0	7	72	98	87	85	94	129	149	100	21	0	0	0	0	0	840
	WV	1.7	1.7	1.7	1.7	1.7	1.7	1.7	1.7	1.7	1.7	1.6	1.7	1.8	2.0	2.0	2.1	2.1	1.9	1.7	1.5	1.5	1.6	1.6	1.7	1.8
	DLR	252	251	250	249	247	246	245	245	245	246	249	252	256	260	263	264	263	262	261	259	257	255	254	252	253
夏季TAC	DB_{25}	29.7	29.5	29.5	29.0	27.8	26.8	26.2	26.2	26.8	27.8	29.7	31.7	33.0	34.0	34.8	35.4	35.8	35.8	35.7	35.0	33.8	32.3	30.9	30.1	31.1
	I_{25}	0	0	0	0	0	0	0	22	198	484	749	926	1058	1088	1033	914	789	666	486	294	122	0	0	0	8828
	DB_{50}	28.9	28.8	28.6	28.1	27.0	26.0	25.1	25.2	25.9	27.0	29.1	30.9	32.1	33.2	33.8	34.4	34.8	35.0	34.8	34.1	33.1	31.7	30.2	29.3	30.3
	I_{50}	0	0	0	0	0	0	0	17	186	463	746	925	1047	1055	983	878	759	643	470	282	113	0	0	0	8566
	RH_s	36	37	38	40	43	47	49	49	46	41	37	33	29	27	25	24	23	23	24	25	27	30	33	35	34
冬季TAC	DB_{975}	-13.5	-13.8	-14.3	-14.6	-14.8	-15.1	-15.2	-15.7	-16.1	-16.0	-14.7	-12.6	-10.1	-8.2	-7.3	-6.8	-6.8	-6.9	-7.3	-8.2	-9.7	-10.9	-12.1	-13.0	-11.8
	RH_{975}	30	31	29	30	32	35	35	34	37	35	33	31	24	18	15	14	15	16	17	19	20	22	25	26	25.9
	DB_{950}	-11.1	-11.6	-12.3	-12.5	-12.8	-12.9	-13.2	-13.5	-13.9	-14.0	-13.1	-11.2	-9.0	-7.2	-6.0	-5.8	-5.8	-5.9	-6.6	-7.2	-8.2	-9.0	-10.1	-10.6	-10.1
	RH_{950}	37	39	41	41	43	44	45	46	46	47	44	39	32	26	22	20	21	22	24	24	27	29	32	34	34.2

地名	库尔勒	区站号	516560	经度	86.13E	纬度	41.75N	海拔	933m

	1月	2月	3月	4月	5月	6月	7月	8月	9月	10月	11月	12月	年平均或累计[1]
DB_m	-7.4	-0.4	9.0	17.1	21.3	25.7	27.5	26.4	20.6	12.6	2.6	-5.5	12.5
RH_m	64.0	51.0	31.0	27.0	30.0	35.0	37.0	38.0	40.0	44.0	58.0	70.0	44.0
I_m	253	314	494	600	715	703	728	642	542	436	284	210	5909
HDD_m	786	515	280	27	0	0	0	0	0	167	461	730	2967

		1时	2时	3时	4时	5时	6时	7时	8时	9时	10时	11时	12时	13时	14时	15时	16时	17时	18时	19时	20时	21时	22时	23时	24时	平均或合计[2]
一月标准日	DB	-8.5	-9.0	-9.3	-9.6	-9.9	-10.1	-10.3	-10.6	-10.7	-10.4	-9.5	-8.1	-6.3	-4.5	-3.1	-2.5	-2.6	-3.3	-4.3	-5.3	-6.2	-6.9	-7.5	-7.9	-7.4
	RH	68	69	70	71	71	71	71	72	74	74	72	67	61	55	51	48	49	50	54	57	61	63	65	66	64
	I_d	0	0	0	0	0	0	0	0	0	0	44	147	270	346	349	249	106	18	0	0	0	0	0	0	1529
	I_s	0	0	0	0	0	0	0	0	0	4	67	100	103	98	94	106	107	60	0	0	0	0	0	0	739
	WV	1.6	1.5	1.6	1.6	1.6	1.6	1.6	1.5	1.6	1.6	1.6	1.8	2.0	2.1	2.3	2.5	2.6	2.3	2.0	1.7	1.7	1.7	1.6	1.6	1.8
	DLR	199	198	197	196	195	194	193	193	193	194	197	201	205	209	212	213	213	211	209	207	205	204	202	201	202
三月标准日	DB	6.9	6.5	6.2	5.7	5.0	4.3	3.8	4.0	4.8	6.2	8.0	9.8	11.3	12.5	13.4	14.1	14.4	14.3	13.7	12.6	11.4	10.0	8.7	7.8	9.0
	RH	36	37	38	39	41	43	44	43	40	36	31	28	24	22	21	20	20	20	21	24	27	29	32	34	31
	I_d	0	0	0	0	0	0	0	0	12	119	274	424	506	477	398	285	173	85	24	0	0	0	0	0	2777
	I_s	0	0	0	0	0	0	0	0	25	85	116	133	153	192	224	239	222	167	87	5	0	0	0	0	1650
	WV	1.9	1.9	2.0	2.0	2.0	2.0	2.0	2.0	2.2	2.3	2.5	2.7	3.0	3.3	3.5	3.6	3.8	3.3	2.9	2.4	2.2	2.1	1.9	1.9	2.5
	DLR	248	247	246	245	243	242	241	240	242	245	249	253	257	260	262	264	266	266	265	263	261	257	254	251	253
五月标准日	DB	18.6	18.3	18.0	17.5	16.8	16.1	15.8	16.4	17.8	19.8	21.8	23.4	24.4	25.0	25.5	26.0	26.4	26.6	26.3	25.4	24.0	22.3	20.6	19.5	21.3
	RH	35	35	36	37	39	42	43	42	38	33	28	25	23	22	21	20	19	19	19	21	23	27	31	33	30
	I_d	0	0	0	0	0	0	0	18	121	336	521	639	642	472	325	246	199	153	80	19	0	0	0	0	3771
	I_s	0	0	0	0	0	0	0	52	124	138	147	163	207	304	356	348	304	240	166	81	3	0	0	0	2635
	WV	2.3	2.4	2.4	2.4	2.5	2.4	2.4	2.3	2.5	2.7	2.8	3.0	3.2	3.4	3.5	3.5	3.6	3.4	3.2	3.0	2.8	2.5	2.3	2.3	2.8
	DLR	315	313	312	310	309	307	307	309	313	319	325	329	331	331	332	333	335	335	335	332	329	325	321	318	322

续表

月/季	变量	1时	2时	3时	4时	5时	6时	7时	8时	9时	10时	11时	12时	13时	14时	15时	16时	17时	18时	19时	20时	21时	22时	23时	24时	平均或合计[注2]
七月标准日	DB	25.2	25.0	24.8	24.4	23.7	23.1	22.8	23.3	24.4	26.1	27.8	29.2	30.1	30.7	31.2	31.7	32.1	32.3	32.0	31.1	29.7	28.0	26.6	25.7	27.5
	RH	43	43	42	43	45	47	48	48	45	41	37	34	31	29	28	26	26	26	28	30	34	37	41	42	37
	I_d	0	0	0	0	0	0	0	20	115	299	470	589	603	479	358	284	235	176	98	30	2	0	0	0	3758
	I_s	0	0	0	0	0	0	0	50	119	147	164	188	229	304	351	348	310	254	184	100	16	0	0	0	2763
	WV	2.1	2.2	2.2	2.3	2.4	2.4	2.3	2.3	2.4	2.5	2.6	2.7	2.9	3.0	2.9	2.9	2.8	2.7	2.5	2.4	2.3	2.2	2.0	2.1	2.5
	DLR	368	366	365	363	360	359	359	361	366	373	379	384	386	386	387	388	391	393	394	392	388	381	376	371	376
九月标准日	DB	17.8	17.8	17.9	17.6	16.9	15.9	15.4	15.7	17.0	19.1	21.2	22.9	24.0	24.8	25.4	26.0	26.3	26.1	25.2	23.7	21.9	20.2	18.8	17.9	20.6
	RH	50	49	48	48	50	52	54	53	48	42	37	33	30	28	26	25	25	26	29	34	40	45	48	50	40
	I_d	0	0	0	0	0	0	0	0	47	231	414	544	589	476	348	260	182	99	28	1	0	0	0	0	3218
	I_s	0	0	0	0	0	0	0	0	63	94	110	127	154	223	270	266	229	170	88	9	0	0	0	0	1802
	WV	1.9	2.0	2.1	2.1	2.2	2.2	2.2	2.2	2.3	2.4	2.5	2.6	2.7	2.8	2.8	2.8	2.9	2.5	2.2	1.8	1.8	1.8	1.8	1.8	2.3
	DLR	329	328	327	325	322	318	317	317	321	328	335	341	344	346	346	347	349	351	351	349	344	339	334	330	335
十一月标准日	DB	0.8	0.3	0.0	-0.3	-0.6	-1.1	-1.4	-1.4	-0.8	0.4	1.9	3.5	5.1	6.6	7.8	8.4	8.2	7.2	5.8	4.3	3.2	2.4	1.8	1.2	2.6
	RH	64	66	67	68	69	70	71	71	69	66	61	55	49	44	40	38	39	41	46	51	55	58	60	62	58
	I_d	0	0	0	0	0	0	0	0	0	42	156	273	349	364	329	225	93	11	0	0	0	0	0	0	1842
	I_s	0	0	0	0	0	0	0	0	0	42	74	92	102	111	112	114	101	45	0	0	0	0	0	0	792
	WV	1.6	1.5	1.6	1.6	1.6	1.6	1.5	1.5	1.6	1.7	1.8	2.0	2.3	2.6	2.7	2.9	3.1	2.6	2.2	1.7	1.8	1.7	1.7	1.6	1.9
	DLR	243	242	241	240	239	237	236	237	238	242	246	250	253	256	258	260	259	257	254	251	248	247	245	244	247
夏季TAC	DB_{25}	31.8	31.6	31.6	31.1	30.4	29.8	29.6	29.9	30.3	31.3	33.0	34.5	35.4	36.0	36.6	36.9	37.4	37.6	37.0	35.9	34.7	33.3	32.0	31.8	33.3
	I_{25}	0	0	0	0	0	0	0	154	384	676	868	1013	1102	1063	983	841	721	597	416	203	53	0	0	0	9073
	DB_{50}	30.5	30.9	30.8	30.3	29.7	29.0	28.6	28.7	29.4	30.3	32.1	33.4	34.4	35.1	35.7	36.2	36.5	36.6	36.3	35.2	33.8	32.1	31.0	30.7	32.4
	I_{50}	0	0	0	0	0	0	0	134	360	655	864	1010	1086	1032	929	805	686	564	387	191	44	0	0	0	8746
	RH_s	39	39	39	38	40	42	44	45	42	37	33	30	27	25	23	23	22	22	24	27	30	35	39	41	33
冬季TAC	DB_{975}	-14.6	-15.2	-15.7	-16.0	-16.2	-16.5	-16.8	-17.0	-17.0	-16.4	-15.4	-13.7	-11.9	-10.4	-9.3	-8.7	-9.0	-9.4	-10.3	-11.4	-12.3	-13.3	-13.8	-14.1	-13.5
	RH_{975}	28	28	28	28	30	29	30	30	29	28	27	25	23	21	19	19	19	20	21	22	24	25	26	27	25.3
	DB_{950}	-13.7	-14.2	-14.6	-14.9	-15.2	-15.5	-15.6	-16.0	-16.0	-15.5	-14.2	-12.5	-10.8	-9.4	-8.4	-7.7	-7.8	-8.3	-9.1	-10.1	-11.1	-12.0	-12.6	-13.3	-12.4
	RH_{950}	33	33	33	34	36	36	38	38	37	35	33	30	27	24	22	21	22	22	24	27	28	30	32	32	30.3

地名	吐鲁番	区站号	515730	经度	89.2E	纬度	42.93N	海拔	37m

	1月	2月	3月	4月	5月	6月	7月	8月	9月	10月	11月	12月	年平均或累计[注1]
DB_m	-6.7	1.9	12.4	21.6	26.9	32.2	34.1	32.2	25.5	15.8	5.2	-4.0	16.4
RH_m	54.0	35.0	20.0	20.0	21.0	25.0	26.0	27.0	28.0	37.0	46.0	52.0	33.0
I_m	202	271	445	570	683	685	692	631	508	380	229	169	5454
HDD_m	765	451	172	0	0	0	0	0	0	67	385	682	2523

		1时	2时	3时	4时	5时	6时	7时	8时	9时	10时	11时	12时	13时	14时	15时	16时	17时	18时	19时	20时	21时	22时	23时	24时	平均或累计[注2]
一月标准日	DB	-7.7	-8.0	-8.3	-8.5	-8.8	-9.1	-9.4	-9.5	-9.3	-8.7	-7.8	-6.7	-5.4	-4.3	-3.4	-2.9	-3.0	-3.6	-4.4	-5.3	-6.0	-6.5	-6.9	-7.2	-6.7
	RH	57	58	59	59	60	60	61	62	62	60	58	54	49	46	43	42	43	44	47	50	52	54	55	56	54
	I_d	0	0	0	0	0	0	0	0	0	2	44	110	168	192	177	118	51	7	0	0	0	0	0	0	868
	I_s	0	0	0	0	0	0	0	0	0	15	78	120	143	152	151	139	103	40	0	0	0	0	0	0	941
	WV	1.1	1.1	1.1	1.1	1.1	1.1	1.0	1.0	1.0	1.1	1.1	1.2	1.3	1.4	1.4	1.3	1.3	1.2	1.1	1.1	1.1	1.1	1.1	1.1	1.2
	DLR	195	195	194	193	193	192	191	191	192	193	195	198	200	203	205	206	205	203	201	200	199	198	197	197	198
三月标准日	DB	10.6	10.1	9.8	9.3	8.6	7.8	7.2	7.3	8.2	9.8	11.6	13.2	14.5	15.6	16.5	17.3	17.7	17.7	17.1	16.1	14.9	13.7	12.5	11.6	12.4
	RH	22	23	23	24	25	26	27	27	25	23	20	19	17	16	15	14	14	14	14	16	17	19	20	21	20
	I_d	0	0	0	0	0	0	0	0	11	102	247	366	386	326	268	209	138	65	14	0	0	0	0	0	2132
	I_s	0	0	0	0	0	0	0	0	40	109	141	165	206	254	267	250	210	149	68	0	0	0	0	0	1859
	WV	1.6	1.6	1.6	1.6	1.5	1.5	1.4	1.4	1.6	1.7	1.9	1.9	1.9	1.9	1.9	1.8	1.8	1.7	1.5	1.4	1.4	1.5	1.5	1.6	1.6
	DLR	250	249	248	247	245	242	241	241	243	247	252	258	262	265	268	271	272	271	270	267	265	261	257	254	256
五月标准日	DB	24.4	24.1	23.6	23.0	22.0	21.2	20.8	21.4	22.8	24.9	27.0	28.8	30.0	30.9	31.7	32.4	32.8	32.7	31.9	30.6	29.1	27.5	26.1	25.2	26.9
	RH	23	23	23	24	26	29	31	31	28	24	21	18	17	16	15	14	14	15	16	18	20	22	23	23	21
	I_d	0	0	0	0	0	0	0	16	99	292	486	604	583	433	318	244	175	101	40	7	0	0	0	0	3398
	I_s	0	0	0	0	0	0	1	66	148	175	177	190	238	320	354	338	294	228	139	50	0	0	0	0	2719
	WV	2.0	2.1	2.0	2.0	1.9	1.8	1.7	1.6	1.8	2.0	2.2	2.2	2.2	2.2	2.2	2.2	2.2	2.2	2.1	2.1	2.0	2.0	2.0	2.0	2.0
	DLR	333	330	327	324	323	322	324	327	332	338	344	350	355	358	361	363	364	365	365	362	356	350	343	338	344

续表

月		1时	2时	3时	4时	5时	6时	7时	8时	9时	10时	11时	12时	13时	14时	15时	16时	17时	18时	19时	20时	21时	22时	23时	24时	平均或合计[注2]
七月标准日	DB	31.8	31.5	31.2	30.7	29.9	29.1	28.7	29.1	30.3	32.1	34.0	35.6	36.9	37.9	38.7	39.4	39.8	39.6	38.8	37.4	35.9	34.4	33.2	32.3	34.1
	RH	28	27	27	28	30	33	35	35	33	30	27	24	22	21	19	18	18	18	19	21	24	26	27	28	26
	I_d	0	0	0	0	0	0	0	15	86	261	442	558	560	450	356	283	199	110	47	13	0	0	0	0	3380
	I_s	0	0	0	0	0	0	2	63	145	176	186	207	252	320	352	341	307	248	154	65	5	0	0	0	2823
	WV	2.0	2.0	2.0	2.0	2.0	1.9	1.7	1.6	1.7	1.9	2.1	2.1	2.1	2.1	2.2	2.3	2.4	2.3	2.3	2.2	2.1	2.0	2.0	2.0	2.0
	DLR	393	390	388	386	383	382	383	387	392	399	407	413	418	421	423	426	427	427	425	420	415	408	402	397	405
九月标准日	DB	23.3	23.0	22.8	22.4	21.6	20.5	19.7	20.0	21.5	23.8	26.2	27.8	29.0	30.0	31.0	31.8	31.8	30.9	29.1	27.2	25.8	24.9	24.2	23.6	25.5
	RH	31	32	32	32	34	36	39	38	34	28	24	22	21	19	18	17	18	20	24	29	32	32	31	31	28
	I_d	0	0	0	0	0	0	0	0	43	222	420	537	508	374	299	242	146	47	8	0	0	0	0	0	2846
	I_s	0	0	0	0	0	0	0	2	79	113	118	135	189	264	280	257	220	149	47	2	0	0	0	0	1857
	WV	1.7	1.7	1.7	1.7	1.7	1.6	1.5	1.5	1.6	1.8	2.0	1.9	1.9	1.9	1.9	1.9	1.9	1.7	1.5	1.3	1.3	1.4	1.5	1.6	1.7
	DLR	341	339	338	336	333	330	328	329	333	340	347	354	359	362	366	368	370	370	367	363	358	352	347	342	349
十一月标准日	DB	3.9	3.4	3.1	2.9	2.5	2.0	1.7	1.8	2.6	3.9	5.4	6.6	7.7	8.7	9.5	9.9	9.6	8.5	7.0	5.6	4.8	4.5	4.3	4.0	5.2
	RH	51	53	54	54	55	56	58	57	53	48	43	39	36	34	32	31	33	36	42	48	51	51	50	50	46
	I_d	0	0	0	0	0	0	0	0	0	43	133	206	222	197	163	106	40	2	0	0	0	0	0	0	1112
	I_s	0	0	0	0	0	0	0	0	1	53	92	123	152	171	164	140	93	20	0	0	0	0	0	0	1009
	WV	1.2	1.2	1.2	1.2	1.2	1.2	1.2	1.2	1.2	1.2	1.3	1.3	1.4	1.5	1.4	1.4	1.3	1.2	1.0	1.1	1.2	1.2	1.2	1.2	1.2
	DLR	249	248	247	246	245	243	243	243	244	246	249	252	255	257	259	261	261	259	257	255	253	252	250	249	251
夏季TAC	DB_{25}	37.8	37.0	36.7	36.1	35.3	34.4	34.2	34.3	34.9	36.3	38.6	40.7	42.0	43.0	44.2	44.8	45.3	44.7	44.0	42.7	41.2	39.9	38.8	38.0	39.4
	I_{25}	0	0	0	0	0	0	23	161	383	680	896	1028	1070	981	922	799	658	495	326	161	28	0	0	0	8610
	DB_{50}	36.5	36.2	35.8	35.2	34.4	33.6	33.1	33.3	34.1	35.4	37.7	39.7	41.0	42.1	43.2	44.2	44.4	44.0	43.0	41.9	40.5	39.0	37.9	37.2	38.5
	I_{50}	0	0	0	0	0	0	20	148	360	645	882	1014	1030	948	884	777	626	475	312	149	24	0	0	0	8293
	RH_s	26	26	25	26	28	31	33	34	32	27	23	21	19	17	16	15	14	15	18	20	23	24	25	26	23
冬季TAC	DB_{975}	-14.3	-14.4	-14.3	-14.5	-14.8	-15.2	-15.6	-15.8	-15.4	-14.8	-13.8	-12.6	-11.4	-10.4	-9.8	-9.6	-9.6	-10.0	-10.8	-11.3	-12.1	-12.9	-13.4	-13.9	-12.9
	RH_{975}	22	22	22	24	25	25	26	26	25	23	21	19	16	15	14	14	14	14	15	17	18	19	21	21	20.0
	DB_{950}	-11.8	-12.2	-12.5	-12.8	-12.9	-13.3	-13.3	-13.4	-13.0	-12.2	-11.4	-10.6	-9.6	-8.6	-7.9	-7.5	-7.7	-8.3	-9.2	-10.0	-10.5	-10.8	-11.1	-11.5	-10.9
	RH_{950}	25	26	26	26	27	28	29	29	28	26	24	21	19	18	17	16	16	16	18	19	20	21	23	24	22.6

地名	哈密	区站号	522030	经度	93.52E	纬度	42.82N	海拔	739m

	1月	2月	3月	4月	5月	6月	7月	8月	9月	10月	11月	12月	年平均或累计[注1]
DB_m	-10.1	-3.0	6.8	15.8	20.7	26.0	27.9	26.0	18.8	10.7	0.7	-7.9	11.0
RH_m	60.0	44.0	26.0	24.0	28.0	34.0	37.0	37.0	41.0	42.0	53.0	58.0	40.0
I_m	273	346	536	641	764	768	792	723	590	463	286	233	6400
HDD_m	871	588	346	67	0	0	0	0	0	228	518	802	3421

		1时	2时	3时	4时	5时	6时	7时	8时	9时	10时	11时	12时	13时	14时	15时	16时	17时	18时	19时	20时	21时	22时	23时	24时	平均或合计[注2]
一月标准日	DB	-12.6	-13.1	-13.5	-13.8	-14.1	-14.5	-14.8	-14.8	-14.7	-13.9	-12.5	-10.6	-8.6	-6.6	-4.8	-3.5	-3.0	-3.5	-4.9	-6.7	-8.6	-9.9	-10.8	-11.5	-10.1
	RH	66	67	69	69	70	70	71	71	70	67	62	56	50	45	41	40	42	45	51	56	60	62	63	64	60
	I_d	0	0	0	0	0	0	0	0	0	31	157	295	387	402	340	205	64	2	0	0	0	0	0	0	1882
	I_s	0	0	0	0	0	0	0	0	0	36	61	64	63	68	78	92	83	17	0	0	0	0	0	0	560
	WV	1.1	1.1	1.1	1.1	1.2	1.2	1.2	1.2	1.3	1.4	1.4	1.5	1.6	1.6	1.6	1.6	1.6	1.4	1.2	1.1	1.1	1.1	1.1	1.1	1.3
	DLR	180	179	178	177	176	174	174	174	177	181	186	191	195	199	202	204	203	200	195	191	188	185	183	181	186
三月标准日	DB	3.4	2.9	2.6	2.2	1.3	0.3	-0.4	0.0	1.8	4.6	7.5	9.8	11.3	12.4	13.3	14.0	14.2	13.5	12.2	10.5	8.8	7.2	5.7	4.6	6.8
	RH	32	33	33	34	36	39	41	40	36	30	25	21	19	17	16	15	14	15	16	19	21	24	27	29	26
	I_d	0	0	0	0	0	0	0	0	50	270	489	629	671	544	385	261	149	53	5	0	0	0	0	0	3506
	I_s	0	0	0	0	0	0	0	1	60	72	67	72	92	158	210	216	187	124	35	0	0	0	0	0	1294
	WV	1.6	1.6	1.6	1.6	1.7	1.6	1.6	1.6	1.8	1.9	2.1	2.1	2.2	2.2	2.2	2.2	2.2	2.0	1.8	1.5	1.5	1.6	1.6	1.6	1.8
	DLR	226	225	224	223	221	219	218	219	223	230	237	243	247	249	251	252	252	250	246	242	238	235	231	229	234
五月标准日	DB	16.6	16.4	15.9	15.2	14.3	13.7	14.0	15.3	17.5	20.2	22.7	24.5	25.6	26.2	26.5	26.9	27.2	27.2	26.5	24.9	22.8	20.5	18.5	17.4	20.7
	RH	34	34	35	35	38	42	44	42	35	28	23	20	18	17	16	16	16	16	18	20	24	28	32	34	28
	I_d	0	0	0	0	0	0	4	75	282	530	705	806	769	510	303	212	169	119	50	5	0	0	0	0	4537
	I_s	0	0	0	0	0	0	16	85	112	105	106	118	165	289	271	331	353	200	120	35	0	0	0	0	2305
	WV	1.8	1.8	1.8	1.7	1.6	1.6	1.6	1.5	1.6	1.8	1.9	2.0	2.1	2.2	2.2	2.3	2.4	2.2	2.0	1.9	1.9	1.8	1.8	1.8	1.9
	DLR	302	299	297	294	293	294	299	304	310	316	321	325	327	328	328	329	331	332	332	329	323	316	309	305	314

续表

		1时	2时	3时	4时	5时	6时	7时	8时	9时	10时	11时	12时	13时	14时	15时	16时	17时	18时	19时	20时	21时	22时	23时	24时	平均或合计 注2
七月标准日	DB	24.3	24.0	23.5	22.8	21.9	21.3	21.4	22.5	24.5	27.0	29.4	31.2	32.5	33.3	33.8	34.2	34.4	34.2	33.2	31.6	29.6	27.5	25.9	24.8	27.9
	RH	43	43	44	45	48	51	54	53	48	41	35	30	27	24	22	22	22	24	27	31	35	38	41	42	37
	I_d	0	0	0	0	0	0	3	63	251	508	689	805	806	607	404	279	194	116	47	7	0	0	0	0	4780
	I_s	0	0	0	0	0	0	15	86	120	111	113	121	154	253	325	327	285	221	135	47	0	0	0	0	2315
	WV	1.6	1.6	1.5	1.5	1.4	1.4	1.3	1.3	1.4	1.5	1.6	1.6	1.7	1.7	1.8	1.9	1.9	1.8	1.6	1.4	1.5	1.6	1.7	1.6	1.6
	DLR	362	360	358	355	353	354	358	364	373	381	388	393	395	395	395	395	398	401	401	397	389	379	370	365	378
九月标准日	DB	14.8	14.4	14.2	13.7	12.8	11.6	10.9	11.9	14.5	18.2	21.5	23.8	25.1	26.0	26.9	27.6	27.3	25.8	23.2	20.4	18.3	16.9	16.0	15.2	18.8
	RH	50	51	52	52	54	58	61	58	49	39	31	27	24	21	19	18	19	23	32	42	49	51	50	49	41
	I_d	0	0	0	0	0	0	0	5	142	436	621	734	761	563	386	290	161	36	2	0	0	0	0	0	4136
	I_s	0	0	0	0	0	0	0	18	78	56	57	66	85	177	233	220	192	123	20	0	0	0	0	0	1324
	WV	1.3	1.3	1.3	1.2	1.3	1.2	1.2	1.2	1.3	1.5	1.6	1.6	1.6	1.6	1.7	1.7	1.7	1.7	1.7	1.6	1.7	1.7	1.7	1.6	1.5
	DLR	310	309	308	306	302	299	298	301	308	319	330	336	338	338	338	340	342	343	342	338	332	324	317	311	322
十一月标准日	DB	-1.6	-2.1	-2.4	-2.7	-3.1	-3.6	-3.8	-3.5	-2.3	-0.5	1.4	3.1	4.7	6.2	7.4	7.8	7.2	5.4	3.1	0.9	-0.4	-1.0	-1.2	-1.4	0.7
	RH	61	63	65	65	66	67	67	65	61	56	50	45	41	37	33	32	33	38	45	53	58	60	60	60	53
	I_d	0	0	0	0	0	0	0	0	4	104	244	350	389	357	291	175	47	0	0	0	0	0	0	0	1961
	I_s	0	0	0	0	0	0	0	0	11	55	69	77	88	102	104	99	75	3	0	0	0	0	0	0	683
	WV	1.2	1.2	1.2	1.2	1.2	1.2	1.3	1.3	1.4	1.5	1.6	1.6	1.6	1.6	1.6	1.6	1.6	1.4	1.2	1.0	1.0	1.1	1.1	1.1	1.3
	DLR	228	227	227	226	224	222	221	222	225	229	235	239	243	246	248	249	247	243	239	235	232	231	230	229	233
夏季 TAC	DB_{25}	32.5	31.7	31.0	30.2	28.5	27.4	27.2	27.6	28.8	31.1	34.0	36.3	37.8	38.6	39.5	40.1	40.0	39.1	38.0	36.3	34.9	33.7	33.2	32.9	33.8
	I_{25}	0	0	0	0	0	0	76	282	565	779	941	1061	1129	1089	972	811	670	519	322	126	0	0	0	0	9342
	DB_{50}	30.9	30.6	29.9	28.8	27.6	26.3	25.6	26.1	27.7	30.3	33.3	35.6	37.0	37.7	38.4	39.0	38.9	38.5	37.2	35.3	33.7	32.7	31.9	31.5	32.7
	I_{50}	0	0	0	0	0	0	70	260	545	777	940	1060	1124	1061	925	775	629	478	299	113	0	0	0	0	9055
	RH_s	40	40	41	41	45	49	52	52	45	37	30	25	22	20	18	17	18	20	24	29	33	36	41	40	34
冬季 TAC	DB_{975}	-20.5	-20.9	-21.1	-21.1	-21.5	-21.7	-22.0	-21.9	-21.0	-19.3	-17.2	-15.1	-13.1	-11.4	-10.5	-10.3	-11.3	-12.6	-14.5	-16.4	-17.5	-18.4	-19.1	-19.9	-17.4
	RH_{975}	28	28	30	30	32	34	35	35	32	30	25	21	18	15	14	13	14	14	17	20	22	22	24	26	24.1
	DB_{950}	-18.5	-18.9	-18.8	-18.9	-19.4	-20.0	-20.5	-20.1	-19.3	-17.9	-16.0	-13.9	-11.8	-10.0	-8.9	-8.7	-9.2	-10.6	-12.5	-14.2	-15.5	-16.5	-17.1	-17.8	-15.6
	RH_{950}	33	35	35	35	37	40	42	42	39	34	29	24	21	19	16	15	16	17	20	23	25	28	30	31	28.6

地名	克拉玛依	区站号	512430	经度	84.85E	纬度	45.6N	海拔	428m

	1月	2月	3月	4月	5月	6月	7月	8月	9月	10月	11月	12月	年平均或累计注1
DB_m	-16.2	-12.0	1.9	14.5	20.1	25.8	27.6	25.8	19.3	10.6	-0.2	-10.9	8.8
RH_m	77.0	75.0	58.0	37.0	31.0	35.0	35.0	35.0	36.0	47.0	64.0	76.0	50.0
I_m	171	238	411	552	694	690	704	632	484	331	187	137	5218
HDD_m	1060	840	500	106	0	0	0	0	0	229	547	897	4178

		1时	2时	3时	4时	5时	6时	7时	8时	9时	10时	11时	12时	13时	14时	15时	16时	17时	18时	19时	20时	21时	22时	23时	24时	平均或累计注2
一月标准日	DB	-16.8	-17.0	-17.2	-17.3	-17.4	-17.4	-17.5	-17.6	-17.6	-17.5	-17.0	-16.2	-15.2	-14.2	-13.6	-13.5	-13.8	-14.4	-15.2	-15.8	-16.3	-16.5	-16.6	-16.7	-16.2
	RH	78	79	79	79	79	79	79	79	80	80	80	78	76	74	72	72	73	74	76	78	78	78	78	78	77
	I_d	0	0	0	0	0	0	0	0	0	0	17	72	139	182	173	112	47	8	0	0	0	0	0	0	750
	I_s	0	0	0	0	0	0	0	0	0	0	47	93	116	125	130	128	98	42	0	0	0	0	0	0	780
	WV	1.2	1.2	1.2	1.1	1.1	1.1	1.1	1.0	1.0	1.0	1.0	1.2	1.4	1.6	1.6	1.6	1.6	1.5	1.3	1.1	1.1	1.2	1.2	1.2	1.2
	DLR	170	169	169	168	168	168	167	167	167	167	168	170	172	175	178	180	180	179	177	175	173	172	171	170	172
三月标准日	DB	0.6	0.4	0.1	-0.2	-0.7	-1.1	-1.5	-1.4	-0.9	0.0	1.1	2.2	3.0	3.8	4.5	5.1	5.4	5.3	5.0	4.3	3.6	2.8	2.1	1.5	1.9
	RH	63	63	64	64	65	66	67	67	65	63	60	57	54	52	50	49	48	48	49	52	55	58	60	62	58
	I_d	0	0	0	0	0	0	0	0	5	73	177	271	307	292	265	220	158	89	30	1	0	0	0	0	1888
	I_s	0	0	0	0	0	0	0	0	18	82	127	166	207	242	253	241	208	156	87	11	0	0	0	0	1797
	WV	2.1	2.2	2.1	2.1	2.1	2.1	2.0	2.0	2.0	2.0	2.0	2.2	2.4	2.6	2.7	2.8	2.8	2.7	2.5	2.4	2.3	2.2	2.1	2.1	2.3
	DLR	242	241	240	238	237	235	234	234	236	238	242	245	247	249	251	253	254	253	251	251	249	247	246	244	244
五月标准日	DB	18.3	17.9	17.5	16.9	16.2	15.6	15.4	15.9	16.9	18.5	20.0	21.3	22.1	22.7	23.2	23.7	24.2	24.4	24.2	23.6	22.5	21.2	20.0	19.1	20.1
	RH	34	34	34	36	38	40	41	40	37	34	31	28	26	26	25	24	24	23	23	23	25	28	30	32	31
	I_d	0	0	0	0	0	0	0	17	103	277	461	564	533	410	314	261	222	170	98	35	2	0	0	0	3468
	I_s	0	0	0	0	0	0	0	59	129	155	161	183	243	319	350	335	291	237	171	96	18	0	0	0	2747
	WV	3.1	3.1	3.0	3.0	2.9	2.8	2.8	2.7	2.8	2.9	3.1	3.2	3.3	3.4	3.5	3.6	3.7	3.8	3.9	4.0	3.7	3.4	3.1	3.1	3.2
	DLR	311	309	307	306	304	303	303	305	308	313	317	321	323	325	327	329	330	330	329	327	324	320	317	314	317

续表

		1时	2时	3时	4时	5时	6时	7时	8时	9时	10时	11时	12时	13时	14时	15时	16时	17时	18时	19时	20时	21时	22时	23时	24时	平均或合计[2]
七月标准日	DB	26.0	25.7	25.4	24.9	24.2	23.6	23.3	23.6	24.5	25.9	27.4	28.6	29.5	30.1	30.6	31.0	31.3	31.5	31.4	30.8	29.8	28.6	27.4	26.6	27.6
	RH	38	38	39	40	42	43	44	44	42	39	36	33	31	30	29	28	27	27	27	28	30	33	36	37	35
	I_d	0	0	0	0	0	0	0	14	86	241	419	540	538	431	329	271	221	166	102	46	7	0	0	0	3412
	I_s	0	0	0	0	0	0	0	58	133	169	180	198	247	320	357	338	301	256	192	113	37	0	0	0	2899
	WV	2.6	2.7	2.6	2.6	2.6	2.5	2.3	2.2	2.3	2.4	2.5	2.6	2.7	2.9	3.0	3.1	3.2	3.3	3.3	3.3	3.1	2.8	2.6	2.6	2.7
	DLR	368	366	365	363	361	359	359	361	364	370	375	380	382	384	385	386	388	388	387	385	382	378	374	371	374
九月标准日	DB	17.8	17.8	17.7	17.3	16.5	15.6	15.0	15.2	16.2	17.7	19.2	20.5	21.3	21.9	22.4	23.0	23.5	23.5	23.1	22.1	20.9	19.6	18.6	17.9	19.3
	RH	39	38	38	39	41	44	45	45	43	40	37	35	33	31	30	28	28	27	28	30	33	36	38	39	36
	I_d	0	0	0	0	0	0	0	0	28	162	335	448	439	344	271	231	191	122	45	3	0	0	0	0	2619
	I_s	0	0	0	0	0	0	0	0	58	102	117	138	188	252	276	256	211	158	94	18	0	0	0	0	1866
	WV	2.6	2.7	2.6	2.5	2.4	2.3	2.2	2.2	2.2	2.2	2.3	2.4	2.6	2.8	2.7	2.7	2.6	2.5	2.4	2.2	2.3	2.4	2.4	2.5	2.5
	DLR	315	315	314	313	311	308	307	308	311	317	323	327	329	330	331	333	334	335	334	331	327	323	320	316	321
十一月标准日	DB	-0.8	-1.0	-1.1	-1.3	-1.5	-1.8	-2.0	-2.0	-1.9	-1.4	-0.7	0.0	0.8	1.5	2.0	2.3	2.2	1.7	1.0	0.3	-0.2	-0.5	-0.7	-0.9	-0.2
	RH	66	66	67	67	68	69	70	70	69	68	66	63	61	58	56	55	56	57	60	63	65	66	66	66	64
	I_d	0	0	0	0	0	0	0	0	0	9	58	116	156	168	151	103	48	6	0	0	0	0	0	0	816
	I_s	0	0	0	0	0	0	0	0	0	24	78	116	141	152	149	132	94	34	0	0	0	0	0	0	918
	WV	2.0	1.9	1.9	1.8	1.8	1.8	1.8	1.8	1.8	1.8	1.6	1.9	2.0	2.2	2.2	2.3	2.3	2.1	1.9	1.7	1.7	1.8	1.8	1.9	1.9
	DLR	236	236	235	235	235	234	233	233	233	234	236	238	240	242	243	244	243	242	241	240	239	238	237	236	238
夏季 T A C	DB_{25}	31.6	31.2	31.4	30.8	30.0	29.0	28.5	28.7	29.6	31.1	32.8	34.2	35.4	36.2	36.8	37.3	37.8	38.1	38.0	37.2	36.2	34.8	33.6	32.4	33.4
	I_{25}	0	0	0	0	0	0	9	137	326	560	790	943	969	954	909	824	703	575	414	269	100	0	0	0	8481
	DB_{50}	30.8	30.2	30.2	29.7	28.7	28.0	27.5	27.7	28.6	30.1	31.8	33.4	34.3	34.9	35.6	36.2	36.6	36.7	36.5	35.9	35.1	33.8	32.4	31.4	32.3
	I_{50}	0	0	0	0	0	0	7	130	311	540	765	918	945	923	858	780	683	557	398	237	88	0	0	0	8137
	RH_s	35	35	35	37	39	40	42	41	39	36	33	30	28	27	26	25	24	23	23	24	26	29	33	34	32
冬季 T A C	DB_{975}	-26.4	-26.8	-27.1	-27.2	-27.1	-27.0	-27.2	-27.4	-27.5	-27.0	-26.0	-25.1	-24.2	-23.0	-22.4	-22.0	-22.3	-22.8	-23.6	-24.9	-25.4	-25.7	-25.7	-26.4	-25.4
	RH_{975}	48	47	48	50	50	52	53	55	57	56	55	51	49	46	44	41	43	45	47	47	45	48	48	49	48.8
	DB_{950}	-23.8	-24.0	-24.0	-24.1	-24.3	-24.6	-24.9	-25.0	-24.7	-24.3	-23.6	-22.6	-21.5	-20.4	-19.8	-19.8	-20.2	-20.6	-21.5	-22.3	-22.8	-23.5	-23.6	-23.6	-22.9
	RH_{950}	59	58	58	58	59	61	63	63	62	63	62	60	57	54	51	50	50	51	53	55	58	59	60	59	57.6

地名	塔中	区站号	517470	经度	83.67E	纬度	39N	海拔	1099m

	1月	2月	3月	4月	5月	6月	7月	8月	9月	10月	11月	12月	年平均或累计注1
DB_m	-11.0	-2.9	7.8	16.5	21.4	25.9	28.5	27.2	20.9	10.9	-0.6	-9.4	11.3
RH_m	54.0	41.0	23.0	19.0	24.0	31.0	29.0	29.0	30.0	34.0	46.0	58.0	35.0
I_m	346	402	587	665	765	764	781	723	622	521	375	312	6851
HDD_m	899	584	317	46	0	0	0	0	0	220	559	848	3474

		1时	2时	3时	4时	5时	6时	7时	8时	9时	10时	11时	12时	13时	14时	15时	16时	17时	18时	19时	20时	21时	22时	23时	24时	平均或合计注2
一月标准日	DB	-15.0	-15.5	-16.0	-16.5	-17.0	-17.0	-17.4	-17.8	-18.0	-17.7	-14.1	-10.7	-6.9	-3.7	-1.6	-0.8	-1.1	-2.2	-3.8	-5.9	-8.3	-10.7	-12.7	-14.1	-11.0
	RH	60	62	64	65	65	65	65	67	70	71	68	60	50	43	37	35	35	36	38	42	46	51	56	58	54
	I_d	0	0	0	0	0	0	0	0	0	1	120	326	472	541	539	422	160	25	1	0	0	0	0	0	2607
	I_s	0	0	0	0	0	0	0	0	0	5	49	44	39	40	43	65	118	79	7	0	0	0	0	0	489
	WV	0.7	0.7	0.7	0.7	0.7	0.6	0.6	0.6	0.7	0.8	0.8	1.2	1.6	1.9	2.0	2.2	2.3	1.9	1.6	1.3	1.2	1.0	0.9	0.8	1.1
	DLR	166	165	164	163	161	159	158	158	161	166	174	184	194	202	207	208	206	203	197	191	185	178	173	169	179
三月标准日	DB	3.0	2.6	2.2	1.4	0.2	-1.1	-1.8	-1.3	0.6	3.7	7.3	10.7	13.2	14.8	15.6	16.2	16.8	17.0	16.6	15.1	12.7	9.6	6.6	4.5	7.8
	RH	27	28	29	31	33	36	38	37	34	28	23	19	16	14	13	12	12	12	12	13	15	18	21	24	23
	I_d	0	0	0	0	0	0	0	0	14	202	409	591	720	741	571	337	192	122	47	1	0	0	0	0	3946
	I_s	0	0	0	0	0	0	0	0	17	46	61	69	73	94	170	242	240	181	105	15	0	0	0	0	1313
	WV	1.4	1.2	1.2	1.2	1.2	1.1	1.1	1.1	1.5	1.8	2.2	2.6	2.9	3.2	3.3	3.4	3.5	3.4	3.2	3.0	2.6	2.2	1.7	1.5	2.1
	DLR	217	217	217	215	212	209	208	209	214	223	233	243	250	254	255	257	258	259	258	253	245	236	227	221	233
五月标准日	DB	17.3	16.5	15.9	15.2	13.9	12.6	12.1	13.1	15.7	19.4	23.0	25.5	26.8	27.3	27.6	28.1	28.8	29.2	28.9	27.7	25.8	23.3	20.8	18.8	21.4
	RH	31	32	33	34	38	43	45	41	33	25	20	16	15	14	14	13	12	12	12	13	15	19	23	28	24
	I_d	0	0	0	0	0	0	0	13	169	426	619	769	840	628	323	214	190	182	103	20	0	0	0	0	4495
	I_s	0	0	0	0	0	0	0	28	82	84	96	109	130	248	371	373	326	247	172	89	4	0	0	0	2358
	WV	2.4	2.3	2.1	2.0	1.9	1.9	1.9	1.8	2.5	3.2	3.9	3.9	3.9	3.8	3.9	4.0	4.1	4.0	4.0	3.9	3.5	3.1	2.6	2.5	3.0
	DLR	300	297	295	293	290	288	287	289	294	302	311	318	322	324	325	327	328	328	327	324	319	314	309	305	309

续表

		1时	2时	3时	4时	5时	6时	7时	8时	9时	10时	11时	12时	13时	14时	15时	16时	17时	18时	19时	20时	21时	22时	23时	24时	平均或合计[注2]
七月标准日	DB	25.3	24.6	24.1	23.3	22.1	20.8	20.1	20.8	23.0	26.2	29.4	31.7	33.0	33.5	33.9	34.4	34.9	35.2	34.9	34.0	32.4	30.4	28.4	26.6	28.5
	RH	35	36	37	39	43	48	51	48	41	33	26	22	20	19	18	17	17	16	16	18	20	23	28	32	29
	I_d	0	0	0	0	0	0	0	8	131	398	607	764	837	638	361	250	214	187	107	30	2	0	0	0	4535
	I_s	0	0	0	0	0	0	0	27	95	96	103	112	132	247	365	373	332	263	193	111	18	0	0	0	2467
	WV	2.5	2.3	2.3	2.2	2.1	2.0	1.9	1.7	2.4	3.0	3.7	3.7	3.8	3.8	3.8	3.9	3.9	3.9	4.0	4.0	3.6	3.3	2.9	2.8	3.1
	DLR	358	355	353	351	349	346	345	347	352	361	370	377	381	382	383	384	385	385	384	381	377	372	367	362	367
九月标准日	DB	16.6	16.2	16.0	15.2	13.8	12.2	11.3	11.9	14.3	18.0	21.8	24.9	26.9	27.8	28.3	28.8	29.3	29.4	28.8	27.2	24.8	22.0	19.3	17.3	20.9
	RH	39	39	40	42	47	52	56	52	43	33	25	21	18	17	16	16	15	14	15	17	20	26	32	37	30
	I_d	0	0	0	0	0	0	0	0	57	318	531	697	801	748	455	262	181	127	49	2	0	0	0	0	4229
	I_s	0	0	0	0	0	0	0	0	48	52	60	67	75	122	247	291	256	186	108	19	0	0	0	0	1529
	WV	1.8	1.7	1.6	1.6	1.5	1.5	1.4	1.4	1.9	2.5	3.0	3.2	3.4	3.6	3.6	3.7	3.8	3.6	3.4	3.3	2.8	2.4	1.9	1.8	2.5
	DLR	309	307	306	304	300	296	294	295	300	309	320	330	336	339	341	342	343	343	340	336	329	322	315	310	319
十一月标准日	DB	-5.1	-5.6	-5.9	-6.4	-7.2	-8.1	-8.6	-8.2	-6.7	-4.1	-0.9	2.4	5.4	7.9	9.6	10.3	9.8	8.2	5.6	2.8	0.2	-2.0	-3.6	-4.7	-0.6
	RH	55	57	58	60	61	63	64	64	62	58	51	42	34	29	25	24	24	26	29	34	39	45	49	53	46
	I_d	0	0	0	0	0	0	0	0	0	88	274	429	539	577	535	363	124	11	0	0	0	0	0	0	2939
	I_s	0	0	0	0	0	0	0	0	48	28	38	45	45	48	56	89	122	60	0	0	0	0	0	0	531
	WV	0.9	0.8	0.8	0.7	0.7	0.7	0.7	0.7	0.9	1.1	1.3	1.7	2.1	2.5	2.6	2.6	2.7	2.3	1.8	1.4	1.3	1.1	1.0	0.9	1.4
	DLR	206	205	205	204	201	198	197	199	204	213	223	231	238	244	248	250	248	242	234	226	218	213	209	207	219
夏季TAC	DB_{25}	32.5	31.6	31.2	30.6	29.4	28.2	27.5	27.6	28.5	30.5	34.8	38.0	39.2	39.5	39.7	40.1	40.9	41.5	41.2	40.0	38.1	36.6	34.6	33.3	34.8
	I_{25}	0	0	0	0	0	0	0	102	406	651	846	1003	1113	1119	1008	867	745	619	432	216	53	0	0	0	9180
	DB_{50}	31.3	30.5	29.9	29.1	27.8	26.9	26.1	26.3	27.4	29.8	33.8	37.0	38.4	38.6	38.9	39.5	40.0	40.4	40.2	38.8	37.4	35.4	33.5	32.3	33.7
	I_{50}	0	0	0	0	0	0	0	91	379	651	845	1003	1112	1085	946	824	710	595	414	200	46	0	0	0	8899
	RH_s	31	32	33	35	40	46	49	47	37	28	22	18	16	15	14	14	13	12	12	13	16	19	24	28	26
冬季TAC	DB_{975}	-21.5	-22.0	-22.7	-23.2	-23.8	-24.0	-24.5	-24.7	-24.3	-22.9	-20.0	-16.7	-13.4	-10.7	-8.8	-7.9	-7.8	-8.5	-10.5	-13.0	-15.5	-17.7	-19.4	-20.8	-17.7
	RH_{975}	25	26	26	27	29	30	30	30	30	26	25	20	16	13	11	11	11	11	12	13	14	17	21	23	20.7
	DB_{950}	-20.6	-21.2	-21.7	-22.5	-22.8	-23.4	-23.9	-23.8	-23.2	-21.7	-19.3	-15.7	-12.0	-9.2	-7.2	-6.3	-6.5	-7.6	-9.3	-11.8	-14.4	-16.7	-18.5	-19.8	-16.6
	RH_{950}	28	30	31	32	34	35	36	37	37	34	29	23	18	15	13	12	13	13	13	15	17	20	24	26	24.3

香港特别行政区

地名 香港	区站号 450040	经度 114.10E	纬度 22.19N	海拔 65m

	1月	2月	3月	4月	5月	6月	7月	8月	9月	10月	11月	12月	年平均或累计[注1]
DB_m	15.5	17.0	19.4	22.5	26.0	27.9	28.5	29.2	27.6	25.0	21.8	17.5	23.1
RH_m	74.0	81.0	81.0	85.0	85.0	83.0	82.0	78.0	74.0	73.0	80.0	75.0	79.0
I_m	322	267	363	306	423	423	562	510	503	464	269	273	4672
HDD_m	76	27	0	0	0	0	0	0	0	0	0	16	120

		1时	2时	3时	4时	5时	6时	7时	8时	9时	10时	11时	12时	13时	14时	15时	16时	17时	18时	19时	20时	21时	22时	23时	24时	平均或合计[注2]
一月标准日	DB	14.7	14.6	14.4	14.2	14.1	14.0	13.9	14.2	14.8	15.7	16.6	17.3	17.6	17.8	17.7	17.4	16.7	15.9	15.5	15.3	15.2	15.2	15.1	15.0	15.5
	RH	79	79	79	79	78	78	78	77	74	72	68	66	66	65	65	67	70	73	75	76	78	78	78	79	74
	I_d	0	0	0	0	0	0	0	1	13	62	159	227	270	271	236	173	75	2	0	0	0	0	0	0	1490
	I_s	0	0	0	0	0	0	0	21	96	165	199	219	193	171	141	96	67	30	0	0	0	0	0	0	1396
	WV	1.7	1.8	1.9	2.0	2.0	2.0	2.0	1.9	2.0	2.2	2.3	2.2	2.2	2.2	2.3	2.4	2.4	2.2	2.0	1.9	1.7	1.7	1.6	1.6	2.0
	DLR	338	337	336	335	334	333	333	333	333	335	337	339	341	342	343	343	343	342	341	340	340	340	339	339	338
三月标准日	DB	18.4	18.3	18.1	18.1	18.0	18.0	17.9	18.3	19.0	19.8	20.4	21.0	21.4	21.5	21.4	21.3	20.7	19.9	19.3	19.1	19.0	18.9	18.8	18.7	19.4
	RH	86	86	86	87	87	86	86	84	80	78	75	73	72	71	71	72	74	77	80	82	84	85	86	86	81
	I_d	0	0	0	0	0	0	1	2	17	52	111	178	228	250	250	207	98	26	0	0	0	0	0	0	1421
	I_s	0	0	0	0	0	0	3	49	124	187	242	266	259	225	184	135	100	50	6	0	0	0	0	0	1830
	WV	2.1	2.0	1.9	1.7	1.8	1.9	2.1	2.2	2.5	2.7	2.8	2.9	2.9	3.0	3.1	3.1	3.0	2.8	2.7	2.6	2.4	2.4	2.3	2.2	2.4
	DLR	370	369	367	366	366	365	366	366	368	369	371	373	374	375	375	375	374	373	372	371	371	371	371	371	370
五月标准日	DB	25.1	25.0	24.9	24.9	24.8	24.8	25.1	25.6	26.2	26.7	27.1	27.5	27.8	27.7	27.4	27.1	26.7	26.3	25.8	25.6	25.4	25.4	25.3	25.2	26.0
	RH	89	89	89	90	90	90	89	87	84	82	81	79	79	79	80	80	82	83	86	87	88	88	88	88	85
	I_d	0	0	0	0	0	0	3	11	32	55	101	153	207	252	197	167	103	36	0	0	0	0	0	0	1315
	I_s	0	0	0	0	0	1	37	112	192	256	302	336	321	288	238	177	122	74	20	0	0	0	0	0	2475
	WV	2.4	2.1	2.1	1.9	2.0	2.1	1.9	2.3	2.5	2.5	2.7	2.8	3.0	3.1	3.1	3.0	2.9	2.9	2.8	2.5	2.5	2.6	2.5	2.4	2.5
	DLR	423	423	422	421	421	422	423	424	426	428	429	431	432	432	432	431	429	427	426	425	425	425	425	425	426

续表

		1时	2时	3时	4时	5时	6时	7时	8时	9时	10时	11时	12时	13时	14时	15时	16时	17时	18时	19时	20时	21时	22时	23时	24时	平均或合计[注2]
七月标准日	DB	27.5	27.4	27.3	27.2	27.1	27.0	27.3	28.0	28.6	29.1	29.6	29.9	30.2	30.3	30.3	30.1	29.8	29.1	28.2	28.0	27.8	27.8	27.7	27.6	28.5
	RH	86	87	87	87	88	88	87	84	81	79	77	76	74	74	74	75	76	78	82	83	84	85	86	86	82
	I_d	0	0	0	0	0	0	2	19	58	146	192	299	363	395	361	290	185	59	8	0	0	0	0	0	2376
	I_s	0	0	0	0	0	1	41	140	234	288	318	326	316	268	226	174	164	130	38	0	0	0	0	0	2663
	WV	2.5	2.6	2.3	2.2	2.2	2.0	1.9	2.0	2.3	2.5	2.7	2.8	2.9	2.8	2.9	2.9	2.8	2.7	2.6	2.4	2.4	2.4	2.4	2.4	2.5
	DLR	441	440	439	439	439	440	441	443	444	446	447	448	449	449	449	448	447	445	443	442	441	441	441	441	444
九月标准日	DB	26.6	26.4	26.2	26.1	26.1	25.9	26.1	26.8	27.8	28.5	29.2	29.6	29.6	29.6	29.2	29.2	28.8	28.0	27.5	27.3	27.1	26.9	26.8	26.6	27.6
	RH	79	79	79	79	79	80	78	76	72	69	68	67	67	67	69	69	70	72	75	76	76	77	78	79	74
	I_d	0	0	0	0	0	0	1	21	92	190	284	371	381	325	255	208	117	24	0	0	0	0	0	0	2269
	I_s	0	0	0	0	0	0	21	128	234	292	332	301	299	248	205	155	114	52	5	0	0	0	0	0	2386
	WV	1.2	1.3	1.5	1.6	1.4	1.4	1.4	1.9	1.9	2.2	2.2	2.5	2.3	2.4	2.2	2.2	2.1	2.4	2.4	2.0	2.0	1.3	1.3	1.3	1.8
	DLR	433	432	431	430	429	430	431	432	434	436	438	439	440	441	440	440	439	437	435	434	434	433	433	433	435
十一月标准日	DB	21.4	21.2	21.0	20.9	20.9	20.7	20.7	21.1	21.6	22.1	22.6	22.9	23.1	23.3	23.2	22.9	22.2	21.7	21.6	21.6	21.5	21.5	21.5	21.5	21.8
	RH	84	84	84	83	83	83	84	82	80	78	75	74	74	73	73	75	78	80	81	82	83	84	84	84	80
	I_d	0	0	0	0	0	0	1	4	27	65	115	169	187	202	198	121	44	0	0	0	0	0	0	0	1134
	I_s	0	0	0	0	0	0	3	54	120	178	198	188	186	171	126	80	43	11	0	0	0	0	0	0	1358
	WV	2.2	2.2	2.2	2.1	2.1	2.2	2.3	2.3	2.7	3.1	3.1	3.1	3.1	3.0	3.0	3.1	3.0	2.6	2.6	2.5	2.3	2.3	2.4	2.3	2.6
	DLR	384	383	382	381	380	379	379	380	381	383	385	387	388	389	389	389	388	387	386	386	386	385	385	384	384
夏季 TAC	DB_{25}	29.5	29.3	29.2	29.2	29.0	29.0	29.3	30.1	31.1	31.8	32.4	32.9	33.2	33.4	33.5	33.1	32.8	31.9	31.1	30.6	30.2	30.0	29.9	29.6	30.9
	I_{25}	0	0	0	0	0	5	102	306	533	738	881	988	1027	989	883	725	528	307	82	3	0	0	0	0	8094
	DB_{50}	29.2	29.1	29.0	28.9	28.8	28.8	29.0	29.9	30.9	31.5	32.1	32.7	32.9	33.0	33.1	32.8	32.4	31.6	30.5	30.0	29.8	29.7	29.6	29.4	30.6
	I_{50}	0	0	0	0	0	3	93	293	514	719	867	977	1013	972	867	707	508	289	75	2	0	0	0	0	7899
	RH_s	84	85	86	86	87	87	86	82	79	76	74	73	72	72	72	73	74	76	79	81	82	83	83	84	80
冬季 TAC	DB_{975}	9.2	9.2	9.0	8.8	8.8	8.7	8.6	8.9	9.2	10.1	10.5	10.9	11.3	11.3	10.9	10.8	10.5	9.9	10.0	10.0	10.1	10.0	10.0	9.5	9.8
	RH_{975}	28	27	27	27	27	27	26	26	26	26	28	29	30	28	30	31	29	29	28	28	28	27	27	28	27.8
	DB_{950}	10.8	10.7	10.4	10.1	10.1	9.9	9.9	10.1	10.9	11.7	12.4	12.8	13.1	13.3	13.1	13.1	12.4	12.1	11.9	11.6	11.5	11.3	11.2	10.9	11.5
	RH_{950}	38	36	36	35	36	35	35	34	34	34	36	37	38	39	39	39	40	41	39	40	39	38	39	37	37.2

澳门特别行政区

地名	澳门	区站号	450110	经度	113.57E	纬度	22.16N	海拔	114m

	1月	2月	3月	4月	5月	6月	7月	8月	9月	10月	11月	12月	年平均或累计[注1]
DB_m	14.9	15.8	18.5	21.8	25.8	27.8	28.2	28.3	27.5	25.3	21.1	15.3	22.5
RH_m	74.0	82.0	85.0	88.0	87.0	84.0	83.0	82.0	78.0	70.0	79.0	71.0	80.0
I_m	363	251	296	285	423	507	571	536	497	445	305	304	4768
HDD_m	97	63	0	0	0	0	0	0	0	0	0	84	245

		1时	2时	3时	4时	5时	6时	7时	8时	9时	10时	11时	12时	13时	14时	15时	16时	17时	18时	19时	20时	21时	22时	23时	24时	平均或合计[注2]
一月标准日	DB	14.0	13.8	13.6	13.5	13.2	13.1	12.9	13.1	14.0	15.1	16.1	16.8	17.3	17.5	17.3	16.9	16.2	15.2	14.8	14.7	14.6	14.4	14.3	14.2	14.9
	RH	78	79	80	80	81	81	81	81	77	72	69	66	65	64	64	66	68	73	75	76	76	77	79	79	74
	I_d	0	0	0	0	0	0	0	16	66	140	225	292	313	286	234	145	49	2	0	0	0	0	0	0	1769
	I_s	0	0	0	0	0	0	3	43	112	171	199	209	205	193	161	117	61	11	0	0	0	0	0	0	1484
	WV	3.4	3.5	3.6	3.7	3.9	4.0	4.0	4.1	4.0	4.1	4.2	4.1	4.0	3.8	3.8	3.7	3.5	3.3	3.3	3.3	3.3	3.3	3.3	3.3	3.7
	DLR	338	337	336	335	335	335	336	337	338	340	341	342	343	343	342	341	340	340	340	340	340	340	339	339	339
三月标准日	DB	17.7	17.6	17.5	17.5	17.4	17.3	17.3	17.7	18.3	19.0	19.6	20.0	20.2	20.2	20.1	19.8	19.3	18.7	18.3	18.1	18.1	18.0	18.0	17.9	18.5
	RH	89	89	89	89	90	90	90	89	86	83	80	78	77	77	76	78	80	83	85	86	86	87	88	88	85
	I_d	0	0	0	0	0	0	6	24	52	95	128	162	153	135	105	59	19	2	0	0	0	0	0	0	941
	I_s	0	0	0	0	0	0	16	66	124	177	213	239	238	226	188	134	72	16	0	0	0	0	0	0	1710
	WV	3.1	3.1	3.2	3.0	3.0	3.0	3.2	3.2	3.3	3.3	3.3	3.4	3.3	3.3	3.3	3.3	3.2	3.2	3.4	3.4	3.3	3.1	3.1	3.1	3.2
	DLR	368	367	367	366	366	366	367	369	370	371	372	372	372	372	371	370	370	370	370	370	370	370	369	369	369
五月标准日	DB	25.0	24.9	24.8	24.7	24.7	24.7	25.0	25.5	26.1	26.7	27.0	27.4	27.4	27.4	27.0	26.8	26.4	26.0	25.7	25.5	25.3	25.2	25.2	25.2	25.8
	RH	91	92	92	92	92	92	92	89	86	84	82	80	80	80	82	82	84	86	88	89	90	90	91	91	87
	I_d	0	0	0	0	0	2	12	40	76	119	168	189	195	163	137	100	52	16	0	0	0	0	0	0	1269
	I_s	0	0	0	0	0	5	56	126	210	280	320	334	328	285	226	179	114	49	6	0	0	0	0	0	2517
	WV	2.9	2.8	2.8	2.6	2.5	2.5	2.5	2.5	2.7	2.8	3.0	3.1	3.1	3.1	3.2	3.1	3.0	3.0	2.8	2.8	2.7	2.7	2.8	2.9	2.8
	DLR	424	423	423	423	424	426	427	429	430	431	432	432	431	431	429	428	427	426	426	426	426	426	426	425	427

续表

		1时	2时	3时	4时	5时	6时	7时	8时	9时	10时	11时	12时	13时	14时	15时	16时	17时	18时	19时	20时	21时	22时	23时	24时	平均或合计注2
七月标准日	DB	27.1	27.0	27.0	26.9	26.8	26.7	27.1	28.0	28.6	29.2	29.5	29.8	30.0	30.0	29.8	29.5	29.1	28.6	28.0	27.7	27.5	27.4	27.3	27.2	28.2
	RH	87	88	88	88	88	89	87	84	81	79	77	76	75	75	75	76	77	80	82	84	85	86	86	87	83
	I_d	0	0	0	0	0	8	43	117	170	226	287	337	332	312	225	168	104	32	5	0	0	0	0	0	2366
	I_s	0	0	0	0	0	5	71	145	216	276	315	319	339	316	289	222	152	76	8	0	0	0	0	0	2750
	WV	2.8	2.6	2.6	2.5	2.4	2.5	2.4	2.4	2.5	2.6	2.8	3.0	3.0	3.0	3.0	3.0	3.0	2.9	2.8	2.7	2.8	2.8	2.9	2.9	2.8
	DLR	442	441	441	441	442	443	445	447	449	449	450	450	449	449	448	446	445	444	443	443	443	443	443	442	445
九月标准日	DB	26.4	26.3	26.2	26.0	25.9	25.8	26.0	27.0	27.9	28.8	29.3	29.6	29.8	29.7	29.5	28.9	28.4	27.7	27.2	27.0	26.9	26.8	26.7	26.6	27.5
	RH	83	84	84	84	85	85	84	80	77	73	71	69	69	68	69	71	73	76	79	80	80	81	82	82	78
	I_d	0	0	0	0	0	0	16	79	174	242	329	341	379	343	246	144	66	16	0	0	0	0	0	0	2374
	I_s	0	0	0	0	0	1	43	124	193	246	277	294	282	250	225	171	99	26	0	0	0	0	0	0	2230
	WV	3.3	3.2	3.3	3.3	3.3	3.3	3.3	3.4	3.6	3.6	3.6	3.6	3.5	3.5	3.5	3.4	3.3	3.3	3.2	3.2	3.2	3.2	3.3	3.3	3.3
	DLR	434	433	433	432	432	434	436	438	439	440	441	441	441	440	439	438	437	436	436	436	436	436	435	435	437
十一月标准日	DB	20.5	20.4	20.2	20.0	19.9	19.8	19.7	20.1	20.9	21.6	22.3	22.7	23.0	23.0	22.8	22.4	21.8	21.1	21.0	20.9	20.9	20.8	20.7	20.6	21.1
	RH	83	83	84	84	84	85	85	83	80	77	74	72	71	71	71	73	75	78	79	80	80	81	82	83	79
	I_d	0	0	0	0	0	0	1	11	58	115	186	213	236	210	158	101	30	5	0	0	0	0	0	0	1320
	I_s	0	0	0	0	0	0	7	64	132	186	212	226	205	183	150	93	38	0	0	0	0	0	0	0	1503
	WV	3.7	3.7	3.8	3.9	3.9	4.0	4.1	4.1	4.2	4.3	4.3	4.1	4.0	3.9	3.6	3.6	3.5	3.4	3.5	3.6	3.6	3.7	3.6	3.6	3.8
	DLR	385	385	384	383	383	384	385	386	388	389	389	390	390	390	389	389	388	388	388	388	387	387	386	386	387
夏季TAC	DB_{25}	29.1	28.9	28.7	28.6	28.5	28.5	28.7	29.8	31.0	32.1	33.1	33.5	33.8	34.0	33.9	33.4	32.7	31.8	30.7	30.1	29.7	29.6	29.4	29.2	30.8
	I_{25}	0	0	0	0	0	30	217	408	619	796	916	991	1010	972	874	717	510	292	85	0	0	0	0	0	8438
	DB_{50}	28.7	28.6	28.5	28.4	28.3	28.2	28.5	29.5	30.7	31.7	32.6	33.0	33.3	33.3	33.0	32.6	31.8	31.0	30.0	29.5	29.2	29.1	29.0	28.8	30.3
	I_{50}	0	0	0	0	0	24	182	383	589	775	899	975	993	957	849	692	496	271	75	0	0	0	0	0	8160
	RH_s	88	89	89	89	90	90	89	86	83	80	78	77	77	77	77	78	79	81	83	85	86	87	87	88	84
冬季TAC	DB_{975}	8.2	8.0	7.7	7.5	7.3	7.2	7.1	7.1	7.6	8.1	8.5	8.9	9.3	9.6	9.4	9.3	9.1	8.7	8.6	8.6	8.6	8.4	8.5	8.3	8.3
	RH_{975}	38	38	37	36	36	35	35	36	35	37	37	36	36	36	36	36	36	37	37	37	37	37	38	39	36.6
	DB_{950}	9.3	9.2	8.9	8.7	8.4	8.3	8.1	8.2	8.8	9.6	10.2	10.7	11.3	11.9	11.4	11.2	10.9	10.6	10.4	10.1	10.1	9.9	9.6	9.5	9.8
	RH_{950}	46	45	45	44	43	42	43	43	44	45	43	44	45	44	44	43	44	44	45	45	46	46	46	45	44.2

台湾省

地名	台北	区站号	466920	经度	121.52E	纬度	25.04N	海拔	9m

	1月	2月	3月	4月	5月	6月	7月	8月	9月	10月	11月	12月	年平均或累计[注1]
DB_m	17.0	17.3	19.4	22.6	26.4	28.9	30.3	29.8	28.2	25.0	22.2	18.3	23.8
RH_m	75.0	75.0	75.0	73.0	74.0	72.0	68.0	70.0	71.0	73.0	75.0	75.0	73.0
I_m	233	239	312	357	418	461	581	518	454	361	262	199	4386
HDD_m	31	18	0	0	0	0	0	0	0	0	0	0	50

一月标准日

	1时	2时	3时	4时	5时	6时	7时	8时	9时	10时	11时	12时	13时	14时	15时	16时	17时	18时	19时	20时	21时	22时	23时	24时	平均或合计[注2]
DB	16.1	15.9	15.8	15.7	15.6	15.5	15.5	15.6	16.0	16.9	17.8	18.5	18.9	18.9	19.0	18.7	18.1	17.6	17.2	17.0	16.9	16.7	16.6	16.4	17.0
RH	78	78	79	79	79	79	79	79	78	75	73	70	69	68	69	70	72	73	74	75	76	76	77	77	75
I_d	0	0	0	0	0	0	0	0	3	26	73	129	168	193	174	132	85	15	1	0	0	0	0	0	999
I_s	0	0	0	0	0	0	0	0	26	94	146	176	179	164	137	99	49	20	1	0	0	0	0	0	1091
WV	2.1	2.1	2.0	1.8	1.8	1.8	1.9	1.9	1.9	2.2	2.4	2.6	3.0	2.8	2.9	2.9	2.9	2.6	2.5	2.5	2.4	2.3	2.3	2.1	2.4
DLR	342	341	341	340	340	340	341	342	345	349	352	353	353	352	350	348	347	346	345	345	345	344	344	343	345

三月标准日

	1时	2时	3时	4时	5时	6时	7时	8时	9时	10时	11时	12时	13时	14时	15时	16时	17时	18时	19时	20时	21时	22时	23时	24时	平均或合计[注2]
DB	18.1	17.9	17.8	17.6	17.5	17.4	17.4	17.6	18.5	19.6	20.6	21.5	21.9	21.8	21.4	20.9	20.2	19.7	19.3	19.0	18.9	18.7	18.6	18.3	19.4
RH	79	80	80	81	81	81	81	81	78	75	71	68	66	67	68	69	71	73	74	75	76	77	78	78	75
I_d	0	0	0	0	0	0	1	11	44	104	161	198	203	163	124	79	43	13	1	0	0	0	0	0	1108
I_s	0	0	0	0	0	0	10	82	159	218	245	247	237	197	151	97	40	9	0	0	0	0	0	0	1691
WV	1.9	1.7	1.7	1.7	1.6	1.7	1.7	1.7	1.8	2.0	2.2	2.4	2.6	2.6	2.5	2.4	2.5	2.3	2.3	2.2	2.2	2.1	2.1	2.0	2.1
DLR	356	355	354	354	354	355	357	360	363	367	370	372	372	370	368	365	363	361	360	359	358	358	357	356	361

五月标准日

	1时	2时	3时	4时	5时	6时	7时	8时	9时	10时	11时	12时	13时	14时	15时	16时	17时	18时	19时	20时	21时	22时	23时	24时	平均或合计[注2]
DB	24.8	24.7	24.5	24.4	24.2	24.3	24.9	26.0	27.3	28.3	29.0	29.4	29.2	28.8	28.3	27.6	27.2	26.7	26.3	26.0	25.8	25.6	25.4	25.2	26.4
RH	78	79	79	79	80	80	78	75	71	67	65	64	65	66	68	70	71	72	74	75	76	77	77	78	74
I_d	0	0	0	0	0	0	8	37	89	153	200	210	203	153	109	77	47	13	1	0	0	0	0	0	1299
I_s	0	0	0	0	0	4	73	171	250	300	326	333	298	256	199	136	77	23	1	0	0	0	0	0	2447
WV	1.7	1.6	1.4	1.4	1.3	1.4	1.4	1.5	1.6	1.8	1.9	2.0	2.3	2.3	2.3	2.3	2.2	2.1	2.0	2.0	1.9	1.8	1.7	1.7	1.8
DLR	404	403	402	402	404	407	411	416	421	425	427	427	426	423	420	417	415	413	411	410	409	408	407	406	413

续表

	参数	1时	2时	3时	4时	5时	6时	7时	8时	9时	10时	11时	12时	13时	14时	15时	16时	17时	18时	19时	20时	21时	22时	23时	24时	平均或合计[注2]
七月标准日	DB	28.4	28.2	28.0	27.8	27.6	27.6	28.4	29.9	31.5	32.7	33.7	34.1	33.9	33.3	32.5	31.8	31.0	30.5	30.1	29.7	29.4	29.2	29.0	28.7	30.3
	RH	74	74	75	75	76	76	74	69	63	59	56	56	57	60	62	64	66	67	69	70	71	72	72	73	68
	I_d	0	0	0	0	0	1	19	85	185	297	353	353	337	267	214	141	85	30	0	0	0	0	0	0	2366
	I_s	0	0	0	0	0	5	113	222	298	338	361	363	336	282	210	150	103	51	3	0	0	0	0	0	2837
	WV	1.6	1.5	1.5	1.5	1.5	1.5	1.4	1.3	1.5	1.7	1.8	2.1	2.3	2.5	2.5	2.4	2.2	2.0	2.0	1.8	1.8	1.8	1.7	1.7	1.8
	DLR	430	428	427	426	428	431	437	443	448	452	454	455	454	452	449	445	441	439	436	435	434	433	432	431	439
九月标准日	DB	26.9	26.7	26.5	26.3	26.1	26.1	26.5	27.8	29.0	30.0	30.7	31.1	31.0	30.9	30.4	29.8	29.0	28.4	28.1	27.8	27.6	27.4	27.2	27.0	28.2
	RH	76	76	77	77	78	78	76	73	70	66	64	63	64	64	65	66	68	70	72	73	73	74	74	75	71
	I_d	0	0	0	0	0	0	5	52	137	216	281	316	324	320	235	162	67	1	0	0	0	0	0	0	2118
	I_s	0	0	0	0	0	0	55	160	228	272	285	283	257	202	165	105	62	16	0	0	0	0	0	0	2090
	WV	1.9	1.8	1.8	1.8	1.7	1.7	1.6	1.8	1.9	2.0	2.0	2.2	2.6	2.6	2.8	2.8	2.9	2.7	2.5	2.3	2.3	2.2	2.1	2.1	2.2
	DLR	420	419	418	418	419	422	426	431	435	438	440	441	441	439	436	432	429	426	425	424	423	422	421	421	428
十一月标准日	DB	21.4	21.3	21.1	21.0	20.9	20.9	21.0	21.8	22.7	23.4	23.9	24.1	24.1	24.0	23.6	23.0	22.6	22.3	22.1	21.9	21.8	21.7	21.6	21.4	22.2
	RH	78	78	78	79	79	79	79	77	73	71	69	68	68	69	69	71	73	74	75	76	76	77	77	77	75
	I_d	0	0	0	0	0	0	0	16	60	115	164	201	191	155	123	77	3	0	0	0	0	0	0	0	1105
	I_s	0	0	0	0	0	0	5	72	149	190	211	201	183	153	101	38	15	0	0	0	0	0	0	0	1318
	WV	2.4	2.2	2.2	2.1	2.1	2.2	2.2	2.3	2.6	2.7	2.8	2.9	3.0	3.0	3.1	3.0	2.8	2.9	2.9	2.7	2.6	2.5	2.5	2.4	2.6
	DLR	382	381	381	381	381	382	384	387	390	393	395	395	395	393	391	388	387	385	385	385	384	384	383	383	386
夏季TAC	DB_{25}	30.4	30.2	30.0	29.8	29.6	29.7	30.2	31.7	33.3	34.8	36.1	36.8	37.0	36.8	36.6	35.7	34.6	33.7	32.9	32.3	31.8	31.4	31.0	30.5	32.8
	I_{25}	0	0	0	0	0	38	219	438	658	857	993	1032	1033	985	812	616	394	180	21	0	0	0	0	0	8274
	DB_{50}	30.2	29.9	29.7	29.5	29.2	29.3	29.9	31.4	33.1	34.5	35.7	36.4	36.6	36.3	36.0	35.2	34.1	33.3	32.6	32.0	31.6	31.2	30.8	30.2	32.4
	I_{50}	0	0	0	0	0	30	210	422	641	830	969	1000	1000	944	791	587	374	163	12	0	0	0	0	0	7970
	RH_s	74	75	76	76	76	76	74	70	65	60	57	57	59	60	61	63	65	66	68	70	71	72	73	74	68
冬季TAC	DB_{975}	10.6	10.3	10.3	10.0	10.0	10.0	10.2	10.6	11.3	11.3	11.4	11.6	11.7	11.8	11.7	11.4	11.2	11.1	11.1	10.8	10.7	10.8	10.8	10.6	10.9
	RH_{975}	52	52	53	52	52	52	52	53	53	53	53	52	51	52	51	51	50	49	49	50	51	51	51	52	51.4
	DB_{950}	11.6	11.6	11.4	11.3	11.2	11.3	11.4	11.6	12.1	12.5	12.7	12.8	12.7	12.7	12.6	12.4	12.4	12.1	12.1	11.9	11.9	11.9	11.7	11.6	12.0
	RH_{950}	57	58	57	57	57	57	58	58	60	61	59	58	58	59	59	59	59	58	58	58	58	58	58	58	58.2

地名	区站号	经度	纬度	海拔
高雄	467400	120.35E	22.58N	9m

	1月	2月	3月	4月	5月	6月	7月	8月	9月	10月	11月	12月	年平均或累计[注1]
DB_m	20.1	21.0	23.5	26.0	28.3	29.5	29.8	28.9	29.1	27.5	25.3	21.7	25.9
RH_m	70.0	70.0	71.0	72.0	77.0	78.0	77.0	80.0	76.0	72.0	72.0	70.0	74.0
I_m	389	414	509	545	591	583	606	493	545	495	385	359	5910
HDD_m	0	0	0	0	0	0	0	0	0	0	0	0	0

		1时	2时	3时	4时	5时	6时	7时	8时	9时	10时	11时	12时	13时	14时	15时	16时	17时	18时	19时	20时	21时	22时	23时	24时	平均或合计[注2]
一月标准日	DB	18.4	18.1	17.9	17.7	17.7	17.5	17.4	17.4	18.1	19.7	21.3	22.3	23.2	23.3	23.2	22.7	21.9	21.2	20.7	20.3	19.8	19.4	19.0	18.7	20.1
	RH	74	75	76	76	76	76	77	77	75	71	67	65	63	63	63	64	65	68	68	69	70	71	72	73	70
	I_d	0	0	0	0	0	0	0	4	49	138	231	326	349	330	267	166	53	0	0	0	0	0	0	0	1913
	I_s	0	0	0	0	0	0	0	51	164	222	248	235	212	176	133	79	46	3	0	0	0	0	0	0	1569
	WV	1.9	1.9	2.0	2.0	2.0	2.0	1.9	2.0	2.0	1.9	2.3	2.7	2.9	3.0	3.1	2.9	2.8	2.4	2.3	2.2	2.0	1.9	1.9	1.9	2.2
	DLR	338	337	336	335	335	335	336	337	338	340	341	342	343	343	342	341	340	340	340	340	340	340	339	339	339
三月标准日	DB	22.0	21.7	21.5	21.3	21.1	21.0	21.0	22.3	23.9	24.9	25.5	25.9	26.0	26.0	25.8	25.4	24.8	24.1	23.7	23.5	23.3	23.0	22.7	22.4	23.5
	RH	74	74	75	76	76	76	75	72	69	67	66	66	65	65	66	67	68	69	71	71	71	72	73	73	71
	I_d	0	0	0	0	0	0	1	17	71	164	282	374	419	369	305	218	109	5	0	0	0	0	0	0	2333
	I_s	0	0	0	0	0	0	11	124	232	297	318	303	274	247	195	130	67	27	0	0	0	0	0	0	2224
	WV	1.6	1.6	1.6	1.6	1.5	1.5	1.5	1.6	1.7	1.9	2.5	2.9	3.2	3.3	3.3	3.2	2.8	2.4	2.2	1.9	1.8	1.7	1.7	1.6	2.1
	DLR	368	367	367	366	366	366	367	369	370	371	372	372	372	372	371	370	370	370	370	370	370	370	369	369	369
五月标准日	DB	27.2	27.1	26.9	26.7	26.6	26.6	27.4	28.4	29.0	29.5	29.8	30.1	30.1	30.1	30.0	29.7	29.2	28.5	28.1	27.9	27.8	27.7	27.6	27.5	28.3
	RH	80	80	81	81	81	81	79	77	75	75	74	73	73	73	73	73	74	75	76	77	78	78	79	79	77
	I_d	0	0	0	0	0	0	8	46	118	235	337	418	440	411	363	261	134	27	3	0	0	0	0	0	2798
	I_s	0	0	0	0	0	3	79	189	270	304	318	305	279	246	198	143	105	56	3	0	0	0	0	0	2497
	WV	1.3	1.2	1.3	1.3	1.2	1.2	1.2	1.4	1.9	2.3	2.6	2.8	3.0	3.0	3.0	2.9	2.6	2.3	2.0	1.8	1.4	1.3	1.3	1.3	1.9
	DLR	424	423	423	423	424	426	427	429	430	431	432	432	431	431	429	428	427	426	426	426	426	426	426	425	427

续表

		1时	2时	3时	4时	5时	6时	7时	8时	9时	10时	11时	12时	13时	14时	15时	16时	17时	18时	19时	20时	21时	22时	23时	24时	平均或合计注2
七月标准日	DB	28.7	28.5	28.3	28.1	27.9	27.9	28.8	29.9	30.7	31.0	31.4	31.7	31.8	31.8	31.5	31.1	30.6	29.9	29.5	29.3	29.2	29.2	29.0	28.8	29.8
	RH	80	80	80	81	81	81	79	77	74	74	73	72	72	72	72	73	74	75	77	77	78	78	78	79	77
	I_d	0	0	0	0	0	0	12	62	136	227	350	427	439	416	346	244	121	31	0	0	0	0	0	0	2812
	I_s	0	0	0	0	0	3	85	194	273	318	321	320	300	265	210	150	113	61	5	0	0	0	0	0	2620
	WV	1.6	1.5	1.5	1.6	1.7	1.6	1.6	1.7	2.1	2.6	2.9	3.2	3.3	3.4	3.3	3.1	2.8	2.5	2.2	1.9	1.8	1.6	1.6	1.6	2.2
	DLR	442	441	441	441	442	443	445	447	449	449	450	450	449	449	448	446	445	444	443	443	443	443	443	442	445
九月标准日	DB	28.0	27.7	27.5	27.3	27.1	27.0	27.6	28.8	29.9	30.5	30.9	31.2	31.3	31.3	30.9	30.5	29.9	29.3	29.0	28.8	28.7	28.5	28.4	28.2	29.1
	RH	79	79	80	81	81	81	80	76	74	72	72	71	71	71	71	72	73	74	75	76	76	77	77	78	76
	I_d	0	0	0	0	0	0	4	42	112	221	355	434	456	440	359	229	93	3	0	0	0	0	0	0	2747
	I_s	0	0	0	0	0	0	49	176	262	314	313	300	274	225	172	114	74	28	0	0	0	0	0	0	2302
	WV	1.4	1.4	1.4	1.4	1.4	1.5	1.5	1.5	1.8	2.3	2.8	3.1	3.3	3.4	3.3	3.1	2.8	2.4	2.1	1.8	1.7	1.6	1.5	1.4	2.1
	DLR	434	433	433	432	432	434	436	438	439	440	441	441	441	440	439	438	437	436	436	436	436	436	435	435	437
十一月标准日	DB	24.0	23.7	23.5	23.3	23.2	23.1	23.2	24.2	25.8	26.7	27.2	27.5	27.6	27.6	27.4	26.8	26.2	25.9	25.7	25.4	25.1	24.8	24.5	24.2	25.3
	RH	75	76	77	77	78	78	78	75	71	68	68	67	66	66	67	68	69	70	71	71	72	72	73	74	72
	I_d	0	0	0	0	0	0	0	18	79	165	251	309	343	293	230	141	17	0	0	0	0	0	0	0	1846
	I_s	0	0	0	0	0	0	4	112	207	255	265	256	219	182	126	62	31	0	0	0	0	0	0	0	1720
	WV	1.3	1.4	1.4	1.4	1.4	1.4	1.5	1.5	1.4	1.8	2.3	2.7	2.9	2.9	2.8	2.6	2.3	1.9	1.8	1.7	1.5	1.5	1.5	1.4	1.9
	DLR	385	385	384	383	383	384	385	386	388	389	389	390	390	390	389	389	388	388	388	388	388	387	386	386	387
夏季TAC	DB_{25}	30.2	30.1	30.0	29.7	29.6	29.6	29.7	31.8	32.6	33.1	33.6	33.7	33.8	33.8	33.6	33.2	32.7	31.7	31.2	31.0	30.8	30.6	30.5	30.4	31.6
	I_{25}	0	0	0	0	0	28	197	414	643	857	999	1078	1085	1002	860	663	431	216	38	0	0	0	0	0	8511
	DB_{50}	30.0	29.8	29.7	29.5	29.4	29.4	30.3	31.5	32.3	32.8	33.2	33.4	33.6	33.5	33.3	33.0	32.4	31.5	31.0	30.8	30.6	30.5	30.3	30.2	31.3
	I_{50}	0	0	0	0	0	21	186	397	618	822	988	1041	1039	989	838	638	417	202	27	0	0	0	0	0	8223
	RH_s	80	81	81	81	82	82	80	77	75	74	73	73	72	72	73	74	74	76	77	77	78	79	79	80	77
冬季TAC	DB_{975}	13.1	13.0	12.9	12.6	12.5	12.5	12.4	13.1	14.4	15.2	16.5	17.3	17.4	17.5	17.7	17.5	17.1	16.5	15.9	15.1	14.6	14.3	13.8	13.4	14.8
	RH_{975}	61	60	60	59	58	60	59	60	63	66	69	71	71	72	70	70	69	68	65	63	63	62	61	61	64.1
	DB_{950}	14.6	14.4	14.2	14.1	13.9	13.9	13.9	14.3	15.8	17.0	17.9	18.6	19.0	19.0	19.2	18.8	18.1	17.5	16.8	16.2	15.8	15.6	15.1	14.9	16.2
	RH_{950}	68	68	68	68	68	67	67	69	73	74	76	78	79	80	79	78	75	76	73	71	69	69	69	68	72.1

附录 2

本书网络配套资源使用说明

本书配套资源为 355 个地点的标准年气象数据。为方便读者查阅，中国建筑工业出版社提供免费下载，具体方法如下：

登录中国建筑工业出版社官网：www.cabp.com.cn →输入书名或征订号查询→点选图书→点击配套资源即可下载（重要提示：下载配套资源需注册网站用户并登录）。

配套资源中的 355 个地点的标准年气象数据为 TEXT 格式，可以用 Windows 的记事本（Notepad）软件打开。地点名一般采用汉语拼音，但少数地点沿用了英语发音，如香港为 HONGKONG、澳门为 MACAO 等。有些地点汉语拼音相同，如宜春和伊春，这些地点可以根据文件中汉字和经纬度来区分。

另外，有些地点的 TMY 文件名中，除了地点名和台站号码外，还包含（MODEL B），表示该地点的太阳辐射量推定时使用了模型 B，而文件名中不包含（MODEL B）的地点则使用了模型 A。香港、澳门、台北、高雄的太阳辐射量使用的是观测值。

除月、日、时以外，标准年气象数据中的逐时数据依次为：

L ——地方时间；

TEM ——干球温度（℃）；

RH ——相对湿度（%）；

X ——含湿量（0.1g/kg）；

TH ——水平面太阳总辐射（W/m^2）；

NR ——法线面太阳直射（W/m^2）；

DF ——水平面散射辐射（W/m^2）；

WD ——风向（1～16）；

WS ——风速（m/s）；

CC ——总云量（0～10）；

DLR ——水平面大气辐射（W/m^2）；

AZ ——太阳方位角（°），"999" 表示日出之前；

HT ——太阳高度角（°），"0" 表示日出之前。

采用 FORTRAN 语言输入计算机时的格式（Format）应为：

Format（3I3，2F6.1，I4，F6.1，4I6，F6.1，5I6）